C++로 시작하는 객체지향 프로그래밍

제3판

Y. Daniel Liang

김응성 · 김정식 공역

ITC
INFO-TECH COREA

Introduction to Programming with C++, Third Edition

독자들에게

많은 독자들이 『Introduction to Programming with C++』의 이전 판에 대한 피드백을 제공하였고, 독자들의 충고와 제안은 이 책을 개선시키는 데 도움이 많이 되었다. 이 책은 다음을 포함하여 소개, 구성, 예제, 실습, 보충학습에 있어서 많은 부분이 개선되었다.

- 재구성된 장과 절에서 논리적인 순서로 주제를 표현하였다.
- 재미있고 흥미로운 많은 예제들과 실습들이 흥미를 자극할 수 있도록 하였다.
- 4장에서 **string** 형을 도입함으로써 학생들이 초기에 문자열을 사용하여 프로그래밍할 수 있도록 하였다.
- 각 절의 시작 부분에 있는 "Key Point"에서 중요한 개념과 내용을 강조하였다.
- 각 절 마지막에 있는 "Check Point"를 풀어 봄으로써 각 절에서 다룬 내용에 대한 학생의 이해도를 검증하도록 하였다.

이전 판(2판)과의 상호관계뿐만 아니라 새로운 특징에 대한 목록은 www.cs.armstrong.edu/liang/cpp3e/correlation.html에서 찾아볼 수 있다.

이 책은 구문보다는 문제 해결에 중점을 두는 문제 구동 방식을 사용한 프로그래밍에 대해 가르치고 있다. 여러 가지 상황에서 문제를 야기한 개념을 사용함으로써 초보적인 프로그래밍에 대한 흥미를 돋운다. 앞에 있는 장들의 주요 내용은 문제 해결에 대한 것이다. 문제 해결을 위한 프로그램을 작성할 수 있도록 적절한 구문과 라이브러리에 대해 소개한다. 문제 구동 방식으로 프로그래밍을 하는 교육 방식을 위해 이 책은 학생들을 자극하기 위한 여러 가지 단계의 난이도로 된 많은 문제를 제공한다. 학생들의 많은 전공에 적용해 보기 위해서 문제는 수학, 과학, 사업, 금융, 게임, 애니메이션 등 많은 응용 분야를 다루고 있다.

이 책은 클래스를 설계하기 전에 우선 기본 프로그래밍 개념과 기법을 설명함으로써 기본에 초점을 맞추고 있다. 반복문, 함수, 배열에 대한 기본 개념과 기법은 프로그래밍의 기본이 된다. 이러한 강력한 토대를 구축함으로써 학생들이 객체지향 프로그래밍과 고급 C++ 프로그래밍을 배우기 위한 준비를 할 수 있다.

이 책은 C++를 가르치고 있다. 문제 해결과 프로그래밍의 기본은 어떤 프로그래밍 언어를 사용하는지와 관련이 없다. 파이썬(Python), 자바, C++, C#과 같은 고급 프로그래밍 언어를 사용하여 프로그래밍 기법을 배울 수 있다. 일단 하나의 언어로 프로그래밍하는 방법을 알게 되면 프로그램을 작성하는 기본 기법은 같으므로 다른 언어로 넘어가는 것은 쉽다.

프로그래밍을 가르치는 가장 좋은 방법은 예제이며, 프로그래밍을 배우는 유일한 방법은 실습이다. 기본 개념은 예제에서 설명하고 학생들이 실습할 수 있도록 여러 가지 단계의 난이도로 된 많은 실습 예제들이 제공된다. 이 책의 프로그래밍 코스에서는 각 장의 후반부에 프로그래밍 실습을 배정해 놓고 있다.

이 책의 목적은 여러 가지 흥미 있는 예제를 사용하여 많은 상황에서 문제 해결과 프로그래밍을 가르칠 수 있는 교재를 만드는 것이다. 만약 이 책을 개선하기 위한 의견이나 제안이 있다면 메일(y.daniel.liang@gmail.com)을 보내주기 바란다.

Y. Daniel Liang
y.daniel.liang@gmail.com
www.cs.armstrong.edu/liang
www.pearsonhighered.com/liang

제3판에서 달라진 것

이 『C++로 시작하는 객체지향 프로그래밍, 제3판(Introduction to Programming with C++, 3/e)』 은 제2판의 많은 부분이 개선되었다. 주요 개선 사항은 다음과 같다.

- 명확성, 소개, 구성, 예제, 실습 능력을 향상시키도록 완전 개정
- 학생들의 프로그래밍에 대한 관심과 흥미를 유발시킬 수 있는 새로운 예제와 실습 문제
- 각 절의 시작 부분에 있는 "Key Point"에서 중요한 개념 강조
- 학생들이 학습 과정을 되짚어 보는 데 도움을 주고 중요한 개념이나 예제에 대해 알고 있는 지 식을 평가하도록 하는 "Check Point" 문제 제공
- 4장에서 string 객체를 도입함으로써 이 책의 앞부분에서 문자열을 사용한 프로그래밍 가능
- 4장에서 간단한 입출력을 도입함으로써 앞부분에서 파일을 사용한 프로그램 작성 가능
- 6장의 내용에 함수를 포함시킴으로써 함수와 관련된 모든 사항을 다루는 것이 가능
- 일반적인 프로그래밍 오류를 피할 수 있도록 하기 위한 일반적인 오류와 함정에 대한 부분
- 복잡한 예를 좀 더 쉬운 예로 대체(예를 들어, 8장의 스도쿠 문제를 푸는 것은 해답이 옳은 것인 지를 검사하는 문제로 대체되었고, 스도쿠 문제의 해답을 구하는 것은 지원 웹사이트로 이동)

강사 강의 관련

이 책은 학생들로 하여금 최대의 효과를 얻도록 하기 위해 다음 요소들을 사용한다.

- 각 장의 시작에서 "이 장의 목표"를 보여줌으로써 학생들이 학습을 끝낸 후 각 장의 목표를 달성 할 수 있도록 하기 위해 배워야 하는 내용을 제시한다.
- 각 장의 "들어가기"에서 독자에게 개략적인 기대 내용을 알리기 위한 대표적인 문제로부터 논 의를 시작한다.
- "Key Point"에서 각 절의 중요한 개념을 강조한다.
- 학생들이 학습 과정을 되짚어 보는 데 도움을 주고 중요한 개념이나 예제에 대해 알고 있는 지 식을 평가하도록 하는 "Check Point" 문제를 제공한다.
- 쉽게 따라갈 수 있으며 신중히 선택한 "문제" 절과 "예제" 절에서 문제 해결 방법과 프로그래밍 개념을 가르칠 수 있다. 이 책은 중요한 개념을 나타내기 위해 작으면서도 간단하고 흥미로운 많은 예제들을 사용하고 있다.
- 각 장 마지막의 "요약"에서는 학생들이 이해하고 기억해야 하는 중요한 개념을 복습한다. 이것 은 각 장의 주요 개념을 다시 한 번 되짚어 보는 데 도움을 준다.
- 절 별로 그룹화된 "프로그래밍 실습"은 학생들에게 새롭게 습득한 기법을 적용할 수 있는 기회 를 제공해 준다. 난이도에 따라 초급(* 표시 없음), 중급(*), 고급(**), 도전(***) 문제로 등급을

표시하였다. 프로그래밍을 배우는 비결은 실습, 십습, 그리고 실습뿐이다. 이러한 목적을 달성하기 위해 이 책에서는 많은 예제들을 제공하고 있다.

■ 프로그램 개발의 중요 방향과 여러 가지 권고 사항을 제공하도록 노트, 팁, 경고, 강사 주의사항이 본문에 추가되었다.

주의
주제에 대한 부가 정보를 제공하고, 중요 개념을 보충한다.

팁
좋은 프로그래밍 유형과 습관을 알려준다.

경고
학생들이 프로그래밍 오류의 함정에 빠지지 않도록 도와준다.

강사 주의사항
효과적으로 이 책의 내용을 사용하는 방법을 알려준다.

이 책의 구성

이 책은 C++를 사용한 문제 해결과 프로그래밍에 관한 소개를 위해 세 가지 부분으로 구성되어 있다.

제1부: 프로그래밍의 기초(1~8장)

이 부분은 돌다리를 두드리는 단계로서 C++ 프로그래밍의 학습 여정을 시작하는 준비 과정이다. C++ 알기(1장)부터 시작하여 원시 데이터 유형(primitive data type)과 수식, 연산자(operator)를 사용한 기초적인 프로그래밍 기법을 배우고(2장), 선택문(3장), 수학 함수와 문자, 문자열(4장), 반복문(5장), 함수(6장), 배열(7~8장)을 배우게 된다.

제2부: 객체지향 프로그래밍(9~16장)

이 부분은 객체지향 프로그래밍(object-oriented programming)을 소개한다. C++는 소프트웨어를 개발하는 데 유연성(flexibility), 모듈성(modularity), 재사용성(reusability)을 제공하기 위해 추상화(abstraction), 캡슐화(encapsulation), 상속성(inheritance), 다형성(polymorphism)을 사용하는 객체지향 프로그래밍 언어이다. 객체(object)와 클래스(class)를 사용한 프로그래밍(9장)을 다루고, 클래스 설계(10장), 포인터(pointer)와 동적 메모리(dynamic memory) 관리(11장), 템플릿(template)을 사용한 제네릭 클래스(generic class) 개발(12장), 파일 입출력을 위한 IO 클래스 사용(13장), 함수를 간단화하기 위한 연산자 사용(14장), 기본 클래스(base class)로부터 클래스 정의(15장), 예외 처리(exception handling)를 사용하여 예외 상황에서 대처 가능한 프로그램의 생성(16장)을 다룬다.

제3부: 알고리즘과 데이터 구조(17장)

이 부분은 일반적인 데이터 구조 설계에서의 주요 주제에 대해 소개한다. 17장은 본질적으로 순환하는 문제를 해결하기 위한 함수를 작성하도록 하는 재귀(recursion) 호출에 대해서 소개한다.

C++ 개발 도구

C++ 프로그램을 작성하기 위해 메모장이나 워드패드 같은 편집기를 사용하고 명령 프롬프트 창을 통해 프로그램을 컴파일하고 실행할 수 있다. 또한 Visual C++이나 Dev-C++와 같은 C++ 개발 도구를 사용할 수 있다. 이러한 개발 도구는 빠른 C++ 프로그램 개발이 가능하도록 통합개발환경 (integrated development environment, IDE)을 제공해 준다. 프로그램의 편집, 컴파일, 빌드, 실행, 디버깅 작업이 하나의 그래픽 사용자 인터페이스(graphical user interface) 안에서 가능하므로 이들 도구를 효과적으로 사용하면 프로그래밍 생산성을 극대화할 수 있다. Visual C++와 Dev-C++를 사용하여 프로그램을 생성하고 컴파일하고, 실행하는 방법을 지원 웹사이트의 보충학습 (Supplement)에서 제공하고 있다. 이 책의 프로그램들은 Visual C++와 GNU C++ 컴파일러에서 테스트하였다.

학생 제공 자료

학생들에게는 도서출판 ITC(www.itcpub.co.kr) 홈페이지의 이 책에 대한 자료실에서 다음의 자료를 제공한다.

- 각 장의 리스트 예제 소스 코드
- "Check Point"에 대한 해답
- "프로그래밍 실습"의 짝수 번호 문제에 대한 해답

강사 제공 자료

강사들에게는 도서출판 ITC(www.itcpub.co.kr) 홈페이지의 이 책에 대한 자료실에서 다음 자료를 제공한다. 다음 자료를 다운로드하기 위해서는 출판사로부터 강사 인증을 미리 받아야 한다.

- 강의 자료 파워포인트 슬라이드
- 각 장의 리스트 예제 소스 코드
- "Check Point"에 대한 해답
- "프로그래밍 실습"의 전체 문제에 대한 해답
- 저자 제공 샘플 시험 문제
    - 객관식 또는 단답식 문제
    - 프로그래밍 오류를 수정하는 문제
    - 프로그램을 추적하는 문제
    - 프로그램 작성 문제

저자의 지원 웹사이트 제공 내용

저자가 제공하는 지원 웹사이트에 접속하기 위해서는 www.pearsonhighered.com/liang 페이지로 접속한 후, "Introduction to Programming with C++, 3/E"를 클릭한다. 그 다음, "Author Website"를 클릭하면 상단부에 여러 개의 메뉴 버튼이 보인다(또는 www.cs.armstrong.edu/liang/cpp3e로 바로 접속이 가능하다). 여러 메뉴 중 여기서는 필요한 메뉴에 대해서만 설명한다.

● Supplement(보충학습)

이 책에 추가로 필요한 학습 내용을 저자의 지원 웹사이트에서 제공하는데, Supplement 메뉴 버튼을 클릭하면 해당 내용을 살펴볼 수 있으며, 이 책의 몇몇 장에서는 이에 대한 내용을 소개하고 있다.

● Quiz(퀴즈)

각 장의 "프로그래밍 실습" 문제를 풀기 전에 배운 내용을 객관식 문제로 온라인으로 풀어보고 직접 채점을 할 수 있는 페이지이다.

● Word Match(용어 문제)

각 장에서 배운 내용 중 용어와 관련된 문제를 제공한다. 문제를 풀기 위해서는 크롬 브라우저를 사용해야 한다.

● Animation(프로그램 동작 애니메이션)

이 책에서 몇몇 문제들에 대한 동작 원리를 애니메이션으로 설명해 주며, 몇몇 장에서 해당 주제에 대한 "애니메이션"으로 표시된 부분에 대한 애니메이션을 보여 준다.

역자 머리말

2008년에 처음 Liang 교수의 책 『Introduction to Programming with C++, 1st edition』의 번역 의뢰를 받았을 때 책을 보면서 제일 먼저 들었던 생각은 C++ 프로그래밍 언어에 대한 학습서로서 참 좋은 책이라는 것이었다. C++ 프로그래밍 기법을 소개한 책은 시중에 너무 많이 나와 있어 선택하기가 곤란할 지경일 것이다. 하지만 20년 넘게 프로그래밍을 해 봤고 또 교육을 했던 역자로서의 생각은 프로그래밍과 관련된 좋은 책은 개념 설명도 중요하지만 그 개념을 이해하고 실무에 적용할 수 있게 해 주는 많은 예제와 문제가 있는 책이라고 생각한다. 2008년에 1판 책을 처음 봤을 때 무엇보다 예제와 프로그래밍 실습 문제가 많아서 참 괜찮은 책이라고 생각했던 기억이 난다. 하지만 이번 3판의 번역을 시작하기 전에 역자들은 1판 책의 내용을 약간 수정하거나 추가만 하면 될 것으로 생각을 했으나 그건 큰 오산이었다. 저자도 머리말에 적어 놓았듯이 이번 3판 책은 이전 판의 책과는 많은 부분에서 달라져 있었다. 1판 책 출간 이후에 많은 독자로부터 개선 수정 요청을 받아 그에 대한 내용을 적용하였고, 또한 프로그래밍 작성 순서에 맞도록 각 장의 세부 내용들에 대한 위치를 조정하고 새로운 내용을 추가하는 등 1판 책에 비해서 많은 내용을 수정 및 추가하였다. 특히 각 절의 개념을 바로 체크해 볼 수 있는 문제들을 제공하고, 프로그래밍 실습 문제를 대폭 강화한 것이 눈에 띈다. 대부분의 프로그래밍 실습 문제들도 각 장에서 다룬 프로그래밍 기법에 대한 단순한 실습 문제가 아니라 실제적이고 실무에 적용이 가능한 문제들로 구성되어 있어 이 책의 가치를 더 높여 준다는 생각이 든다.

그 동안 많은 컴퓨터 프로그램 언어가 있어왔고, 지금은 거의 사용되지 않는 언어들도 많다. 80년대 말이나 90년대 초만 하더라도 BASIC은 기본이고, FORTRAN이나 COBOL, C 등 여러 컴퓨터 언어를 학교에서나 독학으로 공부하곤 했다. 윈도우(Windows) 운영체제 시대가 되면서 윈도우용 응용 프로그램의 개발이 필요하게 되었고, 비주얼 프로그래밍을 사용하게 되면서 Visual C++와 같은 컴퓨터 언어들로 프로그래밍을 하게 되었다. PC에서 가장 많이 사용하고, 응용 프로그램의 대부분을 차지하는 윈도우용 프로그램을 만들려면 C++ 언어를 잘 알고 있어야 하는 것은 당연하다. C++의 기본 문법을 이해하고 있어야 Visual C++ 프로그래밍 작업도 할 수 있고 윈도우용 응용 프로그램도 만들 수 있기 때문이다.

이 책은 이와 같은 필요성에 따라 C++ 언어를 사용하여 프로그램을 잘 만들 수 있게 해 주는 길잡이 역할을 하고 있다. 많은 학생들이 프로그래밍 언어들 중에 어느 언어로 공부를 시작해야 하는지 궁금해한다. 최근에 가장 각광받는 언어가 Visual C++와 Java일 것이다. 하지만 어느 언어를 선택해서 먼저 공부를 하더라도 문제될 것은 없다. 이들 언어의 기본 문법은 유사하며 기본 개념도 같거나 비슷한 것이 많기 때문에 하나의 언어를 마스터하면 다른 언어를 배우는 것은 훨씬 쉬워진다. 일단 프로그래밍 공부를 시작하면 기본 개념을 익히는 것은 당연하고, 그 외에 프로그래밍 연습을 많이 해 봐야 한다. 저자가 머리말에서도 얘기했듯이 프로그래밍을 잘하는 방법은 실습, 실습, 그리고 실습이다. C++ 언어에 대한 기본 개념을 이해하고 있다고 하더라고 직접 프로그램을 작성해 보고 프로그래밍 연습을 하지 않는다면 결코 훌륭한 프로그래머가 될 수 없다. 프로그램을 많이 작성해 본 사람이 프로그래밍을 잘 하게 되어 있다.

흔히들 훌륭한 프로그래머란 문제가 주어지면 한 번에 완벽한 프로그램을 작성하는 사람이라고 생각할 것이다. 하지만 20년 넘게 프로그래밍을 해 온 역자도 문제를 보고 단 번에 프로그램을 오류 없이 완벽하게 프로그래밍하는 일은 거의 없다. 물론 주어진 문제에 대해 프로그램을 잘 작성하는 능력도 중요하다. 하지만 오히려 훌륭한 프로그래머는 오류가 생기면 그 오류의 원인을 찾아 바로 수정이 가능한 사람이라고 말하고 싶다. 누구나 프로그램을 작성할 수는 있다. 하지만 프로그램에 오류가 발생하면 그 원인을 찾아 내고 수정하는 능력은 쉽게 가질 수 있는 것이 아니다. 이러한 능력을 키우려면 C++의 개념과 관련된 많은 문제를 코딩하여 컴파일해 보고 오류가 발생하면 오류 메시지를 이해하여 스스로 디버깅 작업까지 해 봐야 한다. 이렇게 하려면 예제나 문제를 많이 다루어 봐야 하는데, 이 책은 앞서 얘기한 바와 같이 이에 매우 충실한 책이다. 각 장이나 절에서 얘기하고자 하는 내용에 대해 많은 예제와 프로그래밍 실습 문제들을 제공하고 있기 때문이다. 그러므로 이 책으로 공부하는 학생들은 각 절의 개념을 이해하고 예제를 다루어 보며, 프로그래밍 문제를 직접 풀어 봄으로써 능력 있는 프로그래머의 길에 한 발짝 다가설 수 있게 될 것이다.

이 책을 읽고 C++ 언어에 대한 개념을 이해하는 데 많은 도움이 되기를 바라며, 끝으로 이 책이 출간되기까지 물심양면으로 도움을 주신 ITC 출판사의 최규학 사장님과 편집 작업에 많은 도움을 주신 관계자 여러분께 감사의 말씀을 드린다.

2016년 8월
역자 일동

차례

컴퓨터, 프로그램 및 C++ 입문

이 장의 목표

- 컴퓨터 기초, 프로그램, 운영체제 개념(1.2~1.4절)
- C++의 역사(1.5절)
- 콘솔 출력을 위한 간단한 C++ 프로그램 작성(1.6절)
- C++ 프로그램 개발 주기 이해(1.7절)
- 프로그램 유형과 문서화 이해(1.8절)
- 구문 오류와 실행 오류, 논리 오류의 차이점 이해(1.9절)

1.1 들어가기

프로그래밍이란 무엇인가?

프로그래밍

프로그램

이 책의 주요 주제는 프로그램을 작성해서 어떻게 문제를 풀 수 있는지를 배우는 것이다.

이 책은 프로그래밍에 관한 책이다. 그렇다면 **프로그래밍**이란 무엇인가? 프로그래밍이라는 용어는 소프트웨어를 생성(또는 개발)하는 것을 의미하는데, 이러한 소프트웨어를 **프로그램**이라고 부른다. 기본적으로 소프트웨어에는 컴퓨터(또는 컴퓨터로 처리되는 장치)에 무엇을 할지를 알려 주는 명령들이 포함되어 있다.

소프트웨어는 우리 주변에서 많이 존재하는데, 이런 곳에는 필요 없다고 생각할 수 있는 장치에도 들어 있는 경우가 있다. 물론 PC에 소프트웨어가 존재하고 PC에서 소프트웨어를 사용할 수 있기는 하지만, 소프트웨어는 또한 비행기, 자동차, 핸드폰, 토스터에서도 역할을 수행하고 있다. PC에서 문서를 작성하기 위해 워드프로세서를 사용하고, 인터넷을 검색하기 위해 웹 브라우저를 사용하며, 메시지를 보내기 위해 이메일 프로그램을 사용한다. 이 프로그램들이 소프트웨어의 예가 된다. 소프트웨어 개발자들은 **프로그래밍 언어**라고 하는 강력한 도구의 도움을 받아 소프트웨어를 개발한다.

이 책은 C++ 프로그래밍 언어를 사용하여 프로그램을 개발하는 방법을 설명하고 있다. 많은 프로그래밍 언어가 존재하지만 이들 중에는 10년이 넘는 것들도 있다. 각 언어는 이전 언어의 강점을 구성하거나 프로그래머에게 새롭고 유일한 일련의 도구를 제공하기 위한 특별한 목적을 위해 만들어졌다. 사용 가능한 많은 프로그래밍 언어가 있다는 것을 알게 됨으로써 어느 것이 가장 좋은지를 알고 싶어 하는 것은 자연스러운 일이라고 할 수 있다. 그러나 사실 '가장 좋은' 언어는 없다. 각각의 언어는 장점과 단점을 갖고 있다. 숙달된 프로그래머는 어떤 언어가 주어진 환경에서 잘 동작하고, 다른 상황에서는 어떤 언어가 더 적절한 언어인지를 알고 있다. 그러므로 숙련된 프로그래머는 소프트웨어 개발 도구를 사용하여 프로그래밍 언어를 다루어 봄으로써 여러 프로그래밍 언어를 공부한다.

만약 하나의 언어를 사용하여 프로그램을 작성하는 방법을 배우고 있다면 다른 언어를 익히는 것은 쉬울 것이다. 요점은 프로그래밍 언어를 사용하여 어떻게 문제를 푸는지를 배우는 것이다. 이것은 이 책의 주요 주제이다.

이제 프로그래밍 방법을 배우게 될 것이다. 우선은 컴퓨터의 기초와 프로그램, 운영체제에 대해 살펴보면 도움이 될 것이다. CPU, 메모리, 디스크, 운영체제, 프로그래밍 언어라는 용어에 친숙하다면 1.2절부터 1.4절까지의 내용은 건너뛰어도 된다.

1.2 컴퓨터의 구성

하드웨어

소프트웨어

컴퓨터는 데이터를 저장하고 처리하는 전자 장치이다.

컴퓨터는 하드웨어와 소프트웨어로 구성되어 있다. 일반적으로 하드웨어는 물리적으로 보이는 부분이고, 소프트웨어는 특정한 작업을 수행하기 위해서 보이지 않는 명령(instruction)으로 하드웨어를 제어하게 된다. 컴퓨터 하드웨어에 대한 정보 없이도 소프트웨어 명령을 작성할 수 있지만, 하드웨어를 이해한다면 프로그램 명령이 어떻게 수행되는지 더 잘 이해할 수 있게

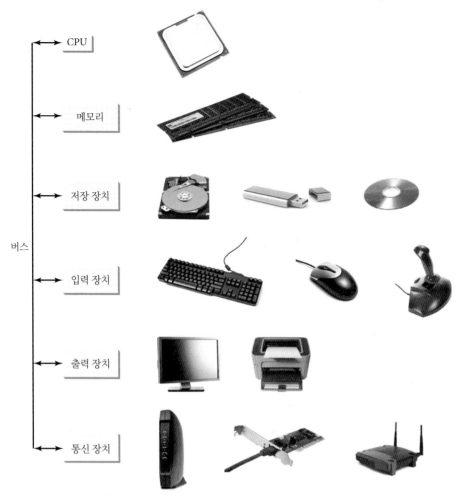

그림 1.1 컴퓨터는 CPU, 메모리, 저장 장치, 입력 장치, 출력 장치, 통신 장치로 구성되어 있다.

된다. 이 절에서는 컴퓨터 하드웨어의 구성 요소와 그 기능에 대해서 간략히 살펴본다.

컴퓨터는 다음의 주요한 하드웨어 장치로 구성되어 있다(그림 1.1 참조).

- 중앙처리장치(CPU)
- 메모리(주 메모리)
- 저장 장치(하드디스크, CD)
- 입력 장치(마우스, 키보드)
- 출력 장치(모니터, 프린터)
- 통신 장치[모뎀 및 네트워크 카드(NIC: Network Interface Card)]

컴퓨터의 각 요소는 버스(bus)라고 하는 체계로 연결되어 있다. 버스는 컴퓨터의 각 구성 **버스**
요소들로 연결된 길이라 생각할 수 있으며, 데이터와 전원이 컴퓨터의 한 부분에서 다른 부분
으로 버스를 통해 전달된다. PC에서 버스는 그림 1.2에서와 같이 컴퓨터의 **머더보드**(mother- **머더보드**
board)에 존재하며, 컴퓨터의 각 부분들을 연결하는 회로로 구성된다.

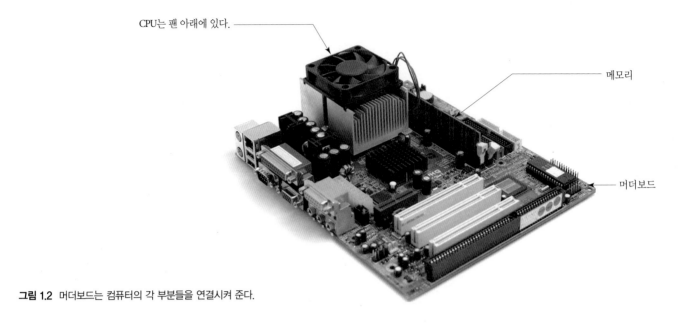

CPU는 팬 아래에 있다.

메모리

머더보드

그림 1.2 머더보드는 컴퓨터의 각 부분들을 연결시켜 준다.

1.2.1 중앙처리장치

중앙처리장치(CPU)

중앙처리장치(CPU)는 컴퓨터의 중추로서 메모리에서 명령을 읽어오고 실행하는 역할을 담당한다. CPU는 2개의 요소, 즉 제어부(control unit)와 산술논리부(arithmetic/logic unit)로 구성된다. 제어부는 다른 컴포넌트의 동작을 제어하고 조정하는 일을 담당한다. 산술논리부는 산술연산(사칙 연산)과 논리연산(비교 등)을 수행한다.

오늘날의 CPU는 정보를 처리하기 위해서 작은 실리콘 반도체 칩에 수백만 개의 **트랜지스터**를 직접(integration)하여 만들어진다.

모든 컴퓨터는 내부 클럭(clock)을 가지고 있으며 클럭은 일정한 속도로 전자 펄스를 방출하는데, 이것이 연산의 속도를 정하고 동기화하는 데 사용된다. 클럭 속도가 높을수록 주어진

속도

헤르츠(Hz)

메가헤르츠(MHz)

기가헤르츠(GHz)

시간에 실행될 명령의 수는 많아진다. 클럭 속도의 측정 단위는 **헤르츠(Hz)**이고, 1Hz는 1초에 한 번 진동함을 의미한다. 1990년대에 컴퓨터는 **메가헤르츠(MHz)**로 클럭 속도를 측정했지만 CPU의 속도는 점차 개선되어 현재는 **기가헤르츠(GHz)**로 클럭 속도를 측정한다. 인텔의 최근 프로세서는 클럭 속도가 약 3GHz이다.

코어

CPU는 원래 하나의 코어(core)를 갖도록 개발되었다. 코어는 명령을 읽고 실행하는 프로세서의 한 부분이다. CPU의 처리 전력을 높이기 위해서 칩 개발 회사들은 CPU에 여러 개의 코어가 포함된 제품을 생산하고 있다. 멀티 코어 CPU는 두 개 혹은 그 이상의 코어가 포함된 하나의 장치이다. 오늘날의 컴퓨터는 일반적으로 2개, 3개, 4개의 분리된 코어를 갖는 CPU를 사용한다. 머지않아 CPU에 10개 또는 몇 백 개의 코어가 포함되는 날이 올 것이다.

1.2.2 비트와 바이트

메모리에 대해 알아보기 전에 정보(데이터와 프로그램)가 어떻게 컴퓨터에 저장되는지를 살펴보자.

컴퓨터는 일련의 스위치라고 할 수 있는데, 각 스위치는 두 가지의 온(on) 또는 오프(off) 상태만 존재한다. 컴퓨터에서 정보를 저장한다는 것은 연속적인 스위치들을 어떻게 온 또는

오프로 설정하는가의 문제이다. 스위치가 온으로 되어 있다면 1의 값을 갖고, 오프이면 0의 값이 된다. 이 0과 1은 비트(bit: binary digits)라고 하는 이진수 시스템에서 숫자로 해석된다.

비트

컴퓨터에서의 최소 저장 단위는 **바이트**(byte)이다. 바이트는 8개의 비트로 구성되어 있다. 3과 같은 작은 수는 하나의 바이트로 저장될 수 있다. 컴퓨터는 한 바이트로 표현할 수 있는 숫자를 저장하기 위해서 여러 개의 바이트를 사용한다.

바이트

숫자나 문자와 같은 여러 종류의 데이터는 일련의 바이트들로 부호화된다. 프로그래머로서 데이터를 부호화(encoding)하거나 복호화(decoding)하는 것을 걱정할 필요는 없다. 이는 부호화 규칙에 따라 컴퓨터 시스템이 자동으로 수행한다. **부호화 규칙**이란 컴퓨터가 문자와 숫자, 부호를 컴퓨터에서 실제로 동작하도록 데이터로 변환하는 방법을 정해 놓은 규칙을 말한다. 대부분의 규칙은 각 문자를 미리 결정된 비트열로 변환한다. 예를 들어, ASCII 부호화 규칙에서 문자 **C**는 한 바이트의 **01000011**로 표현된다.

부호화 규칙

컴퓨터의 저장 공간은 다음과 같이 바이트나 바이트의 배수로 측정된다.

- **킬로바이트**(KB)는 약 1,000바이트
- **메가바이트**(MB)는 약 100만 바이트
- **기가바이트**(GB)는 약 10억 바이트
- **테라바이트**(TB)는 약 1조 바이트

킬로바이트(KB)
메가바이트(MB)
기가바이트(GB)
테라바이트(TB)

일반적으로 한 페이지의 워드 문서는 20KB 정도 되며, 1MB는 50장 정도의 문서를, 1GB는 50,000장 정도의 문서를 저장할 수 있다. 일반적인 2시간 분량의 고해상도 영화는 8GB 정도가 되므로 20개의 영화를 저장하기 위해서는 160GB가 필요하다.

1.2.3 메모리

컴퓨터의 **메모리**는 프로그램, 그리고 프로그램과 함께 동작하는 데이터를 저장하기 위해 연속적인 정렬된 바이트로 구성되어 있다. 메모리는 프로그램을 실행하기 위한 컴퓨터의 작업 영역으로 생각할 수 있다. 프로그램과 데이터는 CPU에서 실행되기 전에 컴퓨터의 메모리로 이동되어야 한다.

메모리

메모리에서의 각 바이트는 그림 1.3에서와 같이 **고유한 주소**(번지, address)를 갖는다. 주소

고유한 주소

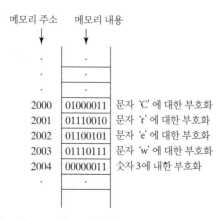

그림 1.3 메모리에는 고유한 주소의 메모리 위치로 데이터와 프로그램 명령이 저장된다.

RAM

는 데이터를 읽거나 저장하기 위한 바이트를 찾아내는 데 사용된다. 메모리 내 각 바이트는 임의의 순서로 접근이 가능하므로 메모리를 RAM(Random Access Memory)이라고 한다.

최근 PC에는 적어도 1GB 이상, 대부분 2GB나 4GB의 RAM이 장착된다. 일반적으로 말해서 컴퓨터에 높은 용량의 RAM을 장착할수록 동작 속도는 빨라진다고 할 수 있으나 경험적으로 봤을 때 이 또한 한계가 존재한다.

메모리는 완전히 비어 있지 않은 상태로 존재하는데, 하지만 메모리에 들어 있는 초기 값들은 프로그래머에게는 의미 없는 값일 것이다. 메모리의 현재 값은 새로운 정보가 메모리에 쓰일 때마다 사라지게 된다.

CPU처럼 메모리도 실리콘 반도체 칩으로 만들어지며, 수천 개의 트랜지스터가 내장된다. CPU 칩과 비교해서 메모리는 덜 복잡한 구조로 만들어지며 처리 속도도 느리고 가격도 덜 비싸다.

1.2.4 저장 장치

저장 장치

컴퓨터 메모리(RAM)는 휘발성이므로 전원이 꺼지면 메모리에 저장된 정보는 사라지게 된다. 따라서 프로그램과 데이터를 영구적으로 저장하기 위해서는 **저장 장치**에 저장해야 하며, 컴퓨터를 실제로 사용할 때는 메모리가 저장 장치에 비해서 매우 빠른 속도로 처리할 수 있으므로 프로그램과 데이터를 메모리로 옮겨서 사용한다.

다음 세 가지 유형의 저장 장치가 있다.

- 자기 디스크 드라이브
- 광 디스크 드라이브(CD, DVD)
- USB 플래시 드라이브

드라이브

드라이브는 디스크나 CD와 같은 저장 매체를 조작할 때 사용되는 장치이다. 저장 매체는 물리적으로 데이터와 프로그램 명령을 저장한다. 드라이브는 이들 매체로부터 데이터를 읽고, 매체로 데이터를 쓴다.

디스크

하드디스크

컴퓨터는 일반적으로 적어도 하나의 하드디스크 드라이브(그림 1.4 참조)를 사용하며, 하드디스크에는 데이터와 프로그램이 영구적으로 저장된다. 최근의 컴퓨터는 20GB부터 6TB까지의 데이트를 저장할 수 있는 하드디스크 드라이브를 사용한다. 하드디스크 드라이브는 일반적으로 컴퓨터 케이스 내부에 장착되어 있으나 필요할 때마다 제거가 가능한 외장 하드디스크를 사용할 수도 있다.

CD와 DVD

CD-R

CD-RW

CD는 Compact Disk의 약어로, CD-R과 CD-RW 두 가지 종류가 있다. CD-R은 한 번 쓰면 다시 쓸 수 없는 읽기 전용 장치이고, CD-RW는 하드디스크와 같이 읽고 쓰고 다시 기존 데이터를 덮어 쓸 수 있다. CD 한 장에는 700MB 정도의 데이터를 저장할 수 있다. 몇 년 전부터 PC에 CD-RW가 탑재되어 있는데, 이 드라이브는 CD-R, CD-RW 두 가지 용도로 사용할 수 있다.

그림 1.4 하드디스크 드라이브는 프로그램과 데이터를 영구적으로 저장한다.

　DVD는 Digital Versatile Disc 또는 Digital Video Disc의 약어로, CD와 비슷하게 생겼고　DVD
사용 방법도 유사하다. DVD는 CD보다 월등히 많은 정보를 저장할 수 있는데, 표준 DVD는
4.7GB까지 데이터를 저장할 수 있으며, CD와 마찬가지로 읽기만 가능한 DVD-R과 읽고 쓰
기가 모두 가능한 DVD-RW 두 종류가 있다.

USB 플래시 드라이브

USB(Universal Serial Bus) 커넥터는 컴퓨터에 여러 종류의 주변 장치를 연결할 수 있게 해 준
다. USB를 사용하여 컴퓨터에 프린터나 디지털 카메라, 마우스, 외장 하드디스크 드라이브
등의 장치를 연결할 수 있다.

　USB 플래시 드라이브는 데이터를 저장하고 이동하는 데 사용할 수 있는 장치이다. 이동식
하드디스크 같은 형태로 사용되어 컴퓨터 USB 포트에 삽입하여 사용한다. 그림 1.5와 같이
USB 플래시 드라이브는 크기는 작지만 최근에 저장 능력은 256GB까지 사용 가능하다.

그림 1.5 USB 플래시 드라이브는 이동이 가능하며 많은 데이터를 저장할 수 있다.

1.2.5 입출력 장치

입출력 장치는 사용자와 컴퓨터 간의 통신 수단을 제공하는 장치이다. 보통 입력 장치로는 키보드와 마우스가, 출력 장치로는 모니터와 프린터가 사용된다.

키보드

키보드는 컴퓨터로 문자를 입력하기 위한 장치로 그림 1.6은 전형적인 키보드이다. 컴팩트형 키보드는 숫자 키패드가 없다.

기능 키   기능 키(function key)는 키보드 상단에 위치하며, F1, F10과 같이 F로 시작하는 키이다. 각 기능은 사용되는 소프트웨어에 따라 달라진다.

보조 키   보조 키(modifier key)는 특수 키(Shift, Alt, Ctrl 키)로 일반 키와 조합하여 함께 눌렀을 때 의미를 가지는 키이다.

숫자 키패드   숫자 키패드(numerical keypad)는 키보드 우측에 위치하며, 숫자를 빠르게 입력할 수 있도록 도와주는 키이다.

화살표 키   화살표 키는 메인 키패드와 숫자 키패드 사이에 위치하고 있으며, 많은 프로그램에서 커서
삽입 키   의 상하좌우 이동에 사용된다.

삭제 키   삽입(insert), 삭제(delete), 페이지 업(page up), 페이지 다운(page down) 키는 워드 프로세
페이지 업 키   서 등의 프로그램에서 문자의 삽입, 삭제, 문서의 페이지 업, 페이지 다운 기능에 사용되는 키
페이지 다운 키   이다.

마우스

마우스는 위치 지정 도구(pointing device)로서 스크린에 커서(cursor)라고 불리는 보통 화살표 모양을 하고 있는 그래픽 포인터를 이동시키거나 어떤 실행을 하기 위해 버튼과 같은 물체를 클릭하기 위해 사용된다.

모니터

모니터는 텍스트 또는 그래픽 정보를 출력하는 장치이다. 해상도(resolution)와 도트 피치(dot

그림 1.6 키보드에는 컴퓨터로 입력을 전송하는 데 사용되는 키들이 있다.

pitch)가 모니터의 화질을 결정하게 된다.

화면 해상도는 평방 인치당 픽셀(pixel: picture elements)의 수로 결정되는데, 픽셀은 화면 화면 해상도

에 이미지를 출력하기 위해 사용되는 작은 점(화소)을 의미한다. 17인치 일반 LCD 모니터의 픽셀

경우 가로 1280, 세로 1024 픽셀을 표준 해상도로 사용한다. 해상도는 사용자에 의해 조절이

가능하고 해상도를 높이게 되면 이미지가 선명해지고 깨끗하게 보인다.

도트 피치(dot pitch)는 픽셀간 간격을 의미하는 것으로 도트 피치가 작을수록 화질이 좋아 도트 피치

진다.

1.2.6 통신 장치

컴퓨터는 다이얼업 모뎀(dial-up modem), DSL 모뎀, 케이블 모뎀(cable modem), 유선 네

트워크 카드, 무선 어뎁터 등과 같은 통신 장치를 통해 네트워크로 연결된다.

- 다이얼업 모뎀은 전화선을 사용하여 56,000bps(bit per second) 속도로 데이터를 전송할 다이얼업 모뎀
  수 있다.
- DSL(Digital Subscriber Line)도 전화선을 사용하여 통신하지만, 다이얼업 모뎀에 비해 DSL
  20배 빠른 속도로 통신이 가능하다.
- 케이블 모뎀은 케이블 TV 업체의 케이블 라인을 사용하여 통신하는 방식이며 DSL과 속 케이블 모뎀
  도가 비슷하다.
- 네트워크 인터페이스 카드(NIC: Network Interface Card)는 그림 1.7과 같이 컴퓨터를 네트워크 인터페이스 카드(NIC)
  LAN(Local Area Network)에 연결하는 데 사용되는 장치이다. LAN은 기업, 대학 및 기 LAN
  관에서 폭넓게 사용되고 있다. 고속 NIC는 1000BaseT로 1000mbps(초당 백만 비트)의 mbps
  속도로 데이터를 전송할 수 있다.
- 무선 네트워킹은 최근에 가정과 기업, 학교에서 널리 사용되고 있다. 오늘날 판매되고 있
  는 모든 노트북 컴퓨터에는 컴퓨터를 LAN과 인터넷에 접속할 수 있도록 무선 어댑터가
  장착되어 있다.

 주의
체크 포인트에 대한 답은 지원 웹사이트에서 다운로드할 수 있다.

1.1 하드웨어와 소프트웨어를 정의하여라.

1.2 컴퓨터의 주요한 하드웨어 장치 다섯 가지를 열거하여라.

1.3 CPU는 무엇을 나타내는 약자인가?

1.4 CPU의 속도를 측정하기 위해서 사용되는 단위는 무엇인가?

1.5 비트란 무엇이고, 바이트란 무엇인가?

1.6 메모리는 무엇을 위해 사용되는 것인가? RAM은 무엇을 나타내는가? 왜 RAM이라고
하는가?

1.7 메모리의 크기를 측정하기 위해 사용되는 단위는 무엇인가?

1.8 디스크의 크기를 측정하기 위해 사용되는 단위는 무엇인가?

1.9 메모리와 저장 장치의 근본적인 차이점은 무엇인가?

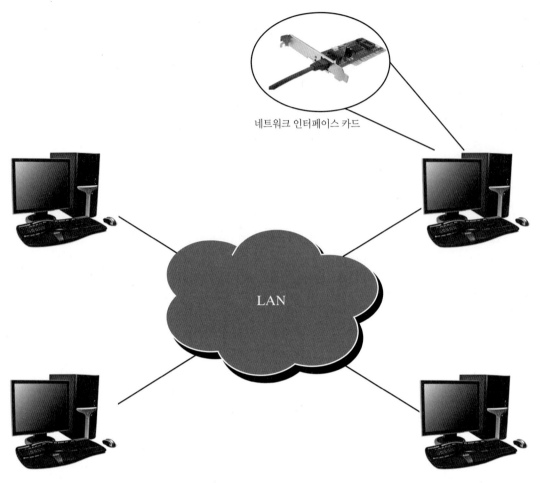

네트워크 인터페이스 카드

LAN

그림 1.7 LAN은 컴퓨터들을 서로 연결시켜 준다.

1.3 프로그래밍 언어

 Key Point

컴퓨터 프로그램이란 소프트웨어를 의미하는 것으로, 컴퓨터가 실행할 명령을 말한다.

컴퓨터는 사람의 말을 이해할 수 없으므로 프로그램은 컴퓨터가 이해할 수 있는 언어로 작성되어야 한다. 수많은 프로그래밍 언어가 존재하며, 이 언어들은 인간이 프로그래밍 작업을 하기 편리하도록 개발되었다. 그러나 모든 프로그램은 컴퓨터에서 실행될 수 있는 명령으로 변환되어야 한다.

1.3.1 기계어

기계어

컴퓨터의 종류에 따라 서로 다른 컴퓨터의 자연어(native language)인 기계어(machine language)는 가장 원시적인 수준의 명령으로 구성되어 있다. 이들 명령은 바이너리 코드 형태로 되어 있으므로, 컴퓨터에 자연이로 명령을 주려면 바이너리 코드로 명령을 입력해야 한다. 예로써 두 수를 더하는 경우 다음과 같은 이진 코드 명령을 작성하여야 한다.

1101101010011010

1.3.2 어셈블리어

기계어로 프로그래밍하는 것은 지루한 작업이 아닐 수 없다. 더군다나 기계어로 작성된 프로그램은 읽고 수정하기 매우 어렵다. 이러한 이유로 기계어의 대안으로서 오래전 **어셈블리어**(assembly language)가 개발되었다. 어셈블리어는 각각의 기계어 명령을 나타내기 위해 니모닉(mnemonic)이라고 하는 짧은 단어를 사용한다. 예를 들어, **add**라는 니모닉은 두 수를 더한다는 것이고, **sub**는 두 수를 뺀다는 것이다. 2와 3을 더하고 결과 값을 얻기 위해서 어셈블리 코드는 다음과 같이 작성될 수 있다.

> 어셈블리어

```
add 2, 3, result
```

어셈블리어는 프로그래밍을 보다 쉽게 하기 위해 만들어졌으나, 컴퓨터는 어셈블리어를 바로 이해하지는 못하기 때문에 그림 1.8과 같이 **어셈블러**(assembler)를 사용하여 어셈블리어를 기계어로 변환하는 작업이 필요하다.

> 어셈블러

어셈블리어로 코드를 작성하는 것이 기계어로 작성하는 것보다 더 쉽다. 그러나 어셈블리어로 코드를 작성하는 것은 여전히 지루한 작업이 아닐 수 없다. 어셈블리어로 된 명령어는 근본적으로 기계어 명령과 일치한다. 어셈블리어로 프로그램을 작성하려면 CPU의 동작 방법을 알고 있어야 한다. 어셈블리어는 본질적으로 기계어에 가깝고 컴퓨터에 따라 달라지므로 어셈블리어는 **저급 언어**(low-level language)로 취급된다.

> 저급 언어

1.3.3 고급 언어

1950년대에 **고급 언어**(high-level language)라고 하는 프로그래밍 언어가 새롭게 탄생하였다. 고급 언어는 플랫폼에 독립적인데, 이는 고급 언어로 프로그램을 작성할 수 있고 이 프로그램을 다른 여러 종류의 컴퓨터에서 동작시킬 수 있다는 것을 의미한다. 고급 언어는 영어 문장과 유사한 형태로 작성되어 있기 때문에 배우고 사용하기 쉽다. 고급 언어의 명령어를 **문장**(statement)이라고 한다. 예를 들어 고급 언어로 원의 반지름이 5인 원의 면적을 구하는 프로그램은 다음과 같이 작성하면 된다.

> 고급 언어

> 문장

```
area = 5 * 5 * 3.1415
```

많은 고급 언어가 있지만, 각 언어들은 각기 특정 응용 목적을 위해 개발되었다. 표 1.1은 많이 사용되는 몇 가지 고급 언어의 목록이다.

고급 언어로 작성된 프로그램을 **소스 프로그램**(source program) 또는 **소스 코드**(source code)라고 한다. 컴퓨터는 소스 프로그램을 바로 실행할 수 없기 때문에 소스 프로그램은 실

> 소스 프로그램

> 소스 코드

그림 1.8 어셈블러를 사용하여 어셈블리어를 기계어로 변환한다.

표 1.1 많이 사용되는 프로그래밍 고급 언어

언어	설명
Ada	기계적인 범용 컴퓨터로 작업을 했던 Ada Lovelace의 이름을 따서 작명된 Ada 언어는 미국 국방부와 주로 국방 관련 업무에 사용하기 위해 개발된 언어이다.
BASIC	Beginner's All-purpose Symbolic Instruction Code의 약어로서 초보자들이 쉽게 배우고 실행할 수 있도록 하기 위해 개발된 언어이다.
C	벨(Bell) 연구소에 의해 개발된 언어로서 사용하기 쉽고 고급 언어의 이식성을 갖고 있으며, 어셈블리어의 성격도 보유하고 있다.
C++	C에 근본을 둔 객체지향 언어이다.
C#	C샵이라고 발음하며, Java와 C++의 하이브리드 버전으로 Microsoft에 의해 개발되었다.
COBOL	COmmon Business Oriented Language의 약어로서 기업에서의 응용 프로그램에 주로 사용된다.
FORTRAN	FORmula TRANslation의 약어로서 과학과 수학 응용에 주로 사용된다.
Java	Sun Microsystems(현재는 Oracle)에 의해 개발된 언어로서 플랫폼에 독립적인 인터넷 응용 프로그램을 개발하는 데 널리 사용된다.
Pascal	17세기에 계산하는 기계의 개척자였던 Blaise Pascal의 이름을 따서 작명된 언어로서 쉽고 구조적이며 범용의 언어로서 주로 프로그래밍 교육을 위해 사용된다.
Python	짧은 프로그램을 작성하기에 좋은 간단한 범용 스크립트 언어이다.
Visual Basic	Microsoft에 의해 개발된 Visual Basic은 GUI(Graphical User Interface) 관련 프로그램을 빠르게 개발할 수 있게 해준다.

인터프리터

컴파일러

행을 위해 기계 코드로 변환되어야 한다. 이와 같은 변환은 **인터프리터**(interpreter) 혹은 **컴파일러**(compiler)라고 하는 프로그래밍 도구를 사용하여 실행할 수 있다.

인터프리터는 그림 1.9a에서와 같이 소스 코드로부터 한 문장을 읽고 기계 코드 또는 가상 기계 코드로 변환한 후 즉시 실행한다. 소스 코드로부터 하나의 문장이 몇 개의 기계어 명령으로 변환될 수 있다.

컴파일러는 그림 1.9b와 같이 전체 소스 코드를 기계 코드 파일로 변환하고, 기계 코드 파일이 그 이후에 실행된다.

Check Point

1.10 CPU가 이해하는 언어는 무엇인가?

1.11 어셈블리어란 무엇인가?

1.12 어셈블러란 무엇인가?

1.13 고급 프로그래밍 언어란 무엇인가?

1.14 소스 프로그램이란 무엇인가?

1.15 인터프리터란 무엇인가?

1.16 컴파일러란 무엇인가?

1.17 인터프리터로 실행된 언어와 컴파일러로 실행된 언어의 차이점은 무엇인가?

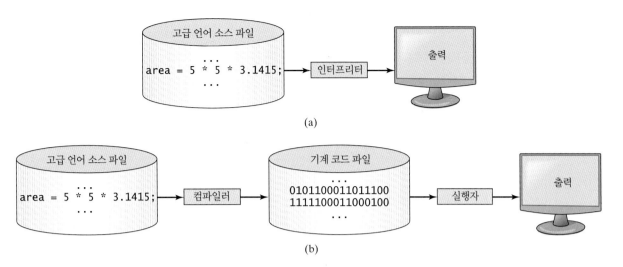

그림 1.9 (a) 인터프리터는 한 번에 한 문장씩 프로그램을 변환하고 실행한다. (b) 컴파일러는 전체 소스 프로그램을 실행을 위한 기계어 파일로 변환한다.

1.4 운영체제

운영체제는 컴퓨터를 동작시키는 가장 중요한 프로그램이다. 운영체제는 컴퓨터의 실행을 관리하고 제어한다.

운영체제(OS)

범용의 컴퓨터에서 사용되는 운영체제(OS: Operating System)는 Microsoft Windows나 Mac OS, Linux 중 하나일 것이다. 웹 브라우저나 워드 프로세서와 같은 응용 프로그램도 운영체제 없이는 실행될 수 없다. 그림 1.10은 하드웨어, 운영체제, 응용 프로그램 그리고 사용자 간의 상호관계를 나타내고 있다.

운영체제의 주요 기능은 다음과 같다.

- 시스템 동작 제어 및 모니터링
- 시스템 자원 할당 및 관리
- 프로그램 스케줄링

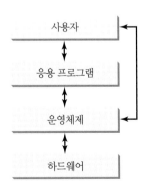

그림 1.10 사용자와 응용 프로그램은 운영체제를 통하여 컴퓨터의 하드웨어에 접근한다.

1.4.1 시스템 동작 제어 및 모니터링

운영체제는 키보드로부터 간단한 내용을 입력받아 모니터로 출력하고 저장 장치에 있는 파일 및 폴더를 관리하며 주변 장치를 제어하는 역할을 한다. 또한 여러 종류의 프로그램이 동시에 실행될 수 있도록 해 주는 기능과 여러 사용자가 동시에 시스템을 사용할 수 있도록 해 주는 기능을 제공한다. 또한 운영체제는 허용되지 않은 사용자나 프로그램이 시스템에 접근하지 못하도록 하는 보안 기능을 가지고 있다.

1.4.2 시스템 자원 할당 및 관리

운영체제는 프로그램이 실행되는 데 요구되는 CPU, 메모리, 디스크, 입출력 장치 같은 컴퓨터 자원을 관리하는 역할을 하며, 프로그램을 실행하기 위해 지원을 할당한다.

1.4.3 프로그램 스케줄링

운영체제는 시스템 자원을 효율적으로 사용하기 위해서 프로그램을 스케줄링하는 기능이 있다. 요즘에 사용되는 대부분의 운영체제는 다중프로그래밍, 멀티쓰레딩, 다중처리와 같은 기능을 제공하여 시스템의 성능을 극대화한다.

다중프로그래밍   다중프로그래밍(multiprogramming)은 여러 종류의 프로그램들이 CPU를 공유하여 동시에 실행되도록 하는 것을 의미한다. CPU는 컴퓨터의 다른 요소들보다 매우 빠르기 때문에 대부분의 시간을 쉬는(idle) 상태로 있게 된다. 예를 들면, 디스크나 다른 장치로부터 데이터 전송을 기다리는 동안에 CPU는 쉬는 상태로 대기하게 된다. 다중프로그래밍 운영체제는 CPU가 쉬는 상태일 때 복수의 프로그램이 CPU를 사용할 수 있도록 하여 고속의 CPU가 쉬는 문제를 보완할 수 있다. 예를 들어, 웹 브라우저가 파일을 다운로드하는 동안 워드 프로세서를 사용하여 문서를 작성할 수 있다.

멀티쓰레딩   멀티쓰레딩(multithreading)은 하나의 프로그램이 동시에 여러 개의 작업을 실행할 수 있도록 해 준다. 예를 들면, 워드 프로세서에서 문서의 편집과 저장을 동시에 실행할 수 있는데, 이 경우 하나의 프로그램 내에서 문서의 편집 작업과 저장 작업으로 분리하여 쓰레드로 동시에 실행하도록 하는 것이다.

다중처리   다중처리(multiprocessing) 또는 병렬처리(parallel processing)는 두 개 이상의 CPU를 사용하여 동시에 서브 작업들을 수행하고 그 다음 전체 작업의 결과를 얻기 위해 각 서브 작업의 결과를 결합한다. 이것은 여러 명의 의사가 한 명의 환자를 위해 함께 시술하는 외과 수술과 같다고 할 수 있다.

1.18 운영체제란 무엇인가? 많이 사용되는 운영체제를 기술하여라.

1.19 운영체제의 주요 기능은 무엇인가?

1.20 다중프로그래밍, 멀티쓰레딩, 다중처리란 무엇인가?

1.5 C++의 역사

C++는 범용 객체지향 프로그래밍 언어이다.

C, C++, Java, C#은 서로 관련이 있는 언어이다. C++는 C로부터 개발되었고, Java는 C++가 모델이 되었으며, C#은 C++와 비슷하면서 Java 언어의 특징을 가지고 있다. 이들 중 한 언어를 알고 있으면 다른 언어를 배우기는 쉽다.

C 언어는 B 언어로부터 발전되었으며, B 언어는 BCPL(Basic Combined Programming Language) 언어가 모태가 되었다. BCPL은 1960년대 중반 운영체제와 컴파일러 제작을 위해 마틴 리차드(Martin Richards)에 의해 개발되었으며, 켄 톰슨(Ken Thompson)은 BCPL의 많은 특징을 수용하여 B 언어를 만들었다. B 언어는 1970년대에 벨(Bell) 연구소에서 DEC PDP-7 컴퓨터의 UNIX 운영체제의 초기 버전을 만드는 데 사용되었다. BCPL과 B 언어는 데이터 유형이 없는 언어로서 모든 데이터 항목은 메모리에서 고정 길이의 '워드(word)' 또는 '셀(cell)'의 크기를 가지는 언어였기 때문에 데이터 항목을 숫자로 쓸 것인지 문자열로 쓸 것인지는 프로그래머의 판단에 따르는 형태였다. 1971년에 데니스 리치(Dennis Ritchie)는 DEC PDP-11 컴퓨터의 UNIX 운영체제를 개발하기 위해서 데이터 유형 개념과 여러 특징을 추가하여 B 언어를 확장하게 되었다. 이것이 이식성이 좋고 하드웨어 독립적인 오늘날의 C 언어가 되었으며, 운영체제를 개발하는 데 널리 사용되고 있다.

C++는 C 언어의 확장판으로서 1983~1985년 동안에 벨 연구소의 비얀 스트로스트룹(Bjarne Stroustrup)에 의해 개발되었으며, C 언어를 개선한 여러 특징들이 추가되었다. 가장 중요한 특징은 객체지향 프로그래밍(object-oriented programming)을 위해 클래스 사용에 관한 내용이 추가된 것이다. 객체지향 프로그래밍은 프로그램의 재사용을 용이하게 하고 유지보수를 쉽게 해 주며, C++는 기존 C 언어의 특징을 모두 수용하는 형태로 개발되었으므로 C 프로그램도 C++ 컴파일러에 의해 컴파일이 가능하다. C++를 배우고 나면 C 언어에 대한 이해 또한 가능해진다.

C++ 언어에 대한 국제 표준은 1998년 국제표준기구(ISO: International Standard Organization)에 의해 제정된 C++98이다. ISO 표준에서는 이식성이 강화되어 특정 시스템에서 한 회사의 컴파일러를 통해 컴파일된 프로그램은 다른 시스템의 다른 컴파일러에서도 오류 없이 컴파일된다. 표준이 제정된 지 충분한 시간이 지났기 때문에 이제는 대부분의 큰 업체는 ISO 표준을 준수하고 있다. 이러한 표준에도 불구하고, C++ 컴파일러 제작 업체들은 컴파일러에 자사만의 특징을 추가하기도 한다. 이러한 경우 C++ 프로그램은 한 업체의 컴파일러에서는 컴파일이 잘 되지만, 다른 컴파일러에서 컴파일하려면 프로그램을 수정해야 하는 불편이 따른다.

2011년 ISO에 제정된 새로운 표준인 C++11은 코어 언어와 표준 라이브러리의 특징을 추가하였다. 이러한 특징들은 고급 C++ 프로그램에 매우 유용하다. 이 책의 보너스 장과 지원 웹사이트에서 이러한 특징들에 대해 설명할 것이다.

C++는 범용의 프로그래밍 언어로서 C++를 사용하여 어떠한 프로그래밍 작업용 코드도 작성할 수 있다. C++는 객체지향 프로그래밍(OOP: Object-oriented programming) 언어이

(우측 여백 키워드)
BCPL

B

C

C++

C++98
ISO 표준

C++11

범용의 프로그래밍 언어

객체지향 프로그래밍(OOP) 언어

다. 객체지향 프로그래밍은 재사용이 가능한 소프트웨어를 개발하는 강력한 도구이다. C++에서의 객체지향 프로그래밍은 9장부터 자세히 다룰 것이다.

 Check Point

1.21 C, C++, Java, C# 언어 사이의 관련성은 무엇인가?

1.22 C++를 처음 개발한 사람은 누구인가?

1.6 간단한 C++ 프로그램

 Key Point

C++ 프로그램은 main 함수로부터 실행된다.

콘솔

콘솔 입력

콘솔 출력

C++ 언어를 사용하여 콘솔(console)에 "**Welcome to C++!**"이란 메시지를 출력하는 프로그램을 리스트 1.1에 제시하였다(콘솔은 오래된 용어인데, 컴퓨터에서의 텍스트 입력 및 출력 장치를 의미한다. 콘솔 입력은 키보드로부터 입력을 받아들이는 것을, 콘솔 출력은 모니터로 출력을 보이게 하는 것을 의미한다).

리스트 1.1 Welcome.cpp

라이브러리 포함(include)

namespace 사용

main 함수

주석
출력

정상적 종료

```
 1  #include <iostream>
 2  using namespace std;
 3
 4  int main()
 5  {
 6    // 콘솔에 Welcome to C++를 출력한다.
 7    cout << "Welcome to C++!" << endl;
 8
 9    return 0;
10  }
```

```
Welcome to C++!
```

줄 번호

줄 번호는 설명을 위해 추가한 것으로 프로그램의 일부가 아니므로 줄 번호를 작성할 필요는 없다.

프로그램에서 1번 줄,

#include <iostream>

전처리기 지시자

라이브러리

헤더 파일

은 컴파일러 전처리기 지시자(preprocessor directive)로 컴파일러로 하여금 화면 입출력을 위해 이 프로그램에 **iostream** 라이브러리를 포함하도록 한다. C++ 라이브러리에는 C++ 프로그램 개발을 위해 미리 정의된 코드가 포함되어 있다. **iostream** 같은 라이브러리는 C++에서 헤더 파일(header file)이라고 하는데, 보통 프로그램의 상단에 위치하기 때문이다.

2번 줄의 문장

using namespace std;

네임스페이스

는 컴파일러에게 표준 네임스페이스(standard namespace)를 사용한다고 알려 주는 것이다. **std**는 표준(standard)의 줄임말이다. 네임스페이스란 큰 프로그램에서 이름으로 인한 혼란을 피하기 위해 정의된 것이다. 7번 줄의 **cout**과 **endl**이라는 이름은 표준 네임스페이스에서 **iostream** 라이브러리에 정의되어 있다. 컴파일러가 이들 이름을 찾도록 하기 위해서 2번 줄 문장이 사용되어야 한다. 네임스페이스는 부록 IV.B에서 자세히 다루고 있다. 작성한 프로그램에서 입력과 출력 동작을 수행하기 위해서는 2번 줄을 작성해 주어야 한다.

모든 C++ 프로그램은 main 함수로부터 실행되며, 하나의 함수(function)는 문장 (statement)으로 구성된다. 4~10번 줄에 작성된 main 함수에는 2개의 문장이 있다. 그러한 문장들은 블록(block) 안에 작성되는데, 문장은 {(5번 줄)로 시작되며 }(10번 줄)로 끝이 난다. C++에서 모든 문장은 문 종결자인 ;(세미콜론)으로 끝내야 한다.

main 함수
블록
문 종결자

7번 줄의 문장은 콘솔(화면)에 문자열을 출력하는 것으로 **cout**은 **콘솔 출력**을 의미한다. << 연산자는 **스트림 삽입 연산자**(strcam input operator)로 문자열을 화면으로 보내는 데 사용되며, 문자열은 따옴표(")로 둘러싸여야 한다. 7번 줄의 문장은 "Welcome to C++!"를 화면으로 출력하고 이어서 **endl**을 출력하게 된다. **endl**은 마지막 줄을 의미한다. 화면에 **endl**을 출력한다는 것은 출력할 내용을 밀어내어 즉각 내용이 화면에 보이도록 하는 기능이 있다.

콘솔 출력
스트림 삽입 연산자
마지막 줄

9번 줄의 문장

return 0;

은 프로그램의 맨 마지막에 작성되어 있으며 프로그램이 종료(exit)되는 것을 의미한다. 값이 0인 것은 프로그램이 정상적인 종료가 되었음을 의미하는 것이다. 이 문장은 생략할 경우 컴파일러에 따라 프로그램이 잘 동작하거나 아니면 오류를 발생시킬 수 있다. 그러므로 모든 C++ 컴파일러에서 작성 중인 프로그램이 잘 동작하게 하려면 이 문장을 항상 포함시키는 것이 좋다.

정상적인 종료

6번 줄은 주석(comment)이라고 하며, 프로그램이 무엇이며 어떻게 작성되었는지에 대한 설명을 적는 부분이다. 주석을 잘 작성하면 프로그래머가 코드를 이해하기 편하고 다른 사람에게도 정보를 잘 전달할 수 있다. 주석은 프로그래밍 문장은 아니므로, 컴파일할 때 컴파일러는 주석을 배제시킨다. C++에서 주석은 **라인 주석**(line comment)이라고 하는 두 개의 슬래시(//)를 사용하여 한 줄짜리 주석을 작성하는 방법과 **블록 주석**(block comment) 또는 문단 주석(paragraph comment)이라고 하여 /*과 */를 사용하여 여러 문장의 주석을 작성하는 방법이 있다. 프로그램에서 //가 있으면 그 줄 끝까지 주석이 되고, /*과 */이 있으면 그 안의 모든 내용이 주석이 된다.

주석
라인 주석
블록 주석
문단 주석

다음은 이 두 종류의 주석에 대한 예이다.

```
// 이 응용프로그램은 Welcome to C++를 출력한다!
/* 이 응용프로그램은 Welcome to C++를 출력한다! */
/* 이 응용프로그램은 Welcome to C++를 출력한다! */
```

키워드(keyword) 또는 **예약어**(reserved word)는 컴파일러에게 특별한 의미를 부여하므로 프로그램에서 다른 용도로 사용할 수 없다. 리스트 1.1의 프로그램에서는 4개의 키워드, 즉 **using**, **namespace**, **int**, **return**이 있다.

키워드(또는 예약어)

지시자는 문장이 아님

 경고
전처리기 지시자(preprocessor directive)는 C++ 문장이 아니다. 그러므로 전처리기 지시자 끝에 세미콜론을 붙이면 안 된다. 세미콜론을 붙이게 되면 오류가 발생한다.

공백을 추가하지 않음

 경고
어떤 컴파일러에서는 <와 **iostream** 또는 **iostream**과 > 사이에 공백을 집어넣으면 오류가 발생하는데, 이는 추가된 공백을 헤더 파일 이름의 한 부분으로 판단하기 때문이다. 그러므로 모든 컴파일러에서 오류 없이 동작하게 하기 위해 공백을 추가하지 않도록 한다.

대소문자를 구별하는

 경고
C++ 소스 프로그램은 대소문자를 구분한다. 따라서 main 함수를 Main으로 작성하는 것은 잘못된 것이다.

주의
독자들 중에는 main 함수를 왜 이렇게 작성해야 하는지, 그리고 **cout << "Welcome to C++!"
<< endl**이 실제로 어떻게 화면에 출력되는지에 대해 궁금해할 수 있다. 지금은 완전히 이해하지는 못하겠지만, 프로그램 작성은 이렇게 하는 것이라고 생각하기 바라고 앞으로의 내용들을 살펴보다 보면 이해가 될 수 있을 것이다.

특수 문자

프로그램에서 몇 개의 특수 문자(예를 들어 #, //, <<)를 보았을 것이다. 이 문자들은 거의 모든 프로그램에서 사용되는데, 이에 대한 설명을 표 1.2에 나타내었다.

일반적인 오류

이 장에서 접하게 되는 대부분의 일반적인 오류는 구문 오류(syntax error)이다. 다른 프로

구문 법칙

그래밍 언어에서처럼 C++도 **구문**이라고 하는 문법 규칙이 존재하며 구문 법칙에 따라 코드를 작성해야 한다. 이 규칙들을 어기게 되면 C++ 컴파일러는 구문 오류를 발생시킨다. 구두법에 주의하기 바란다. << 기호는 두 개의 연속된 <이며, 함수에서 모든 문장은 세미콜론(;)으로 끝난다.

리스트 1.1의 프로그램은 한 줄의 메시지를 출력한다. 일단 이 프로그램을 이해하고 나면 여러 줄을 출력하는 것은 어려운 일이 아니다. 리스트 1.2는 리스트 1.1을 수정하여 세 줄을 출력하는 프로그램으로 수정한 것이다.

표 1.2 특수 문자

문자	이름	설명
#	샤프 기호	전처리기 지시자를 표시하기 위해서 #include와 같이 사용
< >	열고 닫는 각괄호	#include와 같이 사용될 때 라이브러리 이름을 둘러쌈
( )	열고 닫는 괄호	main()과 같이 함수와 함께 사용
{ }	열고 닫는 중괄호	문장을 둘러싸기 위한 블록을 나타냄
//	더블 슬래시	주석줄 앞에 작성
<<	스트림 삽입 연산자	콘솔(화면)로 출력
" "	열고 닫는 따옴표	연속된 문자로 이루어진 문자열 양쪽에 써 줌
;	세미콜론	문장의 끝에 입력

리스트 1.2 WelcomeWithThreeMessages.cpp

```
 1  #include <iostream>
 2  using namespace std;
 3
 4  int main()
 5  {
 6    cout << "Programming is fun!" << endl;
 7    cout << "Fundamentals First" << endl;
 8    cout << "Problem Driven" << endl;
 9
10    return 0;
11  }
```

라이브러리 포함

main 함수

출력

정상적 종료

```
Programming is fun!
Fundamentals First
Problem Driven
```

또한 프로그램에서 수학 계산을 수행하여 그 결과를 화면에 출력할 수 있다. 리스트 1.3은 그 예이다.

리스트 1.3 ComputeExpression.cpp

```
 1  #include <iostream>
 2  using namespace std;
 3
 4  int main()
 5  {
 6    cout << "(10.5 + 2 * 3) / (45 - 3.5) = ";
 7    cout << (10.5 + 2 * 3) / (45 - 3.5) << endl;
 8
 9    return 0;
10  }
```

라이브러리 포함

main 함수

출력

정상적 종료

```
(10.5 + 2 * 3) / (45 - 3.5) = 0.39759036144578314
```

C++에서 곱하기 기호는 *이다. 산술식을 C++ 문장으로 바로 변환할 수 있다. 2장에서 C++ 표현식에 대해 자세히 다룰 것이다.

하나의 문장에 여러 개의 출력을 결합시킬 수도 있다. 예를 들어, 다음 문장은 6~7번 줄과 같은 기능을 수행한다.

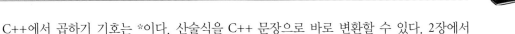

```
cout << "(10.5 + 2 * 3) / (45 - 3.5) = "
  << (10.5 + 2 * 3) / (45 - 3.5) << endl;
```

1.23 C++ 키워드를 설명하여라. 이 장에서 배운 C++ 키워드를 작성해 보아라.

1.24 C++는 대소문자를 구별하는가? C++ 키워드는 대소문자 중 어느 문자를 사용하는가?

1.25 C++ 소스 파일 이름 확장자는 무엇인가? 그리고 Windows에서 C++ 실행 파일 이름 확장자는 무엇인가?

✓Check Point

1.26 주석이란 무엇인가? C++에서 주석을 위한 구문은 어떻게 되는가? 주석은 컴파일러에 의해 무시되는가?

1.27 콘솔(화면)에 문자열을 출력하기 위한 문장은 무엇인가?

1.28 **std** 네임스페이스는 무엇을 의미하는가?

1.29 다음 전처리기 지시자 중 옳은 것은 어느 것인가?

    a. **import** iostream

    b. **#include** <iostream>

    c. **include** <iostream>

    d. **#include** iostream

1.30 다음 전처리기 지시자 중 모든 C++ 컴파일러에서 동작하는 것은 어느 것인가?

    a. **#include** < iostream>

    b. **#include** <iostream >

    c. **include** <iostream>

    d. **#include** <iostream>

1.31 다음 코드의 출력은 무엇인가?

```cpp
#include <iostream>
using namespace std;

int main()
{
  cout << "3.5 * 4 / 2 - 2.5 = " << (3.5 * 4 / 2 - 2.5) << endl;

  return 0;
}
```

1.32 다음 코드의 출력은 무엇인가?

```cpp
#include <iostream>
using namespace std;

int main()
{
  cout << "C++" << "Java" << endl;
  cout << "C++" << endl << "Java" << endl;
  cout << "C++, " << "Java, " << "and C#" << endl;

  return 0;
}
```

1.7 C++ 프로그램 개발 주기

C++ 프로그램 개발 과정은 소스 코드를 작성/수정하고, 프로그램을 컴파일과 링크, 실행하는 것으로 구성되어 있다.

Key Point

프로그램 개발은 프로그램을 작성하고 컴파일한 후, 실행하는 순서로 수행된다. 이러한 순서는 원하는 프로그램이 완성될 때까지 반복되며, 이 과정을 그림 1.11에 나타내었다. 프로그램 컴파일 시에 오류가 발생하면 프로그램을 수정하여 오류를 없애고 다시 컴파일해야 한다. 프로그램을 실행할 때 오류가 발생하거나 원하는 결과가 출력되지 않는 경우에도 프로그램을 수정해서 다시 컴파일하고 실행한다.

C++ 컴파일러는 전처리(preprocessing), 컴파일(compile), 링크(link) 세 가지 순서로 컴파일을 수행한다. C++ 컴파일러에는 3개의 분리된 프로그램, 즉 전처리기, 컴파일러, 링커가 포

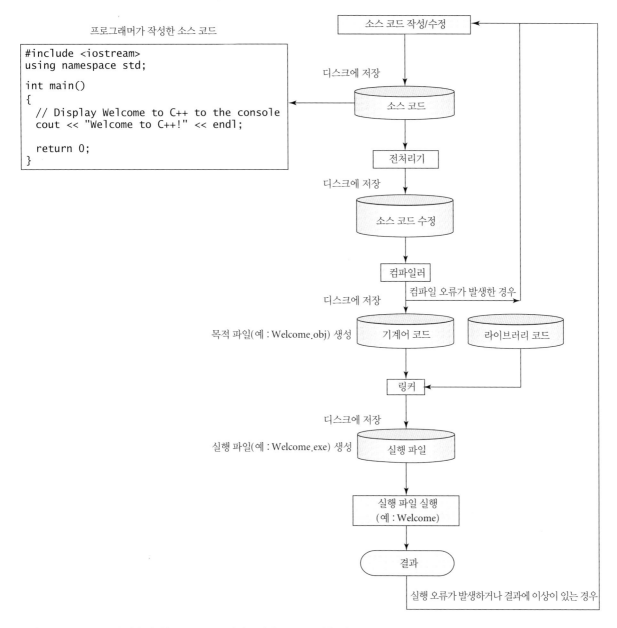

그림 1.11 C++ 프로그램 개발 과정은 소스 코드를 작성/수정하고, 프로그램을 컴파일과 링크, 실행하는 것으로 구성되어 있다.

함되어 있다. 이 모든 세 가지 프로그램을 간단히 C++ 컴파일러라고 한다.

전처리기

■ 전처리기(preprocessor)는 컴파일러가 소스 파일을 컴파일하기 전에 처리하는 프로그램을 말한다. 전처리기는 #으로 시작하는 지시자를 처리한다. 예를 들어, 리스트 1.1의 1번 줄 **#include**는 컴파일러에 해당 라이브러리를 포함하라고 하는 지시자이다. 전처리기는 중간 파일(intermediate file)을 생성시킨다.

목적 파일

■ 그 다음, 컴파일러는 기계 코드 파일로 중간 파일을 변환한다. 기계 코드 파일은 **목적**(object) 파일이라고도 하며, C++의 객체(object)와 혼동을 피하기 위해서 이 책에서는 이 용어를 사용하지 않을 것이다.

링커

■ 링커(linker)는 실행 파일 형태를 갖도록 기계 코드 파일을 라이브러리 파일과 연결시킨다. Windows에서는 기계 코드 파일이 **.obj** 확장자로 디스크에 저장되고, 실행 파일은 **.exe** 확장자로 저장된다. UNIX에서는 기계 코드 파일은 **.o** 확장자로, 실행 파일은 확장자 없이 저장된다.

.cpp 소스 파일

> **주의**
> 일반적으로 C++ 소스 파일의 확장자는 .cpp이다. 다른 컴파일러의 경우 .cpp와 다른 확장자(.c, .cp 등)를 사용하는 경우도 있으나 모든 C++ 컴파일러와 호환되기 위해서는 .cpp를 사용하는 것이 좋다.

C++ 프로그램을 작성할 때 명령 프롬프트 창이나 IDE(Integrated Development Environment)를 사용할 수 있다. IDE는 C++ 프로그램의 빠른 개발을 지원하는 소프트웨어로 **통합개발환경**이라고 한다. 편집, 컴파일, 빌드, 디버깅, 온라인 도움말 등이 하나의 그래픽 사용자 인터페이스에서 이루어진다. 하나의 창 안에서 소스 코드를 작성하거나 윈도우에서 기존의 파일을 불러와서, 버튼을 클릭하거나 메뉴항목 또는 함수키를 사용하여 컴파일하고 실행할 수 있다. 많이 사용되는 IDE로는 Microsoft Visual C++, Dev-C++, Eclipse, NetBeans 등이 있다. 모든 IDE는 무료로 다운로드할 수 있다.

통합개발환경(IDE)

부록 II.B는 Visual C++를 사용하여, 그리고 부록 II.D는 Dev-C++에서, 부록 II.E는 NetBeans IDE에서 C++ 프로그램을 개발하는 방법을 소개하고 있다. 부록 I.F는 Windows 명령 프롬프트에서 C++ 프로그램을 개발하는 방법을 설명한다. 부록 I.G는 UNIX에서의 C++ 개발 방법을 소개한다.

1.33 C++는 어느 컴퓨터에서 실행할 수 있는가? C++ 프로그램을 컴파일하고 실행하기 위해서는 무엇이 필요한가?

1.34 C++ 컴파일러의 입력과 출력은 무엇인가?

1.8 프로그래밍 스타일과 문서화

좋은 프로그래밍 스타일과 적당한 문서화는 프로그램의 이해를 쉽게 하고 오류의 발생을 줄여 준다.

프로그래밍 스타일

프로그래밍 스타일이란 프로그램을 어떤 형태로 작성할 것인지에 관한 것이다. 프로그램을 작성할 때 한 줄에 모든 내용을 작성해도 컴파일과 실행에는 아무런 문제가 없다. 그러나 프로그램을 한 줄에 작성하는 것은 프로그램의 가독성, 즉 읽고 해독하기 어렵기 때문에 좋지 않 은 프로그래밍 스타일이라고 할 수 있다. 문서화(documentation)란 프로그램을 작성할 때 프 로그램 안에 설명이 필요한 부분에 설명을 추가하거나 적절한 주석을 작성하는 것을 말한다. 프로그래밍 스타일과 문서화는 프로그램 코딩(coding) 작업만큼 중요하다. 좋은 프로그래밍 스타일로 작성되고 적절히 문서화되어 있는 프로그램은 오류를 줄이고 프로그램의 이해를 쉽 게 해 준다. 지금까지 나름대로 좋은 프로그래밍 스타일을 배워왔을 것이다. 이 절에서는 프 로그래밍 스타일과 문서화에 대해 정리하고 몇 가지 사용 방법을 제시한다. 보다 상세한 프로 그래밍 스타일과 문서화에 관한 가이드라인은 이 책의 지원 웹사이트의 부록 I.E에서 찾아볼 수 있다.

문서화

1.8.1 적절한 주석과 주석 스타일

프로그램의 앞에 프로그램의 내용에 대해서 간략히 설명하는 주석을 작성하는 것이 좋다. 이 곳에는 중요한 특징과 특별히 사용한 기법 등을 작성한다. 긴 프로그램의 경우, 주요 지점에 서 프로그램에 대한 이해를 돕기 위해 주석을 작성해야 하며, 프로그램을 이해하기 어려운 부 분에서는 그에 대한 설명을 추가해야 한다. 주석을 작성할 때는 간결한 문체로 작성하는 것이 중요한데, 프로그램에 필요 이상으로 많은 주석이 있으면 오히려 프로그램의 가독성을 떨어 뜨리기 때문이다.

1.8.2 적절한 들여쓰기와 공백

들여쓰기를 사용하면 프로그램의 이해와 읽기, 디버그, 유지보수가 쉬워진다. 들여쓰기 (indentation)는 프로그램 구성 요소나 문장 간의 구조적인 관계를 설명하는 데 사용된다. 프 로그램의 모든 문장을 첫 열부터 작성해도 C++ 컴파일러가 컴파일하는 데는 아무런 문제가 없지만, 적절히 정렬한 코드는 읽기 쉽고 유지보수하기도 쉬워진다. 각 부분 구성 요소들이 나 문장은 두 칸 이상씩 들여쓰는 것이 좋고 중첩된 경우에는 그 안에서 두 칸씩 들여쓰기 한다.

들여쓰기

다음 예와 같이 이항 연산자 앞뒤도 한 칸씩 띄어 쓴다.

| `cout << 3+4*4;` | ← 좋지 않은 스타일 |

| `cout << 3 + 4 * 4;` | ← 좋은 스타일 |

프로그램의 각 영역(segment) 사이에는 빈 줄을 한 줄 띄우는 것이 프로그램을 보기 좋게 만든다.

1.35 다음 코드를 확인하고 오류를 수정하여라.

Check Point

```
1 include <iostream>;
2 using namespace std;
3
4 int main
5 {
6   // Display Welcome to C++ to the console
```

```
 7    cout << Welcome to C++! << endl;
 8
 9    return 0;
10 }
```

1.36 주석줄과 주석 단락은 어떻게 표시해야 하는가?

1.37 프로그래밍 스타일과 문서화 가이드라인에 맞춰 다음 프로그램을 수정하여라.

```cpp
#include <iostream>
using namespace std;

int main()
{
cout << "2 + 3 = "<<2+3;
    return 0;
}
```

1.9 프로그래밍 오류

Key Point

프로그래밍 오류는 세 가지 유형, 즉 구문 오류, 실행 오류, 논리 오류로 나눌 수 있다.

아무리 숙련된 프로그래머라도 프로그래밍을 하다 보면 오류(error)를 피할 수 없다. 프로그래밍 오류는 세 가지 유형, 즉 구문 오류(syntax error), 실행 오류(runtime error), 논리 오류(logic error)로 나눌 수 있다.

1.9.1 구문 오류

구문 오류

컴파일 오류

컴파일 중에 컴파일러가 발생시키는 오류를 **구문 오류**(syntax error) 또는 **컴파일 오류**(compile error)라고 한다. 구문 오류는 코드를 작성하면서 키워드를 잘못 입력했다거나, 필요한 구두점을 빠뜨렸다거나, 여는 괄호는 있는데 닫는 괄호가 없는 경우에 발생할 수 있다. 구문 오류는 컴파일러가 어떤 줄에서 어떤 이유로 오류가 발생했는지를 알려 주기 때문에 찾기가 쉽다. 예를 들어, 리스트 1.4의 다음 프로그램에는 구문 오류가 포함되어 있다.

리스트 1.4 ShowSyntaxErrors.cpp

```cpp
1 #include <iostream>
2 using namespace std
3
4 int main()
5 {
6   cout << "Programming is fun << endl;
7
8   return 0;
9 }
```

이 프로그램을 Visual C++를 사용하여 컴파일하면 다음과 같은 오류 메시지가 표시된다.

컴파일
→

```
1>Test.cpp(4): error C2144: syntax error : 'int' should be preceded by ';'
1>Test.cpp(6): error C2001: newline in constant
1>Test.cpp(8): error C2143: syntax error : missing ';' before 'return'
```

3개의 오류가 표시되었지만 프로그램에는 실제 두 개의 오류가 있다. 첫 번째는 세미콜론 (;)이 2번 줄의 끝에 빠져 있다. 두 번째는 6번 줄에서 **Programming is fun** 문자열을 따옴표 (")로 닫아야 한다.

하나의 오류가 여러 줄의 연관된 오류를 발생시키므로 프로그램의 상단 부분부터 아래쪽으로 오류를 수정해 가는 것이 좋다. 앞쪽의 오류 한 가지를 수정하면 다음에 있는 몇 가지 오류가 고쳐지는 경우도 있다.

팁

오류를 수정하는 방법을 모른다면 책에 있는 유사 예제를 가지고 문자 대 문자로 꼼꼼하게 프로그램을 비교해 본다. 처음 몇 주 동안은 이와 같은 과정은 구문 오류를 수정하는 데 많은 시간을 소비할 것이다. 하지만 곧 구문에 친숙해지게 되고 구문 오류를 빠르게 수정할 수 있게 될 것이다.

구문 오류 수정

1.9.2 실행 오류

실행 오류(runtime error)는 프로그램이 비정상적으로 종료되도록 하는데, 이는 프로그램이 실행 중에 실행할 수 없는 연산을 만나게 되면 발생하게 된다. 잘못된 입력은 전형적인 실행 오류를 야기한다. 입력 오류는 프로그램이 처리할 수 없는 잘못된 입력이 들어왔을 경우에 발생하는 오류이며 예를 들어 숫자를 입력해야 하는데 문자열을 입력했다면 데이터 유형 오류가 발생하게 된다.

실행 오류

다른 일반적인 실행 오류는 0으로 나누기를 하는 것이다. 이는 정수 나누기에서 분모가 0일 때 발생한다. 예를 들어, 다음 리스트 1.5 프로그램은 실행 오류가 발생한다.

리스트 1.5 ShowRuntimeErrors.cpp

```cpp
 1 #include <iostream>
 2 using namespace std;
 3
 4 int main()
 5 {
 6   int i = 4;
 7   int j = 0;
 8   cout << i / j << endl;
 9
10   return 0;
11 }
```

실행 오류

여기서 **i**와 **j**를 변수라고 하며, 2장에서 변수에 대해 설명할 것이다. **i**는 4이고 **j**는 0이다. 8번 줄의 **i / j**는 0으로 나누기가 되기 때문에 실행 오류가 발생한다.

1.9.3 논리 오류

논리 오류

논리 오류(logic error)는 프로그램이 의도한 대로 실행되지 않는 오류를 말한다. 이 오류는 여러 가지 이유로 발행할 수 있다. 예를 들어, 섭씨 35도를 화씨온도로 변환하기 위한 리스트 1.6 프로그램을 작성했다고 하자.

리스트 1.6 ShowLogicErrors.cpp

```
 1 #include <iostream>
 2 using namespace std;
 3
 4 int main()
 5 {
 6   cout << "Celsius 35 is Fahrenheit degree " << endl;
 7   cout << (9 / 5) * 35 + 32 << endl;
 8
 9   return 0;
10 }
```

```
Celsius 35 is Fahrenheit degree
67
```

답은 화씨 67도로 표시되지만 이는 틀린 것이다. 정답은 95이어야 한다. C++에서 정수의 나눗셈은 몫으로만 계산되고, 소수점 이하 부분은 잘려나간다. 그래서 **9 / 5**는 **1**이 된다. 올바른 결과를 얻기 위해서는 **9.0 / 5**로 되어야 하며, 이 경우 값은 **1.8**이다.

일반적으로 구문 오류는 컴파일러가 오류가 발생한 곳을 알려 주고 오류의 이유도 표시해 주기 때문에 찾기도 쉽고 수정하기도 쉽다. 실행 오류 또한 프로그램이 중단될 때 화면에 오류의 이유와 위치가 표시되므로 찾기 어렵지 않다. 반면에, 논리 오류는 찾기가 쉽지 않다. 앞으로의 장에서 프로그램을 추적하는 기술과 논리 오류를 찾는 기법을 배울 것이다.

1.9.4 일반적인 오류

닫는 괄호(')')가 빠졌거나 세미콜론(;)을 안 붙인 경우, 문자열에서 따옴표('')를 안 붙인 경우, 스펠링이 잘못된 경우에 일반적인 오류가 발생한다.

일반적인 오류 1: 괄호 생략

괄호는 프로그램에서 블록은 나타내기 위해 사용된다. 각각의 여는 괄호는 닫는 괄호와 쌍을 이루어야 한다. 일반적인 오류는 닫는 괄호를 빼먹은 경우이다. 이 오류를 피하기 위해서는 다음 예제처럼 여는 괄호를 입력할 때마다 닫는 괄호를 입력해 주는 것이다.

```
int main()
{

} ← 즉시 닫는 괄호를 입력함으로써 여는 괄호와 결합시킬 수 있다.
```

일반적인 오류 2: 세미콜론 생략

일반적인 오류 2: 세미콜론 생략

각 문장은 문장 종결자(;)로 끝이 나야 된다. 종종 초보 프로그래머들은 다음 예의 블록 내 마지막 문장에서처럼 문장 종결자를 입력하는 것을 잊는 경우가 있다.

```cpp
int main()
{
    cout << "Programming is fun!" << endl;
    cout << "Fundamentals First" << endl;
    cout << "Problem Driven" << endl
}
                          ↑
                      세미콜론 생략
```

일반적인 오류 3: 따옴표 생략

문자열은 따옴표 사이에 존재해야 한다. 종종 초보 프로그래머들은 다음 예에서처럼 문자열의 끝에 따옴표를 입력하는 것을 잊는 경우가 있다.

```cpp
cout << "Problem Driven;
                ↑
            따옴표 생략
```

일반적인 오류 4: 이름 스펠링 오류

C++는 대소문자를 구별한다. 이름을 잘못 입력하는 경우는 초보 프로그래머들이 주로 경험하는 일반적인 오류이다. 예를 들어, 다음 코드와 같이 **main**을 **Main**으로 잘못 입력하는 경우가 있다.

```cpp
1 int Main()
2 {
3   cout << (10.5 + 2 * 3) / (45 - 3.5) << endl;
4   return 0;
5 }
```

1.38 구문 오류(컴파일 오류), 실행 오류, 논리 오류란 무엇인가?

1.39 만약 문자열에서 닫는 따옴표를 생략하게 되면 어떤 종류의 오류가 발생하는가?

1.40 만약 프로그램이 어떤 파일로부터 데이터를 읽어야 하는데, 그 파일이 존재하지 않는 경우, 이 프로그램을 실행할 때 오류가 발생할 것이다. 이 오류의 종류는 무엇인가?

1.41 직사각형의 둘레를 계산하는 프로그램을 작성해야 하는데 직사각형의 면적을 계산하기 위한 프로그램으로 잘못 작성했다고 가정해 보자. 이 오류의 종류는 무엇인가?

1.42 다음 코드를 확인하고 오류를 수정하여라.

```cpp
1 int Main()
2 {
3   cout << 'Welcome to C++!';
4   return 0;
5 )
```

주요 용어

고급 언어(high-level language)

구문 오류(syntax error)

기계어(machine language)

네임스페이스(namespace)

네트워크 인터페이스 카드(NIC: Network
    Interface Card)

논리 오류(logic error)

도트 피치(dot pitch)

라이브러리(library)

라인 주석(line comment)

링커(linker)

머더보드(motherboard)

메모리(memory)

모뎀(modem)

목적 파일(object file)

문 종결자(statement terminator)

문단 주석(paragraph comment)

문장(statement)

바이트(byte)

버스(bus)

부호화 규칙(encoding scheme)

블록(block)

블록 주석(block comment)

비트(bit)

소스 코드(source code)

소스 프로그램(source program)

소프트웨어(software)

스트림 삽입 연산자(stream insertion operator)

실행 오류(runtime error)

어셈블러(assembler)

어셈블리어(assembly language)

운영체제(OS: Operating System)

인터프리터(interpreter)

저급 언어(low-level language)

저장 장치(storage device)

전처리기(preprocessor)

주석(comment)

중앙처리장치(CPU: Central Processing Unit)

컴파일러(compiler)

컴파일 오류(compile error)

케이블 모뎀(cable modem)

콘솔(console)

콘솔 입력(console input)

콘솔 출력(console output)

키워드(keyword) 또는 예약어(reserved word)

통합개발환경(IDE: Integrated Development
    Environment)

프로그래밍(programming)

프로그램(program)

픽셀(pixel)

하드웨어(hardware)

헤더 파일(header file)

화면 해상도(resolution)

DSL(Digital Subscriber Line)

main 함수

 주의
이 주요 용어들은 이 장에서 정의된 것들이다. 부록과 용어 해설에는 이 책의 모든 주요 용어들과 기재사항들이 나열되어 있다.

요약

1. 컴퓨터는 데이터를 저장하고 처리하는 전자 장치이다.

2. 컴퓨터는 하드웨어와 소프트웨어로 구성된다.

3. 하드웨어는 손으로 만질 수 있는 컴퓨터의 물리적인 면을 말한다.

4. 소프트웨어인 컴퓨터 프로그램은 보이지 않는 내부 처리 명령을 사용하여 하드웨어를 제어하고 작업을 수행하는 것을 말한다.

5. 컴퓨터 프로그래밍은 컴퓨터가 수행할 명령(즉, 코드)을 작성하는 것을 말한다.

6. 중앙처리장치(CPU)는 컴퓨터의 두뇌 역할을 하며, 메모리로부터 명령을 검색하여 명령을 실행한다.

7. 디지털 장치는 두 가지 상태만을 가질 수 있기 때문에 컴퓨터는 0과 1만을 사용한다.

8. 비트는 0 또는 1의 이진수이다.

9. 바이트는 8개의 비트열이다.

10. 킬로바이트는 약 1,000바이트이고, 메가바이트는 약 100만 바이트, 기가바이트는 약 10억 바이트, 테라바이트는 약 1조 바이트이다.

11. 메모리는 CPU가 실행할 데이터와 프로그램 명령을 저장한다.

12. 메모리 장치는 정렬된 바이트열이다.

13. 메모리는 전원이 꺼지는 경우 정보가 사라지므로 휘발성 장치이다.

14. 프로그램과 데이터는 저장 장치에 영구히 저장되며, 컴퓨터가 사용하고자 할 때 메모리로 이동된다.

15. 기계어는 모든 컴퓨터에서 사용되는 기본적인 명령의 집합이다.

16. 어셈블리어는 저급의 프로그래밍 언어로 기계어 명령을 니모닉(mnemonic)으로 나타낸 것이다.

17. 고급 언어는 영어처럼 배우고 프로그래밍하기 쉽다.

18. 고급 언어로 작성된 프로그램을 소스 프로그램이라고 한다.

19. 컴파일러는 소스 프로그램을 기계어 프로그램으로 변환하는 소프트웨어 프로그램이다.

20. 운영체제(operating system)는 컴퓨터의 동작을 관리하고 제어하는 프로그램이다.

21. C++는 C 언어의 확장판으로서 C 언어를 개선한 여러 특징들이 추가되었다. 가장 중요한 특징은 객체지향 프로그래밍(object-oriented programming)을 위해 클래스 사용에 관한 내용이 추가된 것이다.

22. C++ 소스 코드 파일은 확장자가 .cpp이다.

23. #include는 전처리기 지시자이다. 모든 전처리기 지시자는 # 기호로 시작된다.

24. **cout**과 스트림 삽입 연산자(`<<`)는 콘솔로 문자열을 출력하는 데 사용될 수 있다.

25. 모든 C++ 프로그램은 main 함수로부터 실행된다. 함수는 문장들로 구성되는 구조이다.

26. C++에서 모든 문장은 문 종결자(statement terminator)인 세미콜론(`;`)으로 끝마쳐야 한다.

27. C++에서 주석은 라인 주석(line comment)이라고 하는 두 개의 슬래시(`//`)를 사용하여 한 줄짜리 주석을 작성하는 방법과 **블록 주석(block comment)** 또는 문단 주석 (paragraph comment)이라고 하여 `/*`과 `*/`를 사용하여 여러 문장의 주석을 작성하는 방법이 있다.

28. 키워드(keyword) 또는 예약어(reserved word)는 컴파일러에 특별한 의미를 부여하므로 프로그램에서 다른 용도로 사용할 수 없다. **using**, **namespace**, **int**, **return**은 키워드의 예이다.

29. C++ 소스 프로그램은 대소문자를 구별한다.

30. C++ 프로그램을 작성할 때 명령 프롬프트 창이나 Visual C++나 Dev-C++와 같은 IDE를 사용할 수 있다.

31. 프로그래밍 오류는 세 가지 유형, 즉 구문 오류, 실행 오류, 논리 오류로 나눌 수 있는데, 컴파일 중에 컴파일러가 발생시키는 오류를 구문 오류(syntax error)라고 하고, 실행 오류(runtime error)는 프로그램이 비정상적으로 종료되도록 하는 오류이며, 논리 오류(logic error)는 프로그램이 의도한 대로 실행되지 않는 오류를 말한다.

퀴즈

www.cs.armstrong.edu/liang/cpp3e/quiz.html에서 온라인으로 이 장에 대한 퀴즈를 풀어 보라.

프로그래밍 실습

주의

짝수번 문제에 대한 해답을 지원 웹사이트에서 제공하고 있다. 모든 문제에 대한 해답은 강사용 웹사이트(Instructor Resource Website)에서만 제공한다. 문제의 난이도를 초급(별표 없음), 중급 (*), 상급(**), 최상급(***)으로 표시해 놓았다.

1.6~1.9절

1.1 (3개의 메시지 출력) Welcome to C++, Welcome to Computer Science, Programming is fun 을 출력하는 프로그램을 작성하여라.

1.2 (5개의 메시지 출력) Welcome to C++를 다섯 번 출력하는 프로그램을 작성하여라.

*1.3 (패턴 출력) 다음 패턴을 출력하는 프로그램을 작성하여라.

```
 CCCC           +        +
 C             +        +
C          ++++++    ++++++
 C            +        +
 CCCC          +        +
```

1.4 (표 출력) 다음 표를 출력하는 프로그램을 작성하여라.

```
a        a^2      a^3
1        1        1
2        4        8
3        9        27
4        16       64
```

1.5 (수식 계산) $\dfrac{9.5 \times 4.5 + 2.5 \times 3}{45.5 - 3.5}$ 의 결과를 출력하는 프로그램을 작성하여라.

1.6 (연속 숫자 합계) $1+2+3+4+5+6+7+8+9$의 결과를 출력하는 프로그램을 작성하여라.

1.7 (π값 근사치) π는 다음 공식으로 계산할 수 있다.

$$\pi = 4 \times (1 - \frac{1}{3} + \frac{1}{5} - \frac{1}{7} + \frac{1}{9} - \frac{1}{11} + \cdots)$$

$4 \times (1 - \dfrac{1}{3} + \dfrac{1}{5} - \dfrac{1}{7} + \dfrac{1}{9} - \dfrac{1}{11})$과 $4 \times (1 - \dfrac{1}{3} + \dfrac{1}{5} - \dfrac{1}{7} + \dfrac{1}{9} - \dfrac{1}{11} + \dfrac{1}{13})$의 결과를 출력하는 프로그램을 작성하여라. 프로그램에서 **1** 대신에 **1.0**을 사용하여라.

1.8 (원의 면적과 둘레) 다음 공식을 사용하여 반지름이 **5.5**인 원의 면적과 둘레를 출력하는 프로그램을 작성하여라.

$$원의 둘레 = 2 \times 반지름 \times \pi$$

$$원의 면적 = 반지름 \times 반지름 \times \pi$$

1.9 (직사각형의 면적과 둘레) 다음 공식을 사용하여 폭이 **4.5**이고 높이가 **7.9**인 직사각형의 면적과 둘레를 출력하는 프로그램을 작성하여라.

$$직사각형의 면적 = 폭 \times 높이$$

1.10 (평균 마일 속도) 달리기 선수가 **45분 30초** 동안 **14킬로미터**를 달렸다고 가정하자. 시간당 마일(mile)의 평균 속도를 출력하는 프로그램을 작성하여라(1마일은 **1.6킬로미터**이다).

*1.11 (인구 계획) 미국 인구 조사국은 다음과 같은 가정 하에 인구를 예상하였다.

- 매 7초마다 한 명 탄생
- 매 13초마다 한 명 사망
- 매 45초마다 이민자 한 명 발생

다음 5년 동안의 매년 인구를 출력하는 프로그램을 작성하여라. 현재 인구는 312,032,486명이라고 가정하고, 1년은 365일로 계산한다. 힌트 : C++에서 두 개의 정수(integer)를 나누기 연산하면 그 결과는 소수점이 잘려나가고 몫만 계산이 된다. 예를 들어, 5/4는 1.25가 아닌 1이 되고, 10/4는 2.5가 아닌 2가 된다. 정확한 결과를 얻기 위해서는 나눗셈을 하는 값들 중 하나는 소수점이 있는 값이어야 한다. 예를 들어, 5.0/4는 1.25가 되고, 10/4.0은 2.5가 된다.

1.12 (평균 킬로미터 속도) 달리기 선수가 40분 35초 동안 24마일을 달렸다고 가정하자. 시간당 킬로미터의 평균 속도를 출력하는 프로그램을 작성하여라(1마일은 1.6킬로미터이다).

기본 프로그래밍

이 장의 목표

- 간단한 계산을 수행하는 C++ 프로그램 작성(2.2절)

- 키보드로부터 입력 값 읽기(2.3절)

- 변수나 함수와 같은 이름 요소에 식별자 사용(2.4절)

- 변수에 데이터 저장(2.5절)

- 대입문과 수식을 사용한 프로그래밍(2.6절)

- **const** 키워드를 사용한 상수(2.7절)

- 숫자 데이터 유형을 사용한 변수 선언(2.8.1절)

- 정수형, 실수형, 과학적 표현의 리터럴 사용(2.8.2절)

- +, -, *, /, % 연산자를 사용한 연산(2.8.3절)

- **pow(a, b)** 함수를 사용한 지수 연산(2.8.4절)

- 수식 작성과 계산(2.9절)

- **time(0)**을 사용한 현재 시간 계산(2.10절)

- 증강 대입 연산자(+=, -=, *=, /=, %=) 사용(2.11절)

- 전위 증가와 후위 증가, 전위 감소와 후위 감소에 대한 차이(2.12절)

- 형변환 연산자를 사용하여 다른 유형으로 숫자 변환(2.13절)

- 소프트웨어 개발 단계에 대한 기술과 이를 적용한 대출금 지급 프로그램 개발(2.14절)

- 큰 금액을 작은 단위로 전환하는 프로그램 작성(2.15절)

- 기본 프로그래밍에서의 일반적인 오류 회피(2.16절)

2.1 들어가기

이 장에서는 문제를 해결하는 데 사용되는 기본적인 프로그래밍 기술을 배운다.

앞 장에서 프로그램의 작성 방법과 컴파일 및 실행을 수행하는 방법을 살펴보았다. 이 장에서는 프로그램을 작성하여 문제를 해결하는 방법을 배울 것이다. 이러한 문제 해결을 위해 원시 데이터 유형, 변수, 상수, 연산자, 수식, 입력과 출력을 사용하여 기본적인 프로그래밍을 하는 방법을 배우게 된다.

예를 들어, 학자금 대출에 적용해 보면, 대출 금액과 기간, 연이율이 주어졌을 때 매달 상환해야 하는 금액과 총 상환액을 계산하기 위해 어떻게 프로그래밍을 해야 하는가? 이 장에서는 그러한 프로그램을 작성하는 방법을 공부해 볼 것이며, 이 장을 통해 프로그램의 분석과 해답의 설계, 프로그램을 작성하여 답을 찾으려고 할 때 포함되어야 하는 기본적인 단계들을 배우게 된다.

2.2 간단한 프로그램 작성

프로그램을 작성할 때는 문제를 해결하기 위해 전략을 세운 다음, 프로그래밍 언어를 사용하여 그 전략을 구현하도록 한다.

프로그램

간단한 프로그램의 예로써 원의 면적을 구하는 프로그램을 작성해 보자. 이 계산을 하기 위해서 어떻게 프로그램을 작성해야 할까?

알고리즘

프로그램을 작성할 때는 알고리즘을 설계하고, 설계한 알고리즘을 어떻게 프로그래밍 명령, 즉 코드로 변환할 것인지도 같이 고려해야 한다. 알고리즘(algorithm)이란 수행되어야 할 동작과 실행 순서를 작성함으로써 문제 해결 방법을 기술하는 것이다. 알고리즘은 프로그래밍 언어로 프로그램을 작성하기 전에 프로그래머에게 프로그램 설계에 도움을 줄 수 있으며,

의사코드

자연어나 의사코드(pseudocode) — 약간의 프로그래밍 코드가 섞여 있는 자연어 — 로 작성할 수 있다. 원의 면적을 구하는 프로그램을 위한 알고리즘은 다음과 같다.

1. 원의 반지름을 읽는다.
2. 다음 공식을 사용하여 원의 면적을 구한다.

원의 면적(area) = 반지름(radius) × 반지름(radius) × π

3. 면적을 출력한다.

> **팁**
> 프로그램을 코딩하기 전에 알고리즘의 형태로 프로그램(또는 근본 문제)을 요약하는 것은 좋은 프로그래밍 습관이다.

코딩, 즉 프로그램을 작성할 때 알고리즘을 프로그램으로 변환해야 한다. 이미 알고 있듯이 모든 C++ 프로그램의 실행은 main 함수에서 시작하며, main 함수의 골격은 다음과 같다.

```
int main()
{
    // 1단계: 반지름 읽기
```

```
    // 2단계: 면적 계산

    // 3단계: 면적 출력
}
```

프로그램에서는 키보드로 입력된 반지름을 읽어야 하는데, 이 때 두 가지 중요한 처리가 필요하다.

- 반지름 읽기
- 프로그램 안에 반지름 값을 기억시키기

두 번째 처리를 먼저 살펴보면, 반지름을 저장하기 위해서 프로그램 내에서는 변수 (variable)를 선언해야 한다. 변수는 컴퓨터의 메모리에 저장된 값을 나타낸다.

변수의 이름으로 단순히 **x, y** 같은 이름을 사용하기보다는 반지름에는 **radius**, 면적에는 **area**와 같이 의미를 가지는 단어를 변수로 사용하는 것이 좋다. 컴파일러에 **radius**와 **area**가 무엇인지를 알리기 위해 데이터 유형(data type)을 지정해야 하는데, 데이터 유형이란 변수에 저장된 데이터의 종류가 정수(integer)형, 실수(floating-point number)형, 또는 그 외의 종류인지를 나타낸다. 이를 변수의 선언이라고 하며, C++에서는 정수형, 실수형(소수점을 갖는 수), 문자형, 부울형을 표현하기 위한 데이터 유형을 제공하고 있다. 이들 유형을 원시 데이터 유형(primitive data type) 또는 기본 자료형(fundamental type)이라고 한다.

radius와 **area**를 배정도 실수(double-precision floating-point number) 형으로 선언하고 프로그램을 다음과 같이 작성할 수 있다.

변수

선언적 이름

데이터 유형

실수

변수의 선언

원시 데이터 유형

```
int main()
{
  double radius;
  double area;

    // 1단계: 반지름 읽기

    // 2단계: 면적 계산

    // 3단계: 면적 출력
}
```

위 프로그램에서 **radius**와 **area**는 변수로 선언되었고, **double**은 예약어로서 **radius**와 **area**가 컴퓨터에 저장된 배정도 실수 값이라는 것을 나타내고 있다.

첫 번째 단계는 사용자가 원의 반지름(**radius**) 값을 지정하도록 하는 것이다. 뒤에서 사용자에게 정보를 묻는 간단한 방법을 배울 것이다. 지금은 변수의 동작 방법을 배우기 위해서 작성 중인 프로그램 내에서 **radius**에 고정 값을 할당하는 것으로 하겠다. 나중에 사용자에게 이 값을 묻는 방식으로 프로그램을 수정할 것이다.

두 번째 단계는 면적(**area**)을 계산하는 단계로 반지름(**radius**) * 반지름(**radius**) * 3.14159의 결과를 **area**에 할당하는 것이다.

마지막 단계는 프로그램이 **cout << area**를 사용함으로써 **area** 변수에 기억된 면적 값을

화면에 출력하는 것이다.

완성된 프로그램을 리스트 2.1에 나타내었다.

리스트 2.1 ComputeArea.cpp

라이브러리 포함

```cpp
 1 #include <iostream>
 2 using namespace std;
 3
 4 int main()
 5 {
```

변수 선언

```cpp
 6     double radius;
 7     double area;
 8
 9     // 1단계: 반지름 읽기
```

값 할당

```cpp
10     radius = 20;
11
12     // 2단계: 면적 계산
13     area = radius * radius * 3.14159;
14
15     // 3단계: 면적 출력
16     cout << "The area is " << area << endl;
17
18 return 0;
19 }
```

```
The area is 1256.64
```

radius와 **area** 같은 변수는 메모리에 기억 장소를 둔다. 모든 변수는 이름, 유형, 크기, 값이 있다. 6번 줄은 **radius**에 **double** 형의 값을 기억하도록 한 것이며, **radius** 변수의 값은 값을 할당하기 전까지는 결정되지 않는다. 하지만 10번 줄에서 **radius**에 20을 할당하였다. 마찬가지로 7번 줄에서 **area** 변수를 선언하고, 13번 줄에서 **area** 값이 기억된다. 10번 줄을 주석 처리해도 프로그램을 컴파일하고 실행할 수는 있지만, **radius** 값이 지정되지 않은 상태가 되기 때문에 출력 결과를 예측할 수 없게 된다. Visual C++에서는 초기화되지 않은 변수를 참조하게 되면 실행 오류(runtime error)가 발생한다. 다음 표는 프로그램이 실행되었을 때 **area**와 **radius**의 메모리에 들어 있는 값을 보여 주고 있다. 표에서 각 행은 프로그램에서 해당 줄의 문장이 실행된 후 변수의 값을 나타낸다. 이와 같이 프로그램 동작을 확인해 보는 방법을 프로그램 추적(tracing)이라고 한다. 프로그램 추적은 프로그램이 어떻게 동작하는지에 대한 이해와 프로그램의 오류를 찾는 데 도움을 줄 수 있다.

변수 선언
값 할당

프로그램 추적

Line#	radius	area
6	undefined value	
7		undefined value
10	20	
13		1256.64

16번 줄은 **"The area is "**라는 문자열을 화면에 표시하는 부분이며, 또한 **area**의 값을 화면에 출력한다. 만약에 **area** 대신 **"area"**를 사용하면 **area**의 값이 아닌 **"area"**라는 문자열이 화면에 출력된다.

2.1 다음 코드의 출력은 무엇인가?

```
double area = 5.2;
cout << "area";
cout << area;
```

2.3 키보드로부터 입력 값 읽기

키보드로부터 입력 값을 읽는다는 것은 프로그램이 사용자로부터 입력을 받을 수 있다는 것이다.

리스트 2.1에서는 소스 코드에서 radius가 고정된 값으로 정해져 있었다. radius 값을 변경하려면 소스 코드에서 수정한 후에 다시 컴파일해야 하므로 이는 불편한 작업이 된다. 키보드로부터 입력 값을 읽기 위해서 리스트 2.2에서와 같이 **cin** 객체를 사용할 수 있다.

리스트 2.2 ComputeAreaWithConsoleInput.cpp

```
 1 #include <iostream>
 2 using namespace std;
 3
 4 int main()
 5 {
 6   // 1단계: 반지름 읽기
 7   double radius;
 8   cout << "Enter a radius: ";
 9   cin >> radius;
10
11   // 2단계: 면적 계산
12   double area = radius * radius * 3.14159;
13
14   // 3단계: 면적 출력
15   cout << "The area is " << area << endl;
16
17   return 0;
18 }
```

입력

```
Enter a radius: 2.5  ↵Enter
The area is 19.6349
```

```
Enter a radius: 23  ↵Enter
The area is 1661.9
```

8번 줄은 화면에 **"Enter a radius: "** 문자열을 출력하는 부분으로 사용자에게 입력 값을 입력하도록 유도하며, 이를 **프롬프트**(prompt)라고 한다. 프로그램을 작성할 때 키보드로부터

프롬프트

입력받을 부분이 있다면 사용자가 입력할 수 있도록 해야 한다.

9번 줄은 **cin** 객체를 사용하여 키보드로부터 값을 읽어 들인다.

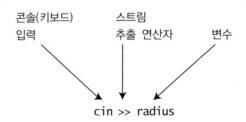

콘솔 입력

스트림 추출 연산자

cin은 콘솔 입력(console input)을 줄인 말이며, **>>** 기호는 스트림 추출 연산자(stream extraction operator)로 입력 내용을 변수에 저장하도록 한다. 위 출력에서 보인 것과 같이 **"Enter a radius: "**를 프롬프트로 출력하고 사용자는 **2.5**를 입력하였고, 입력된 값 **2.5**는 **radius** 변수에 기억된다. **cin** 객체는 키보드에서 데이터가 입력되고 엔터키를 누를 때까지 프로그램이 대기하도록 한다. C++는 키보드에서 입력된 데이터를 입력받는 변수의 유형과 일치하도록 자동으로 변환해 준다.

 주의

>>는 <<과 반대되는 연산자로, >>는 cin으로부터 변수까지의 데이터 흐름을 의미하고, <<는 변수 값이나 문자열을 cout으로 전달하는 역할을 하게 된다. >> 스트림 추출 연산자(stream extraction operator)를 변수를 가리키는 화살표로, 그리고 << 스트림 삽입 연산자(stream insertion operator)를 cout을 가리키는 화살표로 생각할 수 있다.

```
cin >> variable; // cin → variable;
cout << "Welcome "; // cout ← "Welcome";
```

여러 변수의 입력

여러 변수의 값을 읽어 들일 때 하나의 문장에서 읽어 들일 수도 있다. 예를 들어, 다음 문장은 세 가지 값을 읽어서 **x1, x2, x3** 변수에 기억하는 예이다.

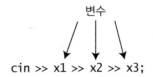

리스트 2.3은 키보드로부터 여러 개의 입력을 읽어 들이는 예로서 3개의 수를 읽고 그에 대한 평균을 출력한다.

리스트 2.3 ComputeAverage.cpp

```
1 #include <iostream>
2 using namespace std;
3
4 int main()
5 {
6   // 사용자가 3개의 수를 입력하도록 함
```

```
 7   double number1, number2, number3;
 8   cout << "Enter three numbers: ";
 9   cin >> number1 >> number2 >> number3;
10
11   // 평균 계산
12   double average = (number1 + number2 + number3) / 3;
13
14   // 결과 출력
15   cout << "The average of " << number1 << " " << number2
16     << " " << number3 << " is " << average << endl;
17
18   return 0;
19 }
```

3개의 수 읽기

```
Enter three numbers: 1 2 3 ⏎Enter
The average of 1 2 3 is 2
```

한 줄에 입력

```
Enter three numbers: 10.5 ⏎Enter
11 ⏎Enter
11.5 ⏎Enter
The average of 10.5 11 11.5 is 11
```

여러 줄에 입력

8번 줄은 사용자가 3개의 수를 입력하도록 알려 주며, 3개의 수는 9번 줄에서 입력된다. 이 프로그램의 실행 예에서 보는 바와 같이, 3개의 수를 입력하기 위해서는 한 줄에 공백으로 구분하여 입력하고 나서 마지막에 엔터키를 누르면 되고, 아니면 각각의 수를 입력 후 매번 엔터키를 눌러도 된다.

주의

이 책의 앞쪽 장들에서 대부분의 프로그램은 IPO라고 하는 세 단계, 즉 입력(input), 처리 (processing), 출력(output)을 수행한다. 입력은 사용자로부터 입력 값을 받아들이는 것이고, 처리는 입력을 사용하여 결과를 만들어 내는 것이며, 출력은 그 결과를 화면에 표시하는 것이다.

IPO

2.2 사용자에게서 키보드로부터 정수(integer)형과 실수(double)형 값을 입력받도록 하려면 어떻게 프로그램 문장을 작성해야 하는가?

Check Point

2.3 다음 코드를 실행할 때 **2, 2.5**를 입력했다면 출력은 어떻게 되는가?

```
double width;
double height;
cin >> width >> height;
cout << width * height;
```

2.4 식별자

식별자는 프로그램에서 변수나 함수와 같은 요소를 확인하는 이름을 말한다.

Key Point

리스트 2.3에서와 같이 `main`, `number1`, `number2`, `number3` 등은 프로그램에서의 이름들이다. 프로그래밍 기법에서 이러한 이름을 식별자(identifier)라고 하는데, 모든 식별자는 다음 규칙

식별자

식별자 이름 작성 규칙

을 따라야 한다.

- 식별자의 문자열로 문자, 숫자, _(밑줄)을 사용하여 작성된다.
- 식별자의 반드시 문자나 _로 시작되어야 한다.
- 식별자는 예약어를 사용하면 안 된다(예약어 리스트는 부록 A의 "C++ 키워드" 참조).
- 식별자는 길이는 제한이 없으나 C++ 컴파일러에 따라 길이에 제한이 있을 수 있으며, 보통 이식성을 위해 길이를 31자나 그 이하로 한다.

예를 들어, **area**와 **radius**는 적절한 식별자이며, **2A**, **d+4**는 작성 규칙에 위배되므로 잘못 만든 것이다. 잘못 만든 식별자는 컴파일러가 검사하여 구문 오류로 표시해 준다.

대소문자를 구별하는

 주의
C++는 대소문자를 구별하기 때문에 **area**, **Area**, **AREA**는 서로 다른 식별자이다.

 팁
식별자는 프로그램에서 변수, 함수 등 프로그램의 여러 부분에서 이름을 작성하기 위해 사용된다. 식별자에 의미를 가지도록 작성하면 프로그램을 이해하기 쉽다. 식별자를 약어로 작성하는 것을 피하고, 온전한 이름을 지어 주는 것이 더 좋다. 예를 들어, **numberOfStudents**가

서술적 이름

numStuds, **numOfStuds**, **numOfStudents**보다 더 좋은 선택이 된다. 이 책에서는 프로그램에서 이와 같은 서술적 이름들을 사용할 것이다. 그러나 종종 **i**, **j**, **k**, **x**, **y**와 같은 간략화된 이름을 부분 프로그램에서 사용하기도 한다.

 2.4 다음 식별자 중 옳은 것은 어느 것인가? C++ 키워드는 어느 것인가?

```
miles, Test, a++, --a, 4#R, $4, #44, apps
main, double, int, x, y, radius
```

2.5 변수

 변수는 프로그램에서 변경될 수 있는 값을 표시하기 위해 사용된다.

왜 변수라고 부르는가?

앞 절의 프로그램에서 본 바와 같이, 변수(variables)는 프로그램에서 사용될 값을 저장하기 위해 사용되며, 값이 변경될 수 있기 때문에 변수라고 한다. 리스트 2.2의 프로그램에서 **radius**와 **area**는 배정도 실수 유형의 변수이다. **radius**와 **area**에 숫자를 저장할 수 있으며, **radius**와 **area**의 값이 다른 값으로 변경될 수도 있다. 예를 들면, 다음과 같이 **radius**가 처음에 **1.0**(2번 줄)이었다가 **2.0**으로 변경되고(7번 줄), 면적은 **3.14159**(3번 줄)로 되었다가 **12.56636**으로 변경된다(8번 줄).

```
1 // 첫 번째 면적 계산
2 radius = 1.0;                                        radius: 1.0
3 area = radius * radius * 3.14159;                    area: 3.14159
4 cout << "The area is " << area << " for radius " << radius;
5
```

```
6 // 두 번째 면적 계산
7 radius = 2.0;
8 area = radius * radius * 3.14159;
9 cout << "The area is " << area << " for radius " << radius;
```

radius: [2.0]
area: [12.56636]

변수는 특정 유형의 데이터를 나타내기 위해 사용된다. 변수를 사용하려면 컴파일러에 사용하려는 변수의 이름은 무엇이고, 그 유형은 어떻게 되는지를 알려야 하는데, 이를 변수 선언 (variable declaration)이라고 하며, 이를 통해 컴파일러에 사용하려는 데이터 유형의 크기만큼 필요한 메모리 공간을 할당하도록 한다. 변수를 선언하는 방법은 다음과 같다.

```
datatype variableName;
```

다음은 변수 선언의 예이다.

변수 선언

```
int count;          // 정수 변수 count를 선언한다.
double radius;      // double(배정도실수) 변수 radius를 선언한다.
double interestRate;  // double 변수 interestRate를 선언한다.
```

위 예에서는 데이터 유형으로 **int**, **double**을 사용하고 있다. 뒤에서 **short**, **long**, **float**, **char**, **bool**과 같은 다른 데이터 유형에 대해 설명할 것이다.

int 형

long 형

변수의 유형이 같다면, 다음과 같이 함께 선언할 수 있다.

```
datatype variable1, variable2, ... , variablen;
```

변수는 다음 예와 같이 콤마(,)로 구분된다.

```
int i, j, k; // 정수 변수 i, j, k를 선언
```

주의
일반적으로 '변수를 **정의**'한다고 하지 않고 '변수를 **선언**'한다고 한다. 이는 미묘한 차이가 있는데, 정의는 어떤 항목이 무엇인지를 정의하는 것이고, 선언은 선언된 항목의 데이터를 저장하기 위해 메모리를 할당하는 것까지 포함한다.

정의 vs. 선언

주의
관습적으로 변수는 소문자로 작성하며, 여러 단어가 있을 때는 서로 연결하고 단어의 첫 문자만 대문자로 한다. 단, 첫 단어는 소문자로 하는데, 예를 들어 **radius**, **interestRate**와 같이 작성한다.

변수 이름 작성 관습

변수에 초기 값을 지정할 수 있는데, 즉 변수의 선언과 초기화를 한 번에 수행할 수 있다. 예를 들어, 다음 코드를 생각해 보자.

변수 초기화

```
int count = 1;
```

이는 다음 두 문장과 같은 것이다.

```
int count;
count = 1;
```

또한 같은 유형의 변수에 대한 선언과 초기화는 다음과 같이 한 번에 작성할 수 있다.

```
int i = 1, j = 2;
```

주의

C++에서는 다음 예에서와 같이 변수를 선언하고 초기화할 수 있다.

int i(1), j(2);

이는 다음과 같은 문장이다.

int i = 1, j = 2;

팁

초기화되지 않은 변수

변수는 값이 할당되기 전에 반드시 선언되어야 한다. 함수에서 선언된 변수는 값이 지정되어야 하며, 그렇지 않으면 변수는 **초기화되어 있지 않아** 값을 예측할 수 없게 된다. 가능하면 변수 선언과 초기 값 할당을 한 번에 하기 바란다. 이는 프로그램을 읽기 쉽게 하고 프로그래밍 오류를 줄여준다.

변수의 범위

모든 변수는 범위를 갖는다. 변수의 범위는 변수가 참조될 수 있는 프로그램의 부분을 말한다. 변수의 범위를 정의하는 규칙은 이 책의 후반부에서 차차 소개될 것이다. 지금은 변수는 사용되기 전에 선언되고 초기화되어야 한다는 것만 알면 충분하다.

Check Point

2.5 다음 코드를 확인하고 오류를 수정하여라.

```
1 #include<iostream>
2 using namespace std;
3
4 int Main()
5 {
6   int i = k + 1;
7   cout << I << endl;
8
9    int i = 1;
10   cout << i << endl;
11
12   return 0;
13 }
```

2.6 대입문과 수식

Key Point

대입문은 변수에 값을 지정하는 것이며, C++에서 수식으로 사용된다.

대입문

변수를 선언한 다음, 대입문(assignment statement)을 사용하여 값을 지정한다. C++에서는 등호

대입 연산자

기호(=)를 대입 연산자(assignment operator)로 사용한다. 대입문의 작성 방법은 다음과 같다.

변수(variable) = 수식(expression);

수식

수식이란 값, 변수, 연산자로 구성되어 원하는 값을 구하기 위해 계산을 하는 것을 의미한다. 예를 들어, 다음 코드를 살펴보자.

```
int y = 1;                      // 변수 y에 1을 할당
double radius = 1.0;            // 변수 radius에 1.0을 할당
int x = 5 * (3 / 2);           // 수식의 값을 변수 x에 할당
x = y + 1;                     // 변수 y와 1을 더해서 변수 x에 할당
area = radius * radius * 3.14159; // 면적(area) 계산
```

수식에 변수를 사용할 수 있는데, 변수가 = 연산자의 양쪽에 올 수도 있다. 예를 들면,

```
x = x + 1;
```

도 가능하다. 위의 예는 x + 1의 결과가 x에 저장되는데, 이 문장이 실행되기 전에 x가 1이었다면 문장 실행 후 x에는 2가 저장된다.

변수에 값을 할당하기 위해서 변수명은 대입 연산자(=)의 왼쪽에 있어야 한다. 다음 문장은 잘못된 것이다.

```
1 = x;  // 잘못된 문장
```

주의

수학에서 x = 2 * x + 1은 방정식을 의미한다. 그러나 C++에서 x = 2 * x + 1은 2 * x + 1을 계산하여 그 결과를 x에 할당하는 대입문이다.

C++에서 대입문은 대입 연산자 왼쪽의 변수에 할당할 값을 계산하는 수식이다. 이런 이유로 대입문을 대입식(assignment expression)이라고도 한다. 예를 들어, 다음 문장을 보자.   대입식

```
cout << x = 1;
```

위 표현은 올바른 것으로서 다음과 동일한 문장이다.

```
x = 1;
cout << x;
```

하나의 값이 여러 개의 변수에 할당될 경우, 다음과 같은 문장도 사용 가능하다.

```
i = j = k = 1;
```

위 표현은 다음과 동일한 문장이다.

```
k = 1;
j = k;
i = j;
```

2.6 다음 코드에서 오류를 수정하여라.

```
1 #include <iostream>
2 using namespace std;
3
4 int main()
5 {
6   int i = j = k = 1;
7
8   return 0;
9 }
```

2.7 이름 상수

상수

이름 상수는 영구적인 값을 나타내는 식별자이다.

변수의 값은 프로그램 실행 동안에 변경될 수 있지만, 이름 상수(named constant) 또는 상수(constant)는 프로그램 실행 동안 변하지 않는 영구적인 값을 갖는다. 앞서의 **ComputeArea** 프로그램에서 π는 상수이다. 이 값을 여러 번 사용하게 된다면 매번 **3.14159**를 키보드로 입력할 필요 없이 π를 상수로 선언할 수 있다. 상수를 작성하는 방법은 다음과 같다.

const 데이터 유형 상수이름(대문자) = 값;

const 키워드

상수는 선언과 초기화가 한 문장에서 이루어져야 한다. **const**는 상수를 선언할 때 사용하는 C++ 키워드이다. 예를 들어 다음 리스트 2.4는 리스트 2.2에서 π를 상수로 작성하여 다시 작성한 것이다.

리스트 2.4 ComputeAreaWithConstant.cpp

```
1 #include <iostream>
2 using namespace std;
3
4 int main()
5 {
6   const double PI = 3.14159;
7
8   // 1단계: 반지름 읽기
9   double radius;
10  cout << "Enter a radius: ";
11  cin >> radius;
12
13  // 2단계: 면적 계산
14  double area = radius * radius * PI;
15
16  // 3단계: 면적 출력
17  cout << "The area is ";
18  cout << area << endl;
19
20 return 0;
21 }
```

상수 PI

상수 이름 작성 관습

경고

관습상 상수는 대문자로 작성한다. 앞서의 예에서는 **Pi**나 **pi**가 아닌 **PI**로 지정하였다.

상수의 장점

주의

상수를 사용하면 세 가지 장점이 있다. (1) 같은 수치 값을 반복해서 입력할 필요가 없이 간단히 상수 이름을 써 주면 된다. (2) **3.14**를 **3.14159**로 변경하는 것과 같이 상수 값을 변경하고자 할 때 소스 코드에서 상수가 선언된 한 곳만 수정해 주면 된다. (3) 의미에 맞게 상수 이름을 지정해 줌으로써 프로그램의 가독성이 높아진다.

2.7 이름 상수를 사용할 때의 이점은 무엇인가? 상수 **SIZE**를 값 **20**으로 **int** 형으로 선언하여라.

2.8 다음 알고리즘을 C++ 프로그램으로 작성하여라.

　1단계: **miles**라는 **double** 형 변수를 초기 값 **100**으로 선언한다.

　2단계: **KILOMETERS_PER_MILE**이라는 **double** 형 상수를 값 **1.609**로 선언한다.

　3단계: **kilometers** 변수를 **double**형으로 선언하고, **miles**와 **KILOMETERS_PER_MILE**을 곱한 다음, 그 결과를 **kilometers**에 저장한다.

　4단계: 화면에 **kilometers** 값을 표시한다.

　4단계 이후의 **kilometers** 값은 얼마인가?

2.8 숫자 데이터 유형과 연산

C++에는 정수형과 실수형 숫자에 대해 9개의 숫자 유형과 +, −, *, /, % 연산자가 있다.

2.8.1 숫자 유형

모든 데이터 유형에는 저장할 수 있는 값의 범위가 존재한다. 컴파일러는 변수와 상수의 데이터 유형에 따라 메모리 공간을 할당한다. C++가 제공하는 원시 데이터 유형은 숫자 유형, 문자, 부울 유형이 있다. 이 절에서는 숫자 데이터 유형과 연산을 소개한다.

표 2.1에 숫자 데이터 유형과 값의 범위, 저장 공간의 크기를 나타내었다.

C++는 정수를 표현하는 데 세 가지 유형, 즉 **short**, **int**, **long**을 사용한다. 각 정수 유형은

표 2.1 숫자 데이터 유형

이름	같은 표현	범위	저장 공간 크기
short	short int	$-2^{15} \sim 2^{15}-1(-32{,}768 \sim 32{,}767)$	16비트 signed
unsigned short	unsigned short int	$0 \sim 2^{16}-1(65535)$	16비트 unsigned
int signed		$-2^{31} \sim 2^{31}-1(-2147483648 \sim 2147483647)$	32비트
unsigned	unsigned int	$0 \sim 2^{32}-1(4294967295)$	32비트 unsigned
long	long int	$-2^{31} \sim 2^{31}-1(-2147483648 \sim 2147483647)$	32비트 signed
unsigned long	unsigned long int	$0 \sim 2^{32}-1(4294967295)$	32비트 unsigned
float		음수 범위: $-3.4028235\text{E}+38 \sim -1.4\text{E}-45$ 양수 범위: $1.4\text{E}-45 \sim 3.4028235\text{E}+38$	32비트 IEEE 754
double		음수 범위: $-1.7976931348623157\text{E}+308 \sim -4.9\text{E}-324$ 양수 범위: $4.9\text{E}-324 \sim 1.7976931348623157\text{E}+308$	64비트 IEEE 754
long double		음수 범위: $-1.18\text{E}+4932 \sim 3.37\text{E}-4932$ 양수 범위: $3.37\text{E}-4932 \sim 1.18\text{E}+4932$ 유효숫자 길이: 19	80비트

부호 있는 vs. 부호 없는

부호 있는 *signed*와 부호 없는 *unsigned*로 구분된다. 부호 있는(signed) **int**에서 표현 가능한 수의 절반은 음수가 되고, 나머지 절반은 양수를 표현하게 된다. 부호 없는(unsigned) **int**가 되면 음수 영역이 없으며 모두 양수로 사용된다. 부호 있는 **int**와 부호 없는 **int**는 실제 저장 공간은 같기 때문에 부호 없는 **int**에 저장되는 최댓값은 부호 있는 **int**에 저장되는 최댓값의 두 배가 된다. 변수에 음수가 저장되는 경우가 없다고 하면 사용 가능한 최댓값이 두 배가 되는 **unsigned**로 선언하는 것이 좋다.

같은 유형

> **주의**
>
> **short int**는 **short**와 같고, **unsigned short int**는 **unsigned short**와 같다. 또한 **unsigned**는 **unsigned int**와 같고, **long int**는 **long**과 같으며, **unsigned long int**는 **unsigned long**과 같다. 예를 들어,
>
> **short int** i = 2;
>
> 는 다음과 같다.
>
> **short** i = 2;

부동소수점 유형

C++는 실수를 표현하는 데 세 가지 부동소수점 유형, 즉 **float**, **double**, **long double**을 사용한다. **double** 형은 **float**의 두 배 크기이므로 **double**을 배정도(double precision), **float**를 단정도(single precision)라고 한다. **long double**은 **double**보다 훨씬 큰 유형인데, 보통의 응용 프로그램에서는 **double**형을 사용하는 것이 바람직하다.

편의상 C++에서는 `<limits>` 헤더 파일에 INT_MIN, INT_MAX, LONG_MIN, LONG_MAX, FLT_MIN, FLT_MAX, DBL_MIN, DBL_MAX 상수를 정의해 놓았다. 이들 상수들을 프로그래밍할 때 유용하게 사용할 수 있는데, 다음 리스트 2.5를 실행해 보고 컴퓨터에서 어떤 상수 값으로 정의되는지를 살펴보기 바란다.

리스트 2.5 LimitsDemo.cpp[1]

limits 헤더

```
1 #include <iostream>
2 #include <limits>
3 using namespace std;
4
5 int main()
6 {
7   cout << "INT_MIN is " << INT_MIN << endl;
8   cout << "INT_MAX is " << INT_MAX << endl;
9   cout << "LONG_MIN is " << LONG_MIN << endl;
10  cout << "LONG_MAX is " << LONG_MAX << endl;
11  cout << "FLT_MIN is " << FLT_MIN << endl;
12  cout << "FLT_MIN is " << FLT_MAX << endl;
13  cout << "DBL_MIN is " << DBL_MIN << endl;
14  cout << "DBL_MIN is " << DBL_MAX << endl;
15
```

---

1) 역주: Visual C++ 이외의 다른 컴파일러에서는 2번 줄을 다음으로 바꿔 입력해야 한다.

```
#include <climits>

#include <cfloat>
```

```
16    return 0;
17 }
```

```
INT_MIN is -2147483648
INT_MAX is 2147483647
LONG_MIN is -2147483648
LONG_MAX is 2147483647
FLT_MIN is 1.17549e-038
FLT_MAX is 3.40282e+038
DBL_MIN is 2.22507e-308
DBL_MAX is 1.79769e+308
```

이 상수들은 좀 오래된 컴파일러에서는 정의되어 있지 않을 수 있다.

데이터 유형의 크기는 컴파일러와 컴퓨터에 따라 달라진다. 보통 **int**와 **long**은 크기가 같 크기는 다를 수 있다
지만, 어떤 컴퓨터에서는 **long** 형에 8바이트를 사용하기도 한다.

사용하는 컴퓨터에서 변수나 데이터 유형의 크기를 구할 때 **sizeof** 함수를 사용할 수 있 sizeof 함수
다. 리스트 2.6은 현재 시스템의 **int**, **long**, **double**의 크기와 **age**, **area** 변수의 크기를 출력
하는 코드이다.

리스트 2.6 SizeDemo.cpp

```cpp
 1 #include <iostream>
 2 using namespace std;
 3
 4 int main()
 5 {
 6   cout << "The size of int: " << sizeof(int) << " bytes" << endl;     sizeof(int)
 7   cout << "The size of long: " << sizeof(long) << " bytes" << endl;
 8   cout << "The size of double: " << sizeof(double)
 9     << " bytes" << endl;
10
11   double area = 5.4;
12   cout << "The size of variable area: " << sizeof(area)              sizeof(area)
13     << " bytes" << endl;
14
15   int age = 31;
16   cout << "The size of variable age: " << sizeof(age)
17     << " bytes" << endl;
18
19   return 0;
20 }
```

```
The size of int: 4 bytes
The size of long: 4 bytes
The size of double: 8 bytes
The size of variable area: 8 bytes
The size of variable age: 4 bytes
```

6번~8번 줄의 **sizeof(int)**, **sizeof(long)**, **sizeof(double)**은 **int**, **long**, **double** 형에 할당된 바이트의 크기를 반환한다. **sizeof(area)**와 **sizeof(age)**는 변수 **area**와 **age**에 할당된 바이트의 크기를 반환한다.

2.8.2 리터럴

리터럴

리터럴(literal)이란 프로그램에서 직접 사용되는 상수 값을 말한다.[2]

예를 들어, 다음 문장에서 **34**, **0.305**는 리터럴이다.

```
int i = 34;
double footToMeters = 0.305;
```

8진수와 16진수 리터럴

기본적으로 정수 리터럴은 10진수이다. 8진수 리터럴을 작성하려면 앞에 *0*(영)을 붙이고 16진수 리터럴을 작성하려면 앞에 *0x* 또는 *0X*(영과 X)를 붙인다. 예를 들어, 다음 코드는 16진수 FFFF를 10진수 **65535**로, 그리고 8진수 10을 10진수 8로 출력한다.

```
cout << 0xFFFF << " " << 010;
```

16진수, 8진수, 2진수에 대해서는 부록 D의 "수 체계"에 소개되어 있다.

실수 리터럴
과학적 기수법

실수(부동소수점, floating-point) 리터럴은 $a \times 10^b$ 형태의 과학적 기수법(scientific notation)으로 작성할 수 있다. 예를 들어, 123.456을 과학적 기수법으로 표현하면 1.23456×10^2이고, 0.0123456은 1.23456×10^{-2}가 된다. 이러한 과학적 기수법을 작성하기 위해서 특별한 구문이 사용되는데, 예를 들어, 1.23456×10^2는 **1.23456E2**나 **1.23456E+2**로 쓸 수 있고, 1.23456×10^{-2}는 **1.23456E-2**로 쓸 수 있다. 여기서 E(또는 **e**)는 지수(exponent)를 의미하며, 소문자 또는 대문자로 작성할 수 있다.

주의

float나 **double** 형은 소수점을 사용하여 수를 표현한다. 이 두 유형에 대해 **부동소수점 숫자**(floating-point number)라고 하는 것은 컴퓨터에서는 숫자를 저장할 때 내부적으로 과학적 기수법을 사용하여 저장하기 때문이다. 예를 들어, **50.534**는 **5.0534E+1**과 같은 과학적 기수법으로 변환되어 저장되는데, 즉 이 경우 소수점이 고정(fixed) 상태로 있는 게 아니라 움직이는 부동(floated) 상태가 되기 때문에 그런 이름을 부여한 것이다.

float 형
double 형
왜 부동소수점이라 부르는가?

2.8.3 수 관련 연산자

연산자

숫자 데이터 유형 관련 연산자(operator)에는 표 2.2와 같이 표준 산술 연산자, 즉 더하기(+), 빼기(-), 곱하기(*), 나누기(/), 나머지(%) 연산자가 있다. 피연산자(operand)는 연산자에 의해 연산이 수행되는 값이다.

피연산자

정수 나눗셈

나눗셈을 하는 두 수가 모두 정수일 때는 나눗셈의 결과가 정수, 즉 몫만 계산이 되며 나머지 부분(fraction part)은 버려진다. 예를 들어, **5 / 2**의 결과는 **2.5**가 아니라 **2**가 되며, **-5 / 2**

---

2) 역주: 상수와 리터럴은 다르다. 상수는 2.7절에서 설명한 것처럼 값을 가지는 변수이나 그 값을 바꿀 수 없는 변수를 말한다. 즉, 메모리에 변수를 지정하고 그 변수에 값을 초기화한 다음에는 값을 바꿀 수 없는 변수를 상수라고 한다. 2.7절에서 설명한 PI가 그 예이다. 반면, 리터럴은 이러한 변수 및 상수에 저장되는 값자체를 말한다. 정수 리터럴(10, 25), 실수 리터럴(10.3, 20e5), 문자열 리터럴("Welcome") 등이 있다. 다시 말하면, 변수나 상수가 메모리에 할당된 공간이라면 리터럴은 이 공간에 저장되는 값이라고 할 수 있다.

표 2.2 수 관련 연산자

연산자	이름	예	결과
+	더하기	34 + 1	35
–	빼기	34.0 – 0.1	33.9
*	곱하기	300 * 30	9000
/	나누기	1.0 / 2.0	0.5
%	나머지	20 % 3	2

의 결과는 **–2.5**가 아니라 **–2**이다. 일반적인 수학의 나눗셈이 수행되기 위해서는 두 수 중 적어도 하나가 실수가 되어야 한다. 예를 들어, **5.0 / 2**의 결과는 **2.5**가 된다.

모듈러(modulo) 또는 나머지를 구하는 **%** 연산자는 정수에 대해서만 적용이 되며, 나눗셈 결과 남는 나머지를 구하게 된다. 이 연산자의 왼쪽은 피제수(dividend)이고, 오른쪽은 제수(divisor)이다. 그러므로 **7 % 3**은 **1**이 되고 **3 % 7**은 **3**, **12 % 4**는 **0**, **26 % 8**은 **2**, **20 % 13**은 **7**이 된다.

모듈러

나머지

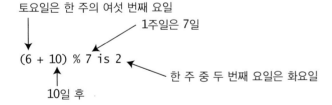

% 연산자는 보통 양의 정수에 대해 사용하지만, 음의 정수에도 적용할 수 있다. 음의 정수가 포함된 **%** 연산자의 계산은 컴파일러에 따라 다르다. C++에서 **%** 연산자는 정수에 대해서만 연산이 가능하다.

나머지 연산자 또는 모듈러 프로그램을 작성할 때 매우 유용한 기능이다. 예를 들어, 짝수 **% 2**는 항상 **0**이 되고 홀수 **% 2**는 **1**이 되므로 이 성질을 사용하면 임의 숫자가 짝수인지 홀수인지를 쉽게 알 수 있다. 오늘이 토요일이라면 7일 후에 다시 토요일이 될 텐데, 친구와 10일 후에 만나기로 했다면 그날은 무슨 요일일까? 다음처럼 계산하면 화요일이란 것을 알 수 있다.

나머지 연산자

토요일은 한 주의 여섯 번째 요일

1주일은 7일

(6 + 10) % 7 is 2

한 주 중 두 번째 요일은 화요일

10일 후

리스트 2.7은 초로 된 시간으로부터 분과 초를 계산하는 프로그램이다. 예를 들면, 500초는 8분 20초이다.

리스트 2.7 DisplayTime.cpp

```
1 #include <iostream>
2 using namespace std;
3
4 int main()
5 {
```

```
 6    // 사용자에게 입력 요청
 7    int seconds;
 8    cout << "Enter an integer for seconds: ";
 9    cin >> seconds;
10    int minutes = seconds / 60;
11    int remainingSeconds = seconds % 60;
12    cout << seconds << " seconds is " << minutes <<
13       " minutes and " << remainingSeconds << " seconds " << endl;
14
15    return 0;
16 }
```

Enter an integer for seconds: 500 ↵Enter
500 seconds is 8 minutes and 20 seconds

Line#	seconds	minutes	remainingSeconds
9	500		
10		8	
13			20

9번 줄에서 초를 읽어 들인다. 10번 줄에서 **seconds / 60**을 해서 분을 계산한다. 11번 줄에서는 분을 구하고 난 다음의 나머지 초를 (**seconds % 60**)으로 계산한다.

단항 연산자

이항 연산자

+와 - 연산자는 단항 연산자(unary operation)와 이항 연산자(binary operation)로 사용이 가능하다. 단항 연산자는 피연산자(operand)[3]를 하나 가지는 것이고, 이항 연산자는 피연산자를 2개 가지는 것이다. 예를 들어, **-5**에서 **-** 연산자도 5의 음수를 표현하는 것으로 단항 연산자이다. 반면, **4 - 5**에서 **-**는 4에서 5를 빼는 것으로 이항 연산자가 된다.

2.8.4 지수 연산

pow(a, b) 함수

pow(a, b) 함수는 a^b을 계산하는 데 사용될 수 있다. **pow**는 **cmath** 라이브러리에 정의되어 있는 함수이다. 이 함수는 a^b(예를 들어, 2^3)의 값을 계산하기 위해 **pow(a, b)**(**pow(2.0, 3)**)으로 입력하면 된다. 여기서 **a**와 **b**는 **pow** 함수의 매개변수로서, **2.0**과 **3**이 실제로 사용되는 값이 된다. 예를 들어, 다음과 같이 사용할 수 있다.

```
cout << pow(2.0, 3) << endl; // 8.0 출력
cout << pow(4.0, 0.5) << endl; // 2.0 출력
cout << pow(2.5, 2) << endl; // 6.25 출력
cout << pow(2.5, -2) << endl; // 0.16 출력
```

C++ 컴파일러에 따라 **pow(a, b)**에서 **a**나 **b**가 10진수이어야 하는 경우가 있다. 앞서의 예에서는 **2** 대신에 **2.0**을 사용하였다.

이 함수에 대한 더 자세한 사항은 6장에서 다루어 볼 것이다. 지금은 **pow** 함수가 지수 연산을 수행하는 함수라는 정도만 알고 있으면 된다.

---

3) 역주: 연산의 대상이 되는 값을 말한다.

2.9 현재 사용 중인 컴퓨터에서 **short**, **int**, **long**, **float**, **double** 중 가장 크고 작은 데이터 유형이 무엇인지를 찾아보라. 이들 데이터 유형 중 어느 것이 가장 적은 메모리를 요구하는가?

2.10 다음 중 실수에 대한 리터럴로 옳은 것은 어느 것인가?

12.3, 12.3e+2, 23.4e-2, -334.4, 20.5, 39, 40

2.11 다음 중 52.534와 같은 것은 어느 것인가?

5.2534e+1, 0.52534e+2, 525.34e-1, 5.2534e+0

2.12 다음 나머지 연산의 결과는 무엇인가?

56 % 6
78 % 4
34 % 5
34 % 15
5 % 1
1 % 5

2.13 오늘이 화요일이라면 100일 뒤는 무슨 요일이 되는가?

2.14 25 / 4의 결과는 무엇인가? 실수 값으로 결과가 나오도록 하려면 수식을 어떻게 변경해야 하는가?

2.15 다음 코드의 결과는 어떻게 되는가?

```
cout << 2 * (5 / 2 + 5 / 2) << endl;
cout << 2 * 5 / 2 + 2 * 5 / 2 << endl;
cout << 2 * (5 / 2) << endl;
cout << 2 * 5 / 2 << endl;
```

2.16 다음 문장들은 옳은 것인가? 만약 그렇다면 출력을 작성하여라.

```
cout << "25 / 4 is " << 25 / 4 << endl;
cout << "25 / 4.0 is " << 25 / 4.0 << endl;
cout << "3 * 2 / 4 is " << 3 * 2 / 4 << endl;
cout << "3.0 * 2 / 4 is " << 3.0 * 2 / 4 << endl;
```

2.17 $2^{3.5}$의 결과를 계산하기 위한 문장을 작성하여라.

2.18 **m**과 **r**이 정수라고 가정하자. 실수 값을 결과로 얻기 위한 mr^2의 C++ 수식을 작성하여라.

2.9 수식 계산과 연산자 우선순위

C++ 수식은 산술식과 같은 방법으로 계산된다.

C++에서 수식을 작성할 때 C++ 연산자를 사용하여 산술식을 그대로 변환하면 된다. 예를 들어, 다음과 같은 산술식

$$\frac{3+4x}{5} - \frac{10(y-5)(a+b+c)}{x} + 9\left(\frac{4}{x} + \frac{9+x}{y}\right)$$

은 다음의 C++ 수식으로 변환될 수 있다.

```
(3 + 4 * x) / 5 - 10 * (y - 5) * (a + b + c) / x +
9 * (4 / x + (9 + x) / y)
```

수식 계산

C++에서는 수식을 계산하는 고유의 방법이 있기는 하지만, C++ 수식과 그에 대한 산술식의 결과는 같은 값이 된다. 그러므로 C++ 수식을 계산하기 위해 산술식의 법칙을 적용하면 된다. 괄호로 둘러 싸여 있는 연산자를 가장 먼저 계산한다. 괄호는 중첩될 수 있는데, 안쪽에 있는 괄호 내부에 있는 수식을 먼저 계산한다. 수식에서 하나 이상의 연산자를 사용했을 때

연산자 우선순위 규칙

다음과 같은 연산자 우선순위 규칙이 계산 순서를 결정하기 위해서 사용된다.

- 괄호 다음에는 곱하기, 나누기, 나머지 연산자가 계산된다. 수식에서 몇 개의 곱하기, 나누기, 나머지 연산자가 사용되었다면 왼쪽에서 오른쪽으로 계산을 수행한다.
- 마지막으로 더하기와 빼기 연산을 수행한다. 수식에 몇 개의 더하기와 빼기 연산자가 사용되었다면 왼쪽에서 오른쪽으로 계산을 수행한다.

다음은 수식을 계산하는 예이다.

```
3 + 4 * 4 + 5 * (4 + 3) - 1         (1) 제일 먼저 괄호 안

3 + 4 * 4 + 5 * 7 - 1               (2) 곱하기

3 + 16 + 5 * 7 - 1                  (3) 곱하기

3 + 16 + 35 - 1                     (4) 더하기

19 + 35 - 1                        (5) 더하기

54 - 1                             (6) 빼기

53
```

리스트 2.8은 화씨(℉)를 섭씨(℃)로 변경하는 프로그램이다. 화씨를 섭씨로 바꾸는 것은 섭씨(celsius) = (5/9)(화씨(fahrenheit) −32) 공식을 사용한다.

리스트 2.8 FahrenheitToCelsius.cpp

```cpp
1 #include <iostream>
2 using namespace std;
3
4 int main()
5 {
6    // 화씨 값 입력
7    double fahrenheit;
8    cout << "Enter a degree in Fahrenheit: ";
9    cin >> fahrenheit;
10
11   // 섭씨 값 구하기
12   double celsius = (5.0 / 9) * (fahrenheit - 32);
13
14   // 결과 화면 출력
15   cout << "Fahrenheit " << fahrenheit << " is " <<
16      celsius << " in Celsius" << endl;
17
18   return 0;
19 }
```

fahrenheit 입력

celsius 계산

결과 화면 출력

```
Enter a degree in Fahrenheit: 100 ↵Enter
Fahrenheit 100 is 37.7778 in Celsius
```

Line#	fahrenheit	celsius
7	undefined	
9	100	
12		37.7778

나눗셈에서 주의할 점은 C++에서 두 정수의 나눗셈 결과는 정수가 된다는 점이다. 5/9는 5 / 9로 하면 결과가 0이 되기 때문에 **5 / 9**가 아닌 **5.0 / 9**로 해야 한다.

정수 vs. 10진수 나눗셈

✓**Check Point**

2.19 다음 산술식을 C++ 수식으로 변환하여라.

a. $\dfrac{4}{3(r+34)} - 9(a+bc) + \dfrac{3+d(2+a)}{a+bd}$

b. $5.5 \times (r+2.5)^{2.5+t}$

2.10 예제: 현재 시각 표시하기

현재 시간을 알아내기 위해서 **time(0)** 함수를 사용할 수 있다.

Key Point

이 예제는 현재 시간을 GMT(Greenwich Mean Time) 기준으로 하여 13:19:8과 같이 시(hour): 분(minute):초(second) 형식으로 출력하는 프로그램을 개발하는 것이다.

time(0) 함수는 **ctime** 헤더 파일에 있는 함수이며, 1970년 1월 1일(GMT)의 00:00:00 이후 현재 시각까지의 시간을 초(second)로 반환해 준다(그림 2.1). 이 시간을 UNIX 기준(epoch) 시간이라고도 하는데, 시간이 시작됐을 때를 말하는 것으로, 1970년에 UNIX 운영체제가 공식적으로 출시되었기 때문이다.

time(0) 함수

UNIX 기준

time(0)을 사용하여 현재 시간에 대한 초로만 된 값을 구하고, 그 값을 이용하여 다음과 같이 시, 분, 초 값을 구한다.

1. **time(0)**을 호출하여 1970년 1월 1일 자정 이후의 시간을 초(예: **1203183086**초)로 구하여 **totalSeconds**에 저장한다.

2. **totalSeconds % 60**으로 현재 시간의 초 값을 구한다(예: **1203183086**초 % 60 = 26, 26이 현재 시간의 초가 됨).

3. **totalSeconds**를 60으로 나누어 전체 분 **totalMinutes** 값을 구한다(예: **1203183086**초 / 60 = **20053051**분).

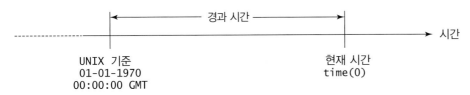

그림 2.1 **time(0)**은 UNIX 기준 시간 이후 현재까지의 시간을 초로 반환한다.

4. **totalMinutes % 60**으로 현재 시간의 분 값을 구한다(예: **20053051**분 **% 60 = 31**, **31**이 현재 시간의 분이 됨).

5. **totalMinutes**를 60으로 나누어 전체 시간 **totalHours** 값을 구한다(예: **20053051**분 / **60 = 334217**시간).

6. **totalHours % 24**로 현재 시간을 구한다(예: **334217**시간 **% 24 = 17**, **17**이 현재 시간이 됨).

리스트 2.9에 전체 프로그램을 제시하였으며, 구해진 결과를 표시하였다.

리스트 2.9 ShowCurrentTime.cpp

ctime 포함

totalSeconds

currentSecond

totalMinutes

currentMinute

totalHours

currentHour

결과 화면 출력

```cpp
 1 #include <iostream>
 2 #include <ctime>
 3 using namespace std;
 4
 5 int main()
 6 {
 7     // 1970년 1월 1일 자정 이후의 초 값 계산
 8     int totalSeconds = time(0);
 9
10     // 현재 시간의 초 값 계산
11     int currentSeconds = totalSeconds % 60;
12
13     // 전체 분 값 계산
14     int totalMinutes = totalSeconds / 60;
15
16     // 현재 분 값 계산
17     int currentMinute = totalMinutes % 60;
18
19     // 전체 시간 값 계산
20     int totalHours = totalMinutes / 60;
21
22     // 현재 시간 계산
23     int currentHour = totalHours % 24;
24
25     // 결과 화면 출력
26     cout << "Current time is " << currentHour << ":"
27         << currentMinute << ":" << currentSecond << " GMT" << endl;
28
29     return 0;
30 }
```

Current time is 17:31:26 GMT

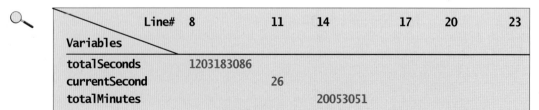

Line# Variables	8	11	14	17	20	23
totalSeconds	1203183086					
currentSecond		26				
totalMinutes			20053051			

```
currentMinute                                    31
totalHours                                               334217
currentHour                                                        17
```

8번 줄의 **time(0)**이 호출될 때 1970년 1월 1일(GMT) 시각과 현재 시각의 차이를 초로 변환하여 반환된다.

2.20 현재의 시간, 분, 초를 어떻게 알아낼 수 있는가?

Check Point

2.11 증강 대입 연산자

+, -, *, /, % 연산자는 증강 연산자의 형태로 대입 연산자와 결합될 수 있다.

Key Point

현재 변수 값을 사용하여 그 값을 변경한 다음, 결과 값을 다시 같은 변수에 기억시키는 작업은 자주 발생하게 된다. 다음 문장은 **count** 변수의 값을 1만큼 증가시킨다.

```
count = count + 1;
```

C++에서는 대입 연산자와 덧셈 연산자를 결합하여 증강 대입 연산자(augmented assignment operator)로 사용할 수 있다. 예를 들어, 앞의 문장을 다음과 같이 변경할 수 있다.

```
count += 1;
```

+=는 덧셈 대입 연산자(addition assignment operator)라고 한다. 다른 종류의 증강 연산자를 표 2.3에 나타내었다.

덧셈 대입 연산자

증강 대입 연산자는 수식을 계산할 때 마지막으로 연산이 수행된다. 예를 들어,

```
x /= 4 + 5.5 * 1.5;
```

는 다음과 같다.

```
x = x / (4 + 5.5 * 1.5);
```

경고
증강 대입 연산자 사이에는 공백이 있어서는 안 된다. 즉, + =이 아니라 +=으로 사용해야 한다.

주의
대입 연산자(=)처럼 +=, -=, *=, /=, %= 연산자들도 수식뿐 아니라 대입문 형태로 사용될 수 있다. 예를 들어, 다음 코드의 첫 줄 **x += 2**는 문장(statement)이지만 두 번째 줄은 수식(expression)이다.

표 2.3 증강 대입 연산자

연산자	이름	예	동일한 표현
+=	덧셈 대입	i += 8	i = i + 8
-=	뺄셈 대입	i -= 8	i = i - 8
*=	곱셈 대입	i *= 8	i = i * 8
/=	나눗셈 대입	i /= 8	i = i / 8
%=	나머지 대입	i %= 8	i = i % 8

```
x += 2; // 문장
cout << (x += 2); // 수식
```

2.21 다음 코드의 출력은 무엇인가?

```
int a = 6;
a -= a + 1;
cout << a << endl;
a *= 6;
cout << a << endl;
a /= 2;
cout << a << endl;
```

2.12 증감 연산자

증가(++) 연산자와 감소(--) 연산자는 변수의 값을 1씩 증가 또는 감소시키는 연산자이다.

증가 연산자(++)
감소 연산자(--)

++와 --는 1만큼 변수의 값을 증가와 감소시키는 단축 연산자(shorthand operator)이다. 많은 프로그래밍 작업에서 값을 1씩 증가나 감소시키는 일들이 자주 발생하기 때문에 그와 같은 경우 이 연산자들을 편리하게 사용할 수 있다. 예를 들어, 다음 코드는 i를 1만큼 증가시키고, j를 1만큼 감소시킨다.

```
int i = 3, j = 3;
i++; // i는 4가 됨
j--; // j는 2가 됨
```

i++는 i 플러스 플러스라고 발음하고, i--는 i 마이너스 마이너스라고 발음한다. ++와 --가 변수의 뒤에 놓여 있기 때문에 이 연산자들을 후위 증가(postfix increment (postincrement))와 후위 감소(postfix decrement (postdecrement))라고 한다. 이 연산자는 변수의 앞에 놓일 수도 있다. 예를 들어,

후위 증가
후위 감소

```
int i = 3, j = 3;
++i; // i는 4가 됨
--j; // j는 2가 됨
```

전위 증가
전위 감소

++i는 i를 1만큼 증가시키고, --j는 j를 1만큼 감소시킨다. 이 연산자들은 전위 증가(prefix increment (preincrement))와 전위 감소(prefix decrement (predecrement))라고 한다.

앞서의 예에서 i++와 ++i, 그리고 i--와 --i의 결과는 각각 동일하다. 그러나 수식에서 사용될 때는 달라진다.[4] 표 2.4는 그에 대한 차이점과 예를 설명하고 있다.

++(또는 --)의 전위 사용과 ++(또는 --)의 후위 사용에 있어서 차이점을 다른 예로 설명해 보겠다. 다음 코드를 살펴보자.

---

4) 역주: 예를 들어, 수식 안에서가 아니라 단독으로 ++i;나 i++;를 사용하면 이 두 경우는 i에 1을 증가시킨 후 계산할 수식이 더 이상 없으므로 결국 1을 증가시킨 값만 i에 저장되어, ++를 앞에 쓰나 뒤에 쓰나 결과 값이 같게 된다.

표 2.4 증감 연산자

연산자	이름	설명	예(i = 1로 가정)
++var	전위 증가	**var**의 값을 1만큼 증가시킨 후, 문장에서 새로운 값의 **var**를 사용	int j = ++i; // j는 2, i는 2
var++	후위 증가	**var**의 값을 1만큼 증가시키지만, 문장에서는 증가시키기 전의 원래 **var** 값을 사용	int j = i++; // j는 1, i는 2
--var	전위 감소	**var**의 값을 1만큼 감소시킨 후, 문장에서 새로운 값의 **var**를 사용	int j = --i; // j는 0, i는 0
var--	후위 감소	**var**의 값을 1만큼 감소시키지만, 문장에서는 감소시키기 전의 원래 **var** 값을 사용	int j = i--; // j는 1, i는 0

```
int i = 10;
int newNum = 10 * i++;
cout << "i is " << i
  << ", newNum is " << newNum;
```

우측과 같은 의미 →

```
int newNum = 10 * i;
i = i + 1;
```

```
i is 11, newNum is 100
```

이 경우 i는 1만큼 증가되지만 곱셈에서는 i의 이전 값이 사용된다. 그래서 **newNum**은 100
이 된다. 여기서 i++를 ++i로 변경하면 다음과 같다.

```
int i = 10;
int newNum = 10 * (++i);
cout << "i is " << i
  << ", newNum is " << newNum;
```

우측과 같은 의미 →

```
i = i + 1;
int newNum = 10 * i;
```

```
i is 11, newNum is 110
```

이 경우 i는 1만큼 증가되고, i의 새로운 값이 곱셈에서 사용된다. 그러므로 **newNum**은 110
이 된다.

또 다른 예를 살펴보자.

```
double x = 1.1;
double y = 5.4;
double z = x-- + (++y);
```

이 세 줄의 코드가 수행된 결과, **x**는 **0.1**, **y**는 **6.4**, **z**는 **7.5**가 된다.

> **경고**
>
> 대부분의 이항 연산자(binary operator)의 경우 피연산자의 계산 순서를 정해 놓지 않고 있다. 일
> 반적으로는 오른쪽 피연산자보다 왼쪽 피연산자가 먼저 계산되는데, C++에서 이 규칙이 항상 적
> 용되는 것은 아니다. 예를 들어, **i**가 1이라고 할 때 다음 수식
>
> ++i + i
>
> 은 왼쪽 피연산자(++**i**)가 먼저 계산되는 경우 **4**(= 2 + 2)가 되지만, 오른쪽 피연산자(**i**)가 먼저
> 계산되는 경우 **3**(= 2 + 1)이 된다.
>
> C++에서는 피연산자 연산 순서가 확실하지 않기 때문에, 피연산자 연산 순서에 따라 결과 값이
> 달라지는 애매모호한 코드는 작성하지 말아야 한다.

피연산자 연산 순서

2.22 다음 중 옳은 것은?

    a. 어떠한 수식도 C++에서 문장으로 사용될 수 있다.

    b. x++ 수식은 문장으로 사용될 수 있다.

    c. 문장 x = x + 5 또한 수식이다.

    d. x = y = x = 0은 잘못된 문장이다.

2.23 다음 코드의 출력은 무엇인가?

```
int a = 6;
int b = a++;
cout << a << endl;
cout << b << endl;
a = 6;
b = ++a;
cout << a << endl;
cout << b << endl;
```

2.24 다음 코드의 출력은 무엇인가?

```
int a = 6;
int b = a--;
cout << a << endl;
cout << b << endl;
a = 6;
b = --a;
cout << a << endl;
cout << b << endl;
```

2.13 수의 형변환

Key Point

실수는 명시적 형변환을 사용하여 정수로 변환될 수 있다.

실수형 변수에 정수 값을 대입할 수 있을까? 답은 그렇다이다. 그러면 정수형 변수에 실수 값을 대입할 수 있을까? 이 답도 또한 그렇다이다. 정수형 변수에 실수 값을 대입할 때 실수 값의 분수 부분이 잘려나간다(반올림하지 않는다). 예를 들면 다음과 같다.

```
int i = 34.7;       // i는 34
double f = i;       // f는 34
double g = 34.3;    // g는 34.3
int j = g;          // j는 34
```

두 개의 다른 유형의 피연산자로 이항 연산을 수행할 수 있을까? 답은 그렇다이다. 만약 정수와 실수가 이항 연산에 포함되어 있다면 C++는 자동으로 정수 값을 실수 값으로 변환한다. 그러므로 3 * 4.5는 3.0 * 4.5가 된다.

형변환 연산자   C++에서는 형변환 연산자(casting operator)를 사용하여 명시적으로 다른 유형으로 값을 변경할 수 있다. 문법은 다음과 같다.

static_cast<type>(value)

여기서 **value**는 변수, 리터럴 또는 수식이고, **type**은 **value**를 변환하고자 하는 유형이다. 예

를 들어, 다음 문장

```
cout << static_cast<int>(1.7);
```

은 **1**이 출력된다. **double** 값이 **int** 값으로 형변환될 때, 분수 부분이 잘려나간다.

다음 문장

```
cout << static_cast<double>(1) / 2;
```

는 **0.5**가 출력되는데, 먼저 **1**이 **1.0**으로 형변환되고, 그 다음에 **1.0**을 **2**로 나눈다. 그러나 다음 문장

```
cout << 1 / 2;
```

는 **0**을 출력하게 되는데, **1**과 **2**가 모두 정수형이기 때문에 계산 결과도 또한 정수형이 되기 때문이다.

> **주의**
>
> **(type)** 구문을 사용하여 형변환을 할 수도 있는데, 즉 괄호 안에 원하는 유형을 적고 그 다음에 변수나 리터럴, 수식을 적으면 된다. 이와 같은 방법을 **C 언어 스타일의 형변환**이라고 한다. 예를 들어,   C 언어 스타일의 형변환
>
> **int** i = **(int)**5.4;
>
> 는 다음과 같은 문장이다.
>
> **int** i = **static_cast<int>**(5.4);
>
> ISO 표준에서는 C 언어 스타일의 형변환보다 C++의 **static_cast** 연산자의 사용을 권장하고 있다.

형변환에서 작은 범위 유형의 변수를 큰 범위 유형의 변수로 변환하는 것을 **유형 확대**   유형 확대
(narrowing a type)라고 하고, 큰 범위 유형의 변수를 작은 범위 유형의 변수로 변환하는 것을
유형 축소(widening a type)라고 한다. 유형 축소는 **double** 값을 **int** 변수로 대입하는 경우처럼   유형 축소
값의 손실(오차)이 있을 수 있다. 이러한 오차는 부정확한 결과의 원인이 될 수 있다. 명시적   잦은 정밀도
인 변환을 위해 **static_cast**를 사용하지 않는 경우 컴파일러는 유형 축소의 경우 경고 메시지를 표시해 준다.

> **주의**
>
> 형변환에 의해 변수의 유형이 변경되지는 않는다. 예를 들어, 다음 프로그램에서 **d**는 형변환을 한 뒤에도 유형이 변하지 않고 그대로 double 형이다.
>
> **double** d = 4.5;
> **int** i = **static_cast<int>**(d); // i는 4가 되지만, d의 유형은 변경되지 않음

리스트 2.10은 소수점 아래 두 자리까지 세금(sales tax)을 계산하는 프로그램이다.

리스트 2.10 SalesTax.cpp

```
1 #include <iostream>
2 using namespace std;
3
4 int main()
5 {
```

```
 6    // 구매 대금 입력
 7    double purchaseAmount;
 8    cout << "Enter purchase amount: ";
 9    cin >> purchaseAmount;
10
11    double tax = purchaseAmount * 0.06;
```

형변환

```
12    cout << "Sales tax is " << static_cast<int>(tax * 100) / 100.0;
13
14    return 0;
15 }
```

```
Enter purchase amount: 197.55 ↵Enter
Sales tax is 11.85
```

Line#	purchaseAmount	tax	Output
7	undefined		
9	197.55		
11		11.853	
12			Sales tax is 11.85

숫자 형식화

purchaseAmount 변수에는 사용자가 입력한 값으로 구매 대금이 저장된다(7~9번 줄). 사용자가 **197.55**를 입력했다고 하면 세금은 구매 대금의 6%로 **tax**는 **11.853**이 된다(11번 줄). 12번 줄은 소수점 두 번째 자리까지 세금을 출력하는 부분이다.

tax * 100은 1185.3이고,
static_cast<int>(tax * 100)은 **1185**,
static_cast<int>(tax * 100) / 100.0은 **11.85**가 된다.

그러므로 12번 줄 문장은 소수점 두 번째 자리의 세금 **11.85**를 출력한다.

Check Point

2.25 다른 유형의 수치 값들을 계산에서 함께 사용할 수 있는가?

2.26 **double** 형을 **int** 형으로의 명시적 형변환에서는 **double** 값의 분수 부분이 어떻게 되는가? 형변환이 형변환되는 변수를 변경시킬 수 있는가?

2.27 다음 코드의 출력은 무엇인가?

```
double f = 12.5;
int i = f;
cout << "f is " << f << endl;
cout << "i is " << i << endl;
```

2.28 리스트 2.10의 12번 줄 static_cast<int>(tax * 100) / 100.0을 static_cast<int>(tax * 100) / 100으로 변경한다면 197.556의 구매 대금 입력에 대한 출력은 어떻게 되는가?

2.29 다음 코드의 출력은 무엇인가?

```
double amount = 5;
cout << amount / 2 << endl;
cout << 5 / 2 << endl;
```

2.14 소프트웨어 개발 과정

소프트웨어 개발 라이프 사이클은 요구 조건 명세화, 분석, 설계, 구현, 테스트, 배치, 유지보수가 포함된 여러 단계의 과정이다.

소프트웨어 제품을 개발하는 것은 공학적 설계 과정이다. 소프트웨어 제품은 그 크기에 상관없이 그림 2.2에 나타낸 것처럼 요구 조건 명세화, 분석, 설계, 구현, 테스트, 배치, 유지보수와 같은 라이프 사이클을 갖는다.

요구 조건 명세화(requirement specification)는 소프트웨어가 다루어야 할 문제에 대해 이해하고 소프트웨어 시스템이 해야 할 일들을 자세하게 문서화하는 과정이다. 이 단계에서는 사용자와 개발자 사이의 친밀한 대화가 있어야 한다. 이 책의 대부분의 예는 간단하다. 그리고 요구 조건도 명백하게 기술되어 있다. 그러나 실제 세계에서는 문제가 항상 잘 정의되어 있지 않다. 개발자들은 소비자(소프트웨어를 사용할 개인이나 조직)와 가깝게 지내며 작업하고, 소프트웨어가 무엇을 수행할지를 확인하기 위해 주의 깊게 문제를 연구할 필요가 있다.

요구 조건 명세화

시스템 분석(system analysis)은 데이터 흐름을 분석하고 시스템의 입력과 출력을 확인하는 과정이다. 분석은 우선 출력이 무엇인지를 확인하고, 그 다음에 출력을 만들어 내기 위해 필요한 입력 데이터가 무엇인지를 이해하는 과정이다.

시스템 분석

시스템 설계(system design)는 입력으로부터 출력을 얻는 과정이다. 이 단계에서는 문제를 다루기 쉬운 구성 요소와 각 구성 요소를 구현하기 위한 설계 전략으로 나누기 위해 많은 단계의 추상적인 개념이 사용된다. 각각의 구성 요소를 시스템의 특정 기능을 수행하는 서브시스템으로 생각할 수 있다. 시스템 분석과 설계의 본질은 입력, 처리, 출력(IPO)이다.

시스템 설계

IPO

구현(implementation)은 시스템 설계를 프로그램으로 변환하는 과정이다. 각 구성 요소에 대해 분리된 프로그램을 작성하고 차후에 한꺼번에 동작하도록 통합하게 된다. 이 과정은 C++와 같은 프로그래밍 언어의 사용이 필요하다. 구현에는 코딩, 셀프 테스트, 디버깅(즉, 코

구현

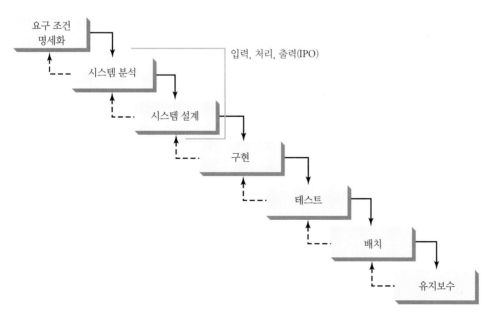

그림 2.2 소프트웨어 개발 라이프 사이클의 어느 단계에서 오류를 수정하거나, 기대했던 기능으로 소프트웨어를 동작하지 못하게 하는 문제를 처리하기 위해 이전 단계로 되돌아가는 것이 필요할 수도 있다.

드에서 버그(bug)라고 하는 오류를 찾아낸 것)이 포함된다.

테스트
　　테스트(testing)는 코드가 요구 조건을 만족하는지를 확인하고 버그(오류)를 제거하는 과정이다. 제품의 설계와 구현에 포함되지 않은 독립된 소프트웨어 기술자들의 팀은 항상 이러한 테스트 과정을 수행한다.

배치
　　배치(deployment)는 소프트웨어를 사용할 수 있도록 만드는 과정이다. 소프트웨어의 종류에 따라 각 사용자의 컴퓨터에 설치될 수도 있고, 인터넷에서 접속이 가능하도록 서버에 설치될 수도 있다.

유지보수
　　유지보수(maintenance)는 제품을 업데이트하거나 개선하는 것과 관계된다. 소프트웨어 제품은 계속해서 진화하는 환경 속에서 실행되고 개선되어야 한다. 이를 위해서는 새롭게 발견된 버그를 수정하거나 제품의 변경 사항에 대해 주기적인 업데이트가 필요하다.

　　실제로 소프트웨어 개발 과정을 알아보기 위해서 지금부터 대출 납입금을 계산하는 프로그램을 작성해 볼 것이다. 대출은 자동차 대출이거나 학자금 대출, 주택 모기지 대출일 수 있다. 프로그래밍의 준비 단계로서 여기서는 요구 조건 명세화, 분석, 설계, 구현, 테스트에 초점을 맞춰 볼 것이다.

1단계: 요구 조건 명세화
프로그램은 다음 요구 조건을 만족해야 한다.
- 사용자는 연간 이자율(annual interest rate), 대출금(loan amount), 대출금을 갚아야 할 연수를 입력하도록 한다.
- 매월 납입금과 전체 납입금을 계산하고 출력한다.

2단계: 시스템 분석
출력은 매월 납입금과 전체 납입금이며, 이는 다음 수식으로 계산한다.

$$매월\ 납입금 = \frac{대출액 \times 월\ 이자율}{1 - \dfrac{1}{(1 + 월\ 이자율)^{대출\ 연수 \times 12}}}$$

$$전체\ 납입금 = 매월\ 납입금 \times 대출\ 연수 \times 12$$

　　그러므로 프로그램의 입력은 월 이자율(monthly interest rate), 대출 연수, 대출금(loan amount)이 된다.

　　주의
　　요구 조건 명세화에서는 사용자가 연간 이자율, 대출금, 대출금을 갚아야 할 연수를 입력해야 한다고 되어 있다. 그러나 분석 과정에서 입력이 부족하거나 어떤 값들은 출력에 불필요한 것으로 판단될 수도 있다. 이럴 경우 요구 조건 명세를 수정할 수 있다.

　　주의
　　실제로는 모든 기간 동안 고객과 함께 작업을 할 수 있는데, 화학자나 물리학자, 공학자, 경제학자, 심리학자를 위한 소프트웨어를 개발할 수도 있다. 물론 개발자는 이러한 모든 분야에 대해 완벽한 지식을 갖는다거나 필요로 하지 않는다. 그러므로 어떤 공식이 어떻게 유도되었는지는 알 필요가 없다고 하더라도, 이 프로그램에서는 연간 이자율, 대출금, 대출금을 갚아야 할 연수만 주어지면 매월 납입금을 계산할 수 있다. 그러나 고객과의 소통과 시스템에 대한 수학적 모델이 어떻게 동작하는지에 대해서는 이해해야 한다.

3단계: 시스템 설계

시스템 설계에서는 프로그램의 각 단계를 확인한다.

1. 사용자가 연간 이자율, 대출금, 대출금을 갚아야 할 연수를 입력한다. (이자율은 보통 1 년 동안의 원금에 대한 백분율로 표시되며, 이를 연간 이자율이라고 한다.)

2. 연간 이자율에 대한 입력은 4.5%와 같이 % 형식의 숫자이다. 프로그램은 입력 숫자를 **100**으로 나눔으로써 소수점의 수로 변환해야 한다. 연간 이자율로부터 월 이자율을 계산하기 위해서는 1년이 12개월이므로 연간 이자율을 **12**로 나눈다. 소수점 형식(%)의 월 이자율을 계산하기 위해서는 연간 이자율을 **1200**으로 나누어야 한다. 예를 들어, 연간 이자율이 4.5%라고 하면 월 이자율은 4.5/1200 = 0.00375가 된다.

3. 앞서의 공식을 사용하여 매월 납입금을 계산한다.

4. 월 납입금×12개월×대출 연수를 계산하여 전체 납입 금액을 구한다.

5. 매월 납입금과 전체 납입 금액을 출력한다.

4단계: 구현

구현은 또한 코딩(코드 작성)이라고 한다. 앞 공식에서 $(1 + monthlyInterestRate)^{numberOfYears \times 12}$ 를 계산해야 하는데, 이는 **pow(1 + monthlyInterestRate, numberOfYears * 12)**를 사용하여 계산할 수 있다.

리스트 2.11은 전체 프로그램이다.

리스트 2.11 ComputeLoan.cpp

```
 1  #include <iostream>
 2  #include <cmath>                                              cmath 포함
 3  using namespace std;
 4
 5  int main()
 6  {
 7    // 연간 이자율 입력
 8    cout << "Enter yearly interest rate, for example 8.25: ";
 9    double annualInterestRate;
10    cin >> annualInterestRate;                                 이자율 입력
11
12    // 월 이자율 계산
13    double monthlyInterestRate = annualInterestRate / 1200;
14
15    // 대출 연수 입력
16    cout << "Enter number of years as an integer, for example 5: ";
17    int numberOfYears;
18    cin >> numberOfYears;
19
20    // 대출금 입력
21    cout << "Enter loan amount, for example 120000.95: ";
22    double loanAmount;
23    cin >> loanAmount;
```

```
24
25    // 금액 계산
26    double monthlyPayment = loanAmount * monthlyInterestRate /
27      (1 - 1 / pow(1 + monthlyInterestRate, numberOfYears * 12));
28    double totalPayment = monthlyPayment * numberOfYears * 12;
29
30    monthlyPayment = static_cast<int>(monthlyPayment * 100) / 100.0;
31    totalPayment = static_cast<int>(totalPayment * 100) / 100.0;
32
33    // 결과 화면 출력
34    cout << "The monthly payment is " << monthlyPayment << endl <<
35      "The total payment is " << totalPayment << endl;
36
37    return 0;
38 }
```

monthlyPayment

totalPayment

결과 화면 출력

```
Enter annual interest rate, for example 7.25: 3 ↵Enter
Enter number of years as an integer, for example 5: 5 ↵Enter
Enter loan amount, for example 120000.95: 1000 ↵Enter
The monthly payment is 17.96
The total payment is 1078.12
```

Line# Variables	10	13	18	23	26	28	30	31
annualInterestRate	3							
monthlyInterestRate		0.0025						
numberOfYears			5					
loanAmount				1000				
monthlyPayment					17.9687			
totalPayment						1078.12		
monthlyPayment							17.96	
totalPayment								1078.12

pow(a, b) 함수

 pow(a, b) 함수를 사용하기 위해 프로그램에서 iostream 라이브러리를 include하는 것(1번 줄)과 같은 방법으로 cmath 라이브러리를 include하였다(2번 줄).

 7번~23번 줄에서 annualInterestRate, numberOfYears, loanAmount를 사용자가 입력하도록 한다. 숫자가 아닌 값을 입력하면 실행 오류가 발생할 수 있다.

 변수에 가장 적합한 데이터 유형을 선택해야 한다. 예를 들면, numberOfYears는 long, float, double 형보다는 int로 선언하는(17번 줄) 것이 좋다. unsigned short도 numberOfYears를 선언하는 데 가장 적합한 유형이다. 그러나 프로그램을 간단히 작성하기 위해서 이 책의 예제에서 정수는 int로, 실수는 double로 작성하였다.

 매월 납입금을 계산하는 공식은 26번~27번 줄에서 C++ 코드로 작성되었다. 28번 줄에서 전체 납입금을 계산한다.

 30번~31번 줄에서 monthlyPayment와 totalPayment를 소수점 이하 둘째 자리까지 계산하기 위해 형변환이 사용되었다.

5단계: 테스트

프로그램이 구현된 후에 샘플 입력 데이터로 테스트를 하고 출력이 올바른지를 확인한다. 이후의 장에서 볼 수 있듯이 많은 경우에 몇 가지 문제가 발생될 것이다. 이러한 문제들에 대비하기 위해 모든 경우의 수를 알아볼 수 있도록 테스트 데이터를 설계해야 한다.

팁

이 예에서의 시스템 설계 과정에서는 몇 가지 단계를 확인해 보았다. 이와 같이 하나씩 단계를 추가함으로써 점진적으로 각 단계를 코딩하고 테스트하는 것은 좋은 방법이다. 이러한 접근법은 문제점을 찾아내고 프로그램을 디버깅하기 훨씬 쉽게 만들어 준다.

2.30 다음 산술식을 프로그램으로 어떻게 작성할 수 있는가?

Check
Point

$$\frac{-b + \sqrt{b^2 - 4ac}}{2a}$$

2.15 예제: 화폐 단위 계산

이 예제는 큰 단위의 돈을 작은 단위로 나누는 프로그램을 작성하는 것이다.

주어진 일정 금액을 작은 통화 단위로 변환하는 프로그램을 개발한다고 가정해 보자. 프로그램은 전체 금액을 달러와 센트 값으로 나타내기 위해 사용자가 **double** 값으로 금액을 입력하도록 하고, 샘플 출력에서 보인 것처럼 **동전을 최소화**한 결과를 얻도록 최대 수의 달러(dollar), 쿼터(quarter), 다임(dime), 니켈(nickel), 페니(penny) 순으로 등가의 화폐 목록을 출력한다.

Key
Point

동전을 최소화

프로그램 개발 단계는 다음과 같다.

1. 사용자가 **11.56**과 같이 소수점이 있는 값으로 금액을 입력하도록 한다.

2. 금액(**11.56**)을 센트(**1156**)로 변환한다.

3. 센트를 **100**으로 나누어 달러를 구하고, **100**으로 나누어 나머지 값을 구한다.

4. 남은 센트를 **25**로 나누어 쿼터를 구하고, **25**로 나누어 나머지 값을 구한다.

5. 남은 센트를 **10**으로 나누어 다임을 구하고, **10**으로 나누어 나머지 값을 구한다.

6. 남은 센트를 **5**로 나누어 니켈을 구하고, **5**로 나누어 나머지 값을 구한다.

7. 남은 센트가 페니가 된다.

8. 결과를 출력한다.

완성된 프로그램을 리스트 2.12에 제시하였다.

리스트 2.12 ComputeChange.cpp

```cpp
1 #include <iostream>
2 using namespace std;
3
4 int main()
5 {
6   // 금액을 입력
7   cout << "Enter an amount in double, for example 11.56: ";
```

```
 8    double amount;
 9    cin >> amount;
10
11    int remainingAmount = static_cast<int>(amount * 100);
12
13    // 1달러의 수를 계산
14    int numberOfOneDollars = remainingAmount / 100;
15    remainingAmount = remainingAmount % 100;
16
17    // 남은 금액에서 쿼터 계산
18    int numberOfQuarters = remainingAmount / 25;
19    remainingAmount = remainingAmount % 25;
20
21    // 남은 금액에서 다임 계산
22    int numberOfDimes = remainingAmount / 10;
23    remainingAmount = remainingAmount % 10;
24
25    // 남은 금액에서 니켈 계산
26    int numberOfNickels = remainingAmount / 5;
27    remainingAmount = remainingAmount % 5;
28
29    // 남은 금액에서 페니 계산
30    int numberOfPennies = remainingAmount;
31
32    // 결과 화면 표시
33    cout << "Your amount " << amount << " consists of " << endl <<
34       " " << numberOfOneDollars << " dollars" << endl <<
35       " " << numberOfQuarters << " quarters" << endl <<
36       " " << numberOfDimes << " dimes" << endl <<
37       " " << numberOfNickels << " nickels" << endl <<
38       " " << numberOfPennies << " pennies" << endl;
39
40    return 0;
41 }
```

dollars — line 14
quarters — line 18
dimes — line 22
nickels — line 26
pennies — line 30
output — line 33

```
Enter an amount in double, for example 11.56: 11.56 ↵Enter
Your amount 11.56 consists of
11 dollars
2 quarters
0 dimes
1 nickels
1 pennies
```

Line# Variables	9	11	14	15	18	19	22	23	26	27	30
amount	11.56										
remainingAmount		1156		56		6		6		1	
numberOfOneDollars			11								
numberOfQuarters					2						
numberOfDimes							0				
numberOfNickels									1		
numberOfPennies											1

amount 변수는 달러와 센트 값을 의미하는 **double**로 작성하였으며, **int** 변수 **remaining-Amount**로 변환되어 전체 금액을 센트로 변환한 값이 저장된다. 예를 들어, **amount**가 11.56이면 초기 **remainingAmount**는 1156이 된다. 나누기 연산자는 나눗셈의 정수 부분을 구하게 되는데, 1156을 100으로 나누면 11이 된다. 나머지 연산자를 사용하여 나눗셈의 나머지를 구하면 되는데, 1156 % 100은 56이 된다.

프로그램에서 총액으로부터 달러의 최대수를 구하고 나머지는 **remainingAmount**에 저장된다(14번~15번 줄). 다음에 **remainingAmount**에서 쿼터의 최대수를 구하고, 나머지는 **remainingAmount**에 저장된다(18번~19번 줄). 같은 방법으로 계속하여 남은 금액에서 다임, 니켈, 페니의 각 최대 수를 구하게 된다.

이 프로그램에서 중요한 문제점은 **double** 형의 총액을 **int** 형의 **remainingAmount**로 형변환할 때 정밀도가 떨어지는 문제(loss of precision)가 발생할 수 있다는 점이다. 이 문제로 인해 결과가 달라질 수 있다. 만약 10.03을 입력한 경우 **10.03 * 100**은 **1002.9999999999999**가 되기 때문에 프로그램은 **10달러 2페니**를 출력하게 된다. 이 문제를 해결하려면 금액을 센트를 나타내는 정수로 입력하면 된다(프로그래밍 실습 2.24 참조).

정밀도가 떨어짐

2.16 일반적인 오류

일반적이며 초보적인 프로그램 오류로는 선언하지 않은 변수, 초기화하지 않은 변수, 정수 오버플로, 의도하지 않은 정수 나누기, 반올림 오차 오류가 있다.

Key
Point

일반적인 오류 1: 선언하지 않은/초기화하지 않은 변수와 사용되지 않는 변수

변수는 어떤 유형으로 선언되어야 하며, 사용하기 전에 값이 할당되어야 한다. 일반적인 오류는 변수를 선언하지 않거나 초기화하지 않는 것이다. 다음 코드를 보자.

```
double interestRate = 0.05;
double interest = interestrate * 45;
```

이 코드는 **interestRate**에 0.05가 할당되었기 때문에 잘못된 코드이다. 이로 인해 **interestrate**는 선언되지도 초기화되지도 않았다. C++는 대소문자를 구별하므로 **interestRate**와 **interestrate**는 다른 변수로 처리된다.

변수가 선언되었지만 프로그램에서 사용되지 않는다면, 이는 잠재적인 프로그래밍 오류가 된다. 따라서 프로그램에서 사용되지 않는 변수를 삭제해야 한다. 예를 들어, 다음 코드에서 **taxRate**는 사용되지 않는다. 그러므로 코드에서 삭제되어야 한다.

```
double interestRate = 0.05;
double taxRate = 0.05;
double interest = interestRate * 45;
cout << "Interest is " << interest << endl;
```

일반적인 오류 2: 정수 오버플로

숫자는 한정된 크기의 수로 저장된다. 크기가 너무 큰 값을 변수에 저장할 때 오버플로(overflow)가 발생한다. 예를 들어, 다음 문장을 실행하면 오버플로가 발생하는데, 이는 **short**

오버플로

형의 변수에 저장될 수 있는 가장 큰 값이 **32767**이기 때문이다. **32768**은 너무 큰 값이다.

short value = **32767 + 1**; // 실제로 값은 −32768이 됨.

마찬가지로 다음 문장을 실행하면 **short** 형 변수에 저장될 수 있는 가장 작은 값이 −32768이기 때문에 오버플로가 발생한다. −32769는 **short** 변수에 저장하기에는 너무 작은 값이다.

short value = **-32768 - 1**; // 실제로 값은 32767이 됨.

C++는 오버플로에 대해 오류를 알려 주지 않는다. 그러므로 주어진 유형의 최대 또는 최소 범위에 가까운 수를 다룰 때는 조심해야 한다.

언더플로

저장될 실수가 너무 작을 때, 즉 0에 매우 가까운 수일 때는 언더플로(underflow)가 발생한다. 이 경우 C++는 0으로 근사화시킨다. 그러므로 일반적으로 언더플로에 대해서는 신경 쓰지 않아도 된다.

일반적인 오류 3: 반올림 오차 오류

반올림 오차 오류(round-off error) 또는 반올림 오류(rounding error)는 계산된 수의 근사치와 그의 정확한 수치 값 사이의 차를 말한다. 예를 들어, 1/3은 3개의 소수점 이하 수를 유지한다면 대략 0.333이고, 7개의 소수점 이하 수라면 0.3333333이 된다. 변수에 저장되는 숫자의 수는

실수 근사화

한정적이기 때문에 반올림 오차 오류는 피할 수 없는 문제가 된다. 실수를 포함하는 계산은 이들 숫자가 완전한 정확도로 저장되지 않기 때문에 근사화된다. 예를 들어,

```
float a = 1000.43;
float b = 1000.0;
cout << a - b << endl;
```

는 **0.43**이 아닌 **0.429993**이 출력된다. 정수는 정확하게 저장된다. 그러므로 정수 계산에서는 정확한 정수 결과 값이 계산된다.

일반적인 오류 4: 의도하지 않은 정수 나누기

C++에서는 정수나 실수 나눗셈에 **/**와 같은 나누기 연산자를 사용한다. 두 개의 피연산자가 정수일 때 **/** 연산자는 정수 나누기를 수행한다. 연산의 결과는 몫이 되고, 분수 부분은 잘려나간다. 두 개의 정수에 대해 실수 나누기가 수행되게 하기 위해서는 정수들 중 하나를 실수로 만든다. 예를 들어, (a) 코드는 평균값으로 **1**을 출력하는데, (b) 코드는 평균값으로 **1.5**를 출력한다.

```
int number1 = 1;
int number2 = 2;
double average = (number1 + number2) / 2;
cout << average << endl;
```

(a)

```
int number1 = 1;
int number2 = 2;
double average = (number1 + number2) / 2.0;
cout << average << endl;
```

(b)

일반적인 오류 5: 헤더 파일 미작성

적절한 헤더 파일을 include하는 것을 빠뜨리는 경우 일반적인 컴파일 오류가 발생된다. `pow` 함수는 `cmath` 헤더 파일에 정의되어 있고, `time` 함수는 `ctime` 헤더 파일에 정의되어 있다. 프로그램에서 `pow` 함수를 사용하기 위해서는 `cmath` 헤더를 include해야 하고, `time` 함수를 사용하려면 `ctime` 헤더를 include해야 한다. 콘솔 입출력을 사용하는 모든 프로그램은 `iostream` 헤더를 include해야 한다.

주요 용어

감소 연산자(--, decrement operator)

대입문(assignment statement)

대입 연산자(＝, assignment operator)

데이터 유형(data type)

리터럴(literal)

변수(variable)

변수 선언(declare variables)

변수의 범위(scope of a variable)

상수(constant)

수식(expression)

시스템 분석(system analsis)

시스템 설계(system design)

식별자(identifier)

실수(floating-point number)

알고리즘(algorithm)

언더플로(underflow)

연산자(operator)

오버플로(overflow)

요구 조건 명세화(requirements specification)

원시 데이터 유형(primitive data type)

(유형) 축소(narrowing(of types))

(유형) 확대(widening(of types))

의사코드(pseudocode)

전위 감소(predecrement)

전위 증가(preincrement)

증가 연산자(++, increment operator)

증가 코드와 테스트(incremental code and test)

피연산자(operand)

형변환 연산자(casting operator)

후위 감소(postdecrement)

후위 증가(postincrement)

C 언어 스타일의 형변환(C-style cast)

`const` 키워드

`double` 형

`float` 형

`int` 형

IPO

`long` 형

UNIX 기준 시간(UNIX epoch)

요약

1. `cin` 객체와 스트림 추출 연산자(>>, stream extraction operator)를 사용하면 콘솔로부터 입력을 받아들일 수 있다.

2. 식별자는 프로그램에서 이름을 갖는 각 요소들에 대한 이름이다. 식별자는 문자, 숫자, 밑줄(_)로 구성된 연속적인 문자들로 구성된다. 식별자는 숫자가 아닌 문자나 밑줄로 시작되어야 하며, 예약어를 사용하면 안 된다.

3. 이해하기 쉬운 이름으로 식별자를 사용하면 프로그램의 가독성을 높여 준다.

4. 변수를 선언하는 것은 컴파일러에 변수에 저장되는 데이터의 유형이 무엇인지를 알

려 주는 것이다.

5. C++에서 등호(=)는 대입 연산자(assignment operator)로 사용된다.

6. 함수에서 선언된 변수는 값이 할당되어야 한다. 그렇지 않으면 변수는 초기화되지 않았다고 하며, 변수의 값은 예측 불가능한 값이 된다.

7. 이름 상수(named constant) 또는 간단히 상수(constant)는 변하지 않는 영구적인 데이터를 나타낸다.

8. 이름 상수는 **const** 키워드를 사용하여 선언된다.

9. 관습적으로 상수는 대문자로 작성한다.

10. C++에는 여러 크기의 부호 있는(signed) 정수와 부호 없는(unsigned) 정수를 표현하는 정수형(**short**, **int**, **long**, **unsigned short**, **unsigned int**, **unsigned long**)이 있다.

11. 부호 없는 정수는 양의 정수이다.

12. C++에는 여러 정밀도의 실수를 표현하는 실수형(**float**, **double**, **long double**)이 있다.

13. C++에는 +(더하기), -(빼기), *(곱하기), /(나누기), %(나머지)의 산술 연산을 수행하는 연산자가 있다.

14. 정수의 (/) 연산은 정수 값의 결과를 얻는다.

15. C++에서 **%** 연산자는 정수형에만 가능하다.

16. C++ 수식에서 산술 연산자는 산술식에서와 같은 방법으로 적용된다.

17. 증가 연산자(++)와 감소 연산자(--)는 변수의 값을 1만큼 증가 또는 감소시키는 연산자이다.

18. C++에는 +=(덧셈 대입), -=(뺄셈 대입), *=(곱셈 대입), /=(나눗셈 대입), %=(나머지 대입)의 증강 연산자가 있다.

19. 여러 유형의 값으로 이루어진 수식을 계산할 때 C++는 자동으로 적절한 유형으로 피연산자들을 형변환한다.

20. **<static_cast>(type)** 표기법이나 C 언어 스타일의 형변환인 **static_cast** 표기법을 사용하여 한 유형에서 다른 유형으로 명시적으로 값을 형변환할 수 있다.

21. 컴퓨터 과학에서 1970년 1월 1일 자정은 UNIX 기준(epoch) 시간으로 알려져 있다.

퀴즈

www.cs.armstrong.edu/liang/cpp3e/quiz.html에서 온라인으로 이 장에 대한 퀴즈를 풀어 보라.

프로그래밍 실습

주의

컴파일러는 항상 구문 오류에 대한 이유를 알려 준다. 만약 오류를 수정하는 방법을 모르겠다면 이 책의 유사한 예제에서 본인의 프로그램과 예제의 내용을 잘 비교해 보기 바란다.

주의

강사는 학생들에게 선택된 문제에 대한 분석과 설계를 문서화하도록 요구할 수 있다. 문제를 분석하기 위해서는 입력과 출력을 포함하여 계산을 위해 무엇이 필요한지를 작성하고, 문제를 해결하는 방법을 의사코드로 기술한다.

2.2~2.12절

2.1 (섭씨를 화씨로 변환) 콘솔로부터 섭씨온도를 **double** 값으로 입력하고 화씨온도로 변환하여 출력하는 프로그램을 작성하라. 변환 공식은 다음과 같다.

fahrenheit = (9 / 5) * celsius + 32

힌트: C++에서 **9 / 5**는 **1**이지만, **9.0 / 5**는 **1.8**이 된다.

다음은 샘플 실행 결과이다.

```
Enter a degree in Celsius: 43 ↵Enter
43 Celsius is 109.4 Fahrenheit
```

2.2 (실린더 용적 계산) 다음 공식을 사용하여 실린더의 반지름(radius)과 실린더의 높이 (length)를 입력받아 면적(area)과 용적(volume)을 구하는 프로그램을 작성하여라.

area = radius + radius * π
volume = area * length

다음은 샘플 실행 결과이다.

```
Enter the radius and length of a cylinder: 5.5 12 ↵Enter
The area is 95.0331
The volume is 1140.4
```

2.3 (피트를 미터로 변환) 피트 값을 입력받아 미터 값으로 변환하여 결과를 출력하는 프로그램을 작성하여라. 1피트는 **0.305**미터이다. 다음은 샘플 실행 결과이다.

```
Enter a value for feet: 16.5 ↵Enter
16.5 feet is 5.0325 meters
```

2.4 (파운드를 킬로그램으로 변환) 파운드 값을 입력받아 킬로그램 값으로 변환하는 프로그램을 작성하여라. 프로그램에서 사용자가 파운드 값을 입력하도록 알려 주고 킬로그램으로 변환한 다음, 변환된 값을 출력하도록 한다. 1파운드는 **0.454**킬로그램이다. 다음은 샘플 실행 결과이다.

```
Enter a number in pounds: 55.5 ↵Enter
55.5 pounds is 25.197 kilograms
```

*2.5 (금융 문제: 상여금 계산) 급여와 상여금 비율을 입력받아 상여금과 총 합계를 구하는 프로그램을 작성하여라. 예를 들어, 사용자가 급여로 **10**을, 상여금 비율로 **15%**를 입력하면, 프로그램은 상여금으로 **$1.5**, 총 합계로 **$11.5**가 출력되도록 한다. 다음은 샘플 실행 결과이다.

```
Enter the subtotal and a gratuity rate: 10 15 ↵Enter
The gratuity is $1.5 and total is $11.5
```

2.6 (정수의 자리 수 더하기) **0에서 **1000** 사이의 정수를 입력받아 정수에 있는 각 자리수를 더하는 프로그램을 작성하여라. 예를 들어, 입력한 정수가 **932**라면 각 자리수의 합은 **14**가 된다.

힌트: 자리수를 구할 때는 **%** 연산자를 사용하여라. 그리고 구해진 자리수를 제거할 때는 **/** 연산자를 사용하여라. 예를 들면, **932 % 10 = 2**이고, **932 / 10**은 **93**이 된다.

다음은 샘플 실행 결과이다.

```
Enter a number between 0 and 1000: 999 ↵Enter
The sum of the digits is 27
```

*2.7 (연도 계산) 사용자가 분(예를 들어, 10억)을 입력하도록 하고, 입력한 분에 대한 연도와 날을 출력하는 프로그램을 작성하여라. 프로그램을 간단히 하기 위해 1년은 365일이라고 가정한다. 다음은 샘플 실행 결과이다.

```
Enter the number of minutes: 1000000000 ↵Enter
1000000000 minutes is approximately 1902 years and 214 days
```

*2.8 (현재 시간) 리스트 2.9 ShowCurrentTime.cpp에서는 GMT로 현재 시간을 출력하였다. 사용자가 GMT에서의 시간대 오프셋(time zone offset) 값을 입력하도록 하고, 지정된 시간대에서의 시간을 출력하도록 리스트 2.9 프로그램을 수정하여라. 다음은 샘플 실행 결과이다.

```
Enter the time zone offset to GMT: -5 ↵Enter
The current time is 4:50:34
```

2.9 (물리학: 가속도) 평균 가속도는 다음 공식과 같이 속도 변화를 변화가 일어난 시간으로 나누어 계산한다.

$$a = \frac{v_1 - v_0}{t}$$

사용자가 '미터/초'의 단위로 시작 속도 v_0, 최종 속도 v_1, 그리고 초 단위의 지속 시간 *t*를 입력하도록 하여, 평균 가속도를 출력하는 프로그램을 작성하여라. 다음은 샘플 실행 결과이다.

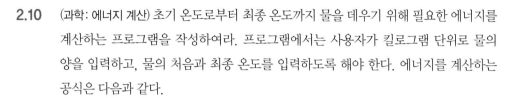

```
Enter v0, v1, and t: 5.5 50.9 4.5 ↵Enter
The average acceleration is 10.0889
```

2.10 (과학: 에너지 계산) 초기 온도로부터 최종 온도까지 물을 데우기 위해 필요한 에너지를 계산하는 프로그램을 작성하여라. 프로그램에서는 사용자가 킬로그램 단위로 물의 양을 입력하고, 물의 처음과 최종 온도를 입력하도록 해야 한다. 에너지를 계산하는 공식은 다음과 같다.

Q = M * (finalTemperature – initialTemperature) * 4184

여기서 M은 킬로그램 단위의 물의 무게이고, 온도는 섭씨 단위이며, 에너지 **Q**는 줄(joule)로 측정된다. 다음은 샘플 실행 결과이다.

```
Enter the amount of water in kilograms: 55.5 ↵Enter
Enter the initial temperature: 3.5 ↵Enter
Enter the final temperature: 10.5 ↵Enter
The energy needed is 1625484.0
```

2.11 (인구 예측) 사용자가 연수를 입력하고 입력한 연수 후에 인구를 출력하도록 프로그래밍 실습 1.11을 수정하여라. 프로그래밍 실습 1.11의 힌트를 참조하여 프로그램을 작성하여라. 다음은 샘플 실행 결과이다.

```
Enter the number of years: 5 ↵Enter
The population in 5 years is 325932970
```

2.12 (물리학: 활주 길이 계산) 비행기의 가속도 *a*와 이륙 속도 *v*가 주어졌을 때, 다음 공식을 사용하여 비행기가 이륙하기 위한 최소 활주 길이를 계산할 수 있다.

$$길이 = \frac{v^2}{2a}$$

사용자에게 '미터/초(m/s)' 단위로 *v*와 '미터/초²(m/s²)' 단위로 가속도 *a*를 입력하도록 알려 주고, 최소 활주 길이를 출력하는 프로그램을 작성하여라. 다음은 샘플 실행 결과이다.

```
Enter speed and acceleration: 60 3.5 ↵Enter
The minimum runway length for this airplane is 514.286
```

**2.13 (금융 문제: 복리 계산) 매달 $100를 저축하고 연 이자율이 5%라면, 월 이자율은 0.05 / 12 = 0.00417이 된다. 첫 달의 잔액은 원금에 이자를 더해서 다음과 같이 계산할 수 있다.

100 * (1 + 0.00417) = 100.417

두 번째 달에는 다음 금액이 된다.

(100 + 100.417) * (1 + 0.00417) = 201.252

세 번째 달에는 다음 금액이 된다.

(100 + 201.252) * (1 + 0.00417) = 302.507

매달 저축액을 입력받아 6개월 후의 적립 금액을 출력하는 프로그램을 작성하여라 (프로그래밍 실습 5.32에서 반복문을 사용하여 코드를 간략화하고 임의의 달의 적립 금액을 출력하는 방법을 소개할 것이다).

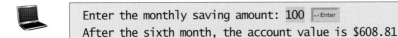

```
Enter the monthly saving amount: 100  ⏎ Enter
After the sixth month, the account value is $608.81
```

*2.14 (건강 문제: BMI) 체질량지수(BMI: Body Mass Index)는 키와 몸무게를 이용하여 비만 정도를 측정하는데, 킬로그램 단위의 몸무게를 미터 단위의 키의 제곱으로 나누어 계산한다. 파운드 단위의 몸무게와 인치 단위의 키를 입력하여 BMI를 출력하는 프로그램을 작성하여라. 1파운드는 **0.45359237**킬로그램이고, 1인치는 **0.0254**미터이다. 다음은 샘플 실행 결과이다.

```
Enter weight in pounds: 95.5  ⏎ Enter
Enter height in inches: 50  ⏎ Enter
BMI is 26.8573
```

2.15 (기하학: 두 점 간 거리) 두 점 (**x1, y1**)과 (**x2, y2**)를 입력받아 이 두 점 사이의 거리를 출력하는 프로그램을 작성하여라. 거리를 계산하는 공식은 $\sqrt{(x_2 - x_1)^2 + (y_2 - y_1)^2}$ 이다. $\sqrt{a}$를 계산하기 위해서 **pow(a, 0.5)**를 사용하면 된다. 다음은 샘플 실행 결과 이다.

```
Enter x1 and y1: 1.5 -3.4  ⏎ Enter
Enter x2 and y2: 4 5  ⏎ Enter
The distance between the two points is 8.764131445842194
```

2.16 (기하학: 육각형의 면적) 육각형의 변의 길이를 입력하면 면적을 출력하는 프로그램을 작성하여라. 육각형의 면적을 구하는 공식은 다음과 같다.

$$면적 = \frac{3\sqrt{3}}{2}s^2$$

여기서 s는 변의 길이이며, 다음은 샘플 실행 결과이다.

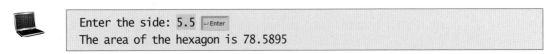

```
Enter the side: 5.5  ⏎ Enter
The area of the hexagon is 78.5895
```

*2.17 (과학: 체감온도) 밖이 얼마나 추운가? 온도만 가지고 답을 주는 것으로는 충분치 않다.

바람의 속도, 상대습도(relative humidity), 햇빛과 같은 요소들도 외부 추위를 결정하는 데 중요한 역할을 한다. 2001년에 미국 기상청(National Weather Service)은 온도와 바람의 속도를 사용하여 추위를 측정하기 위한 새로운 체감온도 계산법을 시행하였다. 그 공식은 다음과 같다.

$$t_{wc} = 35.74 + 0.6215 t_a - 35.75 v^{0.16} + 0.4275 t_a v^{0.16}$$

여기서 t_a는 화씨로 측정된 외부 온도이고, v는 시간당 마일(mph) 단위로 측정된 속도이며, t_{wc}는 체감온도이다. 이 공식은 2mph 이하의 바람의 속도나, $-58°F$ 이하 또는 41°F 이상의 온도에서는 사용할 수 없다.

사용자가 $-58°F$와 41°F 사이의 온도, 그리고 **2** 이상의 바람의 속도를 입력하도록 하고, 체감온도를 출력하는 프로그램을 작성하여라. $v^{0.16}$을 계산하기 위해 **pow(a, b)**를 사용하여라. 다음은 샘플 실행 결과이다.

```
Enter the temperature in Fahrenheit: 5.3 ↵Enter
Enter the wind speed in miles per hour: 6 ↵Enter
The wind chill index is -5.56707
```

2.18 (표 출력) 다음과 같은 표를 출력하는 프로그램을 작성하여라.

a	b	pow(a, b)
1	2	1
2	3	8
3	4	81
4	5	1024
5	6	15625

*2.19 (기하학: 삼각형의 면적) 삼각형의 3개의 점 **(x1, y1)**, **(x2, y2)**, **(x3, y3)**를 입력하여 면적을 출력하는 프로그램을 작성하여라. 삼각형의 면적을 계산하는 공식은 다음과 같다.

$$s = (side1 + side2 + side3)/2;$$
$$면적 = \sqrt{s(s-side1)(s-side2)(s-side3)}$$

다음은 샘플 실행 결과이다.

```
Enter three points for a triangle: 1.5 -3.4 4.6 5 9.5 -3.4 ↵Enter
The area of the triangle is 33.6
```

*2.20 (선의 기울기) 두 개의 점 **(x1, y1)**과 **(x2, y2)**의 좌표 값을 입력받아 두 선을 잇는 선의 기울기를 출력하는 프로그램을 작성하여라. 기울기를 구하는 공식은 $(y_2 - y_1)/(x_2 - x_1)$이다. 다음은 샘플 실행 결과이다.

```
Enter the coordinates for two points: 4.5 -5.5 6.6 -6.5 ↵Enter
The slope for the line that connects two points (4.5, -5.5) and (6.6,
-6.5) is -0.47619
```

*2.21 (운전비용) 운전할 거리와 '갤런당 마일' 단위의 자동차 연료 효율, 갤런당 가격을 입력받아 여행가는 데 필요한 비용을 출력하는 프로그램을 작성하여라. 다음은 샘플 실행 결과이다.

```
Enter the driving distance: 900.5  ↵Enter
Enter miles per gallon: 25.5  ↵Enter
Enter price per gallon: 3.55  ↵Enter
The cost of driving is $125.36
```

2.13~2.16절

*2.22 (금융 문제: 이자 계산) 예금액(balance)과 연 이율(annual interest rate)을 알고 있다면 다음 공식을 사용하여 다음 달 이자(interest)를 구할 수 있다.

$$interest = balance \times (annualInterestRate/1200)$$

예금액과 연 이율(%)을 입력받아 다음 달 이자를 출력하는 프로그램을 작성하여라. 다음은 샘플 실행 결과이다.

```
Enter balance and interest rate (e.g., 3 for 3%): 1000 3.5  ↵Enter
The interest is 2.91667
```

*2.23 (금융 문제: 미래 투자 금액) 투자 금액(investment amount)과 연간 이자율(annual interest rate), 연수(number of years)를 입력받아서 다음 공식을 사용하여 미래의 투자 금액을 출력하는 프로그램을 작성하여라.

$$futureInvestmentValue = \\ investmentAmount \times (1 + monthlyInteresRate)^{numberOfYears*12}$$

예를 들어, 투자 금액으로 **1000**을 입력하고, 연 이자율이 **3.25%**이며, 연수가 **1년**이라면 미래의 투자 금액은 **1032.98**이 된다. 다음은 샘플 실행 결과이다.

```
Enter investment amount: 1000  ↵Enter
Enter annual interest rate in percentage: 4.25  ↵Enter
Enter number of years: 1  ↵Enter
Accumulated value is $1043.34
```

*2.24 (금융 문제: 화폐 단위) 실수 값을 정수 값으로 변환할 때 정밀도가 떨어지는 문제(loss of precision)를 수정하기 위해서 리스트 2.12 ComputeChange.cpp를 수정하여라. 정수로 입력을 받는데, 마지막 두 자리는 센트(cent)를 표시한다. 예를 들어, 입력이 **1156**이라면 **11**은 달러, **56**은 센트를 나타낸다.

선택문

이 장의 목표

- **bool** 형 변수 선언과 관계 연산자를 사용하여 부울 식 작성(3.2절)

- 단순 **if** 문을 사용하여 선택문 작성(3.3절)

- 이중 **if** 문을 사용하여 선택문 작성(3.4절)

- 중첩 **if** 문과 다중 **if** 문을 사용하여 선택문 작성(3.5절)

- **if** 문에서의 일반적인 오류와 위험 요소 피하기(3.6절)

- 여러 예제(**BMI**, **ComputeTax**, **SubtractionQuiz**)를 위한 선택문 사용 프로그래밍 (3.7~3.9절)

- **rand** 함수를 사용하여 임의의 값 생성과 **srand** 함수를 사용한 초기 값 설정(3.9절)

- 논리 연산(**&&**, **||**, **!**)을 사용하여 복합 조건 처리(3.10절)

- 복합 조건이 있는 선택문을 사용한 프로그래밍(**LeapYear**, **Lottery**)(3.11~3.12절)

- **switch** 문을 사용하여 선택문 작성(3.13절)

- 조건 연산자를 사용하여 수식 작성(3.14절)

- 연산자 우선순위와 연산자 결합법칙에 대한 이해(3.15절)

- 오류 디버깅(3.16절)

3.1 들어가기

프로그램에서 어느 문장에 조건을 적용하여 실행되게 할지 결정할 수 있다.

리스트 2.2 ComputeAreaWithConsoleInput.cpp에서 **radius**의 값에 음수가 입력되는 경우, 적합하지 않은 결과가 출력된다. 이와 같이 **radius**의 값에 음수가 입력되는 경우에는 계산을 하지 못하도록 해야 한다. 이를 어떻게 구현할 것인가?

선택문

C++를 포함한 모든 고급 언어에서는 선택문을 사용하여 여러 경로 중 한 곳을 선택하게 한다. 선택문을 사용하여 리스트 2.2의 12번~15번 줄을 다음 선택문으로 대체할 수 있다.

```
if (radius < 0)
{
    cout << "Incorrect input" << endl;
}
else
{
    area = radius * radius * PI;
    cout << "The area for the circle of radius " << radius
        << " is " << area << endl;
}
```

부울 식

부울 값

선택문은 부울 식(Boolean expression)인 조건을 사용한다. 부울 식은 참(**true**)과 거짓(**false**)의 부울 값으로 결과가 나오는 수식을 말한다. 이 장에서는 부울 유형과 관계 연산자에 대해 설명한다.

3.2 **bool** 데이터 유형

bool 데이터 유형은 참(**true**)과 거짓(**false**)의 값을 갖는 변수를 선언한다.

bool 데이터 유형

관계 연산자

반지름이 0보다 큰지, 0과 같은지, 아니면 0보다 작은지와 같이 두 값을 비교하는 방법은 무엇일까? C++에는 표 3.1과 같이 6개의 관계 연산자(relational operator)가 있으며, 두 값을 비교할 때 사용할 수 있다(표에서 반지름은 **5**라고 가정한다).

== vs. =

 경고

동등 비교 연산자는 ==이지 =가 아니라는 점에 주의하기 바란다. C++에서 =는 대입 연산자이다.

표 3.1 관계 연산자

연산자	수학 기호	이름	예(반지름은 5)	결과
<	<	보다 작다	radius < 0	false
<=	≤	작거나 같다	radius <= 0	false
>	>	크다	radius > 0	true
>=	≥	크거나 같다	radius >= 0	true
==	=	같다	radius == 0	false
!=	≠	같지 않다	radius != 0	true

비교 연산의 결과는 참과 거짓의 부울 값이 된다. 부울 값을 갖는 변수를 **부울 변수**(boolean variable)라고 한다. **bool** 데이터 유형은 부울 변수를 선언하기 위해 사용된다. 예를 들어, 다음 문장은 **lightsOn** 변수에 **true**를 대입한다.

부울 변수

```
bool lightsOn = true;
```

true와 **false**는 10의 숫자와 같은 부울 리터럴이다. 이는 C++ 키워드이며, 프로그램에서 식별자로서 사용될 수 없다.

내부적으로 C++에서 **1**은 참, **0**은 거짓으로 간주된다. 부울 값을 화면에 출력할 때 부울 값이 참이면 **1**이, 거짓이면 **0**이 출력된다.

예를 들어,

```
cout << (4 < 5);
```

4 < 5는 참이므로 **1**을 출력하게 된다.

```
cout << (4 > 5);
```

4 > 5는 거짓이므로 **0**을 출력하게 된다.

주의

C++에서는 부울 변수에 숫자를 입력해도 된다. 값이 0이 아닌 경우에는 참이 되고, 0인 경우에는 거짓이 된다. 다음 예에서 **b1**과 **b3**은 참이 되고, **b2**는 거짓이 된다.

숫자를 부울 값으로 변환

```
bool b1 = -1.5; // b1 = true와 같음
bool b2 = 0; // b2 = false와 같음
bool b3 = 1.5; // b3 = true와 같음
```

3.1 6개의 관계 연산자를 적어보아라.

Check Point

3.2 x가 1이라고 가정했을 때, 다음 부울 식의 결과는 무엇인가?

```
(x > 0)
(x < 0)
(x != 0)
(x >= 0)
(x != 1)
```

3.3 다음 코드의 출력은 무엇인가?

```
bool b = true;
int i = b;
cout << b << endl;
cout << i << endl;
```

3.3 단순 if 문

if 문은 프로그램에서 선택적으로 실행 경로를 지정할 수 있게 해 준다.

Key Point

지금까지 작성한 프로그램은 순차적으로 실행되는 프로그램들이었다. 그러나 프로그램을 작성하다 보면 값에 따라 선택적 실행이 가능하도록 해야 할 때가 있다. C++에서는 단순 **if** 문, 이중 **if-else** 문, 중첩 **if** 문, **switch** 문, 조건식과 같은 여러 가지 선택문을 제공하고 있다.

if 문

단순 **if** 문은 조건이 참일 때만 문장을 실행한다. 단순 **if** 문의 구문은 다음과 같다.

```
if (부울 식)
{
    문장;
}
```

흐름도

그림 3.1a에서는 C++에서 단순 **if** 문이 어떻게 실행되는지를 흐름도(flowchart)로 나타내었다. 흐름도는 여러 종류의 도형으로 단계들을 표현하고 화살표로 연결하여 순서를 표현한 알고리즘이나 처리 과정을 보여 주는 다이어그램이다. 처리 과정은 도형과 제어의 흐름을 나타내는 화살표로 표시된다. 마름모 상자는 부울 조건을 나타내기 위해 사용되며, 네모 상자는 문장을 표현하기 위해 사용된다.

부울 식이 참이면 블록 안의 문장이 실행된다. 예를 들어, 다음 코드를 살펴보자.

```
if (radius >= 0)
{
    area = radius * radius * PI;
    cout << "The area for the circle of " <<
        " radius " << radius << " is " << area;
}
```

그림 3.1b에 앞 코드의 흐름도를 나타내었다. **radius** 값이 0보다 크거나 같으면 **area**가 계산되고 결과가 표시된다. **radius** 값이 음수이면 블록 안에 있는 두 개의 문장은 실행되지 않는다.

부울 식은 괄호로 둘러싸여져야 한다. 예를 들어, 다음의 (a) 코드는 잘못된 것이며, (b)와 같이 작성해야 한다.

```
if i > 0
{
    cout << "i is positive" << endl;
}
```

(a) 잘못된 구문

```
if (i > 0)
{
    cout << "i is positive" << endl;
}
```

(b) 올바른 구문

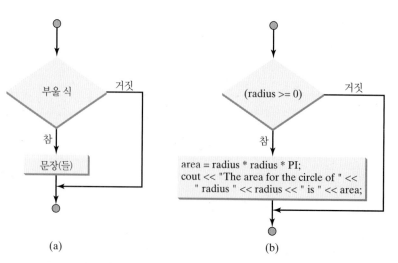

(a)   (b)

그림 3.1 **if** 문에서 부울 식(boolean expression)이 참이면 문장을 실행한다.

참일 때 실행되는 문장이 하나이면 중괄호({ })를 생략할 수 있다. 예를 들어, 다음 문장은
서로 동일한 문장이다.

```
if (i > 0)
{
    cout << "i is positive" << endl;
}
```
(a)

동일한 표현

```
if (i > 0)
    cout << "i is positive" << endl;
```
(b)

리스트 3.1은 정수를 입력하도록 하는 프로그램이다. 입력한 수가 5의 배수이면 **HiFive**를
출력하고, 짝수이면 **HiEven**을 출력한다.

리스트 3.1 SimpleIfDemo.cpp

```
 1 #include <iostream>
 2 using namespace std;
 3
 4 int main()
 5 {
 6     // 정수를 입력하도록 한다.
 7     int number;
 8     cout << "Enter an integer: ";          값 입력
 9     cin >> number;
10
11     if (number % 5 == 0)                    5인지 확인
12         cout << "HiFive" << endl;
13
14     if (number % 2 == 0)                    짝수인지 확인
15         cout << "HiEven" << endl;
16
17     return 0;
18 }
```

```
Enter an integer: 4 [↵Enter]
HiEven
```

```
Enter an integer: 30 [↵Enter]
HiFive
HiEven
```

프로그램에서 사용자에게 정수를 입력하도록 하고(9번 줄), 11번~12번 줄에서 입력한 수가
5의 배수이면 **HiFive**를, 14번~15번 줄에서 그 수가 짝수이면 **HiEven**을 출력한다.

3.4 y가 0보다 크면 x에 1을 대입하는 if 문을 작성하여라.

3.5 score가 90보다 크면 3%만큼 월급(pay)을 인상하는 if 문을 작성하여라.

✔Check
Point

3.6 다음 코드는 무엇이 잘못되었는가?

```cpp
if radius >= 0
{
    area = radius * radius * PI;
    cout << "The area for the circle of " <<
        " radius " << radius << " is " << area;
}
```

3.4 이중 if-else 문

이중 if-else 문은 조건이 참 또는 거짓인지에 따라 어느 문장을 실행할지를 결정한다.

단순 if 문에서는 주어진 조건이 참이면 지정된 문장을 실행한다. 그러나 주어진 조건이 거짓이면 아무런 일도 발생하지 않는다. 그러나 조건이 거짓인 경우에 다른 문장을 실행하기 위해서는 어떻게 해야 할까? 이때는 이중 if 문을 사용하면 된다. 이중 if-else 문은 주어진 조건이 참인지 거짓인지에 따라 각각 다른 문장을 실행하도록 할 수 있다.

이중 if-else 문의 구문은 다음과 같다.

```cpp
if(부울 식)
{
    참인 경우 실행되는 문장;
}
else
{
    거짓인 경우 실행되는 문장;
}
```

이중 if 문의 흐름도는 그림 3.2와 같다.

부울 식의 값이 참인 경우 if 블록의 참에 해당되는 내용이 실행되고, 거짓인 경우 else 블록의 거짓에 해당되는 내용이 실행된다. 다음 코드를 살펴보자.

이중 if-else 문

```cpp
if (radius >= 0)
{
    area = radius * radius * PI;
    cout << "The area for the circle of radius " <<
```

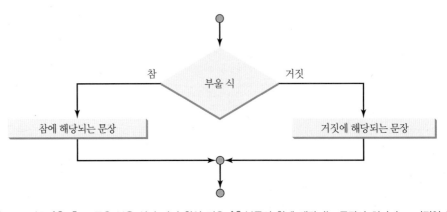

그림 3.2 이중 if-else 문은 부울 식의 값이 참인 경우 if 블록의 참에 해당되는 문장이 처리되고, 거짓인 경우 else 블록의 거짓에 해당되는 문장이 처리된다.

```
      radius << " is " << area;
}
else
{
    cout << "Negative radius";
}
```

radius >= 0이 참이면 **area**를 계산하여 출력하고, 거짓이면 **"Negative radius"**를 출력하게 된다.

보통 **if** 문에 문장이 하나 있는 경우에는 중괄호({ })를 생략한다. 그러므로 앞서의 예에서 **cout << "Negative radius"** 문장에 있는 중괄호는 생략할 수 있다.

다음은 이중 **if-else** 문의 다른 예로서 수가 짝수인지 홀수인지를 검사한다.

```
if (number % 2 == 0)
    cout << number << " is even.";
else
    cout << number << " is odd.";
```

3.7 **score**가 **90**보다 크다면 3%만큼 월급(pay)을 인상하고, 그렇지 않다면 1%만큼 인상하는 **if** 문을 작성하여라.

Check Point

3.8 **number**가 30이면 다음 (a)와 (b) 코드의 출력은 어떻게 되는가? **number**가 35이면?

```
if (number % 2 == 0)
    cout << number << " is even." << endl;

cout << number << " is odd." << endl;
```

(a)

```
if (number % 2 == 0)
    cout << number << " is even." << endl;
else
    cout << number << " is odd." << endl;
```

(b)

3.5 중첩 if 문과 다중 if-else 문

if 문은 다른 **if** 문 내부에 존재할 수 있으며, 이를 중첩 **if** 문이라고 한다.

Key Point

단순 **if** 문, **if-else** 문은 다른 **if** 문 내부에 올 수 있으며, 이는 모두 C++ 문법에서 허용되는 구문이다. 이 경우 안쪽에 있는 **if** 문은 바깥쪽 **if** 문의 내부에 **중첩**(nested)되어 있다고 한다. 안쪽에 있는 **if** 문 역시 또 다른 **if** 문을 포함할 수 있으며, 중첩의 깊이에는 제한이 없다. 예를 들어, 다음은 중첩 **if** 문을 작성한 것이다.

```
if (i > k)
{
    if (j > k)
        cout << "i and j are greater than k" << endl;
}
else
    cout << "i is less than or equal to k" << endl;
```

중첩 if 문

```
if (score >= 90.0)
  cout << "Grade is A";
else
  if (score >= 80.0)
    cout << "Grade is B";
  else
    if (score >= 70.0)
      cout << "Grade is C";
    else
      if (score >= 60.0)
        cout << "Grade is D";
      else
        cout << "Grade is F";
```

(a)

동일한 표현

더 좋은 표현

```
if (score >= 90.0)
    cout << "Grade is A";
else if (score >= 80.0)
    cout << "Grade is B";
else if (score >= 70.0)
    cout << "Grade is C";
else if (score >= 60.0)
    cout << "Grade is D";
else
    cout << "Grade is F";
```

(b)

그림 3.3 다중 **if-else** 문을 사용한 (b)가 복수 선택에 대해 더 좋은 형식이다.

if (j > k) 문이 if (i > k) 문 내부에 중첩되어 있다.

중첩 if 문은 여러 가지 다른 선택 사항을 작성하는 경우에 사용된다. 그림 3.3a에 주어진 문장을 예로 살펴보면 score의 값에 따라서 학점에 해당되는 문자를 **grade** 변수에 대입하는 예이다. 이때 score에 따른 여러 가지 선택 사항(학점)이 존재한다.

이 **if** 문의 실행 절차를 그림 3.4에 나타내었다. 우선 첫 번째 조건(**score >= 90.0**)을 검사

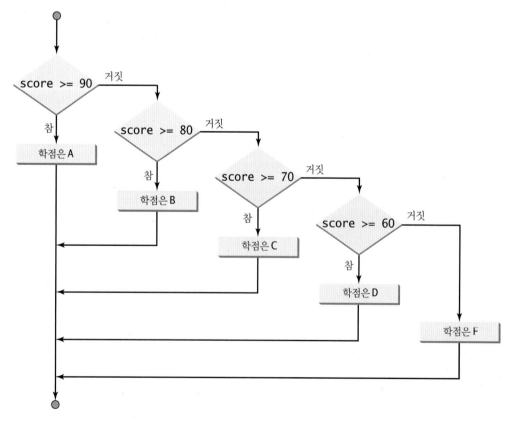

그림 3.4 학점을 부여하기 위해 다중 **if-else** 문을 사용한다.

하는데, 이 조건이 참이면 grade는 'A'가 되고, 거짓이면 두 번째 조건(**score >= 80.0**)을 검사한다. 두 번째 조건(**score >= 80.0**)이 참이면 grade는 'B'가 되고, 거짓이면 세 번째 조건과 (필요하다면) 나머지 조건들이 조건을 만족할 때까지 또는 모든 조건이 거짓일 때까지 검사를 수행한다. 모든 조건이 거짓으로 끝나게 되면 grade는 'F'가 된다. 모든 조건은 이전 조건이 거짓이 될 때만 실행된다는 것에 주의하기 바란다.

그림 3.3a의 **if** 문은 그림 3.3b의 **if** 문과 동일하다. 실제로 그림 3.3b가 복수의 조건이 있는 **if** 문장의 작성 스타일로 볼 때 더 선호되는 방식이다. 이러한 작성 스타일을 다중 **if-else** 문이라고 하며, 이러한 다중 **if** 문은 안쪽으로 많이 들여 쓰기가 되는 경우를 피할 수 있게 해 주고, 프로그램의 가독성을 높여 준다.

다중 if-else 문

3.9 x = 3, y = 2라고 할 때, 다음 코드의 출력이 존재한다면 무엇인가? x = 3, y = 4일 때의 출력은 무엇인가? x = 2, y = 2일 때의 출력은 무엇인가? 코드의 흐름도를 그려라.

```
if (x > 2)
{
  if (y > 2)
  {
    int z = x + y;
    cout << "z is " << z << endl;
  }
}
else
  cout << "x is " << x << endl;
```

3.10 x = 2, y = 3라고 할 때, 다음 코드의 출력이 존재한다면 무엇인가? x = 3, y = 2일 때 출력은 무엇인가? x = 3, y = 3일 때 출력은 무엇인가?

```
if (x > 2)
  if (y > 2)
  {
    int z = x + y;
    cout << "z is " << z << endl;
  }
  else
    cout << "x is " << x << endl;
```

3.11 다음 코드는 무엇이 잘못되었는가?

```
if (score >= 60.0)
  cout << "Grade is D";
else if (score >= 70.0)
  cout << Grade is C";
else if (score >= 80.0)
  cout << Grade is B";
else if (score >= 90.0)
  cout << "Grade is A";
else
  cout << "Grade is F";
```

3.6 일반적인 오류와 위험 요소

필요한 괄호의 생략, if 문에 세미콜론(;) 입력, == 대신 =를 잘못 사용, else 결합(dangling else) 문제는 선택문에서 일반적으로 발생할 수 있는 오류이다. 이중 if-else 문에서 참과 거짓 모두에 같은 문장을 작성하는 것과 double 값에 대해 동일함을 검사하는 것은 일반적인 위험 요소가 될 수 있다.

일반적인 오류 1: 필요한 괄호의 생략

블록 안에 하나의 문장만 존재한다면 괄호를 생략할 수 있다. 그러나 여러 개의 문장을 묶기 위해 필요한 괄호를 생략하는 것은 일반적으로 발생하는 프로그래밍 오류가 된다. 만약 괄호가 없는 if 문 안에 새로운 문장을 추가하는 것으로 코드를 수정하면 괄호를 삽입해야 할 것이다. 예를 들어, 다음 코드 (a)는 잘못된 것으로, 두 개의 문장을 묶기 위해서는 (b)와 같이 괄호를 사용해야 한다.

```
if (radius >= 0)
   area = radius * radius * PI;
   cout << "The area "
        << " is " << area;
```

(a) 잘못된 구문

```
if (radius >= 0)
{
   area = radius * radius * PI;
   cout << "The area "
        << " is " << area;
}
```

(b) 올바른 구문

(a)에서 화면 출력 문장은 if 문의 영역이 아니며, 이는 다음 코드와 같은 코드가 된다.

```
if (radius >= 0)
   area = radius * radius * PI;

cout << "The area "
     << " is " << area;
```

if 문의 조건과는 상관없이 화면 출력 문장은 항상 실행된다.

일반적인 오류 2: if 문 줄에 잘못된 세미콜론 사용

다음 (a)에서와 같이 if 문 줄의 끝에 세미콜론(;)을 삽입하는 것은 일반적으로 발생되는 프로그래밍 오류이다.

논리 오류

```
if (radius >= 0);
{
   area = radius * radius * PI;
   cout << "The area "
        << " is " << area;
}
```

(a)

동일한 표현

빈 블록

```
if (radius >= 0) {;
{
   area = radius * radius * PI;
   cout << "The area "
        << " is " << area;
}
```

(b)

이와 같은 실수는 컴파일 오류나 실행 오류가 아니라 논리 오류이기 때문에 발견하기 어렵다. (a)의 코드는 빈 블록을 갖고 있는 (b) 코드와 동일한 것이 된다.

일반적인 오류 3: == 대신에 =를 잘못 사용

동일함으로 테스트하는 연산자는 두 개의 등호 기호(==)이다. C++에서 실수로 = 대신 ==를 사용하면 논리 오류가 발생한다. 다음 코드를 살펴보자.

```
if (count = 3)
    cout << "count is zero" << endl;
else
    cout << "count is not zero" << endl;
```

이 코드는 **count = 3**이 **count**에 3을 대입하고 대입문의 결과가 3이 되기 때문에 항상 **"count is zero"**가 화면에 표시된다. 3은 0이 아니기 때문에 **if** 문에 의해 참으로 해석된다. 0이 아닌 값은 참이고, 0은 거짓으로 평가하는 것을 상기하기 바란다.

일반적인 오류 4: 부울 값의 중복 검사

if 문의 조건에서 부울 값이 참 또는 거짓인지를 검사하기 위해 다음의 (a) 코드와 같이 동일 검사 연산자를 사용하는 것은 중복 검사가 된다.

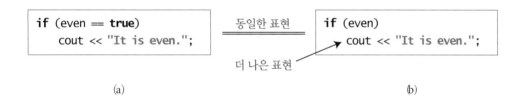

(a)   (b)

대신에 (b)와 같이 직접 부울 변수를 검사하는 것이 더 좋다. 이렇게 하는 것이 좋은 또 다른 이유는 알아 내기 힘든 오류를 피할 수 있기 때문이다. 즉, 조건에서 두 항목의 동일함을 비교하기 위해 == 연산자 대신에 = 연산자를 사용하는 것은 일반적으로 발생하는 오류가 된다. 다음과 같은 오류 문장을 작성할 수 있다.

```
if (even = true)
    cout << "It is even.";
```

이 문장은 **even**에 참이 대입되기 때문에 **even**은 항상 참이 된다. 그러므로 이 **if** 문의 조건은 항상 참이다.

일반적인 오류 5: 불명료한 else 결합

다음의 (a) 코드는 두 개의 **if**와 하나의 **else**가 포함되어 있다. 여기서 어느 **if**가 **else**와 결합되는 것인가? 들여 쓰기로 보면 **else**는 첫 번째 **if**와 결합되는 것처럼 보인다. 하지만 **else**는 실제 두 번째 **if**와 결합된다. 이러한 상황을 불명료한 **else** 결합(dangling else ambiguity)이라고 한다. **else**는 같은 블록 안에서 항상 제일 마지막으로 쓰인 **if**와 결합된다. 그러므로 (a) 문장은 (b) 코드와 동일한 문장이다.

불명료한 **else** 결합

```
int i = 1, j = 2, k = 3;

if (i > j)
    if (i > k)
        cout << "A";
else
        cout << "B";
```

동일한 표현

올바른 들여
쓰기로 작성된
더 나은 문장

```
int i = 1, j = 2, k = 3;

if (i > j)
    if (i > k)
        cout << "A";
else
        cout << "B";
```

(a)   (b)

(i > j)가 거짓이기 때문에, (a)와 (b) 문장에서 어떤 것도 화면에 표시되지 않는다. else 항을 첫 번째 if와 강제로 결합하기 위해서는 괄호를 추가해야 한다.

```
int i = 1, j = 2, k = 3;

if (i > j)
{
    if (i > k)
        cout << "A";
}
else
        cout << "B";
```

이 문장은 **B**를 화면에 표시한다.

일반적인 오류 6: 두 실수의 동일성 검사

2.16절의 일반적인 오류 3에서 논의한 것처럼 실수는 제한된 정밀도를 갖고 있으며, 계산에서 반올림 오류(round-off error)가 발생할 수 있다. 그러므로 두 실수 값의 동일성 검사는 신뢰할 수 없다. 예를 들어, 다음 코드는 "**x is 0.5**"를 화면에 표시할 것처럼 보이지만, 의외로 "**x is not 0.5**"를 출력한다.

```
double x = 1.0 - 0.1 - 0.1 - 0.1 - 0.1 - 0.1;
if (x == 0.5)
    cout << "x is 0.5" << endl;
else
    cout << "x is not 0.5" << endl;
```

여기서 x는 정확히 0.5가 아니라 0.5에 매우 근사한 값이 된다. 그러므로 두 개의 실수 값에 대해 확실하게 동일성 검사를 할 수 없다. 그러나 두 수의 차이 값이 어떤 임계값보다 작은지를 검사함으로써 두 수가 충분히 유사한 값인지를 비교할 수 있다. 즉, 두 수 x와 y가 매우 작은 값 ε에 대해 $|x - y| < \varepsilon$라면 매우 근사한 값이 된다. ε(엡실론으로 발음)은 보통 매우 작은 값을 표현할 때 사용되는 문자이다. 일반적으로 double 형의 두 값을 비교하기 위해서는 ε을 10^{-14}으로, float 형의 두 값 비교를 위해서는 10^{-7}로 설정한다. 예를 들어, 다음 코드를 보자.

```
const double EPSILON = 1E-14;
double x = 1.0 - 0.1 - 0.1 - 0.1 - 0.1 - 0.1;
if (abs(x - 0.5) < EPSILON)
    cout << "x is approximately 0.5" << endl;
```

이 코드는 "x is approximately 0.5"를 출력할 것이다.

abs(a)는 `cmath` 라이브러리 파일에 존재하며, **a**의 절댓값을 반환하기 위해 사용된다.

일반적인 위험요소 1: 부울 변수 대입의 간소화

종종 초급 프로그래머들은 (a) 코드와 같이 부울 변수에 조건을 대입하는 코드를 작성하는 경우가 있다.

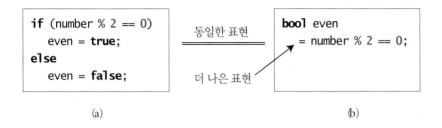

```
if (number % 2 == 0)
    even = true;
else
    even = false;
```

동일한 표현

더 나은 표현

```
bool even
    = number % 2 == 0;
```

(a)   (b)

이것은 오류는 아니지만, (b)와 같이 작성하는 것이 더 좋다.

일반적인 위험요소 2: 서로 다른 경우에 코드 중복 피하기

초급 프로그래머들은 한 곳에 작성되어야 할 코드를 서로 다른 경우에 중복해서 작성하는 경우가 종종 있다. 예를 들어, 다음 문장에서 밝게 표시한 부분은 중복된 문장이다.

```
if (inState)
{
    tuition = 5000;
    cout << "The tuition is " << tuition << endl;
}
else
{
    tuition = 15000;
    cout << "The tuition is " << tuition << endl;
}
```

이 문장은 오류는 아니지만, 다음과 같이 작성하면 더 좋은 문장이 된다.

```
if (inState)
{
    tuition = 5000;
}
else
{
    tuition = 15000;
}
cout << "The tuition is " << tuition << endl;
```

새 코드는 중복 부분을 제거함으로써 출력문을 수정해야 할 경우 단지 한 문장만 변경하면 되므로 코드를 유지보수하기 쉽게 만들어 준다.

일반적인 위험요소 3: 정수 값을 부울 값으로 사용

C++에서는 참을 1로, 거짓을 0으로 간주한다. 수치 값이 부울 값으로 사용될 수 있다. 특히 C++에서는 0이 아닌 값은 참으로, 0은 거짓으로 변환된다. 부울 값이 정수로 사용될 수 있는 것이다. 이는 잠재적인 논리 오류를 발생시킬 수 있다. 예를 들어, 다음 코드 (a)는 논리 오류가 발생한다. amount가 40이라고 가정하면 코드는 !amount가 0이고 0 <= 50은 참이 되어 "Amount is more than 50"을 출력할 것이다. 올바른 코드를 (b)에 나타내었다.

```cpp
if (!amount <= 50)
   cout << "Amount is more than 50";
```

(a)

```cpp
if (!(amount <= 50))
   cout << "Amount is more than 50";
```

(b)

3.12 다음 코드의 출력은 무엇인가?

```cpp
int amount = 5;

if (amount >= 100)
{
   cout << "Amount is " << amount << " ";
   cout << "Tax is " << amount * 0.03;
}
```

(a)

```cpp
int amount = 5;

if (amount >= 100)
   cout << "Amount is " << amount << " ";
   cout << "Tax is " << amount * 0.03;
```

(b)

```cpp
int amount = 5;

if (amount >= 100);
   cout << "Amount is " << amount << " ";
   cout << "Tax is " << amount * 0.03;
```

(c)

```cpp
int amount = 0;

if (amount = 0)
   cout << "Amount is zero";
else
   cout << "Amount is not zero";
```

(d)

3.13 다음 문장들 중 어느 것이 동일한가? 어느 것이 올바르게 들여쓰기가 되어 있는가?

```cpp
if (i > 0) if
(j > 0)
x = 0; else
if (k > 0) y = 0;
else z = 0;
```

(a)

```cpp
if (i > 0) {
   if (j > 0)
      x = 0;
   else if (k > 0)
      y = 0;
}
else
   z = 0;
```

(b)

```cpp
if (i > 0)
   if (j > 0)
      x = 0;
   else if (k > 0)
      y = 0;
   else
      z = 0;
```

(c)

```cpp
if (i > 0)
   if (j > 0)
      x = 0;
   else if (k > 0)
      y = 0;
else
   z = 0;
```

(d)

3.14 부울 식을 사용하여 다음 문장을 다시 작성하여라.

```
if (count % 10 == 0)
    newLine = true;
else
    newLine = false;
```

3.15 다음 문장은 올바른 문장인가? 어느 것이 더 좋은 표현인가?

```
if (age < 16)
    cout <<
        "Cannot get a driver's license";
if (age >= 16)
    cout <<
        "Can get a driver's license";
```

(a)

```
if (age < 16)
    cout <<
        "Cannot get a driver's license";
else
    cout <<
        "Can get a driver's license";
```

(b)

3.16 number가 14, 15, 30일 때 다음 코드의 출력은 무엇인가?

```
if (number % 2 == 0)
    cout << number << " is even";
if (number % 5 == 0)
    cout << number << " is multiple of 5";
```

(a)

```
if (number % 2 == 0)
    cout << number << " is even";
else if (number % 5 == 0)
    cout << number << " is multiple of 5";
```

(b)

3.7 예제: 체질량지수 계산

체질량지수를 해석하는 프로그램을 작성하기 위해 중첩 if 문을 사용할 수 있다.

체질량지수(BMI: Body Mass Index)는 키와 몸무게에 근거하여 건강 상태를 측정한다. 킬로그램 단위의 몸무게를 미터 단위의 키의 제곱으로 나눔으로써 BMI를 계산할 수 있다. 20살 이후의 사람에 대한 BMI는 다음과 같이 해석된다.

BMI	해석
BMI < 18.5	체중 미달(Underweight)
18.5 ≤ BMI < 25.0	정상(Normal)
25.0 ≤ BMI < 30.0	과체중(Overweight)
30.0 ≤ BMI	비만(Obese)

사용자가 파운드(pound) 단위의 몸무게와 인치(inch) 단위의 키를 입력하면 그에 대한 BMI를 출력하는 프로그램을 작성하여라. 1파운드는 0.45359237킬로그램이고, 1인치는 0.0254미터이다. 리스트 3.2에 프로그램을 나타내었다.

리스트 3.2 ComputeAndInterpreteBMI.cpp

```
1 #include <iostream>
2 using namespace std;
```

```
 3
 4 int main()
 5 {
 6     // 사용자에게 파운드로 몸무게를 입력하도록 함
 7     cout << "Enter weight in pounds: ";
 8     double weight;
 9     cin >> weight;
10
11     // 사용자에게 인치로 키를 입력하도록 함
12     cout << "Enter height in inches: ";
13     double height;
14     cin >> height;
15
16     const double KILOGRAMS_PER_POUND = 0.45359237; // 상수
17     const double METERS_PER_INCH = 0.0254; // 상수
18
19     // BMI 계산
20     double weightInKilograms = weight * KILOGRAMS_PER_POUND;
21     double heightInMeters = height * METERS_PER_INCH;
22     double bmi = weightInKilograms /
23         (heightInMeters * heightInMeters);
24
25     // 결과 화면 출력
26     cout << "BMI is " << bmi << endl;
27     if (bmi < 18.5)
28         cout << "Underweight" << endl;
29     else if (bmi < 25)
30         cout << "Normal" << endl;
31     else if (bmi < 30)
32         cout << "Overweight" << endl;
33     else
34         cout << "Obese" << endl;
35
36     return 0;
37 }
```

weight 입력

height 입력

bmi 계산

결과 화면 출력

```
Enter weight in pounds: 146 [↵ Enter]
Enter height in inches: 70 [↵ Enter]
BMI is 20.9486
Normal
```

Line#	weight	height	weightInKilograms	heightInMeters	bmi	Output
9	146					
14		70				
20			66.22448602			
21				1.778		
22					20.9486	
26						BMI is 20.9486
32						Normal

두 상수 **KILOGRAMS_PER_POUND**와 **METERS_PER_INCH**는 16번~17번 줄에 정의되어 있다. 여기서 상수를 사용함으로써 프로그램의 가독성을 높여 줄 수 있다.

모든 경우에 대해 프로그램이 잘 동작하는지를 확인하기 위해서 BMI의 모든 가능한 경우를 검사할 수 있는 입력을 사용하여 프로그램을 테스트해야 한다.

3.8 예제: 세금 계산

세금 계산 프로그램을 작성하기 위해서 중첩 **if** 문을 사용할 수 있다.

Key Point

미국에서는 납세 의무자의 신고 지위(filing status)와 과세 소득(taxable income)을 바탕으로 세금을 산출한다. 납세 의무자의 신고 지위에는 네 가지 종류, 즉 1인 과세(single filer), 부부합산 과세(married filing jointly 또는 qualified widow(er)), 부부별도 과세(married filing separately), 가장 과세(head of household)가 있다. 세금 적용률은 매년 변동된다. 표 3.2에는 2009년도 세율이 제시되어 있다. 독신이고 과세 소득이 $10,000라면, 처음 $8,350에는 10%, 나머지 $1,650에는 15%를 적용하여 최종적으로 내야 할 세금은 $1,082.50가 된다.

개인 세금을 계산하기 위한 프로그램을 작성해야 하는데, 프로그램에서는 납세 의무자의 신고 지위와 과세 수입을 입력받아 세금을 계산한다. 1인 과세는 **0**, 부부합산 과세는 **1**, 부부별도 과세는 **2**, 가장 과세는 **3**으로 입력받는다.

납세 의무자의 신고 지위와 과세 수입을 기초로 하여 세금을 계산한다. 납세 의무자의 신고 지위는 다음의 **if** 문을 사용하여 결정한다.

```
if (status == 0)
{
   // 1인 과세 세금 계산
}
else if (status == 1)
{
   // 부부합산 과세 세금 계산
}
else if (status == 2)
{
   // 부부별도 과세 세금 계산
}
else if (status == 3)
{
```

표 3.2 2009 미국 연방 개인 세금 적용률

세금률	1인 과세	부부합산 과세	부부별도 과세	가장 과세
10%	$0 ~ $8,350	$0 ~ $16,700	$0 ~ $8,350	$0 ~ $11,950
15%	$8,351 ~ $33,950	$16,701 ~ $67,900	$8,351 ~ $33,950	$11,951 ~ $45,500
25%	$33,951 ~ $82,250	$67,901 ~ $137,050	$33,951 ~ $68,525	$45,501 ~ $117,450
28%	$82,251 ~ $171,550	$137,051 ~ $208,850	$68,526 ~ $104,425	$117,451 ~ $190,200
33%	$171,551 ~ $372,950	$208,851 ~ $372,950	$104,426 ~ $186,475	$190,201 ~ $372,950
35%	$372,951+	$372,951+	$186,476+	$372,951+

```
        // 가장 과세 세금 계산
      }
      else
      {
        // 잘못된 상태 출력
      }
```

납세 의무자의 신고 지위에 따라 여섯 가지 세금률을 적용할 수 있다. 각 세금률이 과세 소득의 정해진 양에 적용된다. 예를 들어, 1인 과세이고 과세 소득이 $400,000라면 $8,350는 10%, $(33,950~8,350)는 15%, $(82,250~33,950)는 25%, $(171,550~82,250)는 28%, $(372,950~171,550)는 33%, $(400,000~372,950)는 35%가 적용된다.

리스트 3.3은 1인 과세의 경우 세금을 구하는 프로그램이다. 전체 완성된 프로그램은 프로그래밍 실습에서 풀어 보도록 하겠다.

리스트 3.3 ComputeTax.cpp

```cpp
1  #include <iostream>
2  using namespace std;
3
4  int main()
5  {
6    // 사용자에게 신고 지위를 입력하도록 함
7    cout << "(0-single filer, 1-married jointly, "
8        << "or qualifying widow(er), " << endl
9        << "2-married separately, 3-head of household)" << endl
10       << "Enter the filing status: ";
11
12   int status;
13   cin >> status;
14
15   // 과세 소득을 입력하도록 함
16   cout << "Enter the taxable income: ";
17   double income;
18   cin >> income;
19
20    // 세금 계산
21   double tax = 0;
22
23   if (status == 0) // 1인 과세 세금 계산
24   {
25     if (income <= 8350)
26       tax = income * 0.10;
27     else if (income <= 33950)
28       tax = 8350 * 0.10 + (income - 8350) * 0.15;
29     else if (income <= 82250)
30       tax = 8350 * 0.10 + (33950 - 8350) * 0.15 +
31         (income - 33950) * 0.25;
32     else if (income <= 171550)
33       tax = 8350 * 0.10 + (33950 - 8350) * 0.15 +
34         (82250 - 33950) * 0.25 + (income - 82250) * 0.28;
```

상태 입력   13

수입 입력   18

세금 계산   21

```
35        else if (income <= 372950)
36          tax = 8350 * 0.10 + (33950 - 8350) * 0.15 +
37            (82250 - 33950) * 0.25 + (171550 - 82250) * 0.28 +
38            (income - 171550) * 0.33;
39        else
40          tax = 8350 * 0.10 + (33950 - 8350) * 0.15 +
41            (82250 - 33950) * 0.25 + (171550 - 82250) * 0.28 +
42            (372950 - 171550) * 0.33 + (income - 372950) * 0.35;
43      }
44      else if (status == 1) // 부부합산 과세 세금 계산
45      {
46        // 프로그래밍 실습에서 다룬다.
47      }
48      else if (status == 2) // 부부별도 과세 세금 계산
49      {
50        // 프로그래밍 실습에서 다룬다.
51      }
52      else if (status == 3) // 가장 과세 세금 계산
53      {
54        // 프로그래밍 실습에서 다룬다.
55      }
56      else
57      {
58        cout << "Error: invalid status";
59        return 0;                                              프로그램 종료
60      }
61
62      // 결과 화면 출력
63      cout << "Tax is " << static_cast<int>(tax * 100) / 100.0 << endl;   결과 화면 출력
64
65      return 0;
66    }
```

```
(0-single filer, 1-married jointly or qualifying widow(er),
2-married separately, 3-head of household)
Enter the filing status: 0 [↵Enter]
Enter the taxable income: 400000 [↵Enter]
Tax is 117684
```

Line#	status	income	tax	Output
13	0			
18		400000		
21			0	
40			117684	
63				Tax is 117684

이 프로그램에서는 납세 의무자의 신고 지위와 과세 소득을 입력받는다. 다중 **if-else** 문 (23, 44, 48, 52, 56번 줄)을 통해 납세 의무자의 신고 지위를 판단하고 그에 따라 세금을 계산

한다.

모든 경우 테스트

　　프로그램을 테스트하기 위해서 모든 경우를 다루는 입력을 제공해 줘야 한다. 이 프로그램에서는 모든 상태(0, 1, 2, 3)가 입력되어야 한다. 각 입력에 대해 각 여섯 가지 세금률에 따른 세금을 계산해야 한다. 그러므로 총 24개의 경우의 수가 발생한다.

점진적 개발 테스트

 팁

프로그램을 작성할 때 되도록 적은 양의 코드를 작성하고 새 코드를 추가하기 전에 테스트를 해야 한다. 이와 같은 방법을 **점진적 개발 테스트**(incremental development and testing)라고 한다. 이와 같은 접근법은 새로운 오류가 발생할 경우, 새로 추가된 코드에 오류가 존재할 확률이 높기 때문에 오류를 쉽게 찾을 수 있게 해 준다.

 Check Point

3.17 다음 문장은 동일한가?

```
if (income <= 10000)
    tax = income * 0.1;
else if (income <= 20000)
    tax = 1000 +
        (income - 10000) * 0.15;
```

```
if (income <= 10000)
    tax = income * 0.1;
else if (income > 10000 &&
        income <= 20000)
    tax = 1000 +
        (income - 10000) * 0.15;
```

3.9 난수 생성

 Key Point

임의의 정수를 발생시키기 위해서 rand() 함수를 사용할 수 있다.

　　초등 1학년생의 뺄셈을 연습하기 위한 프로그램을 개발한다고 하자. 프로그램에서는 **number1 >= number2**인 두 개의 일의 자리 정수 **number1**과 **number2**를 임의적으로 발생시켜야 하고, 학생에게는 "**What is 9 - 2?**"와 같이 질문을 표시해 주어야 한다. 학생이 답을 입력하면 그 값이 옳은지를 표시해 주는 메시지가 화면에 출력되어야 한다.

rand( ) 함수

　　임의의 수, 즉 난수(random number)를 발생시키기 위해서는 **cstdlib** 헤더 파일에 있는 **rand( )** 함수를 사용한다. 이 함수는 0과 RAND_MAX 사이의 임의의 정수를 반환한다. **RAND_MAX**는 플랫폼과 연관된 상수로서 비주얼 C++에서 **RAND_MAX**는 32767이다.

의사 난수

　　rand( )의 발생 값들은 의사 난수(pseudorandom)이다. 즉, 매번 같은 시스템이 실행되어 **rand( )**는 같은 순서의 수를 발생시킨다. 다음 문장을 컴퓨터에서 실행하면 여러 번 실행해도 예를 들어 변함없이 매번 **130**, **10982**, **1090**의 숫자가 발생된다.

```
cout << rand() << endl << rand() << endl << rand() << endl;
```

rsand(seed) 함수

　　이유가 뭘까? **rand( )** 함수의 알고리즘은 수의 발생을 제어하는 데 초기 값(seed)을 사용한다. 기본적으로 이 초기 값은 1이다. 만약 이 초기 값을 다른 값으로 변경한다면 난수의 열이 달라진다. 초기 값을 변경하기 위해서는 **cstdlib** 헤더 파일에 있는 **srand(seed)** 함수를 사용한다. 프로그램을 실행할 때마다 초기 값을 변경하기 위해서는 **time(0)**을 사용한다. 2.10절 "예제: 현재 시각 표시하기"에서 이야기한 바와 같이, **time(0)**은 1970년 1월 1일(GMT)의 00:00:00 이후 현재 시각까지의 시간을 초(second)로 반환해 준다. 그러므로 다음 코드는 임의의 초기 값을 사용하여 난수를 발생시켜 화면에 출력할 것이다.

```
sfsdsrand(time(0));
cout << rand() << endl;
```

0과 9 사이의 난수를 발생시키기 위해서는

```
rand() % 10
```

을 사용하면 된다.

프로그램은 다음과 같이 동작 설정을 할 수 있다.

1단계: **number1**과 **number2**에 두 개의 일의 자리 정수를 발생시킨다.

2단계: **number1** < **number2**라면 **number1**과 **number2**의 값을 서로 바꾼다.

3단계: 학생이 "What is number1 − number2?"에 답하도록 한다.

4단계: 학생의 답을 검사하고 옳은 답인지를 화면에 출력한다.

완성된 프로그램을 리스트 3.4에 나타내었다.

리스트 3.4 SubtractionQuiz.cpp

```cpp
 1 #include <iostream>
 2 #include <ctime> // time 함수로 인해 삽입          ctime 포함
 3 #include <cstdlib> // rand와 srand 함수로 인해 삽입   cstdlib 포함
 4 using namespace std;
 5
 6 int main()
 7 {
 8   // 1. 두 임의의 일의 자리 정수 발생
 9   srand(time(0));                              시드 설정
10   int number1 = rand() % 10;                   임의의 number1
11   int number2 = rand() % 10;                   임의의 number2
12
13   // 2. number1 < number2라면 number1과 number2를 교환
14   if (number1 < number2)
15   {
16     int temp = number1;                        수 교환
17     number1 = number2;
18     number2 = temp;
19   }
20
21   // 3. 학생에게 "what is number1 - number2?"의 답을 입력하도록 요청
22   cout << "What is " << number1 << " - " << number2 << "? ";
23   int answer;
24   cin >> answer;
25
26   // 4. 답을 확인하고, 결과를 화면에 출력              답 입력
27   if (number1 - number2 == answer)             결과 화면 출력
28     cout << "You are correct!";
29   else
30     cout << "Your answer is wrong. " << number1 << " - " << number2
31       << " should be " << (number1 - number2) << endl;
32
33   return 0;
34 }
```

```
What is 5 - 2? 3
You are correct!
```

```
What is 4 - 2? 1
Your answer is wrong.
4 - 2 should be 2
```

Line#	number1	number2	temp	answer	Output
10	2				
11		4			
16			2		
17	4				
18		2			
24				1	
30					Your answer is wrong 4 - 2 should be 2

두 변수 number1과 number2를 교환하기 위해서는 number1의 값을 보유하기 위해 임시 변수 temp(16번 줄)가 우선 사용되어야 한다. 그 다음, number2의 값을 number1에 대입(17번 줄)하고 temp에 저장된 값을 number2에 대입(18번 줄)한다.

3.18 다음 중 어느 것이 rand() 함수를 호출했을 때 가능한 출력이 되겠는가?

323.4, 5, 34, 1, 0.5, 0.234

3.19 a. $0 \leq i < 20$의 값을 갖는 임의의 정수 i를 어떻게 발생시킬 수 있는가?

b. $10 \leq i < 20$의 값을 갖는 임의의 정수 i를 어떻게 발생시킬 수 있는가?

c. $10 \leq i < 50$의 값을 갖는 임의의 정수 i를 어떻게 발생시킬 수 있는가?

d. 0 또는 1을 임의로 반환하는 수식을 작성하여라.

e. 본인이 사용하는 컴퓨터에서 RAND_MAX 값이 어떻게 되는지 조사하여라.

3.20 34와 55 사이의 난수를 얻기 위한 수식을 작성하여라. 0과 999 사이의 난수를 얻기 위한 수식을 작성하여라.

3.10 논리 연산자

복합적인 부울 식을 생성하기 위해서 !, &&, ||의 논리 연산자를 사용할 수 있다.

때로는 몇 가지 조건의 조합으로 문장의 실행 경로가 결정될 수 있다. 이와 같은 조건을 결합하기 위해서는 논리 연산자(logical operator)를 사용해야 한다. 논리 연산자는 부울 연산자(boolean operator)라고도 하는데, 이 연산자는 새로운 부울 값을 생성하기 위해서 부울 값들로 연산 작업을 한다. 표 3.3에 부울 연산자를 제시하였다. 표 3.4는 NOT(!) 연산자로 참은 거짓이 되고, 거짓은 참이 되도록 한다. 표 3.5는 AND(&&) 연산자로 두 피연산자가 모두 참일 경우에만 참이 된다. 표 3.6은 OR(||) 연산자로 적어도 하나의 피연산자만 참이면 연산의 결과가 참이 된다.

표 3.3 부울 연산자

연산자	이름	설명
!	NOT	논리 부정
&&	AND	논리곱
||	OR	논리합

표 3.4 !(NOT) 연산자의 진리표

p	!p	예(age = 24, weight = 140이라고 가정)
참	거짓	(age > 18)은 참이므로 !(age > 18)은 거짓
거짓	참	(weight == 150)은 거짓이므로 !(weight == 150)은 참

표 3.5 &&(AND) 연산자의 진리표

p1	p2	p1 && p2	예(age = 24, weight = 140이라고 가정)
거짓	거짓	거짓	(age > 18)와 (weight <= 140) 모두 참이므로
거짓	참	거짓	(age > 18) && (weight <= 140)는 참
참	거짓	거짓	(weight > 140)는 거짓이므로
참	참	참	(age > 18) && (weight > 140)는 거짓

표 3.6 \|\|(OR) 연산자의 진리표

p1	p2	p1 || p2	예(age = 24, weight = 140이라고 가정)
거짓	거짓	거짓	(weight <= 140)이 참이므로
거짓	참	참	(age > 34) || (weight <= 140)는 참
참	거짓	참	(age > 34)와 (weight >= 150) 모두 거짓이므로
참	참	참	(age > 34) || (weight >= 150)는 거짓

리스트 3.5는 임의의 숫자가 2와 3으로 나누어지는지, 2 또는 3으로 나누어지는지, 2 또는 3으로 나누어지지만 두 숫자 모두로 나누어지지는 않는지를 검사하는 프로그램이다.

리스트 3.5 TestBooleanOperators.cpp

```
 1 #include <iostream>
 2 using namespace std;
 3
 4 int main()
 5 {
 6   int number;
 7   cout << "Enter an integer: ";                                      입력
 8   cin >> number;
 9
10   if (number % 2 == 0 && number % 3 == 0)                            그리고
11     cout << number << " is divisible by 2 and 3." << endl;
12
13   if (number % 2 == 0 || number % 3 == 0)                            또는
14     cout << number << " is divisible by 2 or 3." << endl;
15
16   if ((number % 2 == 0 || number % 3 == 0) &&
```

```
17            !(number % 2 == 0 && number % 3 == 0))
18       cout << number << " divisible by 2 or 3, but not both." << endl;
19
20       return 0;
21 }
```

```
Enter an integer: 4
4 is divisible by 2 or 3.
4 is divisible by 2 or 3, but not both.
```

```
Enter an integer: 18
18 is divisible by 2 and 3
18 is divisible by 2 or 3.
```

10번 줄의 (number % 2 == 0 && number % 3 == 0)은 숫자가 2와 3으로 나누어지는지를 검사한다. 13번 줄의 (number % 2 == 0 || number % 3 == 0)은 숫자가 2 또는 3으로 나누어지는지를 검사한다. 16번~17번 줄의 ((number % 2 == 0 || number % 3 == 0) && !(number % 2 == 0 && number % 3 == 0))은 숫자가 2 또는 3으로 나누어지지만 두 숫자 모두로 나누어지지는 않는지를 검사한다.

경고

수학에서

```
1 <= numberOfDaysInAMonth <= 31
```

는 올바른 식이다. 그러나 C++에서는 틀린 표현이 되는데, **1 <= numberOfDaysInAMonth**가 부울 값으로 계산되고 그 다음, 부울 값(참은 **1**, 거짓은 **0**)이 **31**과 비교되어 논리 오류가 발생한다. 다음과 같이 작성해야 올바른 식이 된다.

호환되지 않는 피연산자

```
(1 <= numberOfDaysInAMonth) && (numberOfDaysInAMonth <= 31)
```

주의

드모르간의 법칙

인도 출신 영국 수학자이자 논리가인 Augustus De Morgan(1806~1871)에 의해 만들어진 드모르간의 법칙(De Morgan's law)을 사용하여 부울 식을 간소화할 수 있다. 이 법칙을 사용하면

```
!(condition1 && condition2)는 !condition1 || !condition2와 같고,
!(condition1 || condition2)는 !condition1 && !condition2와 같다.
```

예를 들어,

```
!(number % 2 == 0 && number % 3 == 0)
```

은 다음과 같이 쓸 수 있다.

```
(number % 2 != 0 || number % 3 != 0)
```

다른 예로서,

```
!(n == 2 || n == 3)
```

은 다음과 같이 쓰는 것이 좋은 표현이 된다.

```
n != 2 && n != 3
```

&& 연산자는 한 피연산자만 거짓이 되면 식은 거짓이 되고, **||** 연산자는 한 피연산자만 참이 되면 식은 참이 된다. C++에서는 이들 연산자의 성능을 높이기 위해서 이와 같은 성질을

이용하는데, **p1 && p2**를 계산할 때 **p1**이 참이면 그 다음, **p2**의 논리를 계산하고, **p1**이 거짓이라면 **p2**는 계산하지 않는다. 그리고 **p1 || p2**를 계산할 때 **p1**이 거짓이면 그 다음, **p2**의 논리를 계산하고, **p1**이 참이면 **p2**는 계산하지 않는다. 이 때문에 **&&**는 조건 AND(conditional AND) 연산자 또는 단축 논리 AND(short-circuit AND) 연산자라고 하고, **||**는 조건 OR (conditional OR) 연산자 또는 단축 논리 OR(short-circuit OR) 연산자라고 한다. C++에서는 또한 비트 논리 AND(&)와 비트 논리 OR(|) 연산자도 제공하고 있다. 이에 대한 자세한 내용은 지원 웹사이트의 보충학습(Supplement) 부록 IV.J와 IV.K에서 다룬다.

조건 연산자

단축 논리 연산자

3.21 x가 1이라고 할 때, 다음 부울 식의 결과는 무엇인가?

```
(true) && (3 > 4)
!(x > 0) && (x > 0)
(x > 0) || (x < 0)
(x != 0) || (x == 0)
(x >= 0) || (x < 0)
(x != 1) == !(x == 1)
```

3.22 (a) 변수 **num**에 저장된 값이 1과 100 사이라면 참의 결과를 갖는 부울 식을 작성하여라.

(b) 변수 **num**에 저장된 값이 1과 100 사이이거나 음수라면 참의 결과를 갖는 부울 식을 작성하여라.

3.23 (a) |x−5| < 4.5에 대한 부울 식을 작성하여라. (b) |x−5| > 4.5의 부울 식을 작성하여라.

3.24 x의 값이 10과 100 사이인지를 검사하려고 할 때 다음 식 중 옳은 것은 어느 것인가?

```
a. 100 > x > 10
b. (100 > x) && (x > 10)
c. (100 > x) || (x > 10)
d. (100 > x) and (x > 10)
e. (100 > x) or (x > 10)
```

3.25 다음 두 식은 같은가?

```
a. x % 2 == 0 && x % 3 == 0
b. x % 6 == 0
```

3.26 x가 45, 67, 101이라면 x >= 50 && x <= 100의 값은 어떻게 되는가?

3.27 다음 프로그램을 실행할 때 키보드를 통해 2 3 6을 입력한다고 가정하자. 출력은 무엇인가?

```cpp
#include <iostream>
using namespace std;

int main()
{
    double x, y, z;
    cin >> x >> y >> z;

    cout << "(x < y && y < z) is " << (x < y && y < z) << endl;
    cout << "(x < y || y < z) is " << (x < y || y < z) << endl;
    cout << "!(x < y) is " << !(x < y) << endl;
    cout << "(x + y < z) is " << (x + y < z) << endl;
```

```
        cout << "(x + y > z) is " << (x + y > z) << endl;

        return 0;
    }
```

3.28 age가 13보다 크고 18보다 작다면 참이 되는 부울 식을 작성하여라.

3.29 weight가 50파운드보다 크거나 height가 60인치보다 크다면 참이 되는 부울 식을 작성하여라.

3.30 weight가 50파운드보다 크고 height가 60인치보다 크다면 참이 되는 부울 식을 작성하여라.

3.31 weight가 50파운드보다 크거나 height가 60인치보다 크지만 두 조건 모두를 만족하지 않을 때 참이 되는 부울 식을 작성하여라.

3.11 예제: 윤년 계산

Key Point

4로 나누어떨어지면서 100으로는 나누어떨어지지 않거나, 400으로 나누어떨어지는 해는 윤년이 된다.

윤년(leap year)을 계산하기 위해서는 다른 부울 식을 사용하면 된다.

```
// 윤년은 4로 나누어떨어짐
bool isLeapYear = (year % 4 == 0);

// 윤년은 4로 나누어떨어지지만 100으로는 나누어떨어지지 않음
isLeapYear = isLeapYear && (year % 100 != 0);

// 윤년은 4로 나누어떨어지지만 100으로는 나누어떨어지지 않거나, 400으로 나누어떨어짐
isLeapYear = isLeapYear || (year % 400 == 0);
```

또는 이 3개의 수식을 하나로 다음과 같이 결합할 수 있다.

```
isLeapYear = (year % 4 == 0 && year % 100 != 0) || (year % 400 == 0);
```

리스트 3.6은 연도를 입력하고 윤년을 검사하는 프로그램이다.

리스트 3.6 LeapYear.cpp

```
 1 #include <iostream>
 2 using namespace std;
 3
 4 int main()
 5 {
 6   cout << "Enter a year: ";
 7   int year;
 8   cin >> year;
 9
10   // 입력한 연도가 윤년인지 검사
11   bool isLeapYear =
12      (year % 4 == 0 && year % 100 != 0) || (year % 400 == 0);
13
14   // 결과 화면 출력
15   if (isLeapYear)
```

입력

윤년인가?

if 문

```
16      cout << year << " is a leap year" << endl;
17   else
18      cout << year << " is a not leap year" << endl;
19
20   return 0;
21 }
```

```
Enter a year: 2008 ↵Enter
2008 is a leap year
```

```
Enter a year: 1900 ↵Enter
1900 is not a leap year
```

```
Enter a year: 2002 ↵Enter
2002 is not a leap year
```

3.12 예제: 복권

복권 프로그램에서는 난수를 발생시키고, 숫자를 비교하며 부울 식을 사용할 수 있다.

Key
Point

복권 놀이를 하는 프로그램을 작성한다고 하자. 프로그램에서는 임의로 두 자리의 수를 발생시키고 사용자에게 두 자리의 수를 입력하게 한 다음, 다음 규칙에 따라 사용자의 승리 여부를 결정한다.

1. 사용자가 입력한 숫자가 복권 숫자와 순서까지 정확히 일치하면 $10,000의 상금을 준다.
2. 사용자가 입력한 모든 숫자가 복권 숫자에 모두 포함되어 있으면 $3,000의 상금을 준다.
3. 사용자가 입력한 숫자 중 하나만 복권 숫자에 포함되어 있으면 $1,000의 상금을 준다.

두 개의 숫자가 모두 0일 수도 있다는 것에 주의해야 한다. 10보다 작은 수라면 두 개의 숫자로 표현하기 위해 앞에 0을 붙인다. 예를 들어, 프로그램에서 8의 경우 08로, 0의 경우는 00으로 처리되어야 한다. 리스트 3.7은 완성된 프로그램이다.

리스트 3.7 Lottery.cpp

```
1 #include <iostream>
2 #include <ctime>   // time 함수로 인해 삽입
3 #include <cstdlib> // rand와 srand 함수로 인해 삽입
4 using namespace std;
5
6 int main()
7 {
8   // 복권 숫자 생성
9   srand(time(0));
10  int lottery = rand() % 100;                         복권 숫자 생성
11
12  // 사용자가 생각한 숫자 입력
13  cout << "Enter your lottery pick (two digits): ";
```

생각한 수 입력

```
14    int guess;
15    cin >> guess;
16
17    // 복권의 각 숫자 지정
18    int lotteryDigit1 = lottery / 10;
19    int lotteryDigit2 = lottery % 10;
20
21    // 사용자가 생각한 각 숫자 지정
22    int guessDigit1 = guess / 10;
23    int guessDigit2 = guess % 10;
24
25    cout << "The lottery number is " << lottery << endl;
26
27    // 사용자의 숫자 검사
28    if (guess == lottery)
29        cout << "Exact match: you win $10,000" << endl;
30    else if (guessDigit2 == lotteryDigit1
31            && guessDigit1 == lotteryDigit2)
32        cout << "Match all digits: you win $3,000" << endl;
33    else if (guessDigit1 == lotteryDigit1
34            || guessDigit1 == lotteryDigit2
35            || guessDigit2 == lotteryDigit1
36            || guessDigit2 == lotteryDigit2)
37        cout << "Match one digit: you win $1,000" << endl;
38    else
39        cout << "Sorry, no match" << endl;
40
41    return 0;
42 }
```

정확하게 일치하는가?

모든 숫자만 일치하는가?

한 개의 숫자만 일치하는가?

일치하지 않음

```
Enter your lottery pick (two digits): 00 ↵Enter
The lottery number is 0
Exact match: you win $10,000
```

```
Enter your lottery pick (two digits): 45 ↵Enter
The lottery number is 54
Match all digits: you win $3,000
```

```
Enter your lottery pick: 23 ↵Enter
The lottery number is 34
Match one digit: you win $1,000
```

```
Enter your lottery pick: 23 ↵Enter
The lottery number is 14
Sorry, no matc
```

Line#	10	15	18	19	22	23	37
Variable							
lottery	34						
guess		23					
lotteryDigit1			3				
lotteryDigit2				4			
guessDigit1					2		
guessDigit2						3	
							output Match one digit: you win $1,000

프로그램은 **rand()** 함수(10번 줄)를 사용하여 복권 숫자를 생성하고 사용자가 생각한 숫자를 입력(15번 줄)하도록 한다. **guess**가 두 자리 숫자이기 때문에 **guess % 10**은 **guess**로부터 마지막 숫자를, 그리고 **guess / 10**은 첫 번째 숫자를 알아낼 수 있다(22번~23번 줄).

프로그램은 다음 순서로 복권 숫자에 대해 사용자가 입력한 숫자를 검사한다.

1. 우선 사용자가 입력한 수가 복권 숫자와 정확히 일치하는지를 검사한다(28번 줄).
2. 만약 일치하지 않는다면 사용자의 입력 숫자를 거꾸로 하여 복권 숫자와 일치하는지를 검사한다(30번~31번 줄).
3. 만약 일치하지 않는다면 숫자 중 하나가 복권 숫자와 일치하는지를 검사한다(33번~36번 줄).
4. 만약 일치하지 않는다면 아무 숫자도 일치하지 않으므로 **"Sorry, no match"**를 출력한다(38번~39번 줄).

3.13 switch 문

switch 문은 변수나 수식의 값에 따라 문장을 실행하게 한다.

리스트 3.3 ComputeTax.cpp에서 **if** 문은 참 또는 거짓 조건에 따라 실행 문장을 선택한다. **status** 변수 값에 따라 세금을 계산하는 방법은 네 가지 경우가 있었으며, 전체 조건을 모두 처리하기 위해서 중첩 **if** 문을 사용했었다. 그러나 중첩 **if** 문을 너무 많이 사용하면 프로그램을 이해하기가 어려워진다. C++에서는 여러 가지 경우에 대한 코드 작업을 단순화하기 위해 **switch** 문을 제공하고 있다. 리스트 3.3의 중첩 **if** 문을 대치하기 위해서 다음의 **switch** 문을 사용할 수 있다.

Key Point

```
switch (status)
{
    case 0:    1인 과세에 대한 세금 계산;
               break;
    case 1:    부부합산 과세에 대한 세금 계산;
               break;
    case 2:    부부별도 과세에 대한 세금 계산;
               break;
    case 3:    가장 과세에 대한 세금 계산;
```

```
                              break;
         default:  cout << "Errors: invalid status" << endl;
     }
```

앞서의 **switch** 문에 대한 흐름도를 그림 3.5에 표시하였다.

이 문장에서는 status 값이 **0, 1, 2, 3**인지를 순서적으로 검사한다. 값이 부합되면 해당 세금을 계산한다. status 값이 **0, 1, 2, 3**이 아니면 default가 선택되어 메시지를 출력한다. 다음은 **switch** 문에 대한 전체 구문이다.

switch 문

```
switch (switch-수식)
{
    case 값1:  문장1;
               break;
    case 값2:  문장2;
               break;
    ...
    case 값N:  문장N;
               break;
    default:  case가 부합되지 않을 때 실행되는 문장;
}
```

break 문

switch 문에는 다음과 같은 작성 규칙이 있다.

- ‘switch-수식’ 의 결과는 정수이어야 하고, 괄호 안에 작성한다.
- 값1, …, 값N은 정수 상수 형식이어야 하며, 1 + x 같이 변수가 포함되어 있으면 안 된다. 이 값들은 정수이어야 하며, 실수는 사용할 수 없다.
- ‘switch-수식’ 의 값과 **case** 문의 값이 부합되었을 때는 해당 **case** 문의 시작 문장부터 **break** 문까지 또는 **switch** 문의 끝까지 실행된다.
- **default** 부분은 생략 가능하며, ‘switch-수식’ 의 값이 **case** 문의 어느 값과도 부합되지 않을 때 실행된다.

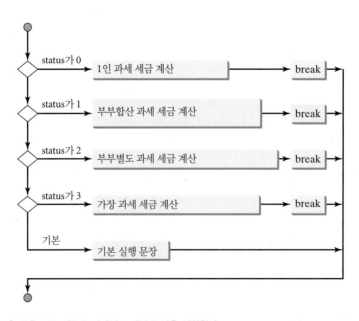

그림 3.5 **switch** 문은 모든 경우를 검사하고 해당 문장을 실행한다.

■ **break** 문은 생략 가능하다. **break** 문은 즉시 **switch** 문을 빠져나가게 한다.

경고

case 문에서 처리가 끝난 다음에 필요할 때 **break**를 사용하는 것을 잊어서는 안 된다. 'switch-수식'의 값과 case 문의 값이 부합되었을 때는 해당 case 문의 시작 문장부터 **break**를 만날 때까지 계속해서 프로그램이 실행된다. 만약 **break**를 만나지 못한다면 **switch** 문의 끝까지 실행될 수 있다. 이 현상을 **폴-스루 동작**(fall-through behavior)이라고 한다. 예를 들어, 다음 코드에서 **day**가 1에서 5까지의 값이라면 **Weekday**를 출력하고, **0**과 **6**에 대해서는 **Weekend**를 출력한다.

break가 없을 경우

폴-스루 동작

```
switch (day)
{
    case 1: // 다음 case까지 계속 실행
    case 2: // 다음 case까지 계속 실행
    case 3: // 다음 case까지 계속 실행
    case 4: // 다음 case까지 계속 실행
    case 5: cout << "Weekday"; break;
    case 0: // 다음 case까지 계속 실행
    case 6: cout << "Weekend";
}
```

팁

break를 의도적으로 생략했다면, 프로그래밍 오류를 피하고 유지보수의 편의성을 위해서 주석을 입력해 놓는 것이 좋을 것이다.

연도가 주어졌을 때 그 연도의 띠(Chinese Zodiac)를 결정해 주는 프로그램을 작성하려고 한다. 띠는 12년의 주기를 따르고 각각의 해는 그림 3.6에서와 같이 쥐(rat), 소(ox), 호랑이(tiger), 토끼(rabbit), 용(dragon), 뱀(snake), 말(horse), 양(sheep), 원숭이(monkey), 닭(rooster), 개(dog), 돼지(pig)로 표현된다.

year % 12는 띠의 기호를 결정한다. 1900년은 **1900 % 12**가 **4**이기 때문에 쥐의 해가 된다. 리스트 3.8은 연도를 입력하면 입력 연도의 동물을 출력하는 프로그램이다.

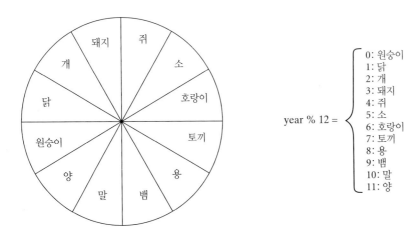

그림 3.6 동물 띠는 12년의 주기를 갖는다.

리스트 3.8 ChineseZodiac.cpp

```cpp
1 #include <iostream>
2 using namespace std;
3
4 int main()
5 {
6    cout << "Enter a year: ";
7    int year;
8    cin >> year;
9
10   switch (year % 12)
11   {
12     case 0: cout << "monkey" << endl; break;
13     case 1: cout << "rooster" << endl; break;
14     case 2: cout << "dog" << endl; break;
15     case 3: cout << "pig" << endl; break;
16     case 4: cout << "rat" << endl; break;
17     case 5: cout << "ox" << endl; break;
18     case 6: cout << "tiger" << endl; break;
19     case 7: cout << "rabbit" << endl; break;
20     case 8: cout << "dragon" << endl; break;
21     case 9: cout << "snake" << endl; break;
22     case 10: cout << "horse" << endl; break;
23     case 11: cout << "sheep" << endl; break;
24   }
25
26   return 0;
27 }
```

연도 입력

동물 띠 표기 결정

```
Enter a year: 1963 ↵Enter
Rabbit
```

```
Enter a year: 1877 ↵Enter
Ox
```

Check Point

3.32 switch 문의 변수에는 어떤 데이터 유형을 사용해야 하는가? 만약 **break** 키워드가 **case** 문이 처리된 후 사용되지 않는다면 다음에 어떤 문장이 실행되는가? switch 문을 동일한 **if** 문으로 변환할 수 있는가? 그 반대도 가능한가? switch 문을 사용하는 데 있어서의 장점은 무엇인가?

3.33 다음 switch 문이 실행된 후 **y**의 값은 무엇인가? 다음 코드를 **if** 문을 사용하여 다시 작성하여라.

```cpp
x = 3; y = 3;
switch (x + 3)
{
  case 6: y = 1;
  default: y += 1;
}
```

3.34 다음 **if-else** 문이 실행된 후의 x 값은 무엇인가? 다음 코드를 **switch** 문을 사용하여
다시 작성하고, 새로운 **switch** 문에 대한 흐름도를 작성하여라.

```
int x = 1, a = 3;
if (a == 1)
   x += 5;
else if (a == 2)
   x += 10;
else if (a == 3)
   x += 16;
else if (a == 4)
   x += 34;
```

3.14 조건식

조건식은 조건을 기초로 식을 평가한다.

변수에 일정한 조건에 따라서 값을 대입하고자 할 때가 있다. 예를 들어, 다음 문장은 x가 0보
다 크면 y에 1을, x가 0보다 작거나 같으면 y에 -1을 대입한다.

조건식

```
if (x > 0)
   y = 1;
else
   y = -1;
```

다음은 위와 같은 조건에 대해 조건식(conditional expression)을 사용하여 작성한 것으로
두 문장은 같은 표현이다.

조건식

```
y = x > 0 ? 1 : -1;
```

조건식은 **if** 문과는 완전히 다른 스타일로 **if** 키워드를 사용하지 않는다. 조건식의 문법은
다음과 같다.

```
부울-식 ? 수식1 : 수식2;
```

부울 식의 값이 참이면 조건식의 결과는 수식1이 되고, 거짓이면 수식2가 된다.

두 변수 **num1**과 **num2** 중에 큰 값을 **max** 변수에 기억되도록 하려면 다음과 같이 조건식을 사
용하여 작성하면 된다.

```
max = num1 > num2 ? num1 : num2;
```

또 다른 예로, 다음 예는 **num**의 값이 짝수이면 "**num is even**"을, 홀수이면 "**num is odd**"를 출
력한다.

```
cout << (num % 2 == 0 ? "num is even" : "num is odd") << endl;
```

주의
조건식에서 **?**와 **:**는 함께 사용되는데, 조건식은 피연산자가 3개이므로 이들 조건 연산자를 3항   3항 연산자
연산자(ternary operator)라고 하며, 이는 C++에서 유일한 3항 연산자가 된다.

3.35 다음 프로그램을 실행할 때 키보드로 **2 3 6**을 입력한다고 하면 출력은 어떻게 되겠는가?

```cpp
#include <iostream>
using namespace std;

int main()
{
    double x, y, z;
    cin >> x >> y >> z;

    cout << (x < y && y < z ? "sorted" : "not sorted") << endl;

    return 0;
}
```

3.36 다음 `if` 문을 조건식을 사용하여 다시 작성하여라.

```cpp
if (ages >= 16)
    ticketPrice = 20;
else
    ticketPrice = 10;
```

```cpp
if (count % 10 == 0)
    cout << count << endl;
else
    cout << count << " ";
```

3.37 다음 조건식을 `if-else` 문을 사용하여 다시 작성하여라.

a. score = x > 10 ? 3 * scale : 4 * scale;
b. tax = income > 10000 ? income * 0.2 : income * 0.17 + 1000;
c. cout << (number % 3 == 0 ? i : j) << endl;

3.15 연산자 우선순위와 결합성

연산자 우선순위

연산자 우선순위와 결합성은 연산자의 실행 순서를 결정한다.

2.9절 "수식 계산과 연산자 우선순위"에서 산술 연산자의 연산자 우선순위(operator precedence)에 대해 설명하였다. 이 절에서는 좀 더 자세히 연산자 우선순위에 대해 설명하려고 한다. 다음과 같은 식을 생각해 보자.

3 + 4 * 4 > 5 * (4 + 3) - 1 && (4 - 3 > 5)

이 수식의 값은 어떻게 될까? 연산자의 실행 순서는 어떻게 되는가?

우선 괄호 안에 있는 내용이 제일 먼저 실행된다(괄호는 중첩될 수 있으므로, 가장 안쪽 괄호 안에 있는 수식부터 실행된다). 괄호가 없는 수식이 계산될 때는 우선순위 규칙과 결합성(associativity) 규칙에 따라 계산이 이루어진다.

표 3.7에 지금까지 다룬 모든 연산자와 그 우선순위가 있다. 위쪽의 연산자가 가장 우선순위가 높고, 아래로 갈수록 낮아진다. 논리 연산자는 관계 연산자보다 우선순위가 낮고, 관계 연산자는 산술 연산자보다 우선순위가 낮다. 같은 우선순위의 연산자는 같은 줄의 그룹으로 표시하였다(부록 C "연산자 우선순위 차트"에서 C++의 전체 연산자 우선순위를 볼 수 있다).

연산자 결합성

같은 우선순위의 연산자가 나란히 있는 경우에는 결합성이 계산 순서를 정하게 된다. 대입 연산자를 제외한 모든 이항 연산자는 왼쪽-결합성(left-associative)을 가진다. 예를 들어, +와 −

표 3.7 연산자 우선순위 차트

우선순위	연산자
	var++와 var-- (후위)
	+, - (단항 양과 음), ++var와 --var (전위)
	static_cast<type>(v), (type) (형변환)
	! (NOT)
	*, /, % (곱하기, 나누기, 나머지)
	+, - (더하기, 빼기)
	<, <=, >, >= (비교)
	==, != (동등 비교)
	&& (AND)
	|| (OR)
	=, +=, -=, *=, /=, %= (대입 연산자)

는 우선순위가 같으며 왼쪽-결합성을 따른다. 예를 들어, 다음의 왼쪽 수식은 오른쪽 수식과 같은 표현이 된다.

$$a - b + c - d \overset{\text{같다}}{=\!=\!=\!=\!=} ((a - b) + c) - d$$

대입 연산자는 **오른쪽-결합성**(right-associative)을 따른다. 예를 들어, 다음의 왼쪽 수식은 오른쪽 수식과 같은 표현이 된다.

$$a = b \mathrel{+}= c = 5 \overset{\text{같다}}{=\!=\!=\!=\!=} a = (b \mathrel{+}= (c = 5))$$

계산 전 **a**, **b**, **c**의 값이 1이었다면, 계산 후의 **a**, **b**, **c**의 값은 각각 **6**, **6**, **5**가 된다. 대입 연산자에 대해 왼쪽-결합성을 적용한다면 전혀 다른 값이 구해진다는 것을 알 수 있다.

> 팁
>
> 괄호를 적절히 사용하면 원하는 형태로 계산할 수 있고, 프로그램의 가독성도 좋아진다. 괄호를 중복해서 여러 번 사용하더라도 프로그램 실행 속도는 느려지지 않는다.

3.38 부울 연산자의 우선순위 목록을 작성하여라. 다음 수식의 결과는 무엇인가?

```
true || true && false
true && true || false
```

3.39 =를 제외한 모든 이항 연산자는 왼쪽-결합성을 갖는다. 이 말은 맞는 말인가?

3.40 다음 수식의 결과는 무엇인가?

```
2 * 2 - 3 > 2 && 4 - 2 > 5
2 * 2 - 3 > 2 || 4 - 2 > 5
```

3.41 (x > 0 && x < 10)은 ((x > 0) && (x < 10))과 같은가? (x > 0 || x < 10)은 ((x > 0) || (x < 10))과 같은가? (x > 0 || x < 10 && y < 0)은 (x > 0 || (x < 10 && y < 0))과 같은가?

3.16 디버깅

디버깅은 프로그램에서 오류를 찾고 수정하는 과정이다.

1.9.1절에서 논의한 바와 같이, 구문 오류는 컴파일러 메시지를 통해 어디에서 어떤 이유로 오류가 발생했는지 찾기 쉽고 수정도 용이하다. 실행 오류도 운영체제가 프로그램이 중단될 때 화면에 오류 메시지를 출력해 주므로 오류를 찾고 수정하기 어렵지 않다. 반면에, 논리 오류는 오류를 찾아 수정하기가 쉽지 않다.

버그
디버깅
수작업

    논리 오류를 버그(bug)라고도 하며, 오류를 찾아 수정하는 것을 디버깅(debugging)이라고 한다. 디버깅하는 일반적인 방법은 버그가 발생한 프로그램의 범위를 좁혀 가면서 문제가 발생한 곳을 찾는 것이다. 디버깅은 수작업(hand-trace)으로 할 수도 있고(즉, 프로그램을 읽어 보고 오류를 찾는 방법) 또는 printf 문을 삽입하여 변수의 값을 출력하거나 프로그램 실행 흐름을 검사해 보면서 할 수도 있다. 이런 방법은 프로그램이 짧고 간단한 경우에는 좋은 방법이 될 수 있으나 크고 복잡한 프로그램의 경우에는 디버깅 유틸리티를 사용하는 것이 더 효과적이다.

IDE에서의 디버깅

    Visual C++와 같은 C++ 통합개발환경(IDE) 안에는 내장 디버거가 포함되어 있다. 디버거 유틸리티를 사용하면 프로그램의 흐름을 따라가면서 디버깅 작업을 할 수 있다. 디버거는 시스템에 따라 방법이 다르지만, 대부분 다음과 같은 디버깅에 필요한 기능들을 제공한다.

- **한 번에 한 줄씩 실행하는 기능**: 디버거에서 한 번에 한 줄씩 실행하는 기능을 사용하여 원하는 대로 결과가 나오는지 확인할 수 있다.

- **함수 안으로 진입하거나 건너뛰는 기능**: 함수를 실행할 때 함수 안으로 진입해서 한 줄씩 실행할 것인지 아니면 함수 전체를 하나의 문장으로 보고 건너뛰기를 할 것인지를 선택할 수 있다. 함수에 오류가 없다는 것이 확실한 경우에는 함수 전체를 건너뛸 수 있을 것이다. 예를 들면, **pow(a, b)**와 같은 시스템 제공 함수는 바로 건너뛰도록 한다.

- **브레이크 포인트 설정 기능**: 특정 문장에 브레이크 포인트(멈춤 지점)를 설정할 수 있다. 프로그램 실행 중에 브레이크 포인트를 만나면 프로그램이 그 지점에서 멈추게 되고 브레이크 포인트로 설정된 줄을 화면에 표시해 준다. 브레이크 포인트는 여러 개 설정할 수도 있으며, 오류가 어느 부분에서 시작되는지를 아는 경우에 사용하면 편리하다. 프로그래밍 오류가 시작되는 줄에 브레이크 포인트를 설정하고 브레이크 포인트에 도달할 때까지 프로그램을 실행한다.

- **변수 내용 표시 기능**: 디버거에서 몇 개의 변수를 선택하여 그 값을 화면에 출력할 수 있다. 프로그램을 추적할 때 변수의 내용은 계속해서 업데이트된다.

- **스택 내용 표시 기능**: 디버거를 사용하면 모든 함수 호출을 따라가 볼 수 있고, 실행될 함수 목록도 볼 수 있다. 이 기능은 프로그램 실행 흐름에 대한 전체적인 이해가 필요한 경우에 유용하다.

- **변수 수정 기능**: 일부 디버거는 디버깅 중에 변수의 값을 변경할 수 있게 해 준다. 이 기능은 디버거를 종료할 필요 없이 다른 샘플 값을 넣어 프로그램을 테스트할 때 유용하다.

🌐 **팁**

Microsoft Visual C++를 사용한다면 지원 웹사이트의 보충학습(Supplement) II.C에서 "Learning C++ Effectively with Microsoft Visual C++" 부분을 참고하기 바란다. 이 보충학습에서는 프로그램 디버깅을 위해 디버거를 사용하는 방법을 설명하고 디버깅을 통해 C++를 효과적으로 학습하는 방법에 대해서 설명한다.

주요 용어

단축 논리 연산자(short-circuit operator)	조건 연산자(conditional operator)
디버깅(debugging)	폴-스루 동작(fall-through behavior)
부울 값(Boolean value)	흐름도(flow chart)
부울 식(Boolean expression)	3항 연산자(ternary operator)
선택문(selection statement)	**bool** 데이터 유형(bool data type)
연산자 결합성(operator associativity)	**break** 문(break statement)
연산자 우선순위(operator precedence)	**else** 결합 문제(dangling else ambiguity)

요약

1. **bool** 유형 변수는 참(**true**)이나 거짓(**false**)을 저장할 수 있다.

2. C++에서는 내부적으로 참을 표현하기 위해 **1**을, 거짓을 표현하기 위해 **0**을 사용한다.

3. 부울 값을 화면에 출력한다면 변수가 참일 경우 **1**을, 거짓일 경우 **0**을 출력한다.

4. C++에서 수치 값을 부울 변수에 대입할 수 있는데, 0이 아닌 값은 참으로, 0은 거짓으로 판단한다.

5. 관계 연산자(<, <=, ==, !=, >, >=)의 결과는 부울 값이 된다.

6. 동등한지를 검사하는 연산자는 ==와 같이 한 개의 = 기호가 아닌 두 개의 =를 사용한다. =는 대입을 위한 연산자이다.

7. 선택문은 선택적 실행 부분이 필요한 프로그램에서 사용된다. 선택문에는 여러 가지가 있으며, 단순 **if** 문, 이중 **if-else** 문, 중첩 **if** 문, 다중 **if-else** 문, **switch** 문, 조건식 등이 있다.

8. 다양한 형태의 **if** 문은 부울 식에 따라 제어가 결정된다. 수식의 결과가 참인지 거짓인지에 따라 두 가지 경우 중 해당되는 한 부분이 실행된다.

9. **&&**와 **||**, **!** 부울 연산자는 부울 값과 변수에 적용된다.

10. **p1 && p2** 연산에 대해 C++에서는 우선 **p1**을 계산하고, **p1**의 결과가 참이면 **p2**를 계산한다. **p1**의 결과가 거짓인 경우에는 **p2**를 계산하지 않는다. **p1 || p2** 연산에 대해 C++에서는 **p1**을 먼저 계산하고, **p1**의 결과가 거짓이면 **p2**를 계산한다. **p1**의 결과가 참인 경우에는 **p2**를 계산하지 않는다. 그러므로 **&&**를 조건 AND 연산자(conditional AND operator) 또는 단축 논리 AND 연산자(short-circuit AND operator)라고 하고, **||**를 조건 OR 연산자(conditional OR operator) 또는 단축 논리 OR 연산자(short-circuit OR

operator)라고 한다.

11. **switch** 문은 **switch** 수식에 따라 실행되는 문장을 결정한다.

12. **switch** 문에서 **break**는 필요할 때만 사용하면 되지만, **switch** 문의 나머지를 건너 뛰기 위해서 일반적으로 각 **case**의 끝에 사용한다. **break** 문을 사용하지 않는다면 다음의 **case** 문이 실행된다.

13. 수식에서 연산자는 괄호 안에 있는 것이 가장 먼저 실행되고, 다음에 **연산자 우선순위**와 **결합성**에 따라 처리된다.

14. 연산의 순서를 원하는 순서로 변경하고자 할 때 괄호를 사용할 수 있다.

15. 높은 우선순위의 연산자가 먼저 실행된다. 같은 우선순위의 연산자인 경우 결합성을 통해 처리 순서가 결정된다.

16. 대입 연산자를 제외한 모든 연산자는 왼쪽-결합성(left-associative)을 따르고, 대입 연산자는 오른쪽-결합성(right-associative)을 따른다.

퀴즈

www.cs.armstrong.edu/liang/cpp3e/quiz.html에서 온라인으로 이 장에 대한 퀴즈를 풀어 보라.

프로그래밍 실습

코딩 전에 생각하기

 주의
각 문제에 대하여 코딩을 하기 전에 문제 요구 사항을 주의 깊게 분석하고, 문제 해결을 위한 전략을 수립하도록 한다.

실수에서 배우기

주의
도움을 요청하기 전에 프로그램을 읽고 이해한 다음, 손으로 또는 IDE 디버거를 사용하여 몇 개의 대표적인 입력을 사용하여 프로그램을 추적해 보도록 한다. 본인의 실수에 대해 디버깅 작업을 해 봄으로써 프로그래밍 방법을 익히게 된다.

3.3~3.8절

*3.1 (대수학: 2차 방정식 계산) 2차 방정식 $ax^2 + bx + c = 0$의 두 개의 해는 다음 공식으로 계산할 수 있다.

$$r_1 = \frac{-b + \sqrt{b^2 - 4ac}}{2a} \quad \text{와} \quad r_2 = \frac{-b - \sqrt{b^2 - 4ac}}{2a}$$

$b^2 - 4ac$는 2차 방정식의 판별식이라고 한다. 이 값이 양수이면 해는 두 개의 실근이 되고, 0이면 하나의 근을 가지며, 음수가 되면 실근이 존재하지 않는다.

a, b, c의 값을 입력받아 판별식에 따라 결과를 화면에 출력하는 프로그램을 작성하여라. 판별식이 양수이면 두 개의 근을 표시하고, 0이면 하나의 근을, 음수이면 "The equation has no real roots."를 출력하도록 한다.

$\sqrt{x}$를 계산하기 위해 **pow(x, 0.5)**를 사용하여라. 다음은 샘플 실행 결과이다.

```
Enter a, b, c: 1.0 3 1  ↵Enter
The roots are -0.381966 and -2.61803
```

```
Enter a, b, c: 1 2.0 1  ↵Enter
The root is -1
```

```
Enter a, b, c: 1 2 3  ↵Enter
The equation has no real roots
```

3.2　(숫자 점검) 두 개의 정수를 입력받아 첫 번째 숫자가 두 번째 숫자로 나뉘지는지를 점검하는 프로그램을 작성하여라. 다음은 샘플 실행 결과이다.

```
Enter two integers: 2 3  ↵Enter
2 is not divisible by 3
```

```
Enter two integers: 22 2  ↵Enter
22 is divisible by 2
```

*3.3　(대수학: 2×2 1차 방정식 계산) 다음 2×2 1차 방정식을 풀기 위해 크래머(Cramer)의 공식을 사용할 수 있다.

$$ax + by = e \qquad x = \frac{ed - bf}{ad - bc} \quad y = \frac{af - ec}{ad - bc}$$
$$cx + dy = f$$

a, b, c, d, e, f 값을 입력받아 결과를 출력하는 프로그램을 작성하여라. $ad - bc$가 0이면 "The equation hab no solution."을 출력한다.

```
Enter a, b, c, d, e, f: 9.0 4.0 3.0 -5.0 -6.0 -21.0  ↵Enter
x is -2.0 and y is 3.0
```

```
Enter a, b, c, d, e, f: 1.0 2.0 2.0 4.0 4.0 5.0  ↵Enter
The equation has no solution
```

3.4　(온도 점검) 온도[1]를 입력받는 프로그램을 작성하여라. 온도가 30도보다 낮으면 **too cold를 출력하고, 100보다 크면 **too hot**을 출력하며, 그 외의 경우는 **just right**를 출력하도록 한다.

*3.5　(미래 날짜 계산) 한 주 중 오늘(일요일은 0, 월요일은 1, ..., 토요일은 6)을 나타내는 정수를 입력하는 프로그램을 작성하여라. 프로그램에서는 오늘 이후의 미래의 날을 위

---

1) 역주: 여기서 온도는 화씨 단위이다.

한 수를 입력받도록 해야 하고 입력한 미래의 날이 한 주 중 어느 요일인지를 출력해야 한다. 다음은 샘플 실행 결과이다.

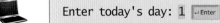

```
Enter today's day: 1 ↵Enter
Enter the number of days elapsed since today: 3 ↵Enter
Today is Monday and the future day is Thursday
```

```
Enter today's day: 0 ↵Enter
Enter the number of days elapsed since today: 31 ↵Enter
Today is Sunday and the future day is Wednesday
```

*3.6 (건강 문제: BMI) 리스트 3.2 ComputeAndInterpretBMI.cpp 문제에 대해 몸무게와 키를 피트(feet)와 인치(inch)로 입력받도록 프로그램을 수정하여라. 예를 들어, 어떤 사람의 키가 5피트 10인치라면 피트에 대해 5와 인치에 대해 10을 입력한다. 다음은 샘플 실행 결과이다.

```
Enter weight in pounds: 140 ↵Enter
Enter feet: 5 ↵Enter
Enter inches: 10 ↵Enter
BMI is 20.087702275404553
Normal
```

*3.7 (3개의 정수 정렬) 3개의 정수를 입력받아 오름차순으로 정수를 출력하는 프로그램을 작성하여라.

*3.8 (금융 문제: 화폐 단위) 1달러 1페니와 같은 경우는 단수 형태(1 dollar and 1 penny), 2달러 3페니 같은 경우는 복수 형태(2 dollars and 3 pennies)를 사용하여 0이 아닌 잔돈만 표시되도록 리스트 2.12 ComputeChange.cpp 프로그램을 수정하여라.

3.9~3.16절

*3.9 (한 달의 일수 계산) 사용자가 연도(year)와 달(month)을 입력하면 해당 달의 일수가 며칠인지를 출력하는 프로그램을 작성하여라. 예를 들어, 2012년과 2월을 입력하면 "2012년 2월은 29일이다."라는 형태로 출력되고, 2015년 3월을 입력하면 "2015년 3월은 31일이다."를 출력해야 한다.

3.10 (게임: 덧셈 배우기) 리스트 3.4 SubtractionQuiz.cpp는 무작위로 두 숫자의 뺄셈을 계산하는 프로그램이다. 이 프로그램을 덧셈을 하는 프로그램으로 수정하여라. 이때 두 숫자는 100을 넘지 않도록 한다.

*3.11 (선적 가격) 해운 회사에서 소포의 무게(파운드)에 따라 선적 기격(달리)을 계산하기 위해 다음 함수를 사용한다고 하자.

$$c(w) = \begin{cases} 3.5, & 0 < w \le 1 \text{인 경우} \\ 5.5, & 1 < w \le 3 \text{인 경우} \\ 8.5, & 3 < w \le 10 \text{인 경우} \\ 10.5, & 10 < w \le 20 \text{인 경우} \end{cases}$$

소포의 무게를 입력받아 선적 가격을 계산하는 프로그램을 작성하여라. 무게가 50파운드보다 크다면 "The package cannot be shipped."가 출력되도록 한다.

3.12 (게임: 앞면과 뒷면) 동전 던지기에서 앞면 또는 뒷면 중 어디가 나올지를 예상하는 프로그램을 작성하여라. 프로그램은 임의로 앞면과 뒷면을 나타내는 정수 0이나 1을 생성한다. 사용자가 생각한 동전의 면을 입력받도록 하고 생각한 컴퓨터의 동전 면과 맞는지 다른지의 결과를 출력하도록 한다.

*__3.13__ (금융 문제: 세금 계산) 리스트 3.3 ComputeTax.cpp에서 1인 과세자에 대한 세금을 계산하는 소스 코드를 볼 수 있다. 이 프로그램을 완성하여라.

**__3.14__ (게임: 복권) 3개의 복권 숫자를 생성하도록 리스트 3.7 Lottery.cpp를 수정하여라. 사용자에게 3개의 수를 입력하도록 하고 다음 규칙에 따라 사용자가 이겼는지를 결정하도록 한다.

사용자의 입력이 정확한 순서로 복권 숫자와 일치하면 상금으로 $10,000를 준다. 사용자가 입력한 모든 숫자가 복권 숫자에 모두 포함되어 있으면 상금으로 $3,000를 준다. 사용자가 입력한 숫자 중 하나만 복권 숫자에 포함되어 있으면 상금으로 $1,000를 준다.

*__3.15__ (게임: 가위, 바위, 보) 가위, 바위, 보 게임을 하는 프로그램을 작성하여라(가위는 보(보자기)를 자를 수 있고, 바위는 가위를 깨뜨릴 수 있으며, 보자기는 바위를 둘러쌀 수 있다). 프로그램은 임의로 가위, 바위, 보를 나타내는 숫자 0, 1, 2를 생성해야 하며, 사용자가 0, 1, 2를 입력하면 사용자와 컴퓨터 중 누가 이기고 지고 비겼는지를 메시지로 출력해 준다. 다음은 샘플 실행 결과이다.

```
scissor (0), rock (1), paper (2): 1 ↵Enter
The computer is scissor. You are rock. You won
```

```
scissor (0), rock (1), paper (2): 2 ↵Enter
The computer is paper. You are paper too. It is a draw
```

**__3.16__ (삼각형의 둘레 계산) 삼각형 세 변의 길이를 입력받아 입력 값이 유효하다면 둘레(perimeter)를 계산하는 프로그램을 작성하여라. 입력 값이 유효하지 않은 경우 유효하지 않다는 내용이 출력되도록 한다. 두 변 길이의 합이 나머지 한 변의 길이보다 크면 입력 값은 유효한 것이다.

*__3.17__ (과학: 체감온도) 프로그래밍 실습 2.17에 체감온도를 계산하는 공식을 나타내었다. 그 공식은 −58℉와 41℉ 사이의 온도와 2보가 크거나 같은 바람 속도에 대해서만 유효하다. 온도와 바람 속도를 입력받아 입력이 유효하다면 체감온도를 출력하고, 그렇지 않다면 온도나 바람 속도가 유효하지 않다는 메시지를 출력하는 프로그램을 작성하여라.

3.18 (게임: 세 숫자의 합) 리스트 3.4 SubtractionQuiz.cpp는 무작위로 두 숫자의 뺄셈을 계

산하는 프로그램이다. 이 프로그램을 100보다 작은 임의의 세 숫자에 대해 덧셈을 수행하는 프로그램으로 수정하여라.

고급 문제

3.19 (기하학: 원 내부의 점) 점 (x, y)를 입력받아 그 점이 (0, 0)을 중심으로 하고 반지름이 **10인 원 내부에 존재하는지를 검사하는 프로그램을 작성하여라. 예를 들어, 그림 3.7a와 같이 (4, 5)는 원 내부에 있고, (9, 9)는 원의 외부에 위치하고 있다.

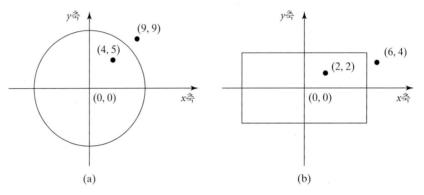

(a)   (b)

그림 3.7 (a) 원의 내부와 외부의 점, (b) 직사각형 내부와 외부의 점.

(힌트: 점으로부터 (0, 0)까지의 거리가 **10**보다 작거나 같으면 점은 원의 내부에 있게 된다. 거리를 계산하는 공식은 $\sqrt{(x_2 - x_1)^2 + (y_2 - y_1)^2}$ 이다. 모든 경우에 대해 프로그램을 테스트하여라.) 다음은 두 개의 샘플 실행 결과이다.

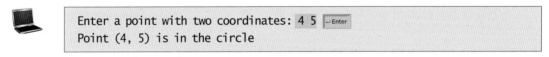
```
Enter a point with two coordinates: 4 5 ↵Enter
Point (4, 5) is in the circle
```

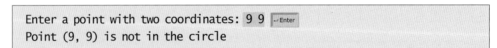
```
Enter a point with two coordinates: 9 9 ↵Enter
Point (9, 9) is not in the circle
```

3.20 (기하학: 직사각형 내부의 점) 점 (x, y)를 입력받아 그 점이 (0, 0)을 중심으로 하고 폭이 **10, 높이가 **5**인 직사각형 내부에 존재하는지를 검사하는 프로그램을 작성하여라. 예를 들어, 그림 3.7b와 같이 (2, 2)는 직사각형 내부에 있고, (6, 4)는 직사각형의 외부에 위치하고 있다. (힌트: 점으로부터 (0, 0)까지의 수평 거리가 **10 / 2**보다 작거나 같고, (0, 0)까지의 수직 거리가 **5 / 2**보다 작거나 같으면 점은 직사각형의 내부에 있게 된다. 모든 경우에 대해 프로그램을 테스트하여라.) 다음은 두 개의 샘플 실행 결과이다.

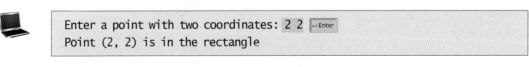
```
Enter a point with two coordinates: 2 2 ↵Enter
Point (2, 2) is in the rectangle
```

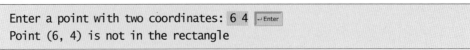
```
Enter a point with two coordinates: 6 4 ↵Enter
Point (6, 4) is not in the rectangle
```

3.21 (게임: 카드 뽑기) 52장의 카드로부터 한 장을 뽑는 것을 시뮬레이션하는 프로그램을 작성하여라. 프로그램은 카드의 짝패(Club**, **Diamond**, **Heart**, **Spade**)와 등급(**Ace**, **2**, **3**, **4**, **5**, **6**, **7**, **8**, **9**, **10**, **Jack**, **Queen**, **King**)을 출력해야 한다. 다음은 샘플 실행 결과이다.

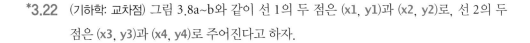

```
The card you picked is Jack of Hearts
```

*3.22 (기하학: 교차점) 그림 3.8a~b와 같이 선 1의 두 점은 (x1, y1)과 (x2, y2)로, 선 2의 두 점은 (x3, y3)과 (x4, y4)로 주어진다고 하자.

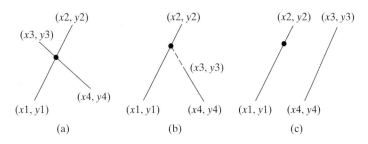

그림 3.8 (a와 b)에서 두 선은 교차하고, (c)에서 두 선은 평행하다.

두 선의 교차점은 다음 1차 방정식을 풀면 알아낼 수 있다.

$$(y_1 - y_2)x - (x_1 - x_2)y = (y_1 - y_2)x_1 - (x_1 - x_2)y_1$$
$$(y_3 - y_4)x - (x_3 - x_4)y = (y_3 - y_4)x_3 - (x_3 - x_4)y_3$$

이 1차 방정식은 크래머의 공식(프로그래밍 실습 3.3)으로 해를 구할 수 있다. 방정식의 해가 없다면 두 선은 평행(그림 3.8c)하다. 4개의 점을 입력받아 교차점을 출력하는 프로그램을 작성하여라. 다음은 샘플 실행 결과이다.

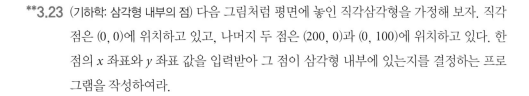

```
Enter x1, y1, x2, y2, x3, y3, x4, y4: 2 2 5 -1.0 4.0 2.0 -1.0 -2.0  ↵Enter
The intersecting point is at (2.88889, 1.1111)
```

```
Enter x1, y1, x2, y2, x3, y3, x4, y4: 2 2 7 6.0 4.0 2.0 -1.0 -2.0  ↵Enter
The two lines are parallel
```

**3.23 (기하학: 삼각형 내부의 점) 다음 그림처럼 평면에 놓인 직각삼각형을 가정해 보자. 직각점은 (0, 0)에 위치하고 있고, 나머지 두 점은 (200, 0)과 (0, 100)에 위치하고 있다. 한 점의 x 좌표와 y 좌표 값을 입력받아 그 점이 삼각형 내부에 있는지를 결정하는 프로그램을 작성하여라.

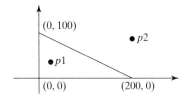

다음은 샘플 실행 결과이다.

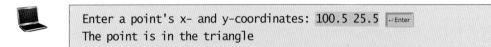

Enter a point's x- and y-coordinates: 100.5 25.5 ↵Enter
The point is in the triangle

Enter a point's x- and y-coordinates: 100.5 50.5 ↵Enter
The point is in the triangle

3.24 (&&와 || 연산자 이용) 사용자로부터 정수를 입력받아 5와 6으로 나누어떨어지는지, 5 또는 6 중 하나로 나누어떨어지는지? 5 또는 6으로 나누어떨어지지만 두 숫자 모두로 나누어떨어지지는 않는지를 결정하는 프로그램을 작성하여라. 다음은 샘플 실행 결과이다.

Enter an integer: 10 ↵Enter
Is 10 divisible by 5 and 6? false
Is 10 divisible by 5 or 6? true
Is 10 divisible by 5 or 6, but not both? true

**3.25 (기하학: 두 직사각형) 두 직사각형에 대해 중심점의 x 좌표, y 좌표 값, 폭, 높이를 입력받아 그림 3.9에서와 같이 두 번째 직사각형이 첫 번째 직사각형의 내부에 있는지, 첫 번째 직사각형과 겹치는지를 결정하는 프로그램을 작성하여라.

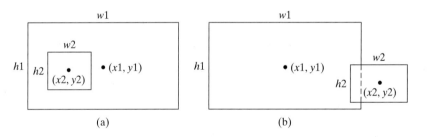

그림 3.9 (a) 직사각형이 다른 사각형의 내부에 있음, (b) 직사각형이 다른 사각형과 겹침.

다음은 샘플 실행 결과이다.

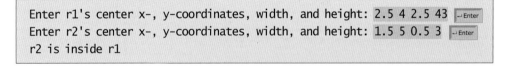

Enter r1's center x-, y-coordinates, width, and height: 2.5 4 2.5 43 ↵Enter
Enter r2's center x-, y-coordinates, width, and height: 1.5 5 0.5 3 ↵Enter
r2 is inside r1

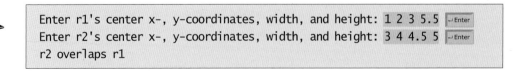

Enter r1's center x-, y-coordinates, width, and height: 1 2 3 5.5 ↵Enter
Enter r2's center x-, y-coordinates, width, and height: 3 4 4.5 5 ↵Enter
r2 overlaps r1

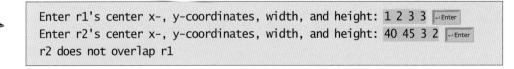

Enter r1's center x-, y-coordinates, width, and height: 1 2 3 3 ↵Enter
Enter r2's center x-, y-coordinates, width, and height: 40 45 3 2 ↵Enter
r2 does not overlap r1

3.26 (기하학: 두 원) 두 개의 원에 대해 중심점 좌표와 반지름을 입력받아 그림 3.10에서와 같이 두 번째 원이 첫 번째 원의 내부에 있는지, 첫 번째 원과 겹치는지를 결정하는 프로그램을 작성하여라. (힌트: circle1과 circle2의 중심점 사이의 거리가 |r1 − r2|보다 작거나 같으면 circle2가 circle1 내부에 존재하고, 두 원의 중심점 사이의 거리가 **r1 + **r2**보다 작거나 같으면 circle2는 circle1과 겹치게 된다. 모든 경우에 대해 프로그램을 테스트하여라.)

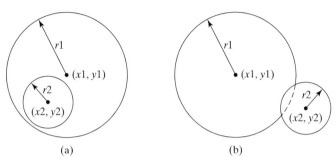

그림 3.10 (a) 원이 다른 원의 내부에 있음, (b) 원이 다른 원과 겹침.

다음은 샘플 실행 결과이다.

```
Enter circle1's center x-, y-coordinates, and radius: 0.5 5.1 13 ↵Enter
Enter circle2's center x-, y-coordinates, and radius: 1 1.7 4.5 ↵Enter
circle2 is inside circle1
```

```
Enter circle1's center x-, y-coordinates, and radius: 3.4 5.7 5.5 ↵Enter
Enter circle2's center x-, y-coordinates, and radius: 6.7 3.5 3 ↵Enter
circle2 overlaps circle1
```

```
Enter circle1's center x-, y-coordinates, and radius: 3.4 5.5 1 ↵Enter
Enter circle2's center x-, y-coordinates, and radius: 5.5 7.2 1 ↵Enter
circle2 does not overlap circle1
```

*3.27 (현재 시간) 12시간 표시 방식을 사용하여 시간이 출력되도록 프로그래밍 실습 2.8을 수정하여라. 다음은 샘플 실행 결과이다.

```
Enter the time zone offset to GMT: -5 ↵Enter
The current time is 4:50:34 AM
```

*3.28 (금융 문제: 환율) 미국 달러를 중국 인민폐로의 환율을 입력하는 프로그램을 작성하여라. 미국 달러를 중국 인민폐로 바꾸려면 **0**을 입력하고, 그 반대인 경우는 **1**을 입력하도록 한다. 바꾸고자 하는 미국 달러나 중국 인민폐의 금액을 입력하도록 한다. 다음은 샘플 실행 결과이다.

```
Enter the exchange rate from dollars to RMB: 6.81 ↵Enter
Enter 0 to convert dollars to RMB and 1 vice versa: 0 ↵Enter
Enter the dollar amount: 100 ↵Enter
$100 is 681 yuan
```

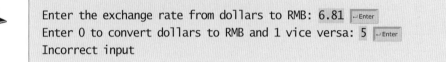

```
Enter the exchange rate from dollars to RMB: 6.81 ↵Enter
Enter 0 to convert dollars to RMB and 1 vice versa: 1 ↵Enter
Enter the RMB amount: 10000 ↵Enter
10000.0 yuan is $1468.43
```

```
Enter the exchange rate from dollars to RMB: 6.81 ↵Enter
Enter 0 to convert dollars to RMB and 1 vice versa: 5 ↵Enter
Incorrect input
```

*3.29 (기하학: 점의 위치) 점 $p0(x0, y0)$로부터 점 $p1(x1, y1)$까지의 직선이 주어졌을 때 다음 조건을 사용하여 점 $p2(x2, y2)$가 선의 왼쪽 또는 오른쪽에 있는지, 아니면 직선과 같은 선상에 있는지를 결정할 수 있다(그림 3.11).

$$(x1 - x0) * (y2 - y0) - (x2 - x0) * (y1 - y0) \begin{cases} > 0 & p2\text{는 선의 왼쪽에 위치} \\ = 0 & p2\text{는 같은 선상에 위치} \\ < 0 & p2\text{는 선의 오른쪽에 위치} \end{cases}$$

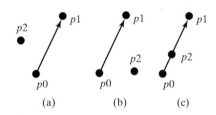

그림 3.11 (a) $p2$는 선의 왼쪽에 위치, (b) $p2$는 선의 오른쪽에 위치, (c) $p2$는 같은 선상에 위치.

3개의 점 $p0$, $p1$, $p2$를 입력하고 $p2$가 $p0$로부터 $p1$까지의 선의 왼쪽 또는 오른쪽, 또는 같은 선상에 위치하는지를 출력하는 프로그램을 작성하여라. 다음은 샘플 실행 결과이다.

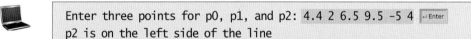

```
Enter three points for p0, p1, and p2: 4.4 2 6.5 9.5 -5 4 ↵Enter
p2 is on the left side of the line
```

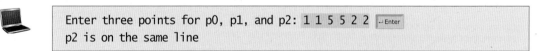

```
Enter three points for p0, p1, and p2: 1 1 5 5 2 2 ↵Enter
p2 is on the same line
```

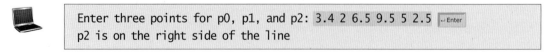

```
Enter three points for p0, p1, and p2: 3.4 2 6.5 9.5 5 2.5 ↵Enter
p2 is on the right side of the line
```

*3.30 (금융 문제: 가격 비교) 두 포대의 쌀을 구입한다고 하자. 두 쌀의 가격을 비교하는 프로그램을 작성하려고 한다. 각 포대의 무게와 가격을 입력받아 더 좋은 가격의 쌀이 어느 것인지를 출력하는 프로그램을 작성하여라. 다음은 샘플 실행 결과이다.

```
Enter weight and price for package 1: 50 24.59 ↵Enter
Enter weight and price for package 2: 25 11.99 ↵Enter
Package 2 has a better price.
```

```
Enter weight and price for package 1: 50 25 ↵Enter
Enter weight and price for package 2: 25 12.5 ↵Enter
Two packages have the same price.
```

*3.31 (기하학: 선분 위의 점) 프로그래밍 실습 3.29는 하나의 점이 연속되는 선 위에 있는지를 검사하는 프로그램이었다. 점이 선분(line segment) 위에 있는지를 검사하도록 프로그래밍 실습 3.29를 수정하여라. 3개의 점 p0, p1, p2를 입력받아 p2가 p0로부터 p1까지의 선분 위에 위치하고 있는지를 출력한다. 다음은 샘플 실행 결과이다.

```
Enter three points for p0, p1, and p2: 1 1 2.5 2.5 1.5 1.5 ↵Enter
(1.5, 1.5) is on the line segment from (1, 1) to (2.5, 2.5)
```

```
Enter three points for p0, p1, and p2: 1 1 2 2 3.5 3.5 ↵Enter
(3.5, 3.5) is not on the line segment from (1, 1) to (2, 2)
```

*3.32 (대수학: slope-intercept form) 두 점 (**x1**, **y1**)과 (**x2**, **y2**)의 좌표를 입력받아 slope-intercept form, 즉 $y = mx + b$의 형태로 1차 방정식을 출력하는 프로그램을 작성하여라. 1차 방정식을 복습하기 위해서는 www.purplemath.com/modules/strtlneq.htm 사이트를 참고하기 바란다. m과 b는 다음 공식을 사용하여 계산될 수 있다.

$$m = (y_2 - y_1)/(x_2 - x_1) \quad b = y_1 - mx_1$$

m이 1이거나 b가 0이면 출력을 하지 않는다. 다음은 샘플 실행 결과이다.

```
Enter the coordinates for two points: 1 1 0 0 ↵Enter
The line equation for two points (1, 1) and (0, 0) is y = x
```

```
Enter the coordinates for two points: 4.5 -5.5 6.6 -6.5 ↵Enter
The line equation for two points (4.5, -5.5) and (6.6, -6.5) is
y = -0.47619 × -3.35714
```

**3.33 (과학: 요일 계산) 첼러의 공식(Zeller's congruence)은 크리스티안 첼러(Christian Zeller)에 의해 개발된 요일을 계산하는 알고리즘으로서 다음과 같다.

$$h = \left(q + \frac{26(m+1)}{10} + k + \frac{k}{4} + \frac{j}{4} + 5j \right) \% 7$$

각 변수의 내용은 다음과 같다.

- **h**: 요일(0: 토요일, 1: 일요일, 2: 월요일, 3: 화요일, 4: 수요일, 5: 목요일, 6: 금요일)
- **q**: 날짜

- **m**: 월(3월: 3, 4월: 4, 5월: 5, ..., 12월: 12) 1월과 2월은 이전 연도의 13과 14번째 월로 계산된다.
- **j**: 세기(즉, 연도/100)
- **k**: 세기의 연도(즉, 연도 % 100)

공식의 나눗셈에서는 정수 나눗셈을 수행한다는 것에 주의하기 바란다. 연도와 월, 날짜를 입력받아 요일의 이름을 출력하는 프로그램을 작성하여라. 다음은 샘플 실행 결과이다.

```
Enter year: (e.g., 2012): 2015 ↵Enter
Enter month: 1-12: 1 ↵Enter
Enter the day of the month: 1-31: 25 ↵Enter
Day of the week is Sunday
```

```
Enter year: (e.g., 2012): 2012 ↵Enter
Enter month: 1-12: 5 ↵Enter
Enter the day of the month: 1-31: 12 ↵Enter
Day of the week is Saturday
```

(힌트: 1월과 2월은 공식에서 13과 14로 계산된다. 그러므로 사용자의 입력이 1월이면 13으로, 2월이면 14로 변환시켜야 하며, 연도를 이전 연도로 변경해야 한다.)

3.34 (임의의 점) 직사각형 안의 임의의 좌표를 출력하는 프로그램을 작성하여라. 직사각형의 중심은 (0, 0)이며, 폭은 100, 높이는 200이다.

**3.35 (사업: ISBN-10 검사) ISBN-10(International Standard Book Number)은 $d_1d_2d_3d_4d_5d_6$ $d_7d_8d_9d_{10}$의 10자리의 수로 구성되어 있다. 마지막 숫자 d_{10}은 검사합(checksum)이며, 나머지 9개의 숫자를 사용한 다음 공식으로 계산된다.

$$(d_1 \times 1 + d_2 \times 2 + d_3 \times 3 + d_4 \times 4 + d_5 \times 5 + d_6 \times 6 + d_7 \times 7$$
$$+ d_8 \times 8 + d_9 \times 9) \% 11$$

검사합이 **10**이라면 ISBN-10 협약에 의해 마지막 숫자는 X로 표시된다. 사용자가 앞쪽 9개의 숫자를 입력하면 (0으로 시작되는 것을 포함하여) 10개의 ISBN 숫자를 출력하는 프로그램을 작성하여라. 프로그램에 정수로 입력해야 한다. 다음은 샘플 실행 결과이다.

```
Enter the first 9 digits of an ISBN as integer: 013601267 ↵Enter
The ISBN-10 number is 0136012671
```

```
Enter the first 9 digits of an ISBN as integer: 013031997 ↵Enter
The ISBN-10 number is 013031997X
```

3.36 (회문 숫자) 세 자리의 정수를 입력받아 회문 숫자(palindrome number)인지를 판별하

는 프로그램을 작성하여라. 오른쪽에서 왼쪽으로 수를 읽거나 왼쪽에서 오른쪽으로 수를 읽었을 때 두 숫자가 모두 동일하다면 회문 숫자가 된다. 다음은 샘플 실행 결과 이다.

```
Enter a three-digit integer: 121 ↵Enter
121 is a palindrome
```

```
Enter a three-digit integer: 123 ↵Enter
123 is not a palindrome
```

수함 함수, 문자, 문자열

이 장의 목표

- C++ 수학 함수를 사용하여 수학 문제 해결(4.2절)

- char 형을 사용하여 문자 표현(4.3절)

- ASCII 코드를 사용하여 문자 부호화(4.3.1절)

- 키보드로부터 문자 읽기(4.3.2절)

- 이스케이프 시퀀스를 사용하여 특수 문자 표현(4.3.3절)

- 숫자를 문자로, 그리고 문자를 정수형으로 형변환(4.3.4절)

- 문자의 비교와 테스트(4.3.5절)

- 문자(DisplayRandomCharacter, GuessBirthday)를 사용한 프로그램 작성(4.4~4.5절)

- C++ 문자 함수를 사용하여 문자를 테스트하고 변환(4.6절)

- 16진수 문자를 10진수로 변환(HexDigit2Dec)(4.7절)

- string 유형을 사용하여 문자열을 표현하고 객체와 인스턴스 함수에 대한 소개(4.8절)

- 문자열의 문자에 접근하거나 문자를 수정하기 위한 첨자 연산자 사용(4.8.1절)

- 문자열 연결을 위한 + 연산자 사용(4.8.2절)

- 관계 연산자를 사용하여 문자열 비교(4.8.3절)

- 키보드로부터 문자열 읽기(4.8.4절)

- 문자열(LotteryUsingStrings)을 사용하여 복권 프로그램 수정(4.9절)

- 스트림 조정자를 사용한 출력문 형식 지정(4.10절)

- 파일로부터/로 로 데이터 읽기/쓰기(4.11절)

4.1 들어가기

이 장의 주제는 수학 함수와 문자, 문자열 객체에 대해 소개하고, 이들을 사용하여 프로그램을 개발하는 것이다.

이전 장에서는 기본적인 프로그래밍 기법을 소개하였고, 기본적인 문제를 해결하기 위해서 간단한 프로그래밍 작성 방법을 배웠다. 이 장에서는 일반적인 수학적인 동작을 수행하기 위한 함수에 대해 소개한다. 6장에서는 사용자가 함수를 만드는 방법에 대해서 배울 것이다.

문제

4개 도시로 둘러싸인 면적을 계산해야 한다고 해 보자. 이 도시들의 GPS 위치 정보(위도와 경도)는 다음 다이어그램과 같다. 이 문제를 해결하기 위해서 어떻게 프로그램을 작성해야 할까? 이 장을 마치고 나면 이러한 문제에 대한 프로그래밍이 가능하게 될 것이다.

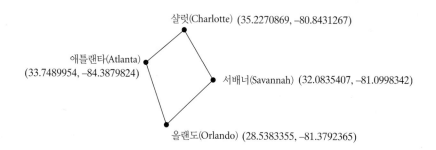

프로그래밍에서 문자열은 자주 사용되므로 유용한 프로그램을 개발하기 위해 이 장에서는 문자열 객체에 대해 간단히 소개를 하며, 10장에서 더 많은 객체와 문자열에 대해 배울 것이다.

4.2 수학 함수

C++에서는 일반적인 수학적 기능을 수행하기 위해 **cmath** 헤더에서 유용한 함수를 제공하고 있다.

함수는 특정한 작업을 수행하는 문장의 그룹이라고 할 수 있다. 이미 2.8.4절 "지수 연산"에서 a^b을 계산하기 위해 **pow(a, b)** 함수를 사용했었고, 3.9절 "난수 생성"에서 임의의 수를 생성하기 위해 **rand()** 함수를 사용했었다. 이 절에서는 그 외 다른 유용한 함수들을 소개하는데, 이들은 삼각 함수(trigonometric function), 지수 함수(exponent function), 서비스 함수(service function)로 나눌 수 있다. 서비스 함수에는 올림/내림, 최소, 최대, 절댓값 함수가 포함된다.

4.2.1 삼각 함수

C++의 **cmath** 헤더에서 삼각 함수를 위해 표 4.1과 같은 함수들을 사용할 수 있다.

sin, cos, tan의 매개변수는 라디안(radian) 값의 각도이다. **asin, acos, atan**에 대한 반환값은 $-\pi/2$와 $\pi/2$ 사이의 라디안 각도가 된다. 1도는 라디안으로 $\pi/180$와 같고, 90도는 라디안으로 $\pi/2$와 같다. 또한 30도는 라디안으로 $\pi/6$와 같다.

PI를 **3.14159** 값의 상수라고 할 때, 다음은 이 함수들의 예이다.

표 4.1 cmath 헤더의 삼각 함수

함수	기능
sin(radians)	라디안 각도의 사인(sine) 삼각 함수 값을 반환
cos(radians)	라디안 각도의 코사인(cosine) 삼각 함수 값을 반환
tan(radians)	라디안 각도의 탄젠트(tangent) 삼각 함수 값을 반환
asin(a)	역사인(arcsine)의 라디안 각도 값을 반환
acos(a)	역코사인(arccosine)의 라디안 각도 값을 반환
atan(a)	역탄젠트(arctangent)의 라디안 각도 값을 반환

sin(0)은 **0.0**을 반환
sin(270 * PI / 180)은 **-1.0**을 반환
sin(PI / 6)는 **0.5**를 반환
sin(PI / 2)는 **1.0**을 반환
cos(0)은 **1.0**을 반환
cos(PI / 6)는 **0.866**을 반환
cos(PI / 2)는 **0**을 반환
asin(0.5)는 **0.523599**(π/6와 동일)를 반환
acos(0.5)는 **1.0472**(π/3와 동일)를 반환
atan(1.0)은 **0.785398**(π/4와 동일)을 반환

4.2.2 지수 함수

cmath 헤더에는 표 4.2와 같이 5개의 지수 함수가 존재한다.

표 4.2 cmath 헤더의 지수 함수

함수	기능
exp(x)	자연 상수 e의 x 제곱(e^x) 값을 반환
log(x)	x의 자연로그($\ln(x) = \log_e(x)$) 값을 반환
log10(x)	x의 상용로그(10을 밑으로 하는 로그, $\log_{10}(x)$) 값을 반환
pow(a, b)	a의 b 제곱 값(a^b)을 반환
sqrt(x)	x >= 0에 대해 x의 루트($\sqrt{x}$) 값을 반환

E를 2.71828 값의 상수라고 할 때, 다음은 이 함수들의 예이다.

exp(1.0)은 **2.71828**을 반환
log(E)는 **1.0**을 반환
log10(10.0)은 **1.0**을 반환
pow(2.0, 3)은 **8.0**을 반환
sqrt(4.0)은 **2.0**을 반환
sqrt(10.5)는 **3.24**를 반환

4.2.3 라운드 함수

cmath 헤더에는 표 4.3과 같은 올림과 내림을 계산하는 함수가 존재한다.

표 4.3 cmath 헤더의 라운드 함수

함수	기능
ceil(x)	x를 가장 가까운 정수로 올림. 이 정수는 double 값으로 반환
floor(x)	x를 가장 가까운 정수로 내림. 이 정수는 double 값으로 반환

다음은 이 함수의 예이다.

ceil(2.1)은 3.0을 반환
ceil(2.0)은 2.0을 반환
ceil(-2.0)은 -2.0을 반환
ceil(-2.1)은 -2.0을 반환
floor(2.1)은 2.0을 반환
floor(2.0)은 2.0을 반환
floor(-2.0)은 -2.0을 반환
floor(-2.1)은 -3.0을 반환

4.2.4 min, max, abs 함수

min과 max 함수는 두 수(int, long, float, double) 중 최솟값과 최댓값을 반환한다. 예를 들어, max(4.4, 5.0)은 5.0을 반환하고, min(3, 2)는 2를 반환한다.

abs 함수는 수(int, long, float, double)의 절댓값을 반환한다. 다음은 이 함수들의 예이다.

max(2, 3)은 3을 반환
max(2.5, 3.0)은 3.0을 반환
min(2.5, 4.6)은 2.5를 반환
abs(-2)는 2를 반환
abs(-2.1)은 2.1을 반환

> 주의
>
> min, max, abs 함수는 GNU C++에서는 **cstdlib** 헤더에 정의되어 있으나, Visual C++ 2013에서 min과 max 함수는 **algorithm** 헤더에 정의되어 있다.

4.2.5 예제: 삼각형의 각 계산

많은 계산 문제를 푸는 데 수학 함수를 사용할 수 있다. 예를 들어, 삼각형의 세 변이 주어졌을 때 다음 공식을 사용하여 각을 계산할 수 있다.

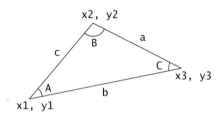

```
A = acos((a * a - b * b - c * c) / (-2 * b * c))
B = acos((b * b - a * a - c * c) / (-2 * a * c))
C = acos((c * c - b * b - a * a) / (-2 * a * b))
```

수학 공식이 좀 복잡하게 보인다. 리스트 2.11 ComputeLoan.cpp에서는 대출금을 계산하기 위한 프로그램을 작성하기 위해 수학 공식이 어떻게 유도되었는지는 알 필요가 없었다. 이 예에서도 세 변의 길이가 주어졌을 때 공식의 유도 방법을 알 필요 없이 각도 계산을 위한 프로그램 작성 시 이 공식을 사용할 수 있다. 세 변의 길이를 계산하기 위해서 세 꼭짓점의 좌표를 알아야 하며, 각 점들 사이의 길이를 계산한다.

리스트 4.1은 삼각형의 세 꼭짓점의 x와 y 좌표를 입력받은 후 삼각형의 각도를 계산하는 프로그램의 예이다.

리스트 4.1 ComputeAngles.cpp

```cpp
1 #include <iostream>
2 #include <cmath>                                              cmath 헤더 포함
3 using namespace std;
4
5 int main()
6 {
7     // 세 점 입력
8     cout << "Enter three points: ";
9     double x1, y1, x2, y2, x3, y3;
10    cin >> x1 >> y1 >> x2 >> y2 >> x3 >> y3;                  세 점 입력
11
12    // 세 변 계산
13    double a = sqrt((x2 - x3) * (x2 - x3) + (y2 - y3) * (y2 - y3));   변 계산
14    double b = sqrt((x1 - x3) * (x1 - x3) + (y1 - y3) * (y1 - y3));
15    double c = sqrt((x1 - x2) * (x1 - x2) + (y1 - y2) * (y1 - y2));
16
17    // 라디안(radian) 단위로 세 각 계산
18    double A = acos((a * a - b * b - c * c) / (-2 * b * c));   각 계산
19    double B = acos((b * b - a * a - c * c) / (-2 * a * c));
20    double C = acos((c * c - b * b - a * a) / (-2 * a * b));
21
22    // 도(degree) 단위로 각도 화면 표시
23    const double PI = 3.14159;                                결과 화면 출력
24    cout << "The three angles are " << A * 180 / PI << " "
25        << B * 180 / PI << " " << C * 180 / PI << endl;
26
27    return 0;
28 }
```

```
Enter three points: 1 1 6.5 1 6.5 2.5  ↵Enter
The three angles are 15.2551 90.0001 74.7449
```

프로그램에서 세 점을 사용자가 입력하도록 한다(10번 줄). 이 메시지는 명확하지 않으므로 다음과 같은 명확한 명령과 세 점의 입력 방법을 지정해 줄 수 있다.

```cpp
cout << "Enter the coordinates of three points separated "
    << "by spaces like x1 y1 x2 y2 x3 y3: ";
```

두 점 (x1, y1)과 (x2, y2) 사이의 거리는 $\sqrt{(x_2 - x_1)^2 + (y_2 - y_1)^2}$ 공식을 사용하여 계산할 수 있다. 프로그램은 세 변을 계산하기 위해 이 공식을 사용한다(13번~15번 줄). 그런 후 라디안(radian)의 각도로 계산하기 위해 공식을 적용한다(18번~20번 줄). 각도는 도(degree)로 화면에 표시된다(24번~25번 줄). 1 라디안은 180/π 도(degree)이다.

4.1 PI를 3.14159, E를 2.71828이라고 할 때, 다음 함수 호출의 결과를 계산하여라.

Check Point

(a) sqrt(4.0)   (d) pow(2.0, 2)

(b) sin(2 * PI)   (e) log(E)

(c) cos(2 * PI)   (f) exp(1.0)

(g) max(**2**, min(**3**, **4**))

(h) sqrt(**125.0**)

(i) ceil(**-2.5**)

(j) floor(**-2.5**)

(k) asin(**0.5**)

(l) acos(**0.5**)

(m) atan(**1.0**)

(n) ceil(**2.5**)

(o) floor(**2.5**)

(p) log10(**10.0**)

(q) pow(**2.0**, **3**)

4.2 삼각 함수의 인수는 라디안(radian) 각도이다. 이는 참인가? 거짓인가?

4.3 47도(degree)를 라디안으로 변환하고 변수에 결과 값을 할당하는 문장을 작성하여라.

4.4 π/7을 도(degree)로 변환하고 변수에 결과 값을 할당하는 문장을 작성하여라.

4.3 문자 데이터 유형과 연산

Key Point

char 형

문자 데이터 유형은 하나의 문자를 표현한다.

수치 값 처리 이외에 C++에서는 문자의 처리도 가능하다. 문자 데이터 유형인 **char**는 하나의 문자를 표현하는 데 사용된다. 문자 리터럴은 양쪽에 작은따옴표를 기입한다. 다음 코드를 생각해 보자.

```
char letter = 'A';
char numChar = '4';
```

첫 번째 문장은 **char** 변수 **letter**에 문자 **A**를 대입하고, 두 번째 문장은 **char** 변수 **numChar**에 숫자 문자 **4**를 대입한다.

char 리터럴

경고

문자열 리터럴은 따옴표(**" "**)로 둘러싸야 한다. 문자 리터럴은 작은따옴표(**' '**)가 양쪽에 있는 하나의 문자이다. 그러므로 **"A"**는 문자열이고, **'A'**는 문자이다.

4.3.1 ASCII 문자

부호화

컴퓨터는 내부적으로 이진수를 사용한다. 컴퓨터에서 문자는 연속된 0과 1로 저장된다. 문자를 그에 해당하는 이진 표현으로 사상(mapping)시키는 것을 **부호화**(encoding)라고 한다. 문자를 부호화하기 위한 여러 가지 방법들이 있다. 문자를 부호화하는 방법은 **부호화 기법**에 의해 정의된다.

ASCII

대부분의 컴퓨터는 모든 대소문자와 숫자, 구두점, 제어문자를 표현하기 위해 8비트 부호화 기법인 ASCII(American Standard Code for Information Interchange)를 사용한다. 표 4.4는 일반적으로 사용하는 문자에 대한 ASCII 코드를 나타내고 있다. 부록 B "ASCII 문자"에

표 4.4 일반적으로 사용되는 문자의 ASCII 코드

문자	ASCII 코드
'0' ~ **'9'**	48 ~ 57
'A' ~ **'Z'**	65 ~ 90
'a' ~ **'z'**	97 ~ 122

전체 ASCII 문자 목록이 표시되어 있고, 그에 대한 10진수와 16진수 코드가 표시되어 있다.

대부분의 시스템에서 **char** 형의 크기는 1바이트이다.

 주의

다음이나 이전의 ASCII 코드 문자를 표시하기 위해서는 증감 연산자를 **char** 변수에 사용할 수 있다. 예를 들어, 다음 문장은 문자 **b**를 화면에 표시한다.

char 증감

```
char ch = 'a';
cout << ++ch;
```

4.3.2 키보드로부터 문자 읽기

키보드로부터 하나의 문자를 읽어 들이기 위해서는 다음과 같은 문장을 사용한다.

문자 읽기

```
cout << "Enter a character: ";
char ch;
cin >> ch; // 하나의 문자 읽기
cout << "The character read is " << ch << endl;
```

4.3.3 특수 문자를 위한 이스케이프 시퀀스

출력에 따옴표(")가 포함된 메시지를 프린트하고자 할 때, 다음과 같이 문장을 작성하면 되는가?

```
cout << "He said "Programming is fun"" << endl;
```

이 문장은 컴파일 오류를 발생시킨다. 컴파일러는 두 번째 따옴표 문자가 문자열의 끝이라고 판단하여 나머지 문자들로 무엇을 해야 하는지를 알지 못한다.

이 문제를 해결하기 위해서 C++에서는 표 4.5와 같이 특수 문자를 표시하기 위해 특별 기호를 사용한다. 이 특별 기호를 이스케이프 시퀀스(escape sequence)라고 하며, 역슬래시(\ 또는 \)[1] 뒤에 한 문자나 숫자를 조합하여 만든다. 예를 들어, **\t**는 탭(tab) 문자에 대한 이스케이프 시퀀스이다. 이스케이프 시퀀스의 기호는 개별이 아닌 전체로 해석되어, 이스케이프 시퀀스는 하나의 문자로 취급된다.

이스케이프 시퀀스

표 4.5 이스케이프 시퀀스

이스케이프 시퀀스	이름	ASCII 코드	이스케이프 시퀀스	이름	ASCII 코드
\b	백스페이스	8	\r	캐리지 리턴	13
\t	탭(tab)	9	\\	역슬래시	92
\n	라인피드(linefeed)	10	\"	따옴표	34
\f	폼피드(formfeed)	12			

다음 문장을 사용하여 따옴표 메시지를 출력할 수 있다.

```
cout << "He said \"Programming is fun\"" << endl;
```

이 문장의 출력은 다음과 같다.

---

1) 역주: 사용하는 컴퓨터의 OS가 한글판(예를 들어, 한글 윈도우 8)인 경우 역슬래시(\)가 ₩로 표시된다.

He said "Programming is fun"

\와 " 기호가 함께 하나의 문자를 표현한다.

이스케이프 문자

역슬래시 \는 이스케이프 문자(escape character)라고 하며, 이는 특수 문자이다. 이 문자를 출력하려면 이스케이프 시퀀스 \\를 사용해야 한다. 예를 들어, 다음 코드를 보자.

```
cout << "\\t is a tab character" << endl;
```

이 문장은 다음을 출력한다.

\t is a tab character

공백 문자

> **주의**
> ' ', '\t', '\f', '\r', '\n'을 공백 문자(whitespace)라고 한다.

> **주의**
> 다음 두 문장은 문자열을 출력하고, 다음 줄로 커서를 이동시킨다.
> ```
> cout << "Welcome to C++\n";
> cout << "Welcome to C++" << endl;
> ```

\n vs. endl

그러나 **endl**을 사용하면 모든 컴퓨터에서 확실하게 메시지가 즉시 출력되도록 할 수 있다.

4.3.4 char와 숫자 유형 간의 형변환

char는 숫자 유형으로 변환될 수 있고, 그 반대도 가능하다. 정수를 **char**로 형변환할 때 데이터에서 하위 8비트만 사용하고, 나머지는 무시한다. 예를 들어, 다음 코드를 살펴보자.

```
char c = 0XFF41;        // 하위 8비트의 값인 16진수 41만 c에 저장된다.
cout << c;              // 변수 c는 문자 A가 된다.
```

실수 값이 **char**로 형변환될 때 실수 값이 먼저 정수(**int**)로 변환된 다음, **char**로 변환된다.

```
char c = 65.25;        // 10진수 65가 변수 c에 저장된다.
cout << c;             // 변수 c는 문자 A가 된다.
```

char가 숫자로 형변환될 때 문자의 ASCII 값이 지정된 숫자 유형으로 변환된다. 예를 들어, 다음 코드를 살펴보자.

```
int i = 'A';           // 문자 A의 ASCII 코드 값이 i에 저장된다.
cout << i;             // 변수 i의 값은 65이다.
```

문자에 대한 숫자 연산자

char 형은 바이트 크기의 정수인 것처럼 사용된다. 모든 숫자 연산은 **char** 연산에 적용될 수 있다. **char** 피연산자는 다른 피연산자가 숫자 또는 문자이면 자동으로 숫자로 형변환된다. 예를 들어, 다음 문장을 살펴보자.

```
// '2'에 대한 ASCII 코드는 50이고, '3'은 51이다.
int i = '2' + '3';
cout << "i is " << i << endl; // i는 101이다.

int j = 2 + 'a'; // 'a'에 대한 ASCII 코드는 97이다.
cout << "j is " << j << endl;
cout << j << " is the ASCII code for character " <<
    static_cast<char>(j) << endl;
```

이 문장들의 출력 결과는 다음과 같다.

```
i is 101
j is 99
99 is the ASCII code for character c
```

`static_cast<char>(value)` 연산자는 숫자 값을 문자로 명시적으로 형변환한다.

표 4.4에서 본 바와 같이, 영어 소문자에 대한 ASCII 코드는 'a'의 ASCII 코드에 해당하는 숫자로부터 'b', 'c', ..., 'z'까지 연속된 정수 값으로 되어 있다. 이것은 대문자와 숫자에 대해서도 마찬가지이다. 또한 소문자 'a'의 값이 대문자 'A'의 값보다 크다. 이 성질을 이용하여 대문자를 소문자로 변환하거나 그 반대로의 변환도 가능하다. 리스트 4.2는 사용자가 소문자를 입력하면 그에 해당하는 대문자를 찾는 프로그램이다.

리스트 4.2 ToUppercase.cpp

```
 1 #include <iostream>
 2 using namespace std;
 3
 4 int main()
 5 {
 6    cout << "Enter a lowercase letter: ";
 7    char lowercaseLetter;
 8    cin >> lowercaseLetter;                                          문자 입력
 9
10    char uppercaseLetter =
11       static_cast<char>('A' + (lowercaseLetter - 'a'));            대문자로 변환
12
13    cout << "The corresponding uppercase letter is "
14       << uppercaseLetter << endl;
15
16    return 0;
17 }
```

```
Enter a lowercase letter: b ↵Enter
The corresponding uppercase letter is B
```

소문자 ch1과 그에 해당하는 대문자 ch2에 대해, ch1 - 'a'는 ch2 - 'A'와 같다. 그러므로 ch2 = 'A' + ch1 - 'a'이다. lowercaseLetter에 대한 대문자는 `static_cast<char>('A' + (lowercaseLetter - 'a'))`가 된다(11번 줄). 10번~11번 줄은 다음 문장으로 대체가 가능하다.

```
char uppercaseLetter = 'A' + (lowercaseLetter - 'a');
```

`uppercaseLetter`가 `char` 형으로 선언되었으므로 C++는 자동으로 int 값인 'A' + (lowercaseLetter - 'a')를 char 값으로 변환한다.

4.3.5 문자 비교와 테스트

두 문자에 대해 두 수를 비교하는 것과 같이 관계 연산자를 사용하여 비교할 수 있다. 이는 두

문자의 ASCII 코드를 비교함으로써 가능하다. 예를 들어, 다음을 살펴보자.

'a' < **'b'**는 **'a'**(**97**)에 대한 ASCII 코드가 **'b'**(**98**)에 대한 ASCII 코드보다 더 작기 때문에 참이 된다.

'a' < **'A'**는 **'a'**(**97**)에 대한 ASCII 코드가 **'A'**(**65**)에 대한 ASCII 코드보다 더 크기 때문에 거짓이 된다.

'1' < **'8'**은 **'1'**(**49**)에 대한 ASCII 코드가 **'8'**(**56**)에 대한 ASCII 코드보다 더 작기 때문에 참이 된다.

종종 프로그램에서 문자가 숫자 또는 문자인지, 대문자 또는 소문자인지를 테스트할 필요가 있다. 예를 들어, 다음 코드는 문자 **ch**가 대문자인지를 테스트한다.

```
if (ch >= 'A' && ch <= 'Z')
    cout << ch << " is an uppercase letter" << endl;
else if (ch >= 'a' && ch <= 'z')
    cout << ch << " is a lowercase letter" << endl;
else if (ch >= '0' && ch <= '9')
    cout << ch << " is a numeric character" << endl;
```

Check Point

4.5 **'1'**, **'A'**, **'B'**, **'a'**, **'b'**에 대한 ASCII 코드 값을 표시하는 콘솔 출력문을 작성하여라. 10진 코드 **40**, **59**, **79**, **85**, **90**에 대한 문자를 표시하는 출력문을 작성하여라. 16진수 코드 **40**, **5A**, **71**, **72**, **7A**에 대한 문자를 표시하는 출력을 작성하여라.

4.6 문자로서 다음은 올바른 리터럴인가?

'1', **'\t'**, **'&'**, **'\b'**, **'\n'**

4.7 \와 " 문자를 어떻게 화면에 출력할 수 있는가?

4.8 다음 코드의 출력은 무엇인가?

```
int i = '1';
int j = '1' + '2';
int k = 'a';
char c = 90;
cout << i << " " << j << " " << k << " " << c << endl;
```

4.9 다음 코드의 출력은 무엇인가?

```
char c = 'A';
int i = c;

float f = 1000.34f;
int j = f;

double d = 1000.34;
int k = d;

int l = 97;
char ch = l;

cout << c << endl;
cout << i << endl;
cout << f << endl;
```

```
        cout << j << endl;
        cout << d << endl;
        cout << k << endl;
        cout << l << endl;
        cout << ch << endl;
```

4.10 다음 프로그램의 출력은 무엇인가?

```
#include <iostream>
using namespace std;

int main()
{
    char x = 'a';
    char y = 'c';

    cout << ++x << endl;
    cout << y++ << endl;
    cout << (x - y) << endl;

    return 0;
}
```

4.4 예제: 임의의 문자 생성

문자는 정수를 사용하여 부호화된다. 임의의 문자를 생성하는 것은 정수를 생성하는 것이다.

컴퓨터 프로그램은 숫자 데이터와 문자를 처리한다. 숫자 데이터가 포함된 많은 예제를 봐왔을 것이다. 문자에 대해 이해하고 어떻게 처리해야 하는지도 중요한 요소이다. 이 절에서는 임의의 문자를 생성하는 예제를 보여준다.

모든 문자는 0부터 127 사이의 유일한 ASCII 코드를 가지고 있다. 임의의 문자를 생성하는 것은 0부터 127 사이의 임의의 정수를 생성하는 것과 같다. 3.9절에서 임의의 수, 즉 난수 생성 방법에 대해 이미 다루었다. 초기 값(seed) 설정을 위해 **srand(seed)** 함수를 사용하고, 임의의 정수를 반환하기 위해 **rand()**를 사용할 수 있다. 어떤 범위의 난수를 생성하기 위해서 간단한 수식을 사용하면 된다. 예를 들어, 다음을 살펴보자.

rand() % 10 $\longrightarrow$ 0과 9 사이의 난수를 반환
50 + rand() % 50 $\longrightarrow$ 50과 99 사이의 난수를 반환

일반적으로

a + rans() % b $\longrightarrow$ a와 a + b 사이(a + b는 제외)의 난수를 반환

이다. 그러므로 0과 127 사이의 임의의 정수를 생성하기 위해서 다음 수식을 사용할 수 있다.

rand() % 128

임의의 소문자를 생성하는 방법에 대해 생각해 보자. 소문자에 대한 ASCII 코드는 **'a'** 코드의 숫자로부터 **'b'**, **'c'**, ..., **'z'**까지 연속된 정수 값으로 되어 있다. **'a'**에 대한 코드는

static_cast<int>('a')

이다. 그러므로 **static_cast<int>('a')**와 **static_cast<int>('z')** 사이의 임의의 정수는

static_cast<int>('a') +
    rand() % (**static_cast<int>('z') - static_cast<int>('a') + 1**)

이다. 모든 수치 연산자는 **char** 피연산자에도 적용할 수 있다. **char** 피연산자는 다른 피연산자가 숫자나 문자라면 숫자로 형변환된다. 그러므로 이전 수식은 다음과 같이 간단화시킬 수 있다.

'a' + rand() % ('z' - 'a' + 1)

그리고 임의의 소문자는

static_cast<char>('a' + rand() % ('z' - 'a' + 1))

이다. 앞서의 논의를 일반화시키기 위해 **ch1 < ch2**인 두 문자 **ch1**과 **ch2** 사이의 임의의 문자는 다음과 같이 생성될 수 있다.

static_cast<char>(ch1 + rand() % (ch2 - ch1 + 1))

이는 간단하지만 유용한 발견이라고 할 수 있다. 리스트 4.3에서는 **x <= y**인 두 문자 **x**와 **y**를 사용자가 입력하고 **x**와 **y** 사이의 임의의 문자를 출력하는 프로그램이다.

리스트 4.3 DisplayRandomCharacter.cpp

```
 1 #include <iostream>
 2 #include <cstdlib>
 3 using namespace std;
 4
 5 int main()
 6 {
 7   cout << "Enter a starting character: ";
 8   char startChar;
 9   cin >> startChar;
10
11   cout << "Enter an ending character: ";
12   char endChar;
13   cin >> endChar;
14
15   // 임의의 문자 생성
16   char randomChar = static_cast<char>(startChar + rand() %
17         (endChar - startChar + 1));
18
19   cout << "The random character between " << startChar << " and "
20         << endChar << " is " << randomChar << endl;
21
22   return 0;
23 }
```

```
Enter a starting character: a  ↵ Enter
Enter an ending character: z  ↵ Enter
The random character between a and z is p
```

프로그램에서는 시작 문자(9번 줄)와 마지막 문자(13번 줄)를 사용자가 입력한다. 이들 두 문자 사이의 임의의 문자(입력한 문자가 포함될 수 있음)를 16번~17번 줄에서 생성한다.

4.11 만약 입력한 시작 문자와 마지막 문자가 같다면 프로그램은 어떤 임의의 문자를 출력할 것인가?

4.5 예제: 생일 맞추기

생일 맞추기는 간단한 프로그래밍으로 해결 가능한 재미 있는 문제이다.

다섯 번의 질문으로 친구가 태어난 달의 날을 맞출 수 있다. 각 질문은 다음과 같은 5개의 숫자 세트 중 어느 세트에 생일의 날이 포함되어 있는지를 묻는 것이다.

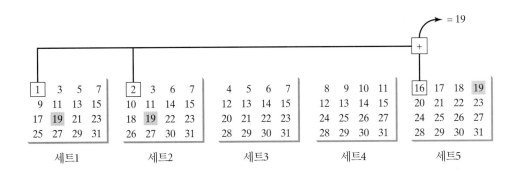

생일은 그 날이 표시된 세트의 첫 번째 숫자들의 합이 된다. 예를 들어, 생일이 19일이라면 세트1, 세트2, 세트5에 19가 표시되어 있다. 이들 세 세트의 첫 번째 숫자는 **1**, **2**, **16**이 되고, 이들의 합은 **19**가 된다.

리스트 4.4는 해당되는 날이 세트1(10번~16번 줄), 세트2(22번~28번 줄), 세트3(34번~40번 줄), 세트4(46번~52번 줄), 세트5(58번~64번 줄)에 존재하는지를 알려 주는 프로그램이다. 해당되는 숫자가 세트에 존재한다면 프로그램은 세트 내의 첫 번째 숫자를 합산한다(19번, 31번, 43번, 55번, 67번 줄).

리스트 4.4 GuessBirthday.cpp

```
 1 #include <iostream>
 2 using namespace std;
 3
 4 int main()
 5 {
 6   int day = 0; // 결정할 날
 7   char answer;
```

결정할 날

```
 8
 9    // 세트1에 대해 사용자에게 묻기
10    cout << "Is your birthday in Set1?" << endl;
11    cout << " 1  3  5  7\n" <<
12            " 9 11 13 15\n" <<
13            "17 19 21 23\n" <<
14            "25 27 29 31" << endl;
15    cout << "Enter N/n for No and Y/y for Yes: ";
16    cin >> answer;
17
18    if (answer == 'Y' || answer == 'y')
19      day += 1;
20
21    // 세트2에 대해 사용자에게 묻기
22    cout << "\nIs your birthday in Set2?" << endl;
23    cout << " 2  3  6  7\n" <<
24            "10 11 14 15\n" <<
25            "18 19 22 23\n" <<
26            "26 27 30 31" << endl;
27    cout << "Enter N/n for No and Y/y for Yes: ";
28    cin >> answer;
29
30    if (answer == 'Y' || answer == 'y')
31      day += 2;
32
33    // 세트3에 대해 사용자에게 묻기
34    cout << "\nIs your birthday in Set3?" << endl;
35    cout << " 4  5  6  7\n" <<
36            "12 13 14 15\n" <<
37            "20 21 22 23\n" <<
38            "28 29 30 31" << endl;
39    cout << "Enter N/n for No and Y/y for Yes: ";
40    cin >> answer;
41
42    if (answer == 'Y' || answer == 'y')
43      day += 4;
44
45    // 세트4에 대해 사용자에게 묻기
46    cout << "\nIs your birthday in Set4?" << endl;
47    cout << " 8  9 10 11\n" <<
48            "12 13 14 15\n" <<
49            "24 25 26 27\n" <<
50            "28 29 30 31" << endl;
51    cout << "Enter N/n for No and Y/y for Yes: ";
52    cin >> answer;
53
54    if (answer == 'Y' || answer == 'y')
55      day += 8;
56
57    // 세트5에 대해 사용자에게 묻기
58    cout << "\nIs your birthday in Set5?" << endl;
59    cout << "16 17 18 19\n" <<
60            "20 21 22 23\n" <<
```

Set1에?

Set2에?

Set3에?

Set4에?

4.6 문자 함수

C++에는 문자를 다루는 함수가 포함되어 있다.

C++의 **<cctype>** 헤더 파일에는 표 4.6에서와 같이 문자를 테스트하고 변환하는 몇 가지 함수가 포함되어 있다. 테스트 함수는 문자가 하나인지를 검사하고 그 결과를 참 또는 거짓으로 반환한다. 이는 실제로는 **int** 값으로 반환한다는 것에 주의해야 한다. 0이 아닌 정수는 참이고, 0은 거짓이다. C++에는 또한 문자 변환을 위한 두 개의 함수가 있다.

표 4.6 문자 함수

함수	기능
isdigit(ch)	지정된 문자가 숫자라면 참을 반환
isalpha(ch)	지정된 문자가 대소문자라면 참을 반환
isalnum(ch)	지정된 문자가 대소문자나 숫자라면 참을 반환
islower(ch)	지정된 문자가 소문자라면 참을 반환
isupper(ch)	지정된 문자가 대문자라면 참을 반환
isspace(ch)	지정된 문자가 공백 문자[2]라면 참을 반환
tolower(ch)	지정된 문자의 소문자를 반환
toupper(ch)	지정된 문자의 대문자를 반환

리스트 4.5는 문자 함수를 사용하는 프로그램이다.

리스트 4.5 CharacterFunctions.cpp

```
 1 #include <iostream>
 2 #include <cctype>                         cctype 포함
 3 using namespace std;
 4
 5 int main()
 6 {
 7   cout << "Enter a character: ";
 8   char ch;
 9   cin >> ch;                               문자 입력
10
11   cout << "You entered " << ch << endl;
12
13   if (islower(ch))                         소문자인가?
14   {
15     cout << "It is a lowercase letter " << endl;
16     cout << "Its equivalent uppercase letter is " <<
17       static_cast<char>(toupper(ch)) << endl;   대문자로 변환
18   }
19   else if (isupper(ch))                    대문자인가?
20   {
21     cout << "It is an uppercase letter " << endl;
22     cout << "Its equivalent lowercase letter is " <<
```

---

2) 역주: 공백 문자에 대해서는 4.3.3절의 "주의" 부분을 참고하기 바란다.

소문자로 변환

숫자인가?

```
23          static_cast<char>(tolower(ch)) << endl;
24    }
25    else if (isdigit(ch))
26    {
27        cout << "It is a digit character " << endl;
28    }
29
30    return 0;
31 }
```

```
Enter a character: a  ↵Enter
You entered a
It is a lowercase letter
Its equivalent uppercase letter is A
```

```
Enter a character: T  ↵Enter
You entered T
It is an uppercase letter
Its equivalent lowercase letter is t
```

```
Enter a character: 8  ↵Enter
You entered 8
It is a digit character
```

✓Check Point

4.13 문자가 숫자인지, 대소문자인지, 소문자인지, 대문자인지, 숫자나 대소문자인지를 테스트하기 위해서는 어떤 함수를 사용해야 하는가?

4.14 문자를 소문자나 대문자로 변환하기 위해서는 어떤 함수를 사용해야 하는가?

4.7 예제: 16진수를 10진수로 변환

Key Point

이 절에서는 16진수를 10진수로 변환하는 프로그램을 작성한다.

16진수 체계는 16개수 숫자, 즉 0~9, A~F로 구성되어 있다. 문자 A, B, C, D, E, F는 10진수 10, 11, 12, 13, 14, 15에 해당한다. 리스트 4.6은 사용자가 16진수 숫자를 입력하면 그에 해당하는 10진수 값을 출력하는 프로그램이다.

리스트 4.6 HexDigit2Dec.cpp

```
1 #include <iostream>
2 #include <cctype>
3 using namespace std;
4
5 int main()
6 {
7    cout << "Enter a hex digit: ";
8    char hexDigit;
```

```
 9   cin >> hexDigit;                                          문자 입력
10
11   hexDigit = toupper(hexDigit);                             대문자로
12   if (hexDigit <= 'F' && hexDigit >= 'A')                   A~F인가?
13   {
14      int value = 10 + hexDigit - 'A';
15      cout << "The decimal value for hex digit "
16         << hexDigit << " is " << value << endl;
17   }
18   else if (isdigit(hexDigit))                               0~9인가?
19   {
20      cout << "The decimal value for hex digit "
21         << hexDigit << " is " << hexDigit << endl;
22   }
23   else                                                      유효 16진수가 아님
24   {
25      cout << hexDigit << " is an invalid input" << endl;
26   }
27
28   return 0;
29 }
```

```
Enter a hex digit: b ↵Enter
The decimal value for hex digit B is 11
```

```
Enter a hex digit: B ↵Enter
The decimal value for hex digit B is 11
```

```
Enter a hex digit: 8 ↵Enter
The decimal value for hex digit 8 is 8
```

```
Enter a hex digit: T ↵Enter
T is an invalid input
```

프로그램에서는 콘솔로부터 문자로 된 16진수를 읽어 들이고(9번 줄), 그 문자에 대한 대문자를 알아낸다(11번 줄). 만약 문자가 **'A'**와 **'F'** 사이에 있다면(12번 줄), 그에 해당되는 10진수 값은 **hexDigit - 'A' + 10**(14번 줄)이 된다. **hexDigit - 'A'**는 **hexDigit**가 **'A'**이면 **0**이고, 1이면 **'B'**가 된다. 두 문자에 대해 수학 계산을 수행할 때 문자의 ASCII 코드가 계산에 사용된다.

프로그램에서 **hexDigit**가 **'0'**과 **'9'** 사이에 있는지를 검사하기 위해서 **isdigit(hexDigit)** 함수를 호출한다(18번 줄). 만약 그렇다면 그에 해당하는 10진수는 **hexDigit**와 같다(20번~21 번 줄).

hexDigit가 **'A'**와 **'F'** 사이의 값도 아니고 숫자 문자도 아니라면 프로그램은 오류 메시지를 화면에 표시한다(25번 줄).

4.15 코드의 어느 라인에서 문자가 **'0'** 과 **'9'** 사이의 값인지를 검사하는가?

4.16 입력이 **f**라면 화면에 표시되는 값은 무엇인가?

4.8 string 형

문자열은 연속된 문자들로 구성된다.

char 형은 단지 하나의 문자만을 표현한다. 문자열을 표현하기 위해서는 **string**이라고 하는 데이터 유형을 사용한다. 예를 들어, 다음 코드는 **Programming is fun**이라는 값을 갖는 문자열 **message**를 선언한다.

```
string message = "Programming is fun";
```

string 유형은 원시 유형(primitive type)이 아니고, 객체 유형(object type)이다. 객체 유형의 변수는 해당 변수를 선언함으로써 실제 객체가 생성된다. 여기서 **message**는 **Programming is fun**이라는 내용을 갖는 **string** 객체를 나타내고 있다.

객체(object)는 클래스(class)를 사용하여 정의된다. **string**은 **<string>** 헤더 파일에 미리 정의된 클래스이다. 또한 객체는 클래스의 인스턴스(instance)이다. 객체와 클래스는 9장에서 다룰 것이다. 지금은 **string** 객체를 생성하는 방법과 표 4.7에서와 같이 **string** 클래스에 들어 있는 간단한 함수들의 사용 방법만 알고 있으면 된다.

표 4.7 string 객체의 간단한 함수

함수	기능
length()	문자열 내의 문자 수를 반환
size()	length()와 동일
at(index)	문자열에서 지정된 인덱스의 문자를 반환

인스턴스 함수

string 클래스의 함수는 지정된 **string** 인스턴스로부터만 호출될 수 있다. 이러한 이유로 이들 함수를 인스턴스 함수(instance function)라고 한다. 예를 들어, 다음 코드에서와 같이 문자열 객체의 크기를 반환하기 위해서 **string** 클래스의 **size()** 함수를 사용할 수 있으며, 지정된 인덱스의 문자를 반환하기 위해서 **at(index)** 함수를 사용할 수 있다.

```
string message = "ABCD";
cout << message.length() << endl;
cout << message.at(0) << endl;
string s = "Bottom";
cout << s.length() << endl;
cout << s.at(1) << endl;
```

message.length()를 호출하면 **4**를 반환하고, **message.at(0)**은 **A**를 반환한다. **s.length()**은 **6**을 반환하고, **s.at(1)**은 **o**를 반환한다.

인스턴스 함수를 호출하기 위한 구문은 **objectName.functionName**(인수)이다. 함수는 많은 인수를 갖거나 또는 인수가 없을 수도 있다. 예를 들어, **at(index)** 함수는 인수를 하나만 갖고 있지만, **length()**는 인수가 존재하지 않는다.

주의

기본적으로 문자열은 **비어 있는 문자열**, 즉 아무 문자도 포함되지 않는 문자열로 초기화된다. 빈   비어 있는 문자열
문자열 리터럴은 ""로 쓸 수 있다. 그러므로 다음 두 문장은 같은 문장이다.

```
string s;
string s = "";
```

주의

string 유형을 사용하기 위해서는 프로그램에서 **<string>** 헤더 파일을 include시켜야 한다.

4.8.1 문자열 인덱스와 첨자 연산자

s.at(index) 함수는 인덱스(index)가 0과 **s.length() - 1** 사이일 때 지정한 문자를 문자열 **s**   at(index)
에서 찾고자 할 때 사용할 수 있다. 예를 들어, 그림 4.2에서 **message.at(0)**는 문자 W를 반환
한다. 문자열에서 첫 번째 문자의 인덱스는 0임을 기억하여라.

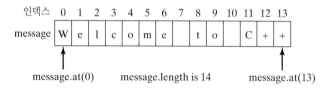

그림 4.2 **string** 객체 내의 문자는 인덱스를 사용하여 접근할 수 있다.

편의상 C++에서는 문자열 내의 인덱스 지정 문자로 접근하기 위해 **stringName[index]**의
구문과 같이 첨자 연산자를 제공하고 있어, 이 구문을 사용하여 문자열 내의 문자를 검색하거   첨자 연산자
나 수정할 수 있다. 예를 들어, 다음 코드는 **s[0] = 'P'**를 사용하여 인덱스 0의 위치에 있는
문자를 새로운 문자 **P**로 설정하고, 그 결과를 화면에 출력한다.

```
string s = "ABCD";
s[0] = 'P';
cout << s[0] << endl;
```

경고

문자열 **s**에서 범위를 벗어난 문자로 접근하는 것은 일반적으로 발생하는 프로그래밍 오류이다.   문자열 인덱스 범위
이를 피하기 위해서는 **s.length() - 1**을 벗어나는 인덱스를 사용하지 않는지 확인해야 한다.
예를 들어, **s.at(s.length())**나 **s[s.length()]**는 오류를 발생시킨다.

4.8.2 문자열 연결

C++에서는 두 개의 문자열을 연결시키기 위해서 + 연산자를 사용할 수 있다. 예를 들어, 다   문자열 연결
음 문장은 **s1**과 **s2** 문자열을 **s3** 문자열로 연결시킨다.

```
string s3 = s1 + s2;
```

또한 증강 += 연산자도 문자열 연결에 사용될 수 있다. 예를 들어, 다음 코드는 **message**에
들어 있는 **"Welcome to C++"** 문자열에 **"and programming is fun"** 문자열을 추가한다.

```
message += " and programming is fun";
```

그러므로 새로운 **message**는 **"Welcome to C++ and programming is fun"**이 된다. 또한 문자열에 문자를 연결할 수도 있다. 예를 들어,

```
string s = "ABC";
s += 'D';
```

를 실행하면 새로운 **s**는 **"ABCD"**가 된다.

경고

두 개의 문자열 리터럴을 연결하는 것은 잘못된 것이다. 예를 들어, 다음 코드는 잘못 작성한 것이다.

```
string cites = "London" + "Paris";
```

그러나 다음 코드는 우선 문자열 **s**에 **"London"**을 연결하고 그 다음 새로운 문자열에 **"Paris"**를 연결하기 때문에 오류가 발생하지 않는다.

```
string s = "New York";
string cites = s + "London" + "Paris";
```

4.8.3 문자열 비교

두 개의 문자열을 비교하기 위해서 ==, !=, <, <=, >, >=와 같은 관계 연산자를 사용할 수 있다. 이는 왼쪽부터 오른쪽으로 하나씩 차례대로 문자를 비교한다. 예를 들어, 다음을 살펴보자.

```
string s1 = "ABC";
string s2 = "ABE";
cout << (s1 == s2) << endl; // 0 출력(거짓을 의미)
cout << (s1 != s2) << endl; // 1 출력(참을 의미)
cout << (s1 > s2) << endl; // 0 출력(거짓을 의미)
cout << (s1 >= s2) << endl; // 0 출력(거짓을 의미)
cout << (s1 < s2) << endl; // 1 출력(참을 의미)
cout << (s1 <= s2) << endl; // 1 출력(참을 의미)
```

s1 > s2를 생각해 보자. **s1**과 **s2**의 첫 문자(**A**와 **A**)가 비교된다. 이 문자들은 같기 때문에 각 두 번째 문자(**B**와 **B**)가 비교된다. 이 또한 같기 때문에 각 세 번째 문자(**C**와 **E**)를 비교한다. **C**가 **E**보다는 작으므로 비교의 결과는 **0**이 된다.

4.8.4 입력 문자열

cin 객체를 사용하여 키보드로부터 문자열을 입력받을 수 있다. 예를 들어, 다음 코드를 살펴보자.

```
1 string city;
2 cout << "Enter a city: ";
3 cin >> city; // 문자열 city 입력
4 cout << "You entered " << city << endl;
```

3번 줄은 **city**로 문자열을 입력한다. 이와 같이 문자열을 입력하는 과정은 간단하지만, 문제가 있다. 앞서의 입력은 공백 문자로 끝난다. 만약 **New York**을 입력하고자 한다면 다른 방법을 사용해야 한다. C++에서는 다음 구문을 사용하여 키보드로부터 문자를 읽어 들이는 데 **string** 헤더 파일에 있는 **getline** 함수를 사용할 수 있다.

getline(cin, s, delimitCharacter)

이 함수는 구분 문자(delimit character)를 만나면 문자의 입력을 멈춘다. 구분 문자는 읽기는 하지만, 문자열에 저장되지 않는다. 세 번째 인수 **delimitCharacter**의 기본 값은 '\n'이다.

다음 코드는 문자열을 읽기 위해서 **getline** 함수를 사용한다.

```
1 string city;                                                          문자열 선언
2 cout << "Enter a city: ";
3 getline(cin, city, '\n'); // getline(cin, city)와 동일          문자열 읽기
4 cout << "You entered " << city << endl;
```

getline 함수의 세 번째 인수에 대한 기본 값이 '\n'이므로 3번 줄은 다음으로 대체할 수 있다.

```
getline(cin, city); // 문자열 입력
```

리스트 4.7은 사용자가 두 개의 도시를 입력하면 알파벳순으로 화면에 출력하는 프로그램이다.

리스트 4.7 OrderTwoCities.cpp

```
 1 #include <iostream>
 2 #include <string>                                                  string 포함
 3 using namespace std;
 4
 5 int main()
 6 {
 7   string city1, city2;
 8   cout << "Enter the first city: ";
 9   getline(cin, city1);                                              city1 입력
10   cout << "Enter the second city: ";
11   getline(cin, city2);                                             city2 입력
12
13   cout << "The cities in alphabetical order are ";
14   if (city1 < city2)                                                두 도시 비교
15     cout << city1 << " " << city2 << endl;
16   else
17     cout << city2 << " " << city1 << endl;
18
19   return 0;
20 }
```

```
Enter the first city: New York  ↵Enter
Enter the second city: Boston  ↵Enter
The cities in alphabetical order are Boston New York
```

프로그램에서 문자열을 사용할 때는 **string** 헤더 파일을 include시켜야 한다(2번 줄). 9번 줄이 **cin >> city1**으로 교체된다면 **city1**에 공백이 포함된 문자열을 입력할 수 없다. 도시 이름은 공백으로 분리된 여러 단어를 포함할 수 있으므로 프로그램에서는 문자열을 읽기 위해

getline 함수를 사용한다(9번, 11번 줄).

4.17 Chicago의 값을 갖는 city 문자열을 선언하는 문장을 작성하여라.

4.18 문자열 s에 포함된 문자의 수를 출력하는 문장을 작성하여라.

4.19 문자열 s의 첫 번째 문자를 'P'로 변경하는 문장을 작성하여라.

4.20 다음 코드의 출력은 무엇인가?

```
string s1 = "Good morning";
string s2 = "Good afternoon";
cout << s1[0] << endl;
cout << (s1 == s2 ? "true": "false") << endl;
cout << (s1 != s2 ? "true": "false") << endl;
cout << (s1 > s2 ? "true": "false") << endl;
cout << (s1 >= s2 ? "true": "false") << endl;
cout << (s1 < s2 ? "true": "false") << endl;
cout << (s1 <= s2 ? "true": "false") << endl;
```

4.21 공백이 포함된 문자열은 어떻게 읽어야 하는가?

4.9 예제: 문자열을 사용하여 복권 프로그램 수정

이 문제는 여러 가지 접근법으로 해결할 수 있다. 이 절에서는 문자열을 사용하여 리스트 3.7 Lottery.cpp 복권 프로그램을 재작성해 본다. 문자열을 사용하면 이 프로그램을 간단화할 수 있다.

리스트 3.7의 복권 프로그램은 임의의 두 숫자를 생성하고 사용자가 두 자리 숫자를 입력하도록 한 다음, 규칙에 따라 누가 이기는지를 결정한다.

1. 사용자가 입력한 숫자가 복권 숫자와 순서까지 정확히 일치하면 $10,000의 상금을 준다.

2. 사용자가 입력한 모든 숫자가 복권 숫자에 모두 포함되어 있으면 $3,000의 상금을 준다.

3. 사용자가 입력한 숫자 중 하나만 복권 숫자에 포함되어 있으면 $1,000의 상금을 준다.

리스트 3.7 프로그램은 수를 저장하기 위해서 정수를 사용한다. 리스트 4.8은 수 대신에 임의의 두 자리 숫자 문자열을 생성하고, 수 대신 문자열로 사용자 입력을 받는 프로그램이다.

리스트 4.8 LotteryUsingStrings.cpp

```
1 #include <iostream>
2 #include <string> // 문자열을 사용하기 위해서
3 #include <ctime> // time 함수를 사용하기 위해서
4 #include <cstdlib> // rand와 srand 함수를 사용하기 위해서
5 using namespace std;
6
7 int main()
8 {
9   string lottery;
10    srand(time(0));
```

```
11    int digit = rand() % 10; // 첫 번째 숫자 생성          첫 번째 숫자 생성
12    lottery += static_cast<char>(digit + '0');          문자열에 연결
13    digit = rand() % 10; // 두 번째 숫자 생성            두 번째 숫자 생성
14    lottery += static_cast<char>(digit + '0');          문자열에 연결
15
16    // 사용자가 생각한 숫자 입력
17    cout << "Enter your lottery pick (two digits): ";
18    string guess;                                        생각한 숫자 입력
19    cin >> guess;
20
21    cout << "The lottery number is " << lottery << endl;
22
23    // 검사
24    if (guess == lottery)                                정확히 일치하는가?
25        cout << "Exact match: you win $10,000" << endl;
26    else if (guess[1] == lottery[0] && guess[0] == lottery[1])   모두 일치하는가?
27        cout << "Match all digits: you win $3,000" << endl;
28    else if (guess[0] == lottery[0] || guess[0] == lottery[1]    한 숫자만 일치하는가?
29           || guess[1] == lottery[0] || guess[1] == lottery[1])
30        cout << "Match one digit: you win $1,000" << endl;
31    else                                                 일치하지 않음
32        cout << "Sorry, no match" << endl;
33
34    return 0;
35  }
```

```
Enter your lottery pick (two digits): 00 ↵Enter
The lottery number is 00
Exact match: you win $10,000
```

```
Enter your lottery pick (two digits): 45 ↵Enter
The lottery number is 54
Match all digits: you win $3,000
```

```
Enter your lottery pick: 23 ↵Enter
The lottery number is 34
Match one digit: you win $1,000
```

```
Enter your lottery pick: 23 ↵Enter
The lottery number is 14
Sorry, no match
```

프로그램은 첫 번째 난수를 생성하고(11번 줄), 문자로 형변환한 다음, 문자를 **lottery** 문자열에 연결시킨다(12번 줄). 그 다음, 두 번째 난수를 생성(13번 줄)하고 문자로 형변환한 다음, **lottery** 문자열에 연결한다(14번 줄). 이와 같이 **lottery**에는 두 개의 임의의 숫자가 저장된다.

그 다음, 사용자가 생각하고 있는 두 개의 숫자 문자열을 입력하도록 하고(19번 줄), 다음 순서로 복권 숫자와 점검을 한다.

1. 우선 생각한 숫자와 복권 숫자가 일치하는지 검사한다(24번 줄).

2. 그렇지 않다면 생각한 숫자를 거꾸로 했을 때 복권과 일치하는지 검사한다(26번 줄).

3. 그렇지 않다면 한 개의 숫자라도 복권에 포함되어 있는지 검사한다(28번~29번 줄).

4. 그렇지 않다면 일치하지 않는 것이고, "Sorry, no match"를 화면에 출력한다(31번~32번 줄).

4.10 콘솔 출력 형식

콘솔에 형식화된 출력을 표시하기 위해서는 스트림 조정자를 사용하면 된다.

종종 수를 원하는 형식으로 화면에 표시되도록 할 때가 있다. 예를 들어, 다음 코드는 금액과 연이율이 주어졌을 때 이자를 계산한다.

```
double amount = 12618.98;
double interestRate = 0.0013;
double interest = amount * interestRate;
cout << "Interest is " << interest << endl;
```

```
Interest is 16.4047
```

이자의 합계도 화폐이므로 소수점 아래 두 자리까지만 표시할 필요가 있다.[3] 이를 위해서는 다음과 같은 코드로 작성할 수 있다.

```
double amount = 12618.98;
double interestRate = 0.0013;
double interest = amount * interestRate;
cout << "Interest is "
  << static_cast<char>(interest * 100) / 100.0 << endl;
```

```
Interest is 16.4
```

그러나 화면에 표시된 결과가 아직도 옳지 않은데, 소수점 이하 두 자리(예를 들어, **16.4**가 아니라 **16.40**)까지 표시되어야 한다. 이는 다음과 같이 형식화 함수를 사용하여 수정할 수 있다.

```
double amount = 12618.98;
double interestRate = 0.0013;
double interest = amount * interestRate;
cout << "Interest is " << fixed << setprecision(2)
  << interest << endl;
```

```
Interest is 16.40
```

cout 객체를 사용한 콘솔 출력 표시 방법을 이미 배웠다. C++에서는 값을 어떻게 표시할지를

---

3) 역주: 미국의 화폐 단위는 달러(dollar)와 센트(cent)이므로 금액을 표시할 때 $13.99와 같이 13달러 99센트로 소수점 이하 두 자리까지 표시한다.

결정해 주는 여러 가지 함수를 제공하고 있다. 이들 함수를 스트림 조정자(stream manipulator)
라고 하며, 이는 **iomanip** 헤더 파일에 포함되어 있다. 표 4.8은 몇 가지 스트림 조정자에 대한
설명이다.

표 4.8 자주 사용되는 스트림 조정자

조정자	기능
setprecision(n)	실수의 정밀도 설정
fixed	실수를 고정 소수점 형식(fixed-point notation)으로 표시
showpoint	실수의 소수 부분이 없더라도 소수점 이하에 0이 표시되도록 함
setw(width)	출력되는 영역의 폭을 지정
left	왼쪽 정렬 출력
right	오른쪽 정렬 출력

4.10.1 setprecision(n) 조정자

n을 소수점 전후로 표시될 자릿수라고 할 때, **setprecision(n)** 조정자를 사용하여 실수에서
표시될 전체 자릿수를 지정할 수 있다. 만약 표시될 수가 지정된 정밀도보다 더 큰 자릿수를
갖고 있다면 반올림된다. 예를 들어, 다음 코드를 살펴보자.

```
double number = 12.34567;
cout << setprecision(3) << number << " "
     << setprecision(4) << number << " "
     << setprecision(5) << number << " "
     << setprecision(6) << number << endl;
```

이 코드는 다음과 같이 출력된다.

12.3␣12.35␣12.346␣12.3457

여기서 ␣는 공백을 의미한다.

number의 값은 각각 3, 4, 5, 6의 정밀도로 표시된다. 정밀도가 3인 경우 12.34567은 12.3
으로 반올림되고, 정밀도가 4인 경우 12.34567은 12.35로, 5인 경우 12.346으로, 6인 경우는
12.3457로 각각 반올림된다.

setprecision 조정자는 정밀도가 변경될 때까지 계속 유효한 상태가 되는데, 다음 코드를
살펴보자.

```
double number = 12.34567;
cout << setprecision(3) << number << " ";
cout << 9.34567 << " " << 121.3457 << " " << 0.2367 << endl;
```

이 코드는 다음과 같이 출력된다.

12.3␣9.35␣121␣0.237

정밀도가 첫 번째 값에서 3으로 설정되고 변경되지 않았으므로 다음 3개의 값에 모두 적용
된 것을 볼 수 있다.

만약 정수의 경우 표시할 폭이 충분치 않다면 **setprecision** 조정자는 무시된다. 예를 들

어, 다음 코드를 보자.

```
cout << setprecision(3) << 23456 << endl;
```

이 코드는 다음과 같이 **setprecision** 조정자의 정밀도를 무시하고 출력된다.

```
23456
```

4.10.2 fixed 조정자

때로는 컴퓨터가 큰 실수를 자동으로 과학적 표기법으로 표시하기도 한다. 예를 들어, Windows 운영체제에서 다음 문장

```
cout << 232123434.357;
```

은

```
2.32123e+08
```

로 출력된다.

출력될 수에서 소수점 이후 숫자를 고정된 수로 표시하기 위해서 **fixed** 조정자를 사용할 수 있다. 예를 들어, 다음 코드를 보자.

```
cout << fixed << 232123434.357;
```

이 코드는 다음과 같이 출력된다.

```
232123434.357000
```

기본적으로 소수점 이하의 고정 자릿수는 **6**이다. 이는 **fixed** 조정자 뒤에 **setprecision** 조정자를 연결시켜 변경할 수 있다. **fixed** 조정자 뒤에 **setprecision** 조정자로 소수점 이하의 자릿수를 지정하면 된다. 예를 들어,

```
double monthlyPayment = 345.4567;
double totalPayment = 78676.887234;
cout << fixed << setprecision(2)
     << monthlyPayment << endl
     << totalPayment << endl;
```

는 다음과 같이 출력된다.

```
345.46
78676.89
```

4.10.3 showpoint 조정자

기본적으로 소수점 이하의 소수 부분이 없는 실수의 경우는 소수점이 표시되지 않는다. 실수에 대해 소수점과 소수점 이후 숫자를 고정된 수로 표시하기 위해서는 **fixed** 조정자를 사용하면 된다. 이 외에도 **setprecision** 조정자와 함께 **showpoint** 조정자를 사용할 수 있다. 예를 들어,

```
cout << setprecision(6);
cout << 1.23 << endl;
```

```
cout << showpoint << 1.23 << endl;
cout << showpoint << 123.0 << endl;
```

는 다음과 같이 출력된다.

```
1.23
1.23000
123.000
```

setprecision(6) 함수는 정밀도를 6으로 설정하고 있으므로 첫 번째 수 1.23은 1.23으로 표시된다. **showpoint** 조정자는 실수에 대해 강제로 소수점을 표시하고, 필요하다면 자리를 0으로 채우도록 하기 때문에 두 번째 1.23은 뒤에 0을 붙여 1.23000으로 표시되고, 세 번째 123.0은 123.000으로 표시된다.

4.10.4 setw(width) 조정자

기본적으로 **cout**은 출력에 필요한 자릿수만 사용한다. **set(width)**를 사용하여 출력에서 최소 열의 수를 지정할 수 있다. 예를 들어,

```
cout << setw(8) << "C++" << setw(6) << 101 << endl;
cout << setw(8) << "Java" << setw(6) << 101 << endl;
cout << setw(8) << "HTML" << setw(6) << 101 << endl;
```

는 다음과 같이 출력된다.

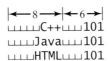

출력은 지정된 열 내에서 오른쪽으로 정렬되어 있다. 1번 줄에서 **setw(8)**은 "C++"를 8개의 열로 표시되도록 지정하고 있으므로 C++ 앞에 5개의 공백이 존재하게 된다. 101은 **setw(6)**으로 지정되어 6개의 열에 표시되고, 101 앞에 3개의 공백이 표시된다.

setw 조정자는 다음 출력에서만 유효하다는 것에 주의해야 한다. 예를 들어,

```
cout << setw(8) << "C++" << 101 << endl;
```

는 다음과 같이 출력된다.

□□□□□C++101

setw(8) 조정자는 101이 아닌 "C++" 출력에만 유효하다.

setw(n)과 **setprecision(n)**의 인수 n은 정수 값이거나 수식 또는 상수가 될 수 있다.

만약 항목이 지정된 폭보다 더 많은 공간을 필요로 하는 경우에 폭은 자동으로 증가된다. 예를 들어, 다음 코드를 보자.

```
cout << setw(8) << "Programming" << "#" << setw(2) << 101;
```

이 코드는 다음과 같이 출력된다.

Programming#101

Programming에 지정된 폭은 8이지만 이는 실제 크기인 11보다 작다. 이 경우 폭은 자동으로 11로 증가된다. 또한 **101**에 대해서도 지정된 폭은 2이지만 실제 크기인 3으로 자동으로 폭이 증가된다.

4.10.5 left와 right 조정자

setw 조정자는 기본적으로 오른쪽 정렬을 사용한다. 출력을 왼쪽으로 정렬시키기 위해서는 **left** 조정자를, 그리고 오른쪽으로 정렬시키기 위해서는 **right** 조정자를 사용할 수 있다. 예를 들어,

```
cout << right;
cout << setw(8) << 1.23 << endl;
cout << setw(8) << 351.34 << endl;
```

는 다음과 같이 출력된다.

```
␣␣␣␣1.23
␣␣351.34
```

```
cout << left;
cout << setw(8) << 1.23;
cout << setw(8) << 351.34 << endl;
```

이 코드는 다음과 같이 출력된다.

```
1.23␣␣␣␣351.34␣␣
```

✔Check Point

4.22 스트림 조정자를 사용하기 위해서는 어떤 헤더 파일을 include해야 하는가?

4.23 다음 문장의 출력은 무엇인가?

```
cout << setw(10) << "C++" << setw(6) << 101 << endl;
cout << setw(8) << "Java" << setw(5) << 101 << endl;
cout << setw(6) << "HTML" << setw(4) << 101 << endl;
```

4.24 다음 문장의 출력은 무엇인가?

```
double number = 93123.1234567;
cout << setw(10) << setprecision(5) << number;
cout << setw(10) << setprecision(4) << number;
cout << setw(10) << setprecision(3) << number;
cout << setw(10) << setprecision(8) << number;
```

4.25 다음 문장의 출력은 무엇인가?

```
double monthlyPayment = 1345.4567;
double totalPayment = 866.887234;

cout << setprecision(7);
cout << monthlyPayment << endl;
cout << totalPayment << endl;

cout << fixed << setprecision(2);
cout << setw(8) << monthlyPayment << endl;
cout << setw(8) << totalPayment << endl;
```

4.26 다음 문장의 출력은 무엇인가?

```
cout << right;
cout << setw(6) << 21.23 << endl;
cout << setw(6) << 51.34 << endl;
```

4.27 다음 문장의 출력은 무엇인가?

```
cout << left;
cout << setw(6) << 21.23 << endl;
cout << setw(6) << 51.34 << endl;
```

4.11 간단한 파일 입출력

데이터를 파일로 저장하고 나중에 파일로부터 데이터를 읽을 수 있다.

Key Point

키보드로부터 입력을 받기 위해서 **cin**을 사용하고, 콘솔로 출력하기 위해서는 **cout**을 사용했었다. 이외에 파일로 데이터를 쓰거나 파일로부터 데이터를 읽을 수 있다. 이 절에서는 간단한 파일 입출력 방법을 소개한다. 파일 입출력에 관한 자세한 사항은 13장에서 다룰 것이다.

4.11.1 파일에 쓰기

파일에 데이터를 쓰기 위해서는 먼저 **ofstream** 유형의 변수를 선언해야 한다.

```
ofstream output;
```

파일을 지정하기 위해서 다음과 같이 **output** 객체로부터 **open** 함수를 호출한다.

```
output.open("numbers.txt");
```

이 문장은 **numbers.txt**라는 이름의 파일을 생성한다. 만약 이 파일이 이미 존재한다면 파일의 기존 내용은 삭제되고 새로운 파일로 생성된다. **open** 함수를 호출하는 것은 파일을 스트림과 연결시키는 것이다. 13장에서 파일 생성 전에 파일이 존재하는지를 검사하는 방법을 배울 것이다.

파일 출력 객체를 생성하고 파일을 여는 작업을 한 문장으로 다음과 같이 작성할 수도 있다.

```
ofstream output("numbers.txt");
```

데이터를 쓰기 위해서는 **cout** 객체로 데이터를 보낼 때와 같은 방법으로 스트림 삽입 연산자(<<)를 사용하면 된다. 예를 들어, 다음 코드를 살펴보자.

```
output << 95 << " " << 56 << " " << 34 << endl;
```

이 문장은 파일에 **95**, **56**, **34**를 저장한다. 숫자들은 그림 4.3과 같이 공백으로 분리된다.

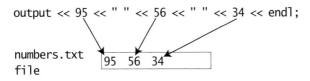

그림 4.3 출력 스트림은 파일로 데이터를 보낸다.

파일 작업이 끝난 후에는 다음과 같이 **output**으로부터 **close** 함수를 호출한다.

output.close();

close 함수를 호출하는 것은 프로그램을 끝마치기 전에 데이터가 파일에 저장되었는지를 확인하기 위해 필요하다.

리스트 4.9는 파일에 데이터를 저장하는 프로그램이다.

리스트 4.9 SimpleFileOutput.cpp

```
 1 #include <iostream>
 2 #include <fstream>
 3 using namespace std;
 4
 5 int main()
 6 {
 7   ofstream output;
 8
 9   // 파일 생성
10   output.open("numbers.txt");
11
12   // 숫자 쓰기
13   output << 95 << " " << 56 << " " << 34;
14
15   // 파일 닫기
16   output.close();
17
18   cout << "Done" << endl;
19
20   return 0;
21 }
```

fstream 헤더 포함 (2번 줄)
출력 선언 (7번 줄)
파일 열기 (10번 줄)
파일로 출력 (13번 줄)
파일 닫기 (16번 줄)

<fstream> 헤더 포함

ofstream은 **fstream** 헤더 파일에 정의되어 있으므로 2번 줄에서 이 헤더 파일을 include 한다.

4.11.2 파일로부터 읽기

파일로부터 데이터를 읽기 위해서는 먼저 **ifstream** 유형의 변수를 선언해야 한다.

ifstream input;

파일을 지정하기 위해서는 다음과 같이 **input**으로부터 **open** 함수를 호출한다.

input.open("numbers.txt");

이 문장은 입력을 위해 **numbers.txt** 파일을 연다(open). 만약 열고자 하는 파일이 존재하지 않는다면 예기치 못한 오류가 발생할 것이다. 13장에서 입력을 위한 파일을 열 때 파일이 존재하는지를 검사하는 방법을 배울 것이다.

파일 입력 객체를 생성하고 파일을 여는 작업을 한 문장으로 다음과 같이 작성할 수도 있다.

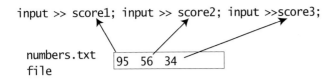

input >> score1; input >> score2; input >>score3;

numbers.txt file

95 56 34

그림 4.4 입력 스트림은 파일로부터 데이터를 읽는다.

```
ifstream input("numbers.txt");
```

데이터를 읽기 위해서는 **cin** 객체로부터 데이터를 읽을 때와 같은 방법으로 스트림 추출 연산자(>>)를 사용하면 된다. 예를 들어, 다음 코드를 살펴보자.

```
input >> score1;
input >> score2;
input >> score3;
```

또는

```
input >> score1 >> score2  >>score3;
```

는 그림 4.4와 같이 파일로부터 3개의 숫자를 읽어 각각 변수 **score1**, **score2**, **score3**에 저장한다.

파일 작업이 끝난 후에는 다음과 같이 **input**으로부터 **close** 함수를 호출한다.

```
input.close();
```

리스트 4.10은 파일로부터 데이터를 읽어 들이는 프로그램이다.

리스트 4.10 SimpleFileInput.cpp

```
 1 #include <iostream>
 2 #include <fstream>                                          fstream 헤더 포함
 3 using namespace std;
 4
 5 int main()
 6 {
 7   ifstream input;                                           출력 선언
 8
 9   // 파일 열기
10   input.open("numbers.txt");                                파일 열기
11
12   int score1, score2, score3;
13
14   // 데이터 읽기
15   input >> score1;                                          파일로부터 입력
16   input >> score2;
17   input >> score3;
18
19   cout << "Total score is " << score1 + score2 + score3 << endl;
20
21   // 파일 닫기
22   input.close();                                            파일 닫기
```

```
23
24    cout << "Done" << endl;
25
26    return 0;
27  }
```

```
Total score is 185
Done
```

<fstream> 헤더 포함

`ifstream`은 `fstream` 헤더 파일에 정의되어 있으므로 2번 줄에서 이 헤더 파일을 include한다. 15번~17번 줄의 문장은 다음과 같이 한 문장으로 간략화할 수 있다.

input >> score1 >> score2 >> score3;

Check Point

4.28 test.txt 파일로부터 데이터를 읽기 위해 객체를 어떻게 생성해야 하는가? test.txt 파일로 데이터를 저장하기 위해서는 객체를 어떻게 생성해야 하는가?

4.29 리스트 4.10에서 7번~10번 줄의 문장을 한 문장으로 대체할 수 있는가?

4.30 만약 출력을 위해 파일을 열 때 그 파일이 이미 존재한다면 어떤 일이 벌어지는가?

주요 용어

공백 문자(whitespace)
부호화(encoding)
빈 문자열(empty string)
이스케이프 문자(escape character)
이스케이프 시퀀스(escape sequence)

인스턴스 함수(instance function)
첨자 연산자(subscript operator)
ASCII 코드(ASCII code)
char 형(char type)

요약

1. C++에서는 수학적 기능을 수행하기 위해 **sin**, **cos**, **tan**, **asin**, **acos**, **atan**, **exp**, **log**, **log10**, **pow**, **sqrt**, **ceil**, **floor**, **min**, **max**, **abs** 등의 수학 함수를 사용할 수 있다.

2. 문자 유형(**char**)은 하나의 문자를 표현한다.

3. \ 문자는 이스케이프 문자이고, 이스케이프 시퀀스는 이스케이프 문자로 시작되고 그 뒤에 다른 문자나 숫자가 결합된다.

4. C++에서는 '\t'나 '\n'과 같이 특별한 문자를 표현하기 위해 이스케이프 시퀀스를 사용할 수 있다.

5. ' ', '\t', '\f', '\r', '\n' 문자들을 공백 문자라고 한다.

6. C++에서는 문자가 숫자, 문자, 숫자 또는 문자, 소문자, 대문자, 공백 문자인지를 검사하기 위한 **isdigit**, **isalpha**, **isalnum**, **islower**, **isupper**, **isspace** 함수를 제공하고 있다. 또한 소문자나 대문자로 변경하기 위한 **tolower**와 **toupper** 함수도 사용

할 수 있다.

7. 문자열(string)은 연속으로 되어 있는 문자들을 말한다. 문자열 값은 따옴표(")로 둘러 싸여 있어야 하며, 문자 값은 작은따옴표(')로 둘러 싸여 있어야 한다.

8. `string` 유형을 사용하여 문자열 객체를 선언할 수 있다. 특정 객체로부터 호출된 함수를 인스턴스 함수(instance function)라고 한다.

9. `length()` 함수를 호출함으로써 문자열의 길이를 알아 낼 수 있고, `at(index)`를 사용하여 문자열에서 지정된 `index`의 문자를 알아 낼 수 있다.

10. 문자열에서 문자를 뽑아내거나 수정하기 위해서 첨자 연산자(subscript operator)를 사용할 수 있으며, 두 문자열을 연결시키기 위해서 + 연산자를 사용할 수 있다.

11. 두 문자열을 비교하기 위해서 관계 연산자를 사용할 수 있다.

12. `iomanip` 헤더에서 정의된 스트림 조정자를 사용하여 출력 형식을 지정할 수 있다.

13. 파일로부터 데이터를 읽기 위해서 `ifstream` 객체를 생성할 수 있고, 파일로 데이터를 쓰기 위해서 `ofstream` 객체를 사용할 수 있다.

퀴즈

www.cs.armstrong.edu/liang/cpp3e/quiz.html에서 온라인으로 이 장에 대한 퀴즈를 풀어 보라.

프로그래밍 실습

4.2절

4.1 (기하학: 오각형의 면적) 다음 그림과 같이 오각형의 중심으로부터 각 꼭짓점까지의 거리를 입력받아 오각형의 면적을 계산하는 프로그램을 작성하여라.

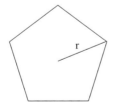

오각형의 면적을 계산하기 위한 공식은 다음과 같다.

$$면적 = \frac{5 \times s^2}{4 \times \tan\left(\dfrac{\pi}{5}\right)}$$

여기서 s는 변의 길이이다. 변의 길이는 공식을 사용하여 구할 수 있다. 여기서 r은 오각형의 중심으로부터 꼭짓점까지의 거리이다. 소수점 이하 둘째자리에서 올림하여라. 다음은 샘플 실행 결과이다.

```
Enter the length from the center to a vertex: 5.5  ↵Enter
The area of the pentagon is 71.92
```

*4.2 (기하학: 대권 거리) 대권 거리(great circle distance)는 구의 표면에 있는 두 점 사이의 거리를 말한다. (x1, y1)과 (x2, y2)를 두 점의 지리적 위도와 경도라고 하자. 두 점 사이의 대권 거리는 다음 공식을 사용하여 계산한다.

$$d = 반지름 \times arccos(\sin(x_1) \times \sin(x_2) + \cos(x_1) \times \cos(x_2) \times \cos(y_1 - y_2))$$

도(degree) 단위로 지구 위의 두 점의 위도와 경도를 입력받아 대권 거리를 계산하는 프로그램을 작성하여라. 지구의 평균 반지름은 6,378.1km이다. 공식에서 위도와 경도의 각도는 북위와 서위로 계산하며, 남위나 동위를 표시하기 위해서는 마이너스(−)를 사용한다. 다음은 샘플 실행 결과이다.

```
Enter point 1 (latitude and longitude) in degrees:
39.55, -116.25  ↵Enter
Enter point 2 (latitude and longitude) in degrees:
41.5, 87.37  ↵Enter
The distance between the two points is 10691.79183231593 km
```

*4.3 (지리학: 면적 계산) 조지아(Georgia) 주의 애틀랜타(Atlanta), 플로리다(Florida) 주의 올랜도(Orlando), 조지아 주의 서배너(Savannah), 노스캐롤라이나(North Carolina) 주의 샬럿(Charlotte)의 GPS 위치를 www.gps-data-team.com/map/ 사이트에서 찾아 이들 4개 도시에 의해 둘러싸인 면적을 계산하여라. (힌트: 두 도시 사이의 거리를 계산하는 프로그래밍 실습 4.2의 공식을 사용하여라. 다각형을 두 개의 삼각형으로 나누고, 삼각형의 면적을 계산하기 위해 프로그래밍 실습 2.19의 공식을 사용하여라.)

4.4 (기하학: 육각형의 면적) 육각형의 면적은 다음 공식을 사용하여 계산할 수 있다(여기서 s는 변의 길이이다).

$$면적 = \frac{6 \times s^2}{4 \times \tan\left(\dfrac{\pi}{6}\right)}$$

육각형의 변의 길이를 입력받아 면적을 계산하는 프로그램을 작성하여라. 다음은 샘플 실행 결과이다.

```
Enter the side: 5.5  ↵Enter
The area of the hexagon is 78.59
```

*4.5 (기하학: 정다각형의 면적) 정다각형은 모든 변의 길이와 모든 각의 각도가 같은 n개의 변을 가진 다각형이다(즉, 정다각형은 등변과 등각 다각형이다). 정다각형의 면적을 계산하는 공식은 다음과 같다.

$$면적 = \frac{n \times s^2}{4 \times \tan\left(\dfrac{\pi}{n}\right)}$$

여기서 **s**는 변의 길이이다. 정다각형의 변의 수와 길이를 입력받아 면적을 계산하는 프로그램을 작성하여라. 다음은 샘플 실행 결과이다.

```
Enter the number of sides: 5  ↵Enter
Enter the side: 6.5  ↵Enter
The area of the polygon is 72.69
```

*4.6 (원 위의 임의의 점) 반지름이 40인 (0, 0)이 중심인 원 위의 임의의 3개의 점을 생성하고, 그림 4.5a와 같이 이들 3개의 점에 의해 만들어지는 삼각형의 3개의 각도를 표시하는 프로그램을 작성하여라. (힌트: 그림 4.5b와 같이 0과 2π 사이의 라디안 단위의 임의의 각도를 α라고 하면 이 각도에 의해 결정되는 점은 (r*cos(α), r*sin(α))이다.)

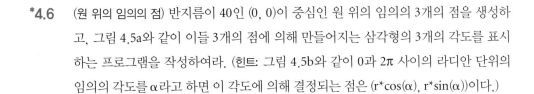

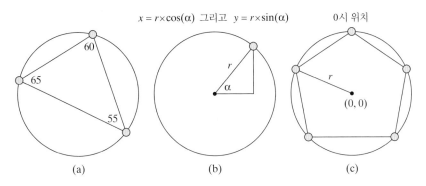

그림 4.5 (a) 삼각형은 원 위의 임의의 3개의 점으로 만들어진다. (b) 원 위의 임의의 점은 임의의 각도 α를 사용하여 정할 수 있다. (c) 오각형은 (0, 0)이 중심일 때 한 점은 0시 위치에 존재한다.

*4.7 (꼭짓점 좌표) 다각형의 중심이 (0, 0)이고, 그림 4.5c에서와 같이 0시 위치에 한 점이 있다고 가정하자. 다각형과 경계를 접하는 원의 반지름을 입력받아 다각형의 5개 꼭짓점의 좌표를 표시하는 프로그램을 작성하여라. 다음은 샘플 실행 결과이다.

```
Enter the radius of the bounding circle: 100  ↵Enter
The coordinates of five points on the pentagon are
(95.1057, 30.9017)
(0.000132679, 100)
(-95.1056, 30.9019)
(-58.7788, -80.9015)
(58.7782, -80.902)
```

4.3~4.7절

*4.8 (ASCII 코드의 문자 출력) 0과 127 사이의 정수로 된 ASCII 코드를 입력받아 그에 해당

하는 문자를 표시하는 프로그램을 작성하여라. 다음은 샘플 실행 결과이다.

```
Enter an ASCII code: 69 ↵Enter
The character is E
```

*4.9 (문자의 ASCII 코드 출력) 한 문자를 입력받아 그에 해당하는 ASCII 코드를 표시하는 프로그램을 작성하여라. 다음은 샘플 실행 결과이다.

```
Enter a character: E ↵Enter
The ASCII code for the character is 69
```

*4.10 (모음? 자음?) A/a, E/e, I/i, O/o, U/u는 모두 모음이다. 하나의 문자를 입력받은 후, 그 문자가 모음인지 자음인지를 검사하는 프로그램을 작성하여라. 다음은 샘플 실행 결과이다.

```
Enter a letter: B ↵Enter
B is a consonant
```

```
Enter a letter grade: a ↵Enter
a is a vowel
```

```
Enter a letter grade: # ↵Enter
# is an invalid input
```

*4.11 (대문자를 소문자로 변환) 대문자를 입력받아 소문자로 변환하는 프로그램을 작성하여라. 다음은 샘플 실행 결과이다.

```
Enter an uppercase letter: T ↵Enter
The lowercase letter is t
```

*4.12 (문자 등급을 숫자로 변환) 문자 등급 A/a, B/b, C/c, D/d, F/f를 입력받아 그에 해당하는 숫자로 4, 3, 2, 1, 0을 출력하는 프로그램을 작성하여라. 다음은 샘플 실행 결과이다.

```
Enter a letter grade: B ↵Enter
The numeric value for grade B is 3
```

```
Enter a letter grade: b ↵Enter
The numeric value for grade b is 3
```

```
Enter a letter grade: T ↵Enter
T is an invalid grade
```

4.13 (16진수를 2진수로 변환) 16진수 한 개를 입력받아 그에 해당하는 2진수를 표시하는 프로그램을 작성하여라. 다음은 샘플 실행 결과이다.

```
Enter a hex digit: B  ↵Enter
The binary value is 1011
```

```
Enter a hex digit: G  ↵Enter
G is an invalid input
```

*4.14 (10진수를 16진수로 변환) 0과 15 사이의 정수를 입력받아 그에 해당하는 16진수를 표시하는 프로그램을 작성하여라. 다음은 샘플 실행 결과이다.

```
Enter a decimal value (0 to 15): 11  ↵Enter
The hex value is B
```

```
Enter a decimal value (0 to 15): 5  ↵Enter
The hex value is 5
```

```
Enter a decimal value (0 to 15): 31  ↵Enter
31 is an invalid input
```

*4.15 (전화 키패드) 전화기에서 볼 수 있는 국제 표준 문자/숫자 키패드는 다음 그림과 같다.

하나의 문자를 입력받아 그에 해당하는 숫자를 출력하는 프로그램을 작성하여라.

```
Enter a letter: A  ↵Enter
The corresponding number is 2
```

```
Enter a letter: a  ↵Enter
The corresponding number is 2
```

```
Enter a letter: +  ↵Enter
+ is an invalid input
```

4.8~4.11절

4.16 (문자열 처리) 문자열을 입력받아 문자열의 길이와 첫 번째 문자를 표시하는 프로그램을 작성하여라.

4.17 (직무: ISBN-10 검사) 문자열로 ISBN 숫자를 입력하는 것으로 프로그래밍 실습 3.35 프로그램을 다시 작성하여라.

***4.18** (임의의 문자열) 3개의 대문자를 갖는 임의의 문자열을 생성하는 프로그램을 작성하여라.

***4.19** (3개의 도시 정렬) 세 도시의 이름을 입력받아 오름차순으로 정렬하여 그 결과를 표시하는 프로그램을 작성하여라. 다음은 샘플 실행 결과이다.

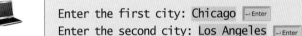

```
Enter the first city: Chicago ↵Enter
Enter the second city: Los Angeles ↵Enter
Enter the third city: Atlanta ↵Enter
The three cities in alphabetical order are Atlanta Chicago Los Angeles
```

***4.20** (달의 요일 수) 연도와 달 이름 중 앞 세 자리(첫 번째 문자는 대문자)를 입력받아 해당 달의 요일 수를 출력하는 프로그램을 작성하여라. 다음은 샘플 실행 결과이다.

```
Enter a year: 2001 ↵Enter
Enter a month: Jan ↵Enter
Jan 2001 has 31 days
```

```
Enter a year: 2001 ↵Enter
Enter a month: jan ↵Enter
jan is not a correct month name
```

***4.21** (학생 전공과 학년) 두 개의 문자를 입력받아 문자에 표시된 전공과 학년을 표시하는 프로그램을 작성하여라. 첫 번째 문자는 전공을 의미하고, 두 번째는 숫자로서 각각 1학년(freshman), 2학년(sophomore), 3학년(junior), 4학년(senior)을 뜻하는 1, 2, 3, 4이다. 다음 문자들이 전공을 표시하기 위해 사용된다고 하자.

M: 수학(Mathematics)

C: 컴퓨터과학(Computer Science)

I: 정보기술(Information Technology)

다음은 샘플 실행 결과이다.

```
Enter two characters: M1 ↵Enter
Mathematics Freshman
```

```
Enter two characters: C3 ↵Enter
Computer Science Junior
```

```
Enter two characters: T3 ↵Enter
Invalid major code
```

```
Enter two characters: M7 ↵Enter
Invalid status code
```

*4.22 (금융 문제: 급여 대장) 다음 정보를 입력받아 급여 대장을 출력하는 프로그램을 작성하
여라.

종업원 이름(예: Smith)

주당 작업 시수(예: 10)

시간당 급여율(예: 9.75)

연방 원천징수 세율(예: 20%)

주 원천징수 세율(예: 9%)

다음은 샘플 실행 결과이다.

```
Enter employee's name: Smith ↵Enter
Enter number of hours worked in a week: 10 ↵Enter
Enter hourly pay rate: 9.75 ↵Enter
Enter federal tax withholding rate: 0.20 ↵Enter
Enter state tax withholding rate: 0.09 ↵Enter

Employee Name: Smith
Hours Worked: 10.0
Pay Rate: $9.75
Gross Pay: $97.50
Deductions:
   Federal Withholding (20.0%): $19.5
   State Withholding (9.0%): $8.77
   Total Deduction: $28.27
Net Pay: $69.22
```

*4.23 (SSN 검사) d가 하나의 숫자이고, **ddd-dd-dddd**의 형식을 갖는 사회 보장 번호(Social
Security Number)를 입력받는 프로그램을 작성하여라. 프로그램에서 입력이 유효한
지를 검사해야 하며, 다음은 샘플 실행 결과이다.

```
Enter a SSN: 232-23-5435 ↵Enter
232-23-5435 is a valid social security number
```

```
Enter a SSN: 23-23-5435 ↵Enter
23-23-5435 is an invalid social security number
```

반복문

이 장의 목표

- **while** 문을 사용하여 반복적으로 실행되는 문장 작성(5.2절)

- 반복문을 작성하기 위한 반복 설계 전략(5.2.1~5.2.3절)

- 사용자 확인을 이용한 반복문 제어(5.2.4절)

- 감시 값을 이용한 반복문 제어(5.2.5절)

- 키보드가 아닌 입력 리다이렉션을 사용한 파일로부터의 입력(5.2.6절)

- 파일로부터 모든 데이터 읽기(5.2.7절)

- **do-while** 문을 사용한 반복문 작성(5.3절)

- **for** 문을 사용한 반복문 작성(5.4절)

- 세 가지 반복문의 유사점과 차이점 이해(5.5절)

- 중첩 반복문의 작성(5.6절)

- 계산 오류를 최소화하기 위한 기법(5.7절)

- 여러 가지 예(GCD, FutureTuition, MonteCarloSimulation, Dec2Hex)를 통한 반복문 사용 (5.8절)

- **break** 문과 **continue** 문을 사용한 프로그램 제어 구현(5.9절)

- 회문을 검사하는 프로그램 작성(5.10절)

- 소수를 표시하는 프로그램 작성(5.11절)

5.1 들어가기

반복적으로 문장을 실행하기 위해서 반복문을 사용한다.

어떤 문자열, 예를 들어 "Welcome to C++!"를 100번 출력하기 위해 다음 문장을 100번 작성한다고 하면 매우 힘든 작업이 될 것이다.

$$
100번 \begin{cases}
\text{cout << "Welcome to C++!\textbackslash n";} \\
\text{cout << "Welcome to C++!\textbackslash n";} \\
\text{...} \\
\text{cout << "Welcome to C++!\textbackslash n";}
\end{cases}
$$

이 문제를 해결하기 위해서 C++에서는 하나의 연산이나 일련의 연산을 연속하여 여러 번 수행하도록 하는 반복문(loop)을 제공한다. 반복문을 사용하여 다음과 같이 문자열을 100번 출력하고자 할 때 출력문을 100번 작성하는 것이 아니라 하나의 문장을 100번 출력하도록 할 수 있다.

```
int count = 0;
while (count < 100)
{
  cout << "Welcome to C++!\n";
  count++;
}
```

count 변수는 초기에 0이다. 반복문은 (count < 100)이 참인지를 검사한다. 만약 참이라면 Welcome to C++! 메시지를 출력하기 위해 반복 내용을 실행하고, count를 1만큼 증가시킨다. (count < 100)이 거짓이 될 때(즉, count가 100이 될 때)까지 반복 내용을 계속해서 실행한다. 이때 반복이 종료되고 반복문 바로 다음 문장이 실행된다.

반복문은 블록(여러 줄의 문장)을 반복하여 수행하고 제어하는 데도 사용할 수 있다. 반복은 프로그래밍에서 기본적인 개념으로, C++에서는 while, do-while, for 문의 세 가지 반복문을 제공한다.

5.2 while 문

while 문은 조건이 참인 동안 반복적으로 문장을 실행한다.

while 문을 작성하는 문법은 다음과 같다.

```
while (반복 조건)
{
  // 반복 내용
  문장;
}
```

while 문의 흐름도(flow chart)는 그림 5.1a와 같다. 반복문에는 반복해서 수행할 문장들인 반복 내용(loop body)이 있다. 반복 내용을 한 번 실행하는 것을 루프 반복(iteration of loop)이라고 하며, 매 루프 반복마다 반복 내용의 실행을 제어하는 부울 식으로 된 조건이 있다. 이 조

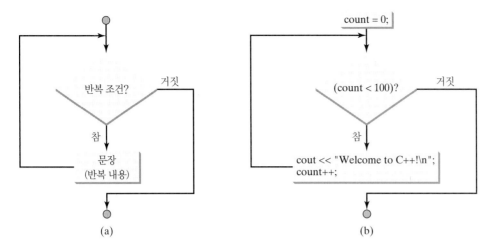

그림 5.1 while 문은 반복 조건이 참일 때 반복 내용을 실행한다.

건은 반복 내용을 실행할지 결정하기 위해 매번 평가하게 되는데, 조건이 참(**true**)이면 반복 내용을 실행하고 거짓(**false**)이면 전체 반복문을 벗어나서 **while** 문 다음의 문장을 수행한다.

앞 절에서의 **Welcome to C++!**를 100번 출력하는 반복문은 **while** 문의 예이다. 이에 대한 흐름도는 그림 5.1b와 같다. 반복 조건은 **count < 100**이고, 반복 내용은 다음과 같이 두 문장이다.

```cpp
int count = 0;          ◄──── 반복 조건
while (count < 100)
{
  cout << "Welcome to C++!\n";  } 반복 내용
  count++;
}
```

이 예에서 제어 변수 **count**가 실행 횟수를 세는 데 사용되므로 반복 내용이 몇 번 실행되는지 정확히 알 수 있다. 이와 같은 반복 유형을 **계수 조절 루프**(counter-controlled loop)라고 한다. 계수 조절 루프

 주의
반복 조건은 항상 괄호 안에 작성해야 한다. 반복 내용이 한 줄인 경우에는 반복문의 중괄호({ })를 생략할 수 있다.

반복을 수행하는 다른 예를 살펴보자.

```cpp
int sum = 0, i = 1;
while (i < 10)
{
  sum = sum + i;
  i++;
}
cout << "sum is " << sum; // 합은 45
```

만약 **i < 10**이 참이면 프로그램은 **sum**에 **i**를 더한다. 변수 **i**는 초기에 **1**로 설정되어 있고, 다음에 **2, 3**으로 증가되며 **10**까지 증가된다. **i**가 **10**일 때 **i < 10**은 거짓이 되므로 루프를 빠져나온다. 그러므로 합은 **1 + 2 + 3 + ... + 9 = 45**가 된다.

다음과 같이 반복문을 잘못 작성하면 어떤 일이 벌어질까?

```
int sum = 0, i = 1;
while (i < 10)
{
  sum = sum + i;
}
```

i는 항상 1이고 i < 10은 항상 참이므로 이 반복문은 끝나지 않는 무한 루프가 된다.

무한 루프

 주의

반복을 끝낼 수 있도록 반복 조건이 최종적으로 거짓이 되는지를 확인해야 한다. **무한 루프**(즉, 반복이 영원히 지속되는 루프)는 일반적으로 발생되는 프로그래밍 오류이다. 만약 프로그램이 이상하게 긴 시간 동안 실행되고 끝나지 않는다면 무한 루프일 가능성이 있다. 일반 윈도우 창에서 프로그램 실행을 종료하기 위해서는 Ctrl + C 키를 누르면 된다.

하나 차이로 인한 오류

 경고

프로그래밍을 할 때 반복을 한 번 더 또는 한 번 덜 실행하는 실수를 저지르게 된다. 이러한 오류를 **하나 차이로 인한 오류**(off-by-one error)라고 한다. 예를 들어, 다음 반복문은 **Welcome to C++**를 100번이 아닌 101번 표시한다. 오류의 원인은 조건문에 있는데, **count <= 100**이 아니라 **count < 100**이어야 한다.

```
int count = 0;
while (count <= 100)
{
  cout << "Welcome to C++!\n";
  count++;
}
```

뺄셈의 답을 구하는 리스트 3.4 SubtractionQuiz.cpp를 다시 살펴보자. 반복문을 사용하여 리스트 5.1과 같이 올바른 답이 구해질 때까지 사용자가 답을 입력하도록 프로그램을 수정할 수 있다.

리스트 5.1 RepeatSubtractionQuiz.cpp

```
1 #include <iostream>
2 #include <ctime> // time 함수로 인해 삽입
3 #include <cstdlib> // rand와 srand 함수로 인해 삽입
4 using namespace std;
5
6 int main()
7 {
8   // 1. 두 임의의 일의 자리 정수 발생
9   srand(time(0));
10   int number1 = rand() % 10;
11   int number2 = rand() % 10;
12
13   // 2. number1 < number2라면 number1과 number2를 교환
14   if (number1 < number2)
15   {
16     int temp = number1;
17     number1 = number2;
```

ctime 포함
cstdlib 포함

시드 설정
number1 생성
number2 생성

수 교환

```
18      number2 = temp;
19  }
20
21  // 3. 학생에게 "what is number1 - number2?"의 답을 입력하도록 요청
22  cout << "What is " << number1 << " - " << number2 << "? ";
23  int answer;
24  cin >> answer;                                                        답 입력
25
26  // 4. 올바른 답을 할 때까지 사용자에게 반복적으로 질문
27  while (number1 - number2 != answer)                                   답 확인
28  {
29      cout << "Wrong answer. Try again. What is "
30          << number1 << " - " << number2 << "? ";
31      cin >> answer;                                                    답 입력
32  }
33
34  cout << "You got it!" << endl;
35
36  return 0;
37 }
```

```
What is 4 - 3? 4 ⏎Enter
Wrong answer. Try again. What is 4 - 3? 5 ⏎Enter
Wrong answer. Try again. What is 4 - 3? 1 ⏎Enter
You got it!
```

27번~32번 줄의 반복문은 **number1 - number2 != answer**가 참이 될 때 사용자에게 반복적으로 답을 요구한다. **number1 - number2 != answer**가 거짓이 되면 반복문을 빠져 나온다.

5.2.1 예제: 숫자 맞추기

이 문제는 컴퓨터가 생각하고 있는 숫자를 알아 맞히는 것이다. 0부터 100 사이의 임의의 정수를 생성하도록 프로그램을 작성한다. 그 다음, 임의로 생성된 수와 일치될 때까지 연속적으로 사용자가 숫자를 입력하도록 한다. 사용자가 다음 숫자를 생각할 수 있도록 입력한 각 숫자가 너무 낮은지 혹은 높은지를 알려 줘야 한다. 다음은 샘플 실행 결과이다.

```
Guess a magic number between 0 and 100

Enter your guess: 50 ⏎Enter
Your guess is too high

Enter your guess: 25 ⏎Enter
Your guess is too low

Enter your guess: 42 ⏎Enter
Your guess is too high

Enter your guess: 39 ⏎Enter
Yes, the number is 39
```

똑똑한 생각

문제의 숫자(magic number)는 0과 100 사이여야 한다. 숫자를 맞히는 횟수를 줄이기 위해 처음에 50을 입력한다. 사용자가 입력한 숫자(50)가 너무 높다고 표시되므로 컴퓨터 숫자는 0과 49 사이가 된다. 만약 너무 낮다고 표시된다면 컴퓨터 숫자는 51과 100 사이일 것이다. 그러므로 한 번의 입력으로 전체 숫자 중 반을 대상에서 제외시킬 수 있다.

코딩하기 전에 생각하기

이 프로그램을 어떻게 작성해야 될까? 바로 프로그램 코딩을 시작할 것인가? 일단은 코딩하기 전에 생각을 하는 것이 중요하다. 프로그램을 작성하기 전에 이 문제를 해결할 방법을 생각해야 한다. 우선은 0과 100 사이의 임의의 숫자를 생성해야 하고, 그 다음에 사용자가 생각한 숫자를 입력하면, 그 후에 임의의 숫자와 비교를 해야 한다.

단계적 코딩

한 번에 한 단계씩 코딩 작업을 하는 것은 좋은 프로그래밍 기법이라고 할 수 있다. 반복문이 포함된 프로그램에 대해 반복문 작성 방법을 잘 모르겠다면 먼저 반복문이 한 번만 실행될 때의 코드로 작성해 본다. 그 다음, 반복문에서 반복적으로 코드를 실행시킬 방법을 찾으면 된다. 리스트 5.2는 이 프로그램의 초안이다.

리스트 5.2 GuessNumberOneTime.cpp

```
 1  #include <iostream>
 2  #include <cstdlib>
 3  #include <ctime> // time 함수로 인해 삽입
 4  using namespace std;
 5
 6  int main()
 7  {
 8      // 맞춰야 할 임의의 수 생성
 9      srand(time(0));
10      int number = rand() % 101;
11
12      cout << "Guess a magic number between 0 and 100";
13
14      // 사용자가 생각한 수 입력
15      cout << "\nEnter your guess: ";
16      int guess;
17      cin >> guess;
18
19      if (guess == number)
20          cout << "Yes, the number is " << number << endl;
21      else if (guess > number)
22          cout << "Your guess is too high" << endl;
23      else
24          cout << "Your guess is too low" << endl;
25
26      return 0;
27  }
```

수 생성

생각한 수 입력

일치하는가?

너무 높은가?

너무 낮은가?

이 프로그램을 실행하면 사용자는 생각한 수를 한 번만 입력하게 된다. 사용자가 반복적으로 숫자를 입력하기 위해서는 15번~24번 줄의 코드를 다음과 같이 반복문으로 작성해야 한다.

```
while (true)
{
    // 사용자가 생각한 수 입력
    cout << "\nEnter your guess: ";
    cin >> guess;

    if (guess == number)
        cout << "Yes, the number is " << number << endl;
    else if (guess > number)
        cout << "Your guess is too high" << endl;
    else
        cout << "Your guess is too low" << endl;
{ // 반복문의 끝
```

이 반복문은 반복적으로 사용자가 생각한 수를 입력하도록 한다. 그러나 이 반복문은 조건이 항상 참이기 때문에 잘못된 것이다. **guess**가 **number**와 일치할 때 반복문은 종료되어야 하므로 반복문을 다음과 같이 수정할 수 있다.

```
while (guess != number)
{
    // 사용자가 생각한 수 입력
    cout << "\nEnter your guess: ";
    cin >> guess;

    if (guess == number)
        cout << "Yes, the number is " << number << endl;
    else if (guess > number)
        cout << "Your guess is too high" << endl;
    else
        cout << "Your guess is too low" << endl;
{ // 반복문의 끝
```

리스트 5.3은 완성된 코드이다.

리스트 5.3 GuessNumber.cpp

```
 1 #include <iostream>
 2 #include <cstdlib>
 3 #include <ctime> // time 함수로 인해 삽입
 4 using namespace std;
 5
 6 int main()
 7 {
 8     // 맞춰야 할 임의의 수 생성
 9     srand(time(0));
10     int number = rand() % 101;                                수 생성
11
12     cout << "Guess a magic number between 0 and 100";
13
14     int guess = -1;
15     while (guess != number)
16     {
```

생각한 수 입력

일치하는가?

너무 높은가?

너무 낮은가?

```
17        // 사용자가 생각한 수 입력
18        cout << "\nEnter your guess: ";
19        cin >> guess;
20
21        if (guess == number)
22           cout << "Yes, the number is " << number << endl;
23        else if (guess > number)
24           cout << "Your guess is too high" << endl;
25        else
26           cout << "Your guess is too low" << endl;
27     } // 반복문의 끝
28
29     return 0;
30  }
```

	Line#	number	guess	Output
	10	39		
	14		-1	
iteration 1 {	19		50	
	24			Your guess is too high
iteration 2 {	19		25	
	26			Your guess is too low
iteration 3 {	19		12	
	24			Your guess is too high
iteration 4 {	19		39	
	22			Yes, the number is 39

프로그램은 10번 줄에서 문제의 숫자(magic number)를 생성하고 반복문(15번~27번 줄)에서 반복적으로 사용자가 생각한 숫자를 입력받는다. 각 입력에 대해 문제의 숫자와 일치하는지, 너무 높은지, 너무 낮은지를 검사(21번~26번 줄)한다. 문제의 숫자와 일치하면 프로그램은 반복문을 빠져나온다(15번 줄). **guess**가 **-1**로 초기화되는 것에 주의하기 바란다. **0**과 **100** 사이의 값으로 초기화하면 문제의 숫자와 일치할 수 있기 때문에 잘못된 것이다.

5.2.2 반복문 설계 전략

올바른 반복문을 작성하는 것은 초보 프로그래머에게 쉬운 작업은 아니다. 반복문을 작성할 때는 다음 3단계를 고려하기 바란다.

1단계: 반복될 문장을 확인한다.

2단계: 다음과 같이 1단계의 문장을 반복문에 포함시킨다.

```
while (true)
{
   문장;
}
```

3단계: 반복 조건을 작성하고 반복문을 제어하기 위한 적절한 문장을 추가한다.

```
while (반복 조건)
{
    문장;
    반복문을 제어하기 위한 문장 추가;
}
```

5.2.3 예제: 복수의 뺄셈 퀴즈

리스트 3.4 SubtractionQuiz.cpp의 뺄셈 퀴즈 문제는 각 실행에서 한 번의 질문만 생성한다. 반복적으로 질문을 하기 위해서는 반복문을 사용하면 된다. 5개의 질문을 위해서 이 코드를 어떻게 작성하면 될까? 반복문 설계 전략을 따라가 보자. 먼저 반복될 문장을 확인한다. 반복될 문장은 두 개의 난수를 생성하고, 뺄셈 문제를 사용자에게 알려 주며, 답을 확인하는 것이다. 두 번째, 반복 문장을 반복문으로 작성한다. 세 번째, 반복 제어 변수를 추가하고 5번 반복 실행되도록 반복 조건을 작성한다.

리스트 5.4는 5개의 질문을 생성하고 학생이 답변을 한 후 올바른 답의 수를 알려 주는 프로그램이다. 프로그램은 또한 샘플 실행 결과에서 보는 바와 같이 검사에 걸린 시간을 표시해 주고 있다.

리스트 5.4 SubtractionQuizLoop.cpp

```cpp
 1 #include <iostream>
 2 #include <ctime> // time 함수로 인해 삽입
 3 #include <cstdlib> // rand와 srand 함수로 인해 삽입
 4 using namespace std;
 5
 6 int main()
 7 {
 8     int correctCount = 0; // 옳은 답의 수를 계산          옳은 답의 수
 9     int count = 0; // 질문의 수를 계산                    총 수
10     long startTime = time(0);                           시작 시간 설정
11     const int NUMBER_OF_QUESTIONS = 5;
12
13     srand(time(0)); // 임의의 초기 값 설정
14
15     while (count < NUMBER_OF_QUESTIONS)                  반복문
16     {
17         // 1. 두 임의의 일의 자리 정수 발생
18         int number1 = rand() % 10;
19         int number2 = rand() % 10;
20
21         // 2. number1 < number2라면 number1과 number2를 교환
22         if (number1 < number2)
23         {
24             int temp = number1;
25             number1 = number2;
26             number2 = temp;
27         }
28
29         // 3. 학생에게 "what is number1 - number2?"의 답을 입력하도록 요청
```

질문 화면 출력	30	`cout << "What is " << number1 << " - " << number2 << "? ";`
	31	`int answer;`
	32	`cin >> answer;`
	33	
	34	`// 4. 답을 확인하고, 결과를 화면에 출력`
정답 확인	35	`if (number1 - number2 == answer)`
	36	`{`
	37	`cout << "You are correct!\n";`
올바른 답의 수 증가	38	`correctCount++;`
	39	`}`
	40	`else`
	41	`cout << "Your answer is wrong.\n" << number1 << " - " <<`
	42	`number2 << " should be " << (number1 - number2) << endl;`
	43	
	44	`// count를 증가`
제어 변수 증가	45	`count++;`
	46	`}`
	47	
종료 시간 설정	48	`long endTime = time(0);`
테스트 시간	49	`long testTime = endTime - startTime;`
	50	
결과 화면 출력	51	`cout << "Correct count is " << correctCount << "\nTest time is "`
	52	`<< testTime << " seconds\n";`
	53	
	54	`return 0;`
	55	`}`

```
What is 9 - 2? 7 ↵Enter
You are correct!

What is 3 - 0? 3 ↵Enter
You are correct!

What is 3 - 2? 1 ↵Enter
You are correct!

What is 7 - 4? 4 ↵Enter
Your answer is wrong.
7 - 4 should be 3

What is 7 - 5? 4 ↵Enter
Your answer is wrong.
7 - 5 should be 2

Correct count is 3
Test time is 201 seconds
```

프로그램에서 제어 변수 **count**는 반복문의 실행을 제어하기 위해 사용된다. **count**는 0으로 초기화되고(9번 줄), 각 반복에서 1만큼 증가된다(45번 줄). 각 반복에서 뺄셈 문제가 화면에 표시되고 처리된다. 프로그램의 10번 줄에서 검사를 시작하기 전 시간과 48번 줄에서 검사가 끝난 후 시간을 알아 내서 49번 줄에서 검사 시간을 계산한다.

5.2.4 사용자 확인으로 반복문 제어

이전 예제에서는 반복문을 다섯 번 실행한다. 만약 사용자가 프로그램의 계속 실행 여부를 결정하고자 한다면 사용자의 확인 과정을 제공해 주어야 한다. 이는 다음과 같이 작성할 수 있다.

확인 과정

```cpp
char continueLoop = 'Y';
while (continueLoop == 'Y')
{
   // 반복문 한 번 실행
   ...
   // 사용자 확인
   cout << "Enter Y to continue and N to quit: ";
   cin >> continueLoop;
}
```

사용자가 다음 질문을 계속할 것인지를 결정하도록 리스트 5.4에 사용자 확인 과정을 포함시킬 수 있다.

5.2.5 감시 값을 이용한 루프 제어

반복문을 제어하는 또 다른 방법은 일련의 값을 읽고 처리할 때 특별한 값을 지정하는 것이다. 이러한 특별한 입력 값을 감시 값(sentinel value)이라고 하며, 입력의 끝을 나타내기 위해 사용한다. 반복 실행을 제어하기 위해 감시 값을 사용하는 반복문을 감시 제어 반복문(sentinel-controlled loop)이라고 한다.

감시 값

감시 제어 반복문

리스트 5.5는 지정되지 않은 개수의 정수를 읽고 합을 계산하는 프로그램이다. 0을 입력하는 것은 입력의 끝을 의미한다. 각 입력 값에 대해 새로운 변수를 선언할 필요가 있을까? 아니다. 입력 값을 저장하기 위해서 **data** 변수만 사용하면 되고(8번 줄), 총합을 저장하기 위해 **sum** 변수만 사용(12번 줄)한다. 하나의 값을 읽을 때 이 값을 **data**에 할당하고(9번, 20번 줄), 그 값이 0이 아니면 **sum**에 더한다(15번 줄).

리스트 5.5 SentinelValue.cpp

```cpp
 1 #include <iostream>
 2 using namespace std;
 3
 4 int main()
 5 {
 6   cout << "Enter an integer (the input ends " <<
 7     "if it is 0): ";
 8   int data;
 9   cin >> data;
10
11   // 입력이 0일 때까지 데이터 읽기
12   int sum = 0;
13   while (data != 0)
14   {
15       sum += data;
16
```

입력

반복문

```
17        // 다음 데이터 읽기
18        cout << "Enter an integer (the input ends " <<
19            "if it is 0): ";
20        cin >> data;
21    }
22
23    cout << "The sum is " << sum << endl;
24
25    return 0;
26 }
```

결과 화면 출력 (line 23)

```
Enter an integer (the input ends if it is 0): 2 ↵Enter
Enter an integer (the input ends if it is 0): 3 ↵Enter
Enter an integer (the input ends if it is 0): 4 ↵Enter
Enter an integer (the input ends if it is 0): 0 ↵Enter
The sum is 9
```

	Line#	data	sum	Output
	9	2		
	12		0	
iteration 1	15		2	
	20	3		
iteration 2	15		5	
	20	4		
iteration 3	17		9	
	20	0		
	23			The sum is 9

data가 0이 아니면 입력 값을 **sum**에 더하고(15번 줄), 다음 입력 값을 읽어 들인다(18번~20번 줄). **data**가 0이면 반복문을 빠져 나온다. 입력 값 0은 이 반복문에 대한 감시 값이다. 만약 첫 번째 입력 값이 0이면 반복 내용은 한 번도 실행되지 않고 결과 합은 0이 된다.

경고

수치 오류

반복 제어를 위한 동일성 검사 실수를 사용하면 안 된다. 실수는 어떤 값에서는 근사 값이 될 수 있기 때문에 실수를 사용하는 것은 정확치 않은 계수(counter) 값의 결과를 가져오고, 옳지 않은 결과를 생성할 수 있다.

$1 + 0.9 + 0.8 + ... + 0.1$을 계산하는 다음 코드를 생각해 보자.

```
double item = 1; double sum = 0;
while (item != 0) // item이 0이 되리라는 것을 보장할 수 없음
{
    sum += item;
    item -= 0.1;
}
cout << sum << endl;
```

변수 **item**은 1로 시작하여 반복문이 실행될 때마다 **0.1**씩 감소된다. **item**이 0이 될 때 반복문을 끝내야 한다. 그러나 실수 연산은 근사 값으로 계산되므로 **item**이 정확히 0이 되리라고 보장할 수가 없다. 이 반복문은 올바른 것으로 보이지만 실제로는 무한 루프가 된다.

5.2.6 입출력 리다이렉션

앞서의 예에서 입력할 데이터가 많은 경우 키보드로 입력하는 것은 귀찮은 일이 될 수 있다. 입력 데이터를 **input.txt**와 같은 텍스트 파일에 공백으로 분리하여 저장한 다음, 다음 명령어를 사용하여 프로그램으로 입력할 수 있다.

```
SentinelValue.exe < input.txt
```

이러한 명령을 입력 리다이렉션(input redirection)이라고 한다. 이는 프로그램을 실행할 때 키보드로부터 데이터를 타이핑하여 입력받지 않고 input.txt 파일로부터 읽어 들인다. 파일의 내용이 다음과 같다고 해 보자.

입력 리다이렉션

```
2 3 4 5 6 7 8 9 12 23 32
23 45 67 89 92 12 34 35 3 1 2 4 0
```

프로그램에서 **sum**은 518이 될 것이다. **SentinelValue.exe**의 실행 파일은 명령라인 컴파일러 (command-line compiler)를 사용하여 다음과 같이 생성할 수 있다.[1]

```
g++ SentinelValue.cpp -o SentinelValue.exe
```

마찬가지로 출력 리다이렉션(output redirection)은 콘솔에 출력을 표시하는 대신 파일로 출력 내용을 보낼 수 있다. 출력 리다이렉션 명령은 다음과 같다.

출력 리다이렉션

```
SentinelValue.exe > output.txt
```

입력과 출력 리다이렉션을 같은 명령 내에서 사용할 수 있다. 예를 들어, 다음 명령은 input.txt로부터 입력을 받아들이고, output.txt로 출력을 내보낸다.

```
SentinelValue.exe < input.txt > output.txt
```

output.txt 파일에 어떤 내용들이 저장되는지 프로그램을 실행해 보기 바란다.

5.2.7 파일로부터 모든 데이터 입력

리스트 4.11은 데이터 파일로부터 3개의 수를 읽는다. 읽어야 하는 수가 많다면 많은 수를 읽기 위해서 반복문을 사용해야 할 것이다. 만약 얼마나 많은 수가 파일 내에 존재하는지 모르지만 모든 수를 읽기를 원한다면 파일의 끝을 어떻게 알 수 있을까? 파일의 끝을 알아 내기 위해서 입력 객체로 **eof()** 함수를 호출할 수 있다. 리스트 5.6은 **numbers.txt** 파일로부터 모든 수를 읽기 위해 리스트 4.10 SimpleFileInput.cpp를 수정한 것이다.

eof() 함수

리스트 5.6 ReadAllData.cpp

```
1 #include <iostream>
2 #include <fstream>
3 using namespace std;
4
```

fstream 헤더 포함

---

[1] 역주: 이는 입력 리다이렉션을 사용하여 실행 파일을 만드는 예를 보인 것이며, 이와 같은 명령라인 컴파일러는 gcc 컴파일러가 설치된 컴퓨터에서만 사용 가능하다.

```
 5 int main()
 6 {
 7   // 파일 열기
 8   ifstream input("numbers.txt");
 9
10   double sum = 0;
11   double number;
12   while (!input.eof()) // 파일의 끝이 아니면 계속 실행
13   {
14     input >> number; // 데이터 입력
15     cout << number << " "; // 데이터 출력
16     sum += number;
17   }
18
19   input.close();
20
21   cout << "\nSum is " << sum << endl;
22
23   return 0;
24 }
```

파일 열기 (line 8)

파일의 끝인가? (line 12)

파일로부터 입력 (line 14)

파일 닫기 (line 19)

```
95 56 34
Total score is 185
Done
```

파일의 끝인가?

프로그램에서는 반복문에서 데이터를 읽어 들인다(12번~17번 줄). 각 반복에서 하나의 숫자를 읽으며, 입력이 파일의 끝에 도달하면 반복문을 끝내게 된다.

더 이상 읽을 데이터가 없을 때 **eof()**는 참을 반환한다. 이 프로그램이 올바르게 동작하기 위해서는 파일의 마지막 숫자 뒤에 어떤 공백 문자도 없어야 한다. 13장에서 파일의 마지막 숫자 뒤에 공백 문자들이 존재하는 경우를 처리하기 위해 프로그램을 개선하는 방법에 대해 배울 것이다.

 주의

파일의 마지막 숫자 뒤에 공백 문자가 있는지 확인해야 한다. 13.2.4절 "Testing End of File"에서 파일의 마지막 숫자 뒤에 공백 문자가 있는 경우의 처리 방법에 대해 다루어 볼 것이다.

 Check Point

5.1 다음 코드를 분석하여라. **count < 100**은 A지점, B지점, C지점에서 항상 참인가? 거짓인가? 또는 때때로 참인가? 거짓인가?

```
int count = 0;
while (count < 100)
{
  // A지점
  cout << "Welcome to C++!\n";
  count++;
  // B지점
}
// C지점
```

5.2 리스트 5.3에서 14번 줄의 **guess**가 **0**으로 초기화된다면 무엇이 잘못되겠는가?

5.3 다음 반복문들은 얼마나 많이 반복될까? 각 반복문의 출력은 무엇인가?

```
int i = 1;
while (i < 10)
  if (i % 2 == 0)
    cout << i << endl;
```
(a)

```
int i = 1;
while (i < 10)
  if (i % 2 == 0)
    cout << i++ << endl;
```
(b)

```
int i = 1;
while (i < 10)
  if (i++ % 2 == 0)
    cout << i << endl;
```
(c)

5.4 입력이 **2 3 4 5 0**이라고 가정하자. 다음 코드의 출력은 무엇인가?

```cpp
#include <iostream>
using namespace std;

int main()
{
  int number, max;
  cin >> number;
  max = number;

  while (number != 0)
  {
    cin >> number;
    if (number > max)
      max = number;
  }
  cout << "max is " << max << endl;
  cout << "number " << number << endl;

  return 0;
}
```

5.5 다음 코드의 출력은 무엇인가? 설명하여라.

```cpp
int x = 80000000;

while (x > 0)
  x++;

cout << "x is " << x << endl;
```

5.6 파일로부터 데이터를 읽을 때 파일의 끝을 어떻게 검사할 수 있는가?

5.3 do-while 문

do-while 문은 우선 반복 내용이 실행되고 나서 반복 조건을 검사하는 것을 제외하고 **while** 문과 동일하다.

do-while 문은 **while** 문의 변형으로 문법은 다음과 같다.

Key Point

do-while 문

```
do
{
```

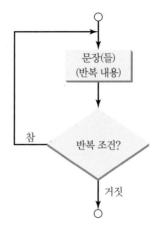

그림 5.2 do-while 문은 우선 반복 내용을 한 번 수행하고 나서, 반복 조건을 검사하여 계속할 것인지를 결정한다.

```
    // 반복 내용;
    문장;
} while (반복 조건);
```

실행 흐름도는 그림 5.2와 같다.

반복 내용이 먼저 수행되고 반복 조건을 나중에 검사한다. 반복 조건이 참이면 반복 내용을 다시 수행하지만, 거짓이면 do-while 문을 빠져 나가게 된다. do-while과 while 문은 반복 내용과 반복 조건이 나오는 순서에 차이점이 있다. while 문이나 do-while 문은 서로 동일한 내용으로 작성될 수 있으나, 경우에 따라서는 둘 중 어느 하나를 선택하는 것이 더 좋은 선택이 될 수 있다. 예를 들어, 리스트 5.5의 while 문을 리스트 5.7에서 보는 바와 같이 do-while 문을 사용하여 다시 작성할 수 있다.

리스트 5.7 TestDoWhile.cpp

```cpp
 1 #include <iostream>
 2 using namespace std;
 3
 4 int main()
 5 {
 6    // 입력이 0이 될 때까지 계속 데이터를 읽음
 7    int sum = 0;
 8    int data = 0;
 9
10    do
11    {
12        sum += data;
13
14        // 다음 데이터 읽기
15        cout << "Enter an integer (the input ends " <<
16            "if it is 0): ";
17        cin >> data;
18    }
19    while (data != 0);
20
```

반목문

입력

```
21    cout << "The sum is " << sum << endl;
22
23    return 0;
24 }
```

```
Enter an integer (the input ends if it is 0): 3 ↵ Enter
Enter an integer (the input ends if it is 0): 5 ↵ Enter
Enter an integer (the input ends if it is 0): 6 ↵ Enter
Enter an integer (the input ends if it is 0): 0 ↵ Enter
The sum is 14
```

sum과 **data**가 0으로 초기화되지 않은 경우에는 어떻게 될까? 구문 오류(syntax error)가 발생할까? 아니다. 하지만 **sum**과 **data**가 임의의 값으로 초기화될 수 있으므로 논리 오류가 발생할 수는 있다.

팁

앞의 **TestDoWhile** 프로그램에서와 같이 반복 내용이 **적어도 한 번은** 반드시 수행되어야 하는 경우에는 **do-while** 문을 사용하는 것이 좋다. 같은 프로그램을 **while** 문으로 작성하면 반복문 앞에도 반복 내용이 와야 하고 반복문 안에도 있어야 하기 때문이다.

5.7 입력이 **2 3 4 5 0**이라고 가정하자. 다음 코드의 출력은 무엇인가?

Check Point

```
#include <iostream>
using namespace std;

int main()
{
  int number, max;
  cin >> number;
  max = number;

  do
  {
    cin >> number;
    if (number > max)
      max = number;
  } while (number != 0);

  cout << "max is " << max << endl;
  cout << "number " << number << endl;

  return 0;
}
```

5.8 while 문과 do-while 문의 차이점은 무엇인가? 다음 while 문을 do-while 문으로 변환하여라.

```
int sum = 0;
int number;
cin >> number;
while (number != 0)
```

```
    {
        sum += number;
        cin >> number;
    }
```

5.9 다음 코드는 무엇이 잘못되었는가?

```
int total = 0, num = 0;

do
{
    // 다음 데이터 읽기
    cout << "Enter an int value, " <<
        "\nexit if the input is 0: ";
    int num;
    cin >> num;

    total += num;
} while (num != 0);

cout << "Total is " << total << endl;
```

5.4 for 문

Key
Point

for 문은 반복문을 작성하기 위한 간결한 구문이다.

반복문을 작성할 때는 다음과 같은 형태로 작성하게 된다.

```
i = 초기 값: // 루프 제어 변수를 초기화
while (i < 마지막 값)
{
    // 반복 내용
    ...
    i++; // 루프 제어 변수 조정
}
```

for 문을 사용하여 위 반복문을 간략화할 수 있다.

```
for (i = 초기 값;i < 마지막 값; i++)
{
    // 반복 내용
    ...
}
```

일반적으로 **for** 반복문의 구문은 다음과 같다.

for 문

```
for (초기 실행; 반복 조건; 각 반복 후 실행)
{
    // 반복 내용
    문장(들);
}
```

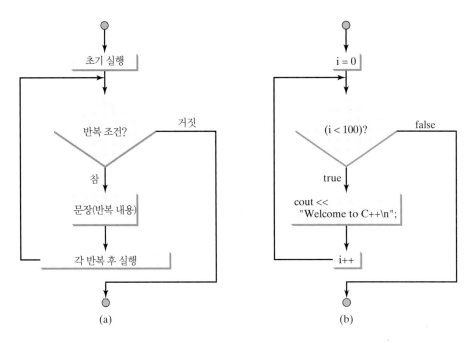

그림 5.3 for 문은 초기 실행을 처음에 한 번만 수행하고, 그 다음 계속해서 반복 조건이 참일 때마다 반복 내용을 실행한 후 반복 후 실행을 수행한다.

for 문에 대한 흐름도가 그림 5.3a에 나타나 있다.

　for 문은 키워드 **for**가 앞에 오고, 다음에 초기 실행, 반복 조건, 각 반복 후 실행을 괄호 안에 작성하며, 다음에 반복 내용이 중괄호({ })안에 오는 형태로 작성한다. 초기 실행, 반복 조건, 반복 후 실행은 세미콜론(;)으로 구분한다.

　일반적으로 **for** 문은 변수를 사용하여 반복문을 몇 번 실행할지 그리고 언제 반복을 끝낼지를 결정한다. 이러한 변수를 제어 변수(control variable)라고 한다. 보통 초기 실행을 작성하는 부분에서 제어 변수의 값을 초기화하고, 반복 후 실행에서 제어 변수의 값을 증가시키거나 감소시키며, 반복 조건에서 제어 변수가 반복 종료 값에 도달했는지를 검사한다. 예를 들어, 다음은 **for** 루프를 사용하여 "Welcome to C++!"를 100번 출력하는 내용을 작성한 것이다.

제어 변수

```
int i;
for (i = 0; i < 100; i++)
{
    cout << "Welcome to C++!\n";
}
```

　이 문장에 대한 흐름도는 그림 5.3b에 나타나 있다. **for** 문 시작에서 i를 0으로 초기화한 다음, 반복적으로 i가 100보다 작으면 출력 문장을 실행하고 i++를 실행한다.

　초기 실행에서 i를 0으로 초기화하였고, i가 제어 변수가 된다. 반복 조건은 i < 100이며 반복 조건의 결과는 부울 값으로 참 또는 거짓이 된다. 반복 조건은 초기화 작업 후 바로 실행되며, 그 후 매 반복마다 실행되어, 반복 조건이 참이 되면 반복 내용이 실행된다. 반복 조건이 거짓이 되면 반복문을 빠져 나가서 중괄호({ }) 다음 문장을 수행하게 된다.

초기 실행

　반복 후 실행인 i++는 제어 변수를 조정하는 것으로 매 반복 실행 마지막에 수행되어 i의

반복 후 실행

값을 1 증가시킨다. 최종적으로 제어 변수의 값이 반복 조건을 거짓으로 만드는 경우가 존재해야 한다. 그렇지 않으면 반복 루프가 무한히 실행될 것이다.

반복 제어 변수는 **for** 문에서 선언하고 초기화할 수 있다. 다음은 이에 대한 예이다.

```cpp
for (int i = 0; i < 100; i++)
{
    cout << "Welcome to C++!\n";
}
```

중괄호 생략

이 예에서처럼 반복문의 반복 내용이 한 문장만 존재하는 경우에는 중괄호({ })를 생략할 수 있다.

```cpp
for (int i = 0; i < 100; i++)
    cout << "Welcome to C++!\n";
```

제어 변수 선언

 팁

제어 변수는 반복문의 앞이나 반복문 안에서 선언 후에 사용해야 한다. 반복 제어 변수가 반복문에서만 사용되고 프로그램의 다른 부분에서는 사용되지 않는다면 **for** 문의 초기 실행 영역에서 선언하는 것이 좋다. 반복문 내부에서 선언한 변수는 루프 밖에서는 참조할 수 없다. 예를 들어, 앞의 코드에서 사용된 **i** 변수는 **for** 문 내부에서 선언되었으므로 루프 바깥에서는 참조할 수 없다.

for 문 변형

 주의

for 문의 초기 실행 영역은 비워 두거나, 콤마로 분리된 여러 개의 변수 선언문 또는 대입문도 작성할 수 있다. 예를 들면 다음과 같은 구문도 가능하다.

```cpp
for (int i = 0, j = 0; i + j < 10; i++, j++)
{
    // 반복 내용
}
```

for 문의 반복 후 실행 영역도 비워 두거나, 콤마로 분리된 여러 개의 문장이 올 수 있다. 예를 들면 다음과 같은 구문도 가능하다.

```cpp
for (int i = 1; i < 100; cout << i << endl, i++);
```

이 코드는 맞는 표현이지만, 코드의 이해력을 떨어뜨리므로 좋은 프로그래밍 작성 스타일은 아니다. 보통은 초기 실행 영역에서 제어 변수를 초기화하고 반복 후 실행에서 제어 변수를 증가시키거나 감소시키는 형태로 많이 사용된다.

 주의

for 문에서 반복 조건이 생략되면 참이 된다. 다음 (a)의 예는 무한 루프가 되어 (b)와 같은 의미가 된다. 그러나 (c)와 같이 동일한 반복문으로 사용하는 것이 더 좋다.

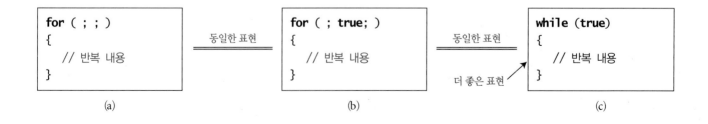

5.10 다음 두 반복문에서 **sum**의 결과 값은 같은가?

```
for (int i = 0; i < 10; ++i)
{
    sum += i;
}
```
(a)

```
for (int i = 0; i < 10; i++)
{
    sum += i;
}
```
(b)

5.11 for 문 제어의 세 부분은 무엇인가? 1부터 100까지의 수를 출력하는 for 문을 작성하여라.

5.12 입력이 **2 3 4 5 0**이라고 가정하자. 다음 코드의 출력은 무엇인가?

```cpp
#include <iostream>
using namespace std;

int main()
{
    int number, sum = 0, count;

    for (count = 0; count < 5; count++)
    {
        cin >> number;
        sum += number;
    }
    cout << "sum is " << sum << endl;
    cout << "count is " << count << endl;

    return 0;
}
```

5.13 다음 문장은 무엇을 수행하는가?

```cpp
for ( ; ; )
{
    // 반복 내용
}
```

5.14 변수를 for 문 제어 내부에서 선언한 경우, 반복문을 빠져 나온 이후에 그 변수를 사용할 수 있는가?

5.15 다음 for 문을 while 문과 do-while 문으로 변환하여라.

```cpp
long sum = 0;
for (int i = 0; i <= 1000; i++)
    sum = sum + i;
```

5.16 다음 반복문에서 반복은 몇 번 일어나는가?

```cpp
int count = 0;
while (count < n)
{
    count++;
}
```
(a)

```cpp
for (int count = 0;
     count <= n; count++)
{
}
```
(b)

```
int count = 5;
while (count < n)
{
    count++;
}
```

(c)

```
int count = 5;
while (count < n)
{
    count = count + 3;
}
```

(d)

5.5 어떤 반복문을 사용하는 것이 좋을까?

Key Point

사전 검사 반복문

사후 검사 반복문

반복을 위해서 for 문, while 문, do-while 문 중 편리한 것을 사용하면 된다.

while 문과 for 문은 반복 조건 검사를 반복 내용 수행 전에 하기 때문에 사전 검사 반복문 (pretest loop)이라고 한다. 반면, do-while 문은 반복 조건 검사를 반복 내용 수행 후에 하기 때문에 사후 검사 반복문(posttest loop)이라고 한다. 이 세 가지 while, do-while, for 문은 동일한 표현을 만들 수 있으므로, 이들 중 어떤 것을 사용해도 된다. 예를 들어, 다음 (a)의 while 문을 (b)의 for 문으로 변환할 수 있다.

```
while (반복 조건)
{
    // 반복 내용
}
```

동일한 표현

```
for ( ; 반복 조건; )
{
    // 반복 내용
}
```

(a)　　　　　　　　　　　　　　　　　　　　(b)

다음 (a)의 for 문은 특별한 경우 (체크 포인트 5.27 참조)를 제외하고는 (b)의 while 문으로 변경이 가능하다.

```
for (초기 실행; 반복 조건;
     반복 후 실행)
{
    // 반복 내용
}
```

동일한 표현

```
초기 실행;
while (반복 조건)
{
    // 반복 내용
    반복 후 실행;
}
```

(a)　　　　　　　　　　　　　　　　　　　　(b)

사용자가 편하게 느끼는 반복문을 사용하면 된다. 일반적으로 for 문은 문장을 100번 출력하는 것과 같이 반복 횟수를 미리 알고 있는 경우에 사용한다. while 문은 입력이 0일 때까지 숫자를 입력하는 것과 같이 반복 횟수가 정해지지 않은 경우에 사용한다. do-while 문은 반복 내용이 반복 조건 전에 한 번은 수행되어야 하는 경우 while 문 대신 사용할 수 있다.

경고

다음과 같이 반복 내용 전 **for** 문 뒤에 세미콜론(;)을 사용하는 것은 자주 발생하는 오류 중 하나이다. (a)에서 세미콜론은 반복문의 끝을 의미하는 것으로, (b)와 같이 반복 내용이 없이 비어 있는 형태와 같은 것이 된다.

오류

```
for (int i = 0; i < 10; i++);
{
    cout << "i is " << i << endl;
}
```
(a)

반복 내용 없음

```
for (int i = 0; i < 10; i++) { };
{
    cout << "i is " << i << endl;
}
```
(b)

마찬가지로 다음 (c)도 잘못된 것이며, (d)와 같은 표현이 된다.

오류

```
int i = 0;
while (i < 10);
{
    cout << "i is " << i << endl;
    i++;
}
```
(c)

반복 내용 없음

```
int i = 0;
while (i < 10) { };
{
    cout << "i is " << i << endl;
    i++;
}
```
(d)

do-while 문의 경우에는 루프 끝에 세미콜론(;)이 있어야 한다.

```
int i = 0;
do
{
    cout << "i is " << i << endl;
    i++;
} while (i < 10);   ← 옳은 표현
```

5.17 for 문을 while 문으로 변환할 수 있는가? for 문을 사용할 때의 장점을 기술하여라.

 Check Point

5.18 while 문을 for 문으로 항상 변환할 수 있는가? 다음 while 문을 for 문으로 변환하여라.

```
int i = 1;
int sum = 0;
while (sum < 10000)
{
    sum = sum + i;
    i++;
}
```

5.19 다음 코드를 확인하고 오류를 수정하여라.

```
1  int main()
```

```
 2  {
 3      for (int i = 0; i < 10; i++);
 4        sum += i;
 5
 6      if (i < j);
 7        cout << i << endl;
 8      else
 9        cout << j << endl;
10
11      while (j < 10);
12      {
13        j++;
14      }
15
16      do {
17        j++;
18      }
19      while (j < 10)
20  }
```

5.20 다음 프로그램은 무엇이 잘못되었는가?

```
1  int main()
2  {
3      for (int i = 0; i < 10; i++);
4        cout << i + 4 << endl;
5  }
```

5.6 중첩 루프

Key Point

중첩 루프

반복문은 다른 반복문 내에 중첩될 수 있다.

중첩 루프(nested loop)는 하나의 외부 루프와 하나 이상의 내부 루프로 구성된다. 외부 루프가 한 번씩 반복될 때마다 내부 루프는 재진입되어 처음부터 새로 실행된다.

리스트 5.8은 곱하기 표를 작성하기 위해 중첩 **for** 문을 사용한 프로그램이다.

리스트 5.8 MultiplicationTable.cpp

표 제목

```
 1  #include <iostream>
 2  #include <iomanip>
 3  using namespace std;
 4
 5  int main()
 6  {
 7    cout << "        Multiplication Table\n";
 8
 9    // 숫자 제목 표시
10    cout << "  |  ";;
11    for (int j = 1; j <= 9; j++)
12      cout << setw(3) << j;
13
```

```
14      cout << "\n";
15      cout << "------------------------------\n";
16
17      // 곱하기 표 내용
18      for (int i = 1; i <= 9; i++)                               외부 루프
19      {
20        cout << i << " | ";
21        for (int j = 1; j <= 9; j++)                             내부 루프
22        {
23          // 곱한 결과를 정렬하여 화면에 출력
24          cout << setw(3) << i * j;
25        }
26        cout << "\n";
27      }
28
29      return 0;
30   }
```

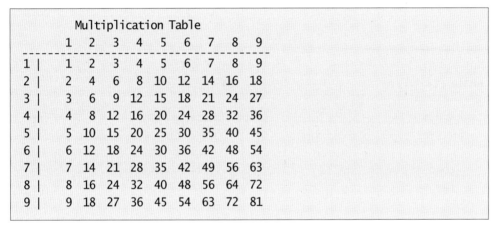

```
         Multiplication Table
         1   2   3   4   5   6   7   8   9
     --------------------------------------
1 |      1   2   3   4   5   6   7   8   9
2 |      2   4   6   8  10  12  14  16  18
3 |      3   6   9  12  15  18  21  24  27
4 |      4   8  12  16  20  24  28  32  36
5 |      5  10  15  20  25  30  35  40  45
6 |      6  12  18  24  30  36  42  48  54
7 |      7  14  21  28  35  42  49  56  63
8 |      8  16  24  32  40  48  56  64  72
9 |      9  18  27  36  45  54  63  72  81
```

이 프로그램은 첫 번째 줄에 제목을 출력하고(7번 줄), 첫 **for** 문에서 두 번째 줄에 1에서 **9**의
숫자를 출력한다(11번~12번 줄). 그 다음, 대시(-)를 출력한다(15번 줄).

다음 반복문(18번~27번 줄)은 중첩 **for** 루프로서 외부 루프의 제어 변수 i와 내부 루프의
제어 변수 j를 사용하고 있다. 각 i에 대해 i * j의 결과가 내부 루프에서 구해져서 출력된다.
i값에 j값이 1, 2, 3, … , **9**로 대응되어 계산이 이루어진다. **setw(3)**(24번 줄)은 각 숫자가 출
력되는 칸을 지정하고 있다.

> **주의**
>
> 중첩 루프는 실행 시간이 오래 걸린다는 것을 알고 있어야 한다. 다음과 같은 3단계로 중첩된 반
> 복문을 생각해 보자.
>
> ```
> for (int i = 0; i < 10000; i++)
>   for (int j = 0; j < 10000; j++)
>     for (int k = 0; k < 10000; k++)
>       실행 문장
> ```
>
> 이 중첩 루프에서 실행 문장은 1조 번 실행된다. 문장을 실행하는 데 1마이크로초가 걸린다고 했을
> 때 이 중첩 루프의 총 수행 시간은 277시간 이상이 될 것이다. 1마이크로초는 백만분의 1초이다.

5.21 출력문은 몇 번 실행되는가?

```
for (int i = 0; i < 10; i++)
```

Check Point

```
    for (int j = 0; j < i; j++)
      cout << i * j << endl;
```

5.22 다음 프로그램의 출력은 무엇인가. (팁: 이 프로그램을 추적하기 위한 테이블을 그리고, 변수의 목록을 작성하여라.)

```
for (int i = 1; i < 5; i++)
{
  int j = 0;
  while (j < i)
  {
    cout << j << " ";
    j++;
  }
}
```

(a)

```
int i = 0;
while (i < 5)
{
  for (int j = i; j > 1; j--)
    cout << j << " ";
  cout << "****" << endl;
  i++;
}
```

(b)

```
int i = 5;
while (i >= 1)
{
  int num = 1;
  for (int j = 1; j <= i; j++)
  {
    cout << num << "xxx";
    num *= 2;
  }

  cout << endl:
  i--;
}
```

(c)

```
int i = 1;
do
{
  int num = 1
  for (int j = 1; j <= i; j++)
  {
    cout << num << "G";
    num += 2;
  }

  cout << endl;
  i++;
} while (i <= 5);
```

(d)

5.7 수치 오류의 최소화

수치 오류

Key Point

반복 조건 판단에 실수를 사용하면 수치 오류를 발생시킬 수 있다.

실수에 내재되어 있는 수치 오류를 피할 수는 없다. 이 절에서는 그러한 오류를 최소화하는 방법에 대해서 설명한다.

리스트 5.9는 0.01부터 시작하여 1.0으로 끝나는 급수의 합을 구하는 예이다. 급수에서의 수는 0.01 + 0.02 + 0.03 등과 같이 0.01만큼 증가한다.

리스트 5.9 TestSum.cpp

```
1  #include <iostream>
2  using namespace std;
```

```
3
4    int main()
5    {
6        // sum 초기화
7        double sum = 0;
8
9        // sum에 0.01, 0.02, . . . , 0.99, 1 더하기
10       for (double i = 0.01; i <= 1.0; i = i + 0.01)       반복문
11           sum += i;
12
13       // 결과 출력
14       cout << "The sum is " << sum << endl;
15
16       return 0;
17   }
```

```
The sum is 49.5
```

결과는 **49.5**가 된다. 하지만 올바른 결과 값은 **50.5**이어야 한다. 왜 이렇게 되었나? 반복문에서 각 반복에 대해 i는 **0.01**만큼 증가된다. 반복이 끝났을 때 i 값은 정확히 **1**이 아니고 **1**보다 약간 큰 값이 된다. 이는 마지막 i 값이 **sum**에 더해지지 않기 때문에 발생한다. 근본적인 문제는 실수는 근사 값으로 표현된다는 것이다.

이 문제는 모든 수가 확실하게 **sum**에 더해지도록 정수 카운트를 사용하면 해결된다. 다음은 새로운 반복문이다.

```
double currentValue = 0.01;

for (int count = 0; count < 100; count++)
{
    sum += currentValue;
    currentValue += 0.01;
}
```

이 반복문을 실행한 후의 **sum**의 값은 **50.5**가 된다.

5.8 실전 예제

반복문은 프로그래밍에 있어서 기본이다. 반복문의 작성 능력은 프로그래밍 학습에 필수적이다.

Check Point

반복문을 사용하여 프로그램을 작성할 수 있다면 프로그램 작성법을 알고 있다고 할 수 있다. 이런 이유로, 이 절에서는 네 가지 예제를 통해 반복문을 사용하여 프로그램을 작성하는 방법에 대해서 살펴보도록 한다.

5.8.1 예제: 최대 공약수 구하기

두 정수 **4**와 **2**의 최대 공약수(greatest common divisor, GCD)는 **2**이다. **16**과 **24**의 최대 공약   최대 공약수
수는 **8**이다. 최대 공약수를 어떻게 구할 수 있을까? 두 입력 정수를 **n1**과 **n2**라고 하면 **1**은 공

약수가 될 수 있지만 최대 공약수는 아니다. 그러므로 2 이상의 k에 대해, k 값이 n1이나 n2보다 커질 때까지 두 수 모두가 k로 나누어떨어질 때의 k 값(즉, 공약수)을 계속 조사한다. 이때 구한 k 값, 즉 공약수를 gcd 변수에 저장하는데, 최초 gcd 변수의 값은 1이고, 더 큰 값의 공약수가 발견될 때마다 그 값으로 gcd 변수 값을 갱신한다. 2부터 n1이나 n2까지 가능한 공약수를 모두 검사한 후에 구해진 gcd 변수 값이 최대 공약수가 된다. 이런 개념을 다음의 반복문과 같이 작성할 수 있다.

```cpp
int gcd = 1; // 최초 gcd는 1
int k = 2; // 가능한 gcd
while (k <= n1 && k <= n2)
{
    if (n1 % k == 0 && n2 % k == 0)
        gcd = k; // gcd 갱신
    k++; // 다음 가능한 gcd
}
```

// 반복문을 마치고 나면 gcd가 n1과 n2의 최대 공약수가 된다.

리스트 5.10에 두 개의 양의 정수를 입력받아 최대 공약수를 계산하는 프로그램을 제시하였다.

리스트 5.10 GreatestCommonDivisor.cpp

```cpp
1   #include <iostream>
2   using namespace std;
3
4   int main()
5   {
6       // 두 정수를 입력
7       cout << "Enter first integer: ";
8       int n1;
9       cin >> n1;
10
11      cout << "Enter second integer: ";
12      int n2;
13      cin >> n2;
14
15      int gcd = 1;
16      int k = 2;
17      while (k <= n1 && k <= n2)
18      {
19          if (n1 % k == 0 && n2 % k == 0)
20              gcd = k;
21          k++;
22      }
23
24      cout << "The greatest common divisor for " << n1 << " and "
25          << n2 << " is " << gcd << endl;
26
27      return 0;
28  }
```

입력 (9)
입력 (13)
gcd (15)
공약수 확인 (19)
출력 (24)

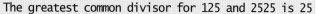

```
Enter first integer: 125  ↵Enter
Enter second integer: 2525  ↵Enter
The greatest common divisor for 125 and 2525 is 25
```

이 프로그램을 어떻게 작성할 수 있을까? 앞의 프로그램을 즉시 코딩해도 되지만, 주어진 문제를 논리적인 방법으로 해결할 수 있도록 생각해 보는 것이 중요하다. 앞 문제를 프로그램으로 해결하는 방법은 한 가지만 있는 것이 아니다. 예를 들어, 다음과 같이 **for** 문을 작성할 수도 있다.

타이핑하기 전에 생각하기

```
for (int k = 2; k <= n1 && k <= n2; k++)
{
  if (n1 % k == 0 && n2 % k == 0)
    gcd = k;
}
```

어떤 문제에 대한 실행 프로그램은 여러 개가 나올 수 있다. 최대 공약수 문제도 여러 가지 방법으로 작성할 수 있는데, 프로그래밍 실습 5.16에서 다른 방법으로 작성하는 경우를 제시할 것이다. 가장 효율적인 방법은 고전적인 유클리디언 알고리즘(Euclidean algorithm)을 사용하는 것이다(유클리디언 알고리즘에 대한 자세한 내용은 www.cut-the-knot.org/blue/Euclid.shtml 참고).

다중 해결

n1에 대한 약수는 **n1 / 2**보다 크지 않다고 생각하고 다음 루프를 사용하여 프로그램을 변경하려고 할 수도 있다.

오류 해결

```
for (int k = 2; k <= n1 / 2 && k <= n2 / 2; k++)
{
  if (n1 % k == 0 && n2 % k == 0)
    gcd = k;
}
```

하지만 이 방법은 잘못된 것이다. 이유가 무엇인지 알 수 있겠는가? 체크 포인트 5.23에서 답을 찾아보도록 하자.

5.8.2 예제: 미래의 등록금 예측

올해 대학 등록금이 $10,000이고 매년 7%씩 인상된다고 하자. 등록금이 두 배가 되려면 몇 년이 걸리겠는가?

이 문제를 해결할 프로그램을 작성하기 전에 우선 해결 방법을 생각해 본다. 다음 해의 등록금은 첫 해 등록금 * **1.07**이다. 매 해의 등록금은 다음과 같이 계산될 수 있다.

```
double tuition = 10000;   int year = 0; // 0년
tuition = tuition * 1.07; year++;        // 1년
tuition = tuition * 1.07; year++;        // 2년
tuition = tuition * 1.07; year++;        // 3년
...
```

새로운 연도에 대한 등록금 계산은 등록금이 적어도 **20000**이 될 때까지 계속되어야 한다. 그 때가 되면 등록금이 두 배가 되는 데 걸리는 연도의 수를 알 수가 있다. 다음과 같은 반복문을

사용하여 이 논리를 표현할 수 있다.

```
double tuition = 10000;    // 0년
int year = 0;
while (tuition < 20000)
{
    tuition = tuition * 1.07;
    year++;
}
```

리스트 5.11은 전체 프로그램이다.

리스트 5.11 FutureTuition.cpp

```
1   #include <iostream>
2   #include <iomanip>
3   using namespace std;
4
5   int main()
6   {
7       double tuition = 10000;    // 1년
8       int year = 1;
9       while (tuition < 20000)
10      {
11          tuition = tuition * 1.07;
12          year++;
13      }
14
15      cout << "Tuition will be doubled in " << year << " years" << endl;
16      cout << setprecision(2) << fixed << showpoint <<
17          "Tuition will be $" << tuition << " in "
18          << year << " years" << endl;
19
20      return 0;
21  }
```

반복

다음 해의 등록금

```
Tuition will be doubled in 11 years
Tuition will be $21048.52 in 11 years
```

while 문(9번~13번 줄)이 새로운 연도에 대한 등록금을 계산하는 데 반복적으로 사용된다. 반복은 등록금이 20000과 같거나 더 크면 종료된다.

5.8.3 예제: 몬테카를로 시뮬레이션

몬테카를로(Monte Carlo) 시뮬레이션은 문제를 해결하기 위해 임의의 수와 확률을 사용한다. 이 방법은 계산 수학, 물리학, 화학, 금융 등에서 널리 사용된다. 이 절에서는 π 값을 계산하는 데 몬테카를로 시뮬레이션을 사용하는 예를 다루어 보겠다.

몬테카를로 기법을 사용하여 π를 계산하기 위해서는 다음과 같이 사각형과 그 사각형에 접하는 사각형 내부의 원을 그린다.

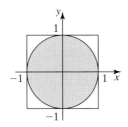

원의 반지름을 1이라고 하면, 원의 면적은 π가 되고, 사각형의 면적은 4가 된다. 사각형 내부에 임의의 점을 생성한다. 그 점이 원 내부에 있을 확률은 원의 면적 / 사각형 면적 = π / 4가 된다.

사각형 안에 임의로 **1,000,000**개의 점을 생성하는 프로그램을 작성한다. **numberOfHits**는 원 내부에 존재하는 점의 수를 나타내며, 이 **numberOfHits**는 대략 1000000 * (π / 4)가 된다. π는 대략 4 * **numberOfHits** / 1000000으로 계산할 수 있다. 완성된 프로그램이 리스트 5.12에 나타나 있다.

리스트 5.12 MonteCarloSimulation.cpp

```cpp
 1  #include <iostream>
 2  #include <cstdlib>
 3  #include <ctime>
 4  using namespace std;
 5
 6  int main()
 7  {
 8    const int NUMBER_OF_TRIALS = 1000000;
 9    int numberOfHits = 0;
10    srand(time(0));
11
12    for (int i = 0; i < NUMBER_OF_TRIALS; i++)
13    {
14      double x = rand() * 2.0 / RAND_MAX - 1;     임의의 점 생성
15      double y = rand() * 2.0 / RAND_MAX - 1;     원 내부 확인
16      if (x * x + y * y <= 1)
17        numberOfHits++;
18    }
19
20    double pi = 4.0 * numberOfHits / NUMBER_OF_TRIALS;     파이 계산
21    cout << "PI is " << pi << endl;
22
23    return 0;
24  }
```

```
PI is 3.14124
```

이 프로그램은 14번~15번 줄에 사각형 내부의 임의의 점 (**x, y**)를 반복적으로 생성하고 있다. **RAND_MAX**는 **rand()** 함수의 호출로부터 반환되는 최댓값이다. 그러므로 **rand()** * 1.0 /

RAND_MAX는 0.0부터 1.0 사이의 임의의 수가 되고, 2.0 * rand() / RAND_MAX는 0.0과 2.0 사이의 임의의 수가 된다. 그러므로 2.0 * rand() / RAND_MAX - 1은 -1.0부터 1.0까지의 임의의 수이다.

만약 $x^2 + y^2 \leq 1$라면 점은 원의 내부에 존재하게 되고, numberOfHits는 1만큼 증가된다. π는 대략적으로 4 * numberOfHits / NUMBER_OF_TRIALS가 된다(20번 줄).

5.8.4 예제: 10진수를 16진수로 변환

16진수는 주로 컴퓨터 시스템 프로그래밍에서 사용된다(수 체계에 대한 내용은 부록 D 참조). 10진수를 16진수로 어떻게 변환할 수 있을까? 10진수 d를 16진수로 변환하기 위해서는 다음과 같이 16진수의 각 자리 숫자 h_n, h_{n-1}, h_{n-2}, ..., h_2, h_1을 구해야 한다.

$$d = h_n \times 16^n + h_{n-1} \times 16^{n-1} + h_{n-2} \times 16^{n-2} + ...$$
$$+ h_2 \times 16^2 + h_1 \times 16^1 + h_0 \times 16^0$$

이 16진수 숫자는 몫이 0이 될 때까지 d를 연속적으로 16으로 나눔으로써 알아 낼 수 있는데, 나머지들이 h_0, h_1, h_2, ..., h_{n-2}, h_{n-1}, h_n이 된다. 16진수는 10진수 0, 1, 2, 3, 4, 5, 6, 7, 8, 9 이외에 10진수 값 10을 뜻하는 A, 11을 뜻하는 B, 12를 뜻하는 C, 13을 뜻하는 D, 14를 뜻하는 E, 15를 뜻하는 F로 이루어져 있다.

예를 들어, 10진수 123은 16진수로 7B가 된다. 10진수를 16진수로의 변환은 다음과 같이 수행된다. 123을 16으로 나눈다. 나머지는 11(16진수에서 B를 의미)이고 몫은 7이다. 계속해서 7을 16으로 나눈다. 나머지는 7이고 몫은 0이다. 그러므로 7B가 123에 대한 16진수가 된다.

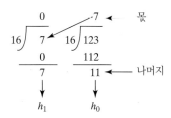

리스트 5.13은 10진수를 입력받아 문자열로 16진수로 변환하는 프로그램이다.

리스트 5.13 Dec2Hex.cpp

```
1   #include <iostream>
2   #include <string>
3   using namespace std;
4
5   int main()
6   {
7       // 10진수 정수를 입력
8       cout << "Enter a decimal number: ";
9       int decimal;
10      cin >> decimal;
```

```
11
12      // 10진수를 16진수로 변환
13      string hex = "";
14
15      while (decimal != 0)
16      {
17          int hexValue = decimal % 16;                           10진수를 16진수로
18
19          // 10진수 값을 16진수 숫자로 변환
20          char hexChar = (hexValue <= 9 && hexValue >= 0) ?     16진수 문자 설정
21              static_cast<char>(hexValue + '0') :
22              static_cast<char>(hexValue - 10 + 'A');
23
24          hex = hexChar + hex;                                   16진수 문자열에 더하기
25          decimal = decimal / 16;
26      }
27
28      cout << "The hex number is " << hex << endl;
29
30      return 0;
31  }
```

```
Enter a decimal number: 1234 ↵Enter
The hex number is 4D2
```

	Line#	decimal	hex	hexValue	hexChar
	13	1234	""		
	17			2	
iteration 1	**24**		"2"		2
	25	77			
	17			13	
iteration 2	**24**		"D2"		D
	25	4			
	17			4	
iteration 3	**24**		"4D2"		4
	25	0			

　　프로그램에서 10진수 정수를 입력받아(10번 줄) 문자열로 16진수로 변환하고(13번~26번 줄), 그 결과를 화면에 출력한다(28번 줄). 10진수를 16진수로 변환하기 위해서 프로그램에서 10진수를 16으로 연속적으로 나누고 나머지를 구하기 위해(17번 줄) 반복문을 사용한다. 나머지는 16진수 문자로 변환된다(20번~22번 줄). 그 다음 문자가 16진수 문자열에 추가된다(24번 줄). 16진수 문자열은 초기에는 빈 문자열이다(13번 줄). 숫자에서 16진수 수를 제거하기 위해 10진수를 16으로 나눈다(25번 줄). 반복문은 나머지 10진수가 0이 될 때 끝나게 된다.

　　프로그램에서 0과 15 사이의 **hexValue**를 16진수 문자로 변환한다. 만약 **hexValue**가 0과 9 사이의 값이라면 static_cast<char>(hexValue + '0')로 변환된다(21번 줄). 정수에 문자를

추가할 때는 문자의 ASCII 코드가 수식에 사용되는 것에 주의하기 바란다. 예를 들어, **hexValue**가 5이면 **static_cast<char>**(hexValue + **'0'**)는 문자 5를 반환한다(21번 줄). 마찬가지로 **hexValue**가 10과 15 사이의 값이라면 **static_cast<char>**(hexValue − 10 + **'A'**)로 변환된다 (22번 줄). 예를 들어, **hexValue**가 11이면 **static_cast<char>**(hexValue − 10 + **'A'**)는 문자 B를 반환한다.

5.23 리스트 5.10에서 17번 줄의 n1과 n2를 n1 / 2와 n2 / 2로 바꾸면 프로그램은 정상 동작하겠는가?

5.24 리스트 5.13에서 21번 줄의 **static_cast<char>**(hexValue + **'0'**)를 hexValue + **'0'**으로 바꾸면 올바르게 동작하는가?

5.25 리스트 5.13에서 10진수 245에 반복문은 몇 번 실행되는가? 또한 10진수 3245에 대해 반복문은 몇 번 실행되는가?

5.9 break와 continue 키워드

break와 continue 키워드는 반복문에서 부가적인 제어를 제공해 준다.

> 강사 주의사항
>
> **break**와 **continue** 두 키워드는 부가적인 제어를 제공하기 위해서 반복문에서 사용될 수 있다. **break**와 **continue**를 사용하는 것은 어떤 경우에는 프로그래밍을 단순화해 준다. 그러나 이 두 키워드를 남용하거나 부적절하게 사용하는 것은 프로그램의 가독성과 디버깅을 어렵게 만들 수 있다. (이 절은 학생들이 이 책의 나머지 부분을 이해하는 데 영향을 주지 않으므로 생략할 수 있다.)

switch 문에서의 **break** 문은 이미 사용한 바 있다. 반복을 즉시 끝내기 위해서 반복문 안에서 **break** 문을 사용할 수 있다. 리스트 5.14는 반복문에서 **break**를 사용한 효과를 설명하는 프로그램이다.

리스트 5.14 TestBreak.cpp

```
1   #include <iostream>
2   using namespace std;
3
4   int main()
5   {
6     int sum = 0;
7     int number = 0;
8
9     while (number < 20)
10    {
11      number++;
12      sum += number;
13      if (sum >= 100)
14        break;
15
16
17    cout << "The number is " << number << endl;
```

break

```
18      cout << "The sum is " << sum << endl;
19
20      return 0;
21  }
```

```
The number is 14
The sum is 105
```

이 프로그램은 sum이 100과 같거나 더 클 때까지 1부터 20까지 이 숫자들을 sum에 더한다. 13번~14번 줄이 없다면 프로그램은 1부터 20까지의 합계를 계산할 것이다. 그러나 13번~14번 줄 때문에 sum이 100과 같거나 크면 반복은 끝나게 된다. 13번~14번 줄이 없다면 출력은 다음과 같이 표시될 것이다.

```
The number is 20
The sum is 210
```

반복에서 **continue** 키워드를 사용할 수 있는데, 프로그램에서 **continue**를 만나면 현재의 반복을 끝내게 된다. 즉, 프로그램 제어는 반복문의 바깥이 아닌 반복 내용의 끝으로 이동한다. 다른 말로 하면, **continue** 키워드는 현재의 반복 내용을 끝내는 것인 반면, **break** 키워드는 반복문 자체를 끝마치는 것이다. 리스트 5.15의 프로그램은 반복문에서 **continue**를 사용한 효과를 보여 주고 있다.

continue

리스트 5.15 TestContinue.cpp

```
1   #include <iostream>
2   using namespace std;
3
4   int main()
5   {
6       int sum = 0;
7       int number = 0;
8
9       while (number < 20)
10      {
11          number++;
12          if (number == 10 || number == 11)
13              continue;
14          sum += number;
15      }
16
17      cout << "The sum is " << sum << endl;
18
19      return 0;
20  }
```

continue

```
The sum is 189
```

continue 문

프로그램은 10과 11은 제외하고 1에서 20까지의 합을 구한다. **number**가 10이나 11이면 **continue**가 실행된다. **continue**가 실행되면 그 위치로부터 반복문의 끝까지를 실행하지 않게 되는데, 즉 **continue**로부터 바로 반복문의 끝(})으로 이동한다. 결과적으로 **number**가 10과 11인 경우 **sum**에 더해지지 않게 된다.

12번~13번 줄이 없다면 출력은 다음과 같이 표시될 것이다.

```
The sum is 210
```

이 경우에는 **number**가 10 또는 11인 경우를 포함하여 모든 수가 **sum**에 추가된다. 그러므로 결과 값은 210이 된다.

> **주의**
>
> **continue** 문은 항상 루프 안쪽에서만 사용된다. **while**과 **do-while** 루프에서 **continue** 문 실행 직후에 '반복 조건'이 바로 수행된다. **for** 루프에서는 **continue** 문 다음에 '반복 후 실행'이 수행되고, 그 다음에 '반복 조건'이 수행된다.

반복문에서 **break**와 **continue**가 없이도 프로그램 작성이 가능하다. 체크 포인트 5.28을 참고하기 바란다. 일반적으로 **break**와 **continue**를 사용했을 때 프로그램이 더 간결하게 되는 경우에만 사용하는 것이 좋다.

정수 n(n >= 2라고 가정)에 대해 1 이외의 가장 작은 약수를 찾는 프로그램이 필요하다고 하자. 이 경우 다음과 같이 **break** 문을 사용하여 간단히 프로그램을 작성할 수 있다.

```cpp
int factor = 2;
while (factor <= n)
{
   if (n % factor == 0)
     break;
   factor++;
}
cout << "The smallest factor other than 1 for "
   << n << " is " << factor << endl;
```

이 프로그램을 다음과 같이 **break** 문을 사용하지 않는 것으로 수정할 수 있다.

```cpp
bool found = false;
int factor = 2;
while (factor <= n && !found)
{
   if (n % factor == 0)
     found = true;
   else
      factor++;
}
cout << "The smallest factor other than 1 for "
  << n << " is " << factor << endl;
```

명백하게 **break** 문은 프로그램을 작성하기 쉽고 읽기 쉽게 해 준다. 그러나 **break** 문과

continue 문을 주의 깊게 사용해야 한다. 너무 많은 **break**와 **continue** 문은 반복문에서 많은 출구 지점을 만들어 프로그램을 이해하기 어렵게 만들 수 있다.

주의

C++를 포함한 몇몇 프로그래밍 언어에서 **goto** 문을 사용할 수 있다. **goto** 문은 무분별하게 프로그램의 임의의 문장으로 제어를 이동시킨다. 이는 프로그램에서 오류가 발생하기 쉽도록 만든다. **break**와 **continue** 문은 **goto** 문과는 다르다. **break**와 **continue** 문은 반복문이나 **switch** 문 안에서만 사용된다. **break** 문은 반복문을 끝내고, **continue** 문은 반복문에서 현재의 반복 순서를 끝낸다.

goto

5.26 **break** 키워드는 무엇을 의미하는가? **continue** 키워드는 무엇을 의미하는가? 다음 프로그램들은 실행이 종료될 수 있는가? 그렇다면 출력은 무엇인가?

```
int balance = 1000;
while (true)
{
  if (balance < 9)
    break;
  balance = balance - 9;
}

cout << "Balance is " <<
  balance << endl;
```

(a)

```
int balance = 1000;
while (true)
{
  if (balance < 9)
    continue;
  balance = balance - 9;
}

cout << "Balance is "
  << balance << endl;
```

(b)

5.27 왼편의 **for** 문은 오른쪽의 **while** 문으로 변환된다. 무엇이 잘못되었는가? 수정하여라.

```
for (int i = 0; i < 4; i++)
{
    if (i % 3 == 0) continue;
    sum += i;
}
```

변환 →

잘못된 변환

```
int i = 0;
while (i < 4)
{
    if (i % 3 == 0) continue;
    sum += i;
    i++;
}
```

5.28 리스트 5.14 TestBreak와 리스트 5.15 TestContinue 프로그램을 **break**와 **continue** 문이 없는 프로그램으로 수정하여라.

5.29 (a)의 **break** 문이 실행된 후 어느 문장이 실행되는가? 출력은 무엇인가? (b)의 **continue** 문이 실행된 후 어느 문장이 실행되는가? 출력은 무엇인가?

```
for (int i = 1; i < 4; i++)
{
  for (int j = 1; j < 4; j++)
  {
    if (i * j > 2)
      break;

    cout << i * j << endl;
  }

  cout << i << endl;
}
```
(a)

```
for (int i = 1; i < 4; i++)
{
  for (int j = 1; j < 4; j++)
  {
    if (i * j > 2)
      continue;

    cout << i * j << endl;
  }

  cout << i << endl;
}
```
(b)

5.10 예제: 회문 검사

Key Point

이 절에서는 문자열이 회문인지를 검사하는 프로그램을 작성한다.

문자열을 앞에서부터 읽으나 뒤에서부터 읽으나 동일한 경우 회문(回文, palindrome)이 된다. 예를 들어, "mom", "dad", "noon"은 모두 회문이다.

문자열이 회문인지를 검사하는 프로그램은 어떻게 작성해야 할까? 한 가지 방법은 첫 번째 문자와 마지막 문자가 같은지를 검사하는 것이다. 만약 그렇다면 두 번째 문자와 마지막에서 두 번째 문자가 같은지를 검사한다. 문자열의 문자의 수가 홀수인 경우라면 정 가운데 문자를 제외하고 이와 같은 순서로 불일치되는 문자가 나타날 때까지 또는 문자열의 모든 문자를 검사할 때까지 계속 검사를 수행한다.

이 개념을 구현하기 위해서 리스트 5.16에서처럼 문자열 s의 시작과 끝에 있는 두 개의 문자의 위치를 나타내는 low와 high라는 두 변수를 사용한다(13번, 16번 줄). 초기 값으로 low는 0, high는 s.length() - 1의 값을 갖는다. 이 두 위치의 문자가 일치하면 low는 1만큼 증가, high는 1만큼 감소시킨다(27번~28번 줄). 이 과정은 (low >= high)가 되거나 불일치되는 문자가 나타날 때까지 계속된다.

리스트 5.16 TestPalindrome.cpp

```
 1  #include <iostream>
 2  #include <string>
 3  using namespace std;
 4
 5  int main()
 6  {
 7    // 문자열 입력
 8    cout << "Enter a string: ";
 9    string s;
10    getline(cin, s);
11
12    // 문자열의 첫 번째 문자 인덱스
```

문자열 입력

```
13      int low = 0;
14
15      // 문자열의 마지막 문자 인덱스
16      int high = s.length() - 1;
17
18      bool isPalindrome = true;
19      while (low < high)
20      {
21        if (s[low] != s[high])
22        {
23          isPalindrome = false; // 회문이 아님
24          break;
25        }
26
27        low++;
28        high--;
29      }
30
31      if (isPalindrome)
32        cout << s << " is a palindrome" << endl;
33      else
34        cout << s << " is not a palindrome" << endl;
35
36      return 0;
37    }
```

두 문자 비교

회문이 아님
루프를 빠져 나감

Enter a string: abccba ↵Enter
abccba is a palindrome

Enter a string: abca ↵Enter
abccba is a palindrome

프로그램에서 문자열을 선언하고(9번 줄), 콘솔로부터 문자를 읽은 후(10번 줄), 문자열이 회문인지를 검사한다(13번~29번 줄).

bool 변수 isPalindrome는 초기 값으로 true로 설정된다(18번 줄). 문자열의 양쪽 끝으로부터 두 개의 문자를 비교할 때 두 문자가 다르면 isPalindrome는 false로 설정된다(23번 줄). 이 경우 while 문을 빠져 나오기 위해 break 문이 사용된다(24번 줄).

low >= high가 될 때 반복문이 끝나게 되고 isPalindrome는 문자열이 회문이라는 것을 나타내는 true가 된다.

5.11 예제: 소수 출력

이 절에서는 각 줄에 10개씩 5줄로 50개의 소수를 화면에 출력하는 프로그램을 작성해 본다.

1보다 큰 정수에 대해 1과 자신으로만 나누어지는 수가 소수(prime number)가 된다. 예를 들어, 2, 3, 5, 7은 소수이고 4, 6, 8, 9는 소수가 아니다.

Key Point

이 문제는 다음 단계로 나눌 수 있다.

- 주어진 수가 소수인지 판단한다.
- number = 2, 3, 4, 5, 6, …에 대해 소수인지 검사한다.
- 소수의 개수를 센다.
- 한 줄에 10개씩 50개의 소수를 출력한다.

문제를 해결하기 위해서는 반복문을 작성하고 숫자(number)가 소수인지 아닌지를 검사하도록 하면 된다. 숫자가 소수이면 count를 1만큼 증가시킨다. count의 초기 값은 0이다. count의 값이 50이 되면 반복문을 종료한다.

다음은 문제 해결을 위한 알고리즘이다.

출력될 소수의 수를 상수 NUMBER_OF_PRIMES로 설정한다;
소수의 수를 저장하는 count 변수를 사용하고, 초기 값을 0으로 설정한다;
시작 숫자(number)를 2로 설정한다;

```
while (count < NUMBER_OF_PRIMES)
{
    숫자(number)가 소수인지 검사;

    if(숫자가 소수인가?)
    {
        소수 출력하고 count를 1만큼 증가;
    }

    숫자를 1만큼 증가;
}
```

숫자(number)가 소수인지 검사하기 위해 숫자는 2, 3, 4에서부터 number/2까지의 수로 나누어지는지 검사한다. 그 수가 약수(divisor)이면 그 수는 소수가 되지 않는다. 이 알고리즘은 다음과 같다.

수(number)가 소수인지를 나타내기 위해 부울 변수 isPrime을 사용한다;
isPrime의 초기 값을 참으로 설정한다;

```
for(int divisor = 2; divisor <= number / 2; divisor++)
{
    if (number % divisor == 0)
    {
        isPrime을 거짓으로 설정
        루프를 빠져 나감;
    }
}
```

리스트 5.17에 완성된 프로그램이 있다.

리스트 5.17 PrimeNumber.cpp

```
1   #include <iostream>
2   #include <iomanip>
```

```cpp
3    using namespace std;
4
5    int main()
6    {
7        const int NUMBER_OF_PRIMES = 50; // 표시할 소수의 수
8        const int NUMBER_OF_PRIMES_PER_LINE = 10; // 줄당 10개 표시
9        int count = 0; // 소수의 수 계산
10       int number = 2; // 소수인지 검사할 수
11
12       cout << "The first 50 prime numbers are \n";
13
14       // 반복적인 소수 검사
15       while (count < NUMBER_OF_PRIMES)
16       {
17           // 수가 소수라고 가정
18           bool isPrime = true; // 현재 숫자가 소수인가?
19
20           // 수가 소수인지 검사
21           for (int divisor = 2; divisor <= number / 2; divisor++)
22           {
23               if (number % divisor == 0)
24               {
25                   // 참이라면 수는 소수가 아님
26                   isPrime = false; // isPrime을 거짓으로 설정
27                   break; // for 루프 빠져 나가기
28               }
29           }
30
31           // 소수 출력하고 count 증가
32           if (isPrime)
33           {
34               count++; // count 증가
35
36               if (count % NUMBER_OF_PRIMES_PER_LINE == 0)
37                   // 수를 출력하고 새로운 줄로 이동
38                   cout << setw(4) << number << endl;
39               else
40                   cout << setw(4) << number;
41           }
42
43           // 다음 수가 소수인지 검사
44           number++;
45       }
46
47       return 0;
48   }
```

소수의 수 계산

소수인지 확인?

루프 빠져 나감

소수이면 화면 출력

```
The first 50 prime numbers are
   2    3    5    7   11   13   17   19   23   29
  31   37   41   43   47   53   59   61   67   71
  73   79   83   89   97  101  103  107  109  113
 127  131  137  139  149  151  157  163  167  173
 179  181  191  193  197  199  211  223  227  229
```

이 프로그램은 초보자에게는 좀 어려울 수 있다. 이러한 문제를 해결하기 위한 중요한 방법은 문제를 여러 개의 부분 문제(subproblem)로 분해하여 각각의 작은 문제들을 해결해 나가는 것이다. 복잡한 문제를 한 번에 해결하려고 하지 말고, 주어진 숫자가 소수인지 판단하는 코드를 작성하고 나서, 반복문을 사용하여 다른 숫자가 소수인지 판단하도록 확장하면 된다.

숫자가 소수인지 판단하기 위해서는 2에서 **number/2** 사이의 숫자로 나누어떨어지는지를 검사하면 된다. 만약 그렇다면 그 수는 소수가 아니고, 나누어떨어지지 않는다면 소수이다. 소수이면 화면에 출력을 하고, **count**가 10으로 나누어떨어지면 새로운 줄에 출력하기 위해 줄을 바꾼다. **count**가 50이 되면 프로그램을 끝낸다.

프로그램에서는 27번 줄에 숫자가 소수가 아니면 **for** 문을 빠져 나가기 위해 **break** 문을 사용한다. 이 부분(21번~29번 줄)을 **break** 문이 없는 형태로 다시 작성하면 다음과 같다.

```
for (int divisor = 2; divisor <= number / 2 && isPrime; divisor++)
{
    // 참이라면 수는 소수가 아님
    if (number % divisor == 0)
    {
        // 수가 소수가 아니므로 isPrime을 거짓으로 설정
        isPrime = false;
    }
}
```

이 경우에는 **break** 문을 사용하는 것이 프로그램을 더 간단하고 이해하기 쉽게 해 준다.

주요 용어

감시 값(sentinel value)	중첩 루프(nested loop)
루프(loop)	출력 리다이렉션(output rcdirection)
무한 루프(infinite loop)	하나 차이로 인한 오류(off-by-one error)
반복(iteration)	**break** 문(break statement)
반복 내용(loop body)	**continue** 문(continue statement)
반복 조건(loop-continuation-condition)	**do-while** 문(do-while loop)
사전 검사 반복문(pretest loop)	**for** 문(for loop)
사후 검사 반복문(posttest loop)	**while** 문(while loop)
입력 리다이렉션(input redirection)	

요약

1. 반복문에는 세 가지 종류, 즉 **while** 문, **do-while** 문, **for** 문이 있다.

2. 반복될 문장이 포함된 부분이 반복 내용(loop body)이 된다.

3. 반복 내용을 한 번 실행하는 것을 루프 반복(iteration of loop)이라고 한다.

4. 무한 루프(infinite loop)는 무한정으로 실행되는 반복문을 말한다.

5. 반복문을 설계할 때 반복 제어 구조와 반복 내용을 고려해야 한다.

6.   while 문은 제일 먼저 반복 조건을 검사한다. 만약 조건이 참이면 반복 내용이 실행 되지만 거짓이면 반복이 종료된다.

7.   do-while 문은 반복 내용을 먼저 실행하고 그 다음에 반복을 계속할지 끝낼지를 결정하는 반복 조건을 검사한다는 것을 제외하고는 while 문과 유사하다.

8.   while 문과 do-while 문은 반복 횟수가 미리 정해지지 않은 경우에 종종 사용된다.

9.   감시 값(sentinel value)은 반복문의 끝을 의미하는 특별한 값이다.

10.   for 문은 일반적으로 반복 내용을 정해진 수만큼 반복시키고자 할 때 사용된다.

11.   for 문 제어에는 세 가지 영역이 있는데, 첫 번째 영역은 제어 변수를 초기화하는 영역이고, 두 번째는 반복 조건으로 반복을 계속할 것인지를 결정하는 영역이며, 세 번째는 반복 내용 후에 수행되어 보통 제어 변수의 값을 조정하는 형태로 사용된다. 보통 제어 변수는 제어 구조에서 초기화되고 변경된다.

12.   while 문과 for 문은 반복 조건 검사를 반복 내용 수행 전에 하므로 사전 검사 반복문(pretest loop)이라고 한다.

13.   do-while 문은 반복 조건 검사를 반복 내용 수행 후에 하므로 사후 검사 반복문(posttest loop)이라고 한다.

14.   break와 continue 두 키워드는 반복문 내에서 사용될 수 있다.

15.   break 문은 자신을 둘러싸고 있는 반복문을 빠져 나간다.

16.   continue 문은 실행 시점에서 반복문의 끝으로 이동하여 다음 반복을 수행하게 된다.

퀴즈

www.cs.armstrong.edu/liang/cpp3e/quiz.html에서 온라인으로 이 장에 대한 퀴즈를 풀어 보라.

프로그래밍 실습

강사 주의사항
각 문제가 이해될 때까지 문제를 여러 번 읽어보고, 코드 작성을 시작하기 전에 어떻게 문제를 해결할지를 생각해 보기 바란다. 그리고 생각한 논리를 프로그램으로 변환한다. 문제에 대해서 종종 여러 가지 방법으로 답을 구할 수 있다. 그러므로 학생들로 하여금 프로그램을 작성할 때 여러 가지 방법으로 해결할 수 있도록 유도하는 것이 좋다.

5.2~5.7절

*5.1   (양수와 음수의 수를 계산하고 평균 구하기) 임의의 정수를 읽어 얼마나 많은 수의 양수와 음수를 읽었는지 계산하고 입력 값들의 합계와 평균을 구하는 프로그램을 작성하여라(0은 개수로 세지 않는다). 입력이 0이면 프로그램을 종료한다. 평균은 실수 형태로 표시한다. 다음은 샘플 실행 결과이다.

```
Enter an integer, the input ends if it is 0: 1 2 -1 3 0 ↵Enter
The number of positives is 3
The number of negatives is 1
The total is 5
The average is 1.25
```

```
Enter an integer, the input ends if it is 0: 0 ↵Enter

No numbers are entered except 0
```

5.2 (덧셈 반복) 리스트 5.4 SubtractionQuizLoop.cpp에서는 5개의 임의의 뺄셈 문제를 생성한다. 이 예제를 1과 15 사이의 두 정수에 대해 10개의 임의의 덧셈 문제를 생성하는 프로그램으로 수정하고, 정답 개수와 걸린 시간을 출력하여라.

5.3 (킬로그램을 파운드로 변환) 다음과 같은 표를 출력하는 프로그램을 작성하여라(1킬로그램은 2.2파운드이다).

Kilograms	Pounds
1	2.2
3	6.6
...	
197	433.4
199	437.8

5.4 (마일을 킬로미터로 변환) 다음과 같은 표를 출력하는 프로그램을 작성하여라(1마일은 1.609킬로미터이다).

Miles	Kilometers
1	1.609
2	3.218
...	
9	14.481
10	16.090

5.5 (킬로그램을 파운드로, 파운드를 킬로그램으로 변환) 다음과 같이 2단 형태의 표를 출력하는 프로그램을 작성하여라(1킬로그램은 2.2파운드이다).

Kilograms	Pounds		Pounds	Kilograms
1	2.2	|	20	9.09
3	6.6	|	25	11.36
...				
197	433.4	|	510	231.82
199	437.8	|	515	234.09

5.6 (마일을 킬로미터로 변환) 다음과 같이 2단 형태의 표를 출력하는 프로그램을 작성하여라(1마일은 1.609킬로미터이다).

Miles	Kilometers		Kilometers	Miles
1	1.609	|	20	12.430
2	3.218	|	25	15.538
...				

9	14.481	|	60	37.290
10	16.090	|	65	40.398

5.7 (삼각함수 사용) 10도씩 증가하는 형태로 0도에서 360도까지 다음 표와 같이 **sin**과 **cos** 값을 출력하는 프로그램을 작성하여라. 소수점 이하 네 자리까지 표시되도록 값을 반올림한다.

Degree	Sin	Cos
0	0.0000	1.0000
10	0.1736	0.9848
...		
350	-0.1736	0.9848
360	0.0000	1.0000

5.8 (**sqrt** 함수 사용) **sqrt** 함수를 사용하여 다음 표를 출력하는 프로그램을 작성하여라.

Number	SquareRoot
0	0.0000
2	1.4142
...	
18	4.2426
20	4.4721

**5.9 (금융 문제: 미래의 등록금 계산) 올해 대학 등록금이 $10,000이고, 매년 인상률은 5%라고 가정하자. 10년 후 등록금을 계산하고, 10년 후부터 4년 동안의 등록금 총액도 계산하는 프로그램을 작성하여라.

5.10 (최고득점 찾기) 사용자가 학생 수와 각 학생의 이름 및 점수를 입력하면 최고 득점을 받은 학생의 이름과 점수를 출력하는 프로그램을 작성하여라.

*5.11 (최고득점 두 번째까지 찾기) 사용자가 학생 수와 각 학생의 이름 및 점수를 입력하면 최고 득점을 받은 학생과 차점자의 이름과 점수를 출력하는 프로그램을 작성하여라.

5.12 (5와 6으로 나누어지는 수 찾기) 100에서 1000 사이의 모든 숫자에 대해 5와 6으로 나누어떨어지는 수를 찾아 한 줄에 10개씩 출력하는 프로그램을 작성하여라. 각 숫자들은 서로 공백 하나만큼 떨어져 있다.

5.13 (5 또는 6으로 나누어지지만 두 수 모두로는 나누어지지 않는 수 찾기) 100에서 200 사이의 모든 숫자에 대해 5 또는 6으로 나누어지지만 두 숫자 모두로는 나누어지지는 않는 수를 찾아 한 줄에 10개씩 출력하는 프로그램을 작성하여라. 각 숫자들은 서로 공백 하나만큼 떨어져 있다.

5.14 ($n^2 > 12000$이 되는 최소수 **n** 찾기) **while** 문을 사용하여 $n^2 > 12000$이 되는 가장 작은 정수 **n**을 찾는 프로그램을 작성하여라.

5.15 ($n^3 < 12000$이 되는 최대수 **n** 찾기) **while** 문을 사용하여 $n^3 < 12000$이 되는 가장 큰 정수 **n**을 찾는 프로그램을 작성하여라.

5.8~5.11절

*5.16 (최대 공약수 계산) 두 정수 **n1**과 **n2**의 최대 공약수(GCD)를 구하는 리스트 5.10의 다른 해법은 다음과 같다. 먼저 **n1**과 **n2** 중 작은 수 **d**를 구한다. 그 다음, **d, d-1, d-2, ...,** **2, 1**에 대해 순차적으로 **n1**과 **n2** 모두에 대해 약수인지를 검사한다. 첫 번째 그와 같은 공약수가 바로 **n1**과 **n2**에 대한 최대 공약수가 된다. 두 개의 양의 정수를 입력받아 최대 공약수를 출력하는 프로그램을 작성하여라.

*5.17 (ASCII 문자표 출력) '!'로부터 '~'까지의 ASCII 문자표에 있는 문자를 출력하는 프로그램을 작성하여라. 한 줄에 **10**개의 문자를 출력한다. ASCII 표는 부록 B를 참고한다. 문자들은 서로 공백 하나만큼 떨어져 있다.

*5.18 (정수의 소인수[2] 찾기) 정수를 읽어 그 수의 소인수들을 오름차순으로 출력하는 프로그램을 작성하여라. 예를 들어, **120**이 입력되면 **2, 2, 2, 3, 5**가 출력되어야 한다.

5.19 (피라미드 출력) 1부터 15까지의 정수를 입력받아 다음 샘플 출력과 같이 피라미드 형태로 출력하는 프로그램을 작성하여라.

```
Enter the number of lines: 7 ↵Enter
                        1
                     2  1  2
                  3  2  1  2  3
               4  3  2  1  2  3  4
            5  4  3  2  1  2  3  4  5
         6  5  4  3  2  1  2  3  4  5  6
      7  6  5  4  3  2  1  2  3  4  5  6  7
```

*5.20 (반복문을 사용하여 다음 네 가지 패턴 출력) 다음의 중첩 루프를 사용하여 다음 네 가지 패턴을 출력하는 프로그램을 작성하여라(하나의 프로그램에서 하나의 패턴 출력).

패턴 A	패턴 B	패턴 C	패턴 D
1	1 2 3 4 5 6	1	1 2 3 4 5 6
1 2	1 2 3 4 5	2 1	1 2 3 4 5
1 2 3	1 2 3 4	3 2 1	1 2 3 4
1 2 3 4	1 2 3	4 3 2 1	1 2 3
1 2 3 4 5	1 2	5 4 3 2 1	1 2
1 2 3 4 5 6	1	6 5 4 3 2 1	1

5.21 (피라미드 형태로 숫자 출력) 중첩 **for 문을 사용하여 다음을 출력하는 프로그램을 작성하여라.

---

2) 역주: 어떤 정수를 소수의 곱으로 나타냈을 때 이 소수를 말한다. 120은 2×2×2×3×5와 같다. 즉, 120은 소수들인 2, 3, 5의 곱으로 나타낼 수 있으므로 120의 소인수는 2, 3, 5가 된다. 소수를 제외한 모든 정수는 소인수의 곱으로 나타낼 수 있다.

```
                          1
                      1   2   1
                  1   2   4   2   1
              1   2   4   8   4   2   1
          1   2   4   8  16   8   4   2   1
      1   2   4   8  16  32  16   8   4   2   1
  1   2   4   8  16  32  64  32  16   8   4   2   1
1   2   4   8  16  32  64 128  64  32  16   8   4   2   1
```

*5.22 (2와 1,000 사이의 소수 출력) 2와 1,000을 포함하여 그 사이의 모든 소수를 출력하도록 리스트 5.17 프로그램을 수정하여라. 한 줄에 8개의 소수를 출력한다. 각 숫자들은 서로 공백 하나만큼 떨어져 있다.

심화 문제

**5.23 (금융 문제: 변동 이자율 대비 대출 금액 계산) 사용자가 대출액과 대출 기간(연도)을 입력하면 5%에서 8%까지 이자율이 1/8씩 증가할 때마다 월별 납부 금액과 전체 납부 금액을 계산하여 출력하는 프로그램을 작성하여라. 다음은 샘플 실행 결과이다.

```
Loan Amount: 10000  ↵ Enter
Number of Years: 5  ↵ Enter
Interest Rate        Monthly Payment        Total Payment
5.000%               188.71                 11322.74
5.125%               189.28                 11357.13
5.250%               189.85                 11391.59
...
7.875%               202.17                 12129.97
8.000%               202.76                 12165.83
```

매월 납부 금액을 계산하는 공식은 리스트 2.11 ComputeLoan.cpp를 참조하라.

**5.24 (금융 문제: 대부 상환 계획) 대출에 대한 매월 상환금에는 원금(principal)과 이자(interest)가 포함된다. 월별 이자는 잔금(balance, 남은 원금)에 월 이자율을 곱해서 구할 수 있다. 그러므로 월별 납부 원금은 월 납부금에서 이자를 뺀 것이다. 사용자가 대출 금액, 대출 연수, 이자율을 입력하면 대출 상환 계획을 출력하는 프로그램을 작성한다. 다음은 샘플 실행 결과이다.

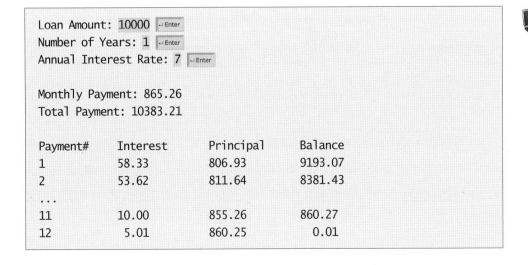

```
Loan Amount: 10000  ↵ Enter
Number of Years: 1  ↵ Enter
Annual Interest Rate: 7  ↵ Enter

Monthly Payment: 865.26
Total Payment: 10383.21

Payment#      Interest      Principal      Balance
1             58.33         806.93         9193.07
2             53.62         811.64         8381.43
...
11            10.00         855.26         860.27
12             5.01         860.25           0.01
```

> **주의**
>
> 마지막 납부액을 납부한 후, 대출 잔액이 0이 아닐 수 있다. 만약 그렇다면 마지막 납부액은 월 납부액에 마지막 대출 잔액을 더해야 한다.

힌트: 반복문을 사용하여 표를 출력하여라. 월별 납부금은 매달 같으므로 반복 전에 계산이 가능하다. 대출 잔고는 처음에는 대출액과 같다. 반복문에서 반복이 실행될 때마다 이자와 원금을 구하고 대출 잔고를 갱신한다. 반복문은 다음과 같은 형태이다.

```cpp
for (i = 1; i <= numberOfYears * 12; i++)
{
  interest = monthlyInterestRate * balance;
  principal = monthlyPayment - interest;
  balance = balance - principal;
  cout << i << "\t\t" << interest
    << "\t\t" << principal << "\t\t" << balance << endl;
}
```

*5.25 (소거 오류 증명) 매우 큰 수와 매우 작은 수를 함께 연산할 때 소거 오류(cancellation error)가 발생할 수 있다. 큰 수 때문에 작은 수가 소멸되는 것이다. 예를 들어, 100000000.0 + 0.000000001을 계산하면 100000000.0이 된다. 이런 소거 오류를 피하고, 보다 정확한 결과를 얻기 위해서는 계산 순서를 주의 깊게 살펴봐야 한다. 예를 들어, 다음과 같은 급수에서는 왼쪽에서 오른쪽으로 계산하는 것보다, 오른쪽에서 왼쪽으로 계산하는 것이 더 정확한 결과를 얻을 수 있다.

$$1 + \frac{1}{2} + \frac{1}{3} + \cdots + \frac{1}{n}$$

이 급수에서 n을 50000이라고 할 때 왼쪽에서 오른쪽으로 계산한 경우와 오른쪽에서 왼쪽으로 계산한 결과를 비교하는 프로그램을 작성하여라.

*5.26 (급수의 합) 다음 급수의 합계를 구하는 프로그램을 작성하여라.

$$\frac{1}{3} \times \frac{3}{5} \times \frac{5}{7} \times \frac{7}{9} \times \frac{9}{11} \times \frac{11}{13} \times \cdots \times \frac{95}{97} \times \frac{97}{99}$$

**5.27 (π 계산) 다음 급수를 사용하여 π의 근사치를 구할 수 있다.

$$\pi = 4\left(1 - \frac{1}{3} + \frac{1}{5} - \frac{1}{7} + \frac{1}{9} - \frac{1}{11} + \cdots + \frac{(-1)^{i+1}}{2i-1}\right)$$

i의 값이 10000, 20000, ..., 100000일 때 π의 값을 출력하는 프로그램을 작성하여라.

**5.28 (e 계산) 다음 급수를 이용하여 e의 근사치를 구할 수 있다.

$$e = 1 + \frac{1}{1!} + \frac{1}{2!} + \frac{1}{3!} + \frac{1}{4!} + \cdots + \frac{1}{i!}$$

i의 값이 10000, 20000, ..., 100000일 때 e의 값을 출력하는 프로그램을 작성하여라. (힌트: $i! = i \times (i-1) \times \cdots \times 2 \times 1$이므로 $\frac{1}{i!}$은 $\frac{1}{i(i-1)!}$이다. e와 item 변수를 1로 초기화하고, 새 item 값을 e에 계속 더해 나간다. 새 item 값은 이전 item 값을 i(i는

2, 3, 4, …)로 나눈 것이다.)

**5.29 (윤년 표시) 21세기(2001년부터 2100년까지)에 있는 모든 윤년을 표시하는 프로그램을 작성하여라. 윤년은 한 줄에 10개씩 출력되며, 각 윤년 사이에 공백을 하나씩 둔다.

**5.30 (각 달의 첫 번째 날의 요일을 출력) 사용자가 연도와 연도의 첫 번째 요일을 입력하면 해당 연도의 각 달의 첫 번째 요일을 출력하는 프로그램을 작성하여라. 예를 들어, 사용자가 2013년과, 2013년 1월 1일 화요일에 대한 숫자 2를 입력하면 다음과 같은 출력이 나오도록 한다. (일요일은 0, 월요일은 1, … , 토요일은 6으로 한다.)

```
January 1, 2013 is Tuesday
...
December 1, 2013 is Sunday
```

**5.31 (달력 출력) 사용자가 연도와 연도의 첫 번째 요일을 입력하면 해당 연도에 대한 달력을 출력하는 프로그램을 작성하여라. 예를 들어, 사용자가 2013년과, 2013년 1월 1일 화요일에 대한 숫자 2를 입력하면 다음과 같이 해당 연도의 매월의 달력이 출력되도록 한다.

<pre>
                        January 2013

 Sun   Mon   Tue   Wed   Thu   Fri   Sat
                       1   2   3   4   5
  6   7   8   9   10   11   12
 13   14   15   16   17   18   19
 20   21   22   23   24   25   26
 27   28   29   30   31

                            ...

                       December 2013

 Sun   Mon   Tue   Wed   Thu   Fri   Sat
  1   2   3   4   5   6   7
  8   9   10   11   12   13   14
 15   16   17   18   19   20   21
 22   23   24   25   26   27   28
 29   30   31
</pre>

*5.32 (금융 문제: 복리 계산) 매달 $100를 저축하고 연 이자율이 5%라고 하면, 월별 이자율은 0.05 / 12 = 0.00417이 된다. 첫 달이 지나면 계좌에 다음의 금액이 남게 된다.

$$100 * (1 + 0.00417) = 100.417$$

두 번째 달이 지나면 계좌에 다음의 금액이 남게 된다.

$$(100 + 100.417) * (1 + 0.00417) = 201.252$$

세 번째 달이 지나면 계좌에 다음의 금액이 남게 된다.

$$(100 + 201.252) * (1 + 0.00417) = 302.507$$

사용자가 저축하는 금액(예: **100**)과 연 이자율(예: **5**), 그리고 불입 달 수(예: **6**)를 입력하면 주어진 달 이후에 저축액이 얼마가 되는지 출력하는 프로그램을 작성하여라.

*5.33 (금융 문제: CD 값 계산) 5.75%의 연 수익률로 CD(양도성예금증서)에 $10,000를 넣어두었다고 하면, 한 달 후 CD는 다음의 가치를 갖는다.

$$10000 + 10000 * 5.75 / 1200 = 10047.91$$

두 달 후에 CD는 다음의 가치를 갖는다.

$$10047.91 + 10047.91 * 5.75 / 1200 = 10096.06$$

석 달 후에 CD는 다음의 가치를 갖는다.

$$10096.06 + 10096.06 * 5.75 / 1200 = 10144.43$$

사용자가 금액(예: **10000**)과 연 수익률(예: **5.75**), 그리고 달 수(예: **18**)를 입력하면 다음 샘플 실행 결과와 같은 표가 출력되도록 하는 프로그램을 작성하여라.

```
Enter the initial deposit amount: 10000 ↵Enter
Enter annual percentage yield: 5.75 ↵Enter
Enter maturity period (number of months): 18 ↵Enter

Month   CD Value
1       10047.91
2       10096.06
...
17      10846.56
18      10898.54
```

*5.34 (게임: 복권) 두 자리 숫자에 대한 복권을 생성하도록 리스트 3.7 Lottery.cpp를 수정하여라. 두 자리 숫자에서 각 자리의 숫자는 서로 달라야 한다. (힌트: 첫 번째 자리 숫자를 생성한 후 두 번째 자리 숫자가 첫 번째 자리 숫자와 다를 때까지 반복적으로 생성이 되도록 반복문을 사용한다.)

5.35 (완전수) 자기 자신을 제외한 자신의 모든 약수들의 합계가 자기 자신이 되는 양의 정수를 완전수(Perfect number)라고 한다. 예를 들어, **6은 **6 = 3 + 2 + 1**이 되기 때문에 첫 번째 완전수이다. 그 다음은 **28(=14 + 7 + 4 + 2 + 1)**이 완전수이다. 10,000 미만의 숫자 중에는 4개의 완전수가 존재한다. 이들 4개의 완전수를 찾는 프로그램을 작성하여라.

***5.36 (게임: 가위, 바위, 보) 리스트 3.15는 가위-바위-보 게임을 하는 프로그램이다. 사용자 또는 컴퓨터가 두 번 이상 이길 때까지 계속 게임을 하도록 프로그램을 수정하여라.

*5.37 (합계) 다음 합계를 계산하는 프로그램을 작성하여라.

$$\frac{1}{1+\sqrt{2}} + \frac{1}{\sqrt{2}+\sqrt{3}} + \frac{1}{\sqrt{3}+\sqrt{4}} + \cdots + \frac{1}{\sqrt{624}+\sqrt{625}}$$

**5.38 (사업: ISBN-10 검사) 프로그래밍 실습 3.35 문제를 반복문을 사용하여 간략화하여라.

*5.39 (금융 문제: 판매 금액 계산) 백화점에서 판매업에 종사하고 있다고 가정하자. 월급은 기본급과 판매 수수료로 구성되며, 기본급은 $5,000이다. 다음의 표를 사용하여 판매 수수료율을 결정한다.

판매 금액	수수료율
$0.01~$5,000	8%
$5,000.01~$10,000	10%
$10,000.01 이상	12%

이는 누진율로 적용된다는 것에 주의해야 한다. 처음 $5,000까지는 8%이고, $5,000 이상은 10%, 그리고 나머지는 12%가 된다. 만약 판매 금액이 25000이라면 수수료는 5000 * 8% + 5000 * 10% + 15000 * 12% = 2700이 된다.

목표는 한 해 동안 $30,000를 버는 것이라고 하자. $30,000를 만들기 위한 최소 판매액을 계산하는 프로그램을 **do-while** 문을 사용하여 작성하여라.

5.40 (시뮬레이션: 앞면 또는 뒷면) 동전을 백만 번 던지는 것을 시뮬레이션하고 앞면과 뒷면의 수를 출력하는 프로그램을 작성하여라.

**5.41 (최대수의 발생 빈도) 정수를 입력받아 가장 큰 수를 찾고, 그 큰 수가 몇 번 발생했는지를 계산하는 프로그램을 작성하여라. 입력의 마지막은 숫자 0이다. 만약 3 5 2 5 5 5 0을 입력하면 프로그램은 가장 큰 수로 5를 찾고 5에 대한 발생 빈도가 4가 출력되도록 한다.

(힌트: max와 count의 두 변수를 사용한다. max는 현재의 최댓값을 저장하고 count는 발생 수를 저장한다. 초기 값으로 max에는 첫 번째 수를, count는 1을 할당한다. max와 그 이후의 숫자를 비교하여 그 수가 max보다 크다면 max에 수를 대입하고 count를 1로 재설정한다. 만약 숫자가 max와 동일하면 count의 값을 1만큼 증가시킨다.)

```
Enter numbers: 3 5 2 5 5 5 0  ↵Enter
The largest number is 5
The occurrence count of the largest number is 4
```

*5.42 (금융 문제: 판매액 계산) 프로그래밍 실습 5.39를 다음과 같이 수정하여라.

- **do-while** 문 대신에 **for** 문을 사용
- **COMMISSION_SOUGHT**를 상수로 고정시키지 말고 값을 입력받아 처리

*5.43 (시뮬레이션: 시계 카운트다운) 초를 입력받아 매 초에 메시지를 출력하고 시간이 0초가 되었을 때 실행이 종료되는 프로그램을 작성하여라. 다음은 샘플 실행 결과이다.

```
Enter the number of seconds: 3  ↵Enter
2 seconds remaining
1 second remaining
Stopped
```

*5.44 (몬테카를로 시뮬레이션) 그림 (a)와 같이 사각형을 작은 4개의 영역으로 나눈다고 하자. 만약 사각형으로 1,000,000번 다트를 던진다고 하면, 다트가 홀수 영역으로 꽂힐 확률은 어떻게 되는가? 처리 과정을 시뮬레이션하고 결과를 출력하는 프로그램을 작성하여라.

(힌트: 그림 (b)와 같이 사각형의 중심을 좌표축의 중심에 놓는다. 임의로 사각형 안에 점을 생성시키고 그 점에 대해 홀수 영역에 속하는 횟수를 계산한다.)

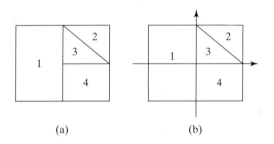

(a)   (b)

*5.45 (수학: 조합) 1에서 7까지의 정수에 대해 두 개의 숫자를 뽑는 모든 가능한 조합(combination)을 출력하는 프로그램을 작성하여라. 또한 모든 조합의 총 수도 출력해야 한다.

```
1 2
1 3
...
...
The total number of all combinations is 21
```

*5.46 (컴퓨터 구조: 비트 연산) short로 선언된 값은 16비트로 저장된다. short형 정수를 입력받아 16비트를 출력하는 프로그램을 작성하여라. 다음은 샘플 실행 결과이다.

```
Enter an integer: 5 ↵Enter
The bits are 0000000000000101
```

```
Enter an integer: -5 ↵Enter
The bits are 1111111111111011
```

(힌트: 부록 E에서 설명하는 비트단위 오른쪽 시프트 연산자(>>)와 비트단위 AND 연산자(&)를 사용해야 한다.)

**5.47 (통계: 평균과 표준편차 계산) 사업과 관련하여 데이터에 대해 평균(mean)과 표준편차(standard deviation)를 계산하는 경우가 있다. 평균은 간단히 수들의 평균값이고, 표준편차는 데이터 집합에서 평균 주위에 얼마나 많은 데이터가 분포되어 있는지를 알려 주는 통계치이다. 예를 들어, 한 반에서 학생들의 평균 나이는 어떻게 되는가? 학생들의 나이가 얼마나 유사한가? 만약 모든 학생들이 같은 나이라면 표준편차는 0이된다.

10개의 수를 입력받아 다음 공식을 사용하여 입력한 수들의 평균과 표준편차를 계산
하는 프로그램을 작성하여라.

$$평균 = \frac{\sum\limits_{i=1}^{n} x_i}{n} = \frac{x_1 + x_2 + \cdots + x_n}{n} \qquad 편차 = \sqrt{\frac{\sum\limits_{i=1}^{n} x_i^2 - \dfrac{\left(\sum\limits_{i=1}^{n} x_i\right)^2}{n}}{n-1}}$$

다음은 샘플 실행 결과이다.

```
Enter ten numbers: 1 2 3 4.5 5.6 6 7 8 9 10  ↵Enter
The mean is 5.61
The standard deviation is 2.99794
```

*5.48 (대문자 개수 세기) 문자열을 입력받아 문자열 내의 대문자의 수를 출력하는 프로그램
을 작성하여라. 다음은 샘플 실행 결과이다.

```
Enter a string: Programming Is Fun  ↵Enter
The number of uppercase letters is 3
```

*5.49 (가장 긴 공통 접두어) 두 개의 문자열을 입력받아 두 문자열의 가장 긴 공통 접두어를
출력하는 프로그램을 작성하여라. 다음은 샘플 실행 결과이다.

```
Enter s1: Programming is fun  ↵Enter
Enter s2: Program using a language  ↵Enter
The common prefix is Program
```

```
Enter s1: ABC  ↵Enter
Enter s2: CBA  ↵Enter
ABC and CBA have no common prefix
```

*5.50 (문자열 뒤집기) 문자열을 입력받아 역순으로 출력하는 프로그램을 작성하여라.

```
Enter a string: ABCD  ↵Enter
The reversed string is DCBA
```

*5.51 (사업: ISBN-13 검사) 책을 확인하기 위한 새로운 표준으로 ISBN-13이 있다. 이는
$d_1d_2d_3d_4d_5d_6d_7d_8d_9d_{10}d_{11}d_{12}d_{13}$의 13자리의 수를 사용한다. 마지막 숫자 d_{13}은 검사합
(checksum)이며, 나머지 숫자들을 사용한 다음 공식으로 계산된다.

$$10 - (d_1 + 3d_2 + d_3 + 3d_4 + d_5 + 3d_6 + d_7 + 3d_8 + d_9 + 3d_{10} + d_{11} + 3d_{12})\%10$$

검사합이 **10**이라면 **0**으로 표시한다. 입력은 문자열로 읽어야 한다. 다음은 샘플 실행
결과이다.

```
Enter the first 12 digits of an ISBN-13 as a string: 978013213080 ↵Enter
The ISBN-13 number is 9780132130806
```

```
Enter the first 12 digits of an ISBN-13 as a string: 978013213079 ↵Enter
The ISBN-13 number is 9780132130790
```

```
Enter the first 12 digits of an ISBN-13 as a string: 97801320 ↵Enter
97801320 is an invalid input
```

*5.52 (문자열 처리) 문자열을 입력받아 홀수 인덱스 위치에 있는 문자를 출력하는 프로그램을 작성하여라. 다음은 샘플 실행 결과이다.

```
Enter a string: ABeijing Chicago ↵Enter
BiigCiao
```

*5.53 (모음과 자음의 개수 세기) 문자 A, E, I, O, U는 모음이다. 문자열을 입력받아 문자열 안의 모음과 자음의 수를 출력하는 프로그램을 작성하여라.

```
Enter a string: Programming is fun ↵Enter
The number of vowels is 5
The number of consonants is 11
```

**5.54 (파일의 문자 개수 세기) countletters.txt라는 이름의 파일 안에 있는 문자의 수를 세는 프로그램을 작성하여라.

**5.55 (수학 선생님) 샘플 실행 결과의 메뉴가 출력되는 프로그램을 작성하여라. 덧셈과 뺄셈, 곱셈, 나눗셈 테스트를 선택하기 위해서 1, 2, 3, 4를 입력한다. 검사가 끝난 후 메뉴가 다시 화면에 표시되어야 한다. 다른 테스트를 선택하거나 시스템으로 빠져 나오기 위해 5를 입력한다. 각각의 테스트는 덧셈과 뺄셈, 곱셈, 나눗셈을 수행하기 위해서 임의로 두 개의 한 자리 숫자를 생성한다. number1 - number2와 같은 뺄셈에서는 number1이 number2와 같거나 더 커야 한다. number1 / number2와 같은 나눗셈에서는 number2는 0이 아니어야 한다.

```
Main menu
1: Addition
2: Subtraction
3: Multiplication
4: Division
5: Exit
Enter a choice: 1 ↵Enter
What is 1 + 7? 8 ↵Enter
Correct
```

```
Main menu
1: Addition
2: Subtraction
3: Multiplication
4: Division
5: Exit
Enter a choice: 1 ↵Enter
What is 4 + 0? 5 ↵Enter
Your answer is wrong. The correct answer is 4

Main menu
1: Addition
2: Subtraction
3: Multiplication
4: Division
5: Exit
Enter a choice: 4 ↵Enter
What is 4 / 5? 1 ↵Enter
Your answer is wrong. The correct answer is 0

Main menu
1: Addition
2: Subtraction
3: Multiplication
4: Division
5: Exit
Enter a choice:
```

*5.56 (모서리 점 좌표) 그림 5.4와 같이 (0, 0)이 중심이고 3시 방향에 한 점이 있는 n개의 면을 가진 정다각형을 가정해 보자. 사용자가 면의 수와 다각형에 접하는 원의 반지름을 입력하면 다각형의 모서리 점의 좌표를 출력하는 프로그램을 작성하여라.

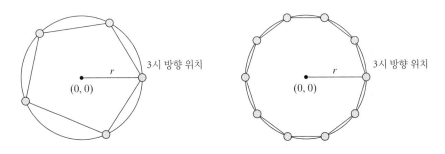

그림 5.4 n면 다각형은 (0, 0)에 중심과 3시 방향 위치에 한 점이 있다.

다음은 샘플 실행 결과이다.

```
Enter the number of the sides: 6 ↵Enter
Enter the radius of the bounding circle: 100 ↵Enter
The coordinates of the points on the polygon are
(100, 0)
(50.0001, 86.6025)
(-49.9998, 86.6026)
(-100, 0.000265359)
(-50.0003, -86.6024)
(49.9996, -86.6028)
```

**5.57 (비밀번호 검사) 웹사이트에 따라 비밀번호에 어떤 법칙을 요구하는 경우가 있다. 다음과 같이 비밀번호를 만들어야 한다고 하자.

- 비밀번호는 적어도 8개의 문자여야 한다.
- 비밀번호는 문자와 숫자로만 구성되어야 한다.
- 비밀번호는 적어도 두 개의 숫자가 포함되어야 한다.

사용자가 비밀번호를 입력했을 때 상기 법칙에 맞으면 **valid password**를, 그렇지 않으면 **invalid password**를 출력하는 프로그램을 작성하여라.

함수

이 장의 목표

- 형식 매개변수가 있는 함수 정의(6.2절)

- 값 반환 함수 정의 및 호출(6.3절)

- **void** 함수 정의 및 호출(6.4절)

- 값에 의한 인수 전달(6.5절)

- 읽기 쉽고 디버깅과 유지보수가 쉬운 모듈식 재사용이 가능한 코드의 개발(6.6절)

- 함수 오버로딩의 사용과 모호한 오버로딩의 이해(6.7절)

- 함수 헤더 선언을 위한 함수 원형 사용(6.8절)

- 기본 인수를 사용한 함수 정의(6.9절)

- 인라인 함수를 사용한 짧은 함수의 실행 효율 개선(6.10절)

- 지역 변수와 전역 변수의 범위 결정(6.11절)

- 참조에 의한 인수 전달, 값에 의한 전달과 참조에 의한 전달의 차이점 이해(6.12절)

- 매개변수가 임의로 수정되는 것을 방지하기 위한 const 매개변수 선언(6.13절)

- 16진수를 10진수로 변환하는 함수 작성(6.14절)

- 단계적 상세화를 사용한 함수 설계 및 구현(6.15절)

6.1 들어가기

Key Point

문제

함수는 재사용이 가능한 코드를 정의하고 코드를 조직화하며 간략화하기 위해서 사용된다.

1부터 **10**까지, **20**부터 **37**까지, 그리고 **35**부터 **49**까지의 정수의 합을 각각 구하고자 한다고 하자. 이 경우 다음과 같이 코드를 작성할 수 있다.

```cpp
int sum = 0;
for (int i = 1; i <= 10; i++)
  sum += i;
cout << "Sum from 1 to 10 is " << sum << endl;

sum = 0;
for (int i = 20; i <= 37; i++)
  sum += i;
cout << "Sum from 20 to 37 is " << sum << endl;

sum = 0;
for (int i = 35; i <= 49; i++)
  sum += i;
cout << "Sum from 35 to 49 is " << sum << endl;
```

왜 함수를 사용하는가?

1부터 **10**까지, **20**부터 **37**까지, 그리고 **35**부터 **49**까지의 합을 계산하는 것은 시작과 끝 정수 값을 제외하고는 매우 유사한 것을 알 수 있다. 이 경우 공통되는 코드를 한 번만 작성하고 그것을 재사용하는 것이 좋지 않을까? C++ 프로그래밍에서는 함수를 정의하고 호출함으로써 이를 수행할 수 있다.

앞서의 코드는 다음과 같이 간략화될 수 있다.

sum 함수 정의

```cpp
1  int sum(int i1, int i2)
2  {
3    int sum = 0;
4    for (int i = i1; i <= i2; i++)
5      sum += i;
6
7    return sum;
8  }
9
```

main 함수

sum 함수 호출

```cpp
10  int main()
11  {
12    cout << "Sum from 1 to 10 is " << sum(1, 10) << endl;
13    cout << "Sum from 20 to 37 is " << sum(20, 37) << endl;
14    cout << "Sum from 35 to 49 is " << sum(35, 49) << endl;
15
16    return 0;
17  }
```

1번~8번 줄에는 두 개의 매개변수 **i1, i2**를 사용한 **sum**이라는 이름의 함수가 정의되어 있다. **main** 함수에서는 1부터 **10**까지의 합을 계산하기 위해서 **sum(1, 10)**을 호출하고, 20부터 37까지의 합을 계산하기 위해 **sum(20, 37)**, 그리고 35부터 49까지의 합을 계산하기 위해 `sum(35, 49)`를 호출한다.

함수는 하나의 작은 목적을 수행하기 위해 여러 문장을 모아놓은 것이라고 할 수 있다. 이전 장에서 `pow(a, b)`, `rand()`, `srand(seed)`, `time(0)`, `main()`과 같은 함수에 대해서 배웠다. 예를 들어, `pow(a, b)` 함수를 호출할 때 시스템은 함수 내의 문장을 실행하고 그 결과 값을 반환한다. 이 장에서는 복잡한 문제를 해결하기 위해 함수를 정의하고 사용하는 법과 함수 추상화(abstraction)를 적용하는 방법에 대해 살펴보도록 하겠다.

함수

6.2 함수 정의

함수 정의는 함수 이름, 매개변수, 반환값 유형, 함수 몸체로 구성되어 있다.

함수를 정의하는 구문은 다음과 같다.

```
returnValueType 함수 이름(매개변수 목록)
{
    // 함수 몸체;
}
```

두 정수 중에 큰 숫자를 찾는 함수에 대해 살펴보자. 이 함수의 이름은 max이고 2개의 **int** 형 매개변수 num1과 num2가 있으며, 두 수 중 큰 수가 함수에서 반환된다. 그림 6.1은 이 함수의 각 요소를 설명하고 있다.

함수 헤더에서 함수의 반환값 유형, 함수 이름, 매개변수를 지정한다.

함수 헤더

함수는 값을 반환할 수 있다. **returnValueType**은 함수가 반환하는 값의 데이터 유형을 말한다. 함수 중에는 반환하는 값 없이 주어진 일을 처리하는 경우도 있다. 이 경우에 **returnValueType**에는 **void** 키워드를 사용한다. 예를 들어, **srand** 함수의 **returnValueType** 은 **void**형이다. 반환값이 있는 함수를 값 반환 함수(value-returning function)라고 하고, 반환 값이 없는 함수를 void 함수라고 한다.

값 반환 함수
void 함수

함수 헤더에 선언된 변수를 형식 매개변수(formal parameter) 또는 간단히 매개변수라고 한다. 함수가 호출될 때 매개변수를 통하여 값을 전달한다. 호출하는 쪽의 매개변수를 실 매개변

형식 매개변수
매개변수

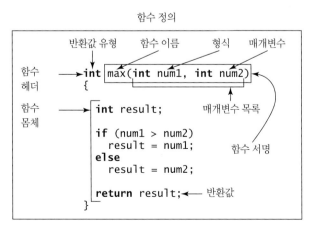
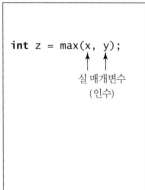

그림 6.1 함수의 정의와 인수를 사용한 함수 호출

수(actual parameter) 또는 인수(argument)라고 한다. 매개변수 목록에서 함수 매개변수의 유형과 순서, 개수를 조회할 수 있다. 함수 이름과 매개변수 목록 모두는 **함수 서명**(function signature)의 구성 요소가 된다. 매개변수는 선택 사항이므로 함수에서 매개변수를 전혀 사용하지 않을 수도 있다. 예를 들어 `rand()` 함수는 매개변수가 없다.

함수 몸체는 함수의 수행 내용을 정의하는 여러 가지 문장들로 구성된다. `max` 함수의 몸체에서는 어느 수가 큰지를 결정하기 위한 `if` 문을 사용하고 그 값을 반환한다. `return` 키워드를 사용하는 return 문은 결과 값을 반환하는 값 반환 함수(value-returning function)에 필요하다. return 문이 실행되면 함수는 종료된다.

경고

함수 헤더에서 각 매개변수는 유형을 각각 선언해야 한다. 예를 들어, `max(int num1, num2)`가 아니라 `max(int num1, int num2)`로 선언해야 한다.

6.3 함수 호출

Key Point

함수를 호출하는 것은 함수의 코드를 실행하는 것이다.

함수를 생성하는 것은 함수가 해야 할 일을 정의하는 것이고, 생성한 함수를 사용하기 위해서는 함수를 호출해야 한다. 함수를 호출하는 방법에는 두 가지가 있는데, 이는 함수에 반환값이 있는지에 따라 달라진다.

함수에 반환값이 있는 경우, 함수 호출은 하나의 변수처럼 취급된다. 예를 들어,

```
int larger = max(3, 4);
```

는 `max(3, 4)`를 호출하여 그 함수의 반환값을 **larger** 변수에 저장한다. 또 다른 예로써,

```
cout << max(3, 4);
```

는 `max(3, 4)` 함수 호출의 반환값을 화면에 출력한다.

주의

값 반환 함수는 C++에서 하나의 문장처럼 호출될 수 있다.[1] 이 경우 호출하는 측은 반환값을 무시한다. 이는 드문 경우이지만, 호출 측에서 반환값을 사용할 필요가 없을 때 허용되는 형태이다.

프로그램에서 함수를 호출하게 되면 프로그램 제어는 호출되는 함수 쪽으로 넘어가서 그함수가 실행된다. 호출된 함수에서는 반환 문(return 문)이 실행되거나 함수의 끝 괄호(})에도달했을 때 호출자에게 제어를 되돌려 준다.

리스트 6.1은 `max` 함수를 사용하는 예제이다.

리스트 6.1 TestMax.cpp

```
1  #include <iostream>
2  using namespace std;
3
```

---

1) 역주: `int larger = max(3, 4);`와 같은 형태가 아닌 `max(3, 4);`만 있는 경우를 말하는 것이다.

```
 4    // 두 수 중 큰 값을 반환
 5    int max(int num1, int num2)                                      max 함수 정의
 6    {
 7      int result;
 8
 9      if (num1 > num2)
10        result = num1;
11      else
12        result = num2;
13
14      return result;
15    }
16
17    int main()                                                        main 함수
18    {
19      int i = 5;
20      int j = 2;
21      int k = max(i, j);                                              max 호출
22      cout << "The maximum between " << i <<
23        " and " << j << " is " << k << endl;
24
25      return 0;
26    }
```

```
The maximum between 5 and 2 is 5
```

	Line#	i	j	k	num1	num2	result
	19	5					
	20		2				
Invoking max	5				5	2	
							undefined
	10						5
	21			5			

이 프로그램은 max 함수와 main 함수로 구성되어 있다. main 함수는 프로그램 시작을 위   main 함수
해서 운영체제에 의해 호출된다는 점을 제외하고는 다른 함수와 마찬가지이다. main을 제외
한 모든 다른 함수들은 함수 호출 문장에 의해 실행된다.

함수는 호출되기 전에 정의되어야 한다. max 함수는 main 함수에 의해서 호출되므로 main   함수의 정렬
함수 앞에서 선언되어야 한다.

max 함수가 호출될 때(21번 줄) 변수 i의 값 5가 max 함수의 num1로, j의 값 2가 max 함수   max 함수
의 num2로 전달된다. 이때 제어도 max 함수로 넘어가게 되어 max 함수가 실행된다. max 함수
안의 return 문이 실행될 때 max 함수가 제어를 호출 측으로 되돌려 주게 된다(이 경우 호출
측은 main 함수이다). 이 절차를 그림 6.2에 나타내었다.

함수가 호출될 때마다 시스템은 함수의 인수와 변수를 저장하는 활성 레코드(activation   활성 레코드
record)(또는 활성 프레임(activation frame))를 생성하고, 호출 스택(call stack)으로서의 메모리   호출 스택

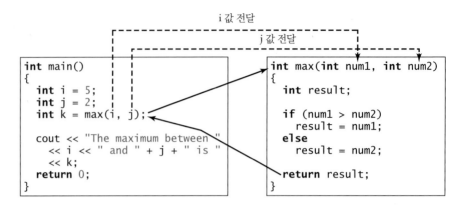

그림 6.2 `max` 함수가 호출되면 제어가 `max` 함수로 넘어가고, `max` 함수의 실행이 끝났을 때 호출 측으로 제어를 되돌려 준다.

영역 안에 활성 레코드를 저장한다. 호출 스택을 실행 스택(execution stack), 실행시간 스택 (runtime stack), 기계 스택(machine stack)이라고 하며, 줄여서 그냥 '스택'이라고도 한다. 함수가 다른 함수를 호출하게 되면 호출한 함수의 활성 레코드는 그대로 유지되고, 함수 호출을 위한 새 활성 레코드가 생성된다. 함수가 본연의 작업을 끝내고 호출자에게 제어를 반환하면 사용했던 활성 레코드는 호출 스택에서 제거된다.

호출 스택은 LIFO(Last In First Out) 형태, 즉 나중에 들어온 데이터가 먼저 나가게 되는 형태로 활성 레코드를 저장한다. 마지막에 호출된 함수의 활성 레코드가 스택에서 가장 먼저 삭제된다. 함수 m1이 함수 m2를 호출하고, 그 다음에 m2가 m3을 호출한다고 하면, 실행 시스템은 m1의 활성 레코드를 스택에 푸시(push)[2]하고, 그 다음에 m2의 활성 레코드를, 그 다음에 m3의 활성 레코드를 스택에 푸시한다. m3의 실행이 종료된 후 m3의 활성 레코드가 스택에서 삭제되고, m2의 실행 종료 후 m2의 활성 레코드가, 그리고 m1의 실행 종료 후 m1의 활성 레코드가 스택에서 삭제된다.

호출 스택을 이해하면 함수가 어떻게 호출되는지를 알 수 있다. `main` 함수에서 선언된 변수가 i, j, k이고, `max` 함수에서 선언된 변수가 num1, num2, result이다. num1, num2 변수는 함수 서명 부분에서 선언된 매개변수이며, 이 값들이 함수 호출을 통해 전달된다. 그림 6.3은 스택에서의 활성 레코드를 설명해 주고 있다.

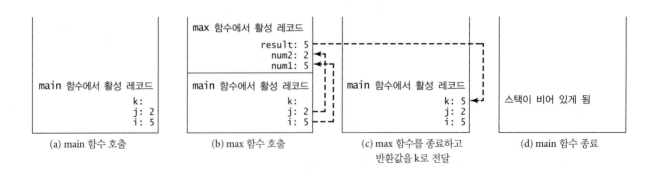

그림 6.3 `max` 함수가 호출되면 제어 흐름이 `max` 함수로 이동된다. `max` 함수가 종료되면 호출자에 제어를 반환한다.

---

2) 역주: 스택에 데이터를 넣는 동작을 뜻한다.

6.4 void 함수

void 함수는 값을 반환하지 않는다.

앞 절에서는 값을 반환하는 함수에 관하여 설명하였다. 이 절에서는 void 함수를 정의하고 호출하는 방법에 대해 설명한다. 리스트 6.2는 **printGrade**라는 함수를 정의하고 점수가 주어지면 등급을 출력하기 위해 함수를 호출하는 프로그램이다.

리스트 6.2 TestVoidFunction.cpp

```cpp
 1  #include <iostream>
 2  using namespace std;
 3
 4  // 점수에 따른 등급 출력
 5  void printGrade(double score)
 6  {
 7    if (score >= 90.0)
 8      cout << 'A' << endl;
 9    else if (score >= 80.0)
10      cout << 'B' << endl;
11    else if (score >= 70.0)
12      cout << 'C' << endl;
13    else if (score >= 60.0)
14      cout << 'D' << endl;
15    else
16      cout << 'F' << endl;
17  }
18
19  int main()
20  {
21    cout << "Enter a score: ";
22    double score;
23    cin >> score;
24
25    cout << "The grade is ";
26    printGrade(score);
27
28    return 0;
29  }
```

printGrade 함수

main 함수

printGrade 호출

```
Enter a score: 78.5 ↵Enter
The grade is C
```

printGrade 함수는 void 함수이다. 이 함수는 반환값이 없다. void 함수의 호출은 한 문장으로 작성해야 한다. 즉, 수식이나 대입식에 void 함수를 포함시킬 수 없다. 그래서 main 함수 26번 줄에서 하나의 문장으로 호출되었다. 이 문장은 다른 C++ 문장과 같이 문장 뒤에 세미콜론(;)을 붙여야 한다.

void 함수 호출

void 함수 vs. 값 반환 함수

void 함수와 값 반환 함수의 차이점을 이해하기 위해서 **printGrade** 함수를 값을 반환하는 함수로 수정해 보자. 리스트 6.3에서 등급을 반환하는 새로운 함수 **getGrade**를 호출한다.

리스트 6.3 TestReturnGradeFunction.cpp

getGrade 함수

main 함수

getGrade 함수

```cpp
1   #include <iostream>
2   using namespace std;
3
4   // 점수에 따른 등급 반환
5   char getGrade(double score)
6   {
7     if (score >= 90.0)
8       return 'A';
9     else if (score >= 80.0)
10      return 'B';
11    else if (score >= 70.0)
12      return 'C';
13    else if (score >= 60.0)
14      return 'D';
15    else
16      return 'F';
17  }
18
19  int main()
20  {
21    cout << "Enter a score: ";
22    double score;
23    cin >> score;
24
25    cout << "The grade is ";
26    cout << getGrade(score) << endl;
27
28    return 0;
29  }
```

```
Enter a score: 78.5 ⏎Enter
The grade is C
```

5번~17번 줄에서 정의된 **getGrade** 함수는 점수 값에 따라 등급 문자를 반환한다. 호출자는 26번 줄에서 이 함수를 호출한다.

getGrade 함수는 호출자에 의해 문자가 표시될 수 있는 곳 어디서든 호출될 수 있다. **printGrade** 함수는 반환값이 없으므로 하나의 문장으로 호출되어야 한다.

void 함수에서는 반환

주의

void 함수에서는 return 문이 필요하지는 않지만, 함수의 실행을 끝내거나 함수의 호출자로 되돌아가기 위해 return 문를 사용할 수 있다. 사용 방법은 다음과 같이 간단한다.

    return;

이와 같이 사용하는 것은 드문 경우이긴 하지만, void 함수에서 정상적인 제어 흐름을 빠져 나가기 위해 유용하게 사용할 수 있다. 예를 들어, 다음 코드에서는 유효한 점수가 아닌 경우 함수를 끝내기 위해서 return 문을 사용하고 있다.

```cpp
// 점수에 따른 등급 출력
void printGrade(double score)
{
  if (score < 0 || score > 100)
  {
    cout << "Invalid score";
    return;
  }

  if (score >= 90.0)
    cout << 'A';
  else if (score >= 80.0)
    cout << 'B';
  else if (score >= 70.0)
    cout << 'C';
  else if (score >= 60.0)
    cout << 'D';
  else
    cout << 'F';
}
```

주의

가끔 비정상적인 상황이 발생하면 함수에서 즉시 프로그램을 끝내고자 할 때가 있을 것이다. 이는 **cstdlib** 헤더에 정의된 **exit(int)** 함수를 호출함으로써 실행이 가능하다. 이 함수를 호출할 때 프로그램 상의 오류를 나타내는 정수를 인수로 전달할 수 있다. 예를 들어, 다음 함수는 유효하지 않은 점수가 함수로 전달된 경우 프로그램을 종료시킨다.

```cpp
// 점수에 따른 등급 출력
void printGrade(double score)
{
  if (score < 0 || score > 100)
  {
    cout << "Invalid score" << endl;
    exit(1);
  }

  if (score >= 90.0)
    cout << 'A';
  else if (score >= 80.0)
    cout << 'B';
  else if (score >= 70.0)
    cout << 'C';
  else if (score >= 60.0)
    cout << 'D';
  else
    cout << 'F';
}
```

6.1 함수를 사용할 때의 이점은 무엇인가?

6.2 함수를 어떻게 정의하는가? 함수를 어떻게 호출하는가?

✔**Check Point**

6.3 조건식을 사용하여 리스트 6.1의 max 함수를 어떻게 간략화시킬 수 있는가?

6.4 void 형 함수의 호출은 항상 본인 자신의 하나의 문장으로 실행된다. 그러나 값 반환 함수의 호출은 본인 자신의 하나의 문장으로는 실행되지 않는다. 이 말은 참인가 거짓인가?

6.5 main 함수의 반환값 유형은 무엇인가?

6.6 값 반환 함수에서 return 문을 작성하지 않으면 무엇이 잘못될 수 있는가? void 함수에서 return 문을 사용할 수 있는가? 다음 함수의 return 문은 구문 오류를 발생시키는가?

```cpp
void p(double x, double y)
{
  cout << x << " " << y << endl;
  return x + y;
}
```

6.7 매개변수, 인수, 함수 서명의 정의를 내려 보아라.

6.8 다음 함수에 대해 함수 헤더(함수 몸체는 아님)를 작성하여라.

　　a. 판매액과 수수료율이 주어졌을 때 판매 수수료(sales commission)를 반환

　　b. 연도와 달이 주어졌을 때 해달 월의 달력을 출력

　　c. 수의 제곱근(square root) 값을 반환

　　d. 수가 짝수인지를 검사하고 만약 그렇다면 참을 반환

　　e. 지정된 횟수만큼 메시지를 출력

　　f. 대출 금액, 연도, 연이율이 주어졌을 때 월상환액을 반환

　　g. 소문자가 주어졌을 때 그에 해당하는 대문자를 반환

6.9 다음 프로그램을 확인하고 오류를 수정하여라.

```cpp
int function1(int n)
{
  cout << n;
}

function2(int n, m)
{
  n += m;
  function1(3.4);
}
```

6.5 값에 의한 인수 전달

Key Point

기본적으로 인수는 함수를 호출할 때 매개변수로 값에 의해 전달된다.

함수는 매개변수와 함께 기능을 수행한다. 어떤 두 개의 int 값들 중 최댓값을 찾기 위해 max 함수를 사용할 수 있다. 함수를 호출할 때 호출 함수 쪽으로 인수를 전달해 줘야 하고, 이 인수들은 호출 함수의 함수 서명에 있는 각각의 매개변수에 순차적으로 대입된다. 이를 매개변수 순차 결합(parameter order association)이라고 한다. 예를 들어, 다음 함수는 문자를 n번 출력한다.

매개변수 순차 결합

```cpp
void nPrint(char ch, int n)
```

```
{
  for (int i = 0; i < n; i++)
    cout << ch;
}
```

'a'를 세 번 출력하기 위해서 **nPrint('a', 3)**을 사용할 수 있다. **nPrint('a', 3)** 문은 실 char 매개변수 **'a'**를 매개변수 **ch**로 전달하고, **3**은 **n**으로 전달하여 **'a'**를 세 번 출력한다. 그러나 **nPrint(3, 'a')**는 의미가 다르다. 이는 **3**을 **ch**로, **'a'**를 **n**으로 전달한다.

6.10 인수는 그의 매개변수와 같은 이름을 사용할 수 있는가?

6.11 다음 프로그램을 확인하고 오류를 수정하여라.

```
 1  void nPrintln(string message, int n)
 2  {
 3    int n = 1;
 4    for (int i = 0; i < n; i++)
 5      cout << message << endl;
 6  }
 7
 8  int main()
 9  {
10    nPrintln(5, "Welcome to C++!");
11  }
```

6.6 코드 모듈화

모듈화는 코드를 재사용할 수 있도록 유지보수와 디버깅을 쉽게 해 준다.

함수는 중복되는 코드를 줄이고 코드의 재사용을 가능하게 해 주기 위해 사용된다. 또한 코드를 모듈화하여 프로그램의 성능을 개선하는 데도 함수를 사용할 수 있다.

리스트 5.10 GreatestCommonDivisor.cpp는 사용자가 두 개의 정수를 입력하고 그 두 수의 최대 공약수를 출력하는 프로그램이다. 이 프로그램은 리스트 6.4와 같이 함수를 사용하여 수정할 수 있다.

리스트 6.4 GreatestCommonDivisorFunction.cpp

```
 1  #include <iostream>
 2  using namespace std;
 3
 4  // 두 정수의 최대 공약수 반환
 5  int gcd(int n1, int n2)
 6  {
 7    int gcd = 1; // 최대 공약수의 초기 값은 1
 8    int k = 2; // 가능한 최대 공약수
 9
10    while (k <= n1 && k <= n2)
11    {
12      if (n1 % k == 0 && n2 % k == 0)
13        gcd = k; // 최대 공약수 업데이트
```

gcd 계산

gcd 변환

```
14      k++;
15    }
16
17    return gcd;  // 최대 공약수 반환
18  }
19
20  int main()
21  {
22    // 두 개의 정수 입력
23    cout << "Enter first integer: ";
24    int n1;
25    cin >> n1;
26
27    cout << "Enter second integer: ";
28    int n2;
29    cin >> n2;
30
31    cout << "The greatest common divisor for " << n1 <<
32      " and " << n2 << " is " << gcd(n1, n2) << endl;
33
34    return 0;
35  }
```

gcd 호출 (line 31-32)

```
Enter first integer: 45 ↵Enter
Enter second integer: 75 ↵Enter
The greatest common divisor for 45 and 75 is 15
```

함수에서 최대 공약수(GCD)를 계산하기 위해 코드를 캡슐화하면 몇 가지 장점이 있다.

1. 최대 공약수를 계산하는 문제 부분과 **main** 함수 코드의 나머지 부분이 서로 분리된다. 이렇게 함으로써 논리가 명백해지고 프로그램을 이해하기가 쉬워진다.

2. 최대 공약수를 계산하는 데 오류가 발생하면 **gcd** 함수에 국한된 오류일 것이고, 이는 디버깅의 범위를 좁혀 준다.

3. **gcd** 함수는 다른 프로그램에서 재사용될 수 있다.

리스트 6.5는 리스트 5.17 PrimeNumber.cpp를 개선하기 위해 코드 모듈화의 개념을 적용한 것이다. 프로그램에서 새로운 두 개의 함수, 즉 **isPrime**과 **printPrimeNumbers**를 정의한다. **isPrime** 함수는 숫자가 소수인지를 검사하고, **printPrimeNumbers** 함수는 소수를 출력한다.

리스트 6.5 PrimeNumberFunction.cpp

isPrime 함수

```
1  #include <iostream>
2  #include <iomanip>
3  using namespace std;
4
5  // 숫자가 소수인지 검사
6  bool isPrime(int number)
```

```cpp
 7  {
 8    for (int divisor = 2; divisor <= number / 2; divisor++)
 9    {
10      if (number % divisor == 0)
11      {
12        // 참이면 숫자는 소수가 아님
13        return false; // 숫자는 소수가 아님
14      }
15    }
16
17    return true; // 숫자는 소수임
18  }
19
20  void printPrimeNumbers(int numberOfPrimes)                              printPrimeNumbers 함수
21  {
22    const int NUMBER_OF_PRIMES = 50; // 출력할 소수의 수
23    const int NUMBER_OF_PRIMES_PER_LINE = 10; // 한 줄에 10개씩 출력
24    int count = 0; // 소수의 개수
25    int number = 2; // 소수인지를 검사할 숫자
26
27    // 반복적으로 소수 찾기
28    while (count < numberOfPrimes)
29    {
30      // 소수 출력과 count 증가
31      if (isPrime(number))                                               isPrime 호출
32      {
33        count++; // count 증가
34
35        if (count % NUMBER_OF_PRIMES_PER_LINE == 0)
36        {
37          // 숫자 출력과 새로운 줄로 이동
38          cout << setw(4) << number << endl;
39        }
40        else
41          cout << setw(4) << number;
42      }
43
44      // 다음 숫자가 소수인지 검사
45      number++;
46    }
47  }
48
49  int main()
50  {
51    cout << "The first 50 prime numbers are \n";
52    printPrimeNumbers(50);                                               printPrimeNumbers 호출
53
54    return 0;
55  }
```

```
The first 50 prime numbers are
    2   3   5   7  11  13  17  19  23  29
   31  37  41  43  47  53  59  61  67  71
   73  79  83  89  97 101 103 107 109 113
  127 131 137 139 149 151 157 163 167 173
  179 181 191 193 197 199 211 223 227 229
```

큰 문제를 두 개의 작은 문제들로 분할하였다. 결과적으로 새로운 프로그램은 읽고 디버깅하기 쉬워진다. 더군다나 **printPrimeNumbers**와 **isPrime** 함수는 다른 프로그램에서 재사용이 가능하다.

6.7 함수 오버로딩

함수 오버로딩은 함수 서명은 다르지만 같은 이름의 함수를 정의할 수 있게 해 준다.

앞에서 **int** 데이터 유형만을 가지는 **max** 함수를 사용한 바 있다. 하지만 두 실수 중 큰 수를 구하는 함수를 만들어야 한다면 어떻게 하겠는가? 방법은 함수 이름은 같지만 매개변수만 다른 **max** 함수를 작성하는 것이다. 다음 코드를 살펴보자.

```cpp
double max(double num1, double num2)
{
  if (num1 > num2)
    return num1;
  else
    return num2;
}
```

int 값으로 **max** 함수를 호출하면 **int** 매개변수로 작성된 **max** 함수가 호출되고, **double** 값으로 **max** 함수를 호출하면 **double** 매개변수로 작성된 **max** 함수가 호출되는데, 이러한 기능을 함수 오버로딩(function overloading)이라고 한다. 즉, 하나의 파일 안에서 이름은 같지만 매개변수 목록만 다른 여러 개의 함수가 올 수 있다. C++ 컴파일러는 함수의 매개변수 목록에 따라 어떤 함수가 실행될 것인지를 결정한다.

함수 오버로딩

리스트 6.6은 세 개의 함수를 오버로딩한 것이다. 첫 번째 함수는 두 정수 중 큰 값을, 두 번째 함수는 두 double 형 값 중에서 큰 값을, 세 번째 함수는 세 double 형 값 중에서 큰 값을 구하는 함수로, 함수의 이름이 모두 **max**이다.

리스트 6.6 TestFunctionOverloading.cpp

max 함수

```cpp
1  #include <iostream>
2  using namespace std;
3
4  // 두 정수 중 큰 수 반환
5  int max(int num1, int num2)
6  {
7    if (num1 > num2)
```

```
 8        return num1;
 9    else
10        return num2;
11  }
12
13  // 두 double 형 값 중 큰 값 반환
14  double max(double num1, double num2)          max 함수
15  {
16    if (num1 > num2)
17      return num1;
18    else
19      return num2;
20  }
21
22  // 세 개의 double 형 값 중 최댓값 반환
23  double max(double num1, double num2, double num3)   max 함수
24  {
25    return max(max(num1, num2), num3);
26  }
27
28  int main()                                    main 함수
29  {
30    // int 매개변수가 있는 max 함수 호출
31    cout << "The maximum between 3 and 4 is " << max(3, 4) << endl;   max 호출
32
33    // double 매개변수가 있는 max 함수 호출
34    cout << "The maximum between 3.0 and 5.4 is "
35      << max(3.0, 5.4) << endl;                 max 호출
36
37    // 3개의 double 매개변수가 있는 max 함수 호출
38    cout << "The maximum between 3.0, 5.4, and 10.14 is "
39      << max(3.0, 5.4, 10.14) << endl;          max 호출
40
41    return 0;
42  }
```

max(3, 4)를 호출하면(31번 줄) 두 정수(int) 중 큰 값을 구하는 max 함수가 호출된다. max(3.0, 5.4)를 호출하면(35번 줄) 두 double 중에서 큰 값을 구하는 max 함수가 호출된다. max(3.0, 5.4, 10.14)를 호출하면(39번 줄) 세 double 중에서 큰 값을 구하는 max 함수가 호출된다.

max(2, 2.5)처럼 max 함수의 매개변수에 int 값과 double 값을 함께 사용해도 될까? 답은 가능하다이다. 그렇다면 어떤 max 함수가 호출될까? 이 경우는 두 double 값의 최댓값을 구하는 max 함수가 호출된다. 인수 값 2는 자동으로 double 형으로 변환되어 이 함수로 전달된다.

max(3, 4)를 호출할 때 왜 max(double, double)이 호출되지 않는지 의아해하는 사람도 있을 것이다. max(double, double)과 max(int, int) 모두 max(3, 4)에 의해 호출될 수 있다. 그러나 C++ 컴파일러는 함수 호출 시 가장 가까운 함수를 찾는다. max(3, 4) 호출 시 max(int, int)가 max(double, double)보다 더 가깝기 때문에 max(int, int)가 호출된다.

팁
함수 오버로딩은 프로그램을 보다 명확하고 읽기 쉽게 해 준다. 다른 매개변수 유형을 갖지만 같은 작업을 수행하는 함수들은 같은 이름을 가지도록 하는 것이 좋다.

주의
오버로딩된 함수들은 매개변수 목록이 달라야 한다. 반환 유형이 다른 경우로 함수를 오버로딩할 수 없다.

모호한 호출

함수 호출 시 두 개 이상 일치하는 함수가 있어서 컴파일러가 이 중에서 어떤 함수를 선택해야 할지 결정하지 못할 때를 모호한 호출(ambiguous invocation)이라고 한다. 모호한 호출은 컴파일 오류를 발생시킨다. 다음 코드를 살펴보자.

```
#include <iostream>
using namespace std;

int maxNumber(int num1, double num2)
{
  if (num1 > num2)
    return num1;
  else
    return num2;
}

double maxNumber(double num1, int num2)
{
  if (num1 > num2)
    return num1;
  else
    return num2;
}

int main()
{
  cout << maxNumber(1, 2) << endl;

  return 0;
}
```

maxNumber(int, double)과 maxNumber(double, int) 모두 maxNumber(1, 2)에 적합한 후보 함수가 된다. 그러나 어느 것이 더 가까운지 판단하기 어려우므로 모호한 호출이 되어 컴파일 오류가 발생한다.

maxNumber(1, 2)를 maxNumber(1, 2.0)으로 변경하면 첫 번째 maxNumber 함수가 호출될 것이다. 결과적으로 컴파일 오류도 발생하지 않는다.

경고
수학 함수는 <cmath> 헤더 파일에 오버로딩되어 있다. 예를 들어, sin은 세 가지 오버로딩 함수가 존재한다.
```
float sin(float)
double sin(double)
long double sin(long double)
```

6.12 함수 오버로딩이란 무엇인가? 같은 이름을 갖지만 매개변수 유형이 다른 두 개의 함수를 정의할 수 있는가? 하나의 프로그램 안에서 같은 이름과 동일한 매개변수 목록을 갖지만 반환값 유형이 다른 두 개의 함수를 정의할 수 있는가?

6.13 다음 프로그램은 무엇이 잘못되었는가?

```
void p(int i)
{
  cout << i << endl;
}

int p(int j)
{
  cout << j << endl;
}
```

6.14 다음은 함수 정의이다.

```
double m(double x, double y)
double m(int x, double y)
```

다음 문제에 답하여라.

a. 두 함수 중 어느 함수가 호출되는가?

```
double z = m(4, 5);
```

b. 두 함수 중 어느 함수가 호출되는가?

```
double z = m(4, 5.4);
```

c. 두 함수 중 어느 함수가 호출되는가?

```
double z = m(4.5, 5.4);
```

6.8 함수 원형

함수 원형은 함수의 내용을 기술하지 않고 함수를 선언하는 것이다.

함수가 호출되기 전에 함수의 헤더가 선언되어야 한다. 이를 수행하는 한 가지 방법은 지금까지 해 왔듯이, 프로그램에서 함수 정의를 함수가 호출되기 전으로 위치시키는 것이다. 다른 방법은 함수 호출 전에 함수 원형(prototype)을 정의하는 것이다. 함수 원형[또는 함수 선언(function declaration)이라고도 함]은 함수의 구현(몸체) 없이 함수 헤더만 정의하며, 함수의 몸체는 프로그램의 아래쪽에서 정의한다.

함수 원형
함수 선언

리스트 6.7은 리스트 6.6의 TestFunctionOverlapping.cpp를 함수 원형을 사용하는 형태로 다시 작성한 것이다. **max** 함수 원형이 5번~7번 줄에 정의되어 있고, 이들 함수는 **main** 함수에서 호출된다. 이 함수들에 대한 구현은 **main** 함수 아래의 27번, 36번, 45번 줄에 작성되었다.

리스트 6.7 TestFunctionPrototype.cpp

```
1   #include <iostream>
2   using namespace std;
3
4   // 함수 원형
5   int max(int num1, int num2);
```

함수 원형

함수 원형	6	`double max(double num1, double num2);`
함수 원형	7	`double max(double num1, double num2, double num3);`
	8	
main 함수	9	`int main()`
	10	`{`
	11	`  // int 매개변수가 있는 max 함수 호출`
	12	`  cout << "The maximum between 3 and 4 is " <<`
max 호출	13	`    max(3, 4) << endl;`
	14	
	15	`  // double 매개변수가 있는 max 함수 호출`
	16	`  cout << "The maximum between 3.0 and 5.4 is "`
max 호출	17	`    << max(3.0, 5.4) << endl;`
	18	
	19	`  // 3개의 double 매개변수가 있는 max 함수 호출`
	20	`  cout << "The maximum between 3.0, 5.4, and 10.14 is "`
max 호출	21	`    << max(3.0, 5.4, 10.14) << endl;`
	22	
	23	`  return 0;`
	24	`}`
	25	
	26	`// 두 정수 중 큰 수 반환`
함수 구현	27	`int max(int num1, int num2)`
	28	`{`
	29	`  if (num1 > num2)`
	30	`    return num1;`
	31	`  else`
	32	`    return num2;`
	33	`}`
	34	
	35	`// 두 double 형 값 중 큰 값 반환`
함수 구현	36	`double max(double num1, double num2)`
	37	`{`
	38	`  if (num1 > num2)`
	39	`    return num1;`
	40	`  else`
	41	`    return num2;`
	42	`}`
	43	
	44	`// 세 개의 double 형 값 중 최댓값 반환`
함수 구현	45	`double max(double num1, double num2, double num3)`
	46	`{`
	47	`  return max(max(num1, num2), num3);`
	48	`}`

팁

매개변수의 이름 생략

함수 원형에서는 매개변수의 이름을 작성할 필요는 없고, 매개변수 유형만 있어도 된다. C++ 컴파일러는 매개변수 이름을 무시한다. 함수 원형은 컴파일러에 함수의 이름, 반환 유형, 매개변수의 수, 각 매개변수의 유형을 알려 준다. 그러므로 5번~7번 줄은 다음과 같이 다시 작성할 수 있다.

```
int max(int, int);
double max(double, double);
double max(double, double, double);
```

주의

앞서 '함수 정의'와 '함수 선언'이라는 용어를 사용했는데, 함수를 선언하는 것은 함수의 몸체, 즉 구현 부분이 없는 함수를 말하고, 함수를 정의하는 것은 함수를 구현하는 함수 몸체 부분이 있는 경우를 말한다.

함수 정의 vs. 함수 선언

6.9 기본 인수

함수에서 매개변수에 대한 기본 값을 정의할 수 있다.

C++에서는 기본 인수(default argument) 값으로 함수를 선언할 수 있는데, 인수 없는 상태로 함수를 호출하면 기본 값이 매개변수로 전달된다.

리스트 6.8에서는 기본 인수 값을 가지는 함수를 작성하는 방법과 그러한 함수를 호출하는 방법에 대해서 설명한다.

리스트 6.8 DefaultArgumentDemo.cpp

```
1   #include <iostream>
2   using namespace std;
3
4   // 면적 계산 출력
5   void printArea(double radius = 1)
6   {
7     double area = radius * radius * 3.14159;
8     cout << "area is " << area << endl;
9   }
10
11  int main()
12  {
13    printArea();
14    printArea(4);
15
16    return 0;
17  }
```

기본 인수

기본 인수로 호출
인수로 호출

```
area is 3.14159
area is 50.2654
```

5번 줄의 **printArea** 함수는 **radius** 매개변수를 가지고 있으며, 기본 값은 1이다. 13번 줄에서는 인수를 작성하지 않고 함수를 호출하고 있다. 이 경우에 기본 인수 값인 1이 **radius**의 값으로 사용된다.

함수에 기본 인수와 보통 인수가 같이 선언된 경우에 기본 인수는 매개변수 목록의 맨 뒤쪽에 와야 한다. 예를 들어, 다음 두 선언은 잘못된 경우이다.

기본 인수 마지막

void t1(**int** x, **int** y = 0, **int** z); // 잘못된 경우
void t2(**int** x = 0, **int** y = 0, **int** z); // 잘못된 경우

그러나 다음 두 선언은 올바른 경우이다.

```
void t3(int x, int y = 0, int z = 0); // 올바른 경우
void t4(int x = 0, int y = 0, int z = 0); // 올바른 경우
```

인수를 함수에서 삭제할 때 그 인수 뒤에 있는 모든 인수들도 함께 삭제해야 된다. 예를 들어,
다음 함수 호출은 잘못된 것이다.

```
t3(1, , 20);
t4(, , 20);
```

그러나 다음 함수 호출은 올바른 경우이다.

```
t3(1); // y, z 매개변수는 기본 값으로 할당된다.
t4(1, 2); // z 매개변수는 기본 값으로 할당된다.
```

6.15 다음 함수 선언 중 잘못된 것은 어느 것인가?

```
void t1(int x, int y = 0, int z);
void t2(int x = 0, int y = 0, int z);
void t3(int x, int y = 0, int z = 0);
void t4(int x = 0, int y = 0, int z = 0);
```

6.10 인라인 함수

Key Point

C++에서는 길이가 짧은 함수의 성능 향상을 위해 인라인 함수를 사용할 수 있다.

효율성

인라인 함수

프로그램을 구현할 때 함수를 사용하면 프로그램이 읽기 쉽고 유지보수도 좋아진다. 그러나
함수 호출은 실행 오버헤드(예: 인수와 CPU 레지스터를 스택으로 푸시, 함수 간의 제어 전달
등)가 발생한다. C++에서는 함수 호출을 피하기 위하여 인라인 함수(inline function)를 제공
하고 있다. 인라인 함수는 함수처럼 호출되는 것이 아니라 컴파일러에 의해 인라인 함수를 호
출하는 지점에 함수 코드를 복사하는 방식이다. 인라인 함수를 지정하기 위해서는 함수를 선
언할 때 앞에 **inline** 키워드를 붙이면 된다. 리스트 6.9를 참고하여라.

리스트 6.9 InlineDemo.cpp

인라인 함수

```
 1  #include <iostream>
 2  using namespace std;
 3
 4  inline void f(int month, int year)
 5  {
 6    cout << "month is " << month << endl;
 7    cout << "year is " << year << endl;
 8  }
 9
10  int main()
11  {
12    int month = 10, year = 2008;
13    f(month, year); // 인라인 함수 호출
14    f(9, 2010); // 인라인 함수 호출
15
16    return 0;
17  }
```

인라인 함수 호출
인라인 함수 호출

```
month is 10
year is 2008
month is 9
year is 2010
```

프로그램을 작성하는 내용면에서 보면 인라인 함수는 일반 함수와 차이가 없고, 단지 함수 앞에 **inline**이라는 키워드가 붙을 뿐이다. 하지만 실제로는 C++ 컴파일러가 인라인 함수를 호출하는 지점에 인라인 함수를 복사해 넣어 코드를 확장한다. 따라서 리스트 6.9는 리스트 6.10과 같은 형태라고 볼 수 있다.

리스트 6.10 InlineExpandedDemo.cpp

```
1  #include <iostream>
2  using namespace std;
3
4  int main()
5  {
6      int month = 10, year = 2008;
7      cout << "month is " << month << endl;
8      cout << "year is " << year << endl;          ← 확장된 인라인 함수
9      cout << "month is " << 9 << endl;
10     cout << "year is " << 2010 << endl;
11
12         return 0;
13 }
```

```
month is 10
year is 2008
month is 9
year is 2010
```

주의

인라인 함수는 함수 길이가 짧은 경우에는 적합하지만, 프로그램의 여러 곳에서 호출되는 긴 함수의 경우에는 적합하지 않다. 이는 긴 인라인 함수가 호출 시점으로 복사되어 코드의 크기가 매우 커질 수 있기 때문이다. 이러한 이유로, C++에서는 함수가 긴 경우 컴파일러가 **inline** 키워드를 무시하도록 허용하고 있다. 그러므로 **inline** 키워드는 단지 함수를 인라인 함수로 처리해 달라고 컴파일러에 요구만 할 수 있고 실제 인라인 함수로 처리할지 말지는 컴파일러에 달려 있다.

짧은 함수의 경우에는 적합
긴 함수의 경우에는 부적합

컴파일러의 계정

6.16 인라인 함수란 무엇인가? 인라인 함수를 어떻게 정의하는가?

6.17 인라인 함수란 언제 사용해야 하는가?

Check Point

6.11 지역 변수, 전역 변수, 정적 지역 변수

C++에서 변수는 지역 변수, 전역 변수, 정적 지역 변수로 선언될 수 있다.

2.5절 "변수"에서 설명한 바와 같이, 변수의 범위는 변수가 참조될 수 있는 프로그램의 영역을 말하는 것이다. 함수 안에서 정의된 변수를 지역 변수(local variable)라고 한다. C++에서는

Key Point

변수의 범위
지역 변수

전역 변수

전역 변수(global variable)도 사용할 수 있다. 전역 변수는 모든 함수 외부에서 선언되어 파일 내 모든 함수에서 접근이 가능한 변수를 말한다. 지역 변수는 기본 값이 없지만, 전역 변수는 기본 값이 0으로 설정된다(즉, 따로 초기화를 하지 않아도 자동으로 0으로 초기화된다).

변수는 사용하기 전에 먼저 선언되어 있어야 한다. 지역 변수의 범위는 선언한 지점으로부터 그 변수가 포함된 해당 블록의 끝까지이다. 전역 변수의 범위는 변수를 선언한 지점으로부터 프로그램의 끝까지이다.

매개변수는 지역 변수라고 볼 수 있으며, 함수 매개변수의 범위는 매개변수가 선언된 해당 함수 전체가 된다.

리스트 6.11은 지역 변수와 전역 변수의 범위를 설명하고 있다.

리스트 6.11 VariableScopeDemo.cpp

함수 원형

전역 변수

지역 변수

x 증가
y 증가

지역 변수

```cpp
1  #include <iostream>
2  using namespace std;
3
4  void t1(); // 함수 원형
5  void t2(); // 함수 원형
6
7  int main()
8  {
9    t1();
10   t2();
11
12   return 0;
13 }
14
15 int y; // 전역 변수, 기본 값은 0
16
17 void t1()
18 {
19   int x = 1;
20   cout << "x is " << x << endl;
21   cout << "y is " << y << endl;
22   x++;
23   y++;
24 }
25
26 void t2()
27 {
28   int x = 1;
29   cout << "x is " << x << endl;
30   cout << "y is " << y << endl;
31 }
```

```
x is 1
y is 0
x is 1
y is 1
```

15번 줄에 선언된 전역 변수 **y**는 기본 값이 **0**이다. 이 **y** 변수가 **main** 함수 뒤에 선언되어 있어 함수 **t1**과 **t2**에서는 접근이 가능하나, **main** 함수에서는 접근할 수 없다.

9번 줄에서 **main** 함수가 **t1()**을 호출할 때, 전역 변수 **y**의 값은 증가되어(23번 줄) **t1** 함수에서 **1**이 된다. 10번 줄에서 **main** 함수가 **t2()**를 호출하면, 전역 변수 **y**의 값으로 **1**이 출력된다.

지역 변수 **x**는 **t1** 함수의 19번 줄에 선언되어 있으며, 또 다른 지역 변수 **x**는 **t2** 함수의 28번 줄에 선언되어 있다. 이 두 변수는 이름만 같은 것이지 실제로는 다른 메모리 영역에 저장되어 있으므로 서로 다른 변수이다. 따라서 **t1** 함수의 **x**의 값을 증가시키는 것은 **t2** 함수의 변수 **x**에 아무런 영향을 미치지 않는다.

함수에 전역 변수의 이름과 동일한 이름의 지역 변수가 존재한다면 함수 내에서는 지역 변수만 접근이 가능하다.

경고

변수를 전역 변수로 한 번 선언해 놓고 모든 함수에서 사용하는 경우가 많다. 그러나 이것은 좋은 프로그래밍 습관이 아니다. 전역 변수가 어떤 함수에서 수정되면 디버깅하기 어려운 오류를 발생시킬 수 있기 때문이다. 그러므로 되도록 전역 변수의 사용은 피하는 것이 좋다. 하지만 전역 상수는 프로그램에서 변경되지 않으므로 사용해도 좋다.

전역 변수 사용하지 않기
전역 상수 사용하기

6.11.1 **for 문에서의 변수 범위**

for 문 헤더의 초기 실행 영역에서 선언된 변수의 범위는 루프 전체가 된다. 그러나 **for** 문 내부에서 선언된 변수는 그림 6.4와 같이 선언된 위치로부터 그 변수가 포함된 블록의 끝까지 루프 몸체 안의 범위로 한정된다.

for 루프 제어 변수

그림 6.5a에서처럼 한 함수 내에서 중첩되지 않은 블록에서 같은 이름의 지역 변수를 선언하는 것은 자주 사용하는 방법이다. 그러나 그림 6.5b처럼 한 함수 내의 중첩된 블록에서 같은 이름의 지역 변수를 여러 번 작성하는 것은 비록 C++에서 허용되기는 하나, 좋은 프로그래밍 습관은 아니다. 이 경우는 **i**가 **function2** 함수 블록과 **for** 문에 선언되어 있다. 이 프로그램은 컴파일과 실행이 가능하지만, 프로그램 작성 시 실수하기 쉬운 기법이다. 그러므로 중첩된 블록에서는 같은 이름의 변수를 선언하지 않는 것이 좋다.

다중 선언

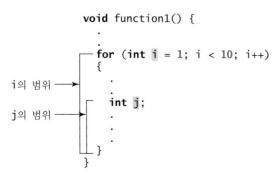

그림 6.4 **for** 문 헤더의 초기 실행 영역에서 선언된 변수의 범위는 루프 전체가 된다.

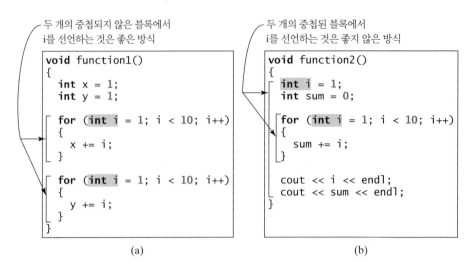

두 개의 중첩되지 않은 블록에서
i를 선언하는 것은 좋은 방식

두 개의 중첩된 블록에서
i를 선언하는 것은 좋지 않은 방식

```cpp
void function1()
{
  int x = 1;
  int y = 1;

  for (int i = 1; i < 10; i++)
  {
    x += i;
  }

  for (int i = 1; i < 10; i++)
  {
    y += i;
  }
}
```

(a)

```cpp
void function2()
{
  int i = 1;
  int sum = 0;

  for (int i = 1; i < 10; i++)
  {
    sum += i;
  }

  cout << i << endl;
  cout << sum << endl;
}
```

(b)

그림 6.5 중첩되지 않은 블록에서는 변수를 여러 번 선언해도 좋지만, 중첩된 블록에서는 변수를 여러 번 선언하는 것은 피해야 한다.

 경고

블록 안에서 변수를 선언하고, 블록 외부에서 사용하는 실수를 하지 않기 바란다. 다음 예를 보자.

```cpp
for (int i = 0; i < 10; i++)
{
}

cout << i << endl;
```

변수 **i**가 **for** 문 외부에서는 정의되지 않아 마지막 문장에서 구문 오류(syntax error)가 발생한다.

6.11.2 정적 지역 변수

자동 변수

함수 실행이 완료되면 모든 지역 변수는 메모리에서 사라지게 되어 이들 변수를 **자동 변수** (automatic variable)라고 한다. 때로는 다음 호출에서 지역 변수를 다시 사용하기 위해 지역 변수에 저장된 값을 유지하고자 할 때가 있다. C++에서는 정적 지역 변수를 통해 이 문제를 해결한다. 정적 지역 변수는 프로그램이 끝날 때까지 메모리에서 사라지지 않고 계속 유지된다. 정적 지역 변수를 선언하려면 **static** 키워드를 사용하면 된다.

정적 지역 변수

리스트 6.12는 정적 지역 변수의 사용법을 보여 주고 있다.

리스트 6.12 StaticVariableDemo.cpp

```cpp
1  #include <iostream>
2  using namespace std;
3
4  void t1(); // 함수 원형
5
6  int main()
7  {
8    t1();
9    t1();
10
```

함수 원형

t1 호출

```
11      return 0;
12  }
13
14  void t1()
15  {
16      static int x = 1;
17      int y = 1;
18      x++;
19      y++;
20      cout << "x is " << x << endl;
21      cout << "y is " << y << endl;
22  }
```

정적 지역 변수
지역 변수
x 증가
y 증가

```
x is 2
y is 2
x is 3
y is 2
```

정적 지역 변수 **x**는 16번 줄에서 초기 값 **1**로 선언되어 있다. 정적 지역 변수의 초기화는 첫 번째 호출에서 단지 한 번만 실행된다. 8번 줄에서 첫 번째로 **t1()**이 호출될 때 정적 변수 **x**는 **1**로 초기화되고(16번 줄), **x**는 **2**로 증가된다(18번 줄). **x**가 정적 지역 변수이므로 이 호출 뒤에도 메모리에 그대로 유지된다. 9번 줄에서 **t1()**이 다시 호출되면 **x**의 값은 **2**에서 **3**으로 증가하게 된다(18번 줄).

지역 변수 **y**는 초기 값 **1**로 17번 줄에 선언되어 있다. 8번 줄에서 첫 번째로 **t1()**이 호출될 때 **y**의 값은 **2**로 증가된다(19번 줄). **y**가 지역 변수이므로 이 호출 뒤에 메모리가 사라지게 된다. 9번 줄에서 **t1()**이 다시 호출되면 **y**의 값은 **1**로 초기화되고 **2**로 증가된다(19번 줄).

6.18 다음 코드의 출력은 무엇인가?

Check
Point

```
#include <iostream>
using namespace std;

const double PI = 3.14159;

double getArea(double radius)
{
    return radius * radius * PI;
}

void displayArea(double radius)
{
    cout << getArea(radius) << endl;
}

int main()
{
    double r1 = 1;
    double r2 = 10;
    cout << getArea(r1) << endl;
```

```
        displayArea(r2);
}
```

6.19 다음 프로그램에서 전역 변수와 지역 변수를 확인하여라. 전역 변수는 기본 값을 가지는가? 지역 변수는 기본 값을 가지는가? 이 코드의 출력은 무엇인가?

```
#include <iostream>
using namespace std;

int j;

int main()
{
  int i;
  cout << "i is " << i << endl;
  cout << "j is " << j << endl;
}
```

6.20 다음 프로그램에서 전역 변수, 지역 변수, 정적 지역 변수를 확인하여라. 이 코드의 출력은 무엇인가?

```
#include <iostream>
using namespace std;

int j = 40;

void p()
{
  int i = 5;
  static int j = 5;
  i++;
  j++;

  cout << "i is " << i << endl;
  cout << "j is " << j << endl;
}

int main()
{
  p();
  p();
}
```

6.21 다음 프로그램의 오류를 수정하여라.

```
void p(int i)
{
  int i = 5;

  cout << "i is " << i << endl;
}
```

6.12 참조에 의한 전달

매개변수는 참조에 의해 전달될 수 있다. 이 방법은 형식 매개변수를 실 매개변수의 별칭으로 동작되게 해 주며, 함수 내부에서 매개변수의 값이 변경되면 인수 값도 함께 변경되도록 해 준다.

앞서의 절에서 설명한 바와 같이, 매개변수가 있는 함수를 호출할 때 인수의 값이 매개변수로 전달된다. 이를 값에 의한 전달(pass-by-value)이라고 한다. 만약 인수가 리터럴 값이 아닌 변수 라고 한다면 변수의 값이 매개변수로 전달된다. 함수 내부에서의 매개변수 값의 변경은 호출한 곳의 변수에 전혀 영향을 미치지 않는다. 리스트 6.13에서 **increment** 함수를 호출(14번 줄)할 때 x(1)의 값이 매개변수 **n**에 전달된다. 함수에서 **n**은 1만큼 증가되나(6번 줄) 함수에서 무슨 일이 일어나든 x의 값은 변경되지 않는다.

값에 의한 전달

리스트 6.13 Increment.cpp

```
 1  #include <iostream>
 2  using namespace std;
 3
 4  void increment(int n)
 5  {
 6    n++;
 7    cout << "\tn inside the function is " << n << endl;
 8  }
 9
10  int main()
11  {
12    int x = 1;
13    cout << "Before the call, x is " << x << endl;
14    increment(x);
15    cout << "after the call, x is " << x << endl;
16
17    return 0;
18  }
```

n 증가

increment 함수 호출

```
Before the call, x is 1
   n inside the function is 2
after the call, x is 1
```

값에 의한 전달은 심각한 제한 요소가 있다. 리스트 6.14는 이를 설명해 주고 있다. 이 프로 그램에서는 두 변수의 값을 교환하는 함수를 만들었다. **swap** 함수는 두 인수의 값을 전달하면서 호출된다. 그러나 인수의 값은 함수가 호출된 후에 변경되지 않는다.

값에 의한 전달의 제한 요소

리스트 6.14 SwapByValue.cpp

```
 1  #include <iostream>
 2  using namespace std;
 3
 4  // 두 변수의 값 교환은 제대로 동작하지 않음!
 5  void swap(int n1, int n2)
 6  {
```

swap 함수

```
7        cout << "\tInside the swap function" << endl;
8        cout << "\tBefore swapping n1 is " << n1 <<
9        " n2 is " << n2 << endl;
10
11       // n1과 n2의 값을 교환
12       int temp = n1;
13       n1 = n2;
14       n2 = temp;
15
16       cout << "\tAfter swapping n1 is " << n1 <<
17         " n2 is " << n2 << endl;
18     }
19
20     int main()
21     {
22       // 변수의 선언과 초기화
23       int num1 = 1;
24       int num2 = 2;
25
26       cout << "Before invoking the swap function, num1 is "
27         << num1 << " and num2 is " << num2 << endl;
28
29       // 두 변수의 값을 교환하기 위해 swap 함수 호출
30       swap(num1, num2);
31
32       cout << "After invoking the swap function, num1 is " << num1 <<
33         " and num2 is " << num2 << endl;
34
35       return 0;
36     }
```

main 함수 — 20

잘못된 swap — 30

```
Before invoking the swap function, num1 is 1 and num2 is 2
    Inside the swap function
    Before swapping n1 is 1 n2 is 2
    After swapping n1 is 2 n2 is 1
After invoking the swap function, num1 is 1 and num2 is 2
```

swap 함수가 호출(30번 줄)되기 전에 num1은 1, num2는 2이다. swap 함수가 호출된 후 num1은 여전히 1이며, num2도 2 그대로이다. 두 변수의 값이 교환되지 않았다. 그림 6.6에서 보는 바와 같이, num1과 num2 인수의 값은 n1과 n2로 전달되지만, n1과 n2는 num1과 num2 와는 서로 다른 메모리 위치를 점유하고 있다. 그러므로 n1과 n2의 변화는 num1과 num2의 내용에 전혀 영향을 주지 않는다.

그러면 swap 함수의 매개변수 n1을 num1로 이름을 바꾸면 어떻게 될까? 이 경우에는 두 수의 교환이 이루어질까? 그러나 이렇게 하더라도 여전히 두 값의 변경은 이루어지지 않는데, 호출자의 인수와 함수의 매개변수가 같은 이름을 가진다 하더라도, 함수의 매개변수는 함수가 호출될 당시에 호출자 인수와는 상관없이 자신만의 메모리 공간을 할당받는다. 이 매개변수를 위한 메모리 공간은 함수의 실행이 끝나고 호출자로 되돌아갈 때 사라지게 된다.

num1, num2의 값이 n1, n2로 전달된다.
swap 함수의 실행은 num1, num2에
아무런 영향을 주지 않는다.

swap 함수에서 활성
레코드
　　　temp:
　　　n2: 2
　　　n1: 1

main 함수에서 활성
레코드
　　　num2: 2
　　　num1: 1

main 함수에서 활성
레코드
　　　num2: 2
　　　num1: 1

main 함수에서 활성
레코드
　　　num2: 2
　　　num1: 1

스택이 비어 있게 됨

main 함수 호출　　　　swap 함수 호출　　　　swap 함수 종료　　　　main 함수 종료

그림 6.6 변수의 값이 함수의 매개변수로 전달된다.

swap 함수는 두 변수의 값을 교환하도록 해 준다. 함수 호출 후에도 변수의 값은 교환되지 않았는데, 인수의 값이 매개변수로 전달되었기 때문이다. 이는 매개변수와 인수가 서로 독립적인 메모리 공간을 사용하기 때문으로 호출된 함수의 매개변수 값이 변경되더라도 호출한 함수의 인수 값은 변경되지 않기 때문이다.

그렇다면 이 두 변수의 값을 교환하는 함수를 작성할 수 있을까? 이러한 기능은 변수의 참조를 전달함으로써 수행이 가능하다. C++에서는 특별한 유형의 변수로 참조 변수(reference variable)가 있는데, 원 변수를 참조하기 위해 참조 변수를 함수의 매개변수로 사용할 수 있다. 참조 변수를 통해 변수에 저장된 원 데이터에 접근하거나 수정할 수 있다. 참조 변수는 원 변수에 대한 별칭(alias)으로 동작하며, 참조 변수를 선언하기 위해서는 변수의 앞 또는 변수의 데이터 유형 뒤에 앰퍼샌드(&)를 붙인다. 예로서 다음 코드는 변수 **count**를 참조하는 참조 변수 **r**을 선언한다.

참조 변수

```
int &r = count;
```

또는

```
int& r = count;
```

 주의
참조 변수를 선언하기 위한 다음 표기법은 모두 동일한 표기법이다.

동일한 표기법

```
dataType &refVar;
dataType & refVar;
dataType& refVar;
```

마지막 표기법은 좀 더 직관적이며, 변수 **refVar**가 **dataType&** 유형이라는 것을 명확히 알려주므로 이 책에서는 마지막 표기법을 사용할 것이다.

리스트 6.15는 참조 변수를 사용하는 예이다.

리스트 6.15 TestReferenceVariable.cpp

```
1  #include <iostream>
2  using namespace std;
```

```
 3
 4  int main()
 5  {
 6    int count = 1;
 7    int& r = count;
 8    cout << "count is " << count << endl;
 9    cout << "r is " << r << endl;
10
11    r++;
12    cout << "count is " << count << endl;
13    cout << "r is " << r << endl;
14
15    count = 10;
16    cout << "count is " << count << endl;
17    cout << "r is " << r << endl;
18
19    return 0;
20  }
```

참조 변수 선언

참조 변수 선언

count 값 변경

```
count is 1
r is 1
count is 2
r is 2
count is 10
r is 10
```

7번 줄은 **count** 변수에 대한 별칭으로서 **r**이라는 참조 변수를 선언하고 있다. 그림 6.7a와 같이 **r**과 **count**는 같은 값을 가진다. 11번 줄에서 **r**을 1만큼 증가시키면 **count**와 같은 값을 공유하고 있기 때문에 그림 6.7b와 같이 **count**의 값도 증가하게 된다.

(a)   (b)

그림 6.7 r과 count는 같은 값을 공유한다.

15번 줄에서 **count**에 10을 대입한다. **count**는 **r**과 같은 값을 참조하므로 **count**와 **r** 모두 **10**이 된다.

함수의 매개변수에서도 참조 변수를 사용할 수 있으며, 호출하는 측에서는 일반 변수를 사용하여 호출하면 된다. 매개변수는 원 변수에 대한 별칭이 된다. 이를 **참조에 의한 전달**(pass-by-reference)이라고 한다. 참조 변수의 값을 변경하게 되면 원 변수의 값도 변경된다. 참조에 의한 전달의 효과를 살펴보기 위해서 리스트 6.13의 **increment** 함수를 수정해 보자(리스트 6.16).

참조에 의한 전달

리스트 6.16 IncrementWithPassByReference.cpp

```
1  #include <iostream>
```

```
 2   using namespace std;
 3
 4   void increment(int& n)
 5   {
 6     n++;                                                    n 증가
 7     cout << "n inside the function is " << n << endl;
 8   }
 9
10   int main()
11   {
12     int x = 1;
13     cout << "Before the call, x is " << x << endl;
14     increment(x);                                           increment 호출
15     cout << "After the call, x is " << x << endl;
16
17     return 0;
18   }
```

```
Before the call, x is 1
   n inside the function is 2
After the call, x is 2
```

14번 줄의 **increment(x)** 호출은 변수 **x**의 참조를 **increment** 함수의 참조 변수 **n**으로 전달한다. 출력에서 보는 바와 같이 **n**과 **x**는 서로 같다. 함수에서 **n**을 증가(6번 줄)시키면 **x**의 값도 증가된다. 그러므로 함수가 호출되기 전에 **x**는 1이고, 이후에 **x**는 2가 된다.

값에 의한 전달과 참조에 의한 전달은 인수를 함수의 매개변수로 전달하는 두 가지 방법이다. 값에 의한 전달은 독립적인 변수에 값을 전달하고, 참조에 의한 전달은 같은 변수를 공유하는 것이라고 할 수 있다. 의미적으로 참조에 의한 전달은 공유에 의한 전달(pass-by-sharing)이라고 할 수 있다.

공유에 의한 전달

리스트 6.17은 **swap** 함수가 제대로 동작되도록 구현하기 위해서 참조 매개변수를 사용한다.

리스트 6.17 SwapByReference.cpp

```
 1   #include <iostream>
 2   using namespace std;
 3
 4   // 두 변수 교환
 5   void swap(int& n1, int& n2)                               참조 변수
 6   {
 7     cout << "\tInside the swap function" << endl;
 8     cout << "\tBefore swapping n1 is " << n1 <<
 9       " n2 is " << n2 << endl;
10
11     // n1과 n2 교환
12     int temp = n1;                                          교환
13     n1 = n2;
14     n2 = temp;
15
```

```
16     cout << "\tAfter swapping n1 is " << n1 <<
17       " n2 is " << n2 << endl;
18   }
19
20   int main()
21   {
22     // 변수 선언과 초기화
23     int num1 = 1;
24     int num2 = 2;
25
26     cout << "Before invoking the swap function, num1 is "
27       << num1 << " and num2 is " << num2 << endl;
28
29     // 두 변수를 교환하기 위해 swap 함수 호출
30     swap(num1, num2);
31
32     cout << "After invoking the swap function, num1 is " << num1 <<
33       " and num2 is " << num2 << endl;
34
35     return 0;
36 }
```

swap 함수 호출

```
Before invoking the swap function, num1 is 1 and num2 is 2
  Inside the swap function
  Before swapping n1 is 1 n2 is 2
  After swapping n1 is 2 n2 is 1
After invoking the swap function, num1 is 2 and num2 is 1
```

swap 함수를 호출(30번 줄)하기 전에, **num1**은 1, **num2**는 2였다. **swap** 함수가 호출된 후, **num1**은 2, **num2**는 1이 되어 **swap** 함수를 통해 값이 변경되었음을 알 수 있다. 그림 6.8에서 보는 바와 같이, **num1**과 **num2**의 참조가 **n1**과 **n2**로 전달되어, **n1**은 **num1**의 별칭으로, **n2**는 **num2**의 별칭으로 동작한다. **n1**과 **n2**의 값을 교환하는 것은 **num1**과 **num2**의 값을 교환하는 것과 같은 동작이 된다.

같은 데이터 유형 필요

참조에 의해 인수를 전달할 때 형식 매개변수와 인수는 모두 같은 데이터 유형이어야 한다.

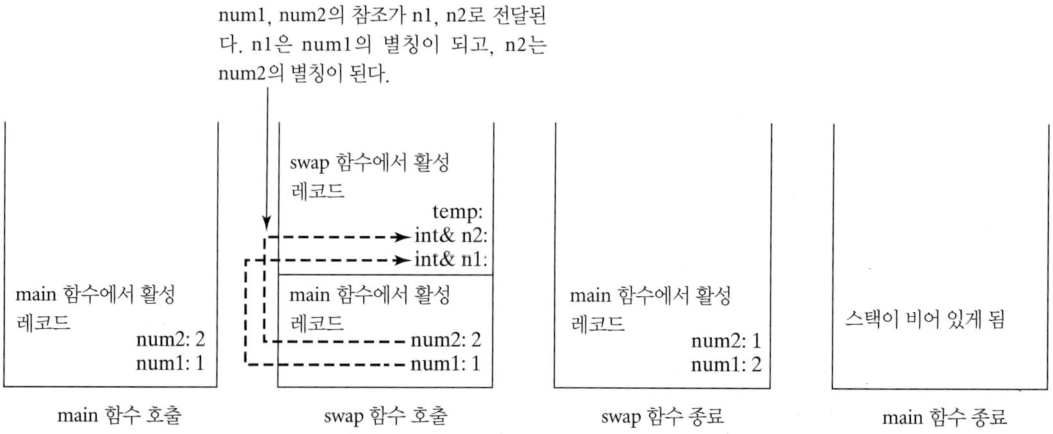

그림 6.8 변수의 참조가 함수의 매개변수로 전달된다.

예를 들어, 다음 코드에서 변수 **x**의 참조가 함수로 올바르게 전달되지만, 변수 **y**의 함수로의
참조 전달은 **y**와 **n**이 다른 데이터 유형이기 때문에 잘못된 것이다.

```cpp
#include <iostream>
using namespace std;

void increment(double& n)
{
  n++;
}

int main()
{
  double x = 1;
  int y = 1;

  increment(x);
  increment(y); // int 형 인수로는 increment(y) 호출 불가

  cout << "x is " << x << endl;
  cout << "y is " << y << endl;

  return 0;
}
```

참조에 의해 인수를 전달할 때 인수는 변수여야 한다. 값에 의해 인수를 전달할 때 인수로   변수 필요
는 리터럴, 변수, 수식, 다른 함수의 반환값이 올 수 있다.

6.22 값에 의한 전달이란 무엇인가? 참조에 의한 전달이란 무엇인가? 다음 프로그램의 결과
는 무엇인가?

✔**Check Point**

```cpp
#include <iostream>
using namespace std;

void maxValue(int value1, int value2, int max)
{
  if (value1 > value2)
    max = value1;
  else
    max = value2;
}

int main()
{
  int max = 0;
  maxValue(1, 2, max);
  cout << "max is " << max << endl;

  return 0;
}
```
(a)

```cpp
#include <iostream>
using namespace std;

void maxValue(int value1, int value2, int& max)
{
  if (value1 > value2)
    max = value1;
  else
    max = value2;
}

int main()
{
  int max = 0;
  maxValue(1, 2, max);
  cout << "max is " << max << endl;

  return 0;
}
```
(b)

```cpp
#include <iostream>
using namespace std;

void f(int i, int num)
{
  for (int j = 1; j <= i; j++)
  {
    cout << num << " ";
    num *= 2;
  }

  cout << endl;
}

int main()
{
  int i = 1;
  while (i <= 6)
  {
    f(i, 2);
    i++;
  }

  return 0;
}
```

(c)

```cpp
#include <iostream>
using namespace std;

void f(int& i, int num)
{
  for (int j = 1; j <= i; j++)
  {
    cout << num << " ";
    num *= 2;
  }

  cout << endl;
}

int main()
{
  int i = 1;
  while (i <= 6)
  {
    f(i, 2);
    i++;
  }

  return 0;
}
```

(d)

6.23 다음은 두 값 **a**와 **b** 사이의 최솟값과 최댓값을 찾는 함수를 작성한 것이다. 프로그램에서 잘못된 것은 무엇인가?

```cpp
#include <iostream>
using namespace std;

void minMax(double a, double b, double min, double max)
{
  if (a < b)
  {
    min = a;
    max = b;
  }
  else
  {
    min = b;
    max = a;
  }
}

int main()
{
  double a = 5, b = 6, min, max;
  minMax(a, b, min, max);
```

```
    cout << "min is " << min << " and max is " << max << endl;

    return 0;
}
```

6.24 다음은 두 값 **a**와 **b** 사이의 최솟값과 최댓값을 찾는 함수를 작성한 것이다. 프로그램에서 잘못된 것은 무엇인가?

```
#include <iostream>
using namespace std;

void minMax(double a, double b, double& min, double& max)
{
  if (a < b)
  {
    double min = a;
    double max = b;
  }
  else
  {
    double min = b;
    double max = a;
  }
}

int main()
{
  double a = 5, b = 6, min, max;
  minMax(a, b, min, max);

  cout << "min is " << min << " and max is " << max << endl;

  return 0;
}
```

6.25 체크 포인트 6.24에서 **minMax** 함수가 호출되기 바로 전, **minMax** 함수로 이동한 직후, **minMax** 함수를 빠져나가기 바로 전, **minMax** 함수에서 **main** 함수로 되돌아온 직후의 스택의 내용을 기술하여라.

6.26 다음 코드의 출력은 무엇인가?

```
#include <iostream>
using namespace std;

void f(double& p)
{
  p += 2;
}

int main()
{
  double x = 10;
  int y = 10;
```

```
        f(x);
        f(y);

        cout << "x is " << x << endl;
        cout << "y is " << y << endl;

        return 0;
    }
```

6.27 다음 프로그램은 무엇이 잘못되었는가?

```
#include <iostream>
using namespace std;

void p(int& i)
{
    cout << i << endl;
}

int p(int j)
{
    cout << j << endl;
}

int main()
{
    int k = 5;
    p(k);

    return 0;
}
```

6.13 상수 참조 매개변수

임의로 값이 변경되는 것을 막기 위해서 상수 참조 매개변수를 지정할 수 있다.

프로그램에서 참조에 의한 전달 매개변수를 사용하고 매개변수의 값이 함수 안에서 변경되지 않아야 한다면, 매개변수의 값이 변경되지 않도록 컴파일러에 알리기 위해 매개변수를 상수로 지정해야 한다. 이는 함수 선언 시 매개변수 앞에 **const** 키워드를 사용하면 되며, 이러한 매개변수를 상수 참조 매개변수(constant reference parameter)라고 한다. 예를 들어, 다음 함수에서 **num1**과 **num2**는 상수 참조 매개변수로 선언되었다.

const

상수 참조 매개변수

```
// 두 수 사이의 큰 값 반환
int max(const int& num1, const int& num2)
{
    int result;

    if (num1 > num2)
        result = num1;
    else
        result = num2;
```

```
  return result;
}
```

값에 의한 전달에서는 실 매개변수와 그의 형식 매개변수가 서로 다른 독립적인 변수이다. 참조에 의한 전달에서는 실 매개변수와 그의 형식 매개변수는 같은 변수이다. 객체들은 많은 메모리를 차지할 수 있으므로 문자열 같은 객체 유형에 대해서는 참조에 의한 전달이 값에 의한 전달보다 더 효과적이다. 그러나 `int`, `double`과 같은 원시 유형의 매개변수에 대해서 그 차이는 무시해도 될 정도이다. 그러므로 만약 원시 데이터 유형 매개변수의 값이 함수에서 변경되지 않는다면 단순히 값에 의한 전달 매개변수로 선언하면 된다.

값에 의한 전달을 사용할까 참조에 의한 전달을 사용할까?

6.14 예제: 16진수를 10진수로 변환

이 절은 16진수 수를 10진수 수로 변환하는 프로그램에 대해 설명한다.

Key Point

5.8.4절 "예제: 10진수를 16진수로 변환"에서 10진수를 16진수로 변환하는 프로그램에 대해 다루었다. 16진수를 10진수로의 변환은 어떻게 해야 하는가?

16진수 $h_n h_{n-1} h_{n-2} \ldots h_2 h_1 h_0$가 주어졌을 때 등가의 10진수는

$$h_n \times 16^n + h_{n-1} \times 16^{n-1} + h_{n-2} \times 16^{n-2} + \ldots + h_2 \times 16^2 + h_1 \times 16^1 + h_0 \times 16^0$$

예를 들어, 16진수 **AB8C**는

$$10 \times 16^3 + 11 \times 16^2 + 8 \times 16^1 + 12 \times 16^0 = 43916$$

이 된다. 프로그램에서 문자열로 16진수를 읽어 들여 다음 함수를 사용하여 10진수로 변환할 것이다.

int hex2Dec(**const** string& hex)

16진수 문자를 10진수 숫자로 변환하기 위한 무작위 접근법은 i번째 위치에 있는 16진수 문자에 대해 16^i을 곱하고, 16진수에 대한 10진수 값을 구하기 위해 모든 항목을 더하면 된다. 다음을 살펴보자.

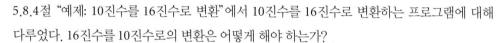

$$h_n \times 16^n + h_{n-1} \times 16^{n-1} + h_{n-2} \times 16^{n-2} + \ldots + h_1 \times 16^1 + h_0 \times 16^0$$
$$= (\ldots ((h_n \times 16 + h_{n-1}) \times 16 + h_{n-2}) \times 16 + \ldots + h_1) \times 16 + h_0$$

이 방법을 호너(Horner) 알고리즘이라고 하며, 이를 이용하면 16진수 문자열을 10진수 숫자로 변환하기 위한 다음과 같은 효율적인 코드를 작성할 수 있다.

호너 알고리즘

```
int decimalValue = 0;
for (int i = 0; i < hex.size(); i++)
{
  char hexChar = hex[i];
  decimalValue = decimalValue * 16 + hexCharToDecimal(hexChar);
}
```

16진수 **AB8C**에 대해 알고리즘을 추적해 보면 다음과 같다.

	i	hexChar	hexCharToDecimal (hexChar)	decimalValue
before the loop				0
after the 1st iteration	0	A	10	10
after the 2nd iteration	1	B	11	10 * 16 + 11
after the 3rd iteration	2	8	8	(10 * 16 + 11) * 16 + 8
after the 4th iteration	3	C	12	((10 * 16 + 11) * 16 + 8) * 16 + 12

리스트 6.18은 전체 프로그램이다.

리스트 6.18 Hex2Dec.cpp

```cpp
1   #include <iostream>
2   #include <string>
3   #include <cctype>
4   using namespace std;
5
6   // 16진수 문자열을 10진수로 변환
7   int hex2Dec(const string& hex);
8
9   // 16진수 문자를 10진수 값으로 변환
10  int hexCharToDecimal(char ch);
11
12  int main()
13  {
14    // 16진수 문자열 입력
15    cout << "Enter a hex number: ";
16    string hex;
17    cin >> hex;
18
19    cout << "The decimal value for hex number " << hex
20      << " is " << hex2Dec(hex) << endl;
21
22    return 0;
23  }
24
25  int hex2Dec(const string& hex)
26  {
27    int decimalValue = 0;
28    for (unsigned i = 0; i < hex.size(); i++)
29      decimalValue = decimalValue * 16 + hexCharToDecimal(hex[i]);
30
31    return decimalValue;
32  }
33
34  int hexCharToDecimal(char ch)
35  {
36    ch = toupper(ch); // 대문자로 변환
37    if (ch >= 'A' && ch <= 'F')
```

문자열 입력

16진수를 10진수로

16진수 문자를 10진수로

대문자로

```
38        return 10 + ch - 'A';
39    else // ch는 '0', '1', ..., '9'
40        return ch - '0';
41    }
```

```
Enter a hex number: AB8C [↵Enter]
The decimal value for hex number AB8C is 43916
```

```
Enter a hex number: af71 [↵Enter]
The decimal value for hex number af71 is 44913
```

프로그램은 콘솔로부터 문자를 입력받고(17번 줄) 16진수 문자열을 10진수 숫자로 변환하기 위해 **hex2Dec** 함수를 호출한다(20번 줄).

    hex2Dec 함수는 정수를 반환하기 위해서 25번~32번 줄에 정의되어 있다. 문자열은 함수에서 변경되지 않고 또한 참조로 전달됨으로써 메모리를 절약시켜 주므로 문자열 매개변수를 **const**로 선언하고 참조로 전달한다. 문자열의 길이는 28번 줄에서 **hex.size()**를 호출하여 계산된다.

    hexCharToDecimal 함수는 16진수 문자의 10진수 값을 반환하기 위해 34번~41번 줄에 정의되어 있다. 문자는 소문자나 대문자일 수 있으므로 36번 줄에서 대문자로 변환된다. 두 문자에 대한 뺄셈은 ASCII 코드 값을 뺄셈하는 것이라는 것에 주의하기 바란다. 예를 들어, **'5' - '0'**은 5가 된다.

6.15 함수 추상화와 단계적 상세화

소프트웨어 개발의 핵심은 추상화 개념을 적용하는 것이다.

Key Point

이 책을 통해 여러 가지 수준의 추상화에 대해 배우게 될 것이다. 함수 추상화(function abstraction)는 구현할 때 사용하는 함수를 선별하는 과정에서 얻어진다. 클라이언트(client) 프로그램[3]은 함수가 어떻게 구현되었는지 알 필요 없이 함수를 사용할 수 있다. 함수의 자세한 구현 내용은 함수 안에서 캡슐화되어 함수 호출자에게는 함수의 내용이 감춰진 상태로 된다. 이를 정보 은닉(information hiding) 또는 캡슐화(encapsulation)라고 한다. 함수의 구현 내용이 수정되더라도 함수 서명(함수 이름, 매개변수, 반환값)만 변경하지 않는다면 클라이언트 프로그램은 영향을 받지 않게 된다. 함수의 구현 사항은 그림 6.9와 같이 클라이언트 프로그램에게는 '블랙박스(black box)' 형태로 숨겨지게 된다.

함수 추상화

정보 은닉

    앞에서 이미 임의의 숫자(난수)를 반환하기 위해 **rand()** 함수를, 현재 시간을 알아내기 위해 **time(0)** 함수를, 그리고 최댓값을 구하기 위해 **max** 함수를 사용해 보았다. 프로그램에서 이들 함수를 호출하기 위한 코드 작성법을 배웠으나, 함수를 사용하는 사용자 입장에서 이 함수들이 어떻게 구현되었는지는 알 필요가 없다.

---

3) 역주: 함수를 사용하는 프로그램

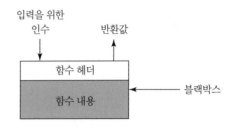

그림 6.9 함수 내용은 함수에 대한 자세한 구현 사항을 포함하고 있는 블랙박스로 생각할 수 있다.

```
헤더 ────▶┌─────────────────────────────────┐
          │         August 2013             │
          │- - - - - - - - - - - - - - - - -│
          │Sun  Mon  Tue  Wed  Thu  Fri  Sat│
          │                      1    2    3│
내용 ────▶│ 4    5    6    7    8    9   10  │
          │11   12   13   14   15   16   17  │
          │18   19   20   21   22   23   24  │
          │25   26   27   28   29   30   31  │
          └─────────────────────────────────┘
```

그림 6.10 연도와 달을 입력받아 해당 달의 달력을 표시한다.

함수 추상화 개념을 프로그램 개발 과정에 적용할 수 있는데, 큰 프로그램을 작성할 때 작은 부분 문제로 분해하기 위해 단계적 상세화(stepwise refinement)로 알려진 '분할 정복(divide and conquer)' 전략을 사용할 수 있다. 부분 문제는 더 작은 의미를 가지는 문제로 분해할 수 있다.

일 년 중 특정 달의 달력을 출력하는 프로그램을 작성한다고 가정해 보자. 프로그램은 연도와 달을 입력받아 해당 달의 달력을 그림 6.10과 같이 표시할 수 있다.

분할 정복 접근 방법을 설명하기 위하여 이 예제를 사용해 보겠다.

6.15.1 하향식 설계(Top-Down Design)

앞서의 문제에 대해 어떤 방식으로 프로그래밍을 시작할 것인가? 바로 코딩을 시작할 수 있을까? 초보 프로그래머인 경우 세세한 부분까지 해답을 찾아보는 것으로 시작할 수도 있다. 비록 세부적인 내용이 최종 프로그램에 가서는 중요할 수도 있지만, 초기 단계에서의 세부적인 내용에 대한 생각은 문제 해결 능력을 저해할 수도 있다. 자연스럽게 문제를 해결하려면 설계 단계에서는 상세한 함수의 구현은 뒤로 미루고 함수 추상화 작업부터 시작하는 것이 좋다.

이 문제는 우선 두 개의 작은 문제, 즉 사용자로부터 입력을 받는 부분과 달력을 출력하는 부분으로 나눌 수 있다. 이 단계에서 프로그램 작성자는 사용자로부터 입력을 어떻게 받을 것인지, 달력을 어떻게 출력할 것인지보다는, 각 부분 문제에서 해결해야 할 것이 무엇인지에 대해 고려해야 한다. 문제에 대한 분해를 가시화하기 위해서 구조도(structure chart)를 그려 보는 것이 좋다(그림 6.11a 참조).

연도와 달을 입력받기 위해 `cin` 객체를 사용한다. 주어진 달에 대한 달력을 출력하는 문제는 그림 6.11b와 같이 두 개의 부분 문제인 달의 제목을 출력하는 문제와 달의 내용을 출력하는 문제로 나눌 수 있다. 달의 제목은 달과 연도, 밑줄, 요일 이름의 세 줄로 구성되어 있다. 숫

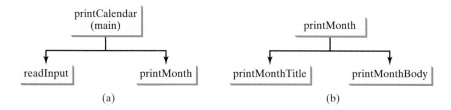

그림 6.11 (a) 구조도에서 `printCalendar` 문제를 `readInput`과 `printMonth` 두 개의 부분 문제로 나누었다. (b) `printMonth`는 `printMonthTitle`과 `printMonthBody`라는 더 작은 부분 문제로 나뉜다.

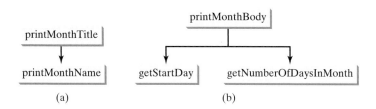

그림 6.12 (a) `printMonthTitle`은 `printMonthName`을 사용하게 되고, (b) `printMonthBody` 문제는 더 작은 부분 문제로 나뉜다.

자로 된 달(예: 1)로부터 실제 달의 이름(예: January)을 구하는 작업도 필요하다. 이는 **printMonthName**에서 수행하게 된다(그림 6.12a 참조).

달의 내용을 출력하기 위해서는 그림 6.12b에서 보는 바와 같이 어느 요일이 달의 시작 일인지를 알아야 하고(**getStartDay**), 해당 달에 며칠이 있는지를 알아야 한다 (**getNumberOfDaysInMonth**). 예를 들어, 2013년 8월은 그림 6.10에서 알 수 있는 것처럼 31일이 있고 달의 첫 요일은 목요일(Thursday)이다.

달의 첫 날짜에 대한 요일을 어떻게 구할 수 있을까? 여러 가지 방법이 있을 수 있다. 1800년 1월 1일의 시작일이 수요일인 것(**startDay1800 = 3**)을 알고 있다고 하면, 1800년 1월 1일부터 해당 달의 첫 날짜까지의 전체 일 수(**totalNumberOfDays**)를 구할 수 있다. 매주는 7일이므로 해당 달의 첫 날짜의 요일은 (**totalNumberOfDays + startDay1800**) **% 7**로 구할 수 있다. 이제 **getStartDay** 문제는 그림 6.13a처럼 **getTotalNumberOfDays**로 더욱 세분화될 수 있다.

전체 일수를 구하기 위해서는 각 연도가 윤년인지 각각의 달에는 며칠이 있는지를 알아야 한다. **getTotalNumberOfDays**는 두 개의 작은 부분 문제인 **isLeapYear**와 **getNumberOfDays**

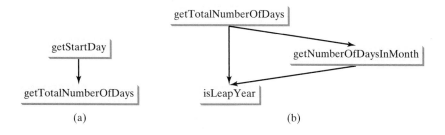

그림 6.13 (a) `getStartDay`를 구하려면 `getTotalNumberOfDays`를 구해야 한다. (b) `getTotalNumberOfDays` 문제는 두 개의 더 작은 부분 문제로 나뉜다.

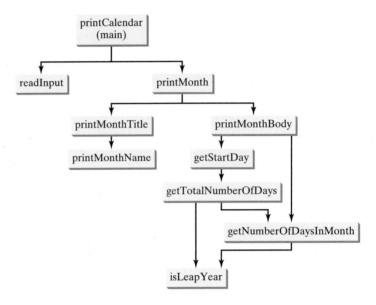

그림 6.14 구조도는 프로그램에서 부분 문제 간의 계층적인 관계를 보여 준다.

InMonth로 나뉜다(그림 6.13b). 전체 구조도를 그림 6.14에 나타내었다.

6.15.2 하향식 또는 상향식 구현

이제 관심사를 프로그램 구현으로 돌려보자. 일반적으로 부분 문제는 바로 함수로 구현될 수 있는데, 일부는 너무 간단해서 함수로 만드는 것이 필요치 않을 수도 있다. 어떤 모듈을 함수로 구현하는 것이 필요한지, 다른 함수와 연계하는 것이 필요한지를 결정해야 한다. 이는 어떻게 하면 전체 프로그램을 이해하기 쉽도록 할 수 있는지를 판단하여 정한다. 이 예에서 **readInput** 부분 문제는 **main** 함수에서 간단히 구현될 수 있다.

하향식 구현
상향식 구현
스텁

프로그램에서 구현 시 '하향식(top-down)' 또는 '상향식(bottom-up)' 구현을 사용할 수 있다. 하향식 방법은 구조도에서 위로부터 아래로 내려가면서 함수를 구현해 나가는 방법이다. 아직 구현이 되지 않은 함수를 임시로 사용하기 위해 스텁(stub)을 사용하기도 한다. 스텁이란 간단하지만 아직은 불완전한 함수 버전을 말한다. 일반적으로 스텁은 호출되었다는 것을 의미하는 테스트 메시지만 출력하고, 다른 일은 하지 않는다. 스텁을 사용하면 호출자로부터의 함수 호출을 테스트해 볼 수 있다. **main** 함수를 먼저 작성하고 **printMonth** 함수에 대한 스텁을 사용해 보겠다. 예를 들어, **printMonth** 함수는 스텁에서 연도와 달을 출력하도록 해 보겠다. 프로그램은 다음과 같은 코드로 시작한다.

```cpp
#include <iostream>
#include <iomanip>
using namespace std;

void printMonth(int year, int month);
void printMonthTitle(int year, int month);
void printMonthName(int month);
void printMonthBody(int year, int month);
int getStartDay(int year, int month);
```

```cpp
int getTotalNumberOfDays(int year, int month);
int getNumberOfDaysInMonth(int year, int month);
bool isLeapYear(int year);

int main()
{
  // 연도를 입력
  cout << "Enter full year (e.g., 2001): ";
  int year;
  cin >> year;

  // 달을 입력
  cout << "Enter month in number between 1 and 12: ";
  int month;
  cin >> month;

  // 해당 연도의 달에 대한 달력 출력
  printMonth(year, month);

  return 0;
}

void printMonth(int year, int month)
{
  cout << month << " " << year << endl;
}
```

프로그램을 컴파일하고, 테스트하고, 오류를 수정한다. 이제 **printMonth** 함수를 구현할 차례이다. **printMonth** 함수로부터 호출되는 함수들을 스텝으로 작성하여 사용할 수 있다.

상향식 방법은 구조도에서 아래에서부터 위로 올라가면서 함수를 작성해 나가는 방법이다. 각 함수가 작성되면 드라이버(driver)라고 하는 테스트 프로그램을 작성하여 프로그램을 테스트한다. 하향식과 상향식 모두 좋은 접근 방법이다. 두 방법 모두 함수를 점진적으로 구현해 나감으로써 프로그램 오류가 각 함수에서만 발생되도록 할 수 있고 디버깅을 쉽게 해 준다. 때로는 상향식과 하향식을 함께 사용할 수도 있다.

상향식 방법

드라이버

6.15.3 세부 구현 사항

isLeapYear(int year) 함수는 다음과 같이 구현될 수 있다.

```cpp
return (year % 400 == 0 || (year % 4 == 0 && year % 100 != 0));
```

getNumberOfDaysInMonth(int year, int month)를 작성할 때는 다음 정보를 이용한다.

- 1월, 3월, 5월, 7월, 8월, 10월, 12월의 총 날 수는 31일이다.
- 4월, 6월, 9월, 11월의 총 날 수는 30일이다.
- 2월은 28일이고, 윤년(leap year)일 때는 29일이다. 그러므로 일반적인 연도는 365일이지만, 윤년인 경우에는 366일이 된다.

getTotalNumberOfDays(int year, int month)를 구현하기 위해 1800년 1월 1일부터

해당 달의 첫 날까지의 전체 일수(**totalNumberOfDays**)를 구해야 한다. 1800년부터 해당 연도까지의 전체 일수를 구할 수 있고, 그 다음에 해당 연도의 해당 달까지의 전체 일수를 구할 수 있을 것이다. 이 두 가지를 합한 것이 **totalNumberOfDays**가 된다.

그림 6.10의 'August 2013'과 같은 형태로 달을 출력하기 위해서 1일 앞에 몇 개의 공백을 추가해야 하고, 그 다음에 주 단위로 줄을 출력해야 한다.

리스트 6.19는 완성된 프로그램이다.

리스트 6.19 PrintCalendar.cpp

```
1    #include <iostream>
2    #include <iomanip>
3    using namespace std;
4
5    // 함수 원형
6    void printMonth(int year, int month);
7    void printMonthTitle(int year, int month);
8    void printMonthName(int month);
9    void printMonthBody(int year, int month);
10   int getStartDay(int year, int month);
11   int getTotalNumberOfDays(int year, int month);
12   int getNumberOfDaysInMonth(int year, int month);
13   bool isLeapYear(int year);
14
15   int main()
16   {
17     // 연도를 입력
18     cout << "Enter full year (e.g., 2001): ";
19     int year;
20     cin >> year;
21
22     // 달을 입력
23     cout << "Enter month in number between 1 and 12: ";
24     int month;
25     cin >> month;
26
27     // 해당 연도의 달에 대한 달력 출력
28     printMonth(year, month);
29
30     return 0;
31   }
32
33   // 해당 연도의 달에 대한 달력 출력
34   void printMonth(int year, int month)
35   {
36     // 달력의 제목 출력
37     printMonthTitle(year, month);
38
39     // 달력의 내용 출력
40     printMonthBody(year, month);
41   }
```

함수 원형

main 함수

연도 입력

월 입력

달력 출력

월 출력

```
42
43   // 달 제목(예: May, 1999) 출력
44   void printMonthTitle(int year, int month)                          달 제목 출력
45   {
46     printMonthName(month);
47     cout << " " << year << endl;
48     cout << "----------------------------" << endl;
49     cout << " Sun Mon Tue Wed Thu Fri Sat" << endl;
50   }
51
52   // 달의 영어 이름 구하기
53   void printMonthName(int month)
54   {
55     switch (month)
56     {
57       case 1:
58         cout << "January";
59         break;
60       case 2:
61         cout << "February";
62         break;
63       case 3:
64         cout << "March";
65         break;
66       case 4:
67         cout << "April";
68         break;
69       case 5:
70         cout << "May";
71         break;
72       case 6:
73         cout << "June";
74         break;
75       case 7:
76         cout << "July";
77         break;
78       case 8:
79         cout << "August";
80         break;
81       case 9:
82         cout << "September";
83         break;
84       case 10:
85         cout << "October";
86         break;
87       case 11:
88         cout << "November";
89         break;
90       case 12:
91         cout << "December";
92     }
93   }
94
```

```
 95   // 달의 내용 출력
 96   void printMonthBody(int year, int month)
 97   {
 98     // 달의 첫 날짜에 대한 시작 요일 구하기
 99     int startDay = getStartDay(year, month);
100
101     // 달의 날짜 수 구하기
102     int numberOfDaysInMonth = getNumberOfDaysInMonth(year, month);
103
104     // 달의 첫 번째 날 앞에 공백 넣기
105     int i = 0;
106     for (i = 0; i < startDay; i++)
107       cout << "   ";
108
109     for (i = 1; i <= numberOfDaysInMonth; i++)
110     {
111       cout << setw(4) << i;
112
113       if ((i + startDay) % 7 == 0)
114         cout << endl;
115     }
116   }
117
118   // 달의 첫 날짜에 대한 시작 요일 구하기
119   int getStartDay(int year, int month)
120   {
121     // 1800년 1월 1일 이후의 총 날짜 수 구하기
122     int startDay1800 = 3;
123     int totalNumberOfDays = getTotalNumberOfDays(year, month);
124
125     // 시작 요일 반환
126     return (totalNumberOfDays + startDay1800) % 7;
127   }
128
129   // 1800년 1월 1일 이후의 총 날짜 수 구하기
130   int getTotalNumberOfDays(int year, int month)
131   {
132     int total = 0;
133
134     // 1800년부터 연도 - 1까지의 총 날짜 수 구하기
135     for (int i = 1800; i < year; i++)
136       if (isLeapYear(i))
137         total = total + 366;
138       else
139         total = total + 365;
140
141     // 1월부터 달력의 달 바로 전날까지의 날짜 수 추가하기
142     for (int i = 1; i < month; i++)
143       total = total + getNumberOfDaysInMonth(year, i);
144
145     return total;
146   }
147
```

달의 내용 출력

시작 요일 구하기

getTotalNumberOfDays

```
148  // 달의 일 수 구하기
149  int getNumberOfDaysInMonth(int year, int month)
150  {
151    if (month == 1 || month == 3 || month == 5 || month == 7 ||
152        month == 8 || month == 10 || month == 12)
153      return 31;
154
155    if (month == 4 || month == 6 || month == 9 || month == 11)
156      return 30;
157
158    if (month == 2) return isLeapYear(year) ? 29 : 28;
159
160    return 0; // 달이 맞지 않은 경우
161  }
162
163  // 윤년인지 결정
164  bool isLeapYear(int year)
165  {
166    return year % 400 == 0 || (year % 4 == 0 && year % 100 != 0);
167  }
```

getNumberOfDaysInMonth

isLeapYear

```
Enter full year (e.g., 2012): 2012 ↵Enter
Enter month as a number between 1 and 12: 3 ↵Enter
          March 2012
-----------------------------------
Sun  Mon  Tue  Wed  Thu  Fri  Sat
                      1    2    3
  4    5    6    7    8    9   10
 11   12   13   14   15   16   17
 18   19   20   21   22   23   24
 25   26   27   28   29   30   31
```

이 프로그램에서는 사용자 입력 내용에 대해 유효성을 확인하지 않는다. 예를 들어, 사용자가 달의 값으로 1에서 12가 아닌 값을 입력하거나, 연도로서 1800 이전의 값을 입력하면 프로그램은 오류가 있는 달력을 출력할 것이다. 이런 오류를 피하기 위해서는 달력을 출력하기 전에 if 문을 사용해서 입력 값에 대해 검사해야 한다.

프로그램은 한 달에 대한 달력만 출력하는데, 이를 조금만 수정하면 1년치의 달력을 출력하도록 할 수 있다. 1800년 이후의 달력만 출력하도록 되어 있는 것도 1800년 이전의 달력도 출력되도록 프로그램을 수정할 수 있다.

6.15.4 단계적 상세화의 장점

단계적 상세화(stepwise refinement)는 큰 문제를 다루기 쉬운 작은 부분 문제로 나누는 것이다. 각 부분 문제는 함수를 사용하여 구현될 수 있다. 이러한 접근법은 프로그램의 작성과 재사용, 디버깅, 테스트, 수정, 유지보수를 쉽게 해 준다.

간단한 프로그램

달력 출력 프로그램은 긴 프로그램이다. 단계적 상세화는 하나의 함수로 길게 연속된 문장들을 가지고 프로그램을 작성하지 않고 작은 함수로 나누어 작성한다. 이는 프로그램을 간략화시키고 전체 프로그램을 읽고 이해하기 쉽게 해 준다.

함수의 재사용

단계적 상세화는 프로그램 내에서 코드를 재사용할 수 있게 해 준다. **isLeapYear** 함수가 일단 정의된 이후에 **getTotalNumberOfDays** 함수와 **getNumberOfDaysInMonth** 함수에서 호출된다. 이는 코드의 중복 사용을 줄여 준다.

개발과 디버깅, 테스트의 용이성 증대

각 부분 문제가 함수로 작성됨으로써 개별적으로 함수를 개발과 디버깅, 테스트할 수 있다. 이는 함수와 관련된 오류가 그 함수에서만 발생되도록 할 수 있고 개발과 디버깅, 테스트를 쉽게 해 준다.

큰 프로그램을 작성할 때 상향식이나 하향식 접근 방법을 사용할 수 있다. 전체 프로그램을 한 번에 작성하지 마라. 이러한 상향식이나 하향식 접근 방법은 프로그램을 반복적으로 컴파일하고 실행하므로 코딩에 더 많은 시간이 걸리는 것처럼 보일 수 있다. 그러나 이와 같은 접근 방법은 실제로는 코딩 시간을 줄여 주고 디버깅을 더 쉽게 만들어 주는 장점이 있다.

협동 작업의 편의성 증대

큰 문제를 부분 문제로 나누어 부분 문제를 다른 프로그래머에게 할당해 줄 수 있다. 이는 프로그래머 간의 협동 작업을 쉽게 해 준다.

주요 용어

값에 의한 전달(pass-by-value)	정적 지역 변수(static local variable)
단계적 상세화(stepwise refinement)	지역 변수(local variable)
매개변수 목록(parameter list)	참조 변수(reference variable)
모호한 호출(ambiguous invocation)	참조에 의한 전달(pass-by-reference)
변수의 범위(scope of variable)	하향식 구현(top-down implementation)
분할 정복(divide and conquer)	함수 서명(function signature)
상향식 구현(bottom-up implementation)	함수 선언(function declaration)
스텁(stub)	함수 오버로딩(function overloading)
실 매개변수(actual parameter)	함수 원형(function prototype)
인라인 함수(inline function)	함수 추상화(function abstraction)
인수(argument)	함수 헤더(function header)
자동 변수(automatic variable)	형식 매개변수(또는 매개변수)(formal
전역 변수(global variable)	parameter or parameter)
정보 은닉(information hiding)	

요약

1. 프로그램을 모듈화하고 재사용 가능하게 하는 것이 소프트웨어 공학의 중요한 목표이다. 함수는 코드를 모듈화하고 재사용이 가능하게 하는 데 사용된다.

2. 함수 헤더에는 함수의 반환값 유형, 함수 이름, 함수의 매개변수를 작성한다.

3. 함수는 값을 반환할 수 있다. **returnValueType**은 함수가 반환하는 값의 데이터 유형이다.

4. 함수가 값을 반환하지 않는 경우 **returnValueType**은 **void**가 된다.

5. 매개변수 목록에서 함수의 매개변수에 대한 유형과 순서, 매개변수의 수를 알 수 있다.

6. 함수로 전달되는 인수는 함수 서명에 있는 매개변수와 같은 수와 유형, 순서여야 한다.

7. 함수 이름과 매개변수 목록을 합쳐서 함수 서명(function signature)이라고 한다.

8. 매개변수는 선택 사항이므로 매개변수가 없는 함수가 존재할 수도 있다.

9. 값 반환 함수는 함수가 종료될 때 값을 반환해야 한다.

10. 반환값이 없는 함수에서도 함수를 종료하기 위해 return 문을 사용할 수 있는데, return 문을 만나면 함수를 호출한 측으로 제어가 되돌아 간다.

11. 프로그램이 함수를 호출하면 프로그램 제어가 호출된 함수로 넘어간다.

12. 호출된 함수는 return 문이 실행되거나 함수의 끝에 도달하면 호출자에게 제어를 반환한다.

13. 값 반환 함수 또한 C++에서 문장으로 호출될 수 있다. 이 경우 호출자는 반환값을 무시한다.

14. 함수는 오버로딩될 수 있다. 즉, 두 개의 함수가 이름은 같지만 함수의 매개변수 목록은 다르다.

15. 값에 의한 전달은 매개변수로 인수의 값을 전달한다.

16. 참조에 의한 전달은 인수의 참조를 전달한다.

17. 함수에서 값에 의해 전달된 인수의 값을 변경하더라도 함수가 종료된 후 인수의 값은 변경되지 않는다.

18. 함수에서 참조에 의해 전달된 인수의 값을 변경하면 함수가 종료된 후 인수의 값도 변경된다.

19. 상수 참조 매개변수(constant reference parameter)는 함수에서 그 값이 변경될 수 없다는 것을 컴파일러에게 알려 주기 위해 **const** 키워드를 사용하여 지정한다.

20. 변수의 범위는 변수가 사용될 수 있는 프로그램의 영역을 말한다.

21. 전역 변수는 함수 외부에서 정의되어, 모든 함수에서 사용할 수 있다.

22. 지역 변수는 함수 안에서 정의되는 변수이다. 함수가 종료되면 모든 지역 변수는 사라지게 된다.

23. 지역 변수는 자동 변수(automatic variable)라고도 한다.

24. 정적 지역 변수는 다음 번 함수 호출 시 값을 사용하기 위해서 지역 변수 값이 유지되도록 정의된다.

25. C++에서는 빠른 실행을 위해 함수 호출을 피하도록 인라인 함수(inline function)를 제공하고 있다.

26. 인라인 함수는 호출되지 않고 컴파일러가 각각이 호출되는 지점에 함수 코드를 복사해 넣는다.

27. 인라인 함수를 지정하려면 함수 선언 앞에 `inline` 키워드를 놓는다.

28. C++에서는 값에 의한 전달 매개변수에 대해 기본 인수 값을 갖는 함수를 정의할 수 있다.

29. 기본 값은 인수가 없는 상태로 함수가 호출될 때 매개변수로 전달된다.

30. 함수 추상화(functional abstraction)는 구현을 위해 주요 기능을 분리하는 과정을 통해 얻어진다.

31. 하나의 프로그램을 간결한 작은 여러 함수의 집합으로 작성함으로써 디버깅, 유지보수, 수정이 용이해지는 장점을 가지게 된다.

32. 대형 프로그램을 작성할 때 상향식이나 하향식 접근 방법을 사용할 수 있다.

33. 전체 프로그램을 한 번에 작성하지 마라. 이러한 상향식이나 하향식 접근 방법은 프로그램을 반복적으로 컴파일하고 실행하므로 코딩에 더 많은 시간이 걸리는 것처럼 보일 수 있다. 그러나 이와 같은 접근 방법은 실제로는 코딩 시간을 줄여 주고 디버깅을 더 쉽게 만들어 주는 장점이 있다.

퀴즈

www.cs.armstrong.edu/liang/cpp3e/quiz.html에서 온라인으로 이 장에 대한 퀴즈를 풀어 보라.

프로그래밍 실습

6.2~6.11절

6.1 (수학: 오각수) 오각수(pentagonal number)는 $n = 1, 2, \ldots$에 대해서 $n(3n-1)/2$로 정의된다. 그러므로 첫 번째로부터 몇 개의 수는 1, 5, 12, 22, ...가 된다. 오각수를 반환하기 위한 다음 헤더를 갖는 함수를 작성하여라.

int getPentagonalNumber(**int** n)

처음부터 100개의 오각수를 각 줄에 10개씩 출력하는 함수를 작성하고, 이를 사용하는 테스트 프로그램을 작성하여라.

*6.2 (정수의 자릿수 더하기) 정수의 각 자리의 합을 구하는 함수를 작성하여라. 다음 함수 헤더를 사용하여라.

int sumDigits(**long** n)

예를 들면, **sumDigits(234)**는 9(= 2 + 3 + 4)를 반환한다. (힌트: 자리를 추출하려면 % 연산자를 사용하고, 추출된 자릿수를 제거하려면 / 연산자를 사용한다. 예를 들어, 234에서 4를 추출하려면 **234 % 10**(= 4)을 사용하면 되고, 234에서 4를 제거하려면 **234 / 10**(= 23)을 사용하면 된다. 모든 자리가 추출될 때까지 반복적으로 각 자리가 추출되고 제거되도록 반복문을 사용한다.)

사용자가 정수를 입력하고 그 수의 모든 자릿수의 합을 출력하는 테스트 프로그램을 작성하여라.

**6.3 (회문 정수) 다음 헤더를 사용하여 함수를 작성하여라.

```
// 정수를 역으로 한 값을 반환
// 즉, reverse(456)는 654를 반환
int reverse(int number)
```

```
// 수가 회문이면 참을 반환
bool isPalindrome(int number)
```

isPalindrome을 구현하기 위해 **reverse** 함수를 사용하여라. 수를 역으로 했을 때 같은 값이면 회문이 된다. 사용자가 정수를 입력하고 입력한 정수가 회문인지를 알려주는 테스트 프로그램을 작성하여라.

*6.4 (정수를 역으로 출력) 정수의 각 자리 숫자를 역순으로 출력하기 위한 다음 헤더를 갖는 함수를 작성하여라.

void reverse(**int** number)

예를 들어, **reverse(3456)**은 **6543**을 출력한다. 정수를 입력받아 역순으로 출력하는 테스트 프로그램을 작성하여라.

*6.5 (세 숫자 정렬) 세 개의 숫자를 오름차순으로 정렬하여 출력하기 위한 다음 헤더를 갖는 함수를 작성하여라.

void displaySortedNumbers(
  double num1, **double** num2, **double** num3)

세 개의 수를 입력받아 오름차순으로 출력하기 위해 함수를 호출하는 테스트 프로그램을 작성하여라.

*6.6 (패턴 출력) 다음 그림과 같은 패턴을 출력하는 함수를 작성하여라.

```
       1
       2 1
       3 2 1
    . . .
n n-1 . . . 3 2 1
```

함수의 헤더는 **void** displayPattern(**int** n)이다.

*6.7 (금융 문제: 미래 투자 수익 계산) 이자율(interest rate)과 투자 기간(number of years)이 주어질 때 미래 투자 수익(future investment value)을 계산하는 함수를 작성하여라. 미래 투자 수익은 프로그래밍 실습 2.23의 공식을 사용하여 구한다.

다음 함수 헤더를 사용하여라.

double futureInvestmentValue(
  double investmentAmount, **double** monthlyInterestRate, **int** years)

예를 들어, **futureInvestmentValue(10000, 0.05/12, 5)**는 **12833.59**를 반환한다.

다음과 같이 투자 금액(investment amount, 예: 1000)과 이자율(예: 9%)을 입력받아 1년에서 30년까지 매년 투자 수익을 출력하는 테스트 프로그램을 작성하여라.

```
The amount invested: 1000  ↵Enter
Annual interest rate: 9  ↵Enter

Years     Future Value
1         1093.80
2         1196.41
...
29        13467.25
30        14730.57
```

6.8 (피트와 미터 간 변환) 다음 두 함수를 작성하여라.

```
// 피트(feet)를 미터(meter)로 변환
double footToMeter(double foot)
```

```
// 미터를 피트로 변환
double meterToFoot(double meter)
```

변환 공식은 다음과 같다.

meter = 0.305 * foot

다음과 같은 표를 출력하기 위해 이들 함수를 호출하는 테스트 프로그램을 작성하여라.

Feet	Meters		Meters	Feet
1.0	0.305	|	20.0	65.574
2.0	0.610	|	25.0	81.967
...				
9.0	2.745	|	60.0	195.721
10.0	3.050	|	65.0	213.115

6.9 (섭씨와 화씨 간 변환) 다음 함수를 작성하여라.

```
// 섭씨(Celsius)를 화씨(Fahrenheit)로 변환
double celsiusToFahrenheit(double celsius)
```

```
// 화씨를 섭씨로 변환
double fahrenheitToCelsius(double fahrenheit)
```

변환 공식은 다음과 같다.

```
fahrenheit = (9.0 / 5) * celsius + 32
celsius = (5.0 / 9) * (fahrenheit – 32)
```

다음과 같은 표를 출력하기 위해 이들 함수를 호출하는 테스트 프로그램을 작성하여라.

Celsius	Fahrenheit		Fahrenheit	Celsius
40.0	104.0	|	120.0	48.89
39.0	102.2	|	110.0	43.33
...				
32.0	89.6	|	40.0	4.44
31.0	87.8	|	30.0	-1.11

6.10 (금융 문제: 상여금 계산) 프로그래밍 실습 5.39를 사용하여 상여금(commission)을 계산하는 함수를 작성하여라. 함수의 헤더는 다음과 같다.

```
double computeCommission(double salesAmount)
```

다음 표를 출력하는 테스트 프로그램을 작성하여라.

Sales Amount	Commission
10000	900.0
15000	1500.0
...	
95000	11100.0
100000	11700.0

6.11 (문자 표시) 다음 헤더를 사용하여 문자를 출력하는 함수를 작성하여라.

```
void printChars(char ch1, char ch2, int numberPerLine)
```

이 함수는 지정한 줄당 문자수만큼 **ch1**과 **ch2** 사이의 문자를 출력한다. **'1'**에서 **'Z'**까지 한 줄당 10개의 문자를 출력하는 테스트 프로그램을 작성하여라. 각 문자는 한 개의 공백으로 분리되어야 한다.

*6.12 (급수 합계) 다음 급수를 계산하는 함수를 작성하여라.

$$m(i) = \frac{1}{2} + \frac{2}{3} + \cdots + \frac{i}{i+1}$$

다음 표를 출력하는 테스트 프로그램을 작성하여라.

i	m(i)
1	0.5000
2	1.1667
...	
19	16.4023
20	17.3546

*6.13 (π 계산) π는 다음 급수로 계산할 수 있다.

$$m(i) = 4\left(1 - \frac{1}{3} + \frac{1}{5} - \frac{1}{7} + \frac{1}{9} - \frac{1}{11} + \cdots + \frac{(-1)^{i+1}}{2i-1}\right)$$

주어진 i에 대해서 m(i)를 반환하는 함수를 작성하고, 다음과 같은 표를 출력하는 테스트 프로그램을 작성하여라.

```
i          m(i)
1          4.0000
101        3.1515
201        3.1466
301        3.1449
401        3.1441
501        3.1436
601        3.1433
701        3.1430
801        3.1428
901        3.1427
```

*6.14 (금융 문제: 세금 표 출력) 리스트 3.3 ComputeTax.cpp는 세금을 계산하는 프로그램이다. 다음 헤더를 사용하여 세금을 계산하는 함수를 작성하여라.

double computeTax(**int** status, **double** taxableIncome)

이 함수를 사용하여 모든 네 가지 과세 지위에 대해서 $50 간격으로 $50,000부터 $60,000까지 과세 수입에 대한 세금 표를 출력하는 프로그램을 작성하여라.

Taxable Income	Single	Married Joint or Qualifying Widow(er)	Married Separate	Head of a House
50000	8688	6665	8688	7352
50050	8700	6673	8700	7365
...				
59950	11175	8158	11175	9840
60000	11188	8165	11188	9852

*6.15 (연도의 날짜 수) 다음 헤더를 사용하여 연도의 날짜 수를 반환하는 함수를 작성하여라.

int numberOfDaysInAYear(**int** year)

2000년, ..., 2010년의 각 연도의 날짜 수를 출력하는 테스트 프로그램을 작성하여라.

*6.16 (0과 1의 행렬 출력) 다음 헤더를 사용하여 행렬을 출력하는 함수를 작성하여라.

void printMatrix(**int** n)

행렬의 각 요소는 0과 1로만 구성되며, 임의적으로 채워진다. 사용자가 n의 값을 입력하면 행렬을 출력하는 테스트 프로그램을 작성하여라. 다음은 샘플 실행 결과이다.

```
Enter n: 3 ↵Enter
0 1 0
0 0 0
1 1 1
```

6.17 (삼각형 확인과 면적) 다음 두 함수를 작성하여라.

```
// 두 변의 길이의 합이 세 번째 변보다 크면 참을 반환한다.
bool isValid(double side1, double side2, double side3)
```

```
// 삼각형의 면적을 반환한다.
double area(double side1, double side2, double side3)
```

면적을 구하는 공식은 프로그래밍 실습 2.19를 참조한다. 삼각형의 세 변을 읽어 입력이 유효하면 면적을 계산하는 테스트 프로그램을 작성하여라. 만약 입력이 유효하지 않으면 오류 메시지를 출력하도록 한다.

6.18 (isPrime 함수 사용) 리스트 6.5 PrimeNumberFunction.cpp에서는 수가 소수인지를 검사하기 위해 `isPrime(int number)` 함수를 사용한다. 10000보다 적은 소수의 수를 구하기 위해 이 함수를 사용하여라.

**6.19 (수학: 쌍둥이 소수) 쌍둥이 소수(twin prime)는 두 수의 차가 2인 소수의 쌍이다. 예를 들어, 3과 5, 5와 7, 11과 13은 쌍둥이 소수이다. 1000보다 작은 모든 쌍둥이 소수를 구하는 프로그램을 작성하여라. 출력은 다음과 같은 형태이다.

```
(3, 5)
(5, 7)
. . .
```

*6.20 (기하학: 점의 위치) 프로그래밍 실습 3.29에서는 점이 직선의 왼쪽이나 오른쪽, 또는 직선상에 있는지를 검사했었다. 다음 함수를 작성하여라.

```
/** 점 (x2, y2)가 (x0, y0)에서 (x1, y1)까지의 직선
 *  왼쪽에 존재하면 참을 반환  */
bool leftOfTheLine(double x0, double y0,
    double x1, double y1, double x2, double y2)
```

```
/** 점 (x2, y2)가 (x0, y0)에서 (x1, y1)까지의 직선
 *  오른쪽에 존재하면 참을 반환  */
bool RightOfTheLine(double x0, double y0,
    double x1, double y1, double x2, double y2)
```

```
/** 점 (x2, y2)가 (x0, y0)에서 (x1, y1)까지의 직선과
 *  같은 선, 즉 (x0, y0)에서 (x1, y1)까지의 직선의
 *  연장선상에 존재하면 참을 반환  */
bool onTheSameLine(double x0, double y0,
    double x1, double y1, double x2, double y2)
```

```
/** 점 (x2, y2)가 (x0, y0)에서 (x1, y1)까지의
 *  직선상에 존재하면 참을 반환  */
bool onTheLineSegment(double x0, double y0,
```

          double x1, **double** y1, **double** x2, **double** y2)

세 점 p0, p1, p2를 입력하고 p2가 p0에서 p1까지의 직선 왼쪽에 존재하는지, 오른쪽에 존재하는지, 직선과 같은 선상에 있는지, 직선상에 있는지를 출력하는 프로그램을 작성하여라. 다음은 샘플 실행 결과이다.

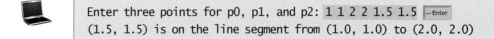

```
Enter three points for p0, p1, and p2: 1 1 2 2 1.5 1.5 ↵Enter
(1.5, 1.5) is on the line segment from (1.0, 1.0) to (2.0, 2.0)
```

```
Enter three points for p0, p1, and p2: 1 1 2 2 3 3 ↵Enter
(3.0, 3.0) is on the same line from (1.0, 1.0) to (2.0, 2.0)
```

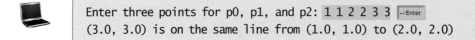

```
Enter three points for p0, p1, and p2: 1 1 2 2 1 1.5 ↵Enter
(1.0, 1.5) is on the left side of the line
from (1.0, 1.0) to (2.0, 2.0)
```

```
Enter three points for p0, p1, and p2: 1 1 2 2 1 -1 ↵Enter
(1.0, -1.0) is on the right side of the line
from (1.0, 1.0) to (2.0, 2.0)
```

*6.21 (수학: 회문 소수) 회문 소수(palindromic prime)란 거꾸로 읽어도 소수가 되는 소수를 말한다. 예를 들어, **131**이나 **313**, **757**은 소수이면서 회문 소수가 된다. 2부터 **100**개의 회문 소수를 출력하는 프로그램을 작성하여라. 한 줄에 10개씩 출력하고 다음과 같이 간격을 맞추어 출력하여라.

```
  2    3    5    7   11  101  131  151  181  191
313  353  373  383  727  757  787  797  919  929
. . .
```

**6.22 (게임: 크랩스) 크랩스(Craps) 게임은 카지노에서 유명한 주사위 게임이다. 다음과 같이 크랩스 게임을 하기 위한 프로그램을 작성하여라.

주사위 두 개를 굴린다. 각 주사위에는 **1, 2, ..., 6**까지의 값을 갖는 6개의 면이 있다. 두 주사위의 합을 계산한다. 만약 그 합이 **2, 3, 12**(크랩스라고 함)이면 게이머가 지게 되고, 합이 **7, 11**(내추럴(natural)이라고 함)이면 게이머가 이기게 된다. 만약 합이 그 외 다른 값, 즉 **4, 5, 6, 8, 9, 10**이면 점수로 기록해 둔다. **7**(게이머 패배) 또는 기록해 둔 것과 같은 점수 값(게이머 승리)이 나올 때까지 게임을 계속한다.

혼자 하는 게임으로 프로그램이 동작해야 하며, 다음은 샘플 실행 결과이다.

```
You rolled 5 + 6 = 11
You win
```

```
You rolled 1 + 2 = 3
You lose
```

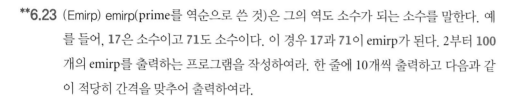

```
You rolled 4 + 4 = 8
point is 8
You rolled 6 + 2 = 8
You win
```

```
You rolled 3 + 2 = 5
point is 5
You rolled 2 + 5 = 7
You lose
```

**6.23 (Emirp) emirp(prime를 역순으로 쓴 것)은 그의 역도 소수가 되는 소수를 말한다. 예를 들어, 17은 소수이고 71도 소수이다. 이 경우 17과 71이 emirp가 된다. 2부터 100개의 emirp를 출력하는 프로그램을 작성하여라. 한 줄에 10개씩 출력하고 다음과 같이 적당히 간격을 맞추어 출력하여라.

```
 13   17   31   37   71   73   79   97  107  113
149  157  167  179  199  311  337  347  359  389
. . .
```

6.24 (게임: 크랩스에서 승리의 기회) 프로그래밍 실습 6.22의 크랩스 게임 프로그램을 **10000번 실행하고, 승리한 게임의 수를 출력하도록 프로그래밍 실습 6.22의 프로그램을 수정하여라.

**6.25 (메르센 소수) 양의 정수 p에 대해 $2^p - 1$의 값이 소수인 수를 메르센 소수(Mersenne prime)라고 한다. $p \leq 31$인 모든 메르센 소수를 찾아 다음과 같이 출력하는 프로그램을 작성하여라.

```
p              2ᵖ - 1
2              3
3              7
5              31
. . .
```

**6.26 (달력 출력) 프로그래밍 실습 3.33은 요일 계산을 위해 첼러의 공식(Zeller's congruence)을 사용한다. 달의 시작 요일을 계산하기 위해서 첼러의 알고리즘을 사용하여 리스트 6.19 PrintCalendar.cpp를 간략화하여라.

6.27 (수학: 근사적인 제곱근 계산) cmath 라이브러리에 있는 **sqrt 함수는 어떻게 작성되어 있을까? 이를 구현하는 몇 가지 방법이 있는데, 그중 한 가지가 바빌로니아 방법(Babylonian method)이다. 이는 다음 공식을 사용하여 반복적으로 계산을 수행함으로써 n의 제곱근에 대한 근사 값을 구할 수 있다.

```
nextGuess = (lastGuess + (n / lastGuess)) / 2
```

nextGuess와 **lastGuess**가 거의 같아지면 **nextGuess**가 제곱근의 근사치 값이 된다. 초기 예측 값은 양수(예: **1**)가 될 수 있으며, 이 값은 **lastGuess**의 시작 값으로 사용된다. 만일 **nextGuess**와 **lastGuess**의 차이가 매우 작은 값, 예를 들어, **0.0001**보다

작아지면 nextGuess가 n의 제곱근의 근사치 값이 된 것으로 간주한다. 그렇지 않다면 nextGuess는 lastGuess가 되고 근사화 과정이 계속된다. n의 제곱근을 반환하는 다음 함수를 작성하여라.

double sqrt(**int** n)

*6.28 (숫자 개수 반환) 다음 헤더를 사용하여 정수의 숫자 개수를 반환하는 함수를 작성하여라.

int getSize(**int** n)

예를 들어, getSize(45)는 2를 반환하고, getSize(3434)는 4를, getSize(4)는 1을, getSize(0)은 1을 반환한다. 정수를 입력받아 그의 크기를 출력하는 테스트 프로그램을 작성하여라.

*6.29 (홀수 자리 숫자의 합) 다음 헤더를 사용하여 정수의 홀수 자리에 있는 숫자의 합을 반환하는 함수를 작성하여라.

int sumOfOddPlaces(**int** n)

예를 들어, sumOfOddPlaces(1345)는 8을 반환하고, sumOfOddPlaces(13451)은 6을 반환한다. 사용자가 정수를 입력하면 그 정수의 홀수 자리에 있는 숫자들의 합을 출력하는 테스트 프로그램을 작성하여라.

6.12~6.15절

*6.30 (문자열 섞기) 다음 헤더를 사용하여 문자열 내의 문자를 섞는 함수를 작성하여라.

void shuffle(string& s)

사용자가 문자열을 입력하면 섞인 문자열이 출력되는 테스트 프로그램을 작성하여라.

*6.31 (3개의 수 정렬) 오름차순으로 3개의 수를 정렬하는 다음 함수를 작성하여라.

void sort(**double**& num1, **double**& num2, **double**& num3)

3개의 수를 입력하여 정렬된 순서로 수를 출력하는 테스트 프로그램을 작성하여라.

*6.32 (대수학: 2차 방정식의 해) 2차 방정식 $ax^2 + bx + c = 0$의 두 근은 다음 공식으로 구할 수 있다.

$$r_1 = \frac{-b + \sqrt{b^2 - 4ac}}{2a} \quad \text{그리고} \quad r_2 = \frac{-b + \sqrt{b^2 - 4ac}}{2a}$$

다음 헤더를 사용하여 함수를 작성하여라.

void solveQuadraticEquation(**double** a, **double** b, **double** c,
    double& discriminant, **double**& r1, **double**& r2)

$b^2 - 4ac$는 2차 방정식의 판별식이라고 한다. 만약 판별식이 0보다 작으면 근의 공식

에서 루트를 계산할 수 없으므로 이 경우 **r1**과 **r2**의 값은 무시한다.

a, *b*, *c*의 값을 입력받아 판별식에 근거한 결과 값을 출력하는 테스트 프로그램을 작성하여라. 판별식이 **0**보다 크면 두 개의 근을 출력하고, **0**과 같으면 하나의 근을 출력한다. 이외의 경우는 **"The equation has no roots"**가 출력되도록 한다. 샘플 실행 결과는 프로그래밍 실습 3.1을 참조하여라.

*6.33 (대수학: 2×2 선형 방정식의 해) 다음 2×2 선형 방정식을 풀기 위해서 크래머의 공식을 사용할 수 있다.

$$ax + by = e \qquad x = \frac{ed - bf}{ad - bc} \qquad y = \frac{af - ec}{ad - bc}$$
$$cx + dy = f$$

다음 헤더를 사용한 함수를 작성하여라.

void solveEquation(**double** a, **double** b, **double** c, **double** d,
  double e, **double** f, **double**& x, **double**& y, **bool**& isSolvable)

ad − *bc*가 0이면 방정식은 해가 없고 **isSolvable**은 거짓이 되어야 한다. **a**, **b**, **c**, **d**, **e**, **f**의 값을 입력하여 결과를 출력하는 프로그램을 작성하여라. *ad* − *bc*가 0이면 "The equation has no solution."이 출력되도록 한다. 샘플 실행 결과는 프로그래밍 실습 3.3을 참조하여라.

***6.34 (현재 날짜와 시간) **time(0)**을 호출하면 1970년 1월 1일 0시 이후 경과 시간을 밀리 초로 반환해 준다. 현재의 날짜와 시간을 출력하는 프로그램을 작성하여라. 다음은 샘플 실행 결과이다.

```
Current date and time is May 16, 2009 10:34:23
```

6.35 (기하학: 교차점) 두 개의 선이 교차한다고 하자. 첫 번째 선의 두 끝점이 (x1**, **y1**)과 (**x2**, **y2**)이고, 두 번째 선의 끝점은 (**x3**, **y3**)과 (**x4**, **y4**)라고 하면, 두 선이 교차할 때 교차점을 반환하는 다음 함수를 작성하여라.

void intersectPoint(**double** x1, **double** y1, **double** x2, **double** y2,
  double x3, **double** y3, **double** x4, **double** y4,
  double& x, **double**& y, **bool**& isIntersecting)

이들 두 선에 대해 4개의 점들 값을 읽어 들여 교차점을 출력하는 프로그램을 작성하여라. (힌트: 프로그래밍 실습 6.33에서의 2×2 선형 방정식의 해를 구하는 함수를 사용하여라.)

```
Enter the endpoints of the first line segment: 2.0 2.0 0 0  ↵Enter
Enter the endpoints of the second line segment: 0 2.0 2.0 0  ↵Enter
The intersecting point is: (1, 1)
```

```
Enter the endpoints of the first line segment: 2.0 2.0 0 0  ↵Enter
Enter the endpoints of the second line segment: 3 3 1 1  ↵Enter
The two lines do not cross
```

6.36 (정수 형식 지정) 지정된 폭으로 양의 정수를 설정하기 위해 다음 헤더를 사용하는 함수를 작성하여라.

string format(**int** number, **int** width)

이 함수는 수 앞쪽에 하나 또는 그 이상의 **0**이 붙은 문자열을 반환한다. 문자열의 크기는 폭이다. 예를 들어, format(34, 4)는 0034를 반환하고, format(34, 5)는 00034를 반환한다. 만약 수가 폭보다 더 크다면 함수는 숫자를 나타내는 문자열을 반환한다. 예를 들어, format(34, 1)은 34를 반환한다.

수와 폭을 입력하고 format(number, width)를 호출하여 반환된 문자열을 출력하는 테스트 프로그램을 작성하여라.

**6.37 (금융: 신용카드 번호 유효성 검사) 신용카드 번호는 어떤 패턴을 따르며, 13자리나 16자리의 숫자로 되어 있다. 숫자는 다음 번호로 시작해야 한다.

- 비자카드는 4번
- 마스터카드는 5번
- 아메리칸익스프레스카드는 37번
- 디스커버카드는 6번

1954년에 IBM의 한스 룬(Hans Luhn)은 신용카드 번호의 유효성을 검사하는 알고리즘을 제안하였다. 그 알고리즘은 카드 번호가 올바로 입력되었는지, 스캐너에 의해 올바로 스캐닝이 되었는지를 확인하는 데 사용되었다. 거의 모든 신용카드 번호가 다음과 같은 룬 검사(Luhn check) 또는 모드 10 검사(Mod 10 check)로 알려진 유효성 검사에 따라 생성되었다. (설명을 위해 카드 번호는 **4388576018402626**이라고 가정한다.)

1. 오른쪽부터 왼쪽으로 두 자리마다에 있는 수를 두 배로 만든다. 만약 숫자를 두 배한 값이 두 자리 숫자가 된다면 한 자리 숫자로 만들기 위해 두 자리 숫자를 더해준다.

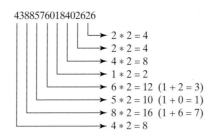

2. 1단계로부터 모든 한 자리 숫자들을 더한다.

    $4 + 4 + 8 + 2 + 3 + 1 + 7 + 8 = 37$

3. 카드 번호에서 오른쪽부터 왼쪽으로 홀수 번째 자리에 있는 모든 수를 더한다.

    $6 + 6 + 0 + 8 + 0 + 7 + 8 + 3 = 38$

4. 2단계와 3단계의 결과를 합한다.

$$37 + 38 = 75$$

5. 4단계의 결과가 **10**으로 나누어떨어지면 카드 번호는 유효하고, 그렇지 않으면 유효하지 않은 번호가 된다. 예를 들어, **4388576018402626**은 유효하지 않지만, **4388576018410707**은 유효한 카드 번호이다.

사용자가 카드 번호를 문자열로 입력하고 번호가 유효한지를 출력하는 프로그램을 작성하여라. 다음 함수를 사용하도록 프로그램을 설계하여라.

```
// 카드 번호가 유효하면 참을 반환
bool isValid(const string& cardNumber)
```

```
// 2단계의 결과 얻기
int sumOfDoubleEvenPlace(const string& cardNumber)
```

```
// 숫자가 하나이면 그 숫자를 반환하고, 그렇지 않으면
// 두 숫자의 합을 반환
int getDigit(int number)
```

```
// 카드 번호의 홀수 자리에 있는 수들의 합을 반환
int sumOfOddPlace(const string& cardNumber)
```

```
// cardNumber의 앞에 있는 수가 substr과 같다면 참을 반환
bool startsWith(const string& cardNumber, const string& substr)
```

*6.38 (2진수를 16진수로 변환) 2진수를 16진수로 변환하여 그 값을 반환하는 함수를 작성하여라. 함수 헤더는 다음과 같다.

```
string bin2Hex(const string& binaryString)
```

문자열로 2진수를 입력받아 그에 해당하는 16진수를 문자열로 출력하는 테스트 프로그램을 작성하여라.

*6.39 (2진수를 10진수로 변환) 2진수를 10진수로 변환하여 그 값을 반환하는 함수를 작성하여라. 함수 헤더는 다음과 같다.

```
int bin2Dec(const string& binaryString)
```

예를 들어, **binaryString** 10001은 17이다($1 \times 2^4 + 0 \times 2^3 + 0 \times 2^2 + 0 \times 2 + 1 = 17$). 그러므로 **bin2Dec("10001")**는 17을 반환한다. 문자열로 2진수를 입력받아 동일한 10진수 값을 출력하는 테스트 프로그램을 작성하여라.

**6.40 (10진수를 16진수로 변환) 10진수를 16진수 문자열로 변환하는 함수를 작성하여라. 함수 헤더는 다음과 같다.

```
string dec2Hex(int value)
```

10진수를 16진수로의 변환은 부록 D "수 체계"를 참조하여라. 10진수를 입력하여 그와 같은 값인 16진수를 출력하는 테스트 프로그램을 작성하여라.

**6.41 (10진수를 2진수로 변환) 10진수를 2진수 문자열로 변환하는 함수를 작성하여라. 함수 헤더는 다음과 같다.

string dec2Bin(**int** value)

10진수를 2진수로의 변환은 부록 D "수 체계"를 참조하여라. 10진수를 입력하여 그와 같은 값인 2진수로 출력하는 테스트 프로그램을 작성하여라.

*6.42 (가장 긴 공통 접두어) 두 문자열에서 가장 긴 공통 접두어를 반환하기 위해 다음 함수 헤더를 사용하는 **prefix** 함수를 작성하여라.

string prefix(**const** string& s1, **const** string& s2)

두 개의 문자열을 입력받아 가장 긴 공통 접두어를 출력하는 테스트 프로그램을 작성하여라. 프로그램의 샘플 실행 결과는 프로그래밍 실습 5.49와 같다.

6.43 (부분 문자열 검사) 문자열 **s1이 문자열 **s2**의 부분 문자열인지를 검사하는 다음 함수를 작성하여라. 만약 일치하는 문자가 있다면 함수는 **s2**의 첫 번째 인덱스(일치 문자의 위치 값)를 반환하고, 그렇지 않으면 **-1**을 반환한다.

int indexOf(**const** string& s1, **const** string& s2)

두 개의 문자열을 입력하고 첫 번째 문자열이 두 번째 문자열의 부분 문자열인지를 검사하는 테스트 프로그램을 작성하여라. 프로그램의 샘플 실행 결과는 다음과 같다.

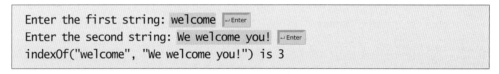

```
Enter the first string: welcome  ↵Enter
Enter the second string: We welcome you!  ↵Enter
indexOf("welcome", "We welcome you!") is 3
```

```
Enter the first string: welcome  ↵Enter
Enter the second string: We invite you!  ↵Enter
indexOf("welcome", "We invite you!") is -1
```

*6.44 (특정 문자의 발생 빈도) 다음 헤더를 사용하여 문자열에서 특정한 문자의 개수를 반환하는 함수를 작성하여라.

int count(**const** string& s, **char** a)

예를 들어, count("Welcome", 'e')는 **2**를 반환한다. 문자열과 문자를 입력받아 문자열에 문자의 개수를 출력하는 테스트 프로그램을 작성하여라. 프로그램의 샘플 실행 결과는 다음과 같다.

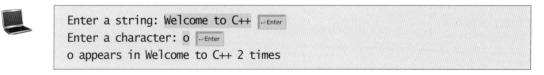

```
Enter a string: Welcome to C++  ↵Enter
Enter a character: o  ↵Enter
o appears in Welcome to C++ 2 times
```

***6.45 (현재 연도, 월, 일) time(0) 함수를 사용하여 현재의 연도, 월, 일을 출력하는 프로그램을 작성하여라. 프로그램의 샘플 실행 결과는 다음과 같다.

```
The current date is May 17, 2012
```

**6.46 (대소문자 바꾸기) 대문자는 소문자로, 소문자는 대문자로 변경한 결과가 저장된 새로운 문자열을 반환하는 다음 함수를 작성하여라.

string swapCase(**const** string& s)

사용자가 문자열을 입력하고 이 함수를 호출한 다음, 이 함수로부터의 반환값을 출력하는 테스트 프로그램을 작성하여라. 다음은 샘플 실행 결과이다.

```
Enter a string: I'm here
The new string is: i'M HERE
```

**6.47 (전화기 키패드) 전화기에서 볼 수 있는 국제 표준 문자/숫자 키패드는 프로그래밍 실습 4.15에 표시되어 있다. 영문자에 대해 해당키의 숫자로 반환해 주는 다음 함수를 작성하여라.

int getNumber(**char** uppercaseLetter)

사용자가 전화번호를 문자열로 입력하는 테스트 프로그램을 작성하여라. 입력번호는 문자가 포함될 수 있다. 프로그램은 문자(대문자 또는 소문자)는 숫자로 변환하여 출력하고 그 외 다른 문자들은 그대로 출력해야 한다. 프로그램의 샘플 실행 결과는 다음과 같다.

```
Enter a string: 1-800-Flowers  ↵Enter
1-800-3569377
```

```
Enter a string: 1800flowers  ↵Enter
18003569377
```

CHAPTER 7

1차원 배열과 C-문자열

이 장의 목표

- 프로그래밍에서 배열의 필요성 이해(7.1절)
- 배열 선언(7.2.1절)
- 인덱스 변수를 사용한 배열 요소 접근(7.2.2절)
- 배열 값 초기화(7.2.3절)
- 일반적인 배열 연산 프로그래밍(배열 표시, 모든 요소의 합계 구하기, 최소 및 최대 요소 값 찾기, 요소 임의로 섞기와 시프트 이동)(7.2.4절)
- 프로그램 개발에 배열 적용(**LottoNumbers**, **DeckOfCards**)(7.3~7.4절)
- 배열 인수가 있는 함수의 정의와 호출(7.5절)
- 배열 매개변수의 값 보호를 위한 **const** 배열 매개변수의 정의(7.6절)
- 인수로 배열을 전달하여 배열 반환(7.7절)
- 문자 배열(**CountLettersInArray**)에서 각 문자의 발생 수 세기(7.8절)
- 선형 탐색(7.9.1절) 또는 이진 탐색 알고리즘(7.9.2절)을 사용한 요소 탐색
- 선택 정렬을 사용한 배열 정렬(7.10절)
- C-문자열과 C-문자열 함수를 사용한 문자열 표현(7.11절)

7.1 들어가기

배열은 많은 데이터의 모음을 저장할 수 있다.

문제

프로그램을 실행하다 보면 많은 수의 데이터를 저장해야 할 때가 있다. 예를 들어, 100개의 수를 읽어 평균을 구하고, 평균 이상인 수는 몇 개인지 구한다고 생각해 보자. 프로그램에서는 먼저 수를 읽어 평균을 계산하고 평균과 각 수를 비교하여 평균보다 큰 수가 몇 개인지 세어 보아야 할 것이다. 이 작업을 위해 모든 숫자는 변수에 저장되어야 하며, 이 경우 100개의 변수를 선언하고 반복적으로 똑같은 코드를 100번 입력해야 한다. 이와 같은 방법으로 프로그램을 작성하는 것은 매우 비효율적인 작업이 될 것이다.

배열

이러한 작업을 하기 위해서는 보다 효율적인 접근 방법이 필요한데, C++를 포함하여 대다수의 다른 고급 언어에서는 같은 유형의 요소가 고정된 크기만큼 연속된 메모리 공간에 저장되는 자료 구조(data structure)로서 배열(array)을 제공하고 있다. 이 경우 100개의 수를 배열에 저장할 수 있고, 1차원 배열 변수를 사용하여 접근이 가능하다. 리스트 7.1은 이에 대한 프로그램이다.

리스트 7.1 AnalyzeNumbers.cpp

	수	배열
	numbers[0]:	
	numbers[1]:	
	numbers[2]:	
	.	
	numbers[i]:	.
	.	
	numbers[97]:	
	numbers[98]:	
	numbers[99]:	

배열 선언

배열로 수 저장

평균 구하기

평균 이상인가?

```cpp
1  #include <iostream>
2  using namespace std;
3
4  int main()
5  {
6    const int NUMBER_OF_ELEMENTS = 100;
7    double numbers[NUMBER_OF_ELEMENTS];
8    double sum = 0;
9
10   for (int i = 0; i < NUMBER_OF_ELEMENTS; i++)
11   {
12     cout << "Enter a new number: ";
13     cin >> numbers[i];
14     sum += numbers[i];
15   }
16
17   double average = sum / NUMBER_OF_ELEMENTS;
18
19   int count = 0; // 평균보다 큰 요소의 수
20   for (int i = 0; i < NUMBER_OF_ELEMENTS; i++)
21     if (numbers[i] > average)
22       count++;
23
24   cout << "Average is " << average << endl;
25   cout << "Number of elements above the average " << count << endl;
26
27   return 0;
28 }
```

프로그램의 7번 줄에서 **100**개의 요소를 갖는 배열을 선언하고, 13번 줄에서 배열로 숫자를 저장하며, 14번 줄에서 각 수를 **sum**에 합하고, 17번 줄에서 평균을 계산한다. 그 다음, 평균보다 큰 값의 수를 세기 위해서 배열의 각 값을 평균과 비교한다(19번~22번 줄).

이 장을 모두 배우고 나면 앞서의 프로그램을 작성할 수 있을 것이다. 이 장에서는 1차원 배열에 대해 설명하고, 8장에서는 2차원 및 다차원 배열에 대해서 설명한다.

7.2 배열의 기초

배열은 같은 유형의 많은 값들을 저장할 때 사용된다. 배열의 요소는 인덱스를 사용하여 접근이 가능하다.

Key Point

배열은 집합적인 데이터를 저장할 때 사용하나, 배열을 같은 유형의 변수들에 대한 집합으로 생각하는 것이 더 유용할 때가 있다. **number0**, **number1**, …, **number99**와 같이 일일이 변수를 선언하는 것이 아니라 numbers와 같이 하나의 배열을 선언하고, 각 변수를 나타내기 위해서 **number[0]**, **number[1]**, …, **number[99]**를 사용한다. 이 절에서는 배열을 선언하는 방법과 인덱스(index)를 사용하여 배열 요소에 접근하는 방법에 대해 설명한다.

인덱스

7.2.1 배열 선언

배열을 선언하기 위해서는 다음 구문을 사용하여 요소 유형과 크기를 지정해야 한다.

```
elementType arrayName[SIZE];
```

elementType은 데이터 유형이며, 배열의 모든 요소는 같은 데이터 유형을 갖는다. **SIZE**는 배열 크기 선언자(array size declarator)라고 하며, 0보다 큰 정수이거나 결과 값이 0보다 큰 정수가 되는 수식이어야 한다. 예를 들어, 다음 문장은 10개의 **double** 형의 요소를 갖는 배열을 선언한 것이다.

배열 크기 선언자

```
double myList[10];
```

컴파일러는 **myList** 배열에 10개의 **double** 요소를 저장할 공간을 할당한다. 배열이 선언되면 각 요소는 임의의 값으로 초기화된다. 요소에 값을 할당하기 위해서는 다음 구문을 사용한다.

임의의 초기 값

```
arrayName[index] = value;
```

예를 들어, 다음 코드는 배열을 초기화한 것이다.

```
myList[0] = 5.6;
myList[1] = 4.5;
myList[2] = 3.3;
myList[3] = 13.2;
myList[4] = 4.0;
myList[5] = 34.33;
myList[6] = 34.0;
myList[7] = 45.45;
myList[8] = 99.993;
myList[9] = 111.23;
```

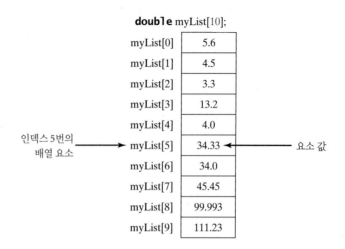

그림 7.1 myList 배열은 10개의 **double** 형 요소를 가지며, 요소의 인덱스는 **int** 형으로 0에서 9까지이다.

배열 초기화 내용을 그림 7.1에 나타내었다.

상수 크기

주의
표준 C++에서는 배열을 선언할 때 배열의 크기는 상수여야 한다. 예를 들어, 다음 코드는 잘못된 것이다.

```
int size = 4;
double myList[size]; // 잘못된 것
```

SIZE는 다음과 같이 상수로 작성되어야 한다.

```
const int SIZE = 4;
double myList[SIZE]; // 올바른 것
```

함께 선언

팁
같은 요소 유형의 배열은 다음과 같이 한 번에 선언할 수 있다.

```
elementType arrayName1[size1], arrayName2[size2], ..., arrayNameN[sizeN];
```

각 배열은 다음과 같이 콤마로 구분된다.

```
double list1[10], list2[25];
```

7.2.2 배열 요소 접근

배열 인덱스

0 기반

배열 요소는 정수형의 인덱스를 통해 접근하게 된다. 배열 인덱스는 0부터 시작하므로, 0부터 '배열 크기-1' 까지이다. 첫 번째 요소의 인덱스는 0이고, 두 번째 요소의 인덱스는 1이다. 그림 7.1의 예에서 **myList**는 10개의 **double** 형 값을 가지고 있으며, 인덱스는 0에서 9까지가 된다.

배열의 각 요소는 다음과 같은 구문을 사용하여 나타낼 수 있다.

```
arrayName[index];
```

예를 들어, **myList[9]**는 **myList** 배열에서 맨 마지막 요소를 의미한다. 배열을 선언할 때 요소의 수를 나타내기 위해서 크기 선언자(size declarator)가 사용된다. 배열 인덱스는 배열에서 특정 요소에 접근하기 위해 사용된다.

인덱스를 사용하여 배열에 접근할 때 배열의 각 요소는 일반 변수와 마찬가지 방법을 사용하면 된다. 예를 들어, **myList[0]**과 **myList[1]**의 값을 **myList[2]**에 저장할 때 다음과 같이
작성하면 된다.

```
myList[2] = myList[0] + myList[2];
```

다음 코드는 **myList[0]**을 1만큼 증가시킨다.

```
myList[0]++;
```

다음 코드는 **myList[1]**과 **myList[2]** 중 큰 수를 반환하기 위해 **max** 함수를 호출한다.

```
cout << max(myList[1], myList[2]) << endl;
```

다음 반복문은 **myList[0]**에 **0**, **myList[1]**에 **1**, ..., **myList[9]**에 **9**를 대입하는 예이다.

```
for (int i = 0; i < 10; i++)
{
  myList[i] = i;
}
```

경고

배열의 크기를 넘어서는 인덱스를 사용하여 배열 요소에 접근(예: **myList[-1]**, **myList[10]**)하
면 **범위 초과 오류**(out-of-bounds error)를 발생시키는데, 이는 중대한 오류이다. 하지만 C++
컴파일러는 이를 알려 주지 않는다. 프로그래밍 시에 배열 인덱스가 범위 안에 들어 있는지 주의
해서 작업해야 한다.

범위 초과 오류

7.2.3 배열 초기화

C++에서는 단축 표기법을 사용하여 하나의 문장으로 배열을 선언하고 초기화할 수 있다. 구
문은 다음과 같다.

배열 초기화

```
elementType arrayName[arraySize] = {value0, value1, ..., valuek};
```

예를 들면,

```
double myList[4] = {1.9, 2.9, 3.4, 3.5};
```

이 문장은 4개의 요소가 있는 **myList** 배열을 선언하고 초기화한다. 이 문장은 다음과 같은 문
장이다.

```
double myList[4];
myList[0] = 1.9;
myList[1] = 2.9;
myList[2] = 3.4;
myList[3] = 3.5;
```

경고

배열 선언과 초기화를 동시에 할 때는 한 문장에서 해야 한다. 다음과 같이 분리하는 것은 잘못된
것으로 구문 오류가 발생한다.

```
double myList[4];
myList = {1.9, 2.9, 3.4, 3.5};
```

암시적 크기

 주의

배열 선언과 초기화를 동시에 할 때는 배열의 크기를 생략해도 된다. 예를 들어, 다음 표현은 올바른 것이다.

double myList[] = {1.9, 2.9, 3.4, 3.5};

배열의 크기를 생략하면 컴파일러가 자동으로 배열 요소의 수를 지정한다.

부분 초기화

주의

배열의 일부분만 초기화하는 것도 가능하다. 예를 들어, 다음 문장은 배열의 처음 두 요소에 **1.9**와 **2.9**를 저장하고, 나머지 두 요소는 0으로 초기화한다.

double myList[4] = {1.9, 2.9};

만약 배열을 선언하고 초기화를 하지 않으면 지역변수와 마찬가지로 모든 배열 요소는 '쓰레기(garbage)' 값으로 채워진다.

7.2.4 배열 처리

배열 요소를 처리할 때 다음과 같은 이유로 인해 **for** 문을 사용하는 경우가 자주 있다.

- 배열의 모든 요소는 같은 유형이다. 각 요소에 대해 반복문을 사용하여 동일한 방법으로 처리가 가능하다.
- 배열의 크기를 이미 알고 있으므로 **for** 문을 사용하기에 적당하다.

다음과 같은 배열을 선언했다고 하자.

```
const int ARRAY_SIZE = 10;
double myList[ARRAY_SIZE];
```

다음은 배열을 처리하는 10가지 예이다.

1. 입력 값으로 배열 초기화: 다음 반복문은 사용자 입력 값으로 **myList** 배열을 초기화한다.

```
cout << "Enter " << ARRAY_SIZE << " values: ";
for (int i = 0; i < ARRAY_SIZE; i++)
  cin >> myList[i];
```

2. 임의의 값으로 배열 초기화: 다음 반복문은 **0**에서 **99**까지 임의의 값으로 **myList** 배열을 초기화한다.

```
for (int i = 0; i < ARRAY_SIZE; i++)
{
  myList[i] = rand() % 100;
}
```

3. 배열 출력: 배열을 출력하기 위해서 다음과 같이 반복문을 사용하여 배열의 각 요소를 출력해야 한다.

```
for (int i = 0; i < ARRAY_SIZE; i++)
{
  cout << myList[i] << " ";
}
```

4. 배열 복사: **list**와 **myList**라는 두 개의 배열이 있다고 할 때, 다음과 같은 구문을 사용하여 **myList** 배열을 **list** 배열로 복사할 수 있는가?

```
list = myList;
```

C++에서 이는 허용되지 않는다. 다음과 같이 배열의 각 요소를 한 배열에서 다른 배열로 복사해야 한다.

```
for (int i = 0; i < ARRAY_SIZE; i++)
{
  list[i] = myList[i];
}
```

5. 모든 요소의 합: 합계를 저장하기 위해 **total** 변수를 사용하고, **total**을 0으로 초기화한다. 다음과 같은 반복문을 사용하여 **total**에 배열의 각 요소를 더한다.

```
double total = 0;
for (int i = 0; i < ARRAY_SIZE; i++)
{
  total += myList[i];
}
```

6. 배열의 최댓값 구하기: 요소의 최댓값을 저장할 변수로 **max**를 사용한다. 처음에 **max**를 **myList[0]**의 값으로 초기화한다. **myList** 배열의 최댓값을 찾기 위해서 **myList**에 있는 각 요소의 값과 **max**를 비교한다. 배열 요소 값이 **max**보다 크면 **max**의 값을 갱신한다.

```
double max = myList[0];
for (int i = 1; i < ARRAY_SIZE; i++)
{
  if (myList[i] > max) max = myList[i];
}
```

7. 최댓값 요소의 가장 작은 인덱스 구하기: 배열에서 최댓값이 저장된 요소의 위치를 알아야 한다고 하자. 만약 배열에 같은 최댓값이 하나 이상 있다고 하면, 최댓값이 저장된 요소들 중 제일 작은 인덱스를 구한다. 가령, **myList** 배열이 {1, 5, 3, 4, 5, 5}라고 하면 최댓값은 5이고, 5에 대한 가장 작은 인덱스는 1이 된다. 요소의 최댓값을 저장하기 위해서 **max** 변수를 사용하고, 최댓값 요소의 인덱스를 저장하기 위해 **indexOfMax** 변수를 사용한다. **max**는 **myList[0]**으로, **indexOfMax**는 0으로 초기화한다. **myList**의 각 요소와 **max**를 비교하고, 요소가 **max**보다 크다면 **max**와 **indexOfMax**를 갱신한다.

```
double max = myList[0];
int indexOfMax = 0;

for (int i = 1; i < ARRAY_SIZE; i++)
{
  if (myList[i] > max)
  {
    max = myList[i];
    indexOfMax = i;
  }
}
```

(**myList[i] > max**)를 (**myList[i] >= max**)로 변경하면 어떻게 되겠는가?

8. 요소 임의로 섞기: 많은 프로그램에서 배열의 요소를 무작위로 재배치시켜야 하는 경우가 있다. 이를 셔플링(shuffling)이라고 하며, 이를 수행하기 위해서 각 요소 **myList[i]**에 대해 무작위로 인덱스 **j**를 생성하고 **myList[i]**와 **myList[j]**를 다음과 같이 서로 교환한다.

```
srand(time(0));

for (int i = ARRAY_SIZE - 1; i > 0; i--)
{
    // 0 <= j <=i에 대해 무작위로 인덱스 j 생성
    int j = rand() % (i + 1);

    // myList[i]와 myList[j] 교환
    double temp = myList[i];
    myList[i] = myList[j]
    myList[j] = temp;
}
```

9. 요소 시프트 이동: 종종 배열 요소를 오른쪽이나 왼쪽으로 시프트 이동시켜야 할 때가 있다. 예를 들어, 배열 요소를 왼쪽으로 한 위치씩 시프트시키고 마지막 요소는 첫 번째 요소로 채울 수 있다.

```
double temp = myList[0]; // 첫 번째 요소 보유

// 왼쪽으로 요소 시프트 이동
for (int i = 1; i < ARRAY_SIZE; i++)
{
    myList[i - 1] = myList[i];
}

// 마지막 위치에 첫 번째 요소 이동
myList[ARRAY_SIZE - 1] = temp;
```

10. 코드 간략화: 어떤 작업을 위한 코드를 간략화시키기 위해서 배열을 사용할 수 있다. 예를 들어, 월(month)에 대한 숫자가 주어졌을 때 해당 월의 영어 이름을 알아야 한다고 하자. 월의 이름이 배열에 저장되어 있다면 주어진 월의 이름은 간단히 인덱스를 통하여 접근할 수 있다. 다음은 월의 숫자를 입력하면 그에 대한 월의 이름을 출력해 주는 코드이다.

```
string months[] = {"January", "February", ..., "December"};
cout << "Enter a month number (1 to 12): ";
int monthNumber;
cin >> monthNumber;
cout << "The month is " << months[monthNumber - 1] << endl;
```

만약 **months** 배열을 사용하지 않는다면 다음과 같은 길고 여러 갈래의 **if-else** 문을 사용하여 월의 이름을 결정해야 할 것이다.

```
if (monthNumber == 1)
    cout << "The month is January" << endl;
else if (monthNumber == 2)
```

```
    cout << "The month is February" << endl;
 ...
  else
    cout << "The month is December" << endl;
```

 경고

프로그래밍을 할 때 종종 배열의 첫 번째 요소를 인덱스 1로 참조하는 실수를 하게 된다. 이를 하
나 차이로 인한 오류(off-by-one error)라고 하며, 반복문에서 <가 사용되어야 할 곳에 <=를 사
용하는 것은 일반적으로 발생하는 오류이다.

하나 차이로 인한 오류

```
for (int i = 0; i <= ARRAY_SIZE; i++)
  cout << list[i] << " ";
```

<=는 <로 수정되어야 한다.

 팁

C++에서는 배열의 범위를 검사하지 않으므로 인덱스가 범위 내에 있는지 꼭 확인해야 한다. 인
덱스가 허용된 범위 내에 있는지 확인하기 위해서 반복문에서 첫 번째와 마지막 반복에 대해 점
검해 보아야 한다.

인덱스 범위 확인

7.1 배열을 어떻게 선언하는가? 배열 크기 선언자와 배열 인덱스의 차이점은 무엇인가?

7.2 배열의 요소에 어떻게 접근하는가? **b = a**를 사용하여 **a** 배열을 **b** 배열로 복사할 수 있
는가?

7.3 배열이 선언될 때 메모리가 할당되는가? 배열의 요소는 기본 값을 가지는가? 다음 코
드가 실행되면 어떤 일이 발생하는가?

```
int numbers[30];
cout << "numbers[0] is " << numbers[0] << endl;
cout << "numbers[29] is " << numbers[29] << endl;
cout << "numbers[30] is " << numbers[30] << endl;
```

7.4 다음 문장은 참인가? 거짓인가?

- 배열의 모든 요소는 같은 유형을 갖는다.
- 배열의 크기는 선언된 이후에는 고정된다.
- 배열 크기 선언자는 상수 식이어야 한다.
- 배열 요소는 배열이 선언될 때 초기화된다.

7.5 다음 문장 중에서 유효한 배열 선언은 어느 것인가?

```
double d[30];
char[30] r;
int i[] = (3, 4, 3, 2);
float f[] = {2.3, 4.5, 6.6};
```

7.6 배열 인덱스 유형이란 무엇인가? 가장 작은 인덱스는 무엇인가? **a** 배열에서 세 번째 요
소를 나타내는 표현은 무엇인가?

7.7 다음을 수행하는 C++ 문장을 작성하여라.

a. **10**개의 double 값을 저장하는 배열 선언

b. 배열의 마지막 요소에 **5.5**를 대입

    c. 첫 번째로부터 두 개의 요소에 대한 합을 출력

    d. 배열의 모든 요소에 대한 합을 계산하는 반복문 작성

    e. 배열에서 가장 작은 요소를 찾는 반복문 작성

    f. 임의의 인덱스를 생성하고 배열에서 이 인덱스의 요소 값을 출력

    g. 배열 선언과 초기화를 동시에 하여 **3.5**, **5.5**, **4.52**, **5.6**의 초기 값을 갖는 다른 배열 선언

7.8 프로그램에서 유효하지 않은 인덱스의 배열 요소에 접근하려고 하면 어떤 일이 발생하는가?

7.9 다음 코드를 확인해 보고 오류를 수정하여라.

```
1  int main()
2  {
3    double[100] r;
4
5    for (int i = 0; i < 100; i++);
6      r(i) = rand() % 100;
7  }
```

7.10 다음 코드의 출력은 무엇인가?

```
int list[] = {1, 2, 3, 4, 5, 6};

for (int i = 1; i < 6; i++)
  list[i] = list[i - 1];

for (int i = 0; i < 6; i++)
  cout << list[i] << " ";
```

7.3 문제: 복권 번호

Key Point

이 문제는 입력 숫자들이 1부터 99 사이의 숫자들을 모두 포함하고 있는지 검사하는 프로그램을 작성하는 것이다.

각 복권 티켓에는 1부터 99까지의 범위에 속하는 10개의 서로 다른 숫자가 적혀 있다고 하자. 사용자는 많은 티켓을 구입하고 1부터 99까지의 모든 숫자들이 복권에 표시되어 있기를 원한다고 한다. 파일로부터 티켓을 읽어 모든 숫자가 표시되어 있는지를 검사하는 프로그램을 작성하여라. 파일의 마지막 숫자는 0이고, 파일에 다음 숫자들이 저장되어 있다고 하자.

```
80 3 87 62 30 90 10 21 46 27
12 40 83 9 39 88 95 59 20 37
80 40 87 67 31 90 11 24 56 77
11 48 51 42 8 74 1 41 36 53
52 82 16 72 19 70 44 56 29 33
54 64 99 14 23 22 94 79 55 2
60 86 34 4 31 63 84 89 7 78
43 93 97 45 25 38 28 26 85 49
47 65 57 67 73 69 32 71 24 66
92 98 96 77 6 75 17 61 58 13
```

```
35 81 18 15 5 68 91 50 76
0
```

이 경우 프로그램은 다음을 출력한다.

```
The tickets cover all numbers
```

파일에 다음과 같은 숫자들이 저장되어 있다고 하자.

```
11 48 51 42 8 74 1 41 36 53
52 82 16 72 19 70 44 56 29 33
0
```

이 경우에는 프로그램이 다음을 출력한다.

```
The tickets don't cover all numbers
```

숫자들이 존재하는지 어떻게 표기할 것인가? **99**의 **bool** 요소가 있는 배열을 선언하여 배열의 각 요소를 숫자가 존재하는지를 표기하기 위해 사용할 수 있다. 배열을 **isCoverd**라고 하자. 처음 각 요소는 그림 7.2a와 같이 거짓(**false**)이 저장된다. 숫자가 읽혀질 때마다 그에 해당하는 요소를 참(**true**)으로 설정한다. 숫자가 **1**, **2**, **3**, **99**, **0**으로 입력되었다고 하면, **1**을 읽었을 때 isCovered[1 - 1]을 true로 설정하고(그림 7.2b), **2**를 읽었을 때는 isCovered[2 - 1]을 true로 설정하고(그림 7.2c), **3**을 읽었을 때는 isCovered[3 - 1]을 true로 설정하고(그림 7.2d), **99**를 읽었을 때는 isCovered[99 - 1]을 true로 설정한다(그림 7.2e).

프로그램에 대한 알고리즘을 다음과 같이 작성할 수 있다.

파일로부터 읽은 각각의 숫자 k에 대해,
  isCovered[k - 1]을 true로 설정함으로써 숫자 k의 존재를 표기

if 모든 isCovered[i]가 true인가?
  "The tickets cover all numbers" 출력
else
  "The tickets don't cover all numbers" 출력

isCovered		isCovered		isCovered		isCovered		isCovered	
[0]	false	[0]	true	[0]	true	[0]	true	[0]	true
[1]	false	[1]	false	[1]	true	[1]	true	[1]	true
[2]	false	[2]	false	[2]	false	[2]	true	[2]	true
[3]	false	[3]	false	[3]	false	[3]	false	[3]	false
	·		·		·		·		·
	·		·		·		·		·
	·		·		·		·		·
[97]	false	[97]	false	[97]	false	[97]	false	[97]	false
[98]	false	[98]	false	[98]	false	[98]	false	[98]	true
(a)		(b)		(c)		(d)		(e)	

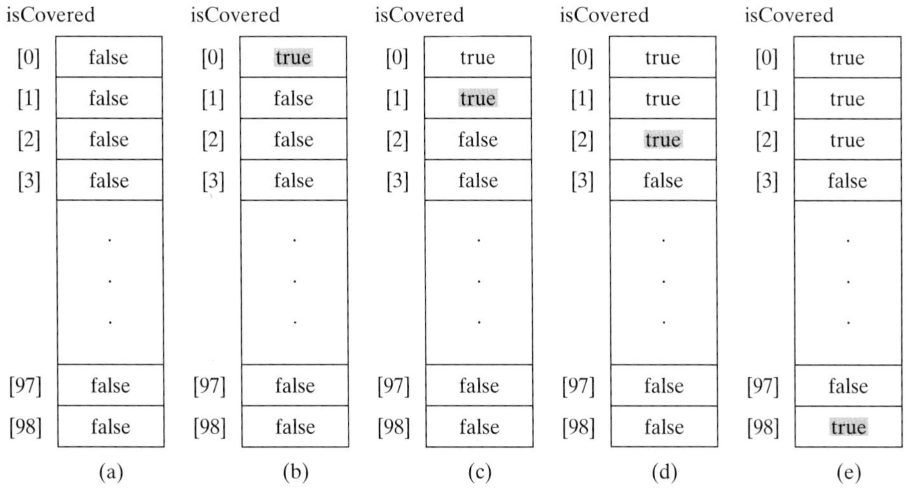

그림 7.2 복원 티켓에서 숫자 i가 보이면 isCovered[i-1]을 true로 설정한다.

리스트 7.2는 전체 프로그램이다.

리스트 7.2 LottoNumbers.cpp

<table>
<tr><td></td><td>1</td><td>

```cpp
#include <iostream>
using namespace std;

int main()
{
  bool isCovered[99];
  int number; // 파일로부터 읽은 숫자

  // 배열 초기화
  for (int i = 0; i < 99; i++)
    isCovered[i] = false;

  // 각 숫자를 읽고 그 숫자에 해당하는 요소에 존재 표시
  cin >> number;
  while (number != 0)
  {
    isCovered[number - 1] = true;
    cin >> number;
  }

  // 모든 숫자가 존재하는지 검사
  bool allCovered = true; // 초기에는 모든 요소가 존재하는 것으로 가정
  for (int i = 0; i < 99; i++)
    if (!isCovered[i])
    {
      allCovered = false; // 존재하지 않는 수를 찾음
      break;
    }

  // 결과 출력
  if (allCovered)
    cout << "The tickets cover all numbers" << endl;
  else
    cout << "The tickets don't cover all numbers" << endl;

  return 0;
}
```

배열 선언 — 6
배열 초기화 — 11
숫자 읽기 — 14
존재하는 수 표시 — 17
숫자 읽기 — 18
모두 존재하는지를 확인? — 24

입력 데이터로 **2 5 6 5 4 3 23 43 2 0**을 포함하고 있는 LottoNumbers.txt의 텍스트 파일을 생성했다고 하자. 다음 명령을 사용하여 프로그램을 실행할 수 있다.

```
g++ LottoNumbers.cpp -o LottoNumbers.exe
LottoNumbers.exe < LottoNumbers.txt
```

프로그램을 다음과 같이 추적할 수 있다.

줄번호	isCovered 배열의 대표 요소							number	allCovered
	[1]	[2]	[3]	[4]	[5]	[22]	[42]		
11	false	false	false	false	false	false	false		
14								2	
17	true								
18								5	
17				true					
18								6	
17					true				
18								5	
17				true					
18								4	
17			true						
18								3	
17		true							
18								23	
17						true			
18								43	
17							true		
18								2	
17	true								
18								0	
22									true
24(i=0)									false

프로그램에서는 **99**개의 **bool** 요소를 갖는 배열을 선언하고(6번 줄), 각 요소를 **false**로 초기화한다(10번~11번 줄). 파일로부터 첫 번째 숫자를 읽는다(14번 줄). 그 다음, 반복문에서 다음 동작을 반복한다.

- 만약 숫자가 0이 아니라면 **isCovered** 배열의 숫자에 해당하는 요소를 **true**로 설정한다 (17번 줄).
- 다음 숫자를 읽는다(18번 줄).

입력이 **0**이면 숫자 입력을 끝내고, 프로그램은 22번~28번 줄에서 모든 숫자가 존재하는지를 검사한 다음, 31번~34번 줄에서 결과를 출력한다.

7.4 문제: 카드 한 팩

이 문제는 한 팩 52장의 카드로부터 임의로 4장의 카드를 선택하는 프로그램을 작성하는 것이다.

다음과 같이 초기 값 0부터 51까지로 채워진 **deck**이라는 배열을 사용하여 모든 카드를 표현할 수 있다.

```
int deck[52];
```

```
// 카드 초기화
```

```
for (int i = 0; i < NUMBER_OF_CARDS; i++)
  deck[i] = i;
```

그림 7.3에서와 같이 **0**부터 **12**까지의 카드는 **13**장의 스페이드(♠), **13**부터 **25**까지의 카드는 **13**장의 하트(♥), **26**부터 **38**까지의 카드는 13장의 다이아몬드(◆), **39**부터 **51**까지의 카드는 13장의 클럽(♣)을 나타낸다. **cardNumber / 13**은 카드의 모양을 결정하고, **cardNumber % 13**은 카드의 번호를 결정한다(그림 7.4). **deck** 배열을 섞은 후 앞에서부터 카드 4장을 뽑는다.

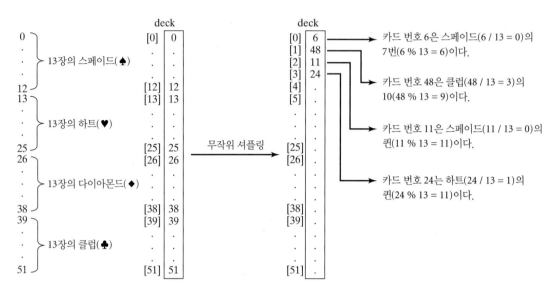

그림 7.3 52장의 카드는 **deck** 배열에 저장된다.

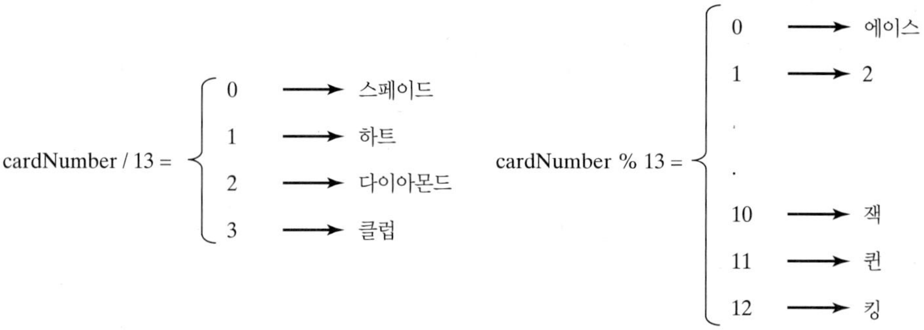

그림 7.4 카드 번호를 사용하여 카드의 종류를 확인한다.

리스트 7.3은 이 문제에 대한 해답이다.

리스트 7.3 DeckOfCards.cpp

```cpp
1  #include <iostream>
2  #include <ctime>
3  #include <string>
4  using namespace std;
5
6  int main()
7  {
8    const int NUMBER_OF_CARDS = 52;
9    int deck[NUMBER_OF_CARDS];
```

deck 배열 선언

```
10    string suits[] = {"Spades", "Hearts", "Diamonds", "Clubs"};        suits 배열 선언
11    string ranks[] = {"Ace", "2", "3", "4", "5", "6", "7", "8", "9",    ranks 배열 선언
12      "10", "Jack", "Queen", "King"};
13
14    // 카드 초기화
15    for (int i = 0; i < NUMBER_OF_CARDS; i++)
16      deck[i] = i;                                                       deck 초기화
17
18    // 카드 섞기                                                         deck 섞기
19    srand(time(0));
20    for (int i = 0; i < NUMBER_OF_CARDS; i++)
21    {
22      // 임의로 인덱스 생성
23      int index = rand() % NUMBER_OF_CARDS;
24      int temp = deck[i];
25      deck[i] = deck[index];
26      deck[index] = temp;
27    }
28
29    // 앞서부터 4개의 카드 출력
30    for (int i = 0; i < 4; i++)
31    {
32      string suit = suits[deck[i] / 13];                                 suit 출력
33      string rank = ranks[deck[i] % 13];                                 rank 출력
34      cout << "Card number " << deck[i] << ": "
35        << rank << " of " << suit << endl;
36    }
37
38    return 0;
39 }
```

```
Card number 6: 7 of Spades
Card number 48: 10 of Clubs
Card number 11: Queen of Spades
Card number 24: Queen of Hearts
```

프로그램에서 52개의 카드를 위한 **deck** 배열을 정의하고 있다(9번 줄). 15번~16번 줄에서 **deck**은 0부터 51의 값으로 초기화된다. deck 값이 0이면 스페이드의 에이스 카드를 의미하고, 1은 스페이드 2번 카드를 의미한다. 또한 13은 하트의 에이스를 의미하며, 14는 하트 2번 카드를 의미한다. 20번~27번 줄은 deck을 무작위로 섞는 부분이다. deck을 섞은 후, **deck[i]**는 임의의 값으로 저장된다. **deck[i] / 13**은 0, 1, 2, 3이 되어 이는 카드의 모양을 결정하고 (32번 줄), **deck[i] % 13**은 0에서 12 사이의 값이 되어 카드의 번호를 결정한다(33번 줄). 만약 **suits** 배열이 정의되지 않으면 다음과 같이 길고 여러 갈래의 **if-else** 문을 사용하여 카드 모양을 결정해야 할 것이다.

```
if (deck[i] / 13 == 0)
  cout << "suit is Spades" << endl;
else if (deck[i] / 13 == 1)
  cout << "suit is Heart" << endl;
```

```
      else if (deck[i] / 13 == 2)
        cout << "suit is Diamonds" << endl;
      else
        cout << "suit is Clubs" << endl;
```

배열로 선언된 suits[] = {"Spades", "Hearts", "Diamonds", "Clubs"}를 사용하면 suits[deck / 13]으로 deck에 대한 모양을 알아 낼 수 있다. 배열을 사용하게 되면 이 프로그램의 크기가 크게 줄어드는 것을 알 수 있다.

7.5 함수로 배열 전달

Key Point

배열 인수가 함수로 전달될 때 배열의 시작 주소가 함수의 배열 매개변수로 전달된다. 매개변수와 인수 모두 같은 배열을 참조하게 된다.

함수로 값을 전달할 수 있는 것처럼 배열도 함수로 전달할 수 있다. 리스트 7.4는 함수로 배열을 전달하기 위한 선언과 호출 방법을 설명하고 있다.

리스트 7.4 PassArrayDemo.cpp

	1 `#include <iostream>`
	2 `using namespace std;`
	3
함수 원형	4 `void printArray(int list[], int arraySize); // 함수 원형`
	5
	6 `int main()`
	7 `{`
배열 선언	8 `  int numbers[5] = {1, 4, 3, 6, 8};`
함수 호출	9 `  printArray(numbers, 5); // 함수 호출`
	10
	11 `  return 0;`
	12 `}`
	13
함수 구현	14 `void printArray(int list[], int arraySize)`
	15 `{`
	16 `  for (int i = 0; i < arraySize; i++)`
	17 `  {`
	18 `    cout << list[i] << " ";`
	19 `  }`
	20 `}`

```
1 4 3 6 8
```

함수 헤더(14번 줄)에서 **int list[]**는 매개변수가 임의 크기의 정수 배열이라는 것을 나타낸다. 그러므로 이 함수를 호출하기 위해 임의 크기의 정수 배열을 전달할 수 있다(9번 줄). 함수 원형에서 매개변수 이름은 생략될 수 있으므로, 다음과 같이 **list**나 **arraySize** 매개변수 이름을 생략하여 함수 원형을 선언할 수 있다.

void printArray(**int** [], **int**); // 함수 원형

주의

보통 함수로 배열을 전달할 때 함수에서 배열의 크기를 알 수 있도록 다른 인수를 사용하여 배열 크기를 전달해야 한다. 이렇게 하지 않으면, 함수에서 코딩이 어려워질 수 있고, 배열의 크기를 전역 변수로 선언해야 한다. 전역 변수를 통해 관리하는 방법은 프로그램의 유연성과 견고성을 떨어뜨린다.

배열 크기 전달

C++에서는 함수로 배열 인수를 전달하기 위해 **값에 의한 전달**을 사용한다. 원시 데이터 유형의 변수 값을 전달하는 것과 배열을 전달하는 것에는 중요한 차이점이 있다.

값에 의한 전달

- 원시 데이터 유형의 인수에 대해서는 인수의 값이 전달된다.
- 배열 인수에 대해서는 인수의 값이 배열의 메모리 시작 주소가 된다. 이 값이 함수의 배열 매개변수로 전달된다. 이는 **공유에 의한 전달**(pass-by-sharing)로 표현할 수 있는데, 즉 함수에서 배열은 전달된 배열과 같은 배열이다. 그러므로 함수에서 배열 값이 변경되면 함수 밖에 있는 배열의 값도 함께 변경된다. 리스트 7.5는 이 효과를 설명하는 예이다.

공유에 의한 전달

리스트 7.5 EffectOfPassArrayDemo.cpp

```cpp
1   #include <iostream>
2   using namespace std;
3
4   void m(int, int []);                        // 함수 원형
5
6   int main()
7   {
8     int x = 1; // x는 정수 변수
9     int y[10]; // y는 정수 배열
10    y[0] = 1; // y[0] 초기화
11
12    m(x, y); // 인수 x와 y로 m 함수 호출        // y 배열 전달
13
14    cout << "x is " << x << endl;
15    cout << "y[0] is " << y[0] << endl;
16
17    return 0;
18  }
19
20  void m(int number, int numbers[])
21  {
22    number = 1001; // number에 새 값 대입
23    numbers[0] = 5555; // numbers[0]에 새 값 대입   // 배열 수정
24  }
```

```
x is 1
y[0] is 5555
```

함수 **m**을 호출한 다음의 결과를 보면, **x**는 1이지만 **y[0]**은 5555이다. 이것은 **x**의 값이 **number**로 복사되고, **x**와 **number**는 서로 다른 변수인데 반해, **y**와 **numbers**는 같은 배열을 참조하고 있어 **numbers**는 **y** 배열에 대한 별칭(alias)으로 동작한다고 볼 수 있다.

7.6 함수에서의 배열 인수 보호

Key Point

함수의 배열 매개변수 값이 변경되지 않도록 하기 위해 함수에서 const 배열 매개변수를 정의할 수 있다.

배열을 전달하는 것은 단지 배열의 시작 메모리 주소를 전달하는 것이며, 배열 요소가 복사되는 것은 아니다. 이는 메모리 공간을 소비한다는 것을 의미한다. 그러나 배열 인수를 사용할 때 함수에서 실수로 배열의 내용을 수정하는 경우 오류를 유발할 소지가 있다. 이를 막기 위해 배열 매개변수 앞에 **const** 키워드를 붙여 컴파일러에 이 배열은 변경될 수 없다는 것을 알릴 수 있다. 이 경우 함수 안에서 const가 붙은 배열을 수정하면 오류가 발생한다.

const 배열

리스트 7.6은 **p** 함수에서 **list**라는 **const** 배열 매개변수를 사용한 예이다(4번 줄). 이 함수의 7번째 줄에서 배열의 첫 요소를 수정하려고 하고 있다. 이 오류는 컴파일 단계에서 샘플 출력과 같은 오류 메시지로 표시된다.

리스트 7.6 ConstArrayDemo.cpp

const 배열 인수

수정 시도

```
 1  #include <iostream>
 2  using namespace std;
 3
 4  void p(const int list[], int arraySize)
 5  {
 6    // 실수로 배열 값을 수정
 7    list[0] = 100; // 컴파일 오류!
 8  }
 9
10  int main()
11  {
12    int numbers[5] = {1, 4, 3, 6, 8};
13    p(numbers, 5);
14
15    return 0;
16  }
```

Visual C++ 2012로 컴파일한 경우

```
error C3892: "list": you cannot assign to a variable that is const
```

GNU C++로 컴파일한 경우

```
ConstArrayDemo.cpp:7: error: assignment of read-only location
```

연속적인 const 매개변수

주의

f1 함수에서 **const** 매개변수를 정의하고 이 매개변수를 다른 **f2** 함수로 전달한다면, **f2** 함수에서 이 배열에 해당하는 매개변수도 일관성 있게 **const**로 선언되어야 한다. 다음 코드를 살펴보자.

```
void f2 (int list[], int size)
{
  // 임의의 작업
}

void f1 (const int list[], int size)
{
```

```
    // 임의의 작업
    f2(list, size);
}
```

f1 함수의 **list**를 **const**로 선언하고 이 **list**를 **f2**로 전달할 때, **f2** 함수에서 **const**로 선언하지 않았으므로 이 경우에는 컴파일 오류가 발생한다. **f2** 함수의 함수 선언은 다음과 같이 수정되어야 한다.

void f2 (**const int** list[], **int** size)

7.7 함수로부터 배열 반환

함수에서 배열을 반환하기 위해서는 배열을 함수의 매개변수로 전달한다.

원시 유형 값이나 객체를 반환하기 위해서 함수를 선언할 수 있는데, 다음은 그 예이다.

```
// list 배열 요소의 합을 반환
int sum(const int list[], int size)
```

마찬가지의 구문을 사용하여 함수에서 배열을 반환할 수 있을까? 예를 들어, 다음과 같이 배열의 내용을 역순으로 만든 새로운 배열을 반환하는 함수를 선언하려고 한다.

```
// list 배열 내용의 역순을 반환
int[] reverse(const int list[], int size)
```

이는 C++에서 허용되지 않는다. 하지만 함수에서 두 개의 배열 인수를 전달함으로써 이 문제를 해결할 수 있다.

```
// newList는 list 배열 내용을 역순으로 만든 배열
void reverse(const int list[], int newList[], int size)
```

리스트 7.7을 살펴보자.

리스트 7.7 ReverseArray.cpp

```
1   #include <iostream>
2   using namespace std;
3
4   // newList는 list 배열 내용을 역순으로 만든 배열
5   void reverse(const int list[], int newList[], int size)
6   {
7     for (int i = 0, j = size - 1; i < size; i++, j--)
8     {
9       newList[j] = list[i];
10    }
11  }
12
13  void printArray(const int list[], int size)
14  {
15    for (int i = 0; i < size; i++)
16      cout << list[i] << " ";
17  }
18
19  int main()
```

reverse 함수

newList에 역순으로 저장

array 출력

```
20  {
21      const int SIZE = 6;
22      int list[] = {1, 2, 3, 4, 5, 6};
23      int newList[SIZE];
24
25      reverse(list, newList, SIZE);
26
27      cout << "The original array: ";
28      printArray(list, SIZE);
29      cout << endl;
30
31      cout << "The reversed array: ";
32      printArray(newList, SIZE);
33      cout << endl;
34
35      return 0;
36  }
```

원본 배열 선언 — 22
새로운 배열 선언 — 23

reverse 호출 — 25

원본 배열 출력 — 28

역순된 배열 출력 — 32

```
The original array: 1 2 3 4 5 6
The reversed array: 6 5 4 3 2 1
```

reverse 함수(5번~11번 줄)는 반복문을 사용하여 원본 배열의 첫 번째, 두 번째, ...의 요소를 새 배열의 끝에서부터 첫 번째, 두 번째, ...로 다음 그림과 같이 복사한다.

이 함수를 호출할 때(25번 줄), 3개의 인수를 전달해야 한다. 첫 번째 인수는 원본 배열로 함수에서 내용이 변경되지 않는다. 두 번째 인수는 함수에서 내용이 변경될 새로운 배열이며, 세 번째 인수는 배열의 크기이다.

 Check Point

7.11 배열이 함수로 전달될 때 새로운 배열이 생성되고 함수로 전달된다. 이는 참인가?

7.12 다음 두 프로그램의 출력은 무엇인가?

```cpp
#include <iostream>
using namespace std;

void m(int x, int y[])
{
  x = 3;
  y[0] = 3;
}

int main()
{
  int number = 0;
  int numbers[1];

  m(number, numbers);

  cout << "number is " << number
    << " and numbers[0] is " << numbers[0];

  return 0;
}
```

(a)

```cpp
#include <iostream>
using namespace std;

void reverse(int list[], int size)
{
  for (int i = 0; i < size / 2; i++)
  {
    int temp = list[i];
    list[i] = list[size - 1 - i];
    list[size - 1 - i] = temp;
  }
}

int main()
{
  int list[] = {1, 2, 3, 4, 5};
  int size = 5;
  reverse(list, size);
  for (int i = 0; i < size; i++)
    cout << list[i] << " ";

  return 0;
}
```

(b)

7.13 배열이 함수에서 실수로 수정되지 않게 하려면 어떻게 해야 하는가?

7.14 다음은 문자열의 문자를 역순으로 출력하는 코드이다. 잘못된 이유를 설명하여라.

```cpp
string s = "ABCD";
for (int i = 0, j = s.size() - 1; i < s.size(); i++, j--)
{
  // s[i]과 s[j] 교환
  char temp = s[i];
  s[i] = s[j];
  s[j] = temp;
}

cout << "The reversed string is " << s << endl;
```

7.8 문제: 각 문자의 발생 빈도 계산

이 절에서는 문자 배열 내의 각 문자의 발생 빈도를 계산하는 프로그램을 다루어 본다.

프로그램은 다음을 수행한다.

1. 100개의 소문자를 생성하고, 그림 7.5a와 같이 문자 배열에 대입한다. 4.4절 "예제: 임의의 문자 생성"에서 설명한 바와 같이, 임의의 소문자는 다음을 사용하여 생성할 수 있다.

    static_cast<char>('a' + rand() % ('z' - 'a' + 1))

2. 배열 내의 각 문자에 대해 발생 빈도를 계산한다. 이를 위해서 그림 7.5b와 같이 26개의

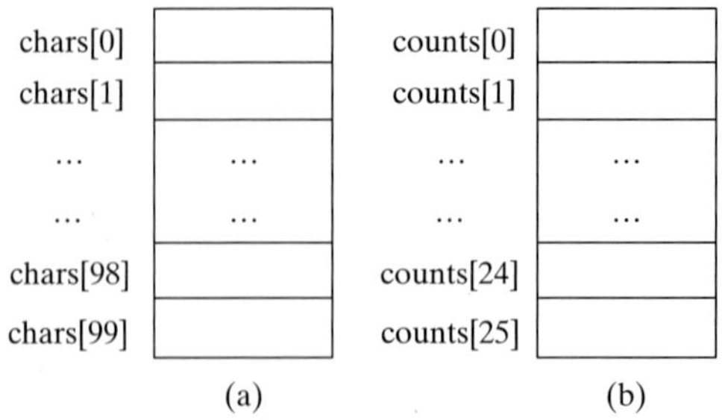

그림 7.5 chars 배열은 100개의 문자를 저장하고, counts 배열은 26개 문자의 발생 빈도수를 저장한다.

int 값을 저장하는 **counts** 배열을 선언하고 이 배열의 각 요소에 문자의 발생 빈도를 저장하는데, 즉 **counts[0]**은 a의 수, **counts[1]**은 b의 수가 된다.

리스트 7.8은 이에 대한 프로그램이다.

리스트 7.8 CountLettersInArray.cpp

```
 1  #include <iostream>
 2  #include <ctime>
 3  using namespace std;
 4
 5  const int NUMBER_OF_LETTERS = 26;
 6  const int NUMBER_OF_RANDOM_LETTERS = 100;
 7  void createArray(char []);
 8  void displayArray(const char []);
 9  void countLetters(const char [], int []);
10  void displayCounts(const int []);
11
12  int main()
13  {
14    // 배열 선언과 생성
15    char chars[NUMBER_OF_RANDOM_LETTERS];
16
17    // 임의의 소문자로 배열 초기화
18    createArray(chars);
19
20    // 배열 출력
21    cout << "The lowercase letters are: " << endl;
22    displayArray(chars);
23
24    // 각 문자의 빈도수 계산
25    int counts[NUMBER_OF_LETTERS];
26
27    // 각 문자의 빈도수 계산
28    countLetters(chars, counts);
29
30    // 결과 출력
31    cout << "\nThe occurrences of each letter are: " << endl;
32    displayCounts(counts);
33
34    return 0;
```

26 문자
hundred 문자
함수 원형

chars 배열

임의의 문자 할당

배열 출력

counts 배열

count 문자

counts 출력

```
35  }
36
37  // 문자 배열 생성
38  void createArray(char chars[])
39  {                                                              배열 초기화
40    // 임의의 소문자 생성과 배열에 대입
41
42    srand(time(0));                                              새로운 시드 설정
43    for (int i = 0; i < NUMBER_OF_RANDOM_LETTERS; i++)
44      chars[i] = static_cast<char>('a' + rand() % ('z' - 'a' + 1));   임의의 문자
45  }
46
47  // 문자 배열 출력
48  void displayArray(const char chars[])
49  {
50    // 각 줄에 20개의 배열 문자 출력
51    for (int i = 0; i < NUMBER_OF_RANDOM_LETTERS; i++)
52    {
53      if ((i + 1) % 20 == 0)
54        cout << chars[i] << " " << endl;
55      else
56        cout << chars[i] << " ";
57    }
58  }
59
60  // 각 문자에 대한 빈도수 계산
61  void countLetters(const char chars[], int counts[])             count 문자
62  {
63    // 배열 초기화
64    for (int i = 0; i < NUMBER_OF_LETTERS; i++)
65      counts[i] = 0;
66
67    // 배열의 각 소문자에 대한 빈도수 계산
68    for (int i = 0; i < NUMBER_OF_RANDOM_LETTERS; i++)
69      counts[chars[i] - 'a'] ++;
70  }
71
72  // 결과 출력
73  void displayCounts(const int counts[])
74  {
75    for (int i = 0; i < NUMBER_OF_LETTERS; i++)
76    {
77      if ((i + 1) % 10 == 0)
78        cout << counts[i] << " " << static_cast<char>(i + 'a') << endl;   chars로 형변환
79      else
80        cout << counts[i] << " " << static_cast<char>(i + 'a') << " ";
81    }
82  }
```

```
The lowercase letters are:
p y a o u n s u i b t h y g w q l b y o
x v b r i g h i x w v c g r a s p y i z
n f j v c j c a c v l a j r x r d t w q
m a y e v m k d m e m o j v k m e v t a
r m o u v d h f o o x d g i u w r i q h

The occurrences of each letter are:
6 a 3 b 4 c 4 d 3 e 2 f 4 g 4 h 6 i 4 j
2 k 2 l 6 m 2 n 6 o 2 p 3 q 6 r 2 s 3 t
4 u 8 v 4 w 4 x 5 y 1 z
```

createArray 함수(38번~45번 줄)는 100개의 임의의 소문자 배열을 생성하고 **chars** 배열에 저장한다. **countLetters** 함수(61번~70번 줄)는 **chars**에 문자의 발생 빈도수를 계산하여 **counts** 배열에 그 수를 저장한다. **counts**의 각 요소는 문자의 발생 빈도수를 의미한다. 함수는 배열의 각 문자를 처리하고 1만큼 각 문자의 카운트를 증가시킨다. 각 문자의 빈도 계산을 다음과 같은 비효율적인 방식으로도 할 수 있다.

```
for (int i = 0; i < NUMBER_OF_RANDOM_LETTERS; i++)
  if (chars[i] == 'a')
    counts[0]++;
  else if (chars[i] == 'b')
    counts[1]++;
  ...
```

그러나 68번~69번 줄처럼 작성하는 것이 가장 좋은 방법이라고 할 수 있다.

```
for (int i = 0; i < NUMBER_OF_RANDOM_LETTERS; i++)
  counts[chars[i] - 'a']++;
```

문자(**chars[i]**)가 **'a'**라면 그에 해당하는 카운트는 **counts['a' - 'a']**(즉, **counts[0]**)이다. 문자가 **'b'**라면 **'b'**의 ASCII 코드가 **'a'**보다 하나 더 크기 때문에 **'b'**의 카운트는 **counts['b' - 'a']**(즉, **counts[1]**)이다. 문자가 **'z'**라면 **'z'**의 ASCII 코드가 **'a'**보다 25만큼 크기 때문에 해당 카운트는 **counts['z' - 'a']**(즉, **counts[25]**)가 된다.

7.9 배열 탐색

배열이 정렬되어 있다면 배열 요소를 찾는 경우 선형 탐색보다 이진 탐색이 더 효율적이다.

탐색(searching)은 배열에서 특정 요소를 찾는 작업이다. 예를 들어, 어떤 점수가 점수 목록에 포함되어 있는지를 찾는 것이 탐색이 될 수 있다. 탐색은 컴퓨터 프로그래밍에서 자주 사용되며, 이에 대한 많은 알고리즘과 자료구조가 존재한다. 이 절에서는 자주 사용되는 두 가지 방법인 선형 탐색(linear search)과 이진 탐색(binary search)을 살펴보고자 한다.

선형 탐색

이진 탐색

7.9.1 선형 탐색

선형 탐색은 주요 요소를 키(**key**)로 하고, 이 키와 배열 내의 모든 요소를 연속적으로 비교하여 검색하는 방법이다. 배열 요소와 키가 일치할 때까지 또는 일치되는 요소가 찾아지지 않은 채로 배열의 끝에 다다를 때까지 함수는 탐색을 계속한다. 일치하는 요소가 발견되면 선형 탐색은 키와 일치하는 배열 요소의 인덱스를 반환하고, 탐색에 실패하면 -1을 반환한다. **linearSearch** 함수를 리스트 7.9에 제시하였다.

리스트 7.9 LinearSearch.cpp

선형 탐색에 대한 애니메이션

```cpp
int linearSearch(const int list[], int key, int arraySize)
{
  for (int i = 0; i < arraySize; i++)
  {
    if (key == list[i])
      return i;
  }
  return -1;
}
```

                                        [0] [1] [2] ...
                                  list [| | | | |]

                        0, 1, ...에 대해서 키와 list[i]를 비교

다음 문장으로 선형 탐색을 수행할 수 있다.

```cpp
int list[] = {1, 4, 4, 2, 5, -3, 6, 2};
int i = linearSearch(list, 4, 8);   // 1을 반환
int j = linearSearch(list, -4, 8);  // -1을 반환
int k = linearSearch(list, -3, 8);  // 5를 반환
```

선형 탐색 함수는 배열의 각 요소와 키를 비교한다. 배열 요소는 정렬되어 있지 않아도 된다. 이 알고리즘은 키가 배열 요소에 존재하고 있다면 키를 찾기 위해서 평균적으로 배열 요소의 절반을 비교해 봐야 한다. 선형 탐색은 배열의 요소가 많아지면 탐색 시간도 길어지므로 큰 배열에는 적합하지 않다.

7.9.2 이진 탐색

이진 탐색 또한 데이터 목록을 검색하는 방법으로 자주 사용된다. 이진 탐색을 사용하려면 배열 내 요소들이 미리 정렬되어 있어야 한다. 일반적으로 배열은 오름차순으로 정렬된 것으로 가정한다. 이진 탐색은 배열 중앙 요소와 키(key)를 비교하는 것으로 시작하여 다음 세 경우에 따라 검색해 나간다.

- 키가 중앙값보다 작다면, 배열의 앞쪽 절반에서 탐색을 계속한다.
- 키가 중앙값과 같다면 원하는 키 값을 찾은 것이며, 탐색을 끝낸다.
- 키가 중앙값보다 크면, 배열의 뒤쪽 절반에서 탐색을 계속한다.

이진 탐색 함수는 각 비교 후에 배열의 반을 비교 대상에서 제거한다. 배열에 n개의 요소가 있다고 하고, 편의상 n은 2의 제곱을 한 값이 된다고 하자. 첫 번째 비교를 한 후, 다음 번 검색에서는 n/2개의 요소만 남게 되고, 두 번째 비교를 하고 나면 (n/2)/2개의 요소가 다음 검색에서 남게 된다. **k**번째 비교 후엔 $n/2^k$개의 요소만 남게 된다. **k**가 **log₂n**과 같게 되면 배열에 단 한 개의 요소만 남게 되어, 한 번만 더 비교를 하면 된다. 그러므로 최악의 경우, 이진 탐색을 사용하여 배열에 저장된 요소를 찾기 위해서는 **log₂n+1**번 비교를 해야 한다. 1024(2^{10})개

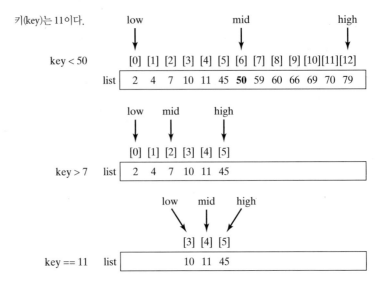

그림 7.6 이진 탐색은 각 비교 후 다음 비교를 위해 비교 대상 목록의 절반을 제거한다.

이진 탐색에 대한 애니메이션

의 요소에 대해 최악의 경우 이진 탐색은 11번만 비교하면 검색이 종료되지만, 선형 탐색의 경우에는 1024번 비교를 해야 한다. 검색해야 할 배열 부분은 각 비교 후에 반씩 줄어든다. 현재 검색 배열의 첫 번째 인덱스를 low, 마지막 인덱스를 high라고 하자. 초기 값으로 low는 0, high는 listSize-1이 된다. 배열 중간 요소의 인덱스를 mid라고 하면 mid는 (low + high)/2이다. 그림 7.6은 {2, 4, 7, 10, 11, 45, 50, 59, 60, 66, 69, 70, 79} 목록에서 이진 탐색을 사용하여 키인 11을 찾는 과정을 보여 준다.

이진 탐색의 동작 원리를 알았으므로 이제 프로그램으로 구현해 보겠다. 프로그램 구현은 한 번에 한 단계씩 진행한다. 그림 7.7a에서와 같이 탐색의 첫 번째 반복으로 시작해 보겠다. low 인덱스가 0이고 high 인덱스가 listSize - 1인 목록의 중앙 요소를 키와 비교한다. key < list[mid]라면 high 인덱스를 mid - 1로 설정한다. key == list[mid]라면 키와 일치하는 요소를 찾은 것이 되고 mid를 반환한다. key > list[mid]라면 low 인덱스를 mid + 1로 설정한다.

다음은 그림 7.7b에서와 같이 반복문을 추가하여 반복적으로 탐색을 수행하기 위한 함수를 구현하는 것이다. 탐색은 키를 찾거나 찾지 못했을 때에도 종료되어야 한다. low > high가 될 때 키는 배열 안에 존재하지 않게 된다.

키를 찾지 못했을 때 low는 목록의 오름차순을 유지하도록 삽입되는 키의 삽입 위치가 된다.[1] -1보다는 삽입 위치를 반환하는 것이 더 유용하다. 함수는 키가 목록에 없다는 것을 나타내기 위해서 (−) 값을 반환해야 한다. 단순히 -low를 반환하면 되지 않을까? 안 된다. 만약 키가 list[0]보다 작다면 low는 0이 될 것이다. -0은 그냥 0이다. 이는 키가 list[0]과 일치한다는 것을 의미하므로 문제가 있다. 더 나은 선택은 만약 키가 목록에 없을 때 함수가 -low - 1을 반환하도록 하는 것이다. -low - 1을 반환하는 것은 키가 목록에 없다는 것뿐만 아니라

---

1) 역주: 예를 들어, 키가 5인 경우 그림 7.6의 오름차순 목록에서 5는 4보다 크고 7보다 작으므로 목록에 삽입할 경우 [2]에 오게 되어 삽입 위치는 2가 된다. 또한 키가 51인 경우 오름차순 목록에서 51은 50과 59 사이 값이 되므로 삽입 위치는 7이 된다.

```
int binarySearch(const int list[], listSize)
{
  int low = 0;
  int high = listSize - 1;



  int mid = (low + high) / 2;
  if (key < list[mid])
    high = mid - 1;
  else if (key == list[mid])
    return mid;
  else
    low = mid + 1;


}
```

(a) 버전 1

```
int binarySearch(const int list[], listSize)
{
  int low = 0;
  int high = listSize - 1;

  while (low <= high)
  {
    int mid = (low + high) / 2;
    if (key < list[mid])
      high = mid - 1;
    else if (key == list[mid])
      return mid;
    else
      low = mid + 1;
  }

  return -1;
}
```

(b) 버전 2

그림 7.7 점진적으로 이진 탐색이 구현된다.

키가 목록에 삽입될 수 있는 위치를 알려 준다.

리스트 7.10에 이진 탐색 함수를 구현하였다.

리스트 7.10 BinarySearch.cpp

```
 1  int binarySearch(const int list[], int key, int listSize)
 2  {
 3    int low = 0;
 4    int high = listSize - 1;
 5
 6    while (high >= low)
 7    {
 8      int mid = (low + high) / 2;
 9      if (key < list[mid])
10        high = mid - 1;
11      else if (key == list[mid])
12        return mid;                              일치하는 값 찾음
13      else
14        low = mid + 1;
15    }
16
17    return -low - 1;                             일치하는 값 없음
18  }
```

이진 탐색은 키가 목록에 포함되어 있다면 탐색 키의 인덱스를 반환하고(12번 줄), 그렇지 않으면 -low - 1을 반환한다(17번 줄). 6번 줄에서 (high >= low)를 (high > low)로 변경하면 어떻게 될까? 이렇게 하면 일치하는 요소를 지나칠 수 있다. 단지 하나뿐인 요소만을 가지

고 있는 목록을 생각해 보자. 이 경우 high와 low가 모두 0이기 때문에 일치 요소를 찾지 못하
게 된다. 목록에 같은 값을 갖는 요소가 여러 개 존재하는 경우에도 이 함수는 잘 동작할까?
목록의 요소들이 오름차순으로 정렬만 되어 있다면 문제없이 잘 동작한다. 일치하는 요소가
목록에 존재한다면 그 일치 요소 중 하나의 인덱스를 반환한다.

이 함수를 이해하기 위해 다음 문장을 통해 구해지는 값을 판단해 보고, 함수가 값을 반환
할 때 **low**와 **high**의 값이 어떻게 되는지 확인해 보자.

```
int list[] = {2, 4, 7, 10, 11, 45, 50, 59, 60, 66, 69, 70, 79};
int i = binarySearch(list, 2, 13); // 0을 반환
int j = binarySearch(list, 11, 13); // 4를 반환
int k = binarySearch(list, 12, 13); // -6을 반환
int l = binarySearch(list, 1, 13); // -1을 반환
int m = binarySearch(list, 3, 13); // -2를 반환
```

다음은 함수가 종료되었을 때 **low**와 **high** 값과 함수 호출로부터 반환되는 값을 표로 나타
낸 것이다.

함수	low	high	반환값
binarySearch (list, 2, 13)	0	1	0
binarySearch (list, 11, 13)	3	5	4
binarySearch (list, 12, 13)	5	4	−6
binarySearch (list, 1, 13)	0	−1	−1
binarySearch (list, 3, 13)	1	0	−2

이진 탐색의 장점

주의
선형 탐색은 배열 크기가 작은 경우나 정렬이 되지 않은 경우에는 유용하지만, 큰 배열에서는 비효
율적이다. 이 경우 이진 탐색이 더 효율적인 방법이긴 하지만, 배열이 미리 정렬되어 있어야 한다.

7.10 배열 정렬

선택 정렬

Key Point

선택 정렬에 대한 애니메이션

탐색과 마찬가지로 정렬도 컴퓨터 프로그래밍에서 자주 사용되는 기법으로, 많은 정렬 알고리즘이 개발되어 있
다. 이 절에서는 선택 정렬 알고리즘에 대해서 다루어 본다.

오름차순으로 목록을 정렬하고자 할 때, 선택 정렬(selection sort)을 사용한다고 하면, 목록에
서 가장 작은 수를 찾아 그 수와 제일 처음에 있는 수를 서로 교환한다. 그 다음, 남은 수들 중
에서 가장 작은 수를 찾아 제일 앞에서 두 번째의 값과 교환한다. 이런 방법으로 목록에 단 한
개의 숫자만 남을 때까지 이 과정을 반복한다. 그림 7.8은 선택 정렬을 사용하여 {2, 9, 5, 4,
8, 1, 6} 목록을 정렬하는 과정을 보여 준다.

선택 정렬에 관해 설명하였으므로 지금부터는 C++로 구현해 보겠다. 초보자의 경우 한 번
에 이 프로그램을 작성하기는 쉽지 않을 것이다. 우선 처음에는 반복 실행의 첫 번째 단계로
서, 목록에서 가장 작은 요소를 찾은 후 목록의 첫 번째 요소와 교환하는 코드를 작성하는 것
으로 시작한다. 그 다음, 두 번째 반복, 세 번째 반복, 등등에서 달라진 부분이 무엇인지를 조
사해 보면 모든 반복을 일반화시킬 수 있는 루프를 작성할 수 있게 된다.

해결 방법을 다음과 같이 기술할 수 있다.

가장 작은 수 1을 선택하고 목록의 첫 번째 수 2와 교환한다.

2 9 5 4 8 1 6

숫자 1은 올바른 위치에 있으므로 더 이상 정렬에서 사용되지 않는다.

1 9 5 4 8 2 6

가장 작은 수 2를 선택하고 남아 있는 목록의 첫 번째 수 9와 교환한다.

숫자 2는 올바른 위치에 있으므로 더 이상 정렬에서 사용되지 않는다.

1 2 5 4 8 9 6

가장 작은 수 4를 선택하고 남아 있는 목록의 첫 번째 수 5와 교환한다.

숫자 4는 올바른 위치에 있으므로 더 이상 정렬에서 사용되지 않는다.

1 2 4 5 8 9 6

5는 가장 작은 수이고 올바른 위치에 있다. 이 단계에선 교환할 필요가 없다.

숫자 5는 올바른 위치에 있으므로 더 이상 정렬에서 사용되지 않는다.

1 2 4 5 8 9 6

가장 작은 수 6을 선택하고 남아 있는 목록의 첫 번째 수 8과 교환한다.

숫자 6은 올바른 위치에 있으므로 더 이상 정렬에서 사용되지 않는다.

1 2 4 5 6 9 8

가장 작은 수 8을 선택하고 남아 있는 목록의 첫 번째 수 9와 교환한다.

숫자 8은 올바른 위치에 있으므로 더 이상 정렬에서 사용되지 않는다.

1 2 4 5 6 8 9

목록에 남아 있는 요소가 하나밖에 없으므로 정렬이 완성되었다.

그림 7.8 선택 정렬은 반복적으로 가장 작은 수를 선택하여 남아 있는 목록의 첫 번째 수와 교환한다.

```
for (int i = 0; i < listSize - 1; i++)
{
  list[i..listSize-1]에서 가장 작은 요소를 선택;
  필요하다면 가장 작은 값과 list[i]를 교환
  // list[i]는 정렬이 완료됨
  // list[i+1..listSize-1]에 대해 다음 반복을 적용
}
```

리스트 7.11은 완성된 구현 프로그램이다.

리스트 7.11 SelectionSort.cpp

```
1  void selectionSort(double list[], int listSize)
2  {
3    for (int i = 0; i < listSize - 1; i++)
4    {
5      // list[i..listSize-1]에서 최솟값 찾기
6      double currentMin = list[i];
7      int currentMinIndex = i;
8
9      for (int j = i + 1; j < listSize; j++)
10     {
```

```
11          if (currentMin > list[j])
12          {
13            currentMin = list[j];
14            currentMinIndex = j;
15          }
16        }
17
18        // 필요하다면 list[i]와 list[currentMinIndex] 교환
19        if (currentMinIndex != i)
20        {
21          list[currentMinIndex] = list[i];
22          list[i] = currentMin;
23        }
24      }
25    }
```

selectionSort(double list[], int listSize) 함수는 double 요소의 배열을 정렬한다. 이 함수는 중첩 for 문을 사용하여 구현되었다. 외부 루프(루프 제어 변수 i 사용, 3번 줄)는 list[i]에서 list[listSize - 1]까지 범위인 목록에서 가장 작은 요소를 찾고, 그 값과 list[i]를 서로 교환한다. 변수 i는 0으로 초기화되어 있다. 외부 루프를 한 번 반복할 때마다 list[i]는 오른편에 놓이게 된다. 궁극적으로 모든 요소들이 오른편에 놓이게 되면 정렬된 전체 목록이 완성된다. 이 함수의 사용을 이해하기 위해서 다음 문장을 사용하여 정렬을 수행해 보기 바란다.

```
double list[] = {1, 9, 4.5, 6.6, 5.7, -4.5};
selectionSort(list, 6);
```

7.15 그림 7.6을 사용하여 목록 {2, 4, 7, 10, 11, 45, 50, 59, 60, 66, 69, 70, 79}에서 키 10과 키 12를 찾기 위한 이진 탐색 접근 방법에 대해 설명하여라.

7.16 그림 7.8을 사용하여 {3.4, 5, 3, 3.5, 2.2, 1.9, 2}를 정렬하기 위해 선택 정렬 접근법을 어떻게 적용할지 설명하여라.

7.17 리스트 7.11에서 내림차순으로 숫자를 정렬하려면 selectionSort 함수를 어떻게 수정해야 하는가?

7.11 C-문자열

C-문자열은 널 종단 문자 '\0'로 끝나는 문자 배열이다. C++ 라이브러리에서 C-문자열 함수를 사용하여 C-문자열을 처리할 수 있다.

C-문자열 vs. string 형

강사 주의사항

C-문자열은 C 언어에서 주로 사용되는 것이지만, C++에서는 더 편리하고 유용한 **string** 형을 사용한다. 이러한 이유로 이 책에서는 4장에서 설명한 **string** 형을 사용하여 문자열을 처리한다. 이 절에서 C-문자열을 설명하는 목적은 배열 사용에 있어서 부가적인 예와 실습을 경험해 보고 C 프로그램을 다룰 수 있도록 하기 위함이다.

C-문자열은 메모리에서 문자열의 끝 지점을 알려 주는 널 종단 문자(null terminator character)인 **'\0'**로 끝나는 문자 배열이다.[2] 4.3.3절 "특수 문자를 위한 이스케이프 시퀀스"에서 역슬래시(\)로 시작되는 문자를 이스케이프 시퀀스라고 한다는 것을 배웠다. 널 종단 문자(줄여서 널(null) 문자)의 \ 기호와 숫자 **0**은 붙여서 한 문자로 간주한다. 이 문자는 ASCII 표에서 첫 번째 문자(0번 문자)이다.

모든 문자열 리터럴은 C-문자열이다. 문자열 리터럴로 초기화된 배열을 선언할 수 있다. 예를 들어, 다음 문장은 그림 7.9에서 보는 바와 같이 **'D'**, **'a'**, **'l'**, **'l'**, **'a'**, **'s'**, **'\0'** 문자를 포함하는 C-문자열의 배열을 생성한다.

```
char city1[7] = "Dallas";
```

'D'	'a'	'l'	'l'	'a'	's'	'\0'
city[0]	city[1]	city[2]	city[3]	city[4]	city[5]	city[6]

그림 7.9 문자 배열을 C-문자열로 초기화할 수 있다.

배열의 크기가 **7**이고, 마지막 문자가 **'\0'**인 것에 주의해야 한다. C-문자열과 문자 배열에는 미묘한 차이가 있다. 예를 들어, 다음 두 문장은 다른 문장이다.

```
char city1[] = "Dallas"; // C-문자열
char city2[] = {'D', 'a', 'l', 'l', 'a', 's'}; // C-문자열이 아님
```

첫 번째 문장은 C-문자열이고, 두 번째 문장은 단지 문자들의 배열이다. 첫 번째 문장은 마지막의 널 문자까지 포함하여 **7**개의 문자로 이루어져 있고, 두 번째 문장은 **6**개의 문자로 구성된다.

7.11.1 C-문자열의 입출력

C-문자열은 간단히 출력할 수 있다. **s**가 C-문자열 배열이라고 하면 간단히 다음과 같이 사용하면 콘솔로 배열의 내용이 출력된다.

```
cout << s;
```

숫자를 입력할 때처럼 키보드를 사용하여 C-문자열을 입력할 수 있다. 예를 들어, 다음 코드를 살펴보자.

```
1 char city[7];
2 cout << "Enter a city: ";
3 cin >> city; // city 배열 입력
4 cout << "You entered " << city << endl;
```

배열로 문자열을 읽을 때 널 문자(**'\0'**)를 위한 배열 요소를 남겨 두었는지 확인해야 한다. **city**의 크기가 **7**이기 때문에, 입력은 **6**글자를 초과하지 말아야 한다. 이와 같이 문자열을 입력하는 것은 간단하지만 문제가 있다. 입력이 공백 문자로 끝나는 경우나 공백이 포함된 경우

---

2) 역주: 사용하는 컴퓨터의 운영체제가 한글판(예를 들어, 한글 윈도우 7이나 8)인 경우 역슬래시(\)가 ₩로 표시된다.

문자열을 읽을 수 없다. 예를 들어, **New York**을 입력하고자 할 때는 다른 방법을 사용해야 한다. C++에서는 배열로 문자열을 읽을 수 있도록 **iostream** 헤더 파일에 있는 **cin.getline** 함수를 제공하고 있다. 이 함수의 사용 방법은 다음과 같다.

cin.getline(**char** array[], **int** size, **char** delimitChar)

이 함수는 입력 시 **delimitChar**에 지정하는 구분 문자를 만나거나 **size** – 1만큼의 문자를 읽으면 문자 입력을 중단한다. 배열의 마지막 문자로는 널 문자('\0')가 저장되며, 입력 시 구분 문자를 만나게 되면 읽기는 하지만, 배열에는 저장되지 않는다. 세 번째 인수 **delimitChar**의 기본 값은 '\n'이다. 다음 코드는 **cin.getline** 함수를 사용하여 문자열을 읽는다.

배열 선언

문자열을 배열로

```
1 char city[30];
2 cout << "Enter a city: "; // 즉, New York
3 cin.getline(city, 30, '\n'); // city 배열 입력
4 cout << "You entered " << city << endl;
```

cin.getline 함수의 세 번째 인수의 기본 값이 '\n'이므로 3번 줄은 다음과 같이 작성해도 된다.

cin.getline(city, 30); // city 배열 입력

7.11.2 C-문자열 함수

C-문자열 처리

C-문자열이 널 문자로 끝나므로 C++에서 이 사실을 사용하여 C-문자열을 효과적으로 처리할 수 있다. C-문자열을 함수로 전달할 때는 널 문자를 만날 때까지 배열의 왼쪽부터 오른쪽으로 모든 문자의 수를 세면 C-문자열의 길이를 구할 수 있으므로 함수로 C-문자열의 길이를 전달할 필요가 없다. 다음은 C-문자열의 길이를 구하는 함수이다.

표 7.1 문자열 함수

함수	설명
size_t strlen(char s[])	문자의 길이, 즉 널 문자 앞까지의 문자의 수를 반환한다.
strcpy(char s1[], const char s2[])	s2 문자열을 s1 문자열로 복사한다. s1 문자열이 반환된다.
strncpy(char s1[], const char s2[], size_t n)	s2 문자열의 처음부터 n개의 문자를 s1 문자열로 복사한다. s1 문자열이 반환된다.
strcat(char s1[], const char s2[])	s2 문자열을 s1 문자열에 추가한다. s1 문자열이 반환된다.
strncat(char s1[], const char s2[], size_t n)	s2 문자열의 처음부터 n개의 문자를 s1 문자열에 추가한다. s1 문자열이 반환된다.
int strcmp(char s1[], const char s2[])	문자의 숫자 코드에 따라 s1이 s2보다 크다면 0보다 큰 값, 같다면 0, s2보다 작다면 0보다 작은 값을 반환한다.
int strncmp(char s1[], const char s2[], size_t n)	strcmp와 같지만, s1과 s2의 처음부터 n개의 문자에 대해서만 비교를 한다.
int atoi(char s[])	문자열을 int 값으로 변환한다.
double atof(char s[])	문자열을 double 값으로 변환한다.
long atol(char s[])	문자열을 long 값으로 변환한다.
void itoa(int value, char s[], int radix)	정수형 숫자를 주어진 진법(radix)에 따라 문자열로 변환한다.

```
unsigned int strlen(char s[])
{
  int i = 0;
  for ( ; s[i] != '\0'; i++);
  return i;
}
```

사실 C-문자열을 처리하기 위해 표 7.1에서와 같이 C++ 라이브러리에서 **strlen**과 몇몇 함수를 제공하고 있다.

 주의

size_t는 C++ 유형이다. 대부분의 컴파일에서 이는 **unsigned int**와 같다.   size_t 유형

atoi, **atof**, **atol**, **itoa**만 **cstdlib** 함수에 정의되어 있고, 표에서 나머지 모든 함수들은 **cstring** 헤더 파일에 정의되어 있다.

7.11.3 strcpy와 strncpy를 이용한 문자열 복사

strcpy 함수는 두 번째 인수의 원본 문자열을 첫 번째 인수의 목표 문자열로 복사하는 데 사   strcpy
용될 수 있다. 목표 문자열은 이 함수가 잘 동작하도록 미리 충분한 메모리 공간이 확보되어
있어야 한다. 다음과 같은 코드를 사용하여 C-문자열을 복사하는 것은 잘못된 것이다.

```
char city[30] = "Chicago";
city = "New York"; // New York을 city로 복사.  잘못됨!
```

"New York"을 **city**로 복사하기 위해서는 다음을 사용해야 한다.

```
strcpy(city, "New York");
```

strncpy 함수도 **strcpy** 함수와 같으나, 복사될 문자의 수를 지정하는 세 번째 인수가 있다는   strncpy
점이 다르다. 예를 들어, 다음 코드는 첫 번째로부터 3개의 문자인 "New"를 **city**로 복사한다.

```
char city[9];
strncpy(city, "New York", 3);
```

이 코드는 문제가 있다. **strncpy** 함수는 지정된 문자수가 원본 문자열의 길이보다 짧거나
같을 경우 목표 문자열에 널 문자를 추가해 주지 않는다.[3] 만약 지정 문자수가 원본 문자열의
길이보다 길면 원본 문자열이 목표 문자열로 복사되고 목표 문자열의 끝까지 널 문자가 추가
된다. **strcpy**와 **strncpy**는 잠재적으로 배열의 저장 범위를 변경시킬 수 있다. 안전하게 복사
되도록 하기 위해 이들 함수를 사용하기 전에 범위를 확인해야 한다.

7.11.4 strcat와 strncat을 이용한 문자열 연결

strcat 함수는 두 번째 인수의 문자열을 첫 번째 인수의 문자열 끝에 연결하는 데 사용된다.   strcat
이 함수가 동작하기 위해서 첫 번째 문자열은 미리 충분한 메모리가 할당되어 있어야 한다.
예를 들어, 다음 코드는 **s2**를 **s1**에 추가하기 위한 올바른 코드이다.

```
char s1[7] = "abc";
```

---

3) 역주: 이 경우에는 문자열의 끝을 알리는 널 문자('\0')를 목표 문자열의 끝에 직접 삽입해 줘야 한다.

```
char s2[4] = "def";
strcat(s1, s2);
cout << s1 << endl; // 출력은 abcdef
```

그러나 다음 코드는 **s2**를 **s1**에 추가하는 데 공간이 부족하여 올바로 동작하지 않는다.

```
char s1[4] = "abc";
char s2[4] = "def";
strcat(s1, s2);
```

strncat

strncat 함수도 **strcat** 함수와 같으나, 원본 문자열에서 목표 문자열로 연결시킬 문자의 수를 지정하는 세 번째 인수가 있다는 점이 다르다. 예를 들어, 다음 코드는 **"ABC"** 3개의 문자를 **s**에 추가한다.

```
char s[9] = "abc";
strncat(s, "ABCDEF", 3);
cout << s << endl; // 출력은 abcABC
```

strcat와 **strncat** 함수 모두 잠재적으로 배열의 저장 범위를 변경시킬 수 있다. 안전하게 연결되도록 하기 위해 이들 함수를 사용하기 전에 범위를 확인해야 한다.

7.11.5 strcmp를 이용한 문자열 비교

strcmp

strcmp 함수는 두 문자열을 비교하는 데 사용될 수 있다. 두 개의 문자열을 어떻게 비교할까? 문자의 비교는 해당 문자의 수치 코드를 비교함으로써 수행된다. 대부분의 컴파일러는 문자에 대해 ASCII 코드를 사용한다. 이 함수는 **s1**이 **s2**와 같다면 **0**을 반환하고, **s1**이 **s2**보다 작다면 **0**보다 작은 값을, 그리고 **s1**이 **s2**보다 크다면 **0**보다 큰 값을 반환한다. 예를 들어, **s1**이 **"abc"**이고 **s2**가 **"abg"**라고 할 때, **strcmp(s1, s2)**는 음수 값을 반환한다. **s1**과 **s2**에서 첫 번째 두 문자(**a**와 **a**)를 비교하는데, 두 개가 같으므로 두 번째 문자(**b**와 **b**)를 비교한다. 두 문자 또한 같으므로 세 번째 두 문자(**c**와 **g**)를 비교하는데, **c**가 **g**보다 4만큼 작기 때문에 비교의 결과로 음수를 반환한다. 어떤 값이 반환될지는 컴파일러에 따라 다르다. Visual C++와 GNU 컴파일러는 **-1**을 반환하지만, Borland C++ 컴파일러는 **c**가 **g**보다 4만큼 작으므로 **-4**를 반환한다.

다음은 **strcmp** 함수의 사용 예이다.

```
char s1[] = "Good morning";
char s2[] = "Good afternoon";
if (strcmp(s1, s2) > 0)
  cout << "s1 is greater than s2" << endl;
else if (strcmp(s1, s2) == 0)
  cout << "s1 is equal to s2" << endl;
else
  cout << "s1 is less than s2" << endl;
```

출력은 **s1 is greater than s2**가 된다.

strncmp

strncmp 함수도 **strcmp** 함수와 같으나, 비교할 문자의 수를 지정하는 세 번째 인수가 있다는 점이 다르다. 예를 들어, 다음 코드는 두 문자열에서 처음 4개의 문자를 비교한다.

```
char s1[] = "Good morning";
char s2[] = "Good afternoon";
cout << strncmp(s1, s2, 4) << endl;
```

이 코드의 출력 결과는 **0**이다.

7.11.6 문자열과 숫자의 변환

atoi 함수는 C-문자열을 **int** 형의 정수로 변환하는 데 사용되고, **atol** 함수는 C-문자열을 *atoi*

long 형의 정수로 변환하는 데 사용된다. 예를 들어, 다음 코드는 수치 문자열 **s1**과 **s2**를 정수 *atol*

로 변환한다.

```
char s1[] = "65";
char s2[] = "4";
cout << atoi(s1) + atoi(s2) << endl;
```

이 코드의 출력은 **69**이다.

atof 함수는 C-문자열을 실수로 변환하는 데 사용된다. 예를 들어, 다음 코드는 수치 문자 *atof*

열 **s1**과 **s2**를 실수로 변환한다.

```
char s1[] = "65.5";
char s2[] = "4.4";
cout << atof(s1) + atof(s2) << endl;
```

이 코드의 출력은 **69.9**이다.

itoa 함수는 정수를 주어진 진법(radix)에 따라 C-문자열로 변환하는 데 사용된다. 예를 들 *itoa*

어, 다음 코드를 살펴보자.

```
char s1[15];
char s2[15];
char s3[15];
itoa(100, s1, 16);
itoa(100, s2, 2);
itoa(100, s3, 10);
cout << "The hex number for 100 is " << s1 << endl;
cout << "The binary number for 100 is " << s2 << endl;
cout << "s3 is " << s3 << endl;
```

이 코드는 다음을 출력한다.

```
The hex number for 100 is 64
The binary number for 100 is 1100100
s3 is 100
```

C++ 컴파일러에 따라 **itoa** 함수가 지원되지 않을 수도 있다는 점에 주의해야 한다.

7.18 다음 배열의 차이점은 무엇인가?

✔**Check Point**

```
char s1[] = {'a', 'b', 'c'};
char s2[] = "abc";
```

7.19 **s1**과 **s2**가 다음과 같이 정의되었다고 하자.

```
char s1[] = "abc";
char s2[] = "efg";
```

다음 수식/문장은 올바른가?

a. `s1 = "good"`
b. `s1 < s2`
c. `s1[0]`
d. `s1[0] < s2[0]`
e. `strcpy(s1, s2)`
f. `strcmp(s1, s2)`
g. `strlen(s1)`

주요 용어

널 문자(null terminator, `'\0'`)

배열(array)

배열 인덱스(array index)

배열 초기화(array initializer)

배열 크기 선언자(array size declarator)

선택 정렬(selection sort)

선형 탐색(linear search)

이진 탐색(binary search)

인덱스(index)

C-문자열(C-string)

`const` 배열(const array)

요약

1. 배열은 같은 유형의 값 목록을 저장한다.

2. 배열은 다음 구문을 사용하여 선언된다.

   `elementType arrayName[size]`

3. 배열의 각 요소는 `arrayName[index]`로 표현된다.

4. 배열 인덱스는 정수이거나 정수형 수식이어야 한다.

5. 배열 인덱스는 0부터 시작하며, 첫 번째 요소의 인덱스는 0이다.

6. 프로그래머들은 배열의 첫 번째 요소를 참조할 때 인덱스를 0이 아닌 1로 하는 경우가 종종 있다. 이는 인덱스에 대한 하나 차이로 인한 오류(off-by-one error)의 원인이 된다.

7. 범위를 넘어서는 인덱스를 사용하여 배열 요소에 접근하면 범위 초과 오류(out-of-bounds error)를 발생시킨다.

8. 범위 초과는 중대한 오류이다. 하지만 이는 C++ 컴파일러에 의해 자동으로 검출되지 않는다.

9. C++에서는 단축 표기법을 사용하여 하나의 문장으로 배열을 선언하고 초기화할 수 있다. 구문은 다음과 같다.

   `elementType arrayName[] = {value0, value1, ..., valuek};`

10. 배열이 함수로 전달될 때 배열의 시작 주소가 함수의 배열 매개변수로 전달된다.

11. 배열 인수를 함수로 전달하는 경우에 다른 인수로 배열의 크기도 같이 전달해야 하는 경우가 있다.

12. 배열이 우연히 수정되지 않도록 **const** 배열 매개변수를 지정할 수 있다.

13. 널 문자로 끝을 맺는 문자 배열을 C-문자열이라고 한다.

14. 문자열 리터럴은 C-문자열이다.

15. C++에서는 C-문자열을 처리하기 위한 몇 가지 함수를 제공하고 있다.

16. **strlen** 함수를 사용하여 C-문자열의 길이를 구할 수 있다.

17. **strcpy** 함수를 사용하여 C-문자열을 다른 C-문자열로 복사할 수 있다.

18. **strcmp** 함수를 사용하여 두 개의 C-문자열을 비교할 수 있다.

19. **itoa** 함수를 사용하여 정수를 C-문자열로 변환하고, **atoi** 함수를 사용하여 문자열을 정수로 변환할 수 있다.

퀴즈

www.cs.armstrong.edu/liang/cpp3e/quiz.html에서 온라인으로 이 장에 대한 퀴즈를 풀어보라.

프로그래밍 실습

7.2~7.4절

*7.1 (등급 결정) 학생 점수를 입력하고, 가장 좋은 점수를 구한 후, 다음 규칙에 따라 등급을 결정하는 프로그램을 작성하여라.

"점수 >= 최고점 − 10"이라면 A등급,

"점수 >= 최고점 − 20"이라면 B등급,

"점수 >= 최고점 − 30"이라면 C등급,

"점수 >= 최고점 − 40"이라면 D등급,

나머지는 F등급

학생의 수를 입력하고, 각 학생들의 점수를 입력한 다음, 등급 결과를 출력하는 프로그램을 작성하여라. 다음은 샘플 실행 결과이다.

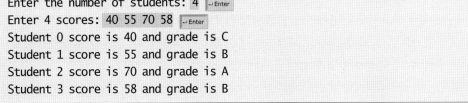

```
Enter the number of students: 4  ↵Enter
Enter 4 scores: 40 55 70 58  ↵Enter
Student 0 score is 40 and grade is C
Student 1 score is 55 and grade is B
Student 2 score is 70 and grade is A
Student 3 score is 58 and grade is B
```

7.2 (역순으로 출력) 10개의 정수를 읽어 들여, 입력된 순서와 반대로 출력되도록 하는 프로그램을 작성하여라.

*7.3 (숫자의 발생 빈도 계산) 1과 100 사이의 정수를 읽고 각 숫자의 발생 빈도를 계산하는 프로그램을 작성하여라. 입력 숫자의 개수는 최대 100개이며, 0이 입력되면 입력을 끝내는 것으로 한다. 다음은 샘플 실행 결과이다.

```
Enter the integers between 1 and 100: 2 5 6 5 4 3 23 43 2 0  ↵Enter
2 occurs 2 times
3 occurs 1 time
4 occurs 1 time
5 occurs 2 times
6 occurs 1 time
23 occurs 1 time
43 occurs 1 time
```

한 번 이상 발생된 숫자는 출력에 복수형 단어인 'times'를 사용하는 것에 주의한다.

7.4 (점수 분석) 지정되지 않은 개수의 점수를 입력하고 평균과 같거나 큰 점수의 수와 평균보다 작은 수의 개수를 계산하는 프로그램을 작성하여라. 입력이 끝이라는 것을 지시하기 위해서는 음수를 입력한다. 입력 점수의 최대 개수는 100개이다.

**7.5 (중복 숫자 제거) 10개의 숫자를 읽어 중복된 숫자는 한 번만 출력되도록 하는 프로그램을 작성하여라. (힌트: 숫자를 읽어 그 수가 새로 들어온 수이면 배열에 저장하고, 이미 배열에 존재하고 있는 수라면 입력 값을 버린다. 이렇게 하면 배열에는 중복된 숫자가 없게 된다.) 다음은 샘플 실행 결과이다.

```
Enter ten numbers: 1 2 3 2 1 6 3 4 5 2  ↵Enter
The distinct numbers are: 1 2 3 6 4 5
```

*7.6 (리스트 5.17 PrimeNumber.cpp 수정) 리스트 5.17에서는 숫자 n에 대해 2, 3, 4, 5, 6, ..., n/2가 약수(divisor)인지를 검사함으로써 n이 소수인지를 결정하였다. 약수가 발견되면 n은 소수가 아니다. n이 소수인지를 판별하는 보다 효율적인 방법은 n이 $\sqrt{n}$과 작거나 같은 어떤 소수로 나누어떨어지는 것이 없으면 n은 소수이다. 리스트 5.17을 수정하여 이 방법으로 처음 50개의 소수를 구하는 프로그램을 작성하여라. 소수를 저장하기 위한 배열을 사용하고, 이후에 이 소수들이 주어진 수 n에 대한 약수가 될 수 있는지를 판단하는 데 사용한다.

*7.7 (숫자 카운트) 0과 9 사이의 임의의 정수 100개를 생성하여 각 숫자의 개수를 출력하는 프로그램을 작성하여라. (힌트: 0에서 9 사이의 임의의 정수는 **rand() % 10**으로 만들 수 있다. **counts**라는 이름으로 정수 10개를 저장할 수 있는 배열을 작성하고, 0, 1, ..., 9의 개수를 해당 배열 요소로 저장한다.

7.5~7.7절

7.8 (배열 평균) 다음 헤더를 사용하여 배열의 평균값을 반환하는 두 개의 오버로딩 함수를 작성하여라.

```
int average(const int array[], int size);
double average(const double array[], int size);
```

10개의 **double** 형 값을 입력하도록 하고, 이 함수를 호출하여 평균값을 출력하는 테스트 프로그램을 작성하여라.

7.9 (최솟값 찾기) 다음 헤더를 사용하여 double 형 값의 배열에서 가장 작은 요소를 찾는 함수를 작성하여라.

```
double min(double array[], int size)
```

10개의 값을 입력하고, 이 함수를 호출하여 최솟값을 출력하는 테스트 프로그램을 작성하여라. 다음은 샘플 실행 결과이다.

```
Enter ten numbers: 1.9 2.5 3.7 2 1.5 6 3 4 5 2 ↵Enter
The minimum number is 1.5
```

7.10 (최솟값 요소의 인덱스 찾기) 다음 헤더를 사용하여 정수 배열에서 최솟값을 갖는 요소의 인덱스를 반환하는 함수를 작성하여라. 최솟값이 하나 이상일 경우에는 가장 작은 인덱스를 반환하도록 한다.

```
int indexOfSmallestElement(double array[], int size)
```

10개의 값을 입력하고, 이 최솟값 요소의 인덱스를 반환하는 함수를 호출하여 인덱스를 출력하는 테스트 프로그램을 작성하여라.

*7.11 (통계학: 표준편차 계산) 프로그래밍 실습 5.47에서 표준편차를 계산하였다. 이번 문제는 **n**개의 숫자에 대한 표준편차를 구하는 것으로 공식은 같지만 작성 방법이 다르다.

$$\text{평균} = \frac{\sum_{i=1}^{n} x_i}{n} = \frac{x_1 + x_2 + \ldots + x_n}{n} \qquad \text{표준편차} = \sqrt{\frac{\sum_{i=1}^{n} (x_i - \text{평균})^2}{n-1}}$$

이 공식으로 표준편차를 계산하기 위해서 평균이 구해진 다음 사용될 수 있도록 개별 숫자들을 배열을 사용하여 저장해야 한다.

프로그램은 다음 함수를 포함하고 있어야 한다.

```
// double 값의 배열의 평균을 계산
double mean(const double x[], int size)
```

```
// double 값의 표준편차를 구하는 함수
double deviation(const double x[], int size)
```

10개의 값을 입력하고, 다음 샘플 결과처럼 평균과 표준편차를 출력하는 테스트 프로그램을 작성하여라.

```
Enter ten numbers: 1.9 2.5 3.7 2 1 6 3 4 5 2 ↵Enter
The mean is 3.11
The standard deviation is 1.55738
```

7.8~7.9절

7.12 (실행 시간 측정) 100,000개의 정수 배열과 찾고자 하는 키를 임의로 생성하도록 프로그램을 작성하여라. 리스트 7.9에 있는 **linearSearch** 함수를 호출하여 실행 시간을 측정한다. 배열을 정렬한 다음, 리스트 7.10에 있는 **binarySearch** 함수를 호출하여 실행 시간을 측정한다. 실행 시간을 측정하기 위해 다음 코드를 사용할 수 있다.

```
long startTime = time(0);
작업 수행;
long endTime = time(0);
long executionTime = endTime - startTime;
```

7.13 (금융 문제: 판매 금액 계산) 이진 탐색을 사용하여 프로그래밍 실습 5.39를 수정하여라. 판매 금액이 1부터 최대 **COMMISSION_SOUGHT**(원하는 수수료)/**0.08** 사이에 있으므로 이진 탐색을 사용하여 원하는 수수료에 대한 판매 금액을 계산할 수 있다.

7.14 (버블 정렬) 버블 정렬 알고리즘을 사용하는 정렬 함수를 작성하여라. 버블 정렬 알고리즘은 배열에서 여러 단계를 거친다. 각 단계에서 연속된 이웃 숫자가 비교되고, 두 숫자가 내림차순으로 되어 있다면 두 수를 교환하고, 아니면 그대로 둔다. 이는 작은 값은 지속적으로 거품(bubble)이 일어나는 것처럼 위로 이동하고, 큰 값은 아래로 가라앉는 것처럼 생각할 수 있기 때문에 이 방법을 비블 정렬 또는 **침하 정렬(sinking sort)이라고 한다.

알고리즘은 다음과 같다.

```
bool changed = true;
do
{
  changed = false;
  for (int j = 0; j < listSize - 1; j++)
    if (list[j] > list[j + 1])
    {
       list[j]와 list[j + 1]을 서로 교환;
       changed = true;
    }
} while (changed);
```

루프를 끝내게 되면 목록은 오름차순으로 정렬된다. **do-while** 문은 많아야 **listSize** - 1번만큼만 실행된다.

10개의 double 형 값을 배열로 입력하도록 하고, 이 함수를 호출하여 정렬된 값을 출력하는 테스트 프로그램을 작성하여라.

*7.15 (게임: 로커 퍼즐) 학교에 100개의 로커와 100명의 학생이 있다. 모든 로커는 개학 첫날에는 닫혀 있다. 학생이 교실로 들어가면서 S1이라는 첫 번째 학생은 모든 로커를 연다. 두 번째 학생 S2는 두 번째 로커 L2부터 시작하여 하나씩 건너뛰면서 로커를 닫는다. 학생 S3은 세 번째 로커 L3부터 시작하여 세 번째 로커마다 상태를 변경한다 (열린 것은 닫고, 닫힌 것은 연다.). 학생 S4는 L4 로커부터 시작하여 네 번째 로커마

다 로커의 상태를 변경한다. 학생 S5는 L5 로커부터 시작하여 다섯 번째 로커마다 로커의 상태를 변경한다. 이 작업은 학생 S100이 L100 로커를 변경할 때까지 계속된다.

모든 학생이 교실을 통과하고 나간 다음, 어떤 로커가 열려 있을까? 모든 열려 있는 로커 번호를 출력하는 프로그램을 작성하여라. 각 로커 번호 사이에는 공백 하나를 둔다.

(힌트: 로커가 열렸는지(**true**) 또는 닫혔는지(**close**)를 나타내는 100개의 **bool** 요소 배열을 사용한다. 처음에 모든 로커는 닫혀 있다.)

7.16　(선택 정렬 수정) 7.10절에서 배열을 정렬하기 위해 선택 정렬을 사용하였다. 선택 정렬 함수는 현재 배열에서 반복적으로 최솟값을 구해 목록의 처음 값과 교환한다. 최댓값을 구해 그 값과 주어진 목록의 마지막 번째 수를 교환하도록 이 예를 수정하여라. 10개의 double 형 값을 배열로 입력하도록 하고, 이 함수를 호출하여 정렬된 값을 출력하는 테스트 프로그램을 작성하여라.

***7.17　(게임: 빈 머신) 빈 머신(bean machine) 또는 골턴 상자(Galton box)는 영국 과학자 프랜시스 골턴(Francis Galton)에 의해 명명된 통계 실험 장치이다. 이 장치는 그림 7.10과 같이 삼각형 형태의 간격이 일정한 슬롯이 있는 수직 보드로 구성되어 있다.

공을 보드의 입구로부터 아래로 떨어뜨린다. 공이 하단부로 떨어질 때 왼쪽으로 떨어질 확률과 오른쪽으로 떨어질 확률은 각각 50%이며, 보드의 아래쪽 슬롯에 떨어진 공들이 누적된다.

빈 머신을 시뮬레이션하는 프로그램을 작성하여라. 사용자가 공의 수와 슬롯의 수(최대 50개)를 입력하도록 하고, 공의 경로를 출력함으로써 공의 하강을 시뮬레이션한다. 예를 들어, 그림 7.10b의 공의 경로는 LLRRLLR이고, 그림 7.10c의 공의 경로는 RLRRLRR이다. 히스토그램으로 슬롯에 쌓인 공의 마지막 형태를 출력하여라. 다음은 샘플 실행 결과이다.

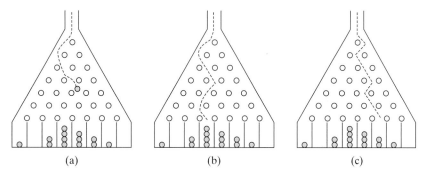

(a)　　　　　　(b)　　　　　　(c)

그림 7.10 각각의 공은 무작위 경로로 슬롯에 떨어진다.

```
Enter the number of balls to drop: 5  ↵Enter
Enter the number of slots in the bean machine: 8  ↵Enter

LRLRLRR
RRLLLRR
LLRLLRR
RRLLLLL
LRLRRLR


    O
    O
   OOO
```

(힌트: **slots**라는 배열을 생성하고, **slots** 배열의 각 요소는 슬롯에 있는 공의 수를 저장하도록 한다. 각각의 공은 경로를 통해 슬롯으로 떨어진다. 경로에서 R의 수는 공이 떨어지는 슬롯의 위치가 된다. 예를 들어 경로가 LRLRLRR인 경우 공은 **slots[4]**로 떨어지고, 경로가 RRLLLLL인 경우 **slots[2]**로 떨어진다.)

***7.18 (게임: 8 퀸) 8 퀸 퍼즐은 두 개의 퀸이 서로를 공격할 수 없도록 체스 판에 8개의 퀸을 놓는 게임이다(즉, 어떠한 두 개의 퀸도 같은 행, 같은 열, 같은 대각선 방향에 올 수 없다). 이 게임의 가능한 해답은 많다. 8 퀸 게임의 하나의 해답을 출력하는 프로그램을 작성하여라. 다음은 샘플 실행 결과이다.

```
|Q| | | | | | | |
| | | | |Q| | | |
| | | | | | | |Q|
| | | | |Q| | | |
| | |Q| | | | | |
| | | | | | |Q| |
| |Q| | | | | | |
| | | |Q| | | | |
```

***7.19 (게임: 복수 8 퀸 해답) 프로그래밍 실습 7.18은 8 퀸 문제의 하나의 해답을 구하는 것이다. 8 퀸 문제에 대한 모든 가능한 해답의 총 수를 계산하고, 해답을 출력하는 프로그램을 작성하여라.

7.20 (완전 동일 배열) 두 배열 **list1**과 **list2**는 길이가 같고, 각 i에 대해 **list1[i]**와 **list2[i]**가 같다면 완전 동일(strictly identical)한 배열이 된다. 다음 헤더를 사용하여 **list1**과 **list2**가 완전 동일한 배열이라면 **true**를 반환하는 함수를 작성하여라.

bool strictlyEqual(**const int** list1[], **const int** list2[], **int** size)

두 개의 정수 리스트를 입력하고, 두 리스트가 완전히 동일한지를 출력하는 테스트 프로그램을 작성하여라. 샘플 실행 결과는 다음과 같다. 입력에서 첫 번째 수는 입력 리스트 요소의 개수를 의미하며, 리스트에는 포함되지 않는 것에 주의하여라. 리스트의 최대 개수는 20이다.

```
Enter list1: 5 2 5 6 1 6  ↵Enter
Enter list2: 5 2 5 6 1 6  ↵Enter
Two lists are strictly identical
```

```
Enter list1: 5 2 5 6 6 1  ↵Enter
Enter list2: 5 2 5 6 1 6  ↵Enter
Two lists are not strictly identical
```

**7.21 (시뮬레이션: 쿠폰 수집자 문제) 쿠폰 수집자는 여러 응용 분야에서 사용되는 오래된 통계 문제이다. 이 문제는 한 세트의 물건들로부터 반복적으로 물건을 뽑는데, 모든 물건이 적어도 한 번은 뽑힐 수 있도록 하기 위해서 얼마나 많이 뽑기를 수행해야 하는지를 결정하는 것이다. 이 문제를 변형한 것으로 52장의 카드가 섞여 있는 카드 한 팩에서 반복적으로 카드를 뽑을 때 각 짝패(스페이드, 하트, 다이아몬드, 클럽으로서 각 13장)의 한 장씩만을 모두 뽑기 위해서 필요한 뽑기의 수를 찾는 것이 있다. 예를 들어, 첫 번째 카드로 하트 9를 뽑았다면 이를 기록해 두고, 뽑은 카드를 다시 카드 팩에 넣는다. 두 번째 카드로 하트 7을 뽑았다면, 하트는 이미 첫 번째에서 뽑은 하트와 같은 짝패이므로 하트 7은 그냥 다시 카드 팩에 넣는다. 세 번째로 스페이드 3을 뽑으면 이를 기록해 두고 뽑은 카드를 다시 카드 팩에 넣는다. 네 번째로 하트 10을 뽑았다면 이미 앞서 하트를 뽑았었기 때문에 다시 카드 팩에 넣는다. 이런 식으로 하여 네 가지 짝패가 각각 한 장씩 모두 나올 때까지 실행한 카드 뽑기의 총 수를 계산한다. 이를 시뮬레이션하고, 기록해 둔 각 짝패의 카드 4장을 출력(한 장의 카드가 두 번 뽑힐 수 있다)하는 프로그램을 작성하여라. 다음은 샘플 실행 결과이다.

```
Queen of Spades
5 of Clubs
Queen of Hearts
4 of Diamonds
Number of picks: 12
```

7.22 (수학: 조합) 10개의 정수를 입력하고, 입력한 수로부터 두 수를 뽑는 모든 조합을 출력하는 프로그램을 작성하여라.

7.23 (동일 배열) 두 배열 list1과 list2에 같은 내용이 저장되어 있으면 동일(identical) 배열이다. 다음 헤더를 사용하여 list1과 list2가 동일 배열이라면 true를 반환하는 함수를 작성하여라.

bool isEqual(**const int** list1[], **const int** list2[], **int** size)

두 개의 정수 리스트를 입력하고 두 리스트가 동일한지를 출력하는 테스트 프로그램을 작성하여라. 샘플 실행 결과는 다음과 같다. 입력에서 첫 번째 수는 입력 리스트 요소의 개수를 의미하며, 리스트에는 포함되지 않는 것에 주의하여라. 리스트의 최대 개수는 20이다.

```
Enter list1: 5 2 5 6 6 1  ↵Enter
Enter list2: 5 5 2 6 1 6  ↵Enter
Two lists are identical
```

```
Enter list1: 5 5 5 6 6 1  ↵Enter
Enter list2: 5 2 5 6 1 6  ↵Enter
Two lists are not identical
```

*7.24 (패턴 인식: 4개의 동일 연속 번호) 배열에 같은 값을 갖는 4개의 연속 번호가 있는지를 검사하는 다음 함수를 작성하여라.

bool isConsecutiveFour(**const int** values[], **int** size)

사용자가 일련의 정수를 입력하고 연속된 정수에 4개의 동일한 연속 번호가 있는지를 출력하는 테스트 프로그램을 작성하여라. 프로그램은 먼저 사용자에게 입력 크기, 즉 연속된 값들로 된 수를 요청해야 한다. 입력 값의 최대 수는 **80**이다. 다음은 샘플 실행 결과이다.

```
Enter the number of values: 8  ↵Enter
Enter the values: 3 4 5 5 5 5 4 5  ↵Enter
The list has consecutive fours
```

```
Enter the number of values: 9  ↵Enter
Enter the values: 3 4 5 5 6 5 5 4 5  ↵Enter
The list has no consecutive fours
```

7.25 (게임: 4개의 카드 뽑기) 52장의 카드 팩에서 4장의 카드를 뽑아 합계를 구하는 프로그램을 작성하여라. 에이스, 킹, 퀸, 잭은 각각 **1**, **13**, **12**, **11**로 계산한다. 프로그램은 몇 번째 뽑기에서 합이 24가 되는지를 출력해야 한다.

**7.26 (두 개의 정렬 수 병합) 두 개의 정렬된 리스트를 새로운 정렬 리스트로 병합하는 다음 함수를 작성하여라.

void merge(**const int** list1[], **int** size1, **const int** list2[], **int** size2,
    int list3[])

size1 + **size2** 번의 비교를 수행하는 방법으로 함수를 구현하여라. 두 개의 정렬된 리스트를 입력하고 병합된 리스트를 출력하는 테스트 프로그램을 작성하여라. 다음은 샘플 실행 결과이다. 입력의 첫 번째 수는 리스트의 요소 수이며, 리스트에는 포함되지 않는 것에 주의하여라. 리스트의 최대 개수는 **80**이다.

```
Enter list1: 5 1 5 16 61 111  ↵Enter
Enter list2: 4 2 4 5 6  ↵Enter
The merged list is 1 2 4 5 5 6 16 61 111
```

**7.27 (정렬?) 리스트가 이미 오름차순으로 정렬되어 있다면 참을 반환하는 다음 함수를 작

성하여라.

bool isSorted(**const int** list[], **int** size)

사용자가 리스트를 입력하고 리스트가 정렬되었는지를 출력하는 테스트 프로그램을
작성하여라. 다음은 샘플 실행 결과이다. 입력의 첫 번째 수는 리스트의 요소 수이며,
리스트에는 포함되지 않는 것에 주의하여라. 리스트의 최대 개수는 **80**이다.

```
Enter list: 8 10 1 5 16 61 9 11 1  ↵Enter
The list is not sorted
```

```
Enter list: 10 1 1 3 4 4 5 7 9 11 21  ↵Enter
The list is already sorted
```

**7.28 (리스트 분할) 피봇(pivot)이라고 하는 첫 번째 요소를 사용하여 리스트를 분할하는 다
음 함수를 작성하여라.

int partition(**int** list[], **int** size)

분할 후, 피봇 전의 모든 요소가 피봇보다 작거나 같고, 피봇 이후의 요소가 피봇보다
크도록 하기 위해서 리스트의 요소를 재배열한다. 또한 함수는 피봇이 새로운 리스트
에 위치한 곳의 인덱스를 반환한다. 예를 들어, 리스트가 {5, 2, 9, 3, 6, 8}이라고 하
면, 분할 후 리스트는 {3, 2, 5, 9, 6, 8}이 된다. size 수만큼 비교를 수행하는 방식으
로 함수를 구현하여라.

사용자가 리스트를 입력하고 분할 후의 리스트를 출력하는 테스트 프로그램을 작성
하여라. 다음은 샘플 실행 결과이다. 입력의 첫 번째 수는 리스트의 요소 수이며, 리
스트에는 포함되지 않는 것에 주의하여라. 리스트의 최대 개수는 **80**이다.

```
Enter list: 8 10 1 5 16 61 9 11 1  ↵Enter
After the partition, the list is 9 1 5 1 10 61 11 16
```

*7.29 (다각형 면적) 볼록 다각형의 점을 입력하고, 그 면적을 출력하는 프로그램을 작성하
여라. 다각형은 6개의 끝점을 갖고 있으며, 각 점들은 시계 방향으로 입력된다. 볼록
다각형에 대한 정의는 www.mathopenref.com/polygonconvex.html을 참고하기 바
란다. 힌트: 다각형의 총 면적은 그림 7.11에서와 같이 작은 삼각형들의 면적의 합이
된다.

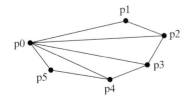

그림 7.11 볼록 다각형은 작은 중첩되지 않는 삼각형으로 나뉜다.

다음은 샘플 실행 결과이다.

```
Enter the coordinates of six points:
  -8.5 10 0 11.4 5.5 7.8 6 -5.5 0 -7 -3.5 -3.5 ↵Enter
The total area is 183.95
```

*7.30 (문화: 연도의 띠) 동물의 이름을 저장하기 위해 문자열 배열을 사용하여 리스트 3.8 ChineseZodiac.cpp를 간략화하여라.

**7.31 (공통 요소) 10개의 정수로 된 두 개의 배열을 입력하고 두 배열에 모두 저장되어 있는 공통 요소를 출력하는 프로그램을 작성하여라. 다음은 샘플 실행 결과이다.

```
Enter list1: 8 5 10 1 6 16 61 9 11 2 ↵Enter
Enter list2: 4 2 3 10 3 34 35 67 3 1 ↵Enter
The common elements are 10 1 2
```

7.11절

*7.32 (가장 긴 공통 접두어) C-문자열을 사용하여 두 문자열에서 가장 긴 공통 접두어를 찾기 위해 프로그래밍 실습 6.42의 prefix 함수를 다음 헤더를 사용하여 수정하여라.

void prefix(const char s1[], const char s2[], char commonPrefix[])

두 개의 C-문자열을 입력받아 공통 접두어를 출력하는 테스트 프로그램을 작성하여라. 프로그램의 샘플 실행 결과는 프로그래밍 실습 5.49와 같다.

*7.33 (부분 문자열 검사) C-문자열 s1이 C-문자열 s2의 부분 문자열인지를 검사하도록 프로그래밍 실습 6.43의 indexOf 함수를 수정하여라. 만약 일치하는 문자가 있다면 함수는 s2의 첫 번째 인덱스(일치 문자의 위치 값)를 반환하고, 그렇지 않으면 -1을 반환한다.

int indexOf(const char s1[], const char s2[])

두 개의 C-문자열을 입력하고, 첫 번째 문자열이 두 번째 문자열의 부분 문자열인지를 검사하는 테스트 프로그램을 작성하여라. 샘플 실행 결과는 프로그래밍 실습 6.43과 같다.

*7.34 (특정 문자의 발생 빈도) 다음 헤더를 사용하여 C-문자열에서 특정한 문자의 개수를 찾기 위해 프로그래밍 실습 6.44의 count 함수를 수정하여라.

int count(const char s[], char a)

문자열과 문자를 입력받아 문자열에 문자의 개수를 출력하는 테스트 프로그램을 작성하여라. 프로그램의 샘플 실행 결과는 프로그래밍 실습 6.44와 같다.

*7.35 (문자열에서 문자 수 세기) 다음 헤더를 사용하여 C-문자열에서 문자(숫자, 특수 문자 제외)의 수를 세는 함수를 작성하여라.

int countLetters(const char s[])

C-문자열을 입력하고 문자열에서 문자의 수를 출력하는 테스트 프로그램을 작성하여라. 다음은 샘플 실행 결과이다.

```
Enter a string: 2010 is coming  ↵Enter
The number of letters in 2010 is coming is 8
```

7.36 (대소문자 바꾸기) **s1 배열의 대문자는 소문자로, 소문자는 대문자로 변경하여 새로운 **s2** 배열로 저장하기 위해 프로그래밍 실습 6.46의 **swapCase** 함수를 다음 함수 헤더를 사용하여 수정하여라.

void swapCase(**const char** s1[], **char** s2[])

사용자가 문자열을 입력하고 이 함수를 호출한 다음, 새로운 문자열을 출력하는 테스트 프로그램을 작성하여라. 프로그램의 샘플 실행 결과는 프로그래밍 실습 6.46과 같다.

*7.37 (문자열에서 각 문자의 발생 빈도 계산) 다음 헤더를 사용하여 문자열에서 각 문자의 발생 빈도를 계산하는 함수를 작성하여라.

void count(**const char** s[], **int** counts[])

여기서 **counts**는 26개의 정수가 저장되는 배열이다. **counts[0]**, **counts[1]**, . . . , **counts[25]**에는 각각 **a**, **b**, . . . , **z**의 발생 수가 저장된다. 문자는 대소문자를 구별하지 않는다. 즉, **A**와 **a**는 같은 **a**로 처리된다.

문자열을 읽고 **count** 함수를 호출하여 0이 아닌 카운트를 출력하는 테스트 프로그램을 작성하여라. 다음은 샘플 실행 결과이다.

```
Enter a string: Welcome to New York!  ↵Enter
c: 1 times
e: 3 times
k: 1 times
l: 1 times
m: 1 times
n: 1 times
o: 3 times
r: 1 times
t: 1 times
w: 2 times
y: 1 times
```

*7.38 (실수를 문자열로 변환) 다음 헤더를 사용하여 실수를 C-문자열로 변환하는 함수를 작성하여라.

void ftoa(**double** f, **char** s[])

실수를 입력하고, 공백으로 분리된 각 숫자와 소수점을 출력하는 테스트 프로그램을 작성하여라. 다음은 샘플 실행 결과이다.

```
Enter a number: 232.45  ↵Enter
The number is 2 3 2 . 4 5
```

*7.39 (사업: ISBN-13 검사) ISBN을 저장하기 위해 문자열이 아닌 C-문자열을 사용하도록 프로그래밍 실습 5.51을 수정하여라. 처음 12개의 숫자로부터 검사합(checksum)을 계산하는 다음 함수를 작성하여라.

int getChecksum(**const char** s[])

프로그램에서 입력을 C-문자열로 받아들여야 한다. 샘플 실행 결과는 프로그래밍 실습 5.51과 같다.

*7.40 (2진수를 16진수로 변환) 다음 헤더와 C-문자열을 사용하여 2진수를 16진수로 변환하기 위해 프로그래밍 실습 6.38의 **bin2Hex** 함수를 수정하여라.

void bin2Hex(**const char** binaryString[], **char** hexString[])

문자열로 2진수를 입력받아 그에 해당하는 16진수를 문자열로 출력하는 테스트 프로그램을 작성하여라.

*7.41 (2진수를 10진수로 변환) 다음 헤더를 사용하여 2진수 문자열을 10진수로 변환하도록 프로그래밍 실습 6.39의 **bin2Dec** 함수를 수정하여라.

int bin2Dec(**const char** binaryString[])

문자열로 2진수를 입력받아 동일한 10진수 값을 출력하는 테스트 프로그램을 작성하여라.

7.42 (10진수를 16진수로 변환) 다음 헤더를 사용하여 10진수를 16진수 문자열로 변환하도록 프로그래밍 실습 6.40의 **dec2Hex 함수를 수정하여라.

void dec2Hex(**int** value, **char** hexString[])

10진수를 입력하여 동일한 16진수 값을 출력하는 테스트 프로그램을 작성하여라.

7.43 (10진수를 2진수로 변환) 다음 헤더를 사용하여 10진수를 2진수 문자열로 변환하도록 프로그래밍 실습 6.41의 **dec2Bin 함수를 수정하여라.

void dec2Bin(**int** value, **char** binaryString[])

10진수를 입력하여 동일한 값의 2진수로 출력하는 테스트 프로그램을 작성하여라.

다차원 배열

이 장의 목표

- 2차원 배열을 사용한 데이터 표현의 예(8.1절)

- 2차원 배열 선언과 행과 열 인덱스를 사용한 2차원 배열 요소 접근(8.2절)

- 일반적인 2차원 배열 연산 프로그래밍(배열 표시, 모든 요소의 합계 구하기, 최소 및 최대 요소 값 찾기, 요소 임의로 섞기(8.3절)

- 함수로 2차원 배열 전달(8.4절)

- 2차원 배열을 사용하여 시험 문제 채점 프로그램 작성(8.5절)

- 2차원 배열을 사용하여 가장 가까운 점들의 쌍을 구하는 문제 해결(8.6절)

- 2차원 배열을 사용하여 스도쿠 해답 검사(8.7절)

- 다차원 배열 선언과 사용(8.8절)

8.1 들어가기

표나 행렬의 데이터는 2차원 배열로 나타낼 수 있다.

7장에서 선형적인 요소의 집합을 저장하기 위해 1차원 배열을 사용하는 방법을 배웠다. 행렬이나 표를 저장하기 위해서는 2차원 배열을 사용할 수 있다. 예를 들어, 도시 사이의 거리를 나타내는 다음 표는 2차원 배열로 저장할 수 있다.

거리 표 (단위: mile)

	시카고	보스턴	뉴욕	애틀랜타	마이애미	댈러스	휴스턴
시카고	0	983	787	714	1375	967	1087
보스턴	983	0	214	1102	1763	1723	1842
뉴욕	787	214	0	888	1549	1548	1627
애틀랜타	714	1102	888	0	661	781	810
마이애미	1375	1763	1549	661	0	1426	1187
댈러스	967	1723	1548	781	1426	0	239
휴스턴	1087	1842	1627	810	1187	239	0

8.2 2차원 배열 선언

2차원 배열의 요소는 행과 열 인덱스를 사용하여 접근한다.

2차원 배열을 선언하는 구문은 다음과 같다.

```
elementType arrayName[ROW_SIZE][COLUMN_SIZE];
```

예로써 int 값을 갖는 2차원 배열 **matrix**를 선언하는 방법은 다음과 같다.

```
int matrix[5][5];
```

2차원 배열에는 행(row) 인덱스와 열(column) 인덱스의 2개의 첨자가 사용된다. 각 첨자 인덱스는 1차원 배열과 마찬가지로 **int** 형이며, **0**부터 시작된다(그림 8.1a).

그림 8.1b에 있는 것처럼, **2**행 **1**열의 요소에 **7**을 대입하려면 다음과 같이 하면 된다.

```
matrix[2][1] = 7;
```

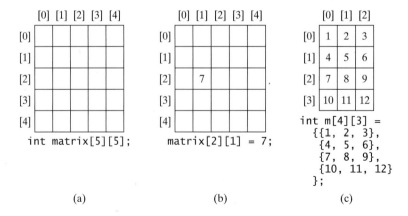

(a)　　　　　　　　(b)　　　　　　　　(c)

그림 8.1 2차원 배열의 각 첨자 인덱스는 **int** 값이며, **0**부터 시작한다.

경고

2행 1열 요소에 접근하기 위해 **matrix[2, 1]**로 작성하는 실수를 하곤 한다. C++에서 각 첨자는 반드시 양쪽 모두에 사각괄호(**[]**)를 붙여야 한다.

2차원 배열도 배열의 선언과 초기화를 동시에 사용할 수 있다. 예를 들어, 다음 코드 (a)는 그림 8.1c에 있는 것처럼, 특정 초기 값으로 배열을 선언하고 있다. 다음의 (b) 코드는 (a)와 표현이 동일하다.

```
int m[4][3] =
{ {1, 2, 3},
  {4, 5, 6},
  {7, 8, 9},
  {10, 11, 12}
};
```
(a)

동일한 표현

```
int m[4][3];
m[0][0] = 1; m[0][1] = 2; m[0][2] = 3;
m[1][0] = 4; m[1][1] = 5; m[1][2] = 6;
m[2][0] = 7; m[2][1] = 8; m[2][2] = 9;
m[3][0] = 10; m[3][1] = 11; m[3][2] = 12;
```
(b)

8.1 4×5 **int** 형의 행렬을 선언하고 생성하여라.

✔ **Check Point**

8.2 다음 코드의 출력은 무엇인가?

```
int m[5][6];
int x[] = {1, 2};
m[0][1] = x[1];
cout << "m[0][1] is " << m[0][1];
```

8.3 다음 문장 중 어느 것이 올바른 배열 선언인가?

```
int r[2];
int x[];
int y[3][];
```

8.3 2차원 배열 처리

2차원 배열을 처리하기 위해서 중첩 **for** 문이 종종 사용된다.

🔑 **Key Point**

matrix 배열이 다음과 같이 선언되어 있다고 하자.

```
const int ROW_SIZE = 10;
const int COLUMN_SIZE = 10;
int matrix[ROW_SIZE][COLUMN_SIZE];
```

다음은 2차원 배열을 처리하는 예이다.

1. (입력 값으로 배열 초기화) 다음 반복문은 사용자 입력 값으로 배열을 초기화한다.

```
cout << "Enter " << ROW_SIZE << " rows and "
  << COLUMN_SIZE << " columns: " << endl;
for (int i = 0; i < ROW_SIZE; i++)
  for (int j = 0; j < COLUMN_SIZE; j++)
    cin >> matrix[i][j];
```

2. (임의의 값으로 배열 초기화) 다음 반복문은 **0**에서 **99** 사이의 임의의 숫자를 사용하여 배열을 초기화한다.

```cpp
for (int row = 0; row < ROW_SIZE; row++)
{
  for (int column = 0; column < COLUMN_SIZE; column++)
  {
    matrix[row][column] = rand() % 100;
  }
}
```

3. (배열 출력) 2차원 배열을 출력하기 위해 다음과 같이 반복문을 사용하여 배열의 각 요소를 출력해야 한다.

```cpp
for (int row = 0; row < ROW_SIZE; row++)
{
  for (int column = 0; column < COLUMN_SIZE; column++)
  {
    cout << matrix[row][column] << " ";
  }

  cout << endl;
}
```

4. (모든 요소의 합 구하기) 합계를 저장하기 위해 **total** 변수를 사용한다. **total**의 초기 값은 0이다. 다음과 같은 반복문을 사용하여 배열의 각 요소를 **total**에 더한다.

```cpp
int total = 0;
for (int row = 0; row < ROW_SIZE; row++)
{
  for (int column = 0; column < COLUMN_SIZE; column++)
  {
    total += matrix[row][column];
  }
}
```

5. (각 열의 합 구하기) 가 열에 대한 합계를 저장하기 위해 **total** 변수를 사용한다. 다음과 같은 반복문을 사용하여 배열 열의 각 요소를 **total**에 더한다.

```cpp
for (int column = 0; column < COLUMN_SIZE; column++)
{
  int total = 0;
  for (int row = 0; row < ROW_SIZE; row++)
    total += matrix[row][column];
  cout << "Sum for column " << column << " is " << total << endl;
}
```

6. (합이 가장 큰 행 찾기) 행의 최대 합과 인덱스를 저장하기 위해 각각 **maxRow**와 **indexOf MaxRow** 변수를 사용한다. 각 행에 대해 합계를 구하고 새로운 행의 합계가 더 크면 **maxRow**와 **indexOfMaxRow**를 갱신한다.

```cpp
int maxRow = 0;
int indexOfMaxRow = 0;

// maxRow의 첫 행의 합 계산
for (int column = 0; column < COLUMN_SIZE; column++)
  maxRow += matrix[0][column];
```

```cpp
for (int row = 1; row < ROW_SIZE; row++)
{
  int totalOfThisRow = 0;
  for (int column = 0; column < COLUMN_SIZE; column++)
    totalOfThisRow += matrix[row][column];
  if (totalOfThisRow > maxRow)
  {
    maxRow = totalOfThisRow;
    indexOfMaxRow = row;
  }
}

cout << "Row " << indexOfMaxRow
  << " has the maximum sum of " << maxRow << endl;
```

7. (요소 임의로 섞기) 7.2.4절 "배열 처리"에서 1차원 배열의 요소를 섞는 방법을 설명하였다. 2차원 배열의 모든 요소는 어떻게 섞을 수 있을까? 이를 위해서 **matrix[i][j]**의 각 요소에 대해 임의로 **i1**과 **j1** 인덱스를 생성하고 **matrix[i][j]**와 **matrix[i1][j1]**을 다음과 같이 교환한다.

```cpp
srand(time(0));

for (int i = 0; i < ROW_SIZE; i++)
{
  for (int j = 0; j < COLUMN_SIZE; j++)
  {
    int i1 = rand() % ROW_SIZE;
    int j1 = rand() % COLUMN_SIZE;

    // matrix[i][j]와 matrix[i1][j1] 교환
    double temp = matrix[i][j];
    matrix[i][j] = matrix[i1][j1];
    matrix[i1][j1] = temp;
  }
}
```

✓Check Point

8.4 다음 코드의 출력은 무엇인가?

```cpp
#include <iostream>
using namespace std;

int main()
{
  int matrix[4][4] =
    {{1, 2, 3, 4},
     {4, 5, 6, 7},
     {8, 9, 10, 11},
     {12, 13, 14, 15}};

  int sum = 0;

  for (int i = 0; i < 4; i++)
    sum += matrix[i][i];

  cout << sum << endl;
```

```
        return 0;
    }
```

8.5 다음 코드의 출력은 무엇인가?

```
#include <iostream>
using namespace std;

int main()
{
  int matrix[4][4] =
    {{1, 2, 3, 4},
     {4, 5, 6, 7},
     {8, 9, 10, 11},
     {12, 13, 14, 15}};

  int sum = 0;

  for (int i = 0; i < 4; i++)
    cout << matrix[i][1] << " ";

  return 0;
}
```

8.4 2차원 배열을 함수에 전달

**Key
Point**

2차원 배열을 함수에 전달할 때 C++에서는 함수 매개변수의 유형 선언에서 열의 크기를 지정해야 한다.

리스트 8.1은 행렬의 모든 요소들의 합을 반환하는 함수의 예이다.

리스트 8.1 PassTwoDimensionalArray.cpp

```
 1  #include <iostream>
 2  using namespace std;
 3
 4  const int COLUMN_SIZE = 4;
 5
 6  int sum(const int a[][COLUMN_SIZE], int rowSize)
 7  {
 8    int total = 0;
 9    for (int row = 0; row < rowSize; row++)
10    {
11      for (int column = 0; column < COLUMN_SIZE; column++)
12      {
13        total += a[row][column];
14      }
15    }
16
17    return total;
18  }
19
20  int main()
21  {
22    const int ROW_SIZE = 3;
```

열 크기 고정

```
23      int m[ROW_SIZE][COLUMN_SIZE];
24      cout << "Enter " << ROW_SIZE << " rows and "
25        << COLUMN_SIZE << " columns: " << endl;
26      for (int i = 0; i < ROW_SIZE; i++)
27        for (int j = 0; j < COLUMN_SIZE; j++)
28          cin >> m[i][j];
29
30      cout << "\nSum of all elements is " << sum(m, ROW_SIZE) << endl;       배열 전달
31
32      return 0;
33    }
```

```
Enter 3 rows and 4 columns:
1 2 3 4  ↵Enter
5 6 7 8  ↵Enter
9 10 11 12  ↵Enter
Sum of all elements is 78
```

sum 함수(6번 줄)는 두 개의 매개변수를 가지고 있다. 첫 번째는 고정된 열의 크기를 가지는 2차원 배열을 지정하고 있고, 두 번째는 2차원 배열의 행의 크기를 지정해 주고 있다.

8.6 다음 함수 선언 중 어느 것이 잘못된 것인가?

> **Check Point**

```
int f(int[][] a, int rowSize, int columnSize);
int f(int a[][], int rowSize, int columnSize);
int f(int a[][3], int rowSize);
```

8.5 문제: 시험 문제 채점

> **Key Point**

이 문제는 여러 시험 문제의 답을 채점하는 프로그램을 작성하는 것이다.

8명의 학생이 10개의 문제를 풀고, 2차원 배열에 답을 저장한다고 하자. 배열에서 각 행은 문제에 대한 학생의 답안을 기록한다. 예를 들어, 다음 배열은 시험 결과를 저장한 것이다.

문제에 대한 학생의 답안:

	0	1	2	3	4	5	6	7	8	9
학생 0	A	B	A	C	C	D	E	E	A	D
학생 1	D	B	A	B	C	A	E	E	A	D
학생 2	E	D	D	A	C	B	E	E	A	D
학생 3	C	B	A	E	D	C	E	E	A	D
학생 4	A	B	D	C	C	D	E	E	A	D
학생 5	B	B	E	C	C	D	E	E	A	D
학생 6	B	B	A	C	C	D	E	E	A	D
학생 7	E	B	E	C	C	D	E	E	A	D

정답은 다음과 같이 1차원 배열로 저장된다.

각 문제의 정답:

	0	1	2	3	4	5	6	7	8	9
정답	D	B	D	C	C	D	A	E	A	D

프로그램은 정답을 확인하고 결과를 출력한다. 각 학생의 답과 정답을 비교하여 맞힌 개수를 구하고 출력한다. 리스트 8.2에 프로그램을 나타내었다.

리스트 8.2 GradeExam.cpp

```cpp
1   #include <iostream>
2   using namespace std;
3
4   int main()
5   {
6     const int NUMBER_OF_STUDENTS = 8;
7     const int NUMBER_OF_QUESTIONS = 10;
8
9     // 문제에 대한 학생 답안
10    char answers[NUMBER_OF_STUDENTS][NUMBER_OF_QUESTIONS] =
11    {
12      {'A', 'B', 'A', 'C', 'C', 'D', 'E', 'E', 'A', 'D'},
13      {'D', 'B', 'A', 'B', 'C', 'A', 'E', 'E', 'A', 'D'},
14      {'E', 'D', 'D', 'A', 'C', 'B', 'E', 'E', 'A', 'D'},
15      {'C', 'B', 'A', 'E', 'D', 'C', 'E', 'E', 'A', 'D'},
16      {'A', 'B', 'D', 'C', 'C', 'D', 'E', 'E', 'A', 'D'},
17      {'B', 'B', 'E', 'C', 'C', 'D', 'E', 'E', 'A', 'D'},
18      {'B', 'B', 'A', 'C', 'C', 'D', 'E', 'E', 'A', 'D'},
19      {'E', 'B', 'E', 'C', 'C', 'D', 'E', 'E', 'A', 'D'}
20    };
21
22    // 문제에 대한 해답
23    char keys[] = {'D', 'B', 'D', 'C', 'C', 'D', 'A', 'E', 'A', 'D'};
24
25    // 모든 답 채점
26    for (int i = 0; i < NUMBER_OF_STUDENTS; i++)
27    {
28      // 학생 한 명 채점
29      int correctCount = 0;
30      for (int j = 0; j < NUMBER_OF_QUESTIONS; j++)
31      {
32        if (answers[i][j] == keys[j])
33          correctCount++;
34      }
35
36      cout << "Student " << i << "'s correct count is " <<
37        correctCount << endl;
38    }
39
40    return 0;
41  }
```

2차원 배열

배열

```
Student 0's correct count is 7
Student 1's correct count is 6
Student 2's correct count is 5
Student 3's correct count is 4
Student 4's correct count is 8
Student 5's correct count is 7
Student 6's correct count is 7
Student 7's correct count is 7
```

10번~20번 줄의 문장은 2차원 문자 배열을 선언하고 초기화한다.

23번 줄의 문장은 정답을 위한 **char** 값의 배열을 선언하고 초기화한다.

answer 배열의 각 행(row)은 학생의 답안을 저장한 것으로 **keys** 배열의 정답과 비교하여 채점을 한다. 결과는 학생의 정답 수를 계산한 후 바로 출력된다.

8.6 문제: 가장 가까운 쌍 찾기

이 절은 가장 가까운 점의 쌍을 찾기 위한 기하학적 문제에 대해 다룬다.

Key Point

한 세트의 점들이 주어졌을 때 가장 가까운 쌍(pair)의 문제는 서로 가장 가까운 두 점을 찾는 것이다. 예를 들어, 그림 8.2에서 점 **(1, 1)**과 **(2, 0.5)**가 서로에게 가장 가까운 점이 된다. 이 문제의 해결 방법은 여러 가지가 있다. 직관적인 접근법으로 리스트 8.3에 구현된 것과 같이 모든 점들의 쌍에 대해 거리를 구하고 최소 거리의 쌍을 찾는 것이다.

가장 가까운 쌍에 대한 애니메이션

리스트 8.3 FindNearestPoints.cpp

```cpp
1  #include <iostream>
2  #include <cmath>
3  using namespace std;
4
5  // 두 점 (x1, y1)과 (x2, y2) 사이의 거리 계산
6  double getDistance(double x1, double y1, double x2, double y2)
7  {
8    return sqrt((x2 - x1) * (x2 - x1) + (y2 - y1) * (y2 - y1));
9  }
10
```

두 점 사이의 거리

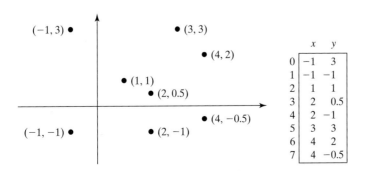

그림 8.2 2차원 배열로 점들을 나타낼 수 있다.

```
11   int main()
12   {
13     const int NUMBER_OF_POINTS = 8;
14
15     // point 배열의 각 행은 한 점을 표시
16     double points[NUMBER_OF_POINTS][2];
17
18     cout << "Enter " << NUMBER_OF_POINTS << " points: ";
19     for (int i = 0; i < NUMBER_OF_POINTS; i++)
20       cin >> points[i][0] >> points[i][1];
21
22     // p1과 p2는 points 배열의 인덱스임
23     int p1 = 0, p2 = 1; // 두 점 초기화
24     double shortestDistance = getDistance(points[p1][0], points[p1][1],
25       points[p2][0], points[p2][1]); // shortestDistance 변수 초기화
26
27     // 모든 두 점 사이의 거리 계산
28     for (int i = 0; i < NUMBER_OF_POINTS; i++)
29     {
30       for (int j = i + 1; j < NUMBER_OF_POINTS; j++)
31       {
32         double distance = getDistance(points[i][0], points[i][1],
33           points[j][0], points[j][1]); // 거리 계산
34
35         if (shortestDistance > distance)
36         {
37           p1 = i; // p1 갱신
38           p2 = j; // p2 갱신
39           shortestDistance = distance; // shortestDistance 갱신
40         }
41       }
42     }
43
44     // 결과 출력
45     cout << "The closest two points are " <<
46       "(" << points[p1][0] << ", " << points[p1][1] << ") and (" <<
47       points[p2][0] << ", " << points[p2][1] << ")" << endl;
48
49     return 0;
50   }
```

좌측 여백 주석:
- 2차원 배열 (16번 줄)
- 모든 점 읽기 (19번 줄)
- shortestDistance 추적 (24번 줄)
- 점 i에 대해 (28번 줄)
- 점 i에 대해 (30번 줄)
- i와 j 사이의 거리 (32번 줄)
- shortestDistance 갱신 (35번 줄)

```
Enter 8 points: -1 3 -1 -1 1 1 2 0.5 2 -1 3 3 4 2 4 -0.5 ↵Enter
The closest two points are (1, 1) and (2, 0.5)
```

모든 점은 콘솔로부터 입력되고 **points** 2차원 배열에 저장된다(19번~20번 줄). 프로그램에서 가장 가까운 두 점 사이의 거리를 저장하기 위해 **shortestDistance** 변수를 사용하고 (24번 줄), **points** 배열에서 이들 두 점의 인덱스가 **p1**과 **p2**에 저장된다(23번 줄).

인덱스 i에서 각 점에 대해 j > i인 **points[i]**와 **points[j]** 사이의 거리를 계산한다(28번 ~42번 줄). 더 짧은 거리를 찾게 되면 **shortestDistance**와 **p1**, **p2** 변수가 갱신된다(37번~39번 줄).

두 점 **(x1, y1)**과 **(x2, y2)** 사이의 거리는 **getDistance** 함수에서 $\sqrt{(x_2-x_1)^2+(y_2-y_1)^2}$ 공식을 사용하여 계산한다(6번~9번 줄).

프로그램에서 평면에는 적어도 두 점이 존재한다고 가정한다. 평면에 점이 하나이거나 없는 경우를 처리하도록 손쉽게 프로그램을 수정할 수 있다.

최소 거리가 같은 하나 이상의 쌍이 있을 수도 있으나, 프로그램은 하나의 최소 거리 쌍만을 찾는다. 프로그래밍 실습 8.10에서 가장 가까운 모든 점들을 찾도록 프로그램을 수정할 것이다.

>
> **팁**
>
> 키보드로 모든 점들을 입력하는 것은 귀찮은 일일 수 있다. FindNearestPoints.txt와 같은 파일에 점의 좌표를 저장하고 다음 명령으로 프로그램을 컴파일하고 실행하면 좋을 것이다.[4]
>
> **g++ FindNearestPoints.cpp -o FindNearestPoints.exe**
> **FindNearestPoints.exe < FindNearestPoints.txt**

(우측 여백) 최소 거리가 같은 여러 개의 쌍
(우측 여백) 입력 파일

8.7 문제: 스도쿠

이 문제는 주어진 스도쿠의 해가 올바른지를 검사하는 것이다.

(우측 여백) Key Point

이 책은 여러 단계의 난이도로 다양한 문제들을 프로그래밍하는 방법을 설명한다. 프로그래밍과 문제 해결 기법을 소개하기 위해 간단하고 짧고 흥미 있는 예제들과 함께, 학생들의 동기 유발을 위해 도전적인 예제들도 사용하고 있다. 이 절에서는 매일 신문에서 볼 수 있는 재미있는 정렬 문제로서 스도쿠(Sudoku)라고 알려진 숫자 배치 퍼즐을 소개하려 한다. 이는 매우 도전적인 문제이다. 초보자들이 이 문제에 접근할 수 있도록 이 절에서는 스도쿠 문제의 간략화된 버전에 대한 옳은 해답으로 증명된 답을 사용할 것이다. 스도쿠 문제의 답을 구하는 방법은 지원 웹사이트의 보충학습(Supplement) VI.A를 참고하기 바란다.

스도쿠는 그림 8.3a에서와 같이 9×9 크기의 네모난 격자로 되어 있고, 이는 작은 3×3 크기의 사각형(영역 또는 블록)으로 나뉘어 있으며, 고정 셀(fixed cell)이라고 하는 일부 셀은 1부터 9 사이의 수로 채워져 있다. 이 게임의 목적은 그림 8.3b와 같이 모든 행, 모든 열, 모든 3×3 사각형에 1부터 9까지의 숫자가 한 번씩만 포함되도록 비어 있는 셀[자유 셀(free cell)이라

(우측 여백) 고정 셀
(우측 여백) 자유 셀

(a) 퍼즐 해답 (b) 해답

그림 8.3 (b)는 스도쿠 퍼즐 (a)의 해이다.

---

4) 역주: gcc 컴파일러를 사용하는 경우에 대한 설명이다.

5	3	0	0	7	0	0	0	0
6	0	0	1	9	5	0	0	0
0	9	8	0	0	0	0	6	0
8	0	0	0	6	0	0	0	3
4	0	0	8	0	3	0	0	1
7	0	0	0	2	0	0	0	6
0	6	0	0	0	0	0	0	0
0	0	0	4	1	9	0	0	5
0	0	0	0	8	0	0	7	9

(a)

```
int grid[9][9] =
{{5, 3, 0, 0, 7, 0, 0, 0, 0},
 {6, 0, 0, 1, 9, 5, 0, 0, 0},
 {0, 9, 8, 0, 0, 0, 0, 6, 0},
 {8, 0, 0, 0, 6, 0, 0, 0, 3},
 {4, 0, 0, 8, 0, 3, 0, 0, 1},
 {7, 0, 0, 0, 2, 0, 0, 0, 6},
 {0, 6, 0, 0, 0, 0, 2, 8, 0},
 {0, 0, 0, 4, 1, 9, 0, 0, 5},
 {0, 0, 0, 0, 8, 0, 0, 7, 9},
};
```

(b)

그림 8.4 격자는 2차원 배열을 사용하여 나타낼 수 있다.

격자 표현

고 함]을 채우는 것이다.

편의상 그림 8.4a와 같이 자유 셀을 표시하기 위해 **0**의 값을 사용한다. 격자는 2차원 배열을 사용하여 그림 8.4b와 같이 나타낼 수 있다.

퍼즐의 해답을 구하는 것은 격자의 **0**을 **1**부터 **9** 사이의 적당한 수로 채우는 것이다. 그림 8.3b에 대한 해답으로 **grid** 배열은 그림 8.5와 같아야 한다.

스도쿠 퍼즐의 해를 구한다고 했을 때 해답이 옳은지를 어떻게 검사할 수 있을까? 다음은 이에 대한 두 가지 방법이다.

- 한 가지 방법은 모든 행 각각에 **1**부터 **9**까지의 수가 포함되어 있는지, 모든 열 각각에 **1**부터 **9**까지의 수가 포함되어 있는지, 모든 3×3 사각형 각각에 **1**부터 **9**까지의 수가 포함되어 있는지를 검사하는 것이다.
- 다른 방법은 각 셀을 검사하는 것인데, 각 셀은 **1**부터 **9**까지의 수이어야 하고, 셀은 모든 행, 모든 열, 모든 3×3 사각형에서 유일하게 존재해야 한다.

리스트 8.4는 사용자가 스도쿠의 해답을 입력하면 프로그램에서 유효한 해답일 경우 올바른 답이라고 알려 주는 프로그램이다. 프로그램에서는 해가 옳은지를 검사하기 위해 두 번째 방법을 사용한다.

리스트 8.4 CheckSudokuSolution.cpp

```cpp
1  #include <iostream>
2  using namespace std;
3
```

```
grid의 해답은
{{5, 3, 4, 6, 7, 8, 9, 1, 2},
 {6, 7, 2, 1, 9, 5, 3, 4, 8},
 {1, 9, 8, 3, 4, 2, 5, 6, 7},
 {8, 5, 9, 7, 6, 1, 4, 2, 3},
 {4, 2, 6, 8, 5, 3, 7, 9, 1},
 {7, 1, 3, 9, 2, 4, 8, 5, 6},
 {9, 6, 1, 5, 3, 7, 2, 8, 4},
 {2, 8, 7, 4, 1, 9, 6, 3, 5},
 {3, 4, 5, 2, 8, 6, 1, 7, 9},
};
```

그림 8.5 **grid** 배열에 저장된 해답

```
 4   void readASolution(int grid[][9]);
 5   bool isValid(const int grid[][9]);
 6   bool isValid(int i, int j, const int grid[][9]);
 7
 8   int main()
 9   {
10     // 스도쿠 퍼즐 입력
11     int grid[9][9];
12     readASolution(grid);                                          입력 읽기
13
14     cout << (isValid(grid) ? "Valid solution" : "Invalid solution");   유효한 해답인가?
15
16     return 0;
17   }
18
19   // 키보드로 스도쿠 퍼즐 입력
20   void readASolution(int grid[][9])                               해답 읽기
21   {
22     cout << "Enter a Sudoku puzzle:" << endl;
23     for (int i = 0; i < 9; i++)
24       for (int j = 0; j < 9; j++)
25         cin >> grid[i][j];
26   }
27
28   // 고정 셀이 격자에서 유효한지 검사
29   bool isValid(const int grid[][9])                               해답 확인
30   {
31     for (int i = 0; i < 9; i++)
32       for (int j = 0; j < 9; j++)
33         if (grid[i][j] < 1 || grid[i][j] > 9 ||
34             !isValid(i, j, grid))
35           return false;
36
37     return true; // 고정 셀은 유효
38   }
39
40   // 격자에서 grid[i][j]가 유효한지 점검
41   bool isValid(int i, int j, const int grid[][9])
42   {
43     // i번째 행에서 grid[i][j]가 유효한지 점검
44     for (int column = 0; column < 9; column++)                    행 확인
45       if (column != j && grid[i][column] == grid[i][j])
46         return false;
47
48     // j번째 열에서 grid[i][j]가 유효한지 점검
49     for (int row = 0; row < 9; row++)                             열 확인
50       if (row != i && grid[row][j] == grid[i][j])
51         return false;
52
53     // 3×3 사각형에서 grid[i][j]가 유효한지 점검
54     for (int row = (i / 3) * 3; row < (i / 3) * 3 + 3; row++)     3×3 사각형 확인
55       for (int col = (j / 3) * 3; col < (j / 3) * 3 + 3; col++)
56         if (row != i && col != j && grid[row][col] == grid[i][j])
```

```
57              return false;
58
59    return true; // grid[i][j]가 유효한 경우의 값
60  }
```

Enter a Sudoku puzzle solution:
```
9 6 3 1 7 4 2 5 8  ↵Enter
1 7 8 3 2 5 6 4 9  ↵Enter
2 5 4 6 8 9 7 3 1  ↵Enter
8 2 1 4 3 7 5 9 6  ↵Enter
4 9 6 8 5 2 3 1 7  ↵Enter
7 3 5 9 6 1 8 2 4  ↵Enter
5 8 9 7 1 3 4 6 2  ↵Enter
3 1 7 2 4 6 9 8 5  ↵Enter
6 4 2 5 9 8 1 7 3  ↵Enter
```
Valid solution

프로그램에서 스도쿠 격자를 의미하는 2차원 배열로 스도쿠 해답을 입력하기 위해 **readASolution(grid)** 함수를 호출한다(12번 줄).

isValid 함수

isValid(grid) 함수는 격자 값이 유효한지를 검사한다. 각 값이 1부터 9 사이에 있는지와 각 값이 격자 안에서 유효한지를 검사한다(31번~35번 줄).

isValid 함수 오버로딩

isValid(i, j, grid) 함수는 **grid[i][j]**의 값이 유효한지를 검사한다. **grid[i][j]**가 i 행에서(44번~46번 줄), j 열에서(49번~51번 줄), 3×3 사각형에서(54번~57번 줄) 한 번 이상 나타나는지를 검사한다.

같은 사각형 안의 모든 셀들의 위치를 어떻게 표시할 수 있을까? 그림 8.6에서와 같이, 어떤 **grid[i][j]**에 대해 3×3 사각형의 시작 셀은 **grid[(i / 3) * 3][(j / 3) * 3]**이 된다.

이를 이용하여 사각형 안의 모든 셀을 쉽게 확인할 수 있다. **grid[r][c]**가 3×3 사각형의 시작 셀이라고 하면 사각형의 셀은 다음과 같이 중첩 루프를 사용하여 접근할 수 있다.

```
// grid[r][c]에서 시작하는 3×3 사각형의 모든 셀 접근
for (int row = r; row < r + 3; row++)
  for (int col = c; col < c + 3; col++)
    // grid[row][col]은 사각형 안에 존재
```

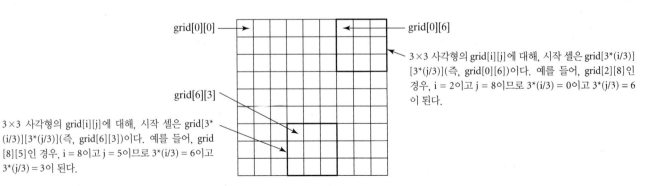

grid[0][0]

grid[0][6]

3×3 사각형의 grid[i][j]에 대해, 시작 셀은 grid[3*(i/3)] [3*(j/3)](즉, grid[0][6])이다. 예를 들어, grid[2][8]인 경우, i = 2이고 j = 8이므로 3*(i/3) = 0이고 3*(j/3) = 6 이 된다.

grid[6][3]

3×3 사각형의 grid[i][j]에 대해, 시작 셀은 grid[3* (i/3)][3*(j/3)](즉, grid[6][3])이다. 예를 들어, grid [8][5]인 경우, i = 8이고 j = 5이므로 3*(i/3) = 6이고 3*(j/3) = 3이 된다.

그림 8.6 3×3 사각형의 첫 번째 셀의 위치는 사각형 내의 다른 셀 위치를 결정한다.

키보드로 **81**개의 수를 입력하는 것은 귀찮은 일이므로 CheckSudokuSolution.txt(www. cs.armstrong.edu/liang/data/CheckSudokuSolution.txt 참조)와 같은 파일에 입력 값을 저장 해 놓고, 다음 명령을 사용하여 프로그램을 컴파일하고 실행하는 것이 편리하다.

입력 파일

```
g++ CheckSudokuSolution.cpp -o CheckSudokuSolution.exe
CheckSudokuSolution.exe < CheckSudokuSolution.txt
```

8.8 다차원 배열

C++에서 임의 차원 배열을 생성할 수 있다.

앞 절에서 행렬이나 표를 표현하기 위해 2차원 배열을 사용하였다. 경우에 따라서는 n-차원 데이터 구조를 나타낼 필요가 있는데, C++에서 임의의 정수 n에 대해 n-차원 배열을 생성하 는 것이 가능하다.

2차원 배열 선언을 일반화하여 n-차원 배열($n >= 3$)을 선언할 수 있다. 예를 들어, 6명이 한 반인 학생에 대한 각 시험이 두 부분(객관식과 논술)으로 이루어진 5개 시험 점수를 저장하기 위해 3차원 배열을 사용할 수 있다. 다음 구문은 **scores**라는 3차원 배열을 선언하고 있다.

```
double scores[6][5][2];
```

다음과 같이 배열을 생성하고 초기화하는 데 단축 표기법을 사용할 수 있다.

```
double scores[6][5][2] = {
  {{7.5, 20.5}, {9.0, 22.5}, {15, 33.5}, {13, 21.5}, {15, 2.5}},
  {{4.5, 21.5}, {9.0, 22.5}, {15, 34.5}, {12, 20.5}, {14, 9.5}},
  {{6.5, 30.5}, {9.4, 10.5}, {11, 33.5}, {11, 23.5}, {10, 2.5}},
  {{6.5, 23.5}, {9.4, 32.5}, {13, 34.5}, {11, 20.5}, {16, 7.5}},
  {{8.5, 26.5}, {9.4, 52.5}, {13, 36.5}, {13, 24.5}, {16, 2.5}},
  {{9.5, 20.5}, {9.4, 42.5}, {13, 31.5}, {12, 20.5}, {16, 6.5}}};
```

scores[0][1][0]의 값은 **9.0**으로, 첫 번째 학생의 두 번째 시험에서 객관식 시험 점수를 나타낸다. **scores[0][1][1]**의 값은 **22.5**로, 첫 번째 학생의 두 번째 시험에서 논술 시험 점 수를 나타낸다. 이를 다음과 같이 표시할 수 있다.

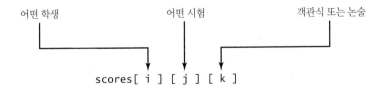

8.8.1 문제: 일간 온도와 습도

기상청에서는 매일 각 시간마다 온도와 습도를 기록하고, weather.txt라는 텍스트 파일 (www.cs.armstrong.edu/liang/data/Weather.txt 참조)에 지난 10일간의 데이터를 저장한다 고 하자. 파일의 각 줄은 날짜, 시간, 온도, 습도를 나타내기 위해 4개의 수로 구성된다. 파일 의 구성을 다음 그림 (a)에 나타내었다.

```
1   1   76.4   0.92          10   24   98.7   0.74
1   2   77.7   0.93          1    2    77.7   0.93
...                          ...
10  23  97.7   0.71          10   23   97.7   0.71
10  24  98.7   0.74          1    1    76.4   0.92
```

(a)   (b)

파일의 줄을 정렬할 필요는 없다. 예를 들어 파일은 (b)와 같을 수도 있다.

해야 할 작업은 10일 간의 온도와 습도의 평균을 계산하는 프로그램을 작성하는 것이다. 파일로부터 데이터를 읽기 위해서 입력 리다이렉션을 사용하여 **data**라는 3차원 배열에 저장한다. **data**의 첫 번째 인덱스는 0부터 9까지로 10일 간을 의미하고, 두 번째 인덱스는 0부터 23까지로 24시간을, 세 번째 인덱스는 0 또는 1로서 온도와 습도를 의미한다. 파일에서 날짜는 1부터 10까지로, 시간은 1부터 24로 되어 있는 것에 주의해야 한다. 0부터 배열 인덱스가 시작되므로 **data[0][0][0]**은 1일, 1시의 온도를 저장하며, **data[9][23][1]**은 10일, 24시의 습도를 저장한다.

리스트 8.5는 구현 프로그램이다.

리스트 8.5 Weather.cpp

3차원 배열

```cpp
1   #include <iostream>
2   using namespace std;
3
4   int main()
5   {
6     const int NUMBER_OF_DAYS = 10;
7     const int NUMBER_OF_HOURS = 24;
8     double data[NUMBER_OF_DAYS][NUMBER_OF_HOURS][2];
9
10    // 파일로부터 입력 리다이렉션을 사용하여 데이터 입력
11    int day, hour;
12    double temperature, humidity;
13    for (int k = 0; k < NUMBER_OF_DAYS * NUMBER_OF_HOURS; k++)
14    {
15      cin >> day >> hour >> temperature >> humidity;
16      data[day - 1][hour - 1][0] = temperature;
17      data[day - 1][hour - 1][1] = humidity;
18    }
19
20    // 온도와 습도의 평균 계산
21    for (int i = 0; i < NUMBER_OF_DAYS; i++)
22    {
23      double dailyTemperatureTotal = 0, dailyHumidityTotal = 0;
24      for (int j = 0; j < NUMBER_OF_HOURS; j++)
25      {
26        dailyTemperatureTotal += data[i][j][0];
27        dailyHumidityTotal += data[i][j][1];
28      }
```

```
29
30      // 결과 출력
31        cout << "Day " << i << "'s average temperature is "
32          << dailyTemperatureTotal / NUMBER_OF_HOURS << endl;
33        cout << "Day " << i << "'s average humidity is "
34          << dailyHumidityTotal / NUMBER_OF_HOURS << endl;
35    }
36
37    return 0;
38  }
```

```
Day 0's average temperature is 77.7708
Day 0's average humidity is 0.929583
Day 1's average temperature is 77.3125
Day 1's average humidity is 0.929583
...
Day 9's average temperature is 79.3542
Day 9's average humidity is 0.9125
```

다음 명령을 사용하여 프로그램을 컴파일할 수 있다.

g++ Weather.cpp -o Weather

프로그램을 실행하기 위해서 다음 명령을 사용한다.

Weather.exe < Weather.txt

data 3차원 배열인 8번 줄에서 선언된다. 13번~18번 줄의 반복문은 배열로 데이터를 입력한다. 키보드로 데이터를 입력할 수도 있으나, 매우 힘든 일일 것이다. 편의상 파일에 데이터를 저장해 놓고 파일로부터 데이터를 읽어 들이기 위해 입력 리다이렉션을 사용한다. 24번~28번 줄의 반복문은 **dailyTemperatureTotal**에 하루의 각 시간 온도와 **dailyHumidityTotal**에 각 시간 습도를 누적합 계산한다. 매일의 온도와 습도에 대한 평균이 31번~34번 줄에서 출력된다.

8.8.2 문제: 생일 맞추기

리스트 4.4 GuessBirthday.cpp에서 생일을 맞추는 프로그램을 다루었다. 이 프로그램은 3차원 배열에 다섯 가지 숫자 세트를 저장하고 반복문을 사용하여 사용자가 답을 입력하도록 함으로써 간략화할 수 있다. 리스트 8.6을 살펴보자.

리스트 8.6 GuessBirthdayUsingArray.cpp

```
1  #include <iostream>
2  #include <iomanip>
3  using namespace std;
4
5  int main()
6  {
7    int day = 0; // 결정할 날
8    char answer;
```

3차원 배열

```
 9
10    int dates[5][4][4] = {
11     {{ 1,  3,  5,  7},
12      { 9, 11, 13, 15},
13      {17, 19, 21, 23},
14      {25, 27, 29, 31}},
15     {{ 2,  3,  6,  7},
16      {10, 11, 14, 15},
17      {18, 19, 22, 23},
18      {26, 27, 30, 31}},
19     {{ 4,  5,  6,  7},
20      {12, 13, 14, 15},
21      {20, 21, 22, 23},
22      {28, 29, 30, 31}},
23     {{ 8,  9, 10, 11},
24      {12, 13, 14, 15},
25      {24, 25, 26, 27},
26      {28, 29, 30, 31}},
27     {{16, 17, 18, 19},
28      {20, 21, 22, 23},
29      {24, 25, 26, 27},
30      {28, 29, 30, 31}}};
31
32    for (int i = 0; i < 5; i++)
33    {
```

세트 1, 2, 3, 4, 5?

```
34      cout << "Is your birthday in Set" << (i + 1) << "?" << endl;
35      for (int j = 0; j < 4; j++)
36      {
37        for (int k = 0; k < 4; k++)
38          cout << setw(3) << dates[i][j][k] << " ";
39        cout << endl;
40      }
41      cout << "\nEnter N/n for No and Y/y for Yes: ";
42      cin >> answer;
43      if (answer == 'Y' || answer == 'y')
44        day += dates[i][0][0];
45    }
46
47    cout << "Your birthday is " << day << endl;
48
49    return 0;
50  }
```

dates 3차원 배열을 10번~30번 줄에서 생성하였다. 이 배열은 다섯 개의 숫자 세트를 저장한다. 각 세트는 4×4 2차원 배열이다.

32번 줄부터 반복문이 시작되어 각 세트에 있는 숫자를 표시하고 날짜가 세트 안에 있는지를 판단하여 사용자가 답을 입력하도록 한다(37번~38번 줄). 날짜가 해당 세트에 있으면 세트 내의 첫 번째 숫자(**dates[i][0][0]**)를 **day** 변수에 더한다(44번 줄).

8.7 4×6×5 정수형 배열을 선언하고 생성하여라.

요약

1. 2차원 배열은 표를 저장하기 위해 사용될 수 있다.

2. 2차원 배열은 `elementType arrayName[ROW_SIZE][COLUMN_SIZE]` 구문을 사용하여 생성된다.

3. 2차원 배열에서 각 요소는 `arrayName[rowIndex][columnIndex]` 구문을 사용하여 표현될 수 있다.

4. `elementType arrayName[][COLUMN_SIZE] = {{row values}, ..., {row values}}` 구문을 사용하여 2차원 배열의 생성과 초기화를 할 수 있다.

5. 2차원 배열을 함수로 전달할 수 있다. 그러나 C++에서는 함수 선언에서 열의 크기를 지정해 줘야 한다.

6. 다차원 배열을 구성하여 배열의 배열을 사용할 수 있다. 예를 들어, 3차원 배열은 `elementType arrayName[size1][size2][size3]`의 구문을 사용하여 배열의 배열로서 선언할 수 있다.

퀴즈

www.cs.armstrong.edu/liang/cpp3e/quiz.html에서 온라인으로 이 장에 대한 퀴즈를 풀어보라.

프로그래밍 실습

8.2~8.5절

*8.1 (각 열의 합계) 다음 헤더를 사용하여 행렬에서 지정된 열의 모든 요소의 합계를 구하는 함수를 작성하여라.

```
const int SIZE = 4;
double sumColumn(const double m[][SIZE], int rowSize,
  int columnIndex);
```

3×4 행렬을 읽고 각 열의 합계를 출력하는 테스트 프로그램을 작성하여라. 다음은 샘플 실행 결과이다.

```
Enter a 3-by-4 matrix row by row:
1.5 2 3 4  ⏎Enter
5.5 6 7 8  ⏎Enter
9.5 1 3 1  ⏎Enter
Sum of the elements at column 0 is 16.5
Sum of the elements at column 1 is 9
Sum of the elements at column 2 is 13
Sum of the elements at column 3 is 13
```

*8.2 (행렬 대각 원소의 합) 다음 헤더를 사용하여 $n \times n$ 실수 값 행렬에서 대각 원소[5]의 합을 구하는 함수를 작성하여라.

```
const int SIZE = 4;
double sumMajorDiagonal(const double m[][SIZE]);
```

4×4 행렬을 읽고 대각 원소의 합계를 출력하는 테스트 프로그램을 작성하여라. 다음은 샘플 실행 결과이다.

```
Enter a 4-by-4 matrix row by row:
1 2 3 4 ↵Enter
5 6 7 8 ↵Enter
9 10 11 12 ↵Enter
13 14 15 16 ↵Enter
Sum of the elements in the major diagonal is 34
```

*8.3 (점수로 학생 정렬) 정답 수의 오름차순으로 학생을 출력하도록 리스트 8.2 GradeExam.cpp를 수정하여라.

*8.4 (각 직원들에 대한 주당 근무시간 계산) 모든 직원들에 대한 주당 근무시간이 2차원 배열에 저장된다고 했을 때, 각 열(row)에는 7개의 열(column)을 사용하여 직원의 일주일간 근무시간을 기록한다. 예를 들어, 다음 배열은 직원 8명에 대한 주당 근무시간을 저장한다. 전체 근무시간의 합계에 대한 내림차순으로 직원과 총 근무시간을 출력하는 프로그램을 작성하여라.

	Su	M	T	W	Th	F	Sa
Employee 0	2	4	3	4	5	8	8
Employee 1	7	3	4	3	3	4	4
Employee 2	3	3	4	3	3	2	2
Employee 3	9	3	4	7	3	4	1
Employee 4	3	5	4	3	6	3	8
Employee 5	3	4	4	6	3	4	4
Employee 6	3	7	4	8	3	8	4
Employee 7	6	3	5	9	2	7	9

8.5 (대수학: 두 행렬의 합) 두 행렬 **a**와 **b**의 합을 구하고 결과를 **c**에 저장하는 함수를 작성하여라.

$$\begin{pmatrix} a_{11} & a_{12} & a_{13} \\ a_{21} & a_{22} & a_{23} \\ a_{31} & a_{32} & a_{33} \end{pmatrix} + \begin{pmatrix} b_{11} & b_{12} & b_{13} \\ b_{21} & b_{22} & b_{23} \\ b_{31} & b_{32} & b_{33} \end{pmatrix} = \begin{pmatrix} a_{11}+b_{11} & a_{12}+b_{12} & a_{13}+b_{13} \\ a_{21}+b_{21} & a_{22}+b_{22} & a_{23}+b_{23} \\ a_{31}+b_{31} & a_{32}+b_{32} & a_{33}+b_{33} \end{pmatrix}$$

함수의 헤더는 다음과 같다.

```
const int N = 3;
```

---

5) 역주: 정사각행렬에서 주대각선의 위에 있는 원소를 말한다. 즉, 행과 열의 값이 같은 위치에 있는 원소이다.

```
void addMatrix(const double a[][N],
  const double b[][N], double c[][N]);
```

c_{ij}의 각 요소는 $a_{ij} \times b_{ij}$이다. 두 개의 3×3 행렬을 입력하고 두 배열의 합계를 출력하는 테스트 프로그램을 작성하여라. 다음은 샘플 실행 결과이다.

```
Enter matrix1: 1 2 3 4 5 6 7 8 9 ↵Enter
Enter matrix2: 0 2 4 1 4.5 2.2 1.1 4.3 5.2 ↵Enter
The addition of the matrices is
1 2 3     0 2 4           1 4 7
4 5 6  +  1 4.5 2.2   =   5 9.5 8.2
7 8 9     1.1 4.3 5.2     8.1 12.3 14.2
```

**8.6 (금융 문제: 세금 계산) 배열을 사용하여 리스트 3.3 ComputeTax.cpp를 수정하여라. 각 신고 지위에 따라 여섯 가지 세금 적용률이 있다. 각 세율은 과세 소득에 따라 적용된다. 예를 들어, 과세 소득이 $400,000이고 1인 과세라면 $8,350는 10%, $(33,950~8,350)는 15%, $(82,250~33,950)는 25%, $(171,550~82,250)는 28%, $(372,950~171,550)는 33%, $(400,000~372,950)는 36%가 적용된다. 이 여섯 가지 세율은 모든 신고 지위에 대해 동일하며, 다음과 같은 배열로 표현될 수 있다.

```
double rates[] = {0.10, 0.15, 0.25, 0.28, 0.33, 0.36};
```

모든 신고 지위에 대한 각 세율은 다음의 2차원 배열 bracket으로 작성될 수 있다.

```
int brackets[4][5] =
{
  {8350, 33950, 82250, 171550, 372950},    // 1인
  {16700, 67900, 137050, 208850, 372950},  // 부부 합산
  {8350, 33950, 68525, 104425, 186475},    // 부부 별도
  {11950, 45500, 117450, 190200, 372950}   // 가장
};
```

1인 과세이고 과세 소득이 $400,000인 경우, 세금은 다음과 같이 구할 수 있다.

```
tax = brackets[0][0] * rates[0] +
  (brackets[0][1] - brackets[0][0]) * rates[1] +
  (brackets[0][2] - brackets[0][1]) * rates[2] +
  (brackets[0][3] - brackets[0][2]) * rates[3] +
  (brackets[0][4] - brackets[0][3]) * rates[4] +
  (400000 - brackets[0][4]) * rates[5]
```

**8.7 (행렬 조사) 4×4 행렬에 0과 1을 임의로 채우고 행렬을 출력하며, 전부 0이거나 1인 행이나 열 또는 대각선을 찾는 프로그램을 작성하여라. 다음은 샘플 실행 결과이다.

```
0111
0000
0100
1111
All 0's on row 1
```

```
All 1's on row 3
No same numbers on a column
No same numbers on the major diagonal
No same numbers on the sub-diagonal
```

***8.8 (행 셔플링) 다음 헤더를 사용하여 2차원 **int** 배열에서 행의 값을 섞는 함수를 작성하여라.

void shuffle(**int** m[][2], **int** rowSize);

다음 행렬의 값을 섞는 테스트 프로그램을 작성하여라.

int m[][2] = {{1, 2}, {3, 4}, {5, 6}, {7, 8}, {9, 10}};

8.9 (대수학: 행렬 곱셈) 두 행렬 **a와 **b**의 곱을 구하고, 결과를 **c**에 저장하는 함수를 작성하여라.

$$\begin{pmatrix} a_{11} & a_{12} & a_{13} \\ a_{21} & a_{22} & a_{23} \\ a_{31} & a_{32} & a_{33} \end{pmatrix} \times \begin{pmatrix} b_{11} & b_{12} & b_{13} \\ b_{21} & b_{22} & b_{23} \\ b_{31} & b_{32} & b_{33} \end{pmatrix} = \begin{pmatrix} c_{11} & c_{12} & c_{13} \\ c_{21} & c_{22} & c_{23} \\ c_{31} & c_{32} & c_{33} \end{pmatrix}$$

함수의 헤더는 다음과 같다.

const int N = 3;
void multiplyMatrix(**const double** a[][N],
  const double b[][N], **double** c[][N]);

c_{ij}의 각 요소는 $a_{i1} \times b_{1j} + a_{i2} \times b_{2j} + a_{i3} \times b_{3j}$이다. 두 개의 3×3 행렬을 입력하고 두 배열의 곱을 출력하는 테스트 프로그램을 작성하여라. 다음은 샘플 실행 결과이다.

```
Enter matrix1: 1 2 3 4 5 6 7 8 9 ↵Enter
Enter matrix2: 0 2 4 1 4.5 2.2 1.1 4.3 5.2 ↵Enter
The multiplication of the matrices is
1 2 3       0 2.0 4.0         5.3 23.9 24
4 5 6   *   1 4.5 2.2    =    11.6 56.3 58.2
7 8 9       1.1 4.3 5.2       17.9 88.7 92.4
```

8.6절

**8.10 (가장 가까운 모든 쌍) 리스트 8.3 FindNearestPoints.cpp는 가장 가까운 쌍 하나만 찾는다. 최소 거리가 같은 쌍 모두를 출력하도록 이 프로그램을 수정하여라. 다음은 샘플 실행 결과이다.

```
Enter the number of points: 8 [↵Enter]
Enter 8 points: 0 0 1 1 -1 -1 2 2 -2 -2 -3 -3 -4 -4 5 5 [↵Enter]
The closest two points are (0.0, 0.0) and (1.0, 1.0)
The closest two points are (0.0, 0.0) and (-1.0, -1.0)
The closest two points are (1.0, 1.0) and (2.0, 2.0)
The closest two points are (-1.0, -1.0) and (-2.0, -2.0)
The closest two points are (-2.0, -2.0) and (-3.0, -3.0)
The closest two points are (-3.0, -3.0) and (-4.0, -4.0)
Their distance is 1.4142135623730951
```

**8.11 (게임: 동전 9개의 앞뒷면) 9개 동전의 앞면과 뒷면을 의미하는 값이 3×3 행렬에 저장되어 있다. 동전의 앞면은 3×3 행렬 값으로 0, 뒷면은 1로 표시한다. 다음은 예이다.

```
0 0 0     1 0 1     1 1 0     1 0 1     1 0 0
0 1 0     0 0 1     1 0 0     1 1 0     1 1 1
0 0 0     1 0 0     0 0 1     1 0 0     1 1 0
```

각 상태는 2진수를 사용하여 표시할 수 있다. 예를 들어, 앞서의 행렬은 다음 수와 같다.

000010000   101001100   110100001   101110100   100111110

가능한 총 수는 512(=)가 되므로 행렬의 모든 상태를 표현하기 위해 10진수 0, 1, 2, 3, ..., 511을 사용할 수 있다. 사용자가 0부터 511 사이의 수를 입력하고 그에 해당하는 행렬 값을 H와 T의 문자로 출력하는 프로그램을 작성하여라. 다음은 샘플 실행 결과이다.

```
Enter a number between 0 and 511: 7 [↵Enter]
H H H
H H H
T T T
```

사용자가 7을 입력하면 그에 해당하는 값은 000000111이 되고, 0은 H, 1은 T이므로 샘플 실행 결과는 올바른 것이 된다.

*8.12 (서로 가장 가까운 점) 리스트 8.3 FindNearestPoints.cpp는 2차원 배열 공간에서 서로 가장 가까운 두 점을 찾는 프로그램이다. 3차원 배열 공간에서 서로에게 가장 가까운 점을 찾도록 이 프로그램을 수정하여라. 점을 표현하기 위해서 2차원 배열을 사용하여라. 다음 점들을 사용하여 프로그램을 테스트하여라.

```
double points[][3] = {{-1, 0, 3}, {-1, -1, -1}, {4, 1, 1},
  {2, 0.5, 9}, {3.5, 2, -1}, {3, 1.5, 3}, {-1.5, 4, 2},
  {5.5, 4, -0.5}};
```

두 점 **(x1, y1, z1)**과 **(x2, y2, z2)** 사이의 거리를 계산하기 위한 공식은 $\sqrt{(x_2 - x_1)^2 + (y_2 - y_1)^2 + (z_2 - z_1)^2}$ 이다.

*8.13 (2차원 배열 정렬) 다음 헤더를 사용하여 2차원 배열을 정렬하는 함수를 작성하여라.

```
void sort(int m[][2], int numberOfRows)
```

함수는 행의 첫 번째 요소를 기준으로 정렬을 수행하고, 그 다음 만약 첫 번째 요소가 같다면 행의 두 번째 요소를 기준으로 정렬을 수행한다. 예를 들어, 배열이 {{4, 2}, {1, 7}, {4, 5}, {1, 2}, {1, 1}, {4, 1}}이라면 {{1, 1}, {1, 2}, {1, 7}, {4, 1}, {4, 2}, {4, 5}}로 정렬된다. 10개의 점을 입력하고, 이 함수를 호출하여 정렬된 점을 출력하는 테스트 프로그램을 작성하여라.

*8.14 (행과 열의 최댓값) 4×4 행렬에 0과 1을 임의로 채우고 행렬을 출력하며, 1이 가장 많은 행과 열을 찾는 프로그램을 작성하여라. 만약 1의 개수가 같다면 제일 처음에 나온 행이나 열의 인덱스를 출력한다. 다음은 샘플 실행 결과이다.

```
0 0 1 1
1 0 1 1
1 1 0 1
1 0 1 0
The largest row index: 1
The largest column index: 2
```

*8.15 (대수학: 2×2 역행렬) A 정방행렬의 역행렬은 A^{-1}로 표시하며, $A \times A^{-1} = I$가 된다. 여기서 I는 대각선은 모두 1이고, 나머지는 0인 단위행렬이다. 예를 들어, $\begin{bmatrix} 1 & 2 \\ 3 & 4 \end{bmatrix}$의 역행렬은 $\begin{bmatrix} -2 & 1 \\ 1.5 & -0.5 \end{bmatrix}$이고, $\begin{bmatrix} 1 & 2 \\ 3 & 4 \end{bmatrix} \times \begin{bmatrix} -2 & 1 \\ 1.5 & -0.5 \end{bmatrix} = \begin{bmatrix} 1 & 0 \\ 0 & 1 \end{bmatrix}$이 된다.

2×2 행렬의 역행렬은 **ad − bc**가 0이 아닐 때 다음 공식을 사용하여 구할 수 있다.

$$A = \begin{bmatrix} a & b \\ c & d \end{bmatrix} \qquad A^{-1} = \frac{1}{ad-bc}\begin{bmatrix} d & -b \\ -c & a \end{bmatrix}$$

행렬의 역행렬을 구하는 다음 함수를 구현하여라.

```
void inverse(const double A[][2], double inverseOfA[][2])
```

행렬의 **a, b, c, d** 값을 입력하고 역행렬을 출력하는 테스트 프로그램을 작성하여라. 다음은 샘플 실행 결과이다.

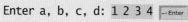

```
Enter a, b, c, d: 1 2 3 4 ↵Enter
-2.0 1.0
1.5 -0.5
```

```
Enter a, b, c, d: 0.5 2 1.5 4.5 ↵Enter
-6.0 2.6666666666666665
2.0 -0.6666666666666666
```

*8.16 (기하학: 같은 선?) 프로그래밍 실습 6.20은 세 점이 같은 선상에 있는지를 검사하는 함수이다. **points** 배열의 모든 점이 같은 선상에 있는지를 검사하는 다음 함수를 작성하여라.

```
const int SIZE = 2;
```

bool sameLine(**const double** points[][SIZE], **int** numberOfPoints)

5개의 점을 입력하고, 그 점들이 같은 선상에 있는지를 출력하는 프로그램을 작성하여라. 다음은 샘플 실행 결과이다.

```
Enter five points: 3.4 2 6.5 9.5 2.3 2.3 5.5 5 -5 4  ↵Enter
The five points are not on same line
```

```
Enter five points: 1 1 2 2 3 3 4 4 5 5  ↵Enter
The five points are on same line
```

8.7~8.8절

***8.17** (가장 큰 요소의 위치) 2차원 배열에서 가장 큰 요소의 위치를 찾는 다음 함수를 작성하여라.

void locateLargest(**const double** a[][4], **int** location[])

위치는 두 개의 요소를 갖고 있는 **location**이라는 이름의 1차원 배열에 저장되며, 이 두 요소에는 2차원 배열에서 가장 큰 요소의 행과 열의 인덱스를 저장한다. 3×4 2차원 배열을 입력하고 그 배열의 가장 큰 요소의 위치를 출력하는 테스트 프로그램을 작성하여라. 다음은 샘플 실행 결과이다.

```
Enter the array:
23.5 35 2 10  ↵Enter
4.5 3 45 3.5  ↵Enter
35 44 5.5 9.6  ↵Enter
The location of the largest element is at (1, 2)
```

*8.18 (대수학: 3×3 역행렬) A 정방행렬의 역행렬은 A^{-1}로 표시하며, $A \times A^{-1} = I$가 된다. 여기서 I는 대각선은 모두 1이고, 나머지는 0인 단위행렬이다.

예를 들어, $\begin{bmatrix} 1 & 2 & 1 \\ 2 & 3 & 1 \\ 4 & 5 & 3 \end{bmatrix}$의 역행렬은 $\begin{bmatrix} -2 & 0.5 & 0.5 \\ 1 & 0.5 & -0.5 \\ 1 & -1.5 & 0.5 \end{bmatrix}$이고, $\begin{bmatrix} 1 & 2 & 1 \\ 2 & 3 & 1 \\ 4 & 5 & 3 \end{bmatrix} \times \begin{bmatrix} -2 & 0.5 & 0.5 \\ 1 & 0.5 & -0.5 \\ 1 & -1.5 & 0.5 \end{bmatrix}$

$= \begin{bmatrix} 1 & 0 & 0 \\ 0 & 1 & 0 \\ 0 & 0 & 1 \end{bmatrix}$이 된다.

3×3 행렬 $A = \begin{bmatrix} a_{11} & a_{12} & a_{13} \\ a_{21} & a_{22} & a_{23} \\ a_{31} & a_{32} & a_{33} \end{bmatrix}$의 역행렬은 $|A|$가 0이 아닐 때 다음 공식을 사용하여 구할 수 있다.

$$A^{-1} = \frac{1}{|A|} \begin{bmatrix} a_{22}a_{33} - a_{23}a_{32} & a_{13}a_{32} - a_{12}a_{33} & a_{12}a_{23} - a_{13}a_{22} \\ a_{23}a_{31} - a_{21}a_{33} & a_{11}a_{33} - a_{13}a_{31} & a_{13}a_{21} - a_{11}a_{23} \\ a_{21}a_{32} - a_{22}a_{31} & a_{12}a_{31} - a_{11}a_{32} & a_{11}a_{22} - a_{12}a_{21} \end{bmatrix}$$

$$|A| = \begin{vmatrix} a_{11} & a_{12} & a_{13} \\ a_{21} & a_{22} & a_{23} \\ a_{31} & a_{32} & a_{33} \end{vmatrix} = a_{11}a_{22}a_{33} + a_{31}a_{12}a_{23} + a_{13}a_{21}a_{32}$$

$$- a_{13}a_{22}a_{31} - a_{11}a_{23}a_{32} - a_{33}a_{21}a_{12}$$

행렬의 역행렬을 구하는 다음 함수를 구현하여라.

void inverse(**const double** A[][3], **double** inverseOfA[][3])

a_{11}, a_{12}, a_{13}, a_{21}, a_{22}, a_{23}, a_{31}, a_{32}, a_{33} 값을 입력하고, 역행렬을 출력하는 테스트 프로그램을 작성하여라. 다음은 샘플 실행 결과이다.

```
Enter a11, a12, a13, a21, a22, a23, a31, a32, a33: 1 2 1 2 3 1 4 5 3 ↵Enter
-2 0.5 0.5
1 0.5 -0.5
1 -1.5 0.5
```

```
Enter a11, a12, a13, a21, a22, a23, a31, a32, a33: 1 4 2 2 5 8 2 1 8 ↵Enter
2.0 -1.875 1.375
0.0 0.25 -0.25
-0.5 0.4375 -0.1875
```

***8.19 (금융 쓰나미) 은행끼리도 서로 돈을 빌려 오고 빌려 준다. 어려운 경제 시기에는 은행이 도산하게 되면 대여금을 돌려받지 못할 수도 있다. 은행의 전체 자산은 현재 잔액에다가 다른 은행에 빌려 준 대여금을 더한 것이다. 그림 8.7은 5개 은행의 다이어그램이며, 각 은행의 현재 잔액은 2,500만, 12,500만, 17,500만, 7,500만, 18,100만 달러이다. 노드 1로부터 노드 2로의 화살표는 1번 은행이 2번 은행에 4,000만 달러를 대여해 줬다는 것을 의미한다.

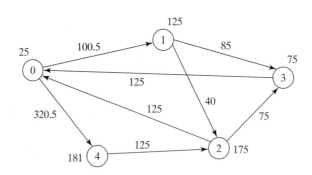

그림 8.7 은행도 서로 돈을 빌려 준다.

은행의 총 자산이 어떤 한계점 이하가 될 경우 은행은 위험한 상태가 된다. 만약 은행이 위험해지면 빌려 온 돈을 대출해 준 은행에 갚을 수 없게 되고, 대출해 준 은행은 본인의 자산에서 대여금이 빠지게 된다. 결과적으로 대출해 준 은행 또한 전체 자산이 한계점 이하가 되면 위험한 상태가 될 수 있다. 위험한 모든 은행을 찾는 프로그램을 작성하여라. 프로그램에 다음을 입력한다. 첫 번째로 두 개의 정수 n과 limit를 입력하는데, n은 은행의 수, limit는 은행이 안전한 상태를 유지할 수 있는 최소 자산이다. 그 다음, 0부터 n-1까지의 아이디 번호를 갖는 n개 은행에 대한 정보를 기술한 n개의 줄을 입력하는데, 각 줄의 첫 번째 숫자는 은행의 잔액이고, 두 번째 숫자는 돈을 빌려 준 은행의 수를 나타낸다. 그리고 나머지는 숫자 두 개의 쌍으로 되어 있는데, 각 쌍의 첫 번째 숫자는 돈을 빌려 간 은행의 아이디이고, 두 번째 숫자는 빌려 간 금액을 나타낸다. 은행의 최대 수는 100개라고 하자. 예를 들어, 그림 8.7의 5개 은행에 대한 입력은 다음과 같다(각 은행의 최소 자산은 201이다).

```
5 201
25 2 1 100.5 4 320.5
125 2 2 40 3 85
175 2 0 125 3 75
75 1 0 125
181 1 2 125
```

3번 은행의 총 자산은 75 + 125가 되어 201보다 적다. 그러므로 3번 은행은 위험한 상태이다. 3번 은행이 위험해진 후 1번 은행의 총 자산은 125 + 40이 되어, 결과적으로 1번 은행 또한 위험한 상태가 된다. 프로그램의 출력은 다음과 같이 표시되어야 한다.

Unsafe banks are 3 1

(힌트: 대여 상태를 나타내기 위한 **borrowers**라는 이름의 2차원 배열을 사용하여라. loan[i][j]는 i 은행이 j 은행으로 돈을 대여해 준 것을 의미한다. j 은행이 위험한 상태가 되면 loan[i][j]는 0으로 설정되어야 한다.)

***8.20 (틱택토 게임) 틱택토(TicTacToe) 게임은 두 명이 번갈아가며 ○나 ×(이를 토큰이라 함)를 3×3 격자판에 써서, 같은 글자를 가로, 세로, 혹은 대각선상에 놓이도록 하는 게임이다. 한 사람이 수평, 수직 또는 대각선에 3개의 같은 토큰을 표시하면 게임이 끝나고 승자가 된다. 격자판이 토큰으로 모두 채워진 상태에서 승자가 없는 경우도 있다. 틱택토 게임을 하는 프로그램을 작성하여라. 프로그램에서는 우선 첫 번째 사람이 × 토큰을 입력하고, 두 번째 사람이 ○ 토큰을 입력하도록 한다. 프로그램에 토큰이 입력될 때마다 프로그램은 콘솔 상의 보드에 입력 토큰을 출력해야 하고 게임의 상태(승리, 무승부, 게임 중)를 결정한다. 다음은 샘플 실행 결과이다.

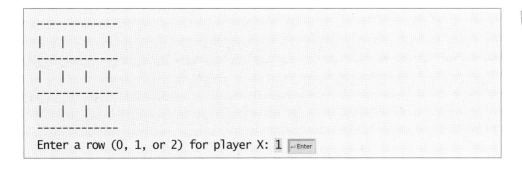

```
Enter a column (0, 1, or 2) for player X: 1 [↵Enter]
-------------
|   |   |   |
-------------
|   | X |   |
-------------
|   |   |   |
-------------
Enter a row (0, 1, or 2) for player O: 1 [↵Enter]
Enter a column (0, 1, or 2) for player O: 2 [↵Enter]
-------------
|   |   |   |
-------------
|   | X | O |
-------------
|   |   |   |
-------------
Enter a row (0, 1, or 2) for player X:
...
-------------
| X |   |   |
-------------
| O | X | O |
-------------
|   |   | X |
-------------
X player won
```

**8.21 (패턴 인식: 4개의 동일 연속 번호) 2차원 배열에 수평, 수직, 대각선으로 4개의 연속된 동일 번호가 있는지 검사하는 다음 함수를 작성하여라.

bool isConsecutiveFour(**int** values[][7])

사용자가 2차원 배열의 행과 열의 수를 입력하고, 그 다음에 배열의 각 요소 값을 입력한 후, 배열에 4개의 연속된 동일 번호가 있다면 참(true)을, 그렇지 않다면 거짓(false)을 출력하는 테스트 프로그램을 작성하여라. 다음은 몇 가지 참인 경우의 예이다.

```
0 1 0 3 1 6 1     0 1 0 3 1 6 1     0 1 0 3 1 6 1     0 1 0 3 1 6 1
0 1 6 8 6 0 1     0 1 6 8 6 0 1     0 1 6 8 6 0 1     0 1 6 8 6 0 1
5 6 2 1 8 2 9     5 5 2 1 8 2 9     5 6 2 1 6 2 9     9 6 2 1 8 2 9
6 5 6 1 1 9 1     6 5 6 1 1 9 1     6 5 6 6 1 9 1     6 9 6 1 1 9 1
1 3 6 1 4 0 7     1 5 6 1 4 0 7     1 3 6 1 4 0 7     1 3 9 1 4 0 7
3 3 3 3 4 0 7     3 5 3 3 4 0 7     3 6 3 3 4 0 7     3 3 3 9 4 0 7
```

***8.22 (게임: 커넥트 포) 커넥트 포(connect four)는 다음 그림과 같이 행이 6개이고, 열이 7개인 격자에서 수직으로 세워진 열 안으로 두 사람이 번갈아 가며, 컬러 디스크를 떨

어뜨리는 2인용 보드 게임이다.

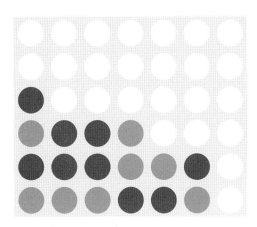

게임은 상대방보다 먼저 행이나 열, 또는 대각선으로 같은 색상의 디스크 4개를 연결시키면 이기게 된다. 프로그램에서는 두 명이 번갈아가며 빨간색(그림에서는 어두운 색상) 디스크와 노란색(그림에서는 밝은 색상) 디스크를 떨어뜨린다. 디스크가 떨어질 때마다 콘솔 상의 보드에 표시해 주어야 하고, 게임의 상태(승리, 무승부, 게임 중)를 결정한다. 다음은 샘플 실행 결과이다.

```
| | | | | | | |
| | | | | | | |
| | | | | | | |
| | | | | | | |
| | | | | | | |
| | | | | | | |
--------------------
Drop a red disk at column (0-6): 0 [↵Enter]

| | | | | | | |
| | | | | | | |
| | | | | | | |
| | | | | | | |
| | | | | | | |
|R| | | | | | |
--------------------
Drop a yellow disk at column (0-6): 3 [↵Enter]

| | | | | | | |
| | | | | | | |
| | | | | | | |
| | | | | | | |
| | | | | | | |
|R| | |Y| | | |
...
...
...
Drop a yellow disk at column (0-6): 6 [↵Enter]
```

```
| | | | | | | |
| | | | | | | |
| | | |R| | | |
| | | |Y|R|Y| |
| | |R|Y|Y|Y|Y|
|R|Y|R|Y|R|R|R|
----------------------
The yellow player won
```

*8.23 (중심 도시) 도시들이 주어졌을 때 중심점은 모든 다른 도시에서 가장 작은 전체 거리를 갖는 도시가 된다. 도시의 수와 도시의 위치(좌표)를 입력하고 중심 도시를 찾고 다른 도시들에 대한 이 도시의 전체 거리를 출력하는 프로그램을 작성하여라. 최대 도시 수는 20으로 한다.

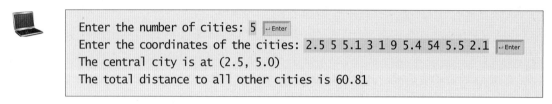

```
Enter the number of cities: 5 ↵Enter
Enter the coordinates of the cities: 2.5 5 5.1 3 1 9 5.4 54 5.5 2.1 ↵Enter
The central city is at (2.5, 5.0)
The total distance to all other cities is 60.81
```

*8.24 (스도쿠 문제 검사) 리스트 8.4는 모든 수가 보드에서 유효한지를 검사함으로써 스도쿠의 해답이 유효한지를 검사한다. 모든 행, 모든 열, 모든 작은 사각형이 1부터 9까지의 수를 갖고 있는지를 검사하도록 프로그램을 수정하여라.

*8.25 (마르코프 행렬) $n \times n$ 행렬에서 각 요소가 양수이고 각 열(column)의 요소의 합이 1이면 양의 마르코프 행렬(Markov matrix)이라고 한다. 행렬이 마르코프 행렬인지를 검사하는 다음 함수를 작성하여라.

```
const int SIZE = 3;
bool isMarkovMatrix(const double m[][SIZE]);
```

실수의 3×3 행렬을 입력하고 입력한 행렬이 마르코프 행렬인지를 검사하는 테스트 프로그램을 작성하여라. 다음은 샘플 실행 결과이다.

```
Enter a 3 by 3 matrix row by row:
0.15 0.875 0.375 ↵Enter
0.55 0.005 0.225 ↵Enter
0.30 0.12 0.4 ↵Enter
It is a Markov matrix
```

```
Enter a 3 by 3 matrix row by row:
0.95 -0.875 0.375 ↵Enter
0.65 0.005 0.225 ↵Enter
0.30 0.22 -0.4 ↵Enter
It is not a Markov matrix
```

*8.26 (행 정렬) 2차원 배열에서 행 방향으로 정렬하는 다음 함수를 구현하여라. 새로운 배열을 반환하며 원 배열의 값은 변경하지 않는다.

```
const int SIZE = 3;
void sortRows(const double m[][SIZE], double result[][SIZE]);
```

실수의 3×3 행렬을 입력하고, 행 방향으로 정렬된 새로운 행렬을 출력하는 테스트 프로그램을 작성하여라. 다음은 샘플 실행 결과이다.

```
Enter a 3 by 3 matrix row by row:
0.15 0.875 0.375  ↵Enter
0.55 0.005 0.225  ↵Enter
0.30 0.12 0.4  ↵Enter
The row-sorted array is
0.15 0.375 0.875
0.005 0.225 0.55
0.12 0.30 0.4
```

*8.27 (열 정렬) 2차원 배열에서 열 방향으로 정렬하는 다음 함수를 구현하여라. 새로운 배열을 반환하며, 원 배열의 값은 변경하지 않는다.

```
const int SIZE = 3;
void sortColumns(const double m[][SIZE], double result[][SIZE]);
```

실수의 3×3 행렬을 입력하고, 열 방향으로 정렬된 새로운 행렬을 출력하는 테스트 프로그램을 작성하여라. 다음은 샘플 실행 결과이다.

```
Enter a 3 by 3 matrix row by row:
0.15 0.875 0.375  ↵Enter
0.55 0.005 0.225  ↵Enter
0.30 0.12 0.4  ↵Enter
The column-sorted array is
0.15 0.0050 0.225
0.3 0.12 0.375
0.55 0.875 0.4
```

8.28 (완전 동일한 배열) 두 2차원 배열 m1과 m2는 각 해당 위치의 요소 값이 모두 같다면 완전 동일한 배열이 된다. 다음 헤더를 사용하여 m1과 m2가 완전 동일한 배열이라면 **true**를 반환하는 함수를 작성하여라.

```
const int SIZE = 3;
bool equals(const int m1[][SIZE], const int m2[][SIZE]);
```

정수의 3×3 배열을 입력하고, 두 배열이 완전 동일한 배열인지를 출력하는 테스트 프로그램을 작성하여라. 다음은 샘플 실행 결과이다.

```
Enter m1: 51 22 25 6 1 4 24 54 6  ↵Enter
Enter m2: 51 22 25 6 1 4 24 54 6  ↵Enter
Two arrays are strictly identical
```

```
Enter m1: 51 25 22 6 1 4 24 54 6  ↵Enter
Enter m2: 51 22 25 6 1 4 24 54 6  ↵Enter
Two arrays are not strictly identical
```

8.29 (동일한 배열) 두 2차원 배열 m1과 m2가 같은 내용이라면 동일한 배열이 된다. 다음 헤더를 사용하여 m1과 m2가 동일하다면 **true**를 반환하는 함수를 작성하여라.

```
const int SIZE = 3;
bool equals(const int m1[][SIZE], const int m2[][SIZE]);
```

정수의 3×3 배열을 입력하고, 두 배열이 동일한지를 출력하는 테스트 프로그램을 작성하여라. 다음은 샘플 실행 결과이다.

```
Enter m1: 51 25 22 6 1 4 24 54 6  ↵Enter
Enter m2: 51 22 25 6 1 4 24 54 6  ↵Enter
Two arrays are identical
```

```
Enter m1: 51 5 22 6 1 4 24 54 6  ↵Enter
Enter m2: 51 22 25 6 1 4 24 54 6  ↵Enter
Two arrays are not identical
```

*8.30 (대수학: 선형 방정식 해법) 다음 2×2 선형 방정식의 답을 구하는 프로그램을 작성하여라.

$$a_{00}x + a_{01}y = b_0 \qquad x = \frac{b_0 a_{11} - b_1 a_{01}}{a_{00}a_{11} - a_{01}a_{10}} \qquad y = \frac{b_1 a_{00} - b_0 a_{10}}{a_{00}a_{11} - a_{01}a_{10}}$$
$$a_{10}x + a_{11}y = b_1$$

함수 헤더는 다음과 같다.

```
const int SIZE = 2;
bool linearEquation(const double a[][SIZE], const double b[],
  double result[]);
```

$a_{00}a_{11} - a_{01}a_{10}$가 0이라면 함수는 거짓(**false**)을 반환하고, 그렇지 않으면 참(**true**)을 반환한다. 사용자가 a_{00}, a_{01}, a_{10}, a_{11}, b_0, b_1을 입력하면 그 결과를 출력하는 테스트 프로그램을 작성하여라. $a_{00}a_{11} - a_{01}a_{10}$가 0이라면 **"The equation has no solution"**을 출력한다. 샘플 실행 결과는 프로그래밍 실습 3.3과 동일하다.

*8.31 (기하학: 교차점) 두 선의 교차점을 반환하는 함수를 작성하여라. 두 선의 교차점은 프로그래밍 실습 3.22의 공식을 사용하여 구할 수 있다. (**x1, y1**)과 (**x2, y2**)를 선 1의 두 점이라고 하고, (**x3, y3**)와 (**x4, y4**)를 선 2의 두 점이라고 하자. 수식에 해가 없다면 두 선은 평행한 선이 된다. 함수 헤더는 다음과 같다.

```
const int SIZE = 2;
bool getIntersectingPoint(const double points[][SIZE],
  double result[]);
```

점들은 4×2 2차원 배열 **points**에 저장되는데, (**x1, y1**)은 (**points[0][0]**, points[0][1])에 저장된다. 만약 두 선이 평행하지 않다면 함수는 교차점과 참을 반환한다. 사용자가 4개의 점을 입력하면 교차점을 출력하는 프로그램을 작성하여라. 샘플 실행 결과는 프로그래밍 실습 3.22를 참조한다.

*8.32 (기하학: 삼각형 면적) 다음 헤더를 사용하여 삼각형의 면적을 반환하는 함수를 작성하여라.

```
const int SIZE = 2;
double getTriangleArea(const double points[][SIZE]);
```

점들은 3×2 2차원 배열 **points**에 저장되는데, (**x1**, **y1**)은 (**points[0][0]**, **points[0][1]**)에 저장된다. 삼각형의 면적은 프로그래밍 실습 2.19의 공식을 사용하여 계산할 수 있다. 만약 세 점이 같은 선상에 있으면 함수는 **0**을 반환한다. 사용자가 세 점을 입력하면 삼각형의 면적을 출력하는 프로그램을 작성하여라. 다음은 샘플 실행 결과이다.

```
Enter x1, y1, x2, y2, x3, y3: 2.5 2 5 -1.0 4.0 2.0 ↵Enter
The area of the triangle is 2.25
```

```
Enter x1, y1, x2, y2, x3, y3: 2 2 4.5 4.5 6 6 ↵Enter
The three points are on the same line
```

*8.33 (기하학: 다각형의 부면적) 4개의 정점을 가진 볼록 다각형은 그림 8.8과 같이 4개의 삼각형으로 나눌 수 있다.

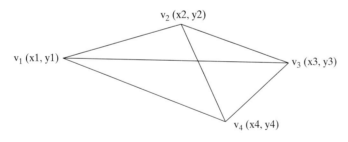

그림 8.8 4개의 정점을 갖는 볼록 다각형

4개 정점의 좌표를 입력하고 오름차순으로 삼각형 4개의 면적을 출력하는 프로그램을 작성하여라. 다음은 샘플 실행 결과이다.

```
Enter x1, y1, x2, y2, x3, y3, x4, y4: -2.5 2 4 4 3 -2 -2 -3.5 ↵Enter
The areas are 6.17 7.96 8.08 10.42
```

*8.34 (기하학: 제일 오른쪽 가장 낮은 점) 컴퓨터 기하학에서 일련의 점들 중 제일 오른쪽의 가장 낮은 곳에 있는 점을 찾아야 할 때가 있다. 한 세트의 점들 중에서 제일 오른쪽 가장 낮은 점을 반환하는 다음 함수를 작성하여라.

```
const int SIZE = 2;
void getRightmostLowestPoint(const double points[][SIZE],
```

```
                  int numberOfPoints, double rightMostPoint[]);
```

6개의 점의 좌표를 입력하고 제일 오른쪽에서 가장 낮은 곳에 있는 점을 출력하는 테스트 프로그램을 작성하여라. 다음은 샘플 실행 결과이다.

```
Enter 6 points: 1.5 2.5 -3 4.5 5.6 -7 6.5 -7 8 1 10 2.5 [↵Enter]
The rightmost lowest point is (6.5, -7.0)
```

*8.35 (게임: 뒤집힌 셀 찾기) 0과 1로 채워진 6×6 행렬이 있다고 하자. 모든 행과 모든 열은 짝수개의 1을 포함하고 있다. 사용자가 한 셀의 값을 뒤집도록 했을 때, 즉 한 셀의 값을 1에서 0으로 또는 0에서 1로 변경했다고 했을 때 값이 뒤집힌 셀을 찾는 프로그램을 작성하여라. 0과 1로 된 6×6 행렬을 입력하고 잘못된 패리티(parity)가 있는, 즉 1의 개수가 짝수가 아닌 첫 번째 행 r과 첫 번째 열 c를 구하면, 뒤집힌 셀은 (r, c)가 된다. 다음은 샘플 실행 결과이다.

```
Enter a 6-by-6 matrix row by row:
1 1 1 0 1 1 [↵Enter]
1 1 1 1 0 0 [↵Enter]
0 1 0 1 1 1 [↵Enter]
1 1 1 1 1 1 [↵Enter]
0 1 1 1 1 0 [↵Enter]
1 0 0 0 0 1 [↵Enter]
The first row and column where the parity is violated is at (0, 1)
```

*8.36 (패리티 검사) 0과 1로 채워진 6×6 2차원 행렬을 생성하고 행렬을 출력하며, 모든 행과 모든 열의 1의 개수가 짝수인지를 검사는 프로그램을 작성하여라.

CHAPTER

9

객체와 클래스

이 장의 목표

- 객체와 클래스의 이해, 객체를 모델링하기 위한 클래스의 사용(9.2절)
- 클래스와 객체를 기술하기 위한 UML 그래픽 기호법의 사용(9.2절)
- 클래스 정의와 객체 생성(9.3절)
- 생성자를 사용한 객체 생성(9.4절)
- 객체 멤버 접근 연산자(.)를 사용하여 데이터 필터 접근과 함수 호출(9.5절)
- 클래스 정의와 클래스 구현의 분리(9.6절)
- **#ifndef** 포함 감시를 사용하여 헤더 파일의 다중 포함 방지(9.7절)
- 클래스에서 인라인 함수의 이해(9.8절)
- 데이터 필드 캡슐화와 클래스의 유지보수를 쉽게 하기 위한 적절한 **get**과 **set** 함수의 전용 데이터 필드 선언(9.9절)
- 데이터 필드의 범위 이해(9.10절)
- 소프트웨어 개발을 위한 클래스 추상화의 적용(9.11절)

9.1 들어가기

  **Key Point**

객체지향 프로그래밍을 사용하여 규모가 큰 소프트웨어를 효과적으로 개발할 수 있다.

이미 앞에서 배운 선택문, 반복문, 함수 및 배열을 이용하여 많은 프로그래밍 문제들을 해결할 수 있다. 그러나 이러한 프로그래밍 요소로는 규모가 큰 소프트웨어 시스템을 개발하기에 충분하지 않다. 이 장은 규모가 큰 소프트웨어 시스템을 효과적으로 개발할 수 있는 객체지향 프로그래밍에 대해 소개한다.

9.2 객체를 위한 클래스 정의

객체지향 프로그래밍
객체

 Key Point

클래스는 객체의 속성과 행동을 정의한다.

객체지향 프로그래밍(Object-Oriented Programming, OOP)에서는 프로그래밍에 객체(object)를 사용한다. 객체는 명확하게 구별되는 실제 세계에서의 개체(요소)를 나타낸다. 예를 들어, 학생, 책상, 원, 버튼, 대여(물건을 빌리는 것)조차도 모두 객체로 볼 수 있다. 객체는 자신만의 유일한 특성과 상태(state), 행동(behavior)을 갖는다.

상태
속성
데이터 필드

- 객체의 상태(state)(또는 속성(property, attribute))는 현재 값을 가지고 있는 데이터 필드로 표현된다. 예를 들면, 원(circle) 객체는 원의 특성을 나타내는 속성인 반지름(radius)이라는 데이터 필드가 포함된다. 또한 직사각형 객체는 직사각형의 특성을 나타내는 속성인 가로, 세로의 데이터 필드가 포함된다.

행동

- 객체의 행동(behavior)(또는 동작(action))은 함수에 의해 정의된다. 객체에 대한 함수를 호출하는 것은 객체에 어떤 동작을 수행하도록 요구하는 것이다. 예를 들어, 원 객체에 대해 getArea()라는 함수를 정의할 수 있으며, 원 객체는 원의 면적을 반환하기 위해서 **getArea()**를 호출할 수 있다.

클래스
규약

같은 유형의 객체는 공통 클래스를 사용하여 정의된다. 클래스(class)는 객체의 데이터 필드와 함수가 무엇이 될지를 결정하는 템플릿(template) 또는 설계도, 규약이라고 할 수 있으며, 객체는 클래스의 인스턴스(instance)이다. 프로그래머는 클래스의 여러 가지 인스턴스를 생성할 수 있는데, 이처럼 인스턴스를 생성하는 것을 실체화(instantiation)라고 한다. 객체와 인스턴스라는 용어는 종종 같은 의미로 사용되기도 한다. 클래스와 객체 사이의 관계는 사과 파이 조리법과 사과 파이의 관계와 유사하다. 조리법 하나만 가지고 있다면 그 조리법을 사용하여 원하는 만큼 많은 수의 사과 파이를 만들 수 있다. 그림 9.1은 **Circle**이라는 이름의 클래스와 이에 대한 3개의 객체를 보여 주고 있다.

실체화
객체
인스턴스

클래스
데이터 필드
함수
생성자

C++ 클래스는 데이터 필드를 정의하기 위해 변수를 사용하며, 행동을 정의하기 위해 함수를 사용한다. 또한 클래스는 생성자(constructor)라고 하는 특별한 유형의 함수도 제공하는데, 생성자는 새로운 객체가 생성될 때 호출된다. 생성자는 특별한 종류의 함수이며, 어떤 동작을 수행하도록 만들 수도 있지만, 일반적으로 객체의 데이터 필드 값 초기화 같은 초기화 과정을 수행하기 위해 설계된다. 그림 9.2는 **Circle** 객체를 위한 클래스의 예를 보여 주고 있다.

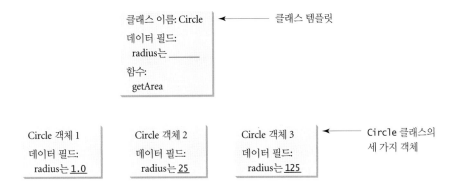

그림 9.1 클래스는 객체 생성을 위한 설계도이다.

```
class Circle
{
public:
  // circle의 반지름
  double radius;                              ← 데이터 필드

  // circle 객체 생성
  Circle()
  {
    radius = 1;
  }
  // circle 객체 생성
  Circle(double newRadius)                    ← 생성자
  {
    radius = newRadius;
  }

  // circle의 면적 반환
  double getArea()                            ← 함수
  {
    return radius * radius * 3.14159;
  }
};
```

그림 9.2 클래스는 같은 유형의 객체를 정의하는 설계도이다.

그림 9.1의 클래스와 객체에 대해 그림 9.3과 같은 UML(Unified Modeling Language) 표
기법을 사용하여 표현할 수 있다. 이를 UML 클래스 다이어그램 또는 간단히 클래스 다이어그램이   UML 클래스 다이어그램
라고 한다. 데이터 필드는

  dataFieldName: dataFieldType

으로 표시된다. 생성자는

  ClassName(parameterName: parameterType)

으로 표시되며, 함수는

  functionName(parameterName: parameterType): returnType

으로 표시된다.

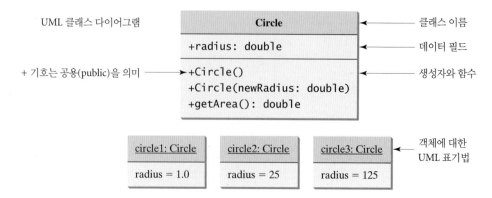

그림 9.3 클래스와 객체는 UML 표기법을 사용하여 나타낼 수 있다.

9.3 클래스 정의와 객체 생성의 예

Key
Point

클래스는 객체에 대한 정의이며, 객체는 클래스로부터 생성된다.

리스트 9.1은 클래스와 객체를 설명하는 프로그램이다. 이 프로그램은 반지름(radius)이 **1.0**, **25**, **125**인 세 개의 원(circle) 객체를 생성하고, 각각의 반지름과 면적을 화면에 표시한다. 또한 두 번째 객체의 반지름을 **100**으로 변경하고, 새로운 반지름과 면적을 표시한다.

리스트 9.1 TestCircle.cpp

```
1   #include <iostream>
2   using namespace std;
3
4   class Circle
5   {
6   public:
7     // 원의 반지름
8     double radius;
9
10    // 기본 circle 객체 생성
11    Circle()
12    {
13      radius = 1;
14    }
15
16    // circle 객체 생성
17    Circle(double newRadius)
18    {
19      radius = newRadius;
20    }
21
22    // 원의 면적 반환
23    double getArea()
24    {
25      return radius * radius * 3.14159;
26    }
27  }; // 여기에 반드시 세미콜론이 존재해야 함
28
```

클래스 정의 — (줄 4)

데이터 필드 — (줄 8)

인수 없는 생성자 — (줄 11)

두 번째 생성자 — (줄 17)

함수 — (줄 23)

필수 요건 — (줄 27)

```
29  int main()
30  {
31    Circle circle1(1.0);
32    Circle circle2(25);
33    Circle circle3(125);
34
35    cout << "The area of the circle of radius "
36      << circle1.radius << " is " << circle1.getArea() << endl;
37    cout << "The area of the circle of radius "
38      << circle2.radius << " is " << circle2.getArea() << endl;
39    cout << "The area of the circle of radius "
40      << circle3.radius << " is " << circle3.getArea() << endl;
41
42    // 원의 반지름 변경
43    circle2.radius = 100;
44    cout << "The area of the circle of radius "
45      << circle2.radius << " is " << circle2.getArea() << endl;
46
47    return 0;
48  }
```

main 함수

객체 생성
객체 생성
객체 생성

반지름 접근
getArea 호출

반지름 변경

```
The area of the circle of radius 1 is 3.14159
The area of the circle of radius 25 is 1963.49
The area of the circle of radius 125 is 49087.3
The area of the circle of radius 100 is 31415.9
```

클래스는 4번~27번 줄에 정의되어 있다. 27번 줄 끝에 세미콜론(;)을 붙이는 것을 잊지 말아야 한다.

클래스 정의의 끝

6번 줄의 **public** 키워드는 모든 데이터 필드, 생성자, 함수가 클래스의 객체로부터 접근될 수 있다는 것을 의미한다. 만약 **public** 키워드를 사용하지 않는다면, 기본적으로 전용 (private)으로 설정된다. private 키워드에 대해서는 9.8절에서 설명한다.

public
기본적으로 private

main 함수는 각각 반지름이 1.0, 25, 125인 circle1, circle2, circle3이라는 세 개의 객체를 생성한다(31~33번 줄). 이 객체들은 서로 다른 반지름을 갖지만 동일한 함수를 사용한다. 따라서 **getArea()** 함수를 사용하여 객체들의 면적을 계산할 수 있다. 각각 circle1.radius, circle2.radius, circle3.radius를 사용하여 객체를 통해 데이터 필드에 접근할 수 있다. circle1.getArea(), circle2.getArea(), circle3.getArea()를 사용하여 함수를 호출한다.

세 객체는 서로 독립적이다. 43번 줄에서 circle2의 반지름은 100으로 변경되며, circle2 객체의 새로운 반지름과 면적은 44번~45번 줄에서 화면에 표시된다.

또 다른 예로써 TV를 생각해 보자. 각각의 TV는 상태(현재 채널, 현재 볼륨 레벨, 전원 켜짐 또는 꺼짐)와 행동(채널 변경, 볼륨 조절, 전원 켜기/끄기)을 갖는 객체이다. TV를 모델링하기 위해 클래스를 사용할 수 있다. TV 클래스에 대한 UML 다이어그램을 그림 9.4에 나타내었다.

리스트 9.2는 TV 클래스를 정의하고 두 개의 객체를 생성하기 위해 TV 클래스를 사용하는 프로그램이다.

TV	
channel: int volumeLevel: int on: bool	TV의 현재 채널(1에서 120) TV의 현재 볼륨 레벨(1에서 7) TV의 전원 켜짐/꺼짐 표시
+TV() +turnOn(): void +turnOff(): void +setChannel(newChannel: int): void +setVolume(newVolumeLevel: int): void +channelUp(): void +channelDown(): void +volumeUp(): void +volumeDown(): void	기본 TV 객체 구성 TV 전원 켜기 TV 전원 끄기 TV에 새로운 채널 설정 TV에 새로운 볼륨 레벨 설정 채널 번호 1만큼 증가 채널 번호 1만큼 감소 볼륨 레벨 1만큼 증가 볼륨 레벨 1만큼 감소

그림 9.4 TV 클래스는 TV를 모델링한다.

리스트 9.2 TV.cpp

| | ```cpp
1  #include <iostream>
2  using namespace std;
3
``` |
| 클래스 정의 | ```cpp
4  class TV
5  {
6  public:
``` |
| 데이터 필드 | ```cpp
7    int channel;
8    int volumeLevel; // 기본 볼륨 레벨은 1
9    bool on; // 기본적으로 TV는 꺼짐(off) 상태
10
``` |
| 생성자 | ```cpp
11   TV()
12   {
13     channel = 1; // 기본 채널은 1
14     volumeLevel = 1; // 기본 볼륨 레벨은 1
15     on = false; // 기본적으로 TV는 꺼짐(off) 상태
16   }
17
``` |
| TV 켜기 | ```cpp
18   void turnOn()
19   {
20     on = true;
21   }
22
``` |
| TV 끄기 | ```cpp
23   void turnOff()
24   {
25     on = false;
26   }
27
``` |
| 새로운 채널 설정 | ```cpp
28   void setChannel(int newChannel)
29   {
30     if (on && newChannel >= 1 && newChannel <= 120)
31       channel = newChannel;
32   }
33
``` |
| 새로운 볼륨 설정 | ```cpp
34   void setVolume(int newVolumeLevel)
35   {
36     if (on && newVolumeLevel >= 1 && newVolumeLevel <= 7)
``` |

```
37        volumeLevel = newVolumeLevel;
38    }
39
40    void channelUp()                                              채널 증가
41    {
42      if (on && channel < 120)
43        channel++;
44    }
45
46    void channelDown()                                            채널 감소
47    {
48      if (on && channel > 1)
49        channel--;
50    }
51
52    void volumeUp()                                               볼륨 증가
53    {
54      if (on && volumeLevel < 7)
55        volumeLevel++;
56    }
57
58    void volumeDown()                                             볼륨 감소
59    {
60      if (on && volumeLevel > 1)
61        volumeLevel--;
62    }
63  };
64
65  int main()                                                      main 함수
66  {
67    TV tv1;                                                       TV 생성
68    tv1.turnOn();                                                 켜기
69    tv1.setChannel(30);                                           새로운 채널 설정
70    tv1.setVolume(3);                                             새로운 볼륨 설정
71
72    TV tv2;                                                       TV 생성
73    tv2.turnOn();                                                 켜기
74    tv2.channelUp();                                              채널 증가
75    tv2.channelUp();
76    tv2.volumeUp();                                               볼륨 증가
77
78    cout << "tv1's channel is " << tv1.channel                    상태 출력
79      << " and volume level is " << tv1.volumeLevel << endl;
80    cout << "tv2's channel is " << tv2.channel
81      << " and volume level is " << tv2.volumeLevel << endl;
82
83    return 0;
84  }
```

```
tv1's channel is 30 and volume level is 3
tv2's channel is 3 and volume level is 2
```

만일 TV가 켜져 있지 않으면, 채널과 볼륨 레벨은 변경될 수 없다는 점에 주의해야 한다. 또한 채널 또는 볼륨 레벨을 변경하기 전에 채널과 볼륨 레벨 값이 올바른 범위 내에 있는지를 확인해야 한다.

이 프로그램의 67번과 72번 줄에서 두 개의 객체를 생성하며, 채널 및 볼륨을 설정하고 증가시키기 위한 동작을 수행하기 위해서 객체에 대해 함수를 호출한다. 프로그램의 78번~81번 줄에서 객체의 상태를 화면에 표시한다. 함수들은 **tv1.turnOn()**과 같은 구문(68번 줄)을 사용하여 호출되며, 데이터 필드들은 **tv1.channel**과 같은 구문(78번 줄)을 사용하여 접근할 수 있다.

앞서의 예제들을 통하여 클래스와 객체에 대해 개략적으로 살펴보았으나, 생성자와 객체, 데이터 필드 접근과 객체의 함수 호출에 대해 많은 의문점들이 있을 것이다. 다음 절들에서 이 내용에 대해 자세히 설명한다.

9.4 생성자

생성자는 객체를 생성하기 위해 호출된다.

생성자(constructor)는 함수의 특별한 유형이며, 다음과 같은 세 가지 특성이 있다.

생성자의 이름

반환 유형 없음

생성자 호출

- 생성자는 클래스 자신과 같은 이름을 가져야 한다.
- 생성자는 반환 유형이 없다. (**void**도 사용할 수 없다.)
- 생성자는 객체가 생성될 때 호출된다. 생성자는 객체 초기화의 역할을 수행한다.

생성자 오버로딩

생성자의 이름은 클래스 이름과 동일하며, 데이터 값의 유형이 다른 객체의 구성을 손쉽게 할 수 있도록 일반 함수와 마찬가지로 생성자에도 오버로딩을 적용할 수 있다(즉, 이름은 같지만 서명(signature)[1] 부분이 서로 다른 여러 개의 생성자를 작성할 수 있다).

void 없음

프로그래밍할 때 생성자 앞에 **void** 키워드를 삽입하는 실수를 종종 하게 된다. 예를 들어,

```
void Circle()
{
}
```

와 같이 작성하면 대부분의 C++ 컴파일러는 이 부분을 오류로 알려 주지만, 어떤 컴파일러에서는 이를 생성자가 아닌 일반 함수로 처리할 수도 있다.

데이터 필드 초기화

생성자는 데이터 필드를 초기화하기 위해 사용된다. **radius** 데이터 필드는 초기 값을 갖지 않으므로 생성자에서 초기화되어야 한다(리스트 9.1의 13번과 19번 줄). 하나의 문장으로 지역 또는 전역 변수를 선언하고 초기화할 수 있지만, 클래스 멤버로서 데이터 필드는 선언될 때 초기화할 수 없다. 예를 들면, 리스트 9.1의 8번 줄을 다음과 같이 바꾸는 것은 잘못된 것이다.

double radius = 5; // 잘못된 데이터 필드 선언

클래스는 **Circle()**과 같이 일반적으로 인수가 없는 생성자를 제공한다. 이러한 생성자를

인수 없는 생성자

인수 없는 생성자(no-argument constructor)라 한다.

---

1) 역주: 생성자의 괄호 안 데이터 선언 부분을 말한다(예: 리스트 9.1의 11번 줄, 17번 줄).

또한 클래스는 생성자 없이 정의될 수도 있다. 이 경우, 내용(body)이 비어 있는 인수 없는 생성자가 암시적으로 클래스 내부에서 정의되는데, 이를 기본 생성자(default constructor)라 하며, 클래스 안에 어떠한 생성자도 명시적으로 정의되지 않을 경우에만 자동으로 제공된다.

기본 생성자

데이터 필드는 다음의 구문과 같은 초기화 목록(initializer list)을 사용하여 생성자 내에서 초기화될 수 있다.

생성자 초기화 목록

```
ClassName(ParameterList)
  : datafield1(value1), datafield2(value2) // 초기화 목록
{
  // 만일 필요하다면 추가 문장 작성
}
```

초기화 목록은 **datafield1**을 **value1**로, **datafield2**를 **value2**로 초기화한다.

예를 들어, 다음을 살펴보자.

(a)   (b)

초기화 목록을 사용하지 않는 (b)의 생성자 형식은 (a)의 생성자 형식보다 실제로 좀 더 이해하기 쉽다. 그러나 인수 없는 생성자가 없는 객체 데이터 필드를 초기화하기 위해서는 초기화 목록을 사용해야 한다. 이에 대한 더 자세한 사항은 지원 웹사이트의 보충학습(Supplement) IV.E를 참고하기 바란다.

9.5 객체 구성과 사용

객체의 데이터와 함수는 객체 이름과 점 연산자(.)를 사용하여 접근할 수 있다.

생성자는 객체가 생성될 때 호출된다. 인수 없는 생성자를 사용하여 객체를 생성하기 위한 구문은 다음과 같다.

Key Point

생성자 객체

인수 없는 생성자 호출

```
ClassName objectName;
```

예를 들어, 다음 선언은 **Circle** 클래스의 인수 없는 생성자를 호출함으로써 **circle1**이라는 이름의 객체를 생성한다.

```
Circle circle1;
```

인수가 있는 생성자를 사용하여 객체를 생성하기 위한 구문은 다음과 같다.

인수 있는 생성자

```
ClassName objectName(인수);
```

예를 들어, 다음 선언은 반지름이 **5.5**인 **Circle** 클래스의 생성자를 호출함으로써 **circle2**라는 객체를 생성한다.

```
Circle circle2(5.5);
```

객체지향 프로그래밍 관점에서 객체의 멤버(member)란 데이터 필드와 함수를 의미한다.

객체 멤버 접근 연산자

점 연산자

새롭게 생성된 객체는 메모리에 할당된다. 객체가 생성된 후에 객체 멤버 접근 연산자(object member access operator)라고 하는 점 연산자(.)를 사용하여 데이터에 접근하고 함수를 호출할 수 있다.

- **objectName.dataField**는 객체의 데이터 필드를 참조한다.
- **objectName.function**(인수)은 객체에 대한 함수를 호출한다.

예를 들면, **circle1.radius**는 **circle1**에서 **radius**를 참조하고, **circle1.getArea()**는 **circle1**에 대한 **getArea** 함수를 호출한다. 객체에 대해 어떤 연산(작업)을 하려면 함수를 호출하면 된다.

인스턴스 멤버 변수

인스턴스 변수

인스턴스 멤버 함수

인스턴스 함수

호출 객체

radius 데이터 필드는 인스턴스 멤버 변수(instance member variable) 또는 간단히 인스턴스 변수(instance variable)라고 하는데, 이는 특정한 인스턴스에 종속적이기 때문이다. 같은 이유로 **getArea** 함수도 인스턴스 멤버 함수(instance member function) 또는 인스턴스 함수(instance function)라고 하고, 이는 또한 특정한 인스턴스에 대해서만 함수가 호출되기 때문이다. 인스턴스 함수를 호출하는 객체를 **호출 객체**(calling object)라고 부른다.

클래스 이름 작성 규칙

객체 이름 작성 규칙

주의

프로그래머가 직접 클래스를 정의할 때는 클래스 이름의 첫 문자를 대문자로 한다. 예를 들어, 클래스는 **Circle**, **Rectangle**, **Desk** 등과 같이 이름을 짓는다. C++ 라이브러리에서 제공하는 클래스 이름은 소문자이다. 객체는 변수와 같은 방법으로 이름을 작성한다.

다음은 클래스와 객체에 대한 주의사항이다.

클래스는 유형이다

- 변수를 선언하는 데 원시(primitive) 데이터 유형을 사용할 수 있다. 또한 객체 이름을 선언하기 위해 클래스 이름을 사용할 수 있다. 이런 의미에서 클래스도 데이터 유형이라고 할 수 있다.

멤버끼리의 복사

- C++에서 하나의 객체로부터 다른 객체로 내용을 복사하기 위해 대입 연산자(=)를 사용할 수 있다. 기본적으로 한 객체의 각각의 데이터 필드는 다른 객체의 대응 부분으로 복사된다. 예를 들어,

      circle2 = circle1;

  는 **circle1**의 **radius**를 **circle2**에 복사한다. 복사 후에도 **circle1**과 **circle2**는 여전히 두 개의 다른 객체이지만, radius의 값은 같다.

- 객체 이름은 배열 이름과 같다. 일단 객체 이름이 선언되면 그 이름은 객체를 의미하게 된다. 다른 객체를 나타내기 위해 다시 할당할 수 없다. 이런 의미에서 객체의 내용은 변할

상수 객체 이름

  수 있지만, 객체 이름은 상수라고 할 수 있다. 멤버끼리의 복사는 객체의 내용을 변경할 수 있지만, 객체의 이름은 변경할 수 없다.

- 객체는 데이터를 포함하며 함수를 호출할 수 있는데, 이 때문에 객체의 크기가 꽤 크다는 생각을 할 수도 있지만 그렇지는 않다. 데이터는 물리적으로 객체에 저장되지만, 함수는 그렇지 않다. 함수는 같은 클래스의 모든 객체에 공유되므로 컴파일러는 공유를 위해 단

객체 크기

  지 하나의 복사본만을 생성한다. **sizeof** 함수를 사용하여 객체의 실제 크기를 확인할 수

있다. 예를 들면, 다음 코드는 circle1과 circle2 객체의 크기를 화면에 표시한다. radius 데이터 필드가 **double**이므로 8바이트를 사용하여 각 객체의 크기는 8이 된다.

```
Circle circle1;
Circle circle2(5.0);

cout << sizeof(circle1) << endl;
cout << sizeof(circle2) << endl;
```

항상 주어진 이름의 객체를 생성하고 그 후에 객체의 이름을 사용하여 객체 멤버에 접근한다. 종종 객체를 생성하고 단지 한 번만 객체를 사용하는 경우가 있다. 이 경우에는 객체에 이름을 지어줄 필요가 없는데, 이와 같은 객체를 **익명 객체**(anonymous object)라고 한다.

익명 객체

인수 없는 생성자를 사용하여 익명 객체를 생성하기 위한 구문은 다음과 같다.

```
ClassName()
```

인수가 있는 생성자를 사용하여 익명 객체를 생성하는 구문은

```
ClassName(인수)
```

이다. 예를 들어,

```
circle1 = Circle();
```

은 인수 없는 생성자를 사용하여 **Circle** 객체를 생성하고 **circle1**에 그 내용을 복사한다.

```
circle1 = Circle(5);
```

는 반지름이 5인 **Circle** 객체를 생성하고 **circle1**로 그 내용을 복사한다.

예를 들어, 다음 코드는 **Circle** 객체를 생성하고 **getArea()** 함수를 호출한다.

```
cout << "Area is " << Circle().getArea() << endl;
cout << "Area is " << Circle(5).getArea() << endl;
```

이들 예에서 볼 수 있는 것처럼 나중에 객체를 참조하지 않는다면 익명 객체를 생성할 수 있다.

경고
C++에서 인수 없는 생성자를 사용하여 익명 객체를 생성하기 위해서는 생성자 이름 뒤에 괄호(예를 들면, **Circle()**)를 붙여야 한다. 인수 없는 생성자를 사용하여 이름이 주어진 객체를 생성하고자 한다면 생성자 이름 뒤에 괄호를 사용할 수 없다(예를 들어, **Circle circle()**가 아닌 **Circle circle1**을 사용해야 한다). 이는 반드시 지켜야 하는 필수 구문이다.

인수 없는 생성자

9.1 객체와 객체의 클래스 정의와의 관계를 설명하여라. 클래스 정의는 어떻게 하는가? 객체를 선언하고 생성하는 방법은 무엇인가?

Check
Point

9.2 생성자와 함수의 차이점은 무엇인가?

9.3 인수 없는 생성자를 사용하여 객체를 생성하는 방법은 무엇인가? 인수 있는 생성자를 사용하여 객체를 생성하는 방법은 무엇인가?

9.4 객체 이름이 선언된 후, 다른 객체를 참조하기 위해 객체 이름을 재할당할 수 있는가?

9.5 리스트 9.1에서 정의된 **Circle** 클래스를 사용하였을 때 다음 코드의 출력은 무엇인가?

```
Circle c1(5);
Circle c2(6);
c1 = c2;
cout << c1.radius << " " << c2.radius << endl;
```

9.6 다음 코드는 무엇이 잘못되었는가? (리스트 9.1 TestCircle.cpp에 정의된 **Circle** 클래스를 사용한다.)

```
int main()
{
  Circle c1();
  count << c1.getRadius() << endl;

  return 0;
}
```
(a)

```
int main()
{
  Circle c1(5);
  Circle c1(6);

  return 0;
}
```
(b)

9.7 다음 코드는 무엇이 잘못되었는가?

```
class Circle
{
public :
  Circle()
  {
  }
  double radius = 1;
};
```

9.8 다음 문장 중 올바른 문장은 어느 것인가?

```
Circle c;
Circle c();
```

9.9 다음 두 문장을 서로 독립적인 것으로 가정하는 경우, 올바른 문장인가?

```
Circle c;
Circle c = Circle();
```

9.6 클래스 정의와 구현 분리

클래스 정의와 클래스 구현을 분리함으로써 클래스의 유지보수를 손쉽게 할 수 있다.

C++에서는 클래스 정의(definition)와 구현(implementation)을 분리할 수 있다. 클래스 정의[2]는 클래스의 규약 사항을 기술하는 것이고, 클래스 구현[3]은 그 규약을 실현하는 것이라고 볼 수 있다. 클래스 정의는 단순히 모든 데이터 필드와 생성자 원형(prototype), 함수 원형을 목록으로 만드는 것이며, 클래스 구현은 생성자와 함수를 만드는 것이다. 클래스 정의와 구현

---

2) 역주: 클래스 정의는 클래스 안에 어떤 데이터와 함수가 있는지를 컴파일러에 알려 주는 것으로 클래스 선언이라고 부르기도 한다.

3) 역주: 클래스 구현은 어떻게 함수가 동작하는지를 컴파일러에 알려 주는 것이다.

은 두 개의 파일로 분리하여 저장할 수 있다. 이 경우, 두 파일의 이름은 같지만 다른 확장자 (extension)를 갖게 되는데, 즉 클래스 정의 파일의 확장자는 **.h**(h는 헤더를 의미)이고, 클래스 구현 파일의 확장자는 **.cpp**이다.

리스트 9.3과 9.4는 **Circle** 클래스의 정의와 구현을 보여 주고 있다.

리스트 9.3 Circle.h

```
1  class Circle
2  {
3  public:
4    // 원의 반지름
5    double radius;                      데이터 필드
6
7    // 기본 circle 객체 생성
8    Circle();                           인수 없는 생성자
9
10   // circle 객체 생성
11   Circle(double);                     두 번째 생성자
12
13   // 원의 면적 반환
14   double getArea();                   함수 원형
15  };                                   세미콜론 필요
```

> **경고**
> 클래스 정의 끝에 세미콜론(;)을 반드시 삽입해야 한다.   세미콜론을 생략하지 말 것

리스트 9.4 Circle.cpp

```
1  #include "Circle.h"                   클래스 정의 포함
2
3  // 기본 circle 객체 생성
4  Circle::Circle()                      생성자 구현
5  {
6    radius = 1;
7  }
8
9  // circle 객체 생성
10 Circle::Circle(double newRadius)      생성자 구현
11 {
12   radius = newRadius;
13 }
14
15 // 원의 면적 반환
16 double Circle::getArea()              함수 구현
17 {
18   return radius * radius * 3.14159;
19 }
```

:: 기호는 이항 범위 지정 연산자(binary scope resolution operator)라고 하며, 클래스에서 클래스 멤버의 범위를 나타내 준다.   이항 범위 지정 연산자

Circle 클래스에서 각 생성자와 함수 앞에 있는 **Circle::**은 생성자와 함수가 **Circle** 클래스에 정의되어 있다는 것을 컴파일러에 알려 준다.

리스트 9.5는 **Circle** 클래스를 사용한 프로그램이며, 흔히 클래스를 사용하는 프로그램을 클래스의 클라이언트(client)[4]라고 한다.

클라이언트

리스트 9.5 TestCircleWithHeader.cpp

클래스 정의 포함

```
1   #include <iostream>
2   #include "Circle.h"
3   using namespace std;
4
5   int main()
6   {
7     Circle circle1;
8     Circle circle2(5.0);
9
10    cout << "The area of the circle of radius "
11      << circle1.radius << " is " << circle1.getArea() << endl;
12    cout << "The area of the circle of radius "
13      << circle2.radius << " is " << circle2.getArea() << endl;
14
15    // 원의 반지름 변경
16    circle2.radius = 100;
17    cout << "The area of the circle of radius "
18      << circle2.radius << " is " << circle2.getArea() << endl;
19
20    return 0;
21  }
```

생성자 circle
생성자 circle

반지름 새로 설정

```
The area of the circle of radius 1 is 3.14159
The area of the circle of radius 5 is 78.5397
The area of the circle of radius 100 is 31415.9
```

분리하는 이유

클래스 정의와 구현을 분리하면 다음과 같은 두 가지 장점이 있다.

1. 정의에서 구현 부분을 숨길 수 있으며, 자유롭게 구현 내용을 변경할 수 있다. 클래스를 사용하는 클라이언트 프로그램은 정의가 변경되지 않는 한 변경할 필요가 없다.

2. 소프트웨어 공급업체 관점에서 클래스를 구현하는 소스 코드를 공개하지 않고도 클래스 객체 코드와 헤더 파일을 프로그래머에 제공할 수 있다. 이는 소프트웨어 공급업체의 지적 재산권을 보호해 준다.

명령 라인으로부터 컴파일

 주의

명령 라인으로부터 main 프로그램을 컴파일하기 위해서는 모든 지원 파일들을 명령에 추가해야 한다. 예를 들어, GNU C++ 컴파일러를 사용하여 TestCircleWithHeader.cpp를 컴파일하기 위해서는 다음 명령을 사용한다.

g++ Circle.h Circle.cpp TestCircleWithHeader.cpp -o Main

---

4) 역주: 클래스를 사용하는 프로그램의 부분

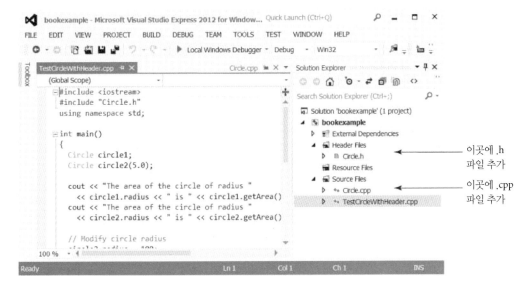

그림 9.5 프로그램을 실행하기 위해서는 프로젝트 창에 모든 관련 파일을 배치해 놓아야 한다.

 주의

만약 main 프로그램이 다른 프로그램을 사용한다면, 이들 모든 프로그램 소스 파일은 IDE 프로 젝트 창에 표시되어 있어야 한다. 그렇지 않으면 링크 오류(link error)가 발생한다. 예를 들어, TestCircleWithHeader.cpp를 실행하기 위해서는 그림 9.5에 나타낸 바와 같이 Visual C++ 프 로젝트 창 내에 TestCircleWithHeader.cpp, Circle.cpp, Circle.h를 배치해 놓아야 한다.

IDE로부터 컴파일

9.10 클래스 정의와 구현을 어떻게 분리하는가?

 Check Point

9.11 다음 코드의 출력은 무엇인가? (리스트 9.3, Circle.h에 정의된 **Circle** 클래스를 사용 한다.)

```
int main()
{
  Circle c1();
  Circle c2(6);
  c1 = c2;
  count << c1.getArea() << endl;

  return 0;
}
```
(a)

```
int main()
{
  count << Circle(8).getArea()
    << endl;

  return 0;
}
```
(b)

9.7 다중 포함 방지

헤더 파일이 여러 번 포함되는 것을 방지하기 위해서는 포함 감시를 사용한다.

 Key Point

프로그램 내에서 같은 헤더 파일을 여러 번 포함시키는 일이 종종 발생한다. 리스트 9.6과 9.7 에 나타난 바와 같이, Head.h에는 Circle.h가 포함되어 있고, TestHead.cpp에는 Head.h와 Circle.h가 포함되어 있다고 하자.

리스트 9.6 Head.h

Circle.h 포함

```
1  #include "Circle.h"
2  // Head.h 내의 다른 코드는 생략
```

리스트 9.7 TestHead.cpp

Circle.h 포함
Head.h 포함

```
1  #include "Circle.h"
2  #include "Head.h"
3
4  int main()
5  {
6    // TestHead.cpp 내의 다른 코드는 생략
7  }
```

TestHead.cpp를 컴파일하면 **Circle**이 여러 번 정의되었다고 하는 컴파일 오류가 표시될 것이다. 무엇이 잘못되었는가? C++ 전처리기(preprocessor)는 헤더가 포함(include)되는 위치에 헤더 파일의 실제 내용을 삽입한다. Circle.h가 1번 줄에서 포함(include)되고 있다. **Circle** 헤더 파일이 Head.h에도 포함(리스트 9.6의 1번 줄)되어 있으므로 전처리기는 TestHead.cpp 내에 포함되어 있는 Head.h가 두 번째 **Circle** 클래스에 대한 정의를 추가하게 되므로 다중 포함 오류가 발생하게 된다.

C++의 **##define**과 함께 사용되는 **#ifndef** 지시자(directive)는 헤더 파일이 여러 번 포함 (include)되는 것을 방지하는 데 사용되며, 이를 **포함 감시**(inclusion guard)라고 한다. 포함 감시를 사용하기 위해서는 리스트 9.8에 강조로 표시한 세 줄을 헤더 파일에 추가해야 한다.

포함 감시

리스트 9.8 CircleWithInclusionGuard.h

심볼이 정의되는가?
심볼 정의

```
1  #ifndef CIRCLE_H
2  #define CIRCLE_H
3
4  class Circle
5  {
6  public:
7    // 원의 반지름
8    double radius;
9
10   // 기본 circle 객체 생성
11   Circle();
12
13   // circle 객체 생성
14   Circle(double);
15
16   // 원의 면적 반환
17   double getArea();
18 };
19
20 #endif
```

#ifndef의 끝

앞에 샵 기호(#)가 표시되어 있는 문장은 전처리기(preprocessor) 지시자이다. 이는 C++의

전처리기에 의해 해석된다. **#ifndef** 전처리기 지시자는 '만일 정의되어 있지 않으면(if not defined)'을 의미한다. 1번 줄은 CIRCLE_H가 이미 정의되어 있는지를 검사한다. 만일 정의되어 있지 않으면, **#define** 지시자를 사용하여 2번 줄에서 CIRCLE_H를 정의하고, 헤더 파일의 나머지 부분을 포함시킨다. 만일 정의되어 있는 경우에는 헤더 파일의 나머지 부분은 건너뛴다. **#endif** 지시자는 헤더 파일의 끝을 나타내기 위해 필요하다.

다중 포함 오류를 피하기 위해서는 다음의 템플릿과 규칙을 사용하여 클래스를 정의한다.

```
#ifndef ClassName_H
#define ClassName_H

ClassName으로 지정된 클래스에 대한 클래스 헤더

#endif
```

리스트 9.6과 9.7에서 Circle.h를 CircleWithInclusionGuard.h로 바꾸는 경우, 프로그램에서 다중 포함 오류는 발생하지 않을 것이다.

9.12 다중 포함 오류가 발생하는 이유는 무엇인가? 헤더 파일이 여러 번 포함되는 것을 방지하는 방법은 무엇인가?

Check Point

9.13 **#define** 지시자는 어떤 경우에 사용하는가?

9.8 클래스에서의 인라인 함수

성능 개선을 위해 인라인 함수와 같은 짧은 함수를 정의할 수 있다.

Key Point

6.10절 "인라인 함수"에서 인라인 함수를 사용하여 함수의 효율성을 개선하는 방법을 소개하였다. 함수가 클래스 정의 내부에서 구현되는 경우에는 자동으로 인라인 함수가 되며, 이를 인라인 정의(inline definition)라 한다. 예를 들어, 클래스 A에 대한 다음의 정의에서 생성자와 함수 **f1**은 자동으로 인라인 함수가 되지만, 함수 **f2**는 일반 함수가 된다.

인라인 정의

```
class A
{
public:
  A()
  {
    // 실행문;
  }

  double f1()
  {
    // 값 반환
  }

  double f2();
};
```

클래스에 대한 인라인 함수를 정의하기 위한 다른 방법이 있다. 클래스 구현 파일에서 인라인 함수를 정의할 수 있는데, 예를 들어, 인라인 함수로 함수 **f2**를 정의하기 위해서는 다음과

같이 함수 헤더에서 앞쪽에 인라인 키워드를 쓰면 된다.

```
// 인라인 함수 구현
inline double A::f2()
{
  // 값 반환
}
```

6.10절에서 얘기한 바와 같이, 긴 함수보다는 짧은 함수를 인라인 함수로 하는 것이 좋다.

9.14 리스트 9.4 Circle.cpp에서 모든 함수를 인라인으로 구현하는 방법은 무엇인가?

9.9 데이터 필드 캡슐화

데이터 필드를 전용으로 만들면 데이터를 보호할 수 있고 클래스의 유지보수가 쉬워진다.

리스트 9.1의 Circle 클래스에서 **radius** 데이터 필드는 직접 수정이 가능하다(예: **circle1. radius = 5**). 이는 두 가지 이유에서 좋은 방식이 아니다.

- 첫째, 데이터가 임의로 수정될 수 있다.
- 둘째, 클래스의 유지보수를 어렵게 만들고 버그(bug)도 발생하기 쉽다. 다른 프로그램에서 이미 클래스를 사용한 후에, 반지름이 확실히 음수가 되지 않도록 하기 위하여 Circle 클래스를 수정하려 한다고 가정해 보자. 이를 위해서는 Circle 클래스뿐만 아니라 Circle 클래스를 사용하는 프로그램도 변경해야 하는데, 이는 클라이언트가 직접 반지름 값을 수정해야 하기 때문이다(예: **myCircle.radius = -5**).

데이터 필드 캡슐화

속성에 대한 직접적인 수정을 피하기 위해서는 **private** 키워드를 사용하여 데이터 필드를 전용(private)으로 선언해야 하며, 이를 **데이터 필드 캡슐화**(data field encapsulation)라고 한다. Circle 클래스에서 radius 데이터 필드를 전용(private)으로 하기 위해서는 다음과 같이 클래스를 정의하면 된다.

```
class Circle
{
public:
  Circle();
  Circle(double);
  double getArea();

private:
  double radius;
};
```

전용 데이터 필드는 전용 필드를 정의하는 클래스의 밖에서 직접 참조를 통하여 객체에 접근할 수 없다. 그러나 종종 클라이언트가 데이터 필드를 검색하고 수정해야 한다. 전용 데이터 필드에 접근하기 위해서는 데이터 필드의 값을 반환하는 *get* 함수를 사용하고, 전용 데이터 필드를 새로운 값으로 변경하기 위해서는 *set* 함수를 사용한다.

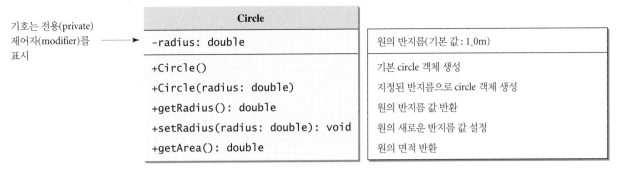

그림 9.6 Circle 클래스는 원의 속성을 캡슐화하고 get/set과 다른 함수들을 제공한다.

 주의
일상적 표현으로 **get** 함수[5]는 **접근자**(accessor)라고 하며, **set** 함수[6]는 **변경자**(mutator)라고 한다.

접근자
변경자

get 함수는 다음과 같은 형식을 사용한다.

returnType get*PropertyName*()

만약 **returnType**이 **bool**이라면 **get** 함수는 관례상 다음과 같이 정의되어야 한다.

bool is*PropertyName*()

set 함수는 다음과 같은 형식을 사용한다.

void set*PropertyName*(*dataType propertyValue*)

전용 데이터 필드의 반지름을 갖는 새로운 circle 클래스와, 그와 관련된 접근자 함수와 변경자 함수를 생성해 보자. 그림 9.6에 클래스 다이어그램이 나타나 있고, 리스트 9.9에 새로운 circle 클래스가 정의되어 있다.

리스트 9.9 CircleWithPrivateDataFields.h

```
1   #ifndef CIRCLE_H
2   #define CIRCLE_H
3
4   class Circle
5   {
6   public:                              공용
7     Circle();
8     Circle(double);
9     double getArea();
10    double getRadius();                접근자 함수
11    void setRadius(double);            변경자 함수
12
13  private:                             전용
14    double radius;
```

---

5) 역주: 해당 변수를 호출하는 함수
6) 역주: 변수를 직접 수정하는 함수

```
15    };
16
17    #endif
```

리스트 9.10은 리스트 9.9의 헤더 파일에서 지정한 클래스 규약을 구현한다.

리스트 9.10 CircleWithPrivateDataFields.cpp

헤더 파일 포함
```
1     #include "CircleWithPrivateDataFields.h"
2
3     // 기본 circle 객체 생성
```
생성자
```
4     Circle::Circle()
5     {
6        radius = 1;
7     }
8
9     // circle 객체 생성
```
생성자
```
10    Circle::Circle(double newRadius)
11    {
12       radius = newRadius;
13    }
14
15    // 원의 면적 반환
```
면적 구하기
```
16    double Circle::getArea()
17    {
18       return radius * radius * 3.14159;
19    }
20
21    // 원의 반지름 반환
```
반지름 구하기
```
22    double Circle::getRadius()
23    {
24       return radius;
25    }
26
27    // 새로운 반지름 설정
```
반지름 설정
```
28    void Circle::setRadius(double newRadius)
29    {
30       radius = (newRadius >= 0) ? newRadius : 0;
31    }
```

getRadius() 함수(22번~25번 줄)는 반지름 값을 반환하고, setRadius(newRadius) 함수 (28번~31번 줄)는 객체에 새로운 반지름 값을 설정한다. 만약 새로운 반지름이 (−)라면, 0이 객체의 반지름으로 설정된다. 이들 함수가 반지름을 읽고 수정하는 유일한 방법이기 때문에, radius 속성의 접근 방법에 대한 확실한 제어가 가능하다. 만약 이들 함수의 구현을 변경해야 한다면 클라이언트 프로그램을 변경할 필요가 없게 되어 클래스의 유시보수를 쉽게 만들어 준다.

리스트 9.11은 Circle 객체를 생성하기 위해 Circle 클래스를 사용하고 setRadius 함수 를 사용하여 반지름 값을 수정하는 클라이언트 프로그램이다.

리스트 9.11 TestCircleWithPrivateDataFields.cpp

```cpp
1   #include <iostream>
2   #include "CircleWithPrivateDataFields.h"
3   using namespace std;
4
5   int main()
6   {
7     Circle circle1;
8     Circle circle2(5.0);
9
10    cout << "The area of the circle of radius "
11      << circle1.getRadius() << " is " << circle1.getArea() << endl;
12    cout << "The area of the circle of radius "
13      << circle2.getRadius() << " is " << circle2.getArea() << endl;
14
15    // 원의 반지름 변경
16    circle2.setRadius(100);
17    cout << "The area of the circle of radius "
18      << circle2.getRadius() << " is " << circle2.getArea() << endl;
19
20    return 0;
21  }
```

헤더 파일 포함

생성자 객체
생성자 객체

반지름 구하기

반지름 설정

```
The area of the circle of radius 1 is 3.14159
The area of the circle of radius 5 is 78.5397
The area of the circle of radius 100 is 31415.9
```

radius 데이터 필드는 전용(private)으로 선언되어 있다. 전용 데이터는 정의된 클래스 내부에서만 접근이 가능하다. 클라이언트 프로그램에서는 **circle1.radius**를 사용할 수 없다. 만약 클라이언트로부터 전용 데이터에 접근하려고 하면 컴파일 오류가 발생한다.

팁

데이터가 임의로 수정되는 것을 피하고 클래스의 유지보수를 쉽게 하기 위해서 이 책에서의 데이터 필드는 전용으로 선언한다.

9.15 다음 코드에서 잘못된 부분은 무엇인가? (리스트 9.9 CircleWithPrivateDataFields.h에 정의된 **Circle** 클래스를 사용한다.)

Check
Point

```cpp
Circle c;
count << c.radius << endl;
```

9.16 접근자 함수란 무엇인가? 변경자 함수란 무엇인가? 이들 함수에 대한 이름 명명 규칙은 무엇인가?

9.17 데이터 필드 캡슐화의 장점은 무엇인가?

9.10 변수의 범위

Key Point 인스턴스와 정적 변수의 범위는 변수가 선언된 위치에 상관없이 클래스 전체가 된다.

6장에서 전역(global) 변수와 지역(local) 변수, 정적(static) 지역 변수의 범위에 대해 설명하였다. 전역 변수는 모든 함수의 바깥에 선언되고 모든 함수에서 접근이 가능하다. 전역 변수의 범위는 선언에서 시작하여 프로그램의 끝까지 계속된다. 지역 변수는 함수 내부에서 정의된다. 지역 변수의 범위는 선언에서 시작하여 변수가 포함된 블록의 끝까지 계속된다. 정적 지역 변수는 함수의 다음 호출에서도 사용될 수 있도록 프로그램에 영구히 저장된다.

데이터 필드는 변수로 선언되며 클래스 안에서 모든 생성자와 함수에 접근이 가능하다. 데이터 필드와 함수는 클래스 안에서 순서에 상관없이 작성이 가능하다. 예를 들어, 다음 선언들은 모두 같은 것이다.

```cpp
class Circle
{
public:
  Circle();
  Circle(double);
  double getArea();
  double getRadius();
  void setRadius(double);

private:
  double radius;
};
```
(a)

```cpp
class Circle
{
public:
  Circle();
  Circle(double);

private:
  double radius;

public:
  double getArea();
  double getRadius();
  void setRadius(double);
};
```
(b)

```cpp
class Circle
{
private:
  double radius;

public:
  double getArea();
  double getRadius();
  void setRadius(double);

public:
  Circle();
  Circle(double);
};
```
(c)

팁
클래스 멤버를 순서에 상관없이 배치할 수 있지만, C++에서 일반적으로 사용하는 유형은 (a)처럼 첫 번째로 공용 멤버를 선언하고, 그 다음에 전용 멤버를 선언하는 것이다.

이 절에서는 클래스에서의 모든 변수에 대한 범위 규칙에 대해 설명한다.

데이터 필드에 대한 변수는 단 한 번만 선언할 수 있지만, 함수 안에서 선언한 변수 이름은 다른 함수에서 변수 선언을 할 때 사용할 수 있다.

지역 변수는 함수 안에서 선언하고 그 안에서 지역적으로 사용된다. 만약 지역 변수가 데이터 필드와 이름이 같다면, 지역 변수가 우선권을 가지며, 같은 이름의 데이터 필드는 숨겨진다. 예를 들어, 다음의 리스트 9.12 프로그램에서 x는 데이터 필드로, 그리고 함수 안에서 지역 변수로 정의되었다.

리스트 9.12 HideDataField.cpp

```cpp
1  #include <iostream>
2  using namespace std;
3
4  class Foo
```

```
 5   {
 6   public:
 7     int x; // 데이터 필드                                          데이터 필드 x
 8     int y; // 데이터 필드                                          데이터 필드 y
 9
10     Foo()                                                         인수 없는 생성자
11     {
12       x = 10;
13       y = 10;
14     }
15
16     void p()
17     {
18       int x = 20; // 지역 변수                                     지역 변수
19       cout << "x is " << x << endl;
20       cout << "y is " << y << endl;
21     }
22   };
23
24   int main()
25   {
26     Foo foo;                                                      객체 생성
27     foo.p();                                                      함수 호출
28
29     return 0;
30   }
```

```
x is 20
y is 10
```

x가 20, y가 10으로 출력되는 이유는 다음과 같다.

- x는 Foo 클래스 안에서 데이터 필드로 선언되었으나, 함수 p() 안에서 20의 초기 값을 갖는 지역 변수로도 선언되어 있다. 20의 값을 갖는 x가 19번 줄에 의해 콘솔에 표시된다.

- y는 데이터 필드로 선언되었고, 함수 p() 내부에서 접근이 가능하다.

팁
앞서 설명한 예는 자주 실수하는 내용이며, 이러한 혼동되는 상황을 피하기 위해서 함수의 매개변수(parameter)로 사용되는 경우를 제외하고 클래스 안에서 같은 이름의 변수는 선언하지 않는 것이 좋다.

9.18 클래스 안에서 데이터 필드와 함수는 어떤 방식으로 배치될 수 있는가?

Check Point

9.11 클래스 추상화와 캡슐화

클래스 추상화는 클래스 구현과 클래스의 사용을 분리하는 것이다. 클래스 구현 세부 사항은 캡슐화되고 사용자에게 감춰진 상태로 되는데, 이를 클래스 캡슐화라고 한다.

Key Point

6장에서 함수 추상화(function abstraction)에 대해 다루었고 단계적으로 이를 프로그램 개발에 사용하였다. C++는 많은 추상화 단계를 제공하는데, 클래스 추상화(class abstraction)는 클   클래스 추상화

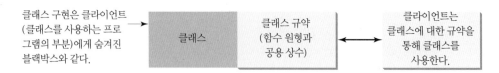

그림 9.7 클래스 추상화는 클래스 구현과 클래스의 사용을 분리한다.

래스 구현(implementation)과 클래스의 사용을 분리하는 것이다. 클래스를 만든 사람은 클래스에 대한 내용을 설명문으로 제공하여 사용자가 그 클래스를 어떻게 사용하는지를 알려 줄 수 있다. 함수와 데이터 필드가 어떻게 동작하는지에 대한 서술과 함께, 클래스 밖에서 접근이 가능한 이들 함수와 데이터 필드에 대한 모음은 **클래스 규약**(class contract)의 형태로 제공

클래스 규약

된다. 그림 9.7에 나타낸 것처럼 클래스 사용자는 클래스가 어떻게 구현되는지 알 필요가 없다. 클래스 구현에 대한 세부적인 내용은 사용자에게 캡슐화되며, 사용자에게는 감춰진 형태

클래스 캡슐화

로 있게 된다. 이를 **클래스 캡슐화**(class encapsulation)라고 한다. 예를 들어, **Circle** 객체를 생성하고 면적이 어떻게 계산되는지는 알 필요가 없이 원의 면적을 계산할 수가 있다.

클래스 추상화와 캡슐화는 동전의 양면과 같다. 클래스 추상화의 개념을 설명하는 많은 실제적인 예들이 있다. 예를 들어 컴퓨터 시스템을 구축하는 경우를 생각해 보자. 개인용 컴퓨터는 CPU, CD-ROM, 플로피 디스크, 머더보드, 팬(fan) 등의 많은 부품들로 이루어져 있다. 각 부품은 특성과 기능을 가지고 있는 객체로서 간주될 수 있다. 여러 부품이 함께 동작하도록 하기 위해서는 각 부품이 어떻게 사용되는지와 서로 어떻게 상호 동작을 하는지만 알면 된다. 각 부품이 내부적으로 어떻게 동작하는지는 알 필요가 없다. 부품 내부의 실행은 사용자에게 캡슐화되어 있고 감춰져 있는 것이다. 컴퓨터 사용자는 각 부품이 어떻게 실행되는지 알 필요 없이 컴퓨터 시스템을 구축할 수 있다.

컴퓨터 시스템에 대한 설명은 정확하게 객체지향 접근 방식과 동일하다고 생각할 수 있다. 각 부품은 부품에 대한 클래스의 객체로 생각할 수 있는데, 예를 들어, 컴퓨터에서 사용하는 팬(fan)에 대해 팬의 크기와 속도, 시작과 정지 기능 등의 속성을 갖는 모든 종류의 팬(fan)을 모델링하는 클래스를 만들 수 있다. 특정 팬은 특정 속성 값을 갖는 이 클래스의 인스턴스이다.

다른 예로써 대출을 받는 방법을 생각해 보자. 특정 대출을 **Loan** 클래스의 객체로 간주할 수 있다. 이자율, 대출액, 대출 기간은 데이터 속성이 되고, 월 납입금과 총 납입금을 계산하는 것은 함수가 된다. 자동차 한 대를 구입한다고 했을 때 이자율, 대출액, 대출 기간을 갖는 클래스를 실체화(instantiation)하여 대출 객체를 생성한다. 그런 다음, 대출에 대한 월 납입금과 총 납입금을 계산하는 함수를 사용할 수 있다. **Loan** 클래스의 사용자로서 이들 함수가 어떻게 구현되는지는 알 필요가 없다.

클래스의 생성과 사용을 설명하기 위한 예로써 **Loan** 클래스를 사용해 보자. **Loan**에는 그림 9.8에 나타낸 비와 같이 **annualInterestRate**, **numberOfYears**, **loanAmount**의 데이터 필드가 있고, **getAnnualInterestRate**, **getNumberOfYears**, **getLoanAmount**, **setAnnualInterestRate**, **setNumberOfYears**, **setLoanAmount**, **getMonthlyPayment**, **getTotalPayment**의 함수가 있다.

그림 9.8의 UML 다이어그램은 **Loan** 클래스에 대한 규약이라고 할 수 있다. 이 책의 전체에 걸쳐 독자는 클래스 사용자와 클래스 개발자의 역할을 모두 하게 된다. 사용자는 어떻게

Loan	
-annualInterestRate: double -numberOfYears: int -loanAmount: double	대출의 연이율(기본: 2.5) 대출 연수(기본: 1) 대출액(기본: 1000)

+Loan()
+Loan(rate: double,years: int,
  amount: double)
	기본 대출 객체 생성
	특정 이율, 연수, 대출액이 포함된
	   대출 객체 생성

+getAnnualInterestRate(): double
+getNumberOfYears(): int
+getLoanAmount(): double
+setAnnualInterestRate(
  rate: double): void
+setNumberOfYears(
  years: int): void
+setLoanAmount(
  amount: double): void
+getMonthlyPayment(): double
+getTotalPayment(): double
	대출의 연이율을 반환
	대출 연수를 반환
	대출액 반환
	새로운 대출의 연이율을 설정
	
	새로운 대출 연수를 설정
	
	새로운 대출액을 설정
	
	대출의 월 납입금을 반환
	대출의 총 납입금을 반환

그림 9.8 Loan 클래스는 대출의 속성과 행동을 모델링한다.

클래스가 구현되는지 알 필요 없이 클래스를 사용할 수 있다. 리스트 9.13에서처럼 헤더 파일에서 **Loan** 클래스가 사용 가능하다고 하자. 리스트 9.14의 **Loan** 클래스를 사용하는 테스트 프로그램 작성부터 시작해 보자.

리스트 9.13 Loan.h

```
 1  #ifndef LOAN_H
 2  #define LOAN_H
 3
 4  class Loan
 5  {
 6  public:                                                    공용 함수
 7    Loan();
 8    Loan(double rate, int years, double amount);
 9    double getAnnualInterestRate();
10    int getNumberOfYears();
11    double getLoanAmount();
12    void setAnnualInterestRate(double rate);
13    void setNumberOfYears(int years);
14    void setLoanAmount(double amount);
15    double getMonthlyPayment();
16    double getTotalPayment();
17
18  private:                                                   전용 필드
19    double annualInterestRate;
20    int numberOfYears;
21    double loanAmount;
22  };
23
24  #endif
```

리스트 9.14 TestLoanClass.cpp

```cpp
1  #include <iostream>
2  #include <iomanip>
3  #include "Loan.h"
4  using namespace std;
5
6  int main()
7  {
8    // 연이율 입력
9    cout << "Enter yearly interest rate, for example 8.25: ";
10   double annualInterestRate;
11   cin >> annualInterestRate;
12
13   // 연도 입력
14   cout << "Enter number of years as an integer, for example 5: ";
15   int numberOfYears;
16   cin >> numberOfYears;
17
18   // 대출액 입력
19   cout << "Enter loan amount, for example 120000.95: ";
20   double loanAmount;
21   cin >> loanAmount;
22
23   // Loan 객체 생성
24   Loan loan(annualInterestRate, numberOfYears, loanAmount);
25
26   // 결과 출력
27   cout << fixed << setprecision(2);
28   cout << "The monthly payment is "
29     << loan.getMonthlyPayment() << endl;
30   cout << "The total payment is " << loan.getTotalPayment() << endl;
31
32   return 0;
33 }
34
```

Loan 헤더 포함 — (3번 줄)

연도 입력 — (16번 줄)

대출액 입력 — (21번 줄)

Loan 객체 생성 — (24번 줄)

월 납입금 — (29번 줄)

총 납입금 — (30번 줄)

main 함수는 이자율과 납입 기간(연 단위), 대출액(8번~21번 줄)을 읽고, Loan 객체를 생성(24번 줄)하며, Loan 클래스의 인스턴스 함수를 사용하여 월 납입금(29번 줄)과 총 납입금(30번 줄)을 계산한다.

Loan 클래스는 리스트 9.15와 같이 구현된다.

리스트 9.15 Loan.cpp

```cpp
1  #include "Loan.h"
2  #include <cmath>
3  using namespace std;
4
5  Loan::Loan()
6  {
7    annualInterestRate = 9.5;
8    numberOfYears = 30;
```

인수 없는 생성자 — (5번 줄)

```
 9     loanAmount = 100000;
10   }
11
12   Loan::Loan(double rate, int years, double amount)                    생성자
13   {
14     annualInterestRate = rate;
15     numberOfYears = years;
16     loanAmount = amount;
17   }
18
19   double Loan::getAnnualInterestRate()                                 접근자 함수
20   {
21     return annualInterestRate;
22   }
23
24   int Loan::getNumberOfYears()                                         접근자 함수
25   {
26     return numberOfYears;
27   }
28
29   double Loan::getLoanAmount()                                         접근자 함수
30   {
31     return loanAmount;
32   }
33
34   void Loan::setAnnualInterestRate(double rate)                        변경자 함수
35   {
36     annualInterestRate = rate;
37   }
38
39   void Loan::setNumberOfYears(int years)                               변경자 함수
40   {
41     numberOfYears = years;
42   }
43
44   void Loan::setLoanAmount(double amount)                              변경자 함수
45   {
46     loanAmount = amount;
47   }
48
49   double Loan::getMonthlyPayment()                                     월 납입금 구하기
50   {
51     double monthlyInterestRate = annualInterestRate / 1200;
52     return loanAmount * monthlyInterestRate / (1 -
53       (pow(1 / (1 + monthlyInterestRate), numberOfYears * 12)));
54   }
55
56   double Loan::getTotalPayment()                                       총 납입금 구하기
57   {
58     return getMonthlyPayment() * numberOfYears * 12;
59   }
```

클래스 개발자는 클래스를 여러 사람들이 사용할 수 있도록 디자인한다. 클래스가 넓은 범

위의 응용에서 유용하도록 하기 위해 클래스는 생성자와 속성, 함수를 통해 그 응용의 요구 조건에 맞도록 하는 다양한 방법을 제공해야 한다.

　　Loan 클래스는 두 개의 생성자와 3개의 *get* 함수, 3개의 *set* 함수, 월 납입금과 총 납입금 계산을 위한 함수를 포함하고 있다. 연이율, 연수, 대출액의 3개 매개변수 또는 인수 없는 생성자를 사용하여 **Loan** 객체를 생성할 수 있다. 3개의 *get* 함수인 **getAnnualInterest**, **getNumberOfYears**, **getLoanAmount**는 각각 연이율, 대출 연수, 대출액을 반환한다.

 중요한 강사 팁

　　Loan 클래스에 대한 UML 다이어그램은 그림 9.8에 나타나 있다. 학생들은 비록 **Loan** 클래스가 어떻게 구현되는지 알지 못한다 하더라도 **Loan** 클래스를 사용하는 테스트 프로그램의 작성을 시작해야 한다. 이렇게 함으로써 세 가지 좋은 점이 있다.

- 클래스를 개발하는 것과 클래스를 사용하는 것은 두 개의 분리된 작업이라는 것을 증명해 준다.
- 책의 순서에 방해받지 않고 어떤 클래스에 대한 복잡한 구현은 건너뛸 수 있다.
- 클래스 사용을 통해 클래스에 익숙해진다면 클래스를 구현하는 방법을 배우는 것은 더욱 쉽다.

　　지금부터의 모든 예제에서는 우선 클래스로부터 객체를 생성하고, 클래스의 구현 전에 함수를 사용해 보도록 한다.

9.19 다음 코드의 출력은 무엇인가? (리스트 9.13 Loan.h에 정의된 **Loan** 클래스를 사용한다.)

```cpp
#include <iostream>
#include "Loan.h"
using namespace std;

class A
{
public:
  Loan loan;
  int i;
};

int main()
{
  A a;
  cout << a.loan.getLoanAmount() << enal;
  cout << a.i << enal;

  return 0;
}
```

주요 용어

객체(object)	데이터 필드(data field)
객체지향 프로그래밍(object-oriented programming, OOP)	데이터 필드 캡슐화(data field encapsulation)
	멤버 접근 연산자(member access operator)
객체 호출(calling object)	멤버 함수(member function)
공용(public)	변경자(mutator)
규약(contract)	상태(state)
기본 생성자(default constructor)	생성자(constructor)

생성자 초기화 목록(constructor initializer list)

속성(property)

실체화(instantiation)

이항 범위 지정 연산자(binary scope resolution
    operator, ::)

익명 객체(anonymous object)

인라인 정의(inline definition)

인수 없는 생성자(no-arg constructor)

인스턴스(instance)

인스턴스 변수(instance variable)

인스턴스 함수(instance function)

전용(private)

점 연산자(dot operator, .)

접근자(accessor)

클라이언트(client)

클래스(class)

클래스 추상화(class abstraction)

클래스 캡슐화(class encapsulation)

포함 감시(inclusion guard)

UML 클래스 다이어그램(UML class diagram)

요약

1.   클래스는 객체에 대한 설계도이다.

2.   클래스는 객체의 속성을 저장하기 위한 데이터 필드를 정의하며, 객체를 만드는 생성 자와 객체를 처리하기 위한 함수를 제공한다.

3.   생성자는 클래스와 이름이 동일해야 한다.

4.   인수 없는 생성자는 인수를 가지지 않는 생성자이다.

5.   클래스도 데이터 유형이다. 객체의 선언과 생성을 위해 클래스를 사용할 수 있다.

6.   객체는 클래스의 인스턴스이다. 이름을 통해 객체의 멤버에 접근하기 위해서는 점 연 산자(.)를 사용한다.

7.   객체의 **상태**(state)는 현재 값의 데이터 필드(속성이라고도 한다)로 표현된다.

8.   객체의 **행동**(behavior)은 함수 세트로 정의된다.

9.   데이터 필드는 초기 값을 가지지 않으며, 생성자에서 초기화되어야 한다.

10.   헤더 파일에서 클래스를 정의하고 다른 파일에서 클래스를 구현함으로써 클래스 정 의와 구현을 분리할 수 있다.

11.   헤더 파일이 여러 번 포함되는 것을 방지하기 위해 C++에서 **포함 감시**(inclusion guard)라고 하는 `#ifndef` 지시자를 사용할 수 있다.

12.   함수가 클래스 정의 내부에서 구현되는 경우에는 자동으로 인라인 함수가 된다.

13.   가시성 키워드는 클래스, 함수, 데이터가 어떻게 접근되는지를 지정해 준다.

14.   공용(public) 함수나 데이터는 모든 클라이언트에서 접근이 가능하다.

15.   전용(private) 함수나 데이터는 단지 클래스 안에서만 접근할 수 있다.

16.   클라이언트가 데이터를 읽거나 수정하려면 *get* 함수나 *set* 함수를 사용한다.

17.   일상적 표현으로 *get* 함수는 게터(getter) 또는 접근자(accessor)라고 하고, *set* 함수는

세터(setter) 또는 변경자(mutator)라고 한다.

18. *get* 함수는 returnType getPropertyName()와 같은 서명 부분을 갖는다.

19. 만약 **returnType**이 **bool**이라면 *get* 함수는 **bool** isPropertyName()으로 정의되어 야 한다.

20. *set* 함수는 **void** setPropertyName(dataType propertyValue)과 같은 서명 부분을 갖는다.

퀴즈

www.cs.armstrong.edu/liang/cpp3e/quiz.html에서 온라인으로 이 장에 대한 퀴즈를 풀어 보라.

프로그래밍 실습

세 가지 목적

강사 주의사항

실습에는 세 가지 목적이 있다.

1. 클래스에 대한 UML을 설계하고 그리기
2. UML로부터 클래스 구현하기
3. 프로그램 개발을 위해 클래스 사용하기

9.2~9.11절

9.1 (**Rectangle** 클래스) 직사각형을 나타내는 **Rectangle**이란 이름의 클래스를 설계하여 라. 클래스는 다음을 포함한다.

- 직사각형의 폭과 높이를 나타내는 **width**와 **height**라는 이름의 **double** 데이터 필드
- **width**와 **height**의 값이 1인 직사각형을 생성하는 인수 없는 생성자
- 지정된 **width**와 **height**를 갖는 기본 직사각형을 생성하는 생성자
- 모든 데이터 필드에 대한 접근자와 변경자 함수
- 직사각형의 면적 값을 반환하는 **getArea()** 함수
- 둘레 길이를 반환하는 **getPerimeter()** 함수

클래스에 대한 UML 다이어그램을 그리고, 클래스를 구현하여라. 두 개의 **Rectangle** 객체를 생성하는 테스트 프로그램을 작성하여라. 첫 번째 객체에는 width는 4, height는 40을 할당하고, 두 번째 객체에는 width는 3.5, height는 35.9를 할당한다. 두 객체의 속성을 표시하고 면적과 둘레 길이를 계산하여라.

9.2 (**Fan** 클래스) 팬(fan)을 나타내는 **Fan**이라는 클래스를 설계하여라. 클래스는 다음을 포함한다.

- 팬의 속도를 나타내는 **speed**라는 **int**형 데이터 필드. 팬에는 **1**, **2**, **3**의 값을 표시하 는 세 가지 속도가 있다.
- 팬이 동작 중인지를 나타내는 **on**이라는 이름의 **bool**형 데이터 필드

- 팬의 반지름을 나타내는 **radius**라는 이름의 **double**형 데이터 필드
- **speed**는 1, **on**은 **false**, **radius**는 5의 값을 갖는 기본 팬을 생성하는 인수 없는 생성자
- 모든 데이터 필드에 대한 접근자와 변경자 함수

클래스에 대한 UML 다이어그램을 그리고, 클래스를 구현하여라. 두 개의 **Fan** 객체를 생성하는 테스트 프로그램을 작성하여라. 첫 번째 객체에는 속도는 3, 반지름은 10, 팬은 켜진 상태로 할당하고, 두 번째 객체에는 속도는 2, 반지름은 5, 팬은 꺼진 상태로 할당한다. 팬 속성을 표시하기 위해 접근자 함수를 호출하여라.

9.3 (**Account** 클래스) 다음을 포함하는 **Account**라는 클래스를 설계하여라.

- 계좌(account)에 대한 **id**라는 이름의 **int** 형 데이터 필드
- 계좌의 잔액을 나타내는 **balance**라는 이름의 **double** 형 데이터 필드
- 현재 이자율을 저장하는 **annualInterestRate**라는 이름의 **double** 형 데이터 필드
- **id**와 **balance**, **annualInterestRate** 모두 값이 0인 기본 계좌를 생성하는 인수 없는 생성자
- **id**, **balance**, **annualInterestRate**에 대한 접근자와 변경자 함수
- 월이율을 반환하는 **getMonthlyInterestRate()** 함수
- 계좌로부터 지정 금액을 인출하는 **withDraw(amount)** 함수
- 계좌에 지정 금액을 입금하는 **deposit(amount)** 함수

클래스에 대한 UML 다이어그램을 그리고, 클래스를 구현하여라. 계좌 ID는 1122, 잔액은 20,000, 연이율은 4.5%인 **Account** 객체를 생성하는 테스트 프로그램을 작성하여라. $2,500를 인출하기 위한 **withdraw** 함수와 $3,000를 입금하는 **deposit** 함수를 사용하고, 잔액과 월 이자를 출력하여라.

9.4 (**MyPoint** 클래스) x와 y축의 점을 표시하는 **MyPoint** 클래스를 설계하여라.

- 좌표를 나타내는 두 개의 x와 y 데이터 필드
- 점 (0, 0)을 생성하는 인수 없는 생성자
- 지정 좌표의 점을 생성하는 생성자
- x와 y 데이터 필드를 위한 각각 두 개의 *get* 함수
- **MyPoint** 유형의 한 점에서 다른 점까지의 거리를 반환하는 **distance** 함수

클래스에 대한 UML 다이어그램을 그리고, 클래스를 구현하여라. 두 개의 점 (0, 0)과 (10, 30.5)를 생성하고 두 점 사이의 거리를 표시하는 테스트 프로그램을 작성하여라.

*9.5 (**Time** 클래스) 다음을 포함하는 **Time** 클래스를 설계하여라.

- 시간을 나타내는 **hour**, **minute**, **second** 데이터 필드
- 현재 시간에 대한 **Time** 객체를 생성하는 인수 없는 생성자
- 1970년 1월 1일 자정부터 지금까지의 경과 시간을 초로 나타내는 **Time** 객체를 생

성하는 생성자

- 지정된 시, 분, 초를 갖는 **Time** 객체를 생성하는 생성자
- **hour**, **minute**, **second** 데이터 필드에 대한 세 개의 *get* 함수
- 경과된 시간을 사용하는 객체에 대해 새로운 시간을 설정하는 **setTime(int elapseTime)** 함수

클래스에 대한 UML 다이어그램을 그리고, 클래스를 구현하여라. 하나는 인수 없는 생성자를 사용하고, 다른 하나는 **Time(555550)**을 사용하는 두 개의 **Time** 객체를 생성하고, 시와 분, 초를 화면에 표시하는 테스트 프로그램을 작성하여라.

(힌트: 먼저 두 개의 생성자는 경과시간으로부터 시, 분, 초를 추출할 것이다. 예를 들어, 만약 경과 시간이 555550초라고 하면, 시는 10, 분은 19, 초는 9가 된다. 인수 없는 생성자에서는 리스트 2.9 ShowCurrentTime.cpp에서처럼 **time(0)**을 사용하여 현재 시간을 알아 낼 수 있다.)

*9.6 (대수: 2차 방정식) 2차 방정식 $ax^2 + bx + c = 0$에 대한 **QuadraticEquation**이라는 클래스를 설계하여라.

- 세 개의 계수를 나타내는 **a**, **b**, **c** 데이터 필드
- **a**, **b**, **c**를 인수로 갖는 생성자
- **a**, **b**, **c**에 대한 세 개의 **get** 함수
- 판별식 $b^2 - 4ac$를 반환하는 **getDiscriminant()** 함수
- 다음과 같은 방정식의 두 근을 반환하는 **getRoot1()**와 **getRoot2()** 함수

$$r_1 = \frac{-b + \sqrt{b^2 - 4ac}}{2a} \quad \text{와} \quad r_2 = \frac{-b - \sqrt{b^2 - 4ac}}{2a}$$

이들 함수는 판별식이 음수가 아닌 경우에만 유용하며, 만일 판별식이 음수인 경우에는 0을 반환한다.

클래스에 대한 UML 다이어그램을 그리고, 클래스를 구현하여라. 사용자로부터 a, b, c의 값을 입력받아 판별식에 근거한 결과를 화면에 출력하는 테스트 프로그램을 작성하여라. 만일 판별식이 양수인 경우에는 두 개의 근을 화면에 출력하고, 판별식이 0인 경우에는 한 개의 근을 화면에 표시하며, 그렇지 않으면 **"The equation has no real roots"**를 화면에 출력한다.

*9.7 (스톱워치) 다음의 내용을 포함하는 **StopWatch** 클래스를 설계하여라.

- **get** 함수를 갖는 전용 데이터 필드 **startTime**과 **endTime**
- **startTime**을 현재 시간으로 초기화하는 인수 없는 생성자
- **startTime**을 현재 시간으로 재설정하는 **start()** 함수
- **endTime**을 현재 시간으로 설정하는 **stop()** 함수
- 스톱워치의 경과 시간을 밀리초(millisecond)로 반환하는 **getElapsedTime()** 함수

클래스에 대한 UML 다이어그램을 그리고, 클래스를 구현하여라. 선택 정렬 (selection sort)을 사용하여 100,000개의 숫자를 정렬하는 데 걸린 실행 시간을 측정하는 테스트 프로그램을 작성하여라.

*9.8 (**Data 클래스**) 다음의 내용을 포함하는 **Date** 클래스를 설계하여라.

- 날짜를 표시하는 **year, month, day** 데이터 필드
- 현재 날짜에 대한 **Data** 객체를 생성하는 인수 없는 생성자
- 1970년 1월 1일 자정부터 지금까지의 경과 시간을 초로 나타내는 **Data** 객체를 생성하는 생성자
- 지정된 연, 월, 일을 갖는 **Data** 객체를 생성하는 생성자
- **year, month, day** 데이터 필드에 대한 세 개의 *get* 함수
- 경과 시간을 사용하여 객체에 대한 새로운 날짜를 설정하는 **setDate(int elapseTime)** 함수

클래스에 대한 UML 다이어그램을 그리고, 클래스를 구현하여라. 하나는 인수 없는 생성자를 사용하고, 다른 하나는 **Date(555550)**를 사용하는 두 개의 **Date** 객체를 생성하고 연, 월, 일을 화면에 출력하는 테스트 프로그램을 작성하여라.

(힌트: 먼저 두 개의 생성자는 경과 시간으로부터 연, 월, 일을 추출할 것이다. 예를 들어, 만약 경과 시간이 561555550초라고 하면, 연도는 **1987**, 월은 **10**, 일은 **17**이 된다. 인수 없는 생성자에서는 리스트 2.9 ShowCurrentTime.cpp에서처럼 **time(0)**을 사용하여 현재 날짜를 알아 낼 수 있다.)

*9.9 (**대수: 2×2 선형 방정식**) 2×2 선형 방정식을 위한 **LinearEquation** 클래스를 설계하여라.

$$ax + by = e \qquad x = \frac{ed - bf}{ad - bc} \qquad y = \frac{af - ec}{ad - bc}$$
$$cx + dy = f$$

클래스는 다음의 내용을 포함한다.

- **a, b, c, d, e, f** 전용 데이터 필드
- **a, b, c, d, e, f**를 인수로 갖는 생성자
- **a, b, c, d, e, f**에 대한 여섯 개의 **get** 함수
- $ad - bc$가 0이 아닌 경우에 참(true)을 반환하는 **isSolvable()** 함수
- 방정식에 대한 답을 반환하는 **getX()**와 **getY()** 함수

클래스에 대한 UML 다이어그램을 그리고, 클래스를 구현하여라. 사용자로부터 **a, b, c, d, e, f**를 입력받아 결과를 화면에 출력하는 테스트 프로그램을 작성하여라. $ad - bc$가 0인 경우에는 "The equation has no solution"을 화면에 출력한다. 샘플 실행 결과는 프로그래밍 실습 3.3을 참조하여라.

9.10 (기하학: 교차점) 두 선분의 교차를 생각해 보자. 첫 번째 선분의 두 끝점은 (x1, y1)과 (x2, y2)이고, 두 번째 선분의 두 끝점은 (x3, y3)과 (x4, y4)이다. 사용자로부터 네 개의 끝점을 입력받아서 교차점을 화면에 표시하는 프로그램을 작성하여라. 교차점을 찾기 위해서는 실습 9.9의 **LinearEquation 클래스를 사용한다. 샘플 실행 결과는 프로그래밍 실습 3.22를 참조하여라.

**9.11 (EvenNumber 클래스) 다음 내용을 포함하여 짝수를 표시하는 EvenNumber 클래스를 정의하여라.

- 객체에 저장된 정수 값을 표시하는 **int** 형의 **value** 데이터 필드
- 0 값으로 EvenNumber 객체를 생성하는 인수 없는 생성자
- 특정 값으로 EvenNumber 객체를 생성하는 생성자
- 객체에 대해 **int** 값을 반환하는 **getValue()** 함수
- 객체에서 현재 짝수 값 이후의 다음 짝수 값을 나타내는 EvenNumber 객체를 반환하는 **getNext()** 함수
- 객체에서 현재 짝수 값 이전의 앞 짝수 값을 나타내는 EvenNumber 객체를 반환하는 **getPrevious()** 함수

클래스에 대한 UML 다이어그램을 그리고, 클래스를 구현하여라. 16의 값으로 EvenNumber 객체를 생성하고, 16의 다음 짝수와 이전 짝수를 얻기 위해 **getNext()**와 **getPrevious()** 함수를 호출하여 이들 수를 화면에 출력하는 테스트 프로그램을 작성하여라.

객체지향 개념

이 장의 목표

- **string** 클래스를 사용하여 문자열 처리(10.2절)

- 객체 인수를 갖는 함수 작성(10.3절)

- 배열에서 객체 저장과 처리(10.4절)

- 인스턴스와 정적 변수, 함수의 차이점 이해(10.5절)

- 우연히 변경될 수 있는 데이터 필드를 방지하기 위한 상수 함수 정의(10.6절)

- 절차적 형식과 객체지향 형식의 차이점 이해(10.7절)

- 체질량 지수에 대한 클래스 설계(10.7절)

- 합성 관계 모델링을 위한 클래스 개발(10.8절)

- 스택에 대한 클래스 설계(10.9절)

- 클래스 설계 지침에 따른 클래스 설계(10.10절)

10.1 들어가기

이 장에서는 클래스 설계에 대해 주로 설명하며, 절차적 프로그래밍과 객체지향 프로그래밍의 차이점을 비교해 본다.

9장에서 객체와 클래스의 주요 개념을 소개하였고, 클래스 정의, 객체 생성, 객체 사용 방법을 배웠다. 이 책에서는 객체지향 프로그래밍 전에 문제를 해결하는 방법과 기본 프로그래밍 기술을 학습하도록 한다. 이 장에서는 절차적 프로그래밍에서 객체지향 프로그래밍으로 변환하는 방법을 설명한다. 이를 통해 독자들은 객체지향 프로그래밍의 장점을 확인하고 효율적으로 사용할 수 있을 것이다.

중심 내용은 클래스 설계이며, 객체지향 프로그래밍의 장점을 설명하기 위해 약간의 예제들을 다룰 것이다. 첫 번째 예제는 C++ 라이브러리에서 제공하는 **string** 클래스이며, 다른 예제들은 새로운 클래스를 설계하고 응용 프로그램에서 클래스를 사용하는 내용을 포함하고 있다.

10.2 string 클래스

string 클래스는 C++에서 **string** 형으로 정의한다. 문자열을 조작하기 위한 여러 가지 유용한 함수들이 포함되어 있다.

C++에서는 문자열을 처리하기 위한 두 가지 방법이 있다. 하나는 7.11절 "C-문자열"에서 설명한 문자들의 배열 끝에 널 문자('\0')를 사용하는 C-문자열을 사용하는 것이다. 널 문자는 C-문자열 함수를 동작시키는 데 중요한 역할을 하는 문자열의 끝을 나타낸다. 다른 방법은 **string** 클래스를 사용하여 문자열로 처리하는 방법이다. 문자열을 조작하고 처리하기 위해 C-문자열 함수를 사용할 수 있지만, **string** 클래스가 사용하기 더 쉽다. C-문자열을 처리하기 위해서 프로그래머는 문자가 어떻게 배열에 저장되는지를 알아야 하지만, **string** 클래스에 대해서는 낮은 수준의 저장 방법에 대해 프로그래머가 알 필요가 없다. 따라서 프로그래머는 훨씬 편하게 프로그램을 구현할 수 있다.

4.8절 "**string** 유형"에서 문자열을 간단히 소개하였다. **at(index)** 함수와 첨자 연산자 **[]** 를 사용하여 문자열을 탐색하고, 문자열에서 문자의 개수를 반환하기 위해 **size()**와 **length()**를 사용하는 방법을 배웠다. 이 절에서는 문자열 객체 사용에 대해 좀 더 자세하게 다룬다.

10.2.1 문자열 작성

다음과 같은 구문을 사용하여 문자열을 생성한다.

```
string s = "Welcome to C++";
```

이 문장은 먼저 문자열 리터럴(literal)을 사용하여 문자열 객체를 생성하고, 그 다음에 s에 객체를 복사하는 두 단계를 거쳐야 하기 때문에 효과적이지 않다.

문자열을 생성하기 위한 더 좋은 방법은 다음과 같은 문자열 생성자를 사용하는 것이다.

```
string s("Welcome to C++");
```

string의 인수 없는 생성자를 사용하여 빈 문자열(empty string)을 생성할 수 있다. 예를 들어,   빈 문자열

다음 문장은 빈 문자열을 생성한다.

```
string s;
```

또한 다음 코드와 같이 **string**의 생성자를 사용하여 C-문자열로부터 문자열을 생성할 수도   C-문자열을 문자열로

있다.

```
char s1[] = "Good morning";
string s(s1);
```

위의 코드에서 **s1**은 C-문자열이고, **s**는 문자열 객체이다.

10.2.2 문자열 추가

문자열에 새로운 내용을 추가하기 위하여 그림 10.1에 나타난 바와 같이 오버로딩 함수를 사

용할 수 있다.

string
+append(s: string): string
+append(s: string, index: int, n: int): string
+append(s: string, n: int): string
+append(n: int, ch: char): string

문자열 s를 string 객체에 추가
문자열 s의 index 위치에서 n개의 문자를 string에 추가
문자열 s의 처음부터 n개의 문자를 string에 추가
n개의 문자 ch를 string에 추가

그림 10.1 **string** 클래스는 문자열을 추가하기 위한 함수를 제공한다.

예를 들면,

```
string s1("Welcome");
s1.append(" to C++"); // s1에 " to C++" 추가
cout << s1 << endl; // s1은 Welcome to C++가 된다.

string s2("Welcome");
s2.append(" to C and C++", 0, 5); // s2에 " to C" 추가
cout << s2 << endl; // s2는 Welcome to C가 된다.

string s3("Welcome");
s3.append(" to C and C++", 5); // s3에 " to C" 추가
cout << s3 << endl; // s3은 Welcome to C가 된다.

string s4("Welcome");
s4.append(4, 'G'); // s4에 "GGGG" 추가
cout << s4 << endl; // s4는 WelcomeGGGG가 된다.
```

10.2.3 문자열 대입

문자열에 새로운 내용을 대입하기 위하여 그림 10.2에 나타난 바와 같이 오버로딩 함수를 사

용할 수 있다.

string
+assign(s[]: char): string
+assign(s: string): string
+assign(s: string, index: int, n: int): string
+assign(s: string, n: int): string
+assign(n: int, ch: char): string

문자 배열 또는 문자열 s를 string에 대입
문자열 s를 string에 대입
문자열 s의 index 위치에서 n개의 문자를 string에 대입
문자열 s의 처음부터 n개의 문자를 string 객체에 대입
n개의 문자 ch를 string에 대입

그림 10.2 string 클래스는 문자열을 대입하기 위한 함수를 제공한다.

예를 들면,

```
string s1("Welcome");
s1.assign("Dallas"); // s1에 "Dallas" 대입
cout << s1 << endl; // s1은 Dallas가 된다.

string s2("Welcome");
s2.assign("Dallas, Texas", 0, 5); // s2에 "Dalla" 대입
cout << s2 << endl; // s2는 Dalla가 된다.

string s3("Welcome");
s3.assign("Dallas, Texas", 5); // s3에 "Dalla" 대입
cout << s3 << endl; // s3은 Dalla가 된다.

string s4("Welcome");
s4.assign(4, 'G'); // s4에 "GGGG" 대입
cout << s4 << endl; // s4는 GGGG가 된다.
```

10.2.4 at, clear, erase, empty 함수

그림 10.3에 나타낸 바와 같이, 특정 인덱스(index)에서 문자를 검색하기 위한 **at(index)**, 문자열을 제거하기 위한 **clear()**, 문자열의 일부를 삭제하기 위한 **erase(index, n)**과 문자열이 비었는지 확인하기 위한 **empty()**를 사용할 수 있다.

string
+at(index: int): char
+clear(): void
+erase(index: int, n: int): string
+empty(): bool

문자열로부터 인덱스 위치의 문자를 반환
문자열의 모든 문자 제거
문자열의 index 위치에서 시작하여 n개의 문자 제거
만일 문자열이 비어 있는 경우, 참(true)을 반환

그림 10.3 string 클래스는 문자 검색, 문자열 제거 및 삭제와 문자열이 비어 있는지를 확인하기 위한 함수들을 제공한다.

예를 들면,

```
string s1("Welcome");
cout << s1.at(3) << endl; // s1.at(3)는 c를 반환한다.
cout << s1.erase(2, 3) << endl; // s1은 Weme가 된다.
s1.clear(); // s1은 빈 문자열이 된다.
cout << s1.empty() << endl; // s1.empty는 1(true를 의미)을 반환한다.
```

10.2.5 `length`, `size`, `capacity`, `c_str()` 함수

그림 10.4와 같이, 문자열의 길이와 크기, 용량(capacity)을 알기 위해서 각각 **length()**, **size()**, **capacity()**와 C-문자열을 반환하기 위한 **c_str()** 함수를 사용할 수 있다. **length()** 와 **size()**는 같은 함수이며, C++11에서 **c_str()**와 **data()**도 같은 함수이다. **capacity()** 함수는 항상 실제 문자열 크기보다 크거나 같은 내부 버퍼 크기를 반환한다.

string
+length(): int
+size(): int
+capacity(): int
+c_str(): char[]
+data(): char[]

문자열에서 문자의 개수를 반환
length()와 같음
문자열에 할당된 저장 공간의 크기를 반환
문자열에 대한 C-문자열을 반환
c_str()와 같음

그림 10.4 **string** 클래스는 문자열의 길이, 용량과 C-문자열을 계산하기 위한 함수를 제공한다.

예를 들어, 다음 코드를 살펴보자.

```
1   string s1("Welcome");                              문자열 생성
2   cout << s1.length() << endl; // 길이는 7이다.
3   cout << s1.size() << endl; // 크기는 7이다.
4   cout << s1.capacity() << endl; // 용량은 15이다.
5
6   s1.erase(1, 2);                                     두 문자 제거
7   cout << s1.length() << endl; // 길이는 5이다.
8   cout << s1.size() << endl; // 크기는 5이다.
9   cout << s1.capacity() << endl; // 용량은 여전히 15이다.
```

> **주의**
> 문자열 **s1**이 1번 줄에 생성될 때 **용량**은 **15**로 설정된다. 6번 줄에서 두 개의 문자를 삭제한 후에 도 용량은 여전히 **15**가 되지만 길이와 크기는 **5**가 된다.   용량?

10.2.6 문자열 비교

프로그램에서 종종 두 개의 문자열 내용을 비교해야 할 경우가 있다. 이때는 **compare** 함수를 사용하면 된다. 이 함수는 그림 10.5와 같이 만일 문자열이 다른 문자열보다 크면 **0**보다 큰 **int** 값, 같으면 **0**, 다른 문자열보다 작으면 **0**보다 작은 **int** 값을 반환한다.

string
+compare(s: string): int
+compare(index: int, n: int, s: string): int

만일 문자열이 s보다 크면 0보다 큰 값, 같으면 0, s보다 작으면 0보다 작은 값을 반환
문자열과 부분 문자열 s(index, ... index + n − 1)를 비교

그림 10.5 **string** 클래스는 문자열을 비교하기 위한 함수를 제공한다.

예를 들면,

```
string s1("Welcome");
string s2("Welcomg");
cout << s1.compare(s2) << endl; // -1 반환
cout << s2.compare(s1) << endl; // 1 반환
cout << s1.compare("Welcome") << endl; // 0 반환
```

10.2.7 부분 문자열 구하기

at 함수를 사용하여 문자열로부터 단일 문자를 뽑아낼 수 있다. 또한 그림 10.6과 같이 **substr** 함수를 사용하여 문자열로부터 부분 문자열을 구할 수 있다.

string
+substr(index: int, n: int): string
+substr(index: int): string

위치 인덱스로부터 시작하여 string의 n개 부문 문자열을 반환
위치 인덱스에서 시작하여 string의 부분 문자열을 반환

그림 10.6 **string** 클래스는 부분 문자열을 얻기 위한 함수를 제공한다.

예를 들면,

```
string s1("Welcome");
cout << s1.substr(0, 1) << endl; // W 반환
cout << s1.substr(3) << endl; // come 반환
cout << s1.substr(3, 3) << endl; // com 반환
```

10.2.8 문자열 검색

문자열에서 하나의 문자나 부분 문자열을 검색하기 위해 **find** 함수를 사용한다(그림 10.7). 이 함수는 만약 일치하는 자료를 찾지 못한다면, **string::npos**(not a position을 의미)를 반환한다. **npos**는 **string** 클래스에 정의된 상수이다.

string
+find(ch: char): unsigned
+find(ch: char, index: int): unsigned
+find(s: string): unsigned
+find(s: string, index: int): unsigned

ch와 일치하는 첫 번째 위치를 반환
위치 인덱스로부터 시작하여 ch와 일치하는 첫 번째 위치를 반환
부분 문자열 s와 일치하는 첫 번째 위치를 반환
위치 인덱스로부터 시작하여 부분 문자열 s와 일치하는 첫 번째 위치
를 반환

그림 10.7 **string** 클래스는 부분 문자열을 검색하는 함수를 제공한다.

예를 들면,

```
string s1("Welcome to HTML");
cout << s1.find("co") << endl; // 3 반환
cout << s1.find("co", 6) << endl; // string::npos 반환
cout << s1.find('o') << endl; // 4 반환
cout << s1.find('o', 6) << endl; // 9 반환
```

10.2.9 문자열 삽입과 교체

문자열에 부분 문자열을 삽입하기 위한 **insert** 함수와 부분 문자열을 교체하기 위한 **replace** 함수를 사용할 수 있다(그림 10.8).

String
+insert(index: int, s: string): string
+insert(index: int, n: int, ch: char): string
+replace(index: int, n: int, s: string): string

string의 위치 인덱스 자리로 문자열 s를 삽입
string의 위치 인덱스 자리로 n개의 ch 문자를 삽입
string의 위치 인덱스로부터 시작하는 n개의 문자를 문자열 s로 교체

그림 10.8 **string** 클래스는 부분 문자열 삽입과 교체를 위한 함수를 제공한다.

다음은 **insert**와 **replace** 함수를 사용하는 예이다.

```
string s1("Welcome to HTML");
s1.insert(11, "C++ and ");
cout << s1 << endl; // s1은 Welcome to C++ and HTML이 된다.

string s2("AA");
s2.insert(1, 4, 'B');
cout << s2 << endl; // s2는 ABBBBA가 된다.

string s3("Welcome to HTML");
s3.replace(11, 4, "C++");
cout << s3 << endl; // s3은 Welcome to C++가 된다.
```

> **주의**
> **string** 객체는 **string** 객체의 내용을 변경하기 위해 **append, assign, erase, replace, insert** 함수를 호출한다. 이들 함수는 또한 새로운 문자열을 반환한다. 예를 들어, 다음 코드에서 **s1**은 s1에 "C++ and"를 삽입하기 위해 **insert** 함수를 호출하고 새로운 문자열이 반환되어 **s2**에 대입된다.
>
> ```
> string s1("Welcome to HTML");
> string s2 = s1.insert(11, "C++ and ");
> cout << s1 << endl; // s1은 Welcome to C++ and HTML이 된다.
> cout << s2 << endl; // s2는 Welcome to C++ and HTML이 된다.
> ```

문자열 반환

> **주의**
> 대부분의 컴파일러에서 **append, assign, insert, replace** 함수를 사용하는 경우 더 많은 문자를 제공하기 위해서 자동으로 string 객체의 내부 버퍼 용량을 증가시킨다. 하지만 만약 버퍼 용량이 너무 작은 크기로 고정되어 있는 경우 함수는 사용 가능한 만큼의 문자만을 복사하게 된다.

너무 작은 용량?

10.2.10 문자열 연산자

C++에서 문자열 연산을 단순화하기 위한 문자열 연산자는 표 10.1과 같다.

다음은 이들 연산자를 사용하는 예이다.

```
string s1 = "ABC"; // = 연산자
string s2 = s1; // = 연산자
for (int i = s2.size() - 1; i >= 0; i--)
  cout << s2[i]; // [] 연산자
```

=

[]

표 10.1 문자열 연산자

연산자	설명
[]	배열 첨자 연산자를 사용하여 문자에 접근
=	한 문자열의 내용을 다른 문자열로 복사
+	두 개의 문자열을 새로운 하나의 문자열로 연결
+=	하나의 문자열 내용을 다른 문자열에 추가
<<	문자열을 스트림에 삽입
>>	스트림으로부터 공백이나 널(null) 문자에 의해 구분되는 문자열로 문자 추출
==, !=, <, <=, >, >=	문자열 비교를 위한 6개의 관계 연산자

+	`string s3 = s1 + "DEFG"; // + 연산자`
<<	`cout << s3 << endl; // s3은 ABCDEFG가 된다.`
+=	`s1 += "ABC";`
	`cout << s1 << endl; // s1은 ABCABC가 된다.`
	`s1 = "ABC";`
	`s2 = "ABE";`
==	`cout << (s1 == s2) << endl; // 0 출력(거짓을 의미)`
!=	`cout << (s1 != s2) << endl; // 1 출력(참을 의미)`
>	`cout << (s1 > s2) << endl; // 0 출력(거짓을 의미)`
>=	`cout << (s1 >= s2) << endl; // 0 출력(거짓을 의미)`
<	`cout << (s1 < s2) << endl; // 1 출력(참을 의미)`
<=	`cout << (s1 <= s2) << endl; // 1 출력(참을 의미)`

10.2.11 숫자를 문자열로 변환

7.11.6절 "문자열과 숫자의 변환"에서 **atoi**와 **atof** 함수를 사용하여 문자열을 정수와 실수로 변환하는 방법을 소개하였다. 또한 정수를 문자열로 변환히기 위해 **itoa** 함수를 사용할 수 있었다. 때로는 실수(floating-point number)를 문자열로 변환해야 할 때도 있는데, 이 경우 변환을 실행하기 위한 함수를 작성할 수 있다. 하지만 간단하게 처리하는 방법은 **<sstream>** 헤더 내에 있는 **stringstream** 클래스를 사용하는 것이다. **stringstream**은 마치 입력/출력 스트림처럼 문자열을 조작할 수 있는 인터페이스를 제공한다. **stringstream**의 한 가지 응용 예로서 숫자를 문자로 변환하는 경우가 있다. 다음은 그 예이다.

숫자를 stringstream으로
stringstream을 문자열로

```
1    stringstream ss;
2    ss << 3.1415;
3    string s = ss.str();
```

10.2.12 문자열 분할

때로는 문자열로부터 딘어를 추출해야 할 때가 있다. 단어들이 공백으로 분리되어 있다고 가정하자. 이 작업을 수행하기 위해서는 이전 절에서 설명한 **stringstream** 클래스를 사용한다. 리스트 10.1은 문자열로부터 단어를 추출하는 예제이며, 행 단위로 단어를 출력한다.

리스트 10.1 ExtractWords.cpp

```
 1  #include <iostream>
 2  #include <sstream>                              ← sstream 헤더 포함
 3  #include <string>                               ← 문자열 헤더 포함
 4  using namespace std;
 5
 6  int main()
 7  {
 8    string text("Programming is fun");
 9    stringstream ss(text);                        ← stringstream 생성
10
11    cout << "The words in the text are " << endl;
12    string word;
13    while (!ss.eof())                             ← 스트림의 끝
14    {
15      ss >> word;                                 ← 스트림으로부터 데이터 구하기
16      cout << word << endl;
17    }
18
19    return 0;
20  }
```

```
The words in the text are
Programming
is
fun
```

이 프로그램은 텍스트 문자열에 대한 **stringstream** 객체를 생성하고(9번 줄), **stringstream** 객체는 단지 콘솔로부터 데이터를 읽어 들이기 위한 입력 스트림처럼 사용된다. 문자열 스트림으로부터의 데이터를 문자열 객체 **word**로 보낸다(15번 줄). **stringstream** 클래스의 **eof()** 함수는 문자열 스트림 내의 모든 항목을 읽었을 때 참(**true**)을 반환한다(13번 줄).

10.2.13 예제: 문자열 교체

이 예제에서는 문자열 **s**에 부분 문자열 **oldSubStr**이 나타나면 새로운 부분 문자열 **newSubStr**로 교체하는 다음 함수를 작성할 것이다.

```
bool replaceString(string& s, const string& oldSubStr,
    const string& newSubStr);
```

이 함수는 만일 문자열 **s**가 변경되면 참(**true**)을 반환하고, 그렇지 않으면 거짓(**false**)을 반환한다.

이 프로그램은 리스트 10.2에 나타나 있다.

리스트 10.2 ReplaceString.cpp

```
 1  #include <iostream>
 2  #include <string>                               ← 문자열 헤더 포함
 3  using namespace std;
```

```
 4
 5    // s 내의 oldSubStr을 newSubStr로 교체한다.
 6    bool replaceString(string& s, const string& oldSubStr,
 7      const string& newSubStr);
 8
 9    int main()
10    {
11      // 사용자가 s, oldSubStrk, newSubStr을 입력한다.
12      cout << "Enter string s, oldSubStr, and newSubStr: ";
13      string s, oldSubStr, newSubStr;
14      cin >> s >> oldSubStr >> newSubStr;
15
16      bool isReplaced = replaceString(s, oldSubStr, newSubStr);
17
18      if (isReplaced)
19        cout << "The replaced string is " << s << endl;
20      else
21        cout << "No matches" << endl;
22
23      return 0;
24    }
25
26    bool replaceString(string& s, const string& oldSubStr,
27      const string& newSubStr)
28    {
29      bool isReplaced = false;
30      int currentPosition = 0;
31      while (currentPosition < s.length())
32      {
33        int position = s.find(oldSubStr, currentPosition);
34        if (position == string::npos) // 더 이상 일치하는 내용이 없다.
35          return isReplaced;
36        else
37        {
38          s.replace(position, oldSubStr.length(), newSubStr);
39          currentPosition = position + newSubStr.length();
40          isReplaced = true; // 적어도 한 개는 일치
41        }
42      }
43
44      return isReplaced;
45    }
```

왼쪽 여백 주석:
- replaceString 함수 (6)
- replaceString 호출 (16)
- isReplaced (29)
- 부분 문자열 검색 (33)
- isReplaced 반환 (35)
- 부분 문자열 대체 (38)

```
Enter string s, oldSubStr, and newSubStr: abcdabab ab AAA  ↵Enter
The replaced string is AAAcdAAAAAA
```

```
Enter string s, oldSubStr, and newSubStr: abcdabab gb AAA  ↵Enter
No matches
```

프로그램에서는 사용자가 문자열, 교체 대상 부분 문자열, 새 부분 문자열을 입력하며(14번
줄), 교체 대상 부분 문자열이 발생하는 모든 부분에 새 부분 문자열을 교체하기 위해

replaceString 함수를 호출하고(16번 줄) 문자열이 교체되었는지를 알려 주는 메시지를 화면에 출력한다(18번~21번 줄).

replaceString 함수는 0부터 시작하는 currentPosition에서 문자열 s 내의 oldSubStr을 검색한다(30번 줄). 문자열 클래스 내의 find 함수는 문자열 내에서 부분 문자열을 찾는 데 사용된다(33번 줄). 만일 찾지 못한다면, string::npos가 반환된다. 이 경우에 검색은 종료되고 함수는 isReplaced를 반환한다(35번 줄). isReplaced는 bool 변수이고, 초기 값은 false로 설정되어 있다(29번 줄). 일치하는 부분 문자열을 찾을 때마다 true로 설정된다(40번 줄).

replaceString 함수는 반복적으로 부분 문자열을 찾고, replace 함수를 사용하여 새로운 부분 문자열로 교체하며(38번 줄), 문자열의 나머지 부분에서 새로 일치하는 부분을 찾기 위해 현재 검색 위치를 재설정한다(39번 줄).

Check Point

10.1 "Welcome to C++" 문자열을 생성하기 위해서 다음과 같은 문장을 사용할 수 있다.

```
string s1("Welcome to C++");
```

또는

```
string s1 = "Welcome to C++";
```

중에서 어느 것이 더 좋은가? 이유는?

10.2 s1과 s2 문자열이 다음과 같이 주어졌다고 하자.

```
string s1("I have a dream");
string s2("Computer Programming");
```

각 대입식은 서로 독립적이라 할 때, 다음 대입식들의 결과는 무엇인가?

(1) s1.append(s2)
(2) s1.append(s2, 9, 7)
(3) s1.append("NEW", 3)
(4) s1.append(3, 'N')
(5) s1.assign(3, 'N')
(6) s1.assign(s2, 9, 7)
(7) s1.assign("NEWNEW", 3)
(8) s1.assign(3, 'N')
(9) s1.at(0)
(10) s1.length()
(11) s1.size()
(12) s1.capacity()

(13) s1.erase(1, 2)
(14) s1.compare(s2)
(15) s1.compare(0, 10, s2)
(16) s1.c_str()
(17) s1.substr(4, 8)
(18) s1.substr(4)
(19) s1.find('A')
(20) s1.find('a', 9)
(21) s1.replace(2, 4, "NEW")
(22) s1.insert(4, "NEW")
(23) s1.insert(6, 8, 'N')
(24) s1.empty()

10.3 s1과 s2 문자열이 다음과 같이 주어졌다고 하자.

```
string s1("I have a dream");
string s2("Computer Programming");
char s3[] = "ABCDEFGHIJKLMN";
```

각 대입식이 서로 독립적이라 할 때, 다음 문장이 각각 수행된 후, s1, s2, s3의 결과는 무엇인가?

(1) s1.clear()
(2) s1.copy(s3, 5, 2)

(3) s1.compare(s2)

10.4 **s1**과 **s2** 문자열이 다음과 같이 주어졌다고 하자.

```
string s1("I have a dream");
string s2("Computer Programming");
```

각 식이 서로 독립적이라 할 때, 다음 식들의 결과는 무엇인가?

(1) s1[0]
(2) s1 = s2
(3) s1 = "C++ " + s2
(4) s2 += "C++ "
(5) s1 > s2

(6) s1 >= s2
(7) s1 < s2
(8) s1 <= s2
(9) s1 == s2
(10) s1 != s2

10.5 다음 프로그램이 실행되었을 때, **New York**을 입력하였다고 하자. 출력은 무엇인가?

```
#include <iostream>
#include <string>
using namespace std;

int main()
{
  cout << "Enter a city: ";
  string city;
  cin >> city;

  cout << city << endl;

  return 0;
}
```

(a)

```
#include <iostream>
#include <string>
using namespace std;

int main()
{
  cout << "Enter a city: ";
  string city;
  getline(cin, city);

  cout << city << endl;

  return 0;
}
```

(b)

10.6 다음 코드의 출력은 무엇인가? (**replaceString** 함수는 리스트 10.2에 정의되어 있다.)

```
string s("abcdabab"), oldSubStr("ab"), newSubStr("AAA");
replaceString(s, oldSubStr, newSubStr);
cout << s << endl;
```

10.7 만일 **replaceString** 함수가 리스트 10.2의 44번 줄로부터 반환된 경우, 반환된 값은 항상 거짓(false)인가?

10.3 함수에 객체 전달

객체는 함수로 값에 의한 전달이나 참조에 의한 전달이 가능하지만, 참조에 의한 객체 전달이 더 **효율적**이다.

지금까지 원시 유형, 배열 유형, 문자열 유형의 인수를 함수로 선달하는 방법을 배웠는데, 객체 유형도 함수로 전달할 수 있다. 객체는 값에 의한 전달 또는 참조에 의한 전달 모두 가능하다. 리스트 10.3은 값에 의한 객체 전달의 예이다.

리스트 10.3 PassObjectByValue.cpp

```cpp
 1  #include <iostream>
 2  // CircleWithPrivateDataFields.h는 리스트 9.9에 정의되어 있다.
 3  #include "CircleWithPrivateDataFields.h"          헤더 파일 포함
 4  using namespace std;
 5
 6  void printCircle(Circle c)                        객체 매개변수
 7  {
 8    cout << "The area of the circle of "
 9      << c.getRadius() << " is " << c.getArea() << endl;   circle 접근
10  }
11
12  int main()
13  {
14    Circle myCircle(5.0);                           circle 생성
15    printCircle(myCircle);                          객체 전달
16
17    return 0;
18  }
```

```
The area of the circle of 5 is 78.5397
```

리스트 9.9의 CircleWithPrivateDataFields.h에 정의된 **Circle** 클래스는 3번 줄에 include 되어 있다. **printCircle** 함수의 매개변수는 **Circle**로 정의되어 있다(6번 줄). **main** 함수는 **Circle** 객체 **myCircle**을 생성하고(14번 줄), 값에 의한 전달로 **myCircle**을 **printCircle** 함수에 전달한다(15번 줄). 값에 의한 객체 인수 전달은 객체를 함수의 매개변수에 복사하는 것이다. 따라서 그림 10.9a에 나타난 바와 같이, **printCircle** 함수 내의 객체 **c**는 **main** 함수 내의 **myCircle** 객체와 독립적이다.

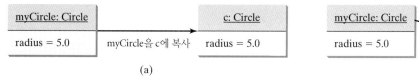

그림 10.9 (a) 값에 의해 또는 (b) 참조에 의해 객체를 함수에 전달할 수 있다.

리스트 10.4는 참조에 의해 객체를 전달하는 예를 보여 준다.

리스트 10.4 PassObjectByReference.cpp

```cpp
 1  #include <iostream>
 2  #include "CircleWithPrivateDataFields.h"          헤더 파일 포함
 3  using namespace std;
 4
 5  void printCircle(Circle& c)                       참조 매개변수
 6  {
 7    cout << "The area of the circle of "
 8      << c.getRadius() << " is " << c.getArea() << endl;   circle 접근
 9  }
```

```
10
11   int main()
12   {
13     Circle myCircle(5.0);
14     printCircle(myCircle);
15
16     return 0;
17   }
```

circle 생성
참조 전달

> The area of the circle of 5 is 78.5397

Circle 유형의 참조 매개변수는 **printCircle** 함수 내에 선언되어 있다(5번 줄). **main** 함수는 Circle 객체 **myCircle**을 생성하고(13번 줄), 객체의 참조를 **printCircle** 함수에 전달한다(14번 줄). 따라서 **printCircle** 함수의 객체 **c**는 그림 10.9b에 나타낸 바와 같이 기본적으로 **main** 함수에 있는 **myCircle** 객체의 별명(alias)이 된다.

참조에 의해 객체 전달

값에 의해 또는 참조에 의해 객체를 함수에 전달할 수는 있지만, 값에 의한 전달은 시간이 걸리고 메모리 공간이 추가로 필요하므로 참조에 의한 전달이 더 효율적이다.

Check Point

10.8 객체를 함수에 전달하기 위해 참조에 의한 전달이 효율적인 이유는 무엇인가?

10.9 다음 코드의 출력은 무엇인가?

```
#include <iostream>
using namespace std;

class Count
{
public:
  int count;

  Count(int c)
  {
    count = c;
  }
  Count()
  {
    count = 0;
  }
};

void increment(Count c, int times)
{
  c.count++;
  times++;
}

int main()
{
  Count myCount;
  int times = 0;

  for (int i = 0; i < 100; i++)
    increment(myCount, times);
```

```
     cout << "myCount.count is " << myCount.count;
     cout << " times is " << times;

     return 0;
  }
```

10.10 만일 체크 포인트 10.9에서 강조된 코드가 다음과 같이 변경되는 경우, 출력은 무엇인가?

```
void increment(Count& c, int times)
```

10.11 만일 체크 포인트 10.9에서 강조된 코드가 다음과 같이 변경되는 경우, 출력은 무엇인가?

```
void increment(Count& c, int& times)
```

10.12 체크 포인트 10.9에서 강조된 코드를 다음 코드로 변경할 수 있는가?

```
void increment(const Count& c, int times)
```

10.4 객체의 배열

원시 값 배열이나 문자열 배열처럼 객체의 배열도 생성할 수 있다.

Key Point

7장에서 원시 유형 요소의 배열과 문자열 생성에 대해 다루었는데, 객체의 배열도 생성이 가능하다. 예를 들어, 다음 문장은 10개의 **Circle** 객체 배열을 선언한다.

```
Circle circleArray[10]; // 10개의 Circle 객체 배열 선언
```

배열의 이름은 **circleArray**이고, 인수 없는 생성자가 배열에서 각 요소를 초기화하기 위해 호출된다. 그러므로 인수 없는 생성자가 **radius**에 1을 대입하므로 **circleArray[0]. getRadius()**는 1을 반환한다.

또한 인수를 갖는 생성자를 사용하여 배열을 선언하고 초기화하기 위하여 다음과 같이 배열 초기화를 사용할 수 있다.

```
Circle circleArray[3] = {Circle(3), Circle(4), Circle(5)};
```

리스트 10.5는 객체의 배열을 사용하는 방법을 설명하는 예이다. 이 프로그램은 원(circle) 배열의 면적을 출력한다. 10개의 **Circle** 객체로 구성되는 **circleArray** 배열을 생성한다. 그 다음으로 1, 2, 3, 4, ..., 10으로 원의 반지름을 설정하고 배열 내에 있는 원의 전체 면적을 화면에 출력한다.

리스트 10.5 TotalArea.cpp

```
1  #include <iostream>
2  #include <iomanip>
3  #include "CircleWithPrivateDataFields.h"          헤더 파일 포함
4  using namespace std;
5
6  // 원의 면적 더하기
7  double sum(Circle circleArray[], int size)          객체의 배열
8  {
9    // sum 초기화
10     double sum = 0;
```

면적 구하기

```
11
12     // 면적을 sum에 더하기
13     for (int i = 0; i < size; i++)
14       sum += circleArray[i].getArea();
15
16     return sum;
17   }
18
19   // 원의 배열과 전체 면적 출력
20   void printCircleArray(Circle circleArray[], int size)
21   {
22     cout << setw(35) << left << "Radius" << setw(8) << "Area" << endl;
23     for (int i = 0; i < size; i++)
24     {
25       cout << setw(35) << left << circleArray[i].getRadius()
26         << setw(8) << circleArray[i].getArea() << endl;
27     }
28
29     cout << "----------------------------------------" << endl;
30
31     // 결과 계산 및 출력
32     cout << setw(35) << left << "The total area of circles is"
33       << setw(8) << sum(circleArray, size) << endl;
34   }
35
36   int main()
37   {
38     const int SIZE = 10;
39
40     // radius 1을 갖는 Circle 객체 생성
41     Circle circleArray[SIZE];
42
43     for (int i = 0; i < SIZE; i++)
44     {
45       circleArray[i].setRadius(i + 1);
46     }
47
48     printCircleArray(circleArray, SIZE);
49
50     return 0;
51   }
```

객체의 배열

배열 생성

새로운 반지름

배열 전달

Radius	Area
1	3.14159
2	12.5664
3	28.2743
4	50.2654
5	78.5397
6	113.097
7	153.938
8	201.062
9	254.469

```
Radius                                  Area
10                                      314.159
----------------------------------------------
The total area of circles is            1209.51
```

이 프로그램은 10개의 **Circle** 객체 배열을 생성한다(41번 줄). 2개의 **Circle** 클래스는 9장에서 소개하였다. 이 예제는 리스트 9.9에 정의된 **Circle** 클래스를 사용한다(3번 줄).

배열에 있는 각각의 객체 요소는 **Circle**의 인수 없는 생성자를 사용하여 생성된다. 각 원에 대한 새로운 반지름은 43번~46번 줄에서 설정된다. **circleArray[i]**는 배열에서 **Circle** 객체를 나타낸다. **circleArray[i].setRadius(i + 1)**은 **Circle** 객체에 새로운 반지름을 설정한다(45번 줄). 배열은 반지름과 각 원의 면적 및 원들의 전체 면적을 화면에 표시하는 **printCircleArray** 함수에 전달된다(48번 줄).

원 면적의 합은 인수로서 **Circle** 객체의 배열을 사용하고, 전체 면적에 대한 **double** 값을 반환하는 **sum** 함수를 사용하여 계산된다(33번 줄).

10.13 10개의 **string** 객체의 배열 선언은 어떻게 하는가?

10.14 다음 코드의 출력은 무엇인가?

```
1  int main()
2  {
3    string cities[] = {"Atlanta", "Dallas", "Savannah"};
4    cout << cities[0] << endl;
5    cout << cities[1] << endl;
6
7    return 0;
8  }
```

10.5 인스턴스 멤버와 정적 멤버

정적 변수는 클래스의 모든 객체들에 공유된다. 정적 함수는 클래스의 인스턴스 멤버에 접근할 수 없다.

클래스 내에서 사용되는 데이터 필드를 **인스턴스 데이터 필드**(instance data field) 또는 **인스턴스 변수**(instance variable)라고 한다. 인스턴스 변수는 같은 클래스의 객체들 사이에서 공유되지 않으므로 클래스의 특정 인스턴스에 제한적이다. 예를 들어, 리스트 9.9 CircleWithPrivateDataFields.h에 있는 **Circle** 클래스를 사용하는 다음의 객체를 생성한다고 해 보자.

인스턴스 데이터 필드

인스턴스 변수

```
Circle circle1;
Circle circle2(5);
```

circle1의 **radius**는 **circle2**의 **radius**에 독립적이고, 서로 다른 메모리 위치에 저장된다. **circle1**의 **radius**를 변경하는 것은 **circle2**의 **radius**에 영향을 주지 않으며, **circle2**의 **radius**를 변경하는 것 역시 **circle1**의 **radius**에 아무런 영향을 주지 않는다.

만약 클래스의 모든 인스턴스가 데이터를 공유하도록 하려면 **클래스 변수**(class variable)로 알려진 **정적 변수**(static variable)를 사용한다. 정적 변수는 공통 메모리 위치의 변수에 값을 저

클래스 변수

정적 변수

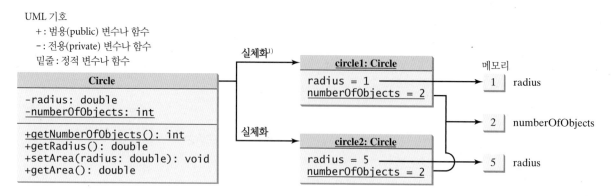

그림 10.10 인스턴스에 속하는 인스턴스 변수는 다른 변수와 서로 독립적인 메모리 저장 공간을 갖는다. 정적 변수는 같은 클래스의 모든 인스턴스에 의해 공유된다.

정적 함수

인스턴스 함수

장한다. 따라서 이와 같은 공통 위치로 인해 한 객체가 정적 변수의 값을 변경하면 같은 클래스의 모든 객체가 영향을 받는다. C++는 정적 변수와 함께 정적 함수도 제공하고 있다. 정적 함수는 클래스의 인스턴스를 생성하지 않고 호출될 수 있다. 인스턴스 함수(instance function)는 특정 인스턴스에 의해서만 호출될 수 있다는 사실을 기억해야 한다.

생성된 circle 객체의 수를 세는 정적 변수 **numberOfObjects**를 추가하여 **Circle** 클래스를 수정해 보자. 이 클래스의 첫 번째 객체가 생성되었을 때 **numberOfObjects**는 1이 되고, 두 번째 객체가 생성되면 **numberOfObjects**는 2가 된다. 새로운 circle 클래스의 UML이 그림 10.10에 나타나 있다. **Circle** 클래스는 인스턴스 변수 **radius**와 정적 변수 **numberOfObjects**, 그리고 인스턴스 함수 **getRadius**, **setRadius**, **getArea**와 정적 함수 **getNumberOfObjects**를 정의한다. (정적 변수와 함수는 UML 다이어그램에서 밑줄로 표시하였다.)

정적 변수나 정적 함수를 선언하기 위해서는 변수와 함수 선언에서 변경자 **static**을 넣는다. 따라서 정적 변수 **numberOfObjects**와 정적 함수 **getNumberOfObjects()**는 다음과 같이 선언할 수 있다.

정적 변수 선언

정적 함수 정의

```
static int numberOfObjects;
static int getNumberOfObjects();
```

리스트 10.6에서 새로운 circle 클래스를 선언하였다.

리스트 10.6 CircleWithStaticDataFields.h

```
1  #ifndef CIRCLE_H
2  #define CIRCLE_H
3
4  class Circle
5  {
6  public:
7    Circle();
8    Circle(double);
9    double getArea();
```

---

1) 역주: 클래스를 사용하기 위해서는 메모리에 공간을 확보해야 하며, 이러한 메모리를 확보하는 과정을 실체화(instantiate)라고 한다. 이렇게 실체화된 클래스를 객체(object)라고 한다.

```
10      double getRadius();
11      void setRadius(double);
12      static int getNumberOfObjects();                          정적 함수
13
14   private:
15      double radius;
16      static int numberOfObjects;                               정적 변수
17   };
18
19   #endif
```

정적 함수 **getNumberOfObjects**는 12번 줄에 선언되어 있고, 정적 변수 **numberOfObjects**는 클래스에서 전용 데이터 필드로서 16번 줄에 선언되어 있다.

리스트 10.7에 **Circle** 클래스를 구현하였다.

리스트 10.7 CircleWithStaticDataFields.cpp

```
1    #include "CircleWithStaticDataFields.h"                      헤더 포함
2
3    int Circle::numberOfObjects = 0;                             정적 변수 초기화
4
5    // circle 객체 생성
6    Circle::Circle()
7    {
8      radius = 1;
9      numberOfObjects++;                                         numberOfObjects 증가
10   }
11
12   // circle 객체 생성
13   Circle::Circle(double newRadius)
14   {
15     radius = newRadius;
16     numberOfObjects++;                                         numberOfObjects 증가
17   }
18
19   // 원의 면적 반환
20   double Circle::getArea()
21   {
22     return radius * radius * 3.14159;
23   }
24
25   // 원의 반지름 반환
26   double Circle::getRadius()
27   {
28     return radius;
29   }
30
31   // 새로운 반지름 값 설정
32   void Circle::setRadius(double newRadius)
33   {
34     radius = (newRadius >= 0) ? newRadius : 0;
35   }
36
```

```
37    // 원 객체 수 반환
38    int Circle::getNumberOfObjects()
39    {
40      return numberOfObjects;
41    }
```

numberOfObjects 반환

정적 데이터 필드 **numberOfObjects**는 3번 줄에서 초기화된다. **Circle** 객체가 생성될 때 **numberOfObjects** 값이 증가된다(9번과 16번 줄).

인스턴스 함수(예: **getArea()**)와 인스턴스 데이터 필드(예: **radius**)는 인스턴스에 속하며, 인스턴스가 생성된 후에만 사용될 수 있다. 이들은 특정 인스턴스로부터 접근이 가능하며, 정적 함수(예: **getNumberOfObjects()**)와 정적 데이터 필드(예: **numberOfObjects**)는 클래스 이름뿐만 아니라 클래스의 어떤 인스턴스로부터도 접근이 가능하다.

다음의 리스트 10.8 프로그램은 인스턴스, 정적 변수, 함수를 사용하는 방법과 이들의 사용에 대한 효과를 설명하고 있다.

리스트 10.8 TestCircleWithStaticDataFields.cpp

```
1    #include <iostream>
2    #include "CircleWithStaticDataFields.h"
3    using namespace std;
4
5    int main()
6    {
7      cout << "Number of circle objects created: "
8        << Circle::getNumberOfObjects() << endl;
9
10     Circle circle1;
11     cout << "The area of the circle of radius "
12       << circle1.getRadius() << " is " << circle1.getArea() << endl;
13     cout << "Number of circle objects created: "
14       << Circle::getNumberOfObjects() << endl;
15
16     Circle circle2(5.0);
17     cout << "The area of the circle of radius "
18       << circle2.getRadius() << " is " << circle2.getArea() << endl;
19     cout << "Number of circle objects created: "
20       << Circle::getNumberOfObjects() << endl;
21
22     circle1.setRadius(3.3);
23     cout << "The area of the circle of radius "
24       << circle1.getRadius() << " is " << circle1.getArea() << endl;
25
26     cout << "circle1.getNumberOfObjects() returns "
27       << circle1.getNumberOfObjects() << endl;
28     cout << "circle2.getNumberOfObjects() returns "
29       << circle2.getNumberOfObjects() << endl;
30
31     return 0;
32   }
```

헤더 포함 (line 2)

인스턴스 함수 호출 (line 12)

정적 함수 호출 (line 14)

정적 함수 호출 (line 20)

반지름 변경 (line 22)

정적 함수 호출 (line 27)

정적 함수 호출 (line 29)

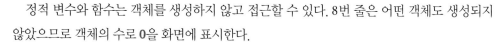

```
Number of circle objects created: 0
The area of the circle of radius 1 is 3.14159
Number of circle objects created: 1
The area of the circle of radius 5 is 78.5397
Number of circle objects created: 2
The area of the circle of radius 3.3 is 34.2119
circle1.getNumberOfObjects() returns 2
circle2.getNumberOfObjects() returns 2
```

정적 변수와 함수는 객체를 생성하지 않고 접근할 수 있다. 8번 줄은 어떤 객체도 생성되지 않았으므로 객체의 수로 **0**을 화면에 표시한다.

main 함수는 두 개의 원, 즉 **circle1**과 **circle2**를 생성한다(10번과 16번 줄). **circle1**에서 인스턴스 변수 **radius**를 3.3으로 수정한다(22번 줄). 이와 같은 변경은 **circle2**의 인스턴스 변수 **radius**에 영향을 주지 않는데, 이들 두 인스턴스 변수가 서로 독립적이기 때문이다. 정적 변수 **numberOfObjects**는 **circle1**이 생성된 후에 1이 되고(10번 줄), **circle2**가 생성된 후에는 2가 된다(16번 줄).

정적 데이터 필드와 함수는 클래스의 인스턴스, 예를 들면 27번 줄의 **circle1.getNumberOf Objects()**와 29번 줄의 **ciecle2.getNumberOfObjects()**를 이용하여 접근이 가능하다. 그러나 클래스 이름, 즉 **Circle::**를 이용하여 접근하는 것이 더 좋다. 27번 줄과 29번 줄의 **circle1.getNumberOfObjects()**와 **ciecle2.getNumberOfObjects()**는 **Circle:: getNumberOfObjects()**로 바꿀 수 있다. 이는 정적 함수 **getNumberOfObjects()**의 인식을 쉽게 해 주므로 프로그램의 가독성을 높여 준다.

> **팁**
>
> 정적 함수를 호출하기 위해서는 **ClassName::functionName(arguments)**를, 정적 변수에 접근하기 위해서는 **ClassName::staticVariable**을 사용하여라. 이는 사용자가 클래스 안의 정적 함수와 데이터를 쉽게 인식할 수 있게 함으로써 가독성을 높여 준다.

클래스 이름 사용

> **팁**
>
> 변수 또는 함수가 인스턴스이어야 하는지 정적이어야 하는지를 어떻게 결정할 수 있을까? 클래스의 특정 인스턴스에 종속적인 변수나 함수는 인스턴스 변수나 함수여야 한다. 클래스의 특정 인스턴스에 독립적인 변수나 함수는 정적 변수나 함수여야 한다. 예를 들어, 모든 원은 자신만의 반지름을 가지고 있다. 반지름은 특정 원에 종속적이다. 그러므로 **radius**는 Circle 클래스의 인스턴스 변수가 된다. **getArea** 함수도 특정 원에 종속적이므로 인스턴스 함수가 된다. **numberOfobjects**는 어떤 특정 인스턴스에 대해서 독립적이므로 정적으로 선언되어야 한다.

인스턴스 혹은 정적?

10.15 데이터 필드와 함수는 인스턴스 또는 정적으로 선언될 수 있다. 그것을 결정하는 기준은 무엇인가?

✔**Check Point**

10.16 정적 데이터 필드 초기화는 어디에서 하는가?

10.17 함수 f()는 클래스 C에서 정적으로 정의되어 있고, c는 C 클래스의 객체이다. c.f()나 C::f(), c::f()를 호출할 수 있는가?

10.6 상수 멤버 함수

Key Point

C++에서는 또한 함수가 객체 내의 어떤 데이터 필드 값을 변경하지 못하도록 컴파일러에 알려 주는 상수 멤버 함수를 지정할 수 있다.

매개변수가 함수 내에서 변경되지 않도록 컴파일러에게 알리기 위해 상수 매개변수로 지정하려면 **const** 키워드를 사용하면 된다. 함수가 객체 내의 데이터 필드를 변경하지 못하도록 컴파일러에 알리기 위해 상수 멤버 함수(constant member function, 간단히 상수 함수(constant function)로 지정하는 데도 **const** 키워드를 사용할 수 있다. 이를 위해서는 함수 헤더의 끝에 **const** 키워드를 붙이면 된다. 예를 들어, 리스트 10.6의 Circle 클래스를 리스트 10.9와 같이 재정의할 수 있으며, 헤더 파일을 리스트 10.10에 구현하였다.

상수 함수

const 함수
const 함수

리스트 10.9 CircleWithConstantMemberFunctions.h

```
1   #ifndef CIRCLE_H
2   #define CIRCLE_H
3
4   class Circle
5   {
6   public:
7     Circle();
8     Circle(double);
9     double getArea() const;
10    double getRadius() const;
11    void setRadius(double);
12    static int getNumberOfObjects();
13
14  private:
15    double radius;
16    static int numberOfObjects;
17  };
18
19  #endif
```

리스트 10.10 CircleWithConstantMemberFunctions.cpp

```
1   #include "CircleWithConstantMemberFunctions.h"
2
3   int Circle::numberOfObjects = 0;
4
5   // circle 객체 생성
6   Circle::Circle()
7   {
8     radius = 1;
9     numberOfObjects++;
10  }
11
12  // circle 객체 생성
13  Circle::Circle(double newRadius)
14  {
```

```
15      radius = newRadius;
16      numberOfObjects++;
17    }
18
19    // 원의 면적 반환
20    double Circle::getArea() const                              const 함수
21    {
22      return radius * radius * 3.14159;
23    }
24
25    // 원의 반지름 반환
26    double Circle::getRadius() const                            const 함수
27    {
28      return radius;
29    }
30
31    // 새로운 반지름 설정
32    void Circle::setRadius(double newRadius)
33    {
34      radius = (newRadius >= 0) ? newRadius : 0;
35    }
36
37    // circle 객체의 수 반환
38    int Circle::getNumberOfObjects()
39    {
40      return numberOfObjects;
41    }
```

오직 인스턴스 멤버 함수만이 상수 함수로 정의될 수 있다. 상수 매개변수처럼 상수 함수는
방어적 프로그래밍(defensive programming)을 위한 것이다. 만일 함수 내에 있는 데이터 필드   방어적 프로그래밍
값이 실수로 변경된다면, 컴파일 오류가 발생할 것이다. 정적 함수가 아닌 인스턴스 함수만 상
수로 정의할 수 있다는 것에 주의해야 한다. 리스트 예제의 인스턴스 get 함수는 객체의 내용
을 변경하지 않으므로 항상 상수 멤버 함수로 정의되어야 한다.

만일 함수가 전달된 객체를 변경하지 않는 경우, 다음과 같이 const 키워드를 사용하여 매   상수 매개변수
개변수를 상수로 정의해야 한다.

```
void printCircle(const Circle& c)
{
  cout << "The area of the circle of "
    << c.getRadius() << " is " << c.getArea() << endl;
}
```

만일 **getRadius()**나 **getArea()** 함수가 const로 정의되지 않은 경우, 이 코드는 컴파일되지 않
는다는 사실에 주의해야 한다. 리스트 9.9에 정의된 **Circle** 클래스를 사용한다면, **getRadius()**
와 **getArea()** 함수가 const로 정의되지 않았으므로 **printCircle** 함수는 컴파일되지 않는다.
하지만 리스트 10.9에 정의된 **Circle** 클래스를 사용하는 경우에는 **getRadius()**와 **getArea()**
함수가 const로 정의되었으므로 **printCircle** 함수는 컴파일될 것이다.

const를 지속적으로 사용

 팁

상수 참조 매개변수나 상수 멤버 함수를 지정하기 위해 **const** 변경자를 사용할 수 있다. **const** 변경자는 필요할 때마다 지속적으로 사용해야 한다.

 Check Point

10.18 "오직 인스턴스 멤버 함수만 상수 함수로 정의할 수 있다"는 참인가 거짓인가?

10.19 다음 클래스 정의에서 잘못된 부분은 무엇인가?

```cpp
class Count
{
public:
  int count;

  Count(int c)
  {
    count = c;
  }

  Count()
  {
    count = 0;
  }

  int getCount() const
  {
    return count;
  }

  void incrementCount() const
  {
    count++;
  }
};
```

10.20 다음 코드에서 잘못된 부분은 무엇인가?

```cpp
#include <iostream>
using namespace std;

class A
{
public:
  A();
  double getNumber();

private:
  double number;
};

A::A()
{
  number = 1;
}

double A::getNumber()
{
  return number;
```

```
    }

    void printA(const A& a)
    {
      cout << "The number is " << a.getNumber() << endl;
    }

    int main()
    {
      A myObject;
      printA(myObject);

      return 0;
    }
```

10.7 객체에서의 고려사항

절차적 프로그래밍에서는 함수 설계에 중점을 둔다. 객체지향 프로그래밍은 데이터와 함수 모두를 객체로 연결한다. 객체지향 개념을 사용한 소프트웨어는 객체와 그와 관계된 연산에 중점을 둔다.

앞서 반복문, 함수, 배열을 사용하여 문제를 해결하기 위한 기본 프로그래밍 기법을 소개하였다. 이러한 기법들은 객체지향 프로그래밍을 위한 단단한 토대가 된다. 클래스를 사용함으로써 재사용 가능한 소프트웨어 개발을 좀 더 유연하고 모듈화된 방식으로 할 수 있다. 이 절에서는 3장에서 설명한 문제 해결 방안을 개선하기 위해 객체지향적 접근 방식을 사용한다. 이를 다루어 봄으로써 절차적 프로그래밍과 객체지향 프로그래밍 사이의 차이점을 이해할 수 있으며, 객체와 클래스를 사용한 재사용이 가능한 코드 개발의 장점을 살펴볼 수 있을 것이다.

리스트 3.2의 ComputeAndInterpreteBMI.cpp에서 체질량 지수(Body Mass Index, BMI)를 계산하는 프로그램을 살펴보았다. 이 프로그램을 다른 프로그램에서 재사용할 수는 없다. 코드를 재사용할 수 있도록 하기 위해서는 다음과 같이 체질량 지수를 계산하기 위한 함수를 정의해야 한다.

double getBMI(**double** weight, **double** height)

이 함수는 특정 weight와 height에 대한 체질량 지수를 계산하는 데 유용하지만, 사용에 있어서는 제한적이다. 몸무게와 키를 어떤 사람의 이름과 생일로 연관 지을 필요가 있을 때, 이 경우 이들 값을 저장하기 위한 별도의 변수를 선언해야 할 것이다. 하지만 이들 변수는 크게 관련성이 없다. 변수들을 연관시키기 위한 이상적인 방법은 변수들을 포함하는 객체를 생성하는 것이다. 이들 변수는 개별적인 객체에 연결되므로 인스턴스 데이터 필드에 저장되어야 한다. 그림 10.11에 나타낸 바와 같이 **BMI**라는 클래스로 정의할 수 있다.

BMI 클래스는 리스트 10.11에 정의되어 있다.

리스트 10.11 BMI.h

```
1   #ifndef BMI_H
2   #define BMI_H
3
4   #include <string>
```

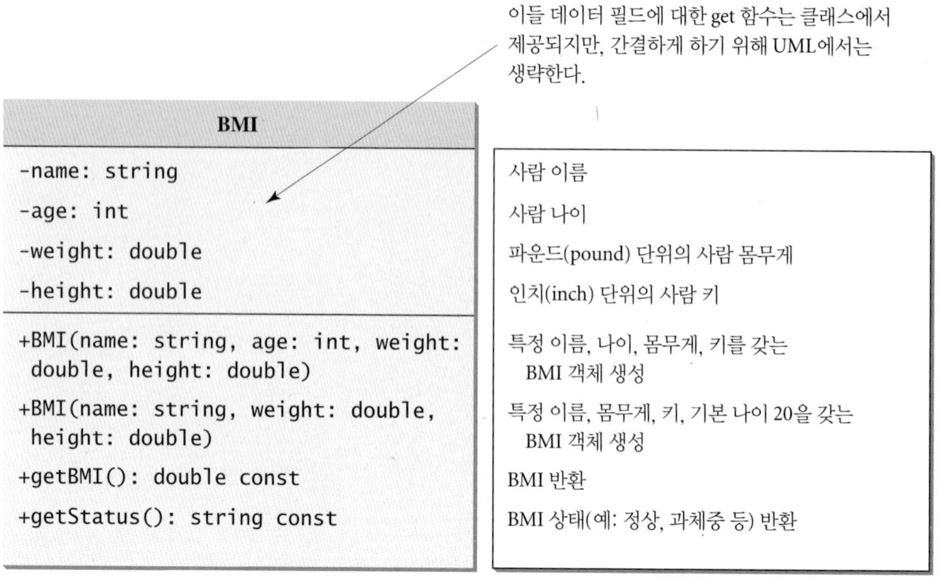

이들 데이터 필드에 대한 get 함수는 클래스에서
제공되지만, 간결하게 하기 위해 UML에서는
생략한다.

BMI
-name: string
-age: int
-weight: double
-height: double
+BMI(name: string, age: int, weight: double, height: double)
+BMI(name: string, weight: double, height: double)
+getBMI(): double const
+getStatus(): string const

사람 이름
사람 나이
파운드(pound) 단위의 사람 몸무게
인치(inch) 단위의 사람 키
특정 이름, 나이, 몸무게, 키를 갖는 BMI 객체 생성
특정 이름, 몸무게, 키, 기본 나이 20을 갖는 BMI 객체 생성
BMI 반환
BMI 상태(예: 정상, 과체중 등) 반환

그림 10.11 BMI 클래스는 BMI 정보를 캡슐화한다.

```
5    using namespace std;
6
7    class BMI
8    {
9    public:
10     BMI(const string& newName, int newAge,
11       double newWeight, double newHeight);
12     BMI(const string& newName, double newWeight, double newHeight);
13     double getBMI() const;
14     string getStatus() const;
15     string getName() const;
16     int getAge() const;
17     double getWeight() const;
18     double getHeight() const;
19
20   private:
21     string name;
22     int age;
23     double weight;
24     double height;
25   };
26
27   #endif
```

생성자 (line 10)

함수 (line 13)

🏺 **팁**

string 매개변수 **newName**은 **string& newName** 구문을 사용하여 참조에 의한 전달로 정의되어 있다. 이는 컴파일러가 함수로 전달될 객체의 복사본을 만들지 못하도록 함으로써 성능을 향상시킨다. 더욱이 newName이 임의로 변경되는 것을 방지하기 위하여 참조가 **const**로 정의된다. 항상 참조에 의해 객체 매개변수를 전달해야 한다. 만일 객체가 함수 내에서 변경되지 않는다면, 객체를 **const** 참조 매개변수로 정의한다.

const 참조 매개변수

팁

만일 멤버 함수가 데이터 필드를 변경하지 않는다면 **const** 함수로 정의한다. BMI 클래스에서의
모든 멤버 함수는 const 함수이다.

const 함수

BMI 클래스가 구현되어 있다고 하자. 리스트 10.12는 이 클래스를 사용하는 테스트 프로그램이다.

리스트 10.12 UseBMIClass.cpp

```
1   #include <iostream>
2   #include "BMI.h"
3   using namespace std;
4
5   int main()
6   {
7     BMI bmi1("John Doe", 18, 145, 70);
8     cout << "The BMI for " << bmi1.getName() << " is "
9       << bmi1.getBMI() << " " << bmi1.getStatus() << endl;
10
11    BMI bmi2("Susan King", 215, 70);
12    cout << "The BMI for " << bmi2.getName() << " is "
13      << bmi2.getBMI() << " " + bmi2.getStatus() << endl;
14
15    return 0;
16  }
```

객체 생성
인스턴스 함수 호출

객체 생성
인스턴스 함수 호출

```
The BMI for John Doe is 20.8051 Normal
The BMI for Susan King is 30.849 Obese
```

7번 줄에서는 **John Doe**에 대한 **bmi1** 객체를 생성하고, 11번 줄에서는 **Susan King**에 대한
bmi2 객체를 생성한다. BMI 객체에서 BMI 정보를 반환하기 위해 인스턴스 함수 **getName()**,
getBMI(), **getStatus()**를 사용할 수 있다.

리스트 10.13은 **BMI** 클래스의 구현 프로그램이다.

리스트 10.13 BMI.cpp

```
1   #include <iostream>
2   #include "BMI.h"
3   using namespace std;
4
5   BMI::BMI(const string& newName, int newAge,
6     double newWeight, double newHeight)
7   {
8     name = newName;
9     age = newAge;
10    weight = newWeight;
11    height = newHeight;
12  }
13
14  BMI::BMI(const string& newName, double newWeight, double newHeight)
15  {
16    name = newName;
```

생성자

생성자

```
17      age = 20;
18      weight = newWeight;
19      height = newHeight;
20    }
21
22    double BMI::getBMI() const
23    {
24      const double KILOGRAMS_PER_POUND = 0.45359237;
25      const double METERS_PER_INCH = 0.0254;
26      double bmi = weight * KILOGRAMS_PER_POUND /
27        ((height * METERS_PER_INCH) * (height * METERS_PER_INCH));
28      return bmi;
29    }
30
31    string BMI::getStatus() const
32    {
33      double bmi = getBMI();
34      if (bmi < 18.5)
35        return "Underweight";
36      else if (bmi < 25)
37        return "Normal";
38      else if (bmi < 30)
39        return "Overweight";
40      else
41        return "Obese";
42    }
43
44    string BMI::getName() const
45    {
46      return name;
47    }
48
49    int BMI::getAge() const
50    {
51      return age;
52    }
53
54    double BMI::getWeight() const
55    {
56      return weight;
57    }
58
59    double BMI::getHeight() const
60    {
61      return height;
62    }
```

getBMI

getStatus

몸무게와 키를 사용하여 BMI를 계산하기 위한 수학 공식은 3.7절 "예제: 체질량 지수 계산"을 참고하면 된다. 인스턴스 함수 **getBMI()**는 BMI를 반환한다. weight와 height가 객체에서 인스턴스 데이터 필드이므로 **getBMI()** 함수는 객체에 대한 BMI를 계산하기 위해 이들 속성을 사용할 수 있다.

인스턴스 함수 **getStatus()**는 BMI를 설명하는 문자열을 반환한다. 설명문 또한 3.7절을 참고하면 된다.

이 예제는 절차적 프로그래밍보다 객체지향 프로그래밍 사용의 장점을 설명하고 있다. 절차적 프로그래밍에서는 함수 설계에 중점을 두며, 객체지향 프로그래밍은 데이터와 함수 모두를 객체로 연결한다. 객체지향 개념을 사용한 소프트웨어는 객체와 그와 관계된 연산에 중점을 둔다. 객체지향적 접근 방법은 절차적 프로그램의 장점과 객체를 통한 데이터와 연산을 통합하는 특징이 결합되어 있다.

절차적 프로그래밍에서 데이터와 데이터에 대한 연산은 분리되어 있으며, 이 방법은 데이터를 함수로 전달하는 것이 필요하다. 객체지향 프로그래밍은 객체(object)라고 하는 하나의 요소 안에 데이터와 그와 관계된 연산을 구성해 놓는다. 이 방법은 절차적 프로그래밍에 내재된 많은 문제점을 해결해 준다. 객체지향 프로그래밍 방식은 모든 객체가 속성(attribute)과 행동(activity) 모두에 연관되어 있는 현실 세계를 반영하는 방법으로 프로그램을 구성할 수 있도록 해 준다. 객체를 사용함으로써 소프트웨어의 재사용성을 개선할 수 있으며, 프로그램 개발과 유지보수를 더욱 쉽게 할 수 있다.

절차적 vs. 객체지향 프로그램

10.21 다음 코드의 출력은 무엇인가?

```cpp
#include <iostream>
#include <string>
#include "BMI.h"
using namespace std;

int main()
{
  string name("John Doe");
  BMI bmi1(name, 18, 145, 70);
  name[0] = 'P';

  cout << "name from bmi1.getName() is " << bmi1.getName() <<
    endl;
  cout << "name is " << name << endl;

  return 0;
}
```

10.22 다음 코드에서 main 함수에 있는 **a.s**와 **b.k**의 출력은 무엇인가?

```cpp
#include <iostream>
#include <string>
using namespace std;

class A
{
public:
  A()
  {
    s = "John";
  }

  string s;
```

```
}

class B
{
public:
  B()
  {
    k = 4;
  };

  int k;
};

int main()
{
  A a;
  cout << a.s << endl;

  B b;
  cout << b.k << endl;

  return 0;
}
```

10.23 다음 코드에서 잘못된 부분은 무엇인가?

```
#include <iostream>
#include <string>
using namespace std;

class A
{
public:
  A() { };
  string s("abc");
};

int main()
{
  A a;
  cout << a.s << endl;

  return 0;
}
```

10.24 다음 코드에서 잘못된 부분은 무엇인가?

```
#include <iostream>
#include <string>
using namespace std;
class A
{
public:
  A() { };

private:
  string s;
```

```
};

int main()
{
  A a;
  cout << a.s << endl;

  return 0;
}
```

10.8 객체 합성

객체에 다른 객체를 포함시킬 수 있다. 이들 둘 사이의 관계를 **합성**이라 한다.

리스트 10.11에서 **string** 데이터 필드가 포함된 **BMI** 클래스를 정의하였다. **BMI**와 **string** 사이의 관계가 합성(composition)이다.

합성은 실제로 집합(aggregation) 관계의 특별한 경우이다. 집합 모델은 has-a 관계[2]이며, 두 객체 사이의 소유 관계를 나타낸다. 소유하고 있는 객체(owner object)를 aggregating 객체, 그 객체의 클래스를 aggregating 클래스라고 한다. 종속되는 객체(subject object)는 aggregated 객체, 그 객체의 클래스를 aggregated 클래스라고 한다.

집합

has-a 관계

객체는 몇 가지 aggregating 객체에 의해 소유될 수 있는데, 만약 객체가 독점적으로 aggregating 객체에 의해 소유되고 있다면 그 객체와 aggregating 객체 사이의 관계를 합성 (composition)이라고 한다. 예를 들어, "학생은 이름을 가진다."는 **Student** 클래스와 **Name** 클래스 사이는 합성 관계인데 반해, "학생은 주소를 가진다."는 그 주소가 몇몇 학생들에 의해 공유될 수 있으므로 **Student** 클래스와 **Address** 클래스 사이는 집합(aggregation) 관계가 된다. 그림 10.12의 UML에서 안이 채워진 다이아몬드는 aggregated 클래스(예: **Name**)를 갖는 합성 관계를 정의하기 위해 aggregating 클래스(예: **Student**)로 표시되어 있고, 속이 비어 있는 다이아몬드는 aggregated 클래스(예: **Address**)를 갖는 집합 관계를 정의하기 위해 aggregating 클래스(예: **Student**)로 표시되어 있다.

합성

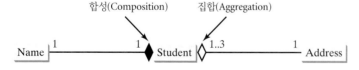

그림 10.12 학생은 이름과 주소를 가진다.

관계에 포함된 각 클래스는 **다중성**(multiplicity)을 지정할 수 있다. 다중성은 클래스의 많은 객체가 관계에 어떻게 포함되는지를 나타내는 수 또는 간격(interval)이라 할 수 있다. * 문자는 무한한 객체의 수를 의미하고, 간격 **m..n**은 객체의 수가 **m**과 **n** 사이여야 한다는 것을 의미한다. 그림 10.12에서 각 학생은 오직 한 개의 주소만 가질 수 있고, 각각의 주소는 세 명의 학생까지 공유될 수 있다. 각 학생은 오직 하나의 이름만 가지고 있으며, 이름은 각 학생에 대해

다중성

유일한 것이다.

집합 관계는 일반적으로 aggregating 클래스에서 데이터 필드로 표현된다. 예를 들어, 그림 10.12에서의 관계는 다음과 같이 표현될 수 있다.

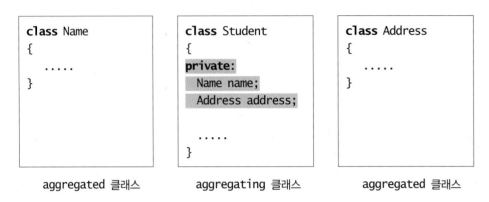

aggregated 클래스   aggregating 클래스   aggregated 클래스

집합은 같은 클래스의 객체 사이에서도 표현될 수 있다. 예를 들어, 어떤 사람(person)은 관리자(supervisor)를 포함할 수 있다(가질 수 있다). 이 내용은 그림 10.13에 설명되어 있다.

그림 10.13 사람(person)은 관리자(supervisor)를 포함할 수 있다.

그림 10.13에 나타낸 바와 같이, "사람은 관리자를 포함한다(a person has a supervisor)." 관계에서 supervisor는 다음과 같이 **Person** 클래스 내의 데이터 필드로 표현될 수 있다.

```
class Person
{
private:
    Person supervisor; // 데이터 유형은 클래스 자신이다.
    ...
}
```

그림 10.14에 나타낸 바와 같이 만일 어떤 사람이 여러 명의 관리자(예: **10**명의 관리자)를 포함할 수 있다면, 관리자들을 저장하기 위해 배열을 사용해야 한다.

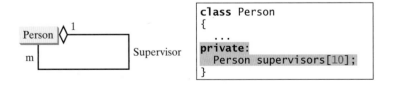

그림 10.14 어떤 사람은 여러 명의 관리자를 포함할 수 있다.

집합 혹은 합성

 주의

집합과 합성 관계는 유사한 방법으로 클래스를 사용하여 표현되므로 그 둘을 구별하지 않고 모두 합성이라 한다.

10.25 객체 합성이란 무엇인가?

10.26 집합과 합성의 차이점은 무엇인가?

10.27 집합과 합성의 UML 표기법은 어떻게 되는가?

10.28 집합과 합성 모두를 합성이라고 하는 이유는 무엇인가?

10.9 예제: StackOfIntegers 클래스

이 절에서는 스택을 모델링하는 클래스를 설계한다.

스택은 그림 10.15에서와 같이 LIFO(last-in first-out, 후입선출) 방식으로 데이터를 저장하는 데이터 구조이다.

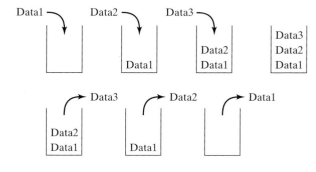

그림 10.15 스택은 LIFO 방식으로 데이터를 저장한다.

스택은 많은 곳에서 사용된다. 예를 들어, 컴파일러는 함수 호출을 처리하기 위해 스택을 사용한다. 함수가 호출될 때, 함수의 매개변수와 지역 변수는 스택으로 푸시(push)[3]되는 활성 레코드에 저장된다. 함수가 다른 함수를 호출할 때, 새로운 함수의 매개변수와 지역 변수는 스택으로 푸시되는 새로운 활성 레코드에 저장된다. 함수가 동작을 끝내고 함수를 호출한 곳으로 반환될 때, 함수의 활성 레코드는 스택으로부터 제거된다.

> 스택

스택을 모델링하기 위한 클래스를 정의해 보겠다. 쉽게 설명하기 위하여 스택에는 **int** 값이 저장된다고 하고, 이에 따라 스택 클래스의 이름을 **StackOfIntegers**라고 한다. 클래스에 대한 UML 다이어그램은 그림 10.16에 나타나 있다.

리스트 10.14에 정의한 것과 같이 클래스를 사용할 수 있다고 하자. 스택을 생성하기 위해 클래스를 사용하고(7번 줄), 10개의 정수 0, 1, 2, ..., 9를 저장하며(9번~10번 줄), 화면에 역순으로 10개의 정수를 출력(12번~13번 줄)하는 리스트 10.15의 테스트 프로그램을 작성해 보자.

리스트 10.14 StackOfIntegers.h

```
1  #ifndef STACK_H
2  #define STACK_H
```

---

3) 역주: 스택에 데이터를 넣는 동작을 말한다.

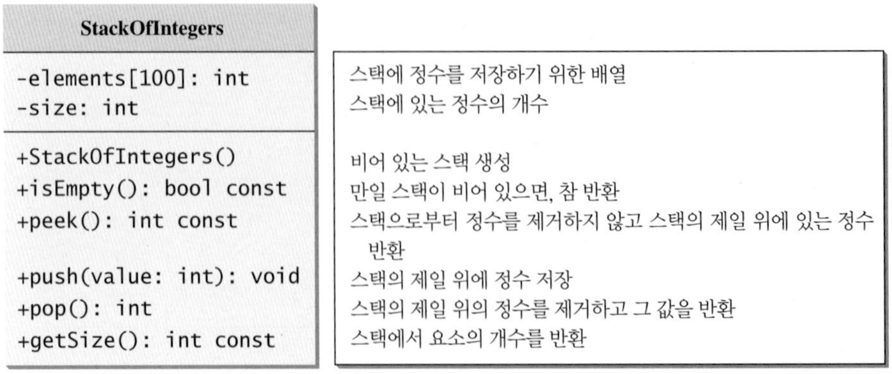

<table>
<tr><td colspan="2">StackOfIntegers</td></tr>
<tr><td>-elements[100]: int
-size: int</td><td>스택에 정수를 저장하기 위한 배열
스택에 있는 정수의 개수</td></tr>
<tr><td>+StackOfIntegers()
+isEmpty(): bool const
+peek(): int const

+push(value: int): void
+pop(): int
+getSize(): int const</td><td>비어 있는 스택 생성
만일 스택이 비어 있으면, 참 반환
스택으로부터 정수를 제거하지 않고 스택의 제일 위에 있는 정수
　반환
스택의 제일 위에 정수 저장
스택의 제일 위의 정수를 제거하고 그 값을 반환
스택에서 요소의 개수를 반환</td></tr>
</table>

그림 10.16 StackOfIntegers 클래스는 스택 저장을 캡슐화하고 스택을 조작하기 위한 연산을 제공한다.

```
3
4   class StackOfIntegers
5   {
6   public:
7     StackOfIntegers();
8     bool isEmpty() const;
9     int peek() const;
10    void push(int value);
11    int pop();
12    int getSize() const;
13
14  private:
15    int elements[100];
16    int size;
17  };
18
19  #endif
```
공용 멤버 (line 6)
전용 멤버 (line 14)
요소 배열 (line 15)

리스트 10.15 TestStackOfIntegers.cpp

```
1   #include <iostream>
2   #include "StackOfIntegers.h"
3   using namespace std;
4
5   int main()
6   {
7     StackOfIntegers stack;
8
9     for (int i = 0; i < 10; i++)
10      stack.push(i);
11
12    while (!stack.isEmpty())
13      cout << stack.pop() << " ";
14
15    return 0;
16  }
```
StackOfIntegers 헤더 (line 2)
스택 생성 (line 7)
스택에 푸시 (line 10)
빈 스택? (line 12)
스택으로부터 팝 (line 13)

```
9 8 7 6 5 4 3 2 1 0
```

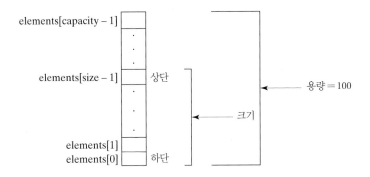

그림 10.17 StackOfIntegers 클래스는 스택 저장을 캡슐화하고 스택을 조작하기 위한 연산을 제공한다.

StackOfIntegers 클래스를 어떻게 구현하였는가? 스택에서의 요소는 elements라는 배열에 저장된다. 스택을 생성할 때 배열 또한 생성된다. 인수 없는 생성자는 size를 0으로 초기화한다. 변수 size는 스택에서 요소의 수를 계산하며, size - 1은 그림 10.17에 나타낸 바와 같이 스택 상단 요소의 인덱스이다.

StackOfIntegers 클래스를 리스트 10.16에 구현하였다.

리스트 10.16 StackOfIntegers.cpp

```cpp
 1  #include "StackOfIntegers.h"
 2
 3  StackOfIntegers::StackOfIntegers()
 4  {
 5    size = 0;
 6  }
 7
 8  bool StackOfIntegers::isEmpty() const
 9  {
10    return size == 0;
11  }
12
13  int StackOfIntegers::peek() const
14  {
15    return elements[size - 1];
16  }
17
18  void StackOfIntegers::push(int value)
19  {
20    elements[size++] = value;
21  }
22
23  int StackOfIntegers::pop()
24  {
25    return elements[--size];
26  }
27
28  int StackOfIntegers::getSize() const
29  {
```

StackOfIntegers 헤더

생성자

초기 크기

```
30      return size;
31    }
```

10.29 스택이 생성될 때 `elements` 배열의 초기 값은 무엇인가?

10.30 스택이 생성될 때 변수 `size`의 값은 무엇인가?

10.10 클래스 설계 지침

클래스 설계 지침은 안전한 클래스를 설계하는 데 도움을 준다.

이 장에서의 핵심은 객체지향 설계와 관련되어 있다. 많은 객체지향적 방법론이 있지만, UML은 객체지향 모델링에 대한 산업 표준 표기법이 되었으며, 그 자체가 방법론이다. 클래스 설계 방법은 클래스를 확인하고 클래스 간의 관계를 찾는 것이다.

지금까지 많은 장의 예제로부터 클래스를 설계하는 방법을 배웠다. 여기서는 클래스 설계를 위한 몇 가지 지침을 소개한다.

10.10.1 결합성(Cohesion)

결합성의 목적

클래스는 단일 요소를 설명하고 모든 클래스 동작은 분명한 목적을 제공하기 위해 함께 논리적으로 부합되어야 한다. 예로써 학생에 대한 클래스를 사용할 수 있지만, 학생과 교수는 다른 요소이므로 같은 클래스에서 학생과 교수를 결합해서는 안 된다.

책임 분리

너무 많은 책무를 갖는 단일 요소는 그 책임을 분리하여 몇 개의 클래스로 나눌 수 있다.

10.10.2 일관성(Consistency)

이름 명명 규칙

표준 프로그래밍 형식과 이름 명명 규칙을 따른다. 클래스, 데이터 필드, 함수에 대하여 의미 있는 이름을 선택한다. C++에서 많이 사용되는 형식은 함수 뒤에 데이터를 선언하고 함수 전에 생성자를 배치하는 것이다.

이름 명명 일관성

일관성 있게 이름을 선택하여라. 함수 오버로딩을 사용하여 유사 동작에 대해 같은 이름을 선택하는 것이 좋다.

인수 없는 생성자

일반적으로 기본 인스턴스를 구성하기 위해서 public 인수 없는 생성자를 일관성 있게 사용해야 한다. 만약 클래스가 인수 없는 생성자를 지원하지 않는다면, 그 이유를 주석문에 기록해 놓는다. 생성자가 명시적으로 정의되어 있지 않으면, 컴파일러는 비어 있는 public 기본 인수 없는 생성자를 추가한다.

10.10.3 캡슐화(Encapsulation)

데이터 필드 캡슐화

클래스는 클라이언트에 의한 직접 접근으로부터 데이터를 숨기기 위해 private 변경자를 사용해야 한다. 이는 클래스의 유지보수를 쉽게 해 준다.

읽을 수 있는 필드를 원하는 경우에는 get 함수를, 갱신할 수 있는 필드를 원하는 경우에는 set 함수를 사용할 수 있다. 또한 클라이언트가 사용하지 않을 함수는 클래스에서 숨겨야 한다.

10.10.4 명확성(Clarity)

결합성, 일관성, 캡슐화는 설계의 명확성을 이행하는 데 있어서 좋은 지침이 된다. 그뿐만 아
니라 클래스는 설명하기 쉽고 이해하기 쉬운 명확한 규칙을 가져야 한다.

설명하기 쉽게

사용자는 많은 다른 조합과 명령, 환경에서 클래스를 통합할 수 있다. 따라서 사용자가 클래
스를 언제 또는 무엇을 하려고 할 때 어떠한 제한도 없는 클래스를 설계해야 하고, 임의의 순서
와 값의 조합으로 사용자가 클래스를 설정하는 방법으로 속성을 설계하며, 발생 순서와는 독
립적으로 함수를 설계해야 한다. 예를 들어, 리스트 9.13의 **Loan** 클래스는 *setLoanAmount*,
setNumberOfYears, *setAnnualInterestRate* 함수를 포함한다. 이들 속성 값은 임의의 순서
로 설정될 수 있다.

독립적 함수

다른 데이터 필드로부터 유도될 수 있는 데이터 필드는 선언하지 않아야 한다. 예를 들면,
다음의 **Person** 클래스는 두 개의 데이터 필드 **birthDate**와 **age**를 갖는다. **age**는 **birthDate**
로부터 유도될 수 있으므로 **age**를 데이터 필드로 선언하면 안 된다.

독립적 성질

```
class Person
{
public:
  ...

private:
  Date birthDate;
  int age;
}
```

10.10.5 완성도(Completeness)

클래스는 많은 사용자들이 사용할 수 있도록 설계되어야 한다. 폭넓은 응용에서 사용될 수 있
도록 하기 위하여 클래스는 속성과 함수를 통해 사용자 정의를 위한 다양한 방법을 제공해야
한다. 예를 들어, **string** 클래스는 다양한 응용에서 유용하도록 20개 이상의 함수를 포함하고
있다.

10.10.6 인스턴스 대 정적

클래스의 특정 인스턴스에 종속된 변수나 함수는 인스턴스 변수나 인스턴스 함수여야 한다.
클래스의 모든 인스턴스에 공유되는 변수는 정적으로 선언되어야 한다. 예를 들어, 리스트
10.9의 **Circle**에서 **numberOfObjects** 변수는 **Circle** 클래스의 모든 객체에 공유되므로 정적
으로 선언되어 있다. 특정 인스턴스에 종속되지 않는 함수는 정적 함수로 정의되어야 한다. 예
를 들어, **Circle**에서 **getNumberOfObjects** 함수는 임의의 특정 인스턴스에 연결되지 않으므
로 정적 함수로 정의되어 있다.

가독성을 높이고 오류를 방지하기 위해 항상 (객체보다) 클래스 이름으로 정적 변수와 함수
를 참조한다.

생성자는 특정 인스턴스를 생성하기 위해 사용되므로 항상 인스턴스이다. 정적 변수나 함
수는 인스턴스 함수로부터 호출될 수 있지만, 인스턴스 변수와 함수는 정적 함수로부터 호출

될 수 없다.

10.31 클래스 설계 지침을 설명하여라.

주요 용어

다중성(multiplicity)	정적 변수(static variable)
상수 함수(constant function)	정적 함수(static function)
인스턴스 데이터 필드(instance data field)	집합(aggregation)
인스턴스 변수(instance variable)	합성(composition)
인스턴스 함수(instance function)	has-a 관계(has-a relationship)

요약

1. C++ **string** 클래스는 문자의 배열을 캡슐화하고 문자열 처리를 위한 **append**, **assign**, **at**, **clear**, **erase**, **empty**, **length**, **c_str**, **compare**, **substr**, **find**, **insert**, **replace**와 같은 많은 함수를 제공한다.

2. C++는 문자열 연산을 단순화하기 위한 연산자([ ], =, +, +=, <<, >>, ==, !=, <, <=, >, >=)를 지원한다.

3. 공백 문자를 갖는 문자열 끝을 읽기 위해 **cin**을 사용할 수 있으며, 특정 구분 문자(delimiter character)를 갖는 문자열 끝을 읽기 위해 **getline(cin, s, delimiterCharacter)**를 사용한다.

4. 값이나 참조에 의해 함수로 객체를 전달할 수 있다. 성능 면에서는 참조에 의한 전달이 더 낫다.

5. 함수가 전달된 객체를 변경하지 않는 경우, 객체의 데이터가 임의로 변경되는 것을 방지하기 위해 상수 참조 매개변수(constant reference parameter)로 객체 매개변수를 정의한다.

6. 인스턴스 변수나 함수는 클래스의 인스턴스에 속하며, 사용은 개별 인스턴스와 관련이 있다.

7. 정적 변수는 같은 클래스의 모든 인스턴스에 의해 공유되는 변수이다.

8. 정적 함수는 인스턴스를 사용하지 않고 호출될 수 있는 함수이다.

9. 클래스의 모든 인스턴스는 클래스의 정적 변수와 함수에 접근할 수 있다. 하지만 명확성을 위해 **ClassName::staticVariable**과 **ClassName::functionName(arguments)**를 사용하여 정석 변수와 함수를 호출하는 것이 더 좋은 방법이다.

10. 만일 함수가 객체의 데이터 필드를 변경하지 않는다면, 오류를 방지하기 위해 함수를 상수로 정의한다.

11. 상수 함수는 임의의 데이터 필드 값을 변경하지 못한다.

12. 함수 선언의 끝부분에 **const** 변경자를 배치하여 상수화되는 멤버 함수를 지정할 수 있다.

13. 객체지향 접근 방식은 객체 내에 데이터와 연산을 통합하는 추가적 차원과 절차적 형식의 능력을 결합한다.

14. 절차적 형식은 함수 설계에 초점을 맞추고 있고, 객체지향 형식은 데이터와 함수를 함께 객체로 결합한다.

15. 객체지향 형식을 사용한 소프트웨어 설계는 객체와 객체에 대한 연산에 초점을 맞춘다.

16. 객체는 다른 객체를 포함할 수 있다. 이 둘 간의 관계를 합성(composition)이라 한다.

17. 클래스 설계를 위한 몇 가지 지침에는 결합성, 일관성, 캡슐화, 명확성, 완성도가 있다.

퀴즈

www.cs.armstrong.edu/liang/cpp3e/quiz.html에서 온라인으로 이 장에 대한 퀴즈를 풀어 보라.

프로그래밍 실습

10.2~10.6절

***10.1** (애너그램[4]) 두 단어가 애너그램(anagram)인지를 검사하는 함수를 작성하여라. 만일 순서에 상관없이 단어에 포함된 문자가 모두 같다면, 두 단어는 애너그램이다. 예를 들면, "silent"와 "listen"은 애너그램이다. 함수의 헤더는 다음과 같다.

bool isAnagram(**const** string& s1, **const** string& s2)

사용자가 두 문자열을 입력하고 두 문자열이 애너그램인지를 검사하는 테스트 프로그램을 작성하여라. 다음은 샘플 실행 결과이다.

```
Enter a string s1: silent  ↵Enter
Enter a string s2: listen  ↵Enter
silent and listen are anagrams
```

```
Enter a string s1: split  ↵Enter
Enter a string s2: lisp  ↵Enter
split and lisp are not anagrams
```

---

4) 역주: 애너그램이란 철자 순서를 바꾼 말을 의미한다.

*10.2   (공통 문자) 다음의 헤더를 사용하여 두 문자열의 공통 문자를 반환하는 함수를 작성하여라.

string commonChars(**const** string& s1, **const** string& s2)

두 문자열을 입력하고 두 문자열에 모두 포함되어 있는 문자를 화면에 표시하는 테스트 프로그램을 작성하여라. 다음은 샘플 실행 결과이다.

```
Enter a string s1: abcd  ↵Enter
Enter a string s2: aecaten  ↵Enter
The common characters are ac
```

```
Enter a string s1: abcd  ↵Enter
Enter a string s2: efg  ↵Enter
No common characters
```

10.3   (생물정보학: 유전자 검색) 생물정보학은 게놈(genome)[5]을 모델링하기 위해 **A, C, T, G의 일련의 문자를 사용한다. 유전자(gene)는 세 문자가 한 세트인 **ATG**의 바로 뒤에서 시작하여 **TAG** 또는 **TAA**, **TGA**의 앞에서 끝나는 게놈의 부분문자열이다. 게다가 유전자 문자열의 길이는 **3**의 배수이고, 유전자는 **ATG**, **TAG**, **TAA**, **TGA**의 어떤 것도 포함하지 않는다. 사용자로부터 게놈을 입력받고 게놈 내의 모든 유전자를 화면에 출력하는 프로그램을 작성하여라. 만약 입력 문자열에서 유전자를 찾지 못하면, "no gene is found(유전자 없음)"를 화면에 출력하여라. 다음은 샘플 실행 결과이다.

```
Enter a genome string: TTATGTTTTAAGGATGGGGCGTTAGTT  ↵Enter
TTT
GGGCGT
```

```
Enter a genome string: TGTGTGTATAT  ↵Enter
no gene is found
```

10.4   (문자열에서 문자 정렬) 다음 헤더를 사용하여 정렬된 문자열을 반환하는 함수를 작성하여라.

string sort(string& s)

문자열을 입력받고 새로이 정렬된 문자열을 화면에 출력하는 테스트 프로그램을 작성하여라. 다음은 샘플 실행 결과이다.

```
Enter a string s: silent  ↵Enter
The sorted string is eilnst
```

---

5) 역주: 게놈이란 세포나 생명체의 유전자 총체를 말한다.

*10.5 (회문6) 검사) 문자열이 회문인지를 검사하는 다음 함수를 작성하여라. 문자는 대소문자를 구별하지 않는 것으로 가정한다.

bool isPalindrome(**const** string& s)

문자열을 입력받아 그 문자열이 회문인지를 출력하는 테스트 프로그램을 작성하여라. 다음은 샘플 실행 결과이다.

```
Enter a string s: ABa  ↵Enter
Aba is a palindrome
```

```
Enter a string s: AcBa  ↵Enter
Acba is not a palindrome
```

*10.6 (문자열에서 문자 개수 계산) 다음 문자열 클래스를 사용하여 프로그래밍 실습 7.35의 **countLetters** 함수를 다시 작성하여라.

int countLetters(**const** string& s)

문자열을 읽어 문자 개수를 화면에 출력하는 테스트 프로그램을 작성하여라. 실행 결과는 프로그래밍 실습 7.35의 결과와 동일하다.

*10.7 (문자열에서 각 문자의 발생 횟수 계산) 다음의 문자열 클래스를 사용하여 프로그래밍 실습 7.37의 **count** 함수를 다시 작성하여라.

void count(**const** string& s, **int** counts[], **int** size)

여기서 size는 **counts** 배열의 크기이며, 이 경우에 size는 **26**이다. 문자들은 대소문자를 구별하지 않는다. 즉, 문자 **A**와 **a**는 같은 문자 **a**로 계산된다.

문자열을 읽고 **count** 함수를 호출하여 발생 횟수를 화면에 출력하는 테스트 프로그램을 작성하여라. 프로그램의 실행 결과는 프로그래밍 실습 7.37의 결과와 동일하다.

*10.8 (금융 문제: 통화 단위) 실수 값을 정수 값으로 변환할 때 발생하는 정확도의 손실을 해결하기 위하여 리스트 2.12 ComputeChange.cpp를 다시 작성하여라. "**11.56**"과 같은 문자열을 입력하면, 프로그램은 소수점 이전의 달러(dollar)와 소수점 이후의 센트(cent) 금액을 추출해야 한다.

**10.9 (수도 맞추기) 사용자에게 미국 주(state)에 대한 수도(capital)를 반복적으로 입력하도록 하는 프로그램을 작성하여라. 사용자의 입력에 따라 프로그램은 입력 답이 맞는지를 출력한다. 샘플 실행 결과는 다음과 같다.

---

6) 역주: 문자열을 앞에서부터 읽으나 뒤에서부터 읽으나 동일한 경우를 회문(回文)이라고 한다(5.10절 참조).

```
What is the capital of Alabama? Montgomery  ↵Enter
Your answer is correct.
What is the capital of Alaska? Anchorage  ↵Enter
The capital of Alaska is Juneau
```

50개 주와 각 주의 수도는 그림 10.18에서와 같이 2차원 배열에 저장된다. 프로그램은 사용자가 10개 주에 대한 수도를 입력하도록 하고 화면에 전체 정답의 개수를 표시한다.

```
Alabama      Montgomery
Alaska       Juneau
Arizona      Phoenix
...          ...
```

그림 10.18 2차원 배열에 주와 각 주의 수도를 저장한다.

10.7절

10.10 (MyInteger 클래스) MyInteger라는 이름의 클래스를 설계하여라. 클래스는 다음을 포함한다.

- 객체에 의해 표현되는 int 값을 저장하기 위한 value라는 이름의 int 데이터 필드
- 지정된 int 값에 대한 MyInteger 객체를 생성하는 생성자
- int 값을 반환하는 get 상수 함수
- 값이 각각 짝수, 홀수, 소수인 경우 true를 반환하는 isEven(), isOdd(), isPrime() 상수 함수
- 지정 값이 각각 짝수, 홀수, 소수인 경우 true를 반환하는 isEven(int), isOdd(int), isPrime(int) 정적 함수
- 지정 값이 각각 짝수, 홀수, 소수인 경우 true를 반환하는 isEven(const MyInteger&), isOdd(const MyInteger&), isPrime(const MyInteger&) 정적 함수
- 객체의 값이 지정 값과 같다면, true를 반환하는 equals(int), equals(const MyInteger&) 상수 함수
- 문자열을 int 값으로 변환하는 parseInt(const string&) 정적 함수

클래스에 대한 UML 다이어그램을 그리고, 클래스를 구현하여라. 클래스의 모든 함수를 테스트하는 클라이언트 프로그램을 작성하여라.

10.11 (Loan 클래스 수정) 다음과 같이 매월 납입금과 총 납입금을 계산하는 두 정적 함수를 추가하도록 리스트 9.13의 Loan 클래스를 수정하여라.

```
double getMonthlyPayment(double annualInterestRate,
    int numberOfYears, double loanAmount)

double getTotalPayment(double annualInterestRate,
    int numberOfYears, double loanAmount)
```

이들 두 함수를 테스트하기 위한 클라이언트 프로그램을 작성하여라.

10.8~10.11절

10.12 (Stock 클래스) 다음 내용을 포함하는 **Stock**이라는 이름의 클래스를 설계하여라.

- 주식 심볼(stock symbol)[7]을 위한 **Symbol**이라는 문자열 데이터 필드
- 주식 이름을 위한 **name**이라는 문자열 데이터 필드
- 전날(previous day)의 주가를 저장하는 **previousClosingPrice**라는 이름의 **double** 데이터 필드
- 현재의 주가를 저장하는 **currentPrice**라는 **double** 데이터 필드
- 지정된 주식 심볼과 주식 이름으로 구성된 주식을 생성하는 생성자
- 모든 데이터 필드에 대한 상수 접근자 함수
- **previousClosingPrice**와 **currentPrice**에 대한 변경자 함수
- **previousClosingPrice**에서 **currentPrice**로의 변동 비율(%)을 반환하는 **getChangePercent()**라는 상수 함수

UML 다이어그램을 그리고, 클래스를 구현하여라. 주식 심벌은 MSFT, 주식 이름 으로 Microsoft Corporation, 전날 주가 27.5로 구성된 **Stock** 객체를 생성하는 테 스트 프로그램을 작성하여라. 새로운 현재 주가로 27.6을 설정하고 화면에 가격-변동 비율(%)을 표시하여라.

10.13 (기하학: n변 정다각형) *n*변 정다각형은 동일 길이의 *n*개의 변을 가지며, 모든 각은 동일하다(즉, 다각형은 등변과 등각을 갖는다). 다음을 포함하는 **RegularPolygon** 이라는 이름의 클래스를 설계하여라.

- 다각형 변의 수를 정의하는 **n**이라는 이름의 전용 **int** 데이터 필드
- 변의 길이를 저장하는 **side**라는 전용 **double** 데이터 필드
- 다각형 중심의 *x*-축을 정의하는 **x**라는 전용 **double** 데이터 필드
- 다각형 중심의 *y*-축을 정의하는 **y**라는 전용 **double** 데이터 필드
- n=3, side=1, x=0, y=0으로 정다각형을 생성하는 인수 없는 생성자
- 중심이 (0, 0)이고 지정된 변의 수와 변의 길이를 갖는 정다각형을 생성하는 생성자
- 중심이 (*x*, *y*)이고 지정된 변의 수와 변의 길이를 갖는 정다각형을 생성하는 생성자
- 모든 데이터 필드에 대해 상수 접근자 함수와 변경자 함수
- 다각형의 둘레를 반환하는 **getPerimeter()** 상수 함수
- 다각형의 면적을 반환하는 **getArea()** 상수 함수. 다각형의 면적을 계산하는 공

---

7) 역주: stock symbol은 주식시장에서 거래되는 상장회사를 상징하는 약자를 말한다. 미국 뉴욕 주식시장 (NY SE)의 경우에는 셋 혹은 두 개의 알파벳으로 되어 있으며, 미국 나스닥 시장의 경우에는 네 개 혹은 다 섯 개의 알파벳 약자로 되어 있다. 참고로 한국 주식시장에서는 알파벳이 아닌 숫자를 사용한다.

식은 다음과 같다.

$$면적 = \frac{n \times s^2}{4 \times \tan\left(\dfrac{\pi}{n}\right)}$$

클래스에 대한 UML 다이어그램을 그리고, 클래스를 구현하여라. 인수 없는 생성자 **RegularPolygon(6, 4)**, **RegularPolygon(10, 4, 5.6, 7.8)**을 사용하여 3개의 **RegularPolygon** 객체를 생성하는 테스트 프로그램을 작성하여라. 각 객체에 대한 둘레와 면적을 화면에 출력하여라.

*10.14 (소수[8] 출력) 내림차순으로 120보다 작은 모든 소수(prime number)를 출력하는 프로그램을 작성하여라. 소수(즉, 2, 3, 5, ...)를 저장하기 위해 **StackOfIntegers** 클래스를 사용하고, 역순으로 소수를 읽어 화면에 출력하여라.

***10.15 (게임: 행맨) 임의로 한 단어를 생성하고, 샘플 실행 결과에서와 같이 사용자가 한 번에 한 문자만을 추측하도록 하는 행맨(hangman) 게임을 작성하여라. 단어에서 각 문자는 *(asterisk)로 표시된다. 사용자가 올바르게 추측을 하였을 때는 실제 문자가 화면에 표시된다. 사용자가 단어 맞추기를 끝냈을 때는 실수한 횟수를 표시하고 다른 단어로 계속할 것인지를 묻는다. 단어를 저장하기 위한 배열을 다음과 같이 선언하여라.

```
// 사용하고자 하는 단어
string words[] = {"write", "that", ...};
```

```
(Guess) Enter a letter in word ******* > p  ↵Enter
(Guess) Enter a letter in word p****** > r  ↵Enter
(Guess) Enter a letter in word pr**r** > p  ↵Enter
      p is already in the word
(Guess) Enter a letter in word pr**r** > o  ↵Enter
(Guess) Enter a letter in word pro*r** > g  ↵Enter
(Guess) Enter a letter in word progr** > n  ↵Enter
      n is not in the word
(Guess) Enter a letter in word progr** > m  ↵Enter
(Guess) Enter a letter in word progr*m > a  ↵Enter
The word is program. You missed 1 time

Do you want to guess for another word? Enter y or n>
```

*10.16 (소인수[9] 출력) 양수를 입력받아 내림차순으로 소인수(prime factor)를 출력하는 프로그램을 작성하여라. 예를 들어, 입력 정수 값이 **120**이라면, 소인수는 **5, 3, 2, 2, 2**

---

8) 역주: 소수는 1과 자기 자신만으로 나누어지는 1보다 큰 양의 정수이다.

9) 역주: 소인수란 어떤 정수를 소수의 곱으로 나타냈을 때 해당하는 소수를 말한다. 120은 $2 \times 2 \times 2 \times 3 \times 5$와 같다. 즉, 120은 소수들인 2, 3, 5의 곱으로 나타낼 수 있으므로 120의 소인수는 2, 3, 5가 된다. 소수를 제외한 모든 정수는 소인수의 곱으로 나타낼 수 있다.

로 표시된다. 소인수(예를 들어 2, 2, 2, 3, 5)를 저장하기 위해 **StackOfIntegers** 클래스를 사용하고 역순으로 소인수를 화면에 출력하여라.

10.17 (Location** 클래스) 2차원 배열에서 최댓값과 최댓값의 위치를 위한 **Location**이라는 이름의 클래스를 설계하여라. 클래스는 **int** 형의 **row**, **column**과 **double** 형의 **maxValue**를 갖는 2차원 배열에서 최댓값과 최댓값의 위치 인덱스를 저장하는 공용 데이터 필드 **row**, **column**, **maxValue**를 포함한다.

2차원 배열에서 최댓값의 위치를 반환하는 다음 함수를 작성하여라. 열의 크기는 고정된 것으로 가정한다.

```
const int ROW_SIZE = 3;
const int COLUMN_SIZE = 4;
Location locateLargest(const double a[][COLUMN_SIZE]);
```

반환값은 **Location**의 인스턴스이다. 2차원 배열을 입력하고 배열에서 최댓값의 위치를 화면에 출력하는 테스트 프로그램을 작성하여라. 샘플 실행 결과는 다음과 같다.

```
Enter a 3-by-4 two-dimensional array:
23.5 35 2 10 ↵Enter
4.5 3 45 3.5 ↵Enter
35 44 5.5 9.6 ↵Enter
The location of the largest element is 45 at (1, 2)
```

포인터와 동적 메모리 관리

이 장의 목표

- 포인터에 대한 설명(11.1절)

- 포인터 선언 방식과 포인터에 메모리 주소를 할당하는 방법(11.2절)

- 포인터를 통한 값 접근(11.2절)

- **typedef** 키워드를 사용한 동의어 유형 정의(11.3절)

- 상수 포인터와 상수 데이터 선언(11.4절)

- 배열과 포인터 간의 관계에 대한 조사와 포인터를 사용한 배열 요소 접근(11.5절)

- 함수에 포인터 인수 전달(11.6절)

- 함수로부터 포인터를 반환하는 방법 학습(11.7절)

- 포인터를 갖는 배열 함수 사용(11.8절)

- 동적 배열을 생성하기 위한 **new** 연산자 사용(11.9절)

- 동적 객체 생성과 포인터를 통한 객체 접근(11.10절)

- **this** 포인터를 사용한 호출 객체 참조(11.11절)

- 원하는 동작을 수행하기 위한 소멸자 구현(11.12절)

- 학생들의 교육 과정 등록을 위한 클래스 설계(11.13절)

- 같은 유형의 다른 객체로부터 데이터를 복사하는 복사 생성자를 사용한 객체 생성(11.14절)

- 깊은 복사를 수행하기 위한 복사 생성자 지정(11.15절)

11.1 들어가기

포인터 변수는 포인터라고도 하며, 배열이나 객체, 임의 변수의 주소를 참조하기 위해 사용될 수 있다.

왜 포인터인가?

포인터는 C++에서 가장 강력한 기능 중 하나이며, C++ 프로그래밍 언어의 심장이자 영혼과 같다고 할 수 있다. C++ 언어의 기능과 라이브러리 대부분은 포인터를 사용하여 구성되어 있다. 포인터의 필요성을 확인하기 위해서 정해지지 않은 정수를 처리하는 프로그램을 작성한다고 가정해 보자. 정수를 저장하기 위해 배열을 사용할 것이다. 하지만 만일 배열의 크기를 알지 못하는 경우, 배열을 어떻게 생성할 것인가? 정수가 추가 또는 삭제됨에 따라 배열의 크기도 변경될 수 있다. 이를 처리하기 위해서 프로그램은 실행 즉시 정수에 대한 메모리를 할당하고 삭제할 수 있는 능력을 필요로 하는데, 이는 포인터를 사용하면 수행이 가능하다.

11.2 포인터의 기본 사항

포인터 변수는 메모리 주소를 저장한다. 포인터를 통해 특정 메모리 위치에서 실제 값에 접근하기 위해 역참조 연산자인 *를 사용할 수 있다.

포인터 변수(pointer variable), 간단히 포인터(pointer)는 포인터의 값으로 메모리 주소를 저장하기 위해 선언된다. 일반적으로 변수는 데이터 값(예를 들어, 정수, 실수 값, 문자)을 저장한다. 그러나 포인터는 데이터 값이 저장된 변수의 메모리 주소를 저장한다. 그림 11.1에 나타낸 바와 같이, 포인터 **pCount**는 변수 **count**에 대한 메모리 주소를 저장하고 있다.

메모리의 각 바이트는 고유 주소가 지정되어 있다. 변수의 주소는 해당 변수에 할당된 첫 번째 바이트의 주소이다. 4개의 변수, 즉 **count**, **status**, **letter**, **s**가 다음과 같이 선언되었다고 하자.

```
int count = 5;
short status = 2;
char letter = 'A';
string s("ABC");
```

그림 11.1에서와 같이 변수 **count**는 4바이트의 **int**형, 변수 **status**는 2바이트의 **short**형, 변수 **letter**는 1바이트의 **char**형으로 선언되어 있다. **'A'**에 대한 ASCII 코드는 16진수 55이다. 변수 **s**는 문자열의 문자수에 따라 메모리의 크기가 변할 수 있는 **string** 유형으로 선언되어 있지만, 일단 문자열이 선언되면 문자열에 대한 메모리 주소는 고정된다.

포인터 선언

다른 변수들처럼 포인터도 사용하기 전에 선언되어야 한다. 포인터를 선언하기 위해서는 다음과 같은 구문을 사용한다.

```
dataType* pVarName;
```

포인터로 선언되는 각 변수는 변수 이름 앞에 *(애스터리스크)를 붙여야 한다. 예를 들어, 다음 문장은 각각 **int** 변수, **short** 변수, **char** 변수, 문자열을 가리키는 **pCount**, **pStatus**, **pLetter**, **pString**이란 이름의 포인터로 선언되어 있다.

```
int* pCount;
short* pStatus;
```

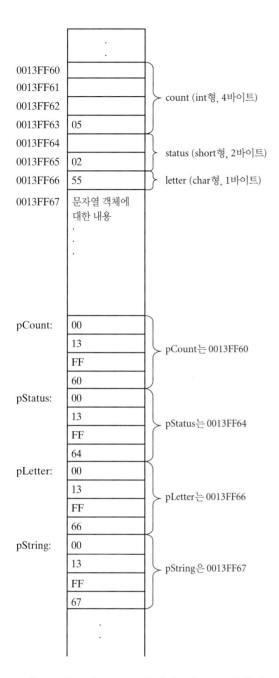

```
int count = 5;
short status = 2;
char letter = 'A';
string s = "ABC";

int* pCount = &count;
short* pStatus = &status;
char* pLetter = &letter;
string* pString = &s;

pCount = &count;
```

&: 주소 연산자
&count는 count의 주소를 의미

*: 역참조 연산자
*pCount는 pCount 포인터 변수가 가리키는
위치에 저장된 값을 의미

그림 11.1 pCount는 count 변수의 메모리 주소를 저장한다.

```
char* pLetter;
string* pString;
```

포인터 선언 이후부터 포인터에 변수의 주소를 할당할 수 있다. 예를 들어, 다음 코드는 **주소 할당**
pCount에 **count** 변수의 주소를 할당한다.

```
pCount = &count;
```

변수 앞에 있는 **&**(앰퍼샌드) 기호를 주소 연산자(address operator)라고 하며, 이 연산자 **주소 연산자**
는 변수의 주소를 반환하는 단항(unary) 연산자이다. 따라서 **count**의 주소는 **&count**로 나
타낸다.

리스트 11.1에서 포인터의 사용에 대해 설명하겠다.

리스트 11.1 TestPointer.cpp

변수 선언
포인터 선언

count 접근
&count 접근
pCount 접근
*pCount 접근

```cpp
1    #include <iostream>
2    using namespace std;
3
4    int main()
5    {
6      int count = 5;
7      int* pCount = &count;
8
9      cout << "The value of count is " << count << endl;
10     cout << "The address of count is " << &count << endl;
11     cout << "The address of count is " << pCount << endl;
12     cout << "The value of count is " << *pCount << endl;
13
14     return 0;
15   }
```

```
The value of count is 5
The address of count is 0013FF60
The address of count is 0013FF60
The value of count is 5
```

6번 줄에서 초기 값 5를 갖는 변수 **count**를 선언한다. 7번째 줄에서 포인터 변수 **pCount**를 선언하고 변수 **count**의 주소로 초기화된다. 그림 11.1은 **count**와 **pCount**의 관계를 보여준다.

포인터는 선언할 때나 대입문을 사용함으로써 초기화될 수 있다. 그러나 포인터에 주소를 할당하는 경우, 구문은

`*pCount = &count;` // 잘못된 표현

가 아닌

`pCount = &count;` // 올바른 표현

로 작성해야 한다.

10번 줄은 &count를 사용하여 count의 주소를 화면에 출력하며, 11번 줄은 &count와 동일한 값을 저장하고 있는 pCount의 값을 화면에 출력한다. count에 저장된 값은 9번 줄에서 count로부터 직접 읽을 수 있고, 12번 줄에 있는 *pCount와 같이 포인터 변수를 통해 간접적으로 읽을 수도 있다.

간접 참조

포인터를 통한 값 참조를 종종 간접 참조(indirection)라고 한다. 포인터로부터 값을 참조하는 구문은 다음과 같다.

`*pointer`

예를 들어, **count** 값을 증가시키려면

count++; // 직접 참조

또는

(*pCount)++; // 간접 참조

를 사용하면 된다.

이전의 문장에 사용된 *(애스터리스크)를 **간접 연산자**(indirection operator) 또는 역참조 연산자(dereference operator)라고 한다(역참조는 간접 참조라는 의미이다). 포인터가 역참조될 때, 포인터에 저장된 주소의 값을 읽는다. **pCount**가 간접적으로 가리키는, 즉 간단히 말해 **pCount**가 가리키는 값을 ***pCount**로 표시할 수 있다.

간접 연산자

역참조 연산자

역참조되는

다음은 포인터에 대한 주의사항이다.

- C++에서 *는 세 가지 방법으로 사용된다.
  - 다음과 같이 곱셈 연산자로 사용된다.

    double area = radius ***** radius ***** 3.14159;

  - 포인터를 선언하기 위해 사용된다.

    int* pCount = &count;

  - 역참조 연산자로서 사용된다.

    (***pCount**)++;

  세 가지 다른 방법으로 사용되더라도 걱정할 필요는 없다. 컴파일러가 프로그램에서 * 기호가 사용된 이유를 알려 주기도 한다.

*의 세 가지 사용 용도

- 포인터 변수는 **int** 또는 **double**과 같은 유형으로 선언되며, 같은 유형의 변수 주소를 할당해야 한다. 만일 변수의 유형이 포인터의 유형과 다른 경우에는 구문 오류가 발생한다. 예를 들어, 다음 코드는 잘못된 것이다.

포인터 유형

  int area = 1;
  double* pArea = &area; // 잘못된 구문

  포인터를 같은 유형의 또 다른 포인터에 할당할 수 있지만, 포인터가 아닌 변수에는 포인터를 할당할 수 없다. 예를 들어, 다음 코드는 잘못된 것이다.

  int area = 1;
  int* pArea = &area;
  int i = pArea; // 잘못된 구문

- 포인터는 변수이다. 따라서 변수의 작명 규칙이 포인터에도 적용된다. 지금까지 포인터의 이름에는 **pCount**와 **pArea**와 같이 접두어 **p**를 붙였지만 강제로 이 규칙을 지키도록 할 수는 없다. 곧 배열 이름이 실제 포인터라는 사실을 알게 될 것이다.

포인터의 이름 명명

- 만일 지역 포인터(local pointer)를 초기화하지 않을 경우에는 지역 변수(local variable)처럼 지역 포인터에도 임의의 값이 저장된다. 포인터가 아무것도 가리키지 않음을 나타내기 위해 특별한 값인 0으로 초기화할 수 있다. 오류를 방지하기 위해서는 항상 포인터를 초기화해야 한다. 초기화되지 않은 포인터를 역참조하면, 치명적인 실행 오류(runtime error)가 발생하거나 실수로 중요한 데이터가 변경될 수도 있다. **<iostream>**을 포함하는 대부분의 C++ 라이브러리는 **0** 값을 갖는 상수로써 **NULL**을 정의하고 있으므로 **0**보다 **NULL**을 사용하는 것이 더 바람직하다.

NULL

pX와 **pY**는 그림 11.2에 나타낸 바와 같이, 변수 **x**와 **y**에 대한 2개의 포인터 변수이다. 변수와 그 변수의 포인터 간의 관계를 이해하기 위하여 **pY**를 **pX**에, 그리고 ***pY**를 ***pX**에 대입하는 경우를 살펴보자.

대입의 효과 = 　　**pX = pY** 문장은 **pY**의 내용을 **pX**에 대입한다. **pY**의 내용은 변수 **y**의 주소이다. 따라서 이 대입 후에 **pX**와 **pY**는 그림 11.2a에서처럼 같은 내용을 저장하게 된다.

이제 ***pX = *pY**를 생각해보자. **pX**와 **pY** 앞에 붙은 ***** 기호는 **pX**와 **pY**가 가리키는 변수를 처리한다. ***pX**는 **x**에 들어있는 내용을 의미하고, ***pY**는 **y**에 들어있는 내용을 의미한다. 따라서 ***pX = *pY** 문장은 그림 11.2b에서와 같이 **6**을 ***pX**에 대입한다.

다음 구문을 사용하여 **int** 포인터를 선언할 수 있다.

　　int* p;

또는

　　int *p;

또는

int* p, int *p, 또는 int * p

　　int * p;

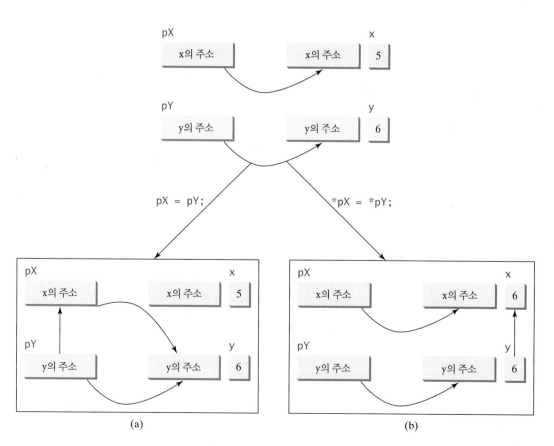

그림 11.2 (a) **pY**는 **pX**에 대입된다. (b) ***pY**는 ***pX**에 대입된다.

이들 모두는 동일한 표현이다. 어느 것이 더 좋은지는 개인적 취향이다. 이 책에서는 포인터 선언을 위해 다음과 같은 두 가지 이유로 **int* p**의 형식을 사용한다.

1. **int* p**는 **int*** 형과 식별자 **p**를 명확하게 분리한다. **p**는 **int** 형이 아닌 **int*** 형이다.
2. 이 책의 후반부에서 포인터를 반환할 수 있는 함수를 보게 될 것이다. 함수 헤더 작성 시에

   ```
   typeName *functionName(parameterList);
   ```

   보다는

   ```
   typeName* functionName(parameterList);
   ```

   로 작성하는 것이 더 이해하기 쉽다.

   int* p 형식 구문을 사용하는 경우의 한 가지 단점은 다음과 같은 실수를 할 수 있다는 것이다.

   ```
   int* p1, p2;
   ```

   이는 두 개의 포인터를 선언한 것처럼 보이지만, 실제로는 다음과 같은 의미가 된다.

   ```
   int *p1, p2;
   ```

   그러므로 포인터 변수는 다음과 같이 한 행에 하나의 포인터 변수만 선언하도록 한다.

   ```
   int* p1;
   int* p2;
   ```

11.1 포인터 변수는 어떻게 선언하는가? 지역 포인터 변수는 기본 값이 있는가?

Check Point

11.2 변수의 주소를 포인터 변수에 어떻게 대입하는가? 다음 코드는 무엇이 잘못되었는가?

```
int x = 30;
int* pX = x;
cout << "x is " << x << endl;
cout << "x is " << pX << endl;
```

11.3 다음 코드의 출력은 무엇인가?

```
int x = 30;
int* p = &x;
cout << *p << endl;

int y = 40;
p = &y;
cout << *p << endl;
```

11.4 다음 코드의 출력은 무엇인가?

```
double x = 3.5;
double* p1 = &x;

double y = 4.5;
double* p2 = &y;

cout << *p1 + *p2 << endl;
```

11.5 다음 코드의 출력은 무엇인가?

```
string s = "ABCD";
string* p = &s;

cout << p << endl;
cout << *p << endl;
cout << (*p)[0] << endl;
```

11.6 다음 코드는 무엇이 잘못되었는가?

```
double x = 3.0;
int* pX = &x;
```

11.7 만일 **p1**과 **p2**가 다음과 같이 정의된 경우, 변수 **p1**과 **p2** 둘 다 포인터인가?

```
double* p1, p2;
```

11.3 typedef 키워드를 사용한 동의어 유형 정의

Key
Point

typedef 키워드를 사용하여 동의어 유형을 정의할 수 있다.

unsigned 유형은 **unsigne int**와 동의어, 즉 같은 의미이다. C++에서는 **typedef** 키워드를 사용하여 사용자가 동의어 유형(synonymous type)을 정의할 수 있다. 동의어 유형은 코딩을 간단하게 하고 잠재적인 오류를 피하는 데 사용할 수 있다.

기존의 데이터 유형에 대한 새로운 동의어를 정의하는 구문은 다음과 같다.

typedef existingType newType;

예를 들어, 다음 문장은 **int**에 대한 동의어로 **integer**를 정의한다.

typedef int integer;

따라서 이제부터는 다음과 같이 **int** 변수를 선언할 수 있다.

integer value = 40;

typedef 선언은 새로운 데이터 유형을 생성하지는 못한다. 이는 단지 기존 데이터 유형에 대한 동의어를 생성할 뿐이다. 이 기능은 프로그램을 읽기 쉽도록 포인터 유형의 이름을 정의하는 데 유용하게 사용될 수 있다. 예를 들어, 다음과 같이 **int***에 대해 **intPointer**라는 이름의 유형을 정의할 수 있다.

typedef int* intPointer;

정수 포인터 변수를 이제 다음과 같이 선언할 수 있다.

intPointer p;

이는 다음과 동일한 선언이 된다.

int* p;

포인터 유형의 이름을 사용하는 데 있어 한 가지 장점은 *****를 적지 않아 발생하는 오류를 피할 수 있다는 것이다. 앞서 설명했듯이 두 개의 포인터 변수를 선언하려고 할 때, 다음 선언은 잘못된 것이다.

```
int* p1, p2;
```

이 오류를 피하는 좋은 방법은 다음과 같이 동의어 유형 **intPointer**를 사용하는 것이다.

```
intPointer p1, p2;
```

이 구문은 **p1**과 **p2** 모두를 **intPointer** 유형의 변수로 선언한다.

11.8 double*에 대한 동의어로 **doublePointer**라는 이름의 새로운 유형을 어떻게 정의하는가?

Check Point

11.4 포인터와 const의 사용

상수 포인터는 상수 메모리 위치를 가리키지만, 메모리 위치에 저장된 실제 값은 변경될 수 없다.

Key Point

상수 포인터

앞서 const 키워드를 사용하여 상수를 선언하는 방법에 대해 배웠다. 일단 상수로 선언하면 상수는 변경되지 않는다. 상수 포인터를 다음 예와 같이 선언할 수 있다.

```
double radius = 5;
double* const p = &radius;
```

여기서 **p**는 상수 포인터(constant pointer)가 된다. 상수 포인터는 하나의 문장에서 선언과 초기화가 동시에 이루어져야 한다. 나중에 **p**에 새로운 주소를 할당할 수 없다. 비록 **p**가 상수일지라도 **p**가 가리키는 데이터는 상수가 아니므로 **p**가 가리키는 데이터는 변경될 수 있다. 예를 들어, 다음 문장은 반지름을 10으로 변경한다.

```
*p = 10;
```

역참조된 데이터를 상수로 선언할 수 있을까? 가능하다. 데이터 유형 앞에 다음과 같이 const 키워드를 추가할 수 있다.

상수 데이터

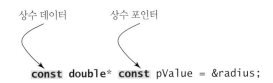

이 경우 포인터는 상수가 되고, 포인터가 가리키는 데이터 역시 상수가 된다.

만일 다음과 같이 포인터를 선언하는 경우,

```
const double* p = &radius;
```

포인터는 상수가 아니고, 포인터가 가리키는 데이터는 상수가 된다.

다음은 상수 포인터에 대한 예이다.

```
double radius = 5;
double* const p = &radius;
double length = 5;
*p = 6; // OK
```

```
p = &length; // p는 상수 포인터이기 때문에 잘못된 구문

const double* p1 = &radius;
*p1 = 6; // p1은 상수 데이터를 가리키기 때문에 잘못된 구문
p1 = &length; // OK

const double* const p2 = &radius;
*p2 = 6; // p2는 상수 데이터를 가리키기 때문에 잘못된 구문
p2 = &length; // p2는 상수 포인터이기 때문에 잘못된 구문
```

11.9 다음 코드에서 무엇이 잘못되었는가?

```
int x;
int* const p = &x;
int y;
p = &y;
```

11.10 다음 코드에서 무엇이 잘못되었는가?

```
int x;
const int* p = &x;
int y;
p = &y;
*p = 5;
```

11.5 배열과 포인터

Key Point C++에서 배열 이름은 실제로 배열의 첫 번째 요소에 대한 상수 포인터이다.

괄호([ ])와 첨자가 없는 배열은 실제로 배열의 시작 주소를 나타낸다. 이런 의미에서 배열은 근본적으로 포인터이다. 다음과 같이 **int** 값의 배열을 선언한다고 해보자.

```
int list[6] = {11, 12, 13, 14, 15, 16};
```

다음 문장은 배열의 시작 주소를 화면에 출력한다.

```
cout << "The starting address of the array is " << list << endl;
```

그림 11.3은 메모리에서의 배열을 보여 준다. C++에서는 역참조 연산자를 사용하여 배열 내의 요소에 접근할 수 있다. 첫 번째 요소에 접근하기 위해서는 *list를 사용하면 된다. 그외 요소들은 *(list + 1), *(list + 2), *(list + 3), *(list + 4), *(list + 5)를 사용하여 접근할 수 있다.

포인터 연산   정수를 포인터에 더하거나 뺄 수 있다. 포인터는 포인터가 가리키는 요소의 정수배 크기만큼 증가되거나 감소된다.

배열 list는 배열의 시작 주소를 가리킨다. 이 주소를 1000이라고 가정하자. list + 1은

그림 11.3 배열 list는 배열 내의 첫 번째 요소를 가리킨다.

1001이 될 것 같지만 그렇지 않다. **list + 1**은 1000 + **sizeof(int)**가 된다. 그 이유는 **list**가 **int** 요소의 배열로 선언되어 있으므로 C++에서는 **sizeof(int)**를 더해서 다음 요소의 주소를 자동으로 계산한다. **sizeof(type)** 함수는 데이터 유형의 크기를 반환한다(2.8절 "숫자 데이터 유형과 연산" 참조). 각 데이터 유형의 크기는 시스템에 따라 다른데, 윈도우(Windows)에서 **int** 형의 크기는 항상 4이다. 따라서 **list**의 각 요소가 얼마나 큰가에 상관없이 **list + 1**은 **list**의 두 번째 요소를 가리키고, **list + 3**은 네 번째 요소를 가리킨다.

> **주의**
>
> 이제 배열의 인덱스가 0부터 시작하는 이유를 알 수 있는데, 배열은 실제로 포인터이며, **list + 0**은 배열의 첫 번째 요소를 가리키고, **list[0]**은 배열에서 첫 번째 요소를 의미한다.

왜 0 기반 인덱스인가?

리스트 11.2는 배열 요소에 접근하기 위해 포인터를 사용하는 프로그램이다.

리스트 11.2 ArrayPointer.cpp

```
1  #include <iostream>
2  using namespace std;
3
4  int main()
5  {
6    int list[6] = {11, 12, 13, 14, 15, 16};           배열 선언
7
8    for (int i = 0; i < 6; i++)
9      cout << "address: " << (list + i) <<            주소 증가
10       " value: " << *(list + i) << " " <<           역참조 연산자
11       " value: " << list[i] << endl;                배열 인덱스된 변수
12
13   return 0;
14 }
```

```
address: 0013FF4C value: 11 value: 11
address: 0013FF50 value: 12 value: 12
address: 0013FF54 value: 13 value: 13
address: 0013FF58 value: 14 value: 14
address: 0013FF5C value: 15 value: 15
address: 0013FF60 value: 16 value: 16
```

샘플 출력에서 보듯이, 배열 **list**의 주소는 **0013FF4C**이다. 따라서 **(list + 1)**은 실제로 **0013FF4C + 4**이고, **(list + 2)**는 **0013FF4C + 2 * 4**가 된다(9번 줄). 배열 요소는 포인터 역참조 ***(list +1)**을 사용하여 접근할 수 있다(10번 줄). 11번 줄은 ***(list + i)**와 동일한 **list[i]**를 사용하여 인덱스를 통해 요소에 접근한다.

> **경고**
>
> ***(list + 1)**은 ***list + 1**과 다르다. 역참조 연산자(*)는 +보다 우선순위가 높다. 그러므로 ***list + 1**은 배열의 첫 번째 요소의 값에 1을 더하는 데 반해, ***(list + 1)**은 배열에서 **(list +1)** 주소의 요소를 역참조한다.[1]

연산자 우선순위

---

1) 역주: 즉, ***(list + 1)**은 **(list +1)** 주소에 저장된 값을 의미하므로 **list[1]**과 동일하다.

포인터 비교

주의

포인터의 순서를 결정하기 위해 포인터에 대해 관계 연산자(==, !=, <, <=, >, >=)를 사용하여 비교할 수 있다.

배열과 포인터는 밀접한 관계를 형성한다. 배열에 대한 포인터를 배열처럼 사용할 수 있으며, 인덱스를 갖는 포인터를 사용할 수 있다. 리스트 11.3은 이에 대한 예제를 보여 준다.

리스트 11.3 PointerWithIndex.cpp

```
1   #include <iostream>
2   using namespace std;
3
4   int main()
5   {
6     int list[6] = {11, 12, 13, 14, 15, 16};
7     int* p = list;
8
9     for (int i = 0; i < 6; i++)
10      cout << "address: " << (list + i) <<
11        " value: " << *(list + i) << " " <<
12        " value: " << list[i] << " " <<
13        " value: " << *(p + i) << " " <<
14        " value: " << p[i] << endl;
15
16    return 0;
17  }
```

배열 선언
포인터 선언

주소 증가
역참조 연산자
인덱스를 가진 배열
역참조 연산자
인덱스를 가진 포인터

```
address: 0013FF4C value: 11  value: 11  value: 11  value: 11
address: 0013FF50 value: 12  value: 12  value: 12  value: 12
address: 0013FF54 value: 13  value: 13  value: 13  value: 13
address: 0013FF58 value: 14  value: 14  value: 14  value: 14
address: 0013FF5C value: 15  value: 15  value: 15  value: 15
address: 0013FF60 value: 16  value: 16  value: 16  value: 16
```

7번 줄은 배열의 주소가 대입된 **int** 포인터 **p**를 선언한다.

int* p = list;

배열의 주소를 포인터에 대입하기 위해서 주소 연산자(**&**)를 사용하지 않는다는 사실에 주의해야 한다. 왜냐하면 배열의 이름은 이미 배열의 시작 주소이기 때문이다. 7번 줄은 다음과 동일하다.

int* p =&list[0];

여기서 **&list[0]**은 **list[0]**의 주소를 나타낸다.

이 예에서 보듯이, **list** 배열에 대해 배열 구문 **list[i]**와 더불어 포인터 구문 ***(list + i)**를 사용하여 요소에 접근할 수 있다. **p**라는 포인터가 배열을 가리킬 때, 배열의 요소에 접근하기 위해서 포인터 구문이나 배열 구문, 즉 ***(p + i)** 또는 **p[i]** 둘 다 사용할 수 있다. 배열에 접근하기 위해 배열 구문이나 포인터 구문을 사용할 수 있으며, 어느 것을 사용하든지 편리하게 사용할 수 있다. 하지만 배열과 포인터 간에는 한 가지 차이점이 있다. 일단 배열은 선언이 되면 배열의 주소를 변경할 수 없다. 예를 들어, 다음 문장은 잘못된 것이다.

```
int list1[10], list2[10];
list1 = list2; // 잘못된 구문
```

C++에서 배열 이름은 실제적으로 상수 포인터로 다룬다.

상수 포인터

C-문자열은 포인터를 사용하여 편리하게 접근할 수 있으므로 종종 **포인터 기반 문자열** (point-based string)이라고 한다. 예를 들어, 다음 두 선언은 모두 가능하다.

포인터 기반 문자열

```
char city[7] = "Dallas"; // 선택 1
char* pCity = "Dallas";  // 선택 2
```

각각의 선언은 문자 'D', 'a', 'l', 'l', 'a', 's'와 '\0'을 포함하는 문자열을 생성한다.

배열 구문이나 포인터 구문을 사용하여 **city**나 **pCity**에 접근할 수 있다. 예를 들어, 다음 각 문장은 문자열에서 두 번째 요소인 문자 **a**를 화면에 출력한다.

배열 구문

포인터 구문

```
cout << city[1] << endl;
cout << *(city + 1) << endl;
cout << pCity[1] << endl;
cout << *(pCity + 1) << endl;
```

11.11 **int* p**를 선언하고 **p**의 현재 값은 **100**이라 하자. **p + 1**은 무엇인가?

11.12 **int* p**를 선언한 경우, **p++**, ***p++**, **(*p)++**의 차이점은 무엇인가?

11.13 **int p[4] = {1, 2, 3, 4}**를 선언했다고 하면, ***p, *(p+1), p[0], p[1]**은 무엇인가?

11.14 다음 코드에서 무엇이 잘못되었는가?

```
char* p;
cin >> p;
```

11.15 다음 문장의 출력은 무엇인가?

```
char* const pCity = "Dallas";
cout << pCity << endl;
cout << *pCity << endl;
cout << *(pCity + 1) << endl;
cout << *(pCity + 2) << endl;
cout << *(pCity + 3) << endl;
```

11.16 다음 코드의 출력은 무엇인가?

```
char* city = "Dallas";
cout << city[0] << endl;

char* cities[] = {"Dallas", "Atlanta", "Houston"};
cout << cities[0] << endl;
cout << cities[0][0] << endl;
```

11.6 함수 호출에서 포인터 인수 전달

C++ 함수는 포인터 매개변수를 가질 수 있다.

C++에서 함수로 인수를 전달하기 위한 두 가지 방법, 즉 값에 의한 전달과 참조에 의한 전달에 대해서 배웠다. 또한 함수 호출에서 포인터 인수를 전달할 수 있다. 포인터 인수는 값이나 참조에 의해 전달될 수 있다. 예를 들어, 다음과 같이 함수를 정의할 수 있다.

void f(**int*** p1, **int*** &p2)

이 문장은 다음과 동일하다.

typedef int* intPointer;
void f(intPointer p1, intPointer& p2)

두 포인터 **q1**과 **q2**를 갖는 함수 **f(q1, q2)**를 호출하는 경우를 생각해 보자.

- 포인터 **q1**은 값에 의해 **p1**로 전달된다. 따라서 ***p1**과 ***q1**은 동일한 내용을 가리킨다. 만일 함수 **f**가 ***p1** = 20과 같이 ***p1**을 변경하면, ***q1**도 역시 변경된다. 그러나 함수 **f**가 **p1** = **somePointerVariable**과 같이 **p1**을 변경하면, **q1**은 변경되지 않는다.

- 포인터 **q2**는 참조에 의해 **p2**로 전달된다. 따라서 **q2**와 **p2**는 이제 서로에게 별명(alias)이 된다. 이들은 본질적으로 동일하다. 만일 함수 **f**가 ***p2** = 20과 같이 ***p2**를 변경하면, ***q2**의 값도 역시 변경된다. 함수 **f**가 **p2** = **somePointerVariable**과 같이 **p2**를 바꾸면, **q2**도 역시 변경된다.

리스트 6.14 SwapByValue.cpp에서 값에 의한 전달의 효과를 설명했고, 리스트 6.17 SwapByReference.cpp에서 참조 변수를 갖는 참조에 의한 전달의 효과를 설명했다. 두 예제 모두 효과를 설명하기 위해 **swap** 함수를 사용했다. 리스트 11.4는 포인터 전달의 예를 보여준다.

리스트 11.4 TestPointerArgument.cpp

```
1   #include <iostream>
2   using namespace std;
3
4   // 값에 의한 전달을 사용하여 두 변수 교환
5   void swap1(int n1, int n2)
6   {
7     int temp = n1;
8     n1 = n2;
9     n2 = temp;
10  }
11
12  // 참조에 의한 전달을 사용하여 두 변수 교환
13  void swap2(int& n1, int& n2)
14  {
15    int temp = n1;
16    n1 = n2;
17    n2 = temp;
```

값에 의한 전달

참조에 의한 전달

```
18   }
19
20   // 값에 의해 두 개의 포인터 전달
21   void swap3(int* p1, int* p2)                          값에 의해 포인터 전달
22   {
23       int temp = *p1;
24       *p1 = *p2;
25       *p2 = temp;
26   }
27
28   // 참조에 의해 두 개의 포인터 전달
29   void swap4(int* &p1, int* &p2)                        참조에 의해 포인터 전달
30   {
31       int* temp = p1;
32       p1 = p2;
33       p2 = temp;
34   }
35
36   int main()
37   {
38       // 변수 선언과 초기화
39       int num1 = 1;
40       int num2 = 2;
41
42       cout << "Before invoking the swap function, num1 is "
43           << num1 << " and num2 is " << num2 << endl;
44
45       // 두 개의 변수를 교환하기 위해 swap 함수 호출
46       swap1(num1, num2);
47
48       cout << "After invoking the swap function, num1 is " << num1 <<
49           " and num2 is " << num2 << endl;
50
51       cout << "Before invoking the swap function, num1 is "
52           << num1 << " and num2 is " << num2 << endl;
53
54       // 두 개의 변수를 교환하기 위해 swap 함수 호출
55       swap2(num1, num2);
56
57       cout << "After invoking the swap function, num1 is " << num1 <<
58           " and num2 is " << num2 << endl;
59
60       cout << "Before invoking the swap function, num1 is "
61           << num1 << " and num2 is " << num2 << endl;
62
63       // 두 개의 변수를 교환하기 위해 swap 함수 호출
64       swap3(&num1, &num2);
65
66       cout << "After invoking the swap function, num1 is " << num1 <<
67           " and num2 is " << num2 << endl;
68
69       int* p1 = &num1;
```

```
70      int* p2 = &num2;
71      cout << "Before invoking the swap function, p1 is "
72        << p1 << " and p2 is " << p2 << endl;
73
74      // 두 개의 변수를 교환하기 위해 swap 함수 호출
75      swap4(p1, p2);
76
77      cout << "After invoking the swap function, p1 is " << p1 <<
78        " and p2 is " << p2 << endl;
79
80      return 0;
81    }
```

```
Before invoking the swap function, num1 is 1 and num2 is 2
After invoking the swap function, num1 is 1 and num2 is 2
Before invoking the swap function, num1 is 1 and num2 is 2
After invoking the swap function, num1 is 2 and num2 is 1
Before invoking the swap function, num1 is 2 and num2 is 1
After invoking the swap function, num1 is 1 and num2 is 2
Before invoking the swap function, p1 is 0028FB84 and p2 is 0028FB78
After invoking the swap function, p1 is 0028FB78 and p2 is 0028FB84
```

4개의 함수 swap1, swap2, swap3, swap4는 5번~34번 줄에 정의되어 있다. swap1 함수는 num1의 값을 n1에, 그리고 num2의 값을 n2에 전달하기 위해 호출된다(46번 줄). swap1 함수는 n1과 n2의 값을 교환한다. n1, num1, n2, num2는 독립 변수이다. 함수를 호출한 후에 변수 num1과 num2의 값은 바뀌지 않는다.

swap2 함수에는 두 개의 참조 매개변수 int& n1과 int& n2가 있다(13번 줄). num1과 num2의 참조가 n1과 n2에 전달되므로(55번 줄), n1은 num1의 별명이 되고 n2는 num2의 별명이 된다. n1과 n2는 swap2에서 교환된다. 함수 반환 후에, 변수 num1과 num2의 값도 역시 교환된다.

swap3 함수에는 두 개의 포인터 매개변수 p1과 p2가 있다(21번 줄). num1과 num2의 주소가 p1과 p2에 전달되므로(64번 줄), p1과 &num1은 같은 메모리 위치를 참조하고 p2와 &num2도 같은 메모리 위치를 참조한다. *p1과 *p2가 swap3에서 교환된다. 함수 반환 후에, 변수 num1과 num2의 값도 역시 교환된다.

swap4 함수에는 참조에 의해 전달되는 두 개의 포인터 매개변수 p1과 p2가 있다(29번 줄). 이 함수 호출은 p1과 p2를 교환한다(75번 줄).

배열 매개변수 혹은 포인터 매개변수

함수에서 배열 매개변수는 항상 포인터 매개변수를 사용하는 것으로 대체될 수 있다. 예를 들어,

void m(int list[], int size)	대체 가능	void m(int* list[], int size)
void m(cha c_string[])	대체 가능	void m(char* c_string[])

C-문자열은 널 문자(null terminator)로 끝나는 문자 배열이다. C-문자열의 크기는 C-문자

열 자체로부터 결정될 수 있다.

만일 값이 변경되지 않는 경우, 우연히 변경되는 것을 방지하기 위해서는 **const**를 선언해   const 매개변수

야 한다. 리스트 11.5에 그 예를 보여 준다.

리스트 11.5 ConstParameter.cpp

```
1   #include <iostream>
2   using namespace std;
3
4   void printArray(const int*, const int);              함수 원형
5
6   int main()
7   {
8     int list[6] = {11, 12, 13, 14, 15, 16};            배열 선언
9     printArray(list, 6);                               printArray 호출
10
11    return 0;
12  }
13
14  void printArray(const int* list, const int size)
15  {
16    for (int i = 0; i < size; i++)
17     cout << list[i] << " ";
18  }
```

```
11 12 13 14 15 16
```

printArray 함수는 상수 데이터를 갖는 배열 매개변수를 선언한다(4번 줄). 이는 배열의
내용이 변경되지 않게 해 준다. **size** 매개변수 역시 **const**로 선언되어 있지만, **int** 매개변수
가 값에 의해 전달되므로 반드시 그래야 하는 것은 아니다. 비록 **size**가 함수 내에서 변경되
더라도 이 함수 바깥의 원래 **size** 값에는 영향을 주지 못한다.

11.17 다음 코드의 출력은 무엇인가?   ✔Check
                                                                                    Point

```
#include <iostream>
using namespace std;

void f1(int x, int& y, int* z)
{
    x++;
    y++;
    (*z)++;
}

int main()
{
    int i = 1, j = 1, k = 1;
    f1(i, j, &k);

    cout << "i is " << i << endl;
    cout << "j is " << j << endl;
    cout << "k is " << k << endl;
```

```
            return 0;
        }
```

11.7 함수로부터 포인터 반환

C++ 함수는 포인터를 반환할 수 있다.

함수에서 포인터를 매개변수로 사용할 수 있는데, 함수로부터 포인터를 반환할 수도 있을까? 당연히 가능하다.

배열 인수를 전달하여 배열 요소를 역순으로 만들고, 배열을 반환하는 함수를 작성한다고 해 보자. 리스트 11.6에서 **reverse** 함수를 정의하고 구현해 본다.

리스트 11.6 ReverseArrayUsingPointer.cpp

```
 1  #include <iostream>
 2  using namespace std;
 3
 4  int* reverse(int* list, int size)
 5  {
 6    for (int i = 0, j = size - 1; i < j; i++, j--)
 7    {
 8      // list[i]와 list[j]를 교환
 9      int temp = list[j];
10      list[j] = list[i];
11      list[i] = temp;
12    }
13
14    return list;
15  }
16
17  void printArray(const int* list, int size)
18  {
19    for (int i = 0; i < size; i++)
20      cout << list[i] << " ";
21  }
22
23  int main()
24  {
25    int list[] = {1, 2, 3, 4, 5, 6};
26    int* p = reverse(list, 6);
27    printArray(p, 6);
28
29    return 0;
30  }
```

- reverse 함수 (line 4)
- 교환 (line 9)
- 반환 목록 (line 14)
- 배열 출력 (line 17)
- reverse 호출 (line 26)
- 배열 출력 (line 27)

```
6 5 4 3 2 1
```

reverse 함수 원형은 다음과 같다.

int* reverse(**int*** list, **int** size)

반환값 유형은 int 포인터이다. 이 함수는 list 배열에 대해 다음 다이어그램과 같이 첫 번째 요소와 마지막 요소, 두 번째 요소와 마지막에서 두 번째 요소, ... 등을 서로 교환한다.

함수는 14번 줄에서 포인터로 list 배열을 반환한다.

11.18 다음 코드의 출력은 무엇인가?

```cpp
#include <iostream>
using namespace std;

int* f(int list1[], const int list2[], int size)
{
  for (int i = 0; i <size; i++)
    list1[i]+ = list2[i];
  return list1;
}

int main()
{
  int list1[] = {1, 2, 3, 4};
  int list2[] = {1, 2, 3, 4};
  int* p = f(list1, list2, 4);
  cout << p[0] << endl;
  cout << p[1] << endl;

  return 0;
}
```

11.8 유용한 배열 함수

배열에 대해 min_element, max_element, sort, random_shuffle, find 함수를 사용할 수 있다.

C++에서는 배열을 조작하기 위한 몇 가지 함수를 제공하고 있다. 배열에서 최소와 최대 요소에 대한 포인터를 반환하기 위한 min_element와 max_element 함수, 배열을 정렬하기 위한 sort 함수, 배열을 임의로 섞기 위한 random_suffle 함수, 배열에서 요소를 찾기 위한 find 함수를 사용할 수 있다. 이들 모든 함수는 인수와 반환값으로 포인터를 사용한다. 리스트 11.7 은 이들 함수를 사용하는 예이다.

리스트 11.7 UsefulArrayFunctions.cpp

```cpp
1  #include <iostream>
2  #include <algorithm>
3  using namespace std;
4
5  void printArray(const int* list, int size)
6  {
7    for (int i = 0; i < size; i++)
8      cout << list[i] << " ";
```

배열 출력

```
 9    cout << endl;
10  }
11
12  int main()
13  {
```
배열 선언
```
14    int list[] = {4, 2, 3, 6, 5, 1};
15    printArray(list, 6);
16
```
min_element
max_element
```
17    int* min = min_element(list, list + 6);
18    int* max = max_element(list, list + 6);
19    cout << "The min value is " << *min << " at index "
20      << (min - list) << endl;
21    cout << "The max value is " << *max << " at index "
22      << (max - list) << endl;
23
```
random_shuffle
```
24    random_shuffle(list, list + 6);
25    printArray(list, 6);
26
```
sort
```
27    sort(list, list + 6);
28    printArray(list, 6);
29
```
find
```
30    int key = 4;
31    int* p = find(list, list + 6, key);
32    if (p != list + 6)
33      cout << "The value " << *p << " is found at position "
34          << (p - list) << endl;
35    else
36      cout << "The value " << *p << " is not found" << endl;
37
38    return 0;
39  }
```

```
4 2 3 6 5 1
The min value is 1 at index 5
The max value is 6 at index 3
5 2 6 3 4 1
1 2 3 4 5 6
The value 4 is found at position 3
```

min_element
    min_element(list, list + 6) 호출(17번 줄)은 list[0]부터 list[5]까지 배열에서 가장 작은 요소에 대한 포인터를 반환한다. 이 경우, 배열에서 가장 작은 요소 값은 1이고 이 요소의 포인터가 list + 5이기 때문에 list + 5를 반환한다. 함수에 전달된 두 인수는 포인터이며, 첫 번째 포인터는 범위를 지정하고 두 번째 포인터는 지정된 범위의 끝을 가리킨다.

random_shuffle
    random_shuffle(list, list + 6) 호출(24번 줄)은 list[0]부터 list[5]까지의 배열 요소들을 임의적으로 재배열한다.

sort
    sort(list, list + 6) 호출(27번 줄)은 list[0]부터 list[5]까지의 배열 요소들을 정렬한다.

find
    find(list, list + 6, key) 호출(31번 줄)은 list[0]부터 list[5]까지의 배열에서 key

값을 검색한다. 이 함수는 만일 key와 일치하는 요소를 찾을 경우 배열에서 일치하는 요소를 가리키는 포인터를 반환하고, 그렇지 않을 경우 배열에서 마지막 요소 바로 뒤의 위치(즉, 이 경우에는 `list + 6`)를 가리키는 포인터를 반환한다.

11.19 다음 코드의 출력은 무엇인가?

```
int list[] = {3, 4, 2, 5, 6, 1};
cout << *min_element(list, list + 2) << endl;
cout << *max_element(list, list + 2) << endl;
cout << *find(list, list + 6, 2) << endl;
cout << find(list, list + 6, 20) << endl;
sort(list, list + 6);
cout << list[5] << endl;
```

11.9 동적 영구 메모리 할당

원시 유형의 값, 배열, 객체에 대해 실행 시 영구적인 메모리를 생성하기 위해서 **new** 연산자를 사용한다.

리스트 11.6에서 배열 인수를 전달하여 배열 요소를 역순으로 만들고, 배열을 반환하는 함수를 작성하였다. 원래의 배열은 변경하지 않는다고 가정하자. 배열 인수를 전달하고 배열 인수의 역순인 새로운 배열을 반환하는 함수를 다시 작성할 수 있다.

함수의 알고리듬(algorithm)은 다음과 같이 설명할 수 있다.

1. 원래의 배열을 `list`라 하자.
2. 원 배열과 동일한 크기를 갖는 **result**라는 새로운 배열을 선언한다.
3. 다음의 다이어그램처럼 원 배열의 첫 번째 요소, 두 번째 요소, …, 등을 새로운 배열의 마지막 요소, 마지막에서 두 번째 요소, … 등으로 복사하는 반복문을 작성한다.

4. 포인터를 사용하여 **result**를 반환한다.

이 함수의 원형은 다음과 같다.

```
int* reverse(const int* list, int size)
```

반환값의 유형은 **int** 포인터이다. 2단계에서 새로운 배열은 어떻게 선언하는가? 새로운 배열은

```
int result[size];
```

와 같이 선언할 수 있지만, C++에서는 이와 같이 배열 선언에서 크기 지정을 위해 변수(size)를 사용할 수 없다. 이런 단점을 해결하기 위해 배열 크기를 **6**이라고 하면, 다음과 같이 선언할 수 있다.

```
int result[6];
```

이제 리스트 11.8의 코드를 구현할 수 있지만, 올바르게 동작하지 않는다는 사실을 알 수 있다.

리스트 11.8 WrongReverse.cpp

reverse 함수

결과 배열 선언

결과로 역순

결과 반환

배열 출력

reverse 호출
배열 출력

```cpp
1   #include <iostream>
2   using namespace std;
3
4   int* reverse(const int* list, int size)
5   {
6     int result[6];
7
8     for (int i = 0, j = size - 1; i < size; i++, j--)
9     {
10      result[j] = list[i];
11    }
12
13    return result;
14  }
15
16  void printArray(const int* list, int size)
17  {
18    for (int i = 0; i < size; i++)
19      cout << list[i] << " ";
20  }
21
22  int main()
23  {
24    int list[] = {1, 2, 3, 4, 5, 6};
25    int* p = reverse(list, 6);
26    printArray(p, 6);
27
28    return 0;
29  }
```

```
6 4462476 4419772 1245016 4199126 4462476
```

이 예제의 샘플 출력은 잘못되었다. 그 이유는 배열 **result**가 호출 스택(call stack)의 활성화 레코드(activation record)에 저장되기 때문이다. 호출 스택의 메모리는 계속 지속되지 않는데, 함수가 반환될 때 호출 스택에서 함수에 사용된 활성화 레코드는 호출 스택에서 폐기된다. 포인터를 통해 배열에 접근하려고 하면 오류와 예기치 않은 값이 발생된다. 이 문제를 해결하기 위해서는 함수가 반환된 후에도 접근할 수 있도록 **result** 배열을 영구 저장소로 할당해야 한다. 다음은 이에 대한 해결 방법이다.

동적 메모리 할당

C++에서는 동적으로 영구적인 저장소를 할당할 수 있는 동적 메모리 할당이 가능하다. 메모리는 **new** 연산자를 사용하여 생성하게 되는데, 다음은 그 예이다.

int* p = new int(4);

여기서 **new int**는 실행 시 **4**로 초기화되는 **int** 변수를 메모리 공간에 할당하도록 컴퓨터에 알려 주고, 이 변수의 주소를 포인터 **p**에 대입한다. 따라서 이 포인터를 통해 메모리에 접근할 수 있다.

동적으로 배열을 생성할 수 있는데, 다음은 그 예이다.

```
cout << "Enter the size of the array: ";
int size;
cin >> size;
int* list = new int[size];
```

여기서 **new int[size]**는 지정된 요소 수로 **int** 배열에 대한 메모리 공간을 할당하도록 컴퓨터에 알려 주고, 배열의 주소를 **list**에 대입한다. **new** 연산자를 사용하여 생성된 배열을 **동적 배열**(dynamic array)이라 한다. 일반 배열이 생성될 때 배열의 크기는 실행이 아닌 컴파일 시에 알 수 있어야 하므로 배열 크기에 변수를 사용할 수 없고 상수여야 한다. 다음은 그 예이다.

동적 배열

```
int numbers[40]; // 40은 상수 값이다.
```

동적 배열이 생성될 때 배열의 크기는 실행 시에 결정되므로 정수 변수를 사용할 수 있다. 다음은 그 예이다.

```
int* list = new int[size]; // size는 변수이다.
```

new 연산자를 사용하여 할당된 메모리는 영구적이며, 명시적으로 제거(delete)하거나 프로그램이 종료될 때까지 존재한다. 앞서의 예제에서 **reverse** 함수에 동적으로 새로운 배열을 생성함으로써 문제를 해결할 수 있는데, 새 배열은 함수 반환 후에도 접근이 가능하게 된다. 리스트 11.9는 이를 반영한 프로그램이다.

리스트 11.9 CorrectReverse.cpp

```
 1   #include <iostream>
 2   using namespace std;
 3
 4   int* reverse(const int* list, int size)          reverse 함수
 5   {
 6     int* result = new int[size];                   배열 생성
 7
 8     for (int i = 0, j = size - 1; i < size; i++, j--)   결과로 역순
 9     {
10       result[j] = list[i];
11     }
12
13     return result;                                 결과 반환
14   }
15
16   void printArray(const int* list, int size)       배열 출력
17   {
18     for (int i = 0; i < size; i++)
19       cout << list[i] << " ";
20   }
21
22   int main()
23   {
24     int list[] = {1, 2, 3, 4, 5, 6};
25     int* p = reverse(list, 6);                     reverse 호출
26     printArray(p, 6);                              배열 출력
27
```

```
28    return 0;
29 }
```

```
654321
```

리스트 11.9는 동적으로 new 연산자를 사용하여 새로운 result 배열이 생성되는 내용을 제외하고는 리스트 11.6과 거의 동일하다. new 연산자를 사용하여 배열을 생성할 때 크기(size)에 변수를 사용할 수 있다.

프리스토어
힙

C++에서는 지역 변수를 스택(stack)에 할당하지만, new 연산자에 의해 할당된 메모리는 프리스토어(freestore) 또는 힙(heap)이라고 하는 메모리 영역 안에 존재하게 된다. 힙 메모리는 명시적으로 삭제하거나 프로그램이 종료될 때까지 사용 가능한 상태를 유지한다. 만약 함수 내에서 변수에 대해 힙 메모리를 할당하면, 메모리는 함수가 반환된 후에도 계속해서 사용 가능하게 된다. result 배열은 함수 안에서 생성된다(6번 줄). 25번 줄에서 함수가 반환된 후에도 result 배열은 본래의 상태를 유지한다. 따라서 result 배열에 있는 모든 요소를 출력하기 위한 26번 줄에서 result 배열에 접근할 수 있다.

삭제 연산자

new 연산자에 의해 생성된 메모리를 명시적으로 삭제하기 위해서는 해당 포인터에 대해 delete 연산자를 사용한다. 예를 들면 다음과 같다.

delete p;

동적 배열 삭제

delete는 C++의 키워드이다. 배열에 대한 메모리가 할당된 경우, 메모리 속성을 삭제하기 위해서는 delete 키워드와 배열에 대한 포인터 사이에 [] 기호를 사용해야 한다. 예를 들면 다음과 같다.

delete [] list;

포인터가 가리키는 메모리가 삭제된 후, 포인터의 값은 정의되지 않은 상태가 된다. 게다가 다른 포인터가 동일한 삭제 메모리를 가리키는 경우, 이들 다른 포인터 역시 정의되지 않은 상태가 된다. 이들 정의되지 않은 포인터를 허상 포인터(dangling pointer)라고 한다. 허상 포인터에 대해서는 역참조 연산자(*)를 사용해서는 안 되며, 만약 사용하게 되면 심각한 오류가 발생할 수 있다.

허상 포인터

동적 메모리 삭제

> **경고**
> new 연산자에 의해 생성된 메모리를 가리키는 포인터에만 delete 키워드를 사용한다. 이를 지키지 않으면 예기치 않은 문제가 발생할 수 있다. 예를 들어, 다음 코드는 p가 new를 사용하여 생성된 메모리를 가리키지 않기 때문에 오류가 발생한다.
>
> ```
> int x = 10;
> int* p = &x;
> delete p; // 잘못된 부분
> ```

포인터가 가리키는 메모리를 삭제하기 전에 실수로 포인터를 재할당할 수 있다. 다음 코드를 살펴보자.

```
1    int* p = new int;
2    *p = 45;
3    p = new int;
```

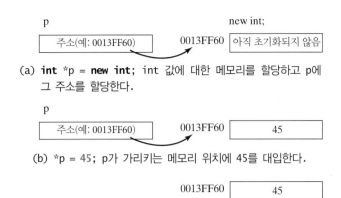

(a) **int** *p = **new int**; int 값에 대한 메모리를 할당하고 p에
그 주소를 할당한다.

(b) *p = 45; p가 가리키는 메모리 위치에 45를 대입한다.

0013FF60 | 45

0013FF60의 메모리는 어떤 포인터에 의해서도 참조되지 않는 메모리 누설 상태가 된다.

(c) p = **new int**; p에 새로운 주소를 할당한다.

그림 11.4 참조되지 않은 메모리 공간은 메모리 누설을 발생시킨다.

1번 줄은 그림 11.4a와 같이 **int** 값에 대한 메모리 주소가 할당된 포인터를 선언한다. 2번
줄은 그림 11.4b와 같이 **p**가 가리키는 변수에 **45**를 대입한다. 3번 줄은 그림 11.4c와 같이 **p**에
새로운 메모리 주소를 대입한다. **45**를 저장하고 있는 원래의 메모리 공간은 어떤 포인터도 가
리키고 있지 않으므로 접근이 불가능하다. 이 메모리는 접근할 수 없으며, 삭제할 수도 없다.
이를 메모리 누설(memory leak)이라고 한다.

메모리 누설

동적 메모리 할당은 강력한 기능이지만, 메모리 누설과 오류를 방지하기 위하여 주의해서
사용해야 한다. **new** 호출마다 **delete** 호출을 대응시키는 것은 좋은 프로그래밍 습관이다.

11.20 **double** 값에 대한 메모리 공간은 어떻게 생성하는가? 이 **double** 값에는 어떻게 접근
하는가? 이 메모리는 어떻게 삭제하는가?

✔**Check
Point**

11.21 동적 메모리는 프로그램이 종료될 때 삭제되는가?

11.22 메모리 누설에 대해 설명하여라.

11.23 동적 배열을 생성하고 나중에 그것을 삭제해야 한다고 가정하자. 다음 코드에서 두 가
지 오류를 찾아보아라.

```
double x[] = new double[30];
...
delete x;
```

11.24 다음 코드에서 잘못된 부분은 무엇인가?

```
double d = 5.4;
double* p1 = d;
```

11.25 다음 코드에서 잘못된 부분은 무엇인가?

```
double d = 5.4;
double* p1 = &d;
delete p1;
```

11.26 다음 코드에서 잘못된 부분은 무엇인가?

```
double* p1;
p1* = 5.4;
```

11.27 다음 코드에서 잘못된 부분은 무엇인가?

```
double* p1 = new double;
double* p2 = p1;
*p2 = 5.4;
delete p1;
cout << *p2 << endl;
```

11.10 동적 객체 생성과 접근

Key Point

동적으로 객체를 생성하기 위해서는 new ClassName(arguments) 구문을 사용하여 객체에 대한 생성자를 호출한다.

동적 객체 생성

다음 구문을 사용하여 힙(heap)에 동적으로 객체를 생성할 수 있다.

```
ClassName* pObject = new ClassName();   또는
ClassName* pObject = new ClassName;
```

앞 구문은 인수 없는 생성자를 사용하여 객체를 생성하고 포인터에 객체 주소를 대입한다.

```
ClassName* pObject = new ClassName(arguments);
```

앞 구문은 인수 있는 생성자를 사용하여 객체를 생성하고 포인터에 객체 주소를 대입한다. 다음은 이에 대한 예이다.

```
// 인수 없는 생성자를 사용하여 객체 생성
string* p = new string(); // 또는 string* p = new string;

// 인수 있는 생성자를 사용하여 객체 생성
string* p = new string("abcdefg");
```

포인터를 통한 객체 멤버에 접근하기 위해서는 포인터를 역참조해야 하며, 객체의 멤버에 대해 점(.) 연산자를 사용한다. 다음은 그 예이다.

```
string* p = new string("abcdefg");
```

substr() 호출
```
cout << "The first three characters in the string are "
  << (*p).substr(0, 3) << endl;
```

length() 호출
```
cout << "The length of the string is " << (*p).length() << endl;
```

C++에서는 또한 포인터로부터 객체 멤버에 접근하기 위해서 속기 멤버 선택 연산자 (shorthand member selection operator)를 사용할 수 있는데, 이는 대시 기호(-) 바로 다음에, 보다 크다는 뜻의 기호(>)가 붙는 화살표 연산자(arrow operator, ->)이다. 예를 들면 다음과 같다.

화살표 연산자

substr() 호출
```
cout << "The first three characters in the string are "
  << p->substr(0, 3) << endl;
```

length() 호출
```
cout << "The length of the string is " << p->length() << endl;
```

객체는 프로그램이 종료될 때 삭제된다. 객체를 명시적으로 삭제하기 위해서는 다음 문장을 사용한다.

    delete p;   동작 객체 삭제

11.28 다음 프로그램은 올바른 프로그램인가? 만일 그렇지 않다면 수정하여라.

```
int main()
{
  string s1;
  string* p = s1;

  return 0;
}
```
(a)

```
int main()
{
  string* p = new string;
  string* p1 = new string();

  return 0;
}
```
(b)

```
int main()
{
  string* p = new string("ab");

  return 0;
}
```
(c)

11.29 객체를 동적으로 어떻게 생성하는가? 객체를 어떻게 삭제하는가? (a) 코드가 잘못된 이유와, (b) 코드가 올바른 이유를 설명하여라.

```
int main()
{
  string s1;
  string* p = &s1;
  delete p;
  return 0;
}
```
(a)

```
int main()
{
  string* p = new string();
  delete p;

  return 0;
}
```
(b)

11.30 다음 코드에서 7번과 8번 줄 모두 익명 객체를 생성하고, 원의 면적을 출력한다. 8번 줄이 잘못된 이유는 무엇인가?

```
1  #include <iostream>
2  #include "Circle.h"
3  using namespace std;
4
5  int main()
6  {
7    cout << Circle(5).getArea() << endl;
8    cout << (new Circle(5))->getArea() << endl;
9
10   return 0;
11 }
```

11.11 this 포인터

Key Point

숨겨진 변수

this 키워드

this 포인터는 호출 객체 자신을 가리킨다.

때로는 함수 내에서 클래스의 숨겨진 데이터 필드를 참조해야 할 때가 있다. 예를 들어, 데이터 필드 이름은 데이터 필드에 대한 설정(set) 함수에서 매개변수 이름으로 종종 사용된다. 이 경우, 새로운 값을 설정하기 위해서는 함수에 숨겨진 데이터 필드 이름을 참조해야 한다. 숨겨진 데이터 필드는 호출 객체를 참조하는 특별한 내장 포인터인 **this** 키워드를 사용함으로써 접근할 수 있다. 리스트 11.10에서와 같이 **this** 포인터를 사용하여 리스트 9.9의 CircleWithPrivateDataFields.h에 정의된 **Circle** 클래스를 수정할 수 있다.

리스트 11.10 CircleWithThisPointer.cpp

헤더 파일 포함

this 포인터

this 포인터

```
 1  #include "CircleWithPrivateDataFields.h" // 리스트 9.9에서 정의
 2
 3  // 기본 원(circle) 객체 생성
 4  Circle::Circle()
 5  {
 6    radius = 1;
 7  }
 8
 9  // 원 객체 생성
10  Circle::Circle(double radius)
11  {
12    this->radius = radius; // 또는 (*this).radius = radius;
13  }
14
15  // 원 객체 자신의 면적 반환
16  double Circle::getArea()
17  {
18    return radius * radius * 3.14159;
19  }
20
21  // 원 객체 자신의 반지름 반환
22  double Circle::getRadius()
23  {
24    return radius;
25  }
26
27  // 새로운 반지름 설정
28  void Circle::setRadius(double radius)
29  {
30    this->radius = (radius >= 0) ? radius : 0;
31  }
```

생성자(10번 줄)에서 **radius** 매개변수는 지역 변수이다. 객체에 있는 **radius** 데이터 필드를 참조하기 위하여 **this->radius**를 사용해야 한다(12번 줄). **setRadius** 함수에서 **radius** 매개변수는 지역 변수이다(28번 줄). 객체에서 **radius** 데이터 필드를 참조하기 위하여 **this->radius**를 사용해야 한다(30번 줄).

Check Point

11.31 다음 코드에서 잘못된 부분은 무엇인가? 어떻게 수정할 수 있는가?

```cpp
// 원 객체 생성
Circle::Circle(double radius)
{
    radius = radius;
}
```

11.12 소멸자

모든 클래스에는 객체가 삭제될 때 자동으로 호출되는 소멸자가 있다.

Key Point 소멸자

소멸자(destructor)는 생성자의 반대이다. 생성자는 객체가 생성될 때 호출되고, 소멸자는 객체가 삭제될 때 자동으로 호출된다. 만일 소멸자가 명시적으로 정의되지 않은 경우, 모든 클래스에는 기본 소멸자가 포함된다. 때로는 사용자 요구 동작을 수행하기 위해 소멸자를 구현할 경우가 있다. 소멸자는 생성자와 동일한 이름을 갖지만, 앞에 틸드 문자(~)를 붙여야 한다. 리스트 11.11은 정의된 소멸자가 포함된 **Circle** 클래스를 보여 주고 있다.

리스트 11.11 CircleWithDestructor.h

```cpp
1  #ifndef CIRCLE_H
2  #define CIRCLE_H
3
4  class Circle
5  {
6  public:
7    Circle();
8    Circle(double);
9    ~Circle(); // 소멸자
10   double getArea() const;
11   double getRadius() const;
12   void setRadius(double);
13   static int getNumberOfObjects();
14
15 private:
16   double radius;
17   static int numberOfObjects;
18 };
19
20 #endif
```

Circle 클래스에 대한 소멸자는 9번 줄에 정의되어 있다. 소멸자는 반환 유형과 인수가 없다.

리스트 11.12는 CircleWithDestructor.h에 정의된 **Circle** 클래스를 구현한다.

리스트 11.12 CircleWithDestructor.cpp

```cpp
1  #include "CircleWithDestructor.h"
2
```

헤더 포함

```
 3   int Circle::numberOfObjects = 0;
 4
 5   // 기본 원 객체 생성
 6   Circle::Circle()
 7   {
 8     radius = 1;
 9     numberOfObjects++;
10   }
11
12   // 원 객체 생성
13   Circle::Circle(double radius)
14   {
15     this->radius = radius;
16     numberOfObjects++;
17   }
18
19   // 원 객체 자신의 면적 반환
20   double Circle::getArea() const
21   {
22     return radius * radius * 3.14159;
23   }
24
25   // 원 객체 자신의 반지름 반환
26   double Circle::getRadius() const
27   {
28     return radius;
29   }
30
31   // 새로운 반지름 설정
32   void Circle::setRadius(double radius)
33   {
34     this->radius = (radius >= 0) ? radius : 0;
35   }
36
37   // 원 객체의 수 반환
38   int Circle::getNumberOfObjects()
39   {
40     return numberOfObjects;
41   }
42
43   // 원 객체 소멸
44   Circle::~Circle()
45   {
46     numberOfObjects--;
47   }
```

소멸자 구현

앞의 구현은 44번~47번 줄의 **numberOfObjects**를 감소하기 위해 구현된 소멸자를 제외하고는 리스트 10.7의 CircleWithStaticDataFields.cpp와 동일하다.

리스트 11.13의 프로그램에서 소멸자의 효과를 설명한다.

리스트 11.13 TestCircleWithDestructor.cpp

```
1   #include <iostream>
2   #include "CircleWithDestructor.h"
3   using namespace std;
4
5   int main()
6   {
7     Circle* pCircle1 = new Circle();
8     Circle* pCircle2 = new Circle();
9     Circle* pCircle3 = new Circle();
10
11    cout << "Number of circle objects created: "
12      << Circle::getNumberOfObjects() << endl;
13
14    delete pCircle1;
15
16    cout << "Number of circle objects created: "
17      << Circle::getNumberOfObjects() << endl;
18
19    return 0;
20  }
```

헤더 포함

pCircle1 생성
pCircle2 생성
pCircle3 생성

NumberOfObjects 출력

pCircle1 소멸

NumberOfObjects 출력

```
Number of circle objects created: 3
Number of circle objects created: 2
```

이 프로그램은 7번~9번 줄에서 **new** 연산자를 사용하여 세 개의 **Circle** 객체를 생성한다. 그런 후에, **numberOfObjects**는 3이 된다. 프로그램은 14번 줄에서 **Circle** 객체를 삭제한다. 그 다음, **numberOfObjects**는 2가 된다.

다음 절의 실습 예제와 같이, 소멸자는 객체에 의해 동적으로 할당된 메모리와 다른 리소스 (resource)를 삭제하는 데 유용하다.

11.32 모든 클래스에는 소멸자가 포함되어 있는가? 소멸자의 이름은 어떻게 되는가? 소멸자는 오버로딩이 가능한가? 소멸자를 재정의할 수 있는가? 명시적으로 소멸자를 호출할 수 있는가?

11.33 다음 코드의 출력은 무엇인가?

```
#include <iostream>
using namespace std;

class Employee
{
public:
  Employee(int id)
  {
    this->id = id;
  }

  ~Employee()
  {
    cout << "object with id " << id << " is destroyed" << endl;
```

```
    }

private:
    int id;
};

int main()
{
    Employee* e1 = new Employee(1);
    Employee* e2 = new Employee(2);
    Employee* e3 = new Employee(3);

    delete e3;
    delete e2;
    delete e1;

    return 0;
}
```

11.34 다음 클래스에서 소멸자가 필요한 이유는 무엇인가? 소멸자를 추가하여라.

```
class Person
{
public:
    Person()
    {

    numberOfChildren = 0;
    children = new string[20];
}

    void addAChild(string name)
    {
    children[numberOfChildren++] = name;
}

string* getChildren()
{
    return children;
}

int getNumberOfChildren()
{
    return numberOfChildren;
}

private:
    string* children;
    int numberOfChildren;
};
```

11.13 예제: Course 클래스

이 절에서는 강좌를 모델링하기 위한 클래스를 설계한다.

강좌(course) 정보를 처리해야 한다고 가정하자. 각 강좌에는 강의명과 강의를 수강하는 학생

Course
-courseName: string
-students: string*
-numberOfStudents: int
-capacity: int
+Course(courseName: string&, capacity: int)
+~Course()
+getCourseName(): string const
+addStudent(name: string&): void
+dropStudent(name: string&): void
+getStudents(): string* const
+getNumberOfStudents(): int const

강의명
강의를 수강하는 학생 배열. 학생은 배열에 대한 포인터이다.
학생 수(기본: 0)
최대 수강 가능 학생 수

지정된 이름과 최대 수강 가능 학생 수를 갖는 Course 생성
소멸자
강의명 반환
강좌에 새로운 학생 추가
강좌에서 학생 삭제
강좌에 대한 학생 배열 반환
강좌에 대한 학생 수 반환

그림 11.5 Course 클래스는 강좌를 모델링한다.

수가 있다. 강좌에 학생을 추가하거나 강좌에서 학생을 삭제할 수 있어야 한다. 강좌를 모델
링하기 위해 그림 11.5와 같은 클래스를 사용할 수 있다.

강의명과 최대 수강 가능 학생 수를 전달하는 **Course(string courseName, int capacity)**
생성자를 사용하여 **Course** 객체를 생성할 수 있다. **addStudent(string name)** 함수를 사용
하여 강좌에 학생을 추가하고, **dropStudent(string name)** 함수를 사용하여 강좌에서 학생
을 삭제하며, **getStudents()** 함수를 사용하여 강의를 수강하는 모든 학생을 반환한다.

리스트 11.14와 같이 클래스를 정의할 수 있다. 리스트 11.15는 두 개의 강좌를 생성하고,
강좌에 학생을 추가하는 테스트 클래스이다.

리스트 11.14 Course.h

```
 1  #ifndef COURSE_H
 2  #define COURSE_H
 3  #include <string>                                          문자열 클래스 사용
 4  using namespace std;
 5
 6  class Course                                               Course 클래스
 7  {
 8  public:                                                    공용 멤버
 9  Course(const string& courseName, int capacity);
10    ~Course();
11    string getCourseName() const;
12    void addStudent(const string& name);
13    void dropStudent(const string& name);
14    string* getStudents() const;
15    int getNumberOfStudents() const;
16
17  private:                                                   전용 멤버
18    string courseName;
19    string* students;
20    int numberOfStudents;
```

```
21    int capacity;
22  };
23
24  #endif
```

리스트 11.15 TestCourse.cpp

Course 헤더

course1 생성
course2 생성

학생 추가

학생의 수

학생 반환

학생 출력

```
 1  #include <iostream>
 2  #include "Course.h"
 3  using namespace std;
 4
 5  int main()
 6  {
 7    Course course1("Data Structures", 10);
 8    Course course2("Database Systems", 15);
 9
10    course1.addStudent("Peter Jones");
11    course1.addStudent("Brian Smith");
12    course1.addStudent("Anne Kennedy");
13
14    course2.addStudent("Peter Jones");
15    course2.addStudent("Steve Smith");
16
17    cout << "Number of students in course1: " <<
18      course1.getNumberOfStudents() << "\n";
19    string* students = course1.getStudents();
20    for (int i = 0; i < course1.getNumberOfStudents(); i++)
21      cout << students[i] << ", ";
22
23    cout << "\nNumber of students in course2: "
24      << course2.getNumberOfStudents() << "\n";
25    students = course2.getStudents();
26    for (int i = 0; i < course2.getNumberOfStudents(); i++)
27      cout << students[i] << ", ";
28
29    return 0;
30  }
```

```
Number of students in course1: 3
Peter Jones, Brian Smith, Anne Kennedy,
Number of students in course2: 2
Peter Jones, Steve Smith,
```

리스트 11.16에서 **Course** 클래스를 구현한다.

리스트 11.16 Course.cpp

Course 헤더

```
 1  #include <iostream>
 2  #include "Course.h"
 3  using namespace std;
 4
 5  Course::Course(const string& courseName, int capacity)
```

```
 6  {
 7      numberOfStudents = 0;                          데이터 필드 초기화
 8      this->courseName = courseName;                 강좌 이름 설정
 9      this->capacity = capacity;
10      students = new string[capacity];
11  }
12
13  Course::~Course()
14  {
15      delete [] students;                            동적 배열 삭제
16  }
17
18  string Course::getCourseName() const
19  {
20      return courseName;
21  }
22
23  void Course::addStudent(const string& name)        학생 추가
24  {
25      students[numberOfStudents] = name;
26      numberOfStudents++;                            학생의 수 증가
27  }
28
29  void Course::dropStudent(const string& name)
30  {
31      // 실습으로 남겨두기
32  }
33
34  string* Course::getStudents() const
35  {
36      return students;                               학생 반환
37  }
38
39  int Course::getNumberOfStudents() const
40  {
41      return numberOfStudents;
42  }
```

Course 생성자는 **numberOfStudents**를 0으로 초기화하고(7번 줄), 새로운 강의명을 설정하며(8번 줄), 최대 학생 수(capacity)를 설정하고(9번 줄), 동적 배열을 생성한다(10번 줄).

Course 클래스는 강좌를 수강하는 학생들을 저장하기 위해 배열을 사용한다. 배열은 **Course** 객체가 생성될 때 생성된다. 배열 크기는 최대 수강 가능 학생 수이다. 따라서 배열은 **new string[capacity]**를 사용하여 생성된다.

Course 객체가 삭제될 때, 배열을 적절히 삭제하기 위해서 소멸자가 호출된다(15번 줄).

addStudent 함수는 배열에 학생을 추가한다(23번 줄). 이 함수는 클래스의 학생 수가 최대 수강 가능 학생 수를 초과하였는지 확인하지 않는다. 16장에서 클래스의 학생 수가 최대 수강 가능 학생 수를 초과하는 경우, 예외를 발생시킴으로써 프로그램이 더욱 강력해지도록 이 함 예외 발생 수를 수정하는 방법을 배우게 될 것이다.

getStudents 함수(34번~37번 줄)는 학생을 저장하기 위한 배열의 주소를 반환한다.

dropStudents 함수(29번~32번 줄)는 배열에서 학생을 삭제한다. 이 함수의 구현은 실습으로 남겨둔다.

사용자는 Course를 생성하여 공용 함수 addStudent, dropStudent, getNumberOf Students, getStudents를 통하여 Course를 조작할 수 있다. 하지만 사용자는 이들 함수가 어떻게 구현되었는지 알 필요가 없다. Course 클래스는 내부 구현을 캡슐화한다. 이 예제는 학생들을 저장하기 위해 배열을 사용하고 있으나, 학생들을 저장하기 위한 다른 데이터 구조를 사용할 수도 있다. Course를 사용하는 이 프로그램은 공용(public) 함수의 규약이 변경되지 않고 유지되는 동안 변경할 필요가 없다.

주의

Course 객체를 생성할 때, 문자열 배열이 생성된다(10번 줄). 각 요소는 **string** 클래스의 인수 없는 생성자에 의해 생성되는 기본 문자열 값을 갖는다.

경고

메모리 누설 방지

클래스가 동적으로 생성된 메모리를 가리키는 포인터 데이터 필드를 포함하는 경우, 소멸자를 정의해야 한다. 그렇지 않으면, 프로그램에서 메모리 누설이 발생할 수 있다.

11.35 Course 객체가 생성될 때, **students** 포인터의 값은 무엇인가?

11.36 **delete [] students**가 **students** 포인터에 대한 소멸자의 구현에 사용된 이유는 무엇인가?

11.14 복사 생성자

모든 클래스에는 객체를 복사하기 위해 사용되는 복사 생성자가 포함되어 있다.

각 클래스에서 몇 개의 오버로딩된 생성자와 하나의 소멸자를 정의할 수 있다. 부가적으로 모든 클래스에는 동일 클래스의 다른 객체의 데이터로 초기화된 객체를 생성하는 데 사용될 수 있는 복사 생성자(copy constructor)가 포함되어 있다.

복사 생성자

복사 생성자의 서명(signature)은 다음과 같다.

ClassName(**const** ClassName&)

예를 들어, **Circle** 클래스에 대한 복사 생성자는 다음과 같다.

Circle(**const** Circle&)

만일 복사 생성자가 명시적으로 정의되지 않은 경우, 기본 복사 생성자(default copy constructor)가 암시적으로 각 클래스에 제공된다. 기본 복사 생성자는 객체의 각 데이터 필드를 다른 객체의 대응되는 데이터 필드로 간단히 복사한다. 리스트 11.17에서 이에 대해 설명한다.

리스트 11.17 CopyConstructorDemo.cpp

헤더 포함

```
1  #include <iostream>
2  #include "CircleWithDestructor.h" // 리스트 11.11에서 정의
3  using namespace std;
```

```
4
5   int main()
6   {
7     Circle circle1(5);                                    circle1 생성
8     Circle circle2(circle1); // 복사 생성자 사용            circle2 생성
9
10    cout << "After creating circle2 from circle1:" << endl;
11    cout << "\tcircle1.getRadius() returns "
12      << circle1.getRadius() << endl;                      circle1 화면 출력
13    cout << "\tcircle2.getRadius() returns "
14      << circle2.getRadius() << endl;                      circle2 화면 출력
15
16    circle1.setRadius(10.5);                               circle1 수정
17    circle2.setRadius(20.5);                               circle2 수정
18
19    cout << "After modifying circle1 and circle2: " << endl;
20    cout << "\tcircle1.getRadius() returns "
21      << circle1.getRadius() << endl;                      circle1 화면 출력
22    cout << "\tcircle2.getRadius() returns "
23      << circle2.getRadius() << endl;                      circle2 화면 출력
24
25    return 0;
26  }
```

```
After creating circle2 from circle1:
  circle1.getRadius() returns 5
  circle2.getRadius() returns 5

After modifying circle1 and circle2:
  circle1.getRadius() returns 10.5
  circle2.getRadius() returns 20.5
```

프로그램은 두 개의 **Circle** 객체, 즉 **circle1**과 **circle2**를 생성한다(7번~8번 줄). **circle2**는 복사 생성자를 사용하여 **circle1**의 데이터를 복사함으로써 생성된다.

그 다음에 프로그램은 **circle1**과 **circle2**에서의 반지름 값을 수정(16번~17번 줄)하고 20번~23번 줄에서 새로운 반지름을 표시해 준다.

멤버 간 대입 연산자(memberwise assignment operator)[2]와 복사 생성자는 모두 하나의 객체로부터 다른 객체로 값을 대입한다는 면에서는 유사하다. 차이점은 복사 생성자를 사용하면 새로운 객체가 생성되지만, 대입 연산자를 사용하면 새로운 객체를 생성하지 못한다.

객체를 복사하기 위한 기본 복사 생성자 또는 대입 연산자는 깊은 복사(deep copy)[3]보다는 　**깊은 복사** 얕은 복사(shallow copy)[4]를 수행하는데, 이는 필드가 어떤 객체에 대한 포인터라고 한다면 그 　**얕은 복사**

---

2) 역주: 대입 연산자(=)를 사용하여 한 객체의 내용을 다른 객체로 복사하는 것을 말한다(9.5절 참조).

3) 역주: 참조되는 객체를 따로 복사한 후 복사된 객체의 참조 값을 저장하는 방식이다. 결국 동일한 내용의 2개의 객체를 따로 참조하게 된다.

4) 역주: 객체가 가진 멤버의 값이 참조 유형일 경우 참조 값만 복사한다. 이 경우는 결국 같은 객체를 참조하게 된다.

포인터의 내용이 아닌 포인터의 주소가 복사된다는 것을 의미한다. 리스트 11.18에서 이에 대해 설명한다.

리스트 11.18 ShallowCopyDemo.cpp

```
1   #include <iostream>
2   #include "Course.h" // 리스트 11.14에서 정의
3   using namespace std;
4
5   int main()
6   {
7     Course course1("C++", 10);
8     Course course2(course1);
9
10    course1.addStudent("Peter Pan"); // course1에 학생 추가
11    course2.addStudent("Lisa Ma"); // course2에 학생 추가
12
13    cout << "students in course1: " <<
14      course1.getStudents()[0] << endl;
15    cout << "students in course2: " <<
16      course2.getStudents()[0] << endl;
17
18    return 0;
19  }
```

Course 헤더 포함 (line 2)
course1 생성 (line 7)
course2 생성 (line 8)
학생 추가 (line 10)
학생 추가 (line 11)
학생 구하기 (line 14)
학생 구하기 (line 16)

```
students in course1: Lisa Ma
students in course2: Lisa Ma
```

Course 클래스는 리스트 11.14에 정의되어 있다. 프로그램은 Course 객체 course1을 생성하고(7번 줄), 복사 생성자를 사용하여 다른 Course 객체 course2를 생성한다(8번 줄). course2는 course1의 복사본이다. Course 클래스에는 네 개의 데이터 필드, courseName, numberOfStudents, capacity, students가 있다. students 필드는 포인터 유형이다. course1이 course2에 복사될 때(8번 줄), 모든 데이터 필드가 course2에 복사된다. students가 포인터이므로 course1에 있는 값이 course2로 복사된다. 이로써 course1과 course2에 있는 students 모두 그림 11.6에서와 같이 같은 배열 객체를 가리킨다.

10번 줄에서 course1에 "Peter Pan" 학생을 추가하는데, 이는 배열의 첫 번째 요소에 "Peter Pan"을 설정한다. 11번 줄에서 course2에 "Lisa Ma" 학생을 추가하는데, 배열의 첫

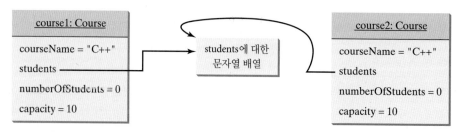

그림 11.6 course1이 course2에 복사된 후, course1과 course2의 students 데이터 필드는 같은 배열을 가리킨다.

번째 요소에 "**Lisa Ma**"를 설정한다(11번 줄). 이는 **course1**과 **course2** 모두 학생 이름을 저장하기 위해 같은 배열을 사용하므로 배열의 첫 번째 요소에 있는 "**Peter Pan**"을 "**Lisa Ma**"로 대체시키는 결과를 초래한다. 따라서 **course1**과 **course2** 두 강좌에 포함된 학생은 "**Lisa Ma**"가 된다(13번~16번 줄).

프로그램이 종료되면, **course1**과 **course2**는 소멸된다. **course1**과 **course2**의 소멸자가 힙(heap)으로부터 배열을 삭제하기 위해 호출된다(리스트 11.16의 10번 줄). **course1**과 **course2**의 **students** 포인터는 동일 배열을 가리키므로 배열은 두 번 삭제될 것이다. 이는 실행 오류(runtime error)를 발생시킨다.

이러한 모든 문제를 해결하기 위해서는 **course1**과 **course2**가 학생 이름을 저장하기 위한 독립적인 배열을 가지도록 깊은 복사를 실행해야 한다.

11.37 모든 클래스에는 복사 생성자가 포함되어 있는가? 복사 생성자 이름은 어떻게 작성되는가? 복사 생성자는 오버로딩될 수 있는가? 복사 생성자를 재정의할 수 있는가? 복사 생성자는 어떻게 호출하는가?

11.38 다음 코드의 출력은 무엇인가?

```cpp
#include <iostream>
#include <string>
using namespace std;

int main()
{
  string s1("ABC");
  string s2("DEFG");
  s1 = string(s2);
  cout << s1 << endl;
  cout << s2 << endl;

  return 0;
}
```

11.39 앞 문제에서 강조로 표시된 코드는 다음 코드와 동일한가?

```cpp
s1 = s2;
```

어느 것이 더 좋은가?

11.15 사용자 정의 복사 생성자

깊은 복사를 수행하도록 복사 생성자를 수정 정의할 수 있다.

앞 절에서 언급한 바와 같이, 기본 복사 생성자 또는 대입 연산자(=)는 얕은 복사를 수행한다. 깊은 복사를 수행하도록 복사 생성자를 구현할 수 있다. 리스트 11.19의 11번 줄에서 복사 생성자를 정의하기 위하여 **Course** 클래스를 수정한다.

리스트 11.19 CourseWithCustomCopyConstructor.h

```
1   #ifndef COURSE_H
2   #define COURSE_H
3   #include <string>
4   using namespace std;
5
6   class Course
7   {
8   public:
9     Course(const string& courseName, int capacity);
10    ~Course(); // 소멸자
11    Course(const Course&); // 복사 생성자
12    string getCourseName() const;
13    void addStudent(const string& name);
14    void dropStudent(const string& name);
15    string* getStudents() const;
16    int getNumberOfStudents() const;
17
18  private:
19    string courseName;
20    string* students;
21    int numberOfStudents;
22    int capacity;
23  };
24
25  #endif
```

복사 생성자

리스트 11.20은 51번~57번 줄에서 새로운 복사 생성자를 구현한다. 한 강좌 객체로부터 자신(this)의 강좌 객체로 **courseName**, **numberOfStudents**, **capacity**를 복사한다(53번~55번 줄). 56번 줄에서 자신의 객체에 있는 학생 이름을 저장하기 위해 새로운 배열을 생성한다.

리스트 11.20 CourseWithCustomCopyConstructor.cpp

헤더 파일 포함

```
1   #include <iostream>
2   #include "CourseWithCustomCopyConstructor.h"
3   using namespace std;
4
5   Course::Course(const string& courseName, int capacity)
6   {
7     numberOfStudents = 0;
8     this->courseName = courseName;
9     this->capacity = capacity;
10    students = new string[capacity];
11
12
13  Course::~Course()
14  {
15    delete [] students;
16  }
17
18  string Course::getCourseName() const
```

```
19  {
20    return courseName;
21  }
22
23  void Course::addStudent(const string& name)
24  {
25    if (numberOfStudents >= capacity)
26    {
27      cout << "The maximum size of array exceeded" << endl;
28      cout << "Program terminates now" << endl;
29      exit(0);
30    }
31
32    students[numberOfStudents] = name;
33    numberOfStudents++;
34  }
35
36  void Course::dropStudent(const string& name)
37  {
38    // 실습으로 남겨두기
39  }
40
41  string* Course::getStudents() const
42  {
43    return students;
44  }
45
46  int Course::getNumberOfStudents() const
47  {
48    return numberOfStudents;
49  }
50
51  Course::Course(const Course& course) // 복사 생성자            복사 생성자
52  {
53    courseName = course.courseName;
54    numberOfStudents = course.numberOfStudents;
55    capacity = course.capacity;
56    students = new string[capacity];                           새로운 배열 생성
57    for(int i = 0; i <
58      numberOfStudents; i++)
59      students[i] = course.students[i];
60  }
```

리스트 11.21은 사용자 정의 복사 생성자를 테스트하기 위한 프로그램이다. 이 프로그램은 Course.h가 아닌 CourseWithCustomCopyConstructor.h를 사용한다는 점을 제외하고는 리스트 11.18 ShallowCopyDemo.cpp와 동일하다.

리스트 11.21 CustomCopyConstructorDemo.cpp

```
1  #include <iostream>
2  #include "CourseWithCustomCopyConstructor.h"
3  using namespace std;
```

```
 4
 5   int main()
 6   {
 7     Course course1("C++ Programming", 10);
 8     Course course2(course1);
 9
10     course1.addStudent("Peter Pan"); // course1에 학생 추가
11     course2.addStudent("Lisa Ma"); // course2에 학생 추가
12
13     cout << "students in course1: " <<
14       course1.getStudents()[0] << endl;
15     cout << "students in course2: " <<
16       course2.getStudents()[0] << endl;
17
18     return 0;
19   }
```

복사 생성자 사용

```
students in course1: Peter Pan
students in course2: Lisa Ma
```

복사 생성자는 course1의 배열과 독립적으로 학생 이름을 저장하기 위해 **course2**에 새로운 배열을 생성한다. 프로그램은 **course1**에 **"Peter Pan"** 학생을 추가하고(10번 줄), **course2**에 **"Lisa Ma"** 학생을 추가한다(11번 줄). 이 예제의 출력에서 보듯이, **course1**의 첫 번째 학생은 이제 **"Peter Pan"**이고 **course2**는 **"Lisa Ma"**이다. 그림 11.7은 두 개의 **Course** 객체와 학생에 대한 두 개의 문자열 배열을 보여 주고 있다.

 주의

멤버 간 복사

사용자 정의 복사 생성자는 기본적으로 멤버 간 복사 연산자(=)의 동작을 변경하지는 않는다. 14 장에서 = 연산자를 사용자의 목적에 따라 수정하는 방법을 소개할 것이다.

 Check Point

11.40 깊은 복사가 필요한 이유를 설명하기 위하여 체크 포인트 11.34의 **Person** 클래스를 사용하여라. **children** 배열에 대해 깊은 복사를 수행하는 사용자 정의 생성자를 작성하여라.

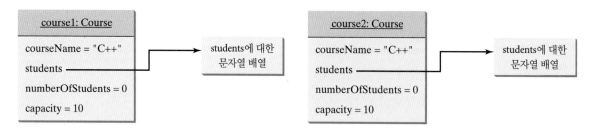

그림 11.7 **course1**이 **course2**에 복사된 후, **course1**과 **course2**의 **students** 데이터 필드는 두 개의 다른 배열을 가리킨다.

주요 용어

간접 연산자(indirection operator)	포인터(pointer)
깊은 복사(deep copy)	포인터 기반 문자열(pointer-based string)
메모리 누설(memory leak)	프리스토어(freestore)
복사 생성자(copy constructor)	허상 포인터(dangling pointer)
상수 포인터(constant pointer)	화살표 연산자(arrow operator, ->)
소멸자(destructor)	힙(heap)
얕은 복사(shallow copy)	`delete` 연산자
역참조 연산자(dereference operator, *)	`new` 연산자
주소 연산자(address operator, &)	`this` 키워드

요약

1. 포인터는 다른 변수의 메모리 주소를 저장하는 변수이다.

2. 다음 선언

   `int* pCount;`

   는 int 변수를 가리킬 수 있는 포인터인 **pCount**를 선언한다.

3. &(앰퍼샌드) 기호가 변수 앞에 존재할 때는 주소 연산자(address operator)라고 한다. 이는 변수의 주소를 반환하는 단항 연산자이다.

4. 포인터 변수는 `int`나 `double`과 같은 유형과 함께 선언된다. 같은 유형의 변수 주소를 포인터 변수에 대입해야 한다.

5. 지역 변수처럼 지역 포인터를 초기화하지 않으면, 지역 포인터에는 임의의 값이 대입된다.

6. 포인터가 아무것도 가리키지 않음을 의미하는 포인터의 특별한 값인 (0과 같은) **NULL**로 포인터를 초기화할 수 있다.

7. 포인터 앞에 존재하는 *(애스터리스크)를 간접 연산자(indirection operator) 또는 역참조 연산자(dereference operator)라 한다(역참조란 간접 참조를 의미한다).

8. 포인터가 역참조될 때, 포인터에 저장된 주소의 값을 읽을 수 있다.

9. 상수 포인터와 상수 데이터를 선언하는 데 **const** 키워드를 사용할 수 있다.

10. 배열 이름은 실제로 배열의 시작 주소를 가리키는 상수 포인터이다.

11. 포인터를 사용하거나 배열 인덱스를 통하여 배열 요소에 접근할 수 있다.

12. 정수를 포인터에 더하거나 뺄 수 있다. 포인터가 가리키는 요소의 크기를 정수배함으로써 포인터가 증가되거나 감소된다.

13. 포인터 인수는 값에 의해 또는 참조에 의해 전달될 수 있다.

14. 포인터는 함수로부터 반환될 수 있다. 하지만 함수가 반환된 후에 지역 변수는 소

멸되므로 함수로부터 지역 변수의 주소를 반환받지 못한다.

15. 힙(heap)에 영구적인 메모리를 할당하는 데 **new** 연산자를 사용할 수 있다.

16. **new** 연산자를 사용하여 생성된 메모리가 더 이상 필요하지 않을 때 해제하기 위해서는 **delete** 연산자를 사용해야 한다.

17. 객체를 참조하고, 객체 데이터 필드에 접근하며, 함수를 호출하기 위해 포인터를 사용할 수 있다.

18. **new** 연산자를 사용하여 힙에 동적으로 객체를 생성할 수 있다.

19. **this** 키워드는 호출 객체에 대한 포인터로 사용될 수 있다.

20. 소멸자(destructor)는 생성자(constructor)의 반대 개념이다.

21. 생성자는 객체를 생성하기 위해 호출되고, 소멸자는 객체를 삭제할 때 자동으로 호출된다.

22. 만일 소멸자가 명시적으로 정의되지 않은 경우, 모든 클래스에는 기본 소멸자가 포함된다.

23. 기본 소멸자는 어떠한 연산도 수행하지 않는다.

24. 복사 생성자가 명시적으로 정의되지 않은 경우, 모든 클래스에는 기본 복사 생성자가 포함된다.

25. 기본 복사 생성자는 한 객체에 있는 각 데이터 필드를 다른 객체의 대응 데이터 필드로 단순히 복사한다.

퀴즈

www.cs.armstrong.edu/liang/cpp3e/quiz.html에서 온라인으로 이 장에 대한 퀴즈를 풀어보라.

프로그래밍 실습

11.2~11.11절

11.1 (입력 분석) 먼저 배열 크기에 대한 정수를 읽은 후, 배열로 숫자들을 읽어 그 숫자들의 평균을 계산하고, 평균 이상인 숫자가 몇 개인지를 찾는 프로그램을 작성하여라.

**11.2 (고유 숫자 출력) 먼저 배열 크기에 대한 정수를 읽은 후, 배열로 숫자들을 읽어 고유 숫자를 화면에 표시하는 프로그램을 작성하여라(즉, 숫자가 여러 번 나타나는 경우, 단 한 번만 화면에 표시되도록 한다). (힌트: 숫자를 읽고 그 수가 새로운 숫자이면 배열에 저장한다. 숫자가 배열에 이미 존재하면 그 수를 버린다. 입력 후에 배열은 고유 숫자를 포함하게 된다.)

*11.3 (배열 크기 증가) 배열은 일단 생성되면, 크기가 고정된다. 가끔 배열에 더 많은 값을

추가하려고 할 때, 이미 배열이 데이터로 모두 채워진 경우가 있다. 이 경우, 기존 배열을 대체하기 위해 더 큰 새로운 배열을 생성해야 할 것이다. 다음 헤더를 사용하여 함수를 작성하여라.

```
int* doubleCapacity(const int* list, int size)
```

함수는 매개변수 **list**의 두 배 크기인 새로운 배열을 반환한다.

11.4   (배열 평균) 다음 헤더를 사용하여 배열의 평균을 반환하는 두 개의 오버로딩 함수를 작성하여라.

```
int average(const int* array, int size);
double average(const double* array, int size);
```

사용자로부터 10개의 double 값을 입력받고, 이 함수를 호출하여 평균값을 화면에 출력하는 테스트 프로그램을 작성하여라.

11.5   (가장 작은 요소 검색) 정수 배열에서 가장 작은 요소를 찾는 함수를 작성하기 위해 포인터를 사용하여라. 함수를 테스트하기 위해 {1, 2, 4, 5, 10, 100, 2, -22}를 사용하여라.

**11.6   (문자열 내의 각 숫자 발생 빈도) 다음의 헤더를 사용하여 문자열에서 각 숫자의 발생 빈도를 계산하는 함수를 작성하여라.

```
int* count(const string& s)
```

함수는 문자열에서 각 숫자가 얼마나 많이 나타나는가를 계산한다. 반환값은 10개 요소의 배열이며, 요소는 각 자릿수에 대한 개수를 저장한다. 예를 들어, **int* counts = count("12203AB3")**를 실행한 후에 숫자 0이 한 번 있으므로 counts[0]은 1, 1도 한 번 있으므로 counts[1]은 1, 2는 두 번 나오므로 counts[2]는 2, 3도 두 번 나오므로 counts[3]은 2가 된다.

"SSN is 343 32 4545 and ID is 434 34 4323"에 대한 개수를 화면에 표시하는 **main** 함수를 작성하여라. 다음과 같이 매개변수로 **counts** 배열을 전달하기 위해 함수를 다시 설계하여라.

```
void count(const string& s, int counts[], int size)
```

여기서 **size**는 **counts** 배열의 크기이며, 이 경우에는 10이다.

11.7   (사업: ATM 기계) ATM 기계를 시뮬레이션하기 위해 프로그래밍 실습 9.3에서 작성한 **Account 클래스를 사용하여라. id 0, 1, ..., 9와 초기 잔액이 $100인 배열 내의 10개의 계좌를 생성한다. 이 시스템은 사용자가 id를 입력한다. 만약 id가 잘못 입력되면, 사용자에게 올바른 id를 입력하도록 요청한다. id가 입력되는 즉시 샘플 실행 결과와 같은 주 메뉴(main menu)가 화면에 나타난다. 현재의 잔액을 보기 위해서는 1을 입력하고, 출금을 하려면 2를, 입금하려면 3을, 주 메뉴를 종료하기 위해서는 4를 입력한다. 주 메뉴가 종료되면 시스템은 다시 사용자 id 입력 상태가 된다. 따라서 이 시스템은 일단 시작되면 멈출 수 없다.

```
Enter an id: 4 ↵Enter

Main menu
1: check balance
2: withdraw
3: deposit
4: exit
Enter a choice: 1 ↵Enter
The balance is 100.0

Main menu
1: check balance
2: withdraw
3: deposit
4: exit
Enter a choice: 2 ↵Enter
Enter an amount to withdraw: 3 ↵Enter

Main menu
1: check balance
2: withdraw
3: deposit
4: exit
Enter a choice: 1 ↵Enter
The balance is 97.0

Main menu
1: check balance
2: withdraw
3: deposit
4: exit
Enter a choice: 3 ↵Enter
Enter an amount to deposit: 10 ↵Enter

Main menu
1: check balance
2: withdraw
3: deposit
4: exit
Enter a choice: 1 ↵Enter
The balance is 107.0

Main menu
1: check balance
2: withdraw
3: deposit
4: exit
Enter a choice: 4 ↵Enter
Enter an id:
```

*11.8   (기하학: Circle2D 클래스) 다음을 포함하는 Circle2D를 정의하여라.

■ 원의 중심을 나타내는 x와 y라는 두 개의 **double** 데이터 필드와 **get** 상수 함수

■ **double** 데이터 필드 **radius**와 **get** 상수 함수

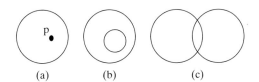

그림 11.8 (a) 점이 원 내부에 있다. (b) 원이 다른 원 내부에 있다. (c) 원이 다른 원과 중첩한다.

- (x, y)가 (0, 0), **radius**가 1인 기본 원을 생성하는 인수 없는 생성자
- 지정된 **x, y**와 **radius**로 원을 생성하는 생성자
- 원의 면적을 반환하는 **getArea()** 상수 함수
- 원의 둘레를 반환하는 **getPerimeter()** 상수 함수
- 지정된 점 (x, y)가 생성된 원 내부에 있을 경우, **true**를 반환하는 **contains (double x, double y)** 상수 함수. 그림 11.8a를 참조하여라.
- 지정된 원이 생성된 원 내부에 있을 경우, **true**를 반환하는 **contains(const Circle2D& circle)** 상수 함수. 그림 11.8b를 참조하여라.
- 지정된 원이 생성된 원과 중첩되는 경우, **true**를 반환하는 **overlaps(const Circle2D& circle)** 상수 함수. 그림 11.8c를 참조하여라.

클래스에 대한 UML 다이어그램을 그리고, 클래스를 구현하여라. **Circle2D** 객체 **c1(2, 2, 5.5)**, **c2(2, 2, 5.5)**, **c3(4, 5, 10.5)**를 생성하고, **c1**의 면적과 둘레, **c1.contains(3, 3)**, **c1.contains(c2)**, **c1.overlaps(c3)**의 결과를 화면에 출력하는 테스트 프로그램을 작성하여라.

*11.9 (기하학: **Rectangle2D** 클래스) 다음을 포함하는 **Rectangle2D** 클래스를 정의하여라.

- 직사각형의 중심을 나타내는 **x**와 **y**라는 두 개의 **double** 데이터 필드, 이에 대한 **get** 상수 함수와 **set** 함수. 사각형의 변은 **x**축과 **y**축에 평행인 것으로 가정한다.
- **double** 데이터 필드 **width**와 **height**, 이에 대한 **get** 상수 함수와 **set** 함수
- (x, y)는 (0, 0), **width**와 **height**는 모두 1인 기본 직사각형을 생성하는 인수 없는 생성자
- 지정된 **x, y, width, height**로 직사각형을 생성하는 생성자
- 직사각형의 면적을 반환하는 **getArea()** 상수 함수
- 직사각형의 둘레를 반환하는 **getPerimeter()** 상수 함수
- 지정된 점 (x, y)가 생성된 직사각형 내부에 있을 경우, **true**를 반환하는 **contains(double x, double y)** 상수 함수. 그림 11.9a를 참조하여라.

그림 11.9 (a) 점이 직사각형 내부에 있다. (b) 직사각형이 다른 직사각형 내부에 있다. (c) 직사각형이 다른 직사각형과 중첩한다. (d) 점들이 직사각형 내부에 포함되어 있다.

- 지정된 직사각형이 생성된 직사각형 내부에 있을 경우, **true**를 반환하는 **contains(const Rectangle2D &r)** 상수 함수. 그림 11.9b를 참조하여라.
- 지정된 직사각형이 생성된 직사각형과 중첩되는 경우, **true**를 반환하는 **overlaps(const Rectangle2D &r)** 상수 함수. 그림 11.9c를 참조하여라.

클래스에 대한 UML 다이어그램을 그리고, 클래스를 구현하여라. 세 개의 Rectangle2D 객체 **r1(2, 2, 5.5, 4.9)**, **r2(4, 5, 10.5, 3.2)**, **r3(3, 5, 2.3, 5.4)**를 생성하고, r1의 면적과 둘레를 화면에 출력하며, **r1.contains(3, 3)**, **r1.contains(r2)**, **r1.overlaps(r3)**의 결과를 화면에 출력하는 테스트 프로그램을 작성하여라.

*11.10 (문자열에서 각 문자의 발생 빈도 계산) 다음 헤더를 사용하여 프로그래밍 실습 10.7의 **count** 함수를 다시 작성하여라.

int* count(const string& s)

이 함수는 **26**개 요소의 배열로 횟수를 반환한다. 예를 들어, 다음 문장

int counts[] = count("ABcaB")

를 호출한 후에, **A**와 **a**가 두 번 존재하므로 **counts[0]**은 2, **B**도 두 번 나오므로 **counts[1]**도 2, **c**는 한 번 나오므로 **counts[2]**는 1이 된다.

문자열을 읽고 **count** 함수를 호출하여 횟수를 화면에 출력하는 테스트 프로그램을 작성하여라. 프로그램의 샘플 실행 결과는 프로그래밍 실습 10.7과 동일하다.

*11.11 (기하학: 경계 직사각형 찾기) 경계 직사각형은 그림 11.9d에서와 같이 2차원 평면 안의 점들의 집합을 포함하는 최소 직사각형을 말한다. 다음과 같이, 2차원 평면 안의 점들의 집합에 대한 경계 직사각형을 반환하는 함수를 작성하여라.

```
const int SIZE = 2;
Rectangle2D getRectangle(const double points[][SIZE]);
```

Rectangle2D 클래스는 프로그래밍 실습 11.9에 정의되어 있다. 사용자로부터 5개의 점을 입력받고 경계 직사각형의 중심, 너비와 폭을 화면에 출력하는 테스트 프로그램을 작성하여라. 다음은 샘플 실행 결과이다.

```
Enter five points: 1.0 2.5 3 4 5 6 7 8 9 10 ↵Enter
The bounding rectangle's center (5.0, 6.25), width 8.0, height 7.5
```

*11.12 (MyDate 클래스) 다음 내용을 포함하는 **MyDate** 클래스를 설계하여라.

- 날짜를 나타내는 **year**, **month**, **day** 데이터 필드. **month**의 기준은 0이다. 즉, 0은 1월이 된다.
- 현재 날짜에 대한 **MyDate** 객체를 생성하는 인수 없는 생성자
- 1970년 1월 1일 자정으로부터 지정된 경과 시간까지 초 단위의 **MyDate** 객체를 생성하는 생성자

- 지정 연, 월, 일로 **MyDate** 객체를 생성하는 생성자
- **year, month, day** 데이터 필드 각각에 대한 3개의 **get** 상수 함수
- **year, month, day** 데이터 필드 각각에 대한 3개의 **set** 함수
- 경과 시간을 사용하여 객체에 대해 새로운 날짜를 설정하는 **setDate(long elapsedTime)** 함수

클래스에 대한 UML 다이어그램을 그리고, 클래스를 구현하여라. **MyDate()**와 **MyDate(3435555513)**을 사용하여 두 개의 **MyDate** 객체를 생성하고 객체의 연, 월, 일을 화면에 출력하는 테스트 프로그램을 작성하여라.

11.12~11.15절

11.13 (Course** 클래스) 다음과 같이 리스트 11.16 Course.cpp에 구현된 **Course** 클래스를 수정하여라.

- 강좌에 새로운 학생을 추가할 때 배열 용량을 초과한 경우, 새로운 더 큰 배열을 생성하고 현재 배열의 내용을 새로운 배열로 복사함으로써 배열의 크기를 증가시켜라.
- **dropStudent** 함수를 구현하여라.
- 강좌에서 모든 학생을 삭제하는 **clear()**라는 새로운 함수를 추가하여라.
- 소멸자와 클래스에서 깊은 복사를 수행하기 위한 복사 생성자를 구현하여라.

강좌를 생성하여 세 명의 학생을 추가하고, 한 명을 삭제한 다음, 강좌를 수강하는 학생들을 화면에 출력하는 테스트 프로그램을 작성하여라.

11.14 (**string** 클래스 구현) **string** 클래스는 C++ 라이브러리에서 제공된다. **MyString** 이라는 새로운 클래스 이름으로 다음 함수에 대하여 본인 스스로의 방식으로 구현해 보아라.

```
MyString();
MyString(const char* cString);
char at(int index) const;
int length() const;
void clear();
bool empty() const;
int compare(const MyString& s) const;
int compare(int index, int n, const MyString& s) const;
void copy(char s[], int index, int n);
char* data() const;
int find(char ch) const;
int find(char ch, int index) const;
int find(const MyString& s, int index) const;
```

11.15 (**string** 클래스 구현) **string** 클래스는 C++ 라이브러리에서 제공된다. **MyString** 이라는 새로운 클래스 이름으로 다음 함수에 대하여 본인 스스로의 방식으로 구현해 보아라.

```
MyString(const char ch, int size);
MyString(const char chars[], int size);
```

```
MyString append(const MyString& s);
MyString append(const MyString& s, int index, int n);
MyString append(int n, char ch);
MyString assign(const char* chars);
MyString assign(const MyString& s, int index, int n);
MyString assign(const MyString& s, int n);
MyString assign(int n, char ch);
MyString substr(int index, int n) const;
MyString substr(int index) const;
MyString erase(int index, int n);
```

11.16   (문자열에서 문자 정렬) 11.8절에서 설명한 **sort** 함수를 사용하여 프로그래밍 실습
10.4의 **sort** 함수를 수정하여라. (힌트: 문자열로부터 C-문자열을 얻고, C-문자열
배열에서 문자를 정렬하기 위해 **sort** 함수를 적용하며, 정렬된 C-문자열로부터 문
자열을 얻는다.) 사용자로부터 문자열을 입력받고 새로 정렬된 문자열을 화면에 출
력하는 테스트 프로그램을 작성하여라. 샘플 실행 결과는 프로그래밍 실습 10.4와
동일하다.

CHAPTER 12

템플릿, 벡터, 스택

이 장의 목표

- 템플릿 사용의 목적과 장점 이해(12.2절)

- 형식 매개변수를 사용한 템플릿 함수 선언(12.2절)

- 템플릿을 사용하여 제네릭 정렬 함수 작성(12.3절)

- 클래스 템플릿을 사용하여 제네릭 클래스 작성(12.4~12.5절)

- 크기 조정 배열로서 C++ **vector** 클래스 사용(12.6절)

- 벡터를 사용한 배열 대체(12.7절)

- 스택을 사용한 수식 분석 및 계산(12.8절)

12.1 들어가기

C++에서는 제네릭 유형을 사용하여 템플릿 함수와 클래스를 정의할 수 있다. 템플릿 함수와 클래스는 각 프로그램을 다시 작성할 필요 없이 다양한 데이터 유형에서 동작이 가능하도록 해 준다.

템플릿이란 무엇인가?

C++에는 재사용이 가능한 소프트웨어를 개발할 수 있게 하는 함수와 클래스가 있다. 템플릿 (template)은 함수와 클래스에서의 유형(type)을 매개변수화하는 기능을 제공한다. 이 기능을 사용하여 제네릭 유형(generic type)으로 된 하나의 함수나 하나의 클래스를 정의할 수 있는데, 이와 같은 제네릭 유형은 컴파일을 할 때 컴파일러에 의해 구체적인 유형으로 대체되도록 할 수 있다. 예를 들면, 제네릭 유형의 두 수 중에서 큰 수를 찾기 위한 하나의 함수를 정의할 수 있다. 만약 두 개의 **int** 형 인수로 이 함수를 호출한다면 제네릭 유형은 **int** 형으로 대체되고, 두 개의 **double** 형 인수로 이 함수를 호출한다면 제네릭 유형은 **double** 형으로 대체된다.

이 장에서는 템플릿의 개념을 소개하고, 함수 템플릿과 클래스 템플릿의 정의 방법, 구체적인 형식으로 템플릿을 사용하는 방법에 대해 다루어 볼 것이다. 또한 배열을 대체하여 사용할 수 있는 매우 유용한 제네릭 템플릿인 **vector**에 대해 배울 것이다.

12.2 템플릿의 기본

템플릿은 함수와 클래스에서 유형을 매개변수화하는 기능을 제공한다. 컴파일러에 의해 구체적 유형으로 대체될 수 있는 제네릭 유형으로 함수나 클래스를 정의할 수 있다.

템플릿

템플릿의 필요성을 설명하기 위하여 간단한 예로 시작해 보자. 두 개의 정수, 두 개의 실수 (double), 두 개의 문자, 두 개의 문자열 중에서 최댓값을 찾고자 한다고 하자. 이 경우, 다음과 같이 4개의 오버로딩 함수를 작성해야 된다.

int 형

```
 1    int maxValue(int value1, int value2)
 2    {
 3      if (value1 > value2)
 4        return value1;
 5      else
 6        return value2;
 7    }
 8
```

double 형

```
 9    double maxValue(double value1, double value2)
10    {
11      if (value1 > value2)
12        return value1;
13      else
14        return value2;
15    }
16
```

char 형

```
17    char maxValue(char value1, char value2)
18    {
19      if (value1 > value2)
20        return value1;
21      else
22        return value2;
```

```
23  }
24
25  string maxValue(string value1, string value2)          string 형
26  {
27    if (value1 > value2)
28      return value1;
29    else
30      return value2;
31  }
```

이 4개의 함수는 각기 다른 유형을 사용한다는 것을 제외하고는 거의 동일하다. 첫 번째 함수
는 **int** 형을 사용하고, 두 번째 함수는 **double** 형, 세 번째 함수는 **char** 형, 네 번째 함수는
string 형을 사용한다. 만일 다음과 같은 제네릭 유형으로 된 한 개의 함수를 정의한다면 프
로그램 입력이 그만큼 줄어들어 공간 절약과 프로그램의 유지관리가 쉬워질 것이다.

```
1  GenericType maxValue(GenericType value1, GenericType value2)    제네릭 유형
2  {
3    if (value1 > value2)
4      return value1;
5    else
6      return value2;
7  }
```

GenericType은 **int**, **double**, **char**, **string**과 같은 모든 유형에 적용이 가능하다.

C++에서는 제네릭 유형의 함수 템플릿을 정의할 수 있다. 리스트 12.1은 제네릭 유형의 두
개의 값 중에서 최댓값을 찾는 템플릿 함수를 정의하고 있다.

리스트 12.1 GenericMaxValue.cpp

```
1   #include <iostream>
2   #include <string>
3   using namespace std;
4
5   template<typename T>                                          템플릿 접두어
6   T maxValue(T value1, T value2)                                유형 매개변수
7   {
8     if (value1 > value2)
9       return value1;
10    else
11      return value2;
12  }
13
14  int main()
15  {
16    cout << "Maximum between 1 and 3 is " << maxValue(1, 3) << endl;    maxValue 호출
17    cout << "Maximum between 1.5 and 0.3 is "
18      << maxValue(1.5, 0.3) << endl;                                    maxValue 호출
19    cout << "Maximum between 'A' and 'N' is "
20      << maxValue('A', 'N') << endl;                                    maxValue 호출
21    cout << "Maximum between \"NBC\" and \"ABC\" is "
22      << maxValue(string("NBC"), string("ABC")) << endl;               maxValue 호출
```

```
23
24    return 0;
25  }
```

```
Maximum between 1 and 3 is 3
Maximum between 1.5 and 0.3 is 1.5
Maximum between 'A' and 'N' is N
Maximum between "NBC" and "ABC" is NBC
```

template 키워드로 시작하는 함수 템플릿 정의 다음에 매개변수 목록을 작성한다. 각 매개변수 앞에는 <typename typeParameter> 혹은 <class typeParameter> 형식으로 교체 가능한 키워드인 typename 또는 class가 먼저 나와야 한다. 예를 들어, 5번 줄의

template<typename T>

템플릿 접두어

형식 매개변수

는 maxValue를 위한 함수 템플릿의 정의를 시작하는 부분이다. 이 줄을 **템플릿 접두어**(template prefix)라고 한다. 여기서 T는 형식 매개변수(type parameter)이다. 일반적으로 T와 같은 하나의 대문자를 사용하여 형식 매개변수를 표현한다.

함수 호출

maxValue 함수는 6번~12번 줄에 정의되어 있다. 형식 매개변수는 단순히 일반적 유형처럼 함수 내에서 사용될 수 있으며, 함수의 반환 형식을 지정하고 함수 매개변수들을 선언하거나 함수 내에서 변수를 선언하는 데 사용될 수 있다.

maxValue 함수는 16번~22번 줄에서 int, double, char, string의 최댓값을 반환하기 위하여 호출된다. maxValue(1, 3) 함수 호출에서 컴파일러는 매개변수 유형을 int로 인식하고, 실재적으로 int 형의 maxValue 함수를 호출하기 위해 T 형식 매개변수를 int로 대체한다. maxValue(string("NBC"), string("ABC")) 함수 호출에서 컴파일러는 매개변수 유형을 string으로 인식하고, 실재적으로 string 형의 maxValue 함수를 호출하기 위해 T 형식 매개변수를 string으로 대체한다.

만약 22번 줄에 있는 maxValue(string("NBC"), string("ABC"))를 maxValue("NBC", "ABC")로 대체하면 어떻게 될까? 실행해 보면 놀랍게도 ABC를 반환한다. 그 이유는 "NBC"와

C-문자열

"ABC"는 C-문자열이고, maxValue("NBC", "ABC") 호출은 함수 매개변수에 "NBC"와 "ABC"의 주소를 전달한다. value1 > value2를 비교할 때, 배열의 내용이 아닌 두 배열의 주소가 비교되기 때문이다.

매개변수 일치

경고

다음 두 가지 조건이 만족된다면 제네릭 maxValue 함수를 임의 유형의 두 값들 중 큰 값을 반환하는 데 사용할 수 있다.

- 두 값은 같은 유형이다.
- > 연산자를 사용하여 두 값을 비교할 수 있다.

예를 들어, 만약 한 값이 int 형이고 다른 값은 double 형(예: maxValue(1, 3.5))이라고 하면, 컴파일러는 호출에서 일치하는 값의 유형을 찾을 수 없으므로 구문 오류를 발생시킬 것이다. 만일 maxValue(Circle(1), Circle(2))를 호출하면, > 연산자가 Circle 클래스에서 정의되지 않았으므로 컴파일러는 구문 오류를 발생시키게 된다.

팁

형식 매개변수를 지정하기 위하여 **<typename T>** 혹은 **<class T>** 중 어느 하나를 사용할 수 있다. 하지만 **<typename T>**를 사용하는 것이 더 좋은데, **<typename T>**가 형식 매개변수임을 좀 더 잘 설명해 주고, **<class T>**는 클래스 정의와 혼동될 수 있기 때문이다.

<typename T> 선호

주의

종종 템플릿 함수에서 한 개 이상의 매개변수를 사용할 수 있다. 이 경우, **<typename T1, typename T2, typename T3>**와 같이 괄호(**< >**) 내부에서 콤마로 분리해야 한다.

다수의 유형 매개변수

리스트 12.1의 제네릭 함수에서 매개변수는 값에 의한 전달로 정의되어 있는데, 리스트 12.2와 같이 참조에 의한 전달을 사용하여 수정할 수 있다.

리스트 12.2 GenericMaxValuePassByReference.cpp

```
1  #include <iostream>
2  #include <string>
3  using namespace std;
4
5  template<typename T>
6  T maxValue(const T& value1, const T& value2)
7  {
8    if (value1 > value2)
9      return value1;
10   else
11     return value2;
12 }
13
14 int main()
15 {
16   cout << "Maximum between 1 and 3 is " << maxValue(1, 3) << endl;
17   cout << "Maximum between 1.5 and 0.3 is "
18     << maxValue(1.5, 0.3) << endl;
19   cout << "Maximum between 'A' and 'N' is "
20     << maxValue('A', 'N') << endl;
21   cout << "Maximum between \"NBC\" and \"ABC\" is "
22     << maxValue(string("NBC"), string("ABC")) << endl;
23
24   return 0;
25 }
```

템플릿 접두어
유형 매개변수

maxValue 호출

maxValue 호출

maxValue 호출

maxValue 호출

```
Maximum between 1 and 3 is 3
Maximum between 1.5 and 0.3 is 1.5
Maximum between 'A' and 'N' is N
Maximum between "NBC" and "ABC" is NBC
```

12.1 리스트 12.1의 `maxValue` 함수에서 `maxValue(1, 1.5)`와 같이 다른 유형의 두 개의 인수를 갖는 함수를 호출할 수 있는가?

Check
Point

12.2 리스트 12.1의 `maxValue` 함수에서 `maxValue("ABC", "ABD")`와 같이 두 개의 문자열 인수를 갖는 함수를 호출할 수 있는가? `maxValue(Circle(2), Circle(3))`과 같이 두

개의 원 객체 인수를 갖는 함수를 호출할 수 있는가?

12.3 **template<typename T>**는 **template<class T>**로 대체될 수 있는가?

12.4 형식 매개변수에 대해 키워드가 아닌 식별자를 사용하여 이름을 지정할 수 있는가?

12.5 형식 매개변수는 원시 유형이나 객체 유형이 될 수 있는가?

12.6 다음 코드에서 잘못된 부분은 무엇인가?

```cpp
#include <iostream>
#include <string>
using namespace std;
template<typename T>
T maxValue(T value1, T value2)
{
  int result;
  if (value1 > value2)
    result = value1;
  else
    result = value2;
  return result;
}

int main()
{
  cout << "Maximum between 1 and 3 is "
    << maxValue(1, 3) << endl;
  cout << "Maximum between 1.5 and 0.3 is "
    << maxValue(1.5, 0.3) << endl;
  cout << "Maximum between 'A' and 'N' is "
    << maxValue('A', 'N') << endl;
  cout << "Maximum between \"ABC\" and \"ABD\" is "
    << maxValue("ABC", "ABD") << endl;
  return 0;
}
```

12.7 다음과 같은 **maxValue** 함수를 정의한다고 하자.

```cpp
template<typename T1, typename T2>
T1 maxValue(T1 value1, T2 value2)
{
  if (value1 > value2)
    return value1;
  else
    return value2;
}
```

maxValue(1, 2.5), maxValue(1.4, 2.5), maxValue(1.5, 2)를 호출할 때 반환되는 값은 무엇인가?

12.3 예제: 제네릭 정렬

이 절에서는 제네릭 정렬 함수를 정의한다.

리스트 7.11의 SelectionSort.cpp는 **double** 값 배열을 정렬하는 함수를 보여 준다. 다음은 그 함수의 복사본이다.

```
1  void selectionSort(double list[], int listSize)
2  {
3    for (int i = 0; i < listSize; i++)
4    {
5      // list[i .. listSize-1]에서 최솟값 찾기
6      double currentMin = list[i];
7      int currentMinIndex = i;
8
9      for (int j = i + 1; j < listSize; j++)
10     {
11       if (currentMin > list[j])
12       {
13         currentMin = list[j];
14         currentMinIndex = j;
15       }
16     }
17
18     // 필요한 경우 list[i]와 list[currentMinIndex]를 교환
19     if (currentMinIndex != i)
20     {
21       list[currentMinIndex] = list[i];
22       list[i] = currentMin;
23     }
24   }
25 }
```

double 형

double 형

int 값, **char** 값, **string** 값 등의 배열을 정렬하기 위한 새로운 오버로딩 함수로 이 함수를 수정하는 것은 쉬운 일이다. 수정할 부분은 두 곳(1번과 6번 줄)에 위치한 **double**을 **int**, **char** 또는 **string**으로 바꿔주면 된다.

몇 개의 오버로딩 정렬 함수를 작성하는 대신에 임의 유형으로 동작하는 단 한 개의 템플릿 함수를 정의할 수 있다. 리스트 12.3은 배열 요소를 정렬하기 위한 제네릭 함수를 정의한다.

리스트 12.3 GenericSort.cpp

```
1  #include <iostream>
2  #include <string>
3  using namespace std;
4
5  template<typename T>
6  void sort(T list[], int listSize)
7  {
8    for (int i = 0; i < listSize; i++)
9    {
10     // list[i .. listSize-1]에서 최솟값 찾기
```

템플릿 접두어
유형 매개변수

```
11      T currentMin = list[i];
12       int currentMinIndex = i;
13
14       for (int j = i + 1; j < listSize; j++)
15       {
16         if (currentMin > list[j])
17         {
18           currentMin = list[j];
19           currentMinIndex = j;
20         }
21       }
22
23       // 필요한 경우 list[i]와 list[currentMinIndex]를 교환
24       if (currentMinIndex != i)
25       {
26         list[currentMinIndex] = list[i];
27         list[i] = currentMin;
28       }
29     }
30   }
31
32   template<typename T>
33   void printArray(const T list[], int listSize)
34   {
35     for (int i = 0; i < listSize; i++)
36     {
37       cout << list[i] << " ";
38     }
39     cout << endl;
40   }
41
42   int main()
43   {
44     int list1[] = {3, 5, 1, 0, 2, 8, 7};
45     sort(list1, 7);
46     printArray(list1, 7);
47
48     double list2[] = {3.5, 0.5, 1.4, 0.4, 2.5, 1.8, 4.7};
49     sort(list2, 7);
50     printArray(list2, 7);
51
52     string list3[] = {"Atlanta", "Denver", "Chicago", "Dallas"};
53     sort(list3, 4);
54     printArray(list3, 4);
55
56     return 0;
57   }
```

```
0 1 2 3 5 7 8
0.4 0.5 1.4 1.8 2.5 3.5 4.7
Atlanta Chicago Dallas Denver
```

두 개의 템플릿 함수가 이 프로그램에 정의되어 있다. **sort** 템플릿 함수(5번~30번 줄)는 배열에서 요소 유형을 지정하기 위해 형식 매개변수 T를 사용하고 있다. 이 함수는 **double** 매개변수가 제네릭 유형 T로 바뀐 것을 제외하고는 **selectionSort** 함수와 동일하다.

printArray 템플릿 함수(32번~40번 줄)는 배열의 요소 유형을 지정하기 위하여 형식 매개변수 T를 사용한다. 이 함수는 배열 내의 모든 요소를 화면에 출력한다.

main 함수는 **int**, **double**, **string** 값의 배열을 정렬하기 위해 **sort** 함수를 호출하고(45번, 49번, 53번 줄), 이들 배열을 화면에 출력하기 위해 **printArray** 함수를 호출한다(46번, 50번, 54번 줄).

팁
제네릭 함수를 정의할 때, 비제네릭 함수로 시작해서 디버깅과 테스트를 한 후, 제네릭 함수로 변환하는 것이 좋다.

제네릭 함수 개발

12.8 다음과 같은 **swap** 함수를 정의한다고 하자.

Check Point

```
template<typename T>
void swap(T& var1, T& var2)
{
  T temp = var1;
  var1 = var2;
  var2 = temp;
}
```

다음 코드에서 잘못된 부분은 무엇인가?

```
int main()
{
  int v1 = 1;
  int v2 = 2;
  swap(v1, v2);

  double d1 = 1;
  double d2 = 2;
  swap(d1, d2);

  swap(v1, d2);
  swap(1, 2);

  return 0;
}
```

12.4 클래스 템플릿

Key Point

템플릿 클래스

클래스에 대한 제네릭 유형을 정의할 수 있다.

앞 절에서 함수에 대하여 형식 매개변수를 사용한 템플릿 함수를 정의하였다. 클래스에 대해서도 형식 매개변수를 사용하는 템플릿 클래스(template class)를 정의할 수 있다. 형식 매개변수는 클래스 내에서 일반적인 유형이 사용되는 곳 어디에서나 사용될 수 있다.

10.9절 "예제: **StackOfInterger** 클래스"에서 정의한 **int** 값에 대해 스택(stack)을 생성하는 **StackOfIntegers** 클래스를 다시 사용해 보자. 그림 12.1a는 클래스의 UML 클래스 다이어그램 복사본이다.

```
 1   #ifndef STACK_H
 2   #define STACK_H
 3
 4   class StackOfIntegers
 5   {
 6   public:
 7     StackOfIntegers();
 8     bool empty() const;
 9     int peek() const;
10     void push(int value);
11     int pop();
12     int getSize() const;
13
14   private:
15     int elements[100];
16     int size;
17   };
18
19   StackOfIntegers::StackOfIntegers()
20   {
21     size = 0;
22   }
23
24   bool StackOfIntegers::empty() const
```

int 형
int 형
int 형

int 형

StackOfIntegers	**Stack\<T\>**
-elements[100]: int	-elements[100]: T
-size: int	-size: int
+StackOfIntegers()	+Stack()
+empty(): bool const	+empty(): bool const
+peek(): int const	+peek(): T const
+push(value: int): void	+push(value: T): void
+pop(): int	+pop(): T
+getSize(): int const	+getSize(): int const
(a)	(b)

그림 12.1 Stack\<T\>는 Stack 클래스의 제네릭 버전이다.

```
25   {
26     return size == 0;
27   }
28
29   int StackOfIntegers::peek() const
30   {
31     return elements[size - 1];
32   }
33
34   void StackOfIntegers::push(int value)
35   {
36     elements[size++] = value;
37   }
38
39   int StackOfIntegers::pop()
40   {
41     return elements[--size];
42   }
43
44   int StackOfIntegers::getSize() const
45   {
46     return size;
47   }
48
49   #endif
```

앞의 코드에서 음영으로 표시한 int를 double, char, string으로 대체함으로써 double, char, string 값의 스택을 나타내기 위한 StackOfDouble, StackOfChar, StackOfString과 같은 클래스를 정의하기 위해 이 클래스를 손쉽게 수정할 수 있다. 그러나 거의 동일한 이들 클래스의 코드를 작성하는 것보다는 임의 유형의 요소에 대해 동작하는 단 한 개의 템플릿 클래스를 정의하는 것이 더 효율적이다. 그림 12.1b는 새로운 제네릭 Stack 클래스에 대한 UML 클래스 다이어그램을 보여 준다. 리스트 12.4는 제네릭 유형의 요소를 저장하기 위한 제네릭 스택 클래스를 정의한다.

리스트 12.4 GenericStack.h

```
1    #ifndef STACK_H
2    #define STACK_H
3
4    template<typename T>          템플릿 접두어
5    class Stack
6    {
7    public:
8      Stack();
9      bool empty() const;
10     T peek() const;              유형 매개변수
11     void push(T value);          유형 매개변수
12     T pop();
13     int getSize() const;
14
```

유형 매개변수	15	`private:`
	16	`  T elements[100];`
	17	`  int size;`
	18	`};`
	19	
함수 템플릿	20	`template<typename T>`
	21	`Stack<T>::Stack()`
	22	`{`
	23	`  size = 0;`
	24	`}`
	25	
함수 템플릿	26	`template<typename T>`
	27	`bool Stack<T>::empty() const`
	28	`{`
	29	`  return size == 0;`
	30	`}`
	31	
함수 템플릿	32	`template<typename T>`
	33	`T Stack<T>::peek() const`
	34	`{`
	35	`  return elements[size - 1];`
	36	`}`
	37	
함수 템플릿	38	`template<typename T>`
	39	`void Stack<T>::push(T value)`
	40	`{`
	41	`  elements[size++] = value;`
	42	`}`
	43	
함수 템플릿	44	`template<typename T>`
	45	`T Stack<T>::pop()`
	46	`{`
	47	`  return elements[--size];`
	48	`}`
	49	
함수 템플릿	50	`template<typename T>`
	51	`int Stack<T>::getSize() const`
	52	`{`
	53	`  return size;`
	54	`}`
	55	
	56	`#endif`

템플릿 접두어   클래스 템플릿에 대한 구문은 기본적으로 함수 템플릿과 같다. 함수 템플릿 앞에 **템플릿 접두어**(template prefix)를 둔 것처럼 클래스 정의 앞에 템플릿 접두어를 위치(4번 줄)시켜야 한다.

template<typename T**>**

형식 매개변수는 보통의 데이터 유형처럼 클래스 내에서 사용될 수 있다. **T** 유형은 **peek()** (10번 줄), **push(T value)**(11번 줄), **pop()**(12번 줄) 함수를 정의하는 데 사용된다. **T**는 또한 16번 줄에 있는 **elements** 배열을 선언하는 데도 사용된다.

생성자와 함수는 그 자신이 템플릿인 것을 제외하고 보통의 클래스 내에서와 같은 방법으로 정의된다. 따라서 구현에서는 생성자와 함수 헤더 앞에 템플릿 접두어를 놓아야 한다.

생성자 정의

함수 정의

```
template<typename T>
Stack<T>::Stack()
{
  size = 0;
}

template<typename T>
bool Stack<T>::empty()
{
  return size == 0;
}

template<typename T>
T Stack<T>::peek()
{
  return elements[size - 1];
}
```

범위 지정 연산자(scope resolution operator) :: 앞에 있는 클래스 이름은 **Stack**이 아니라 **Stack<T>**인 것에 주의해야 한다.

팁

GenericStack.h는 하나의 파일 안에 클래스 정의와 클래스 구현이 모두 작성되어 있다. 일반적으로 클래스 정의와 클래스 구현은 두 개의 분리된 파일로 만든다. 그러나 클래스 템플릿에 대해서는 그 둘을 함께 작성하는 것이 더 안전한데, 일부 컴파일러에서는 클래스 선언과 클래스 구현을 분리하여 컴파일할 수 없기 때문이다.

컴파일 문제

리스트 12.5는 9번 줄에서 **int** 값 스택과 18번 줄에서 문자열 스택을 생성하는 테스트 프로그램이다.

리스트 12.5 TestGenericStack.cpp

```
1  #include <iostream>
2  #include <string>
3  #include "GenericStack.h"
4  using namespace std;
5
6  int main()
7  {
8    // int 값 스택 생성
9    Stack<int> intStack;
10   for (int i = 0; i < 10; i++)
11     intStack.push(i);
12
13   while (!intStack.empty())
14     cout << intStack.pop() << " ";
15   cout << endl;
16
17   // 문자열 스택 생성
```

제네릭 Stack

int 스택

문자열 Stack

```
18    Stack<string> stringStack;
19    stringStack.push("Chicago");
20    stringStack.push("Denver");
21    stringStack.push("London");
22
23    while (!stringStack.empty())
24      cout << stringStack.pop() << " ";
25    cout << endl;
26
27    return 0;
28  }
```

```
9 8 7 6 5 4 3 2 1 0
London Denver Chicago
```

객체 선언

클래스 템플릿에서 객체를 선언하기 위하여 형식 매개변수 T에 대한 실재 유형을 지정해야 한다. 예를 들어,

```
Stack<int> intStack;
```

이 선언은 형식 매개변수 T를 int로 바꾼 것이다. 따라서 intStack은 int 값에 대한 스택이 된다. intStack 객체가 다른 객체처럼 되는 것이다. 프로그램은 스택에 10개의 int 값을 추가하기 위하여 intStack에 대한 push 함수를 호출하고(11번 줄), 스택으로부터 요소를 화면에 출력한다(13번~14번 줄).

프로그램의 18번 줄에서 문자열 저장을 위한 스택 객체를 선언하고, 스택에 3개의 문자열을 추가하며(19번~21번 줄), 스택 문자열을 화면에 출력한다(24번 줄).

9번~11번 줄의 코드

```
while (!intStack.empty())
  cout << intStack.pop() << " ";
cout << endl;
```

와 23번~25번 줄에 있는 코드

```
while (!stringStack.empty())
  cout << stringStack.pop() << " ";
cout << endl;
```

이들 두 부분은 거의 동일하다. 차이점은 전자는 intStack에 대해 동작하고, 후자는 stringStack에 대해 동작한다는 것이다. 스택에 있는 요소를 화면에 출력하기 위해서 스택 매개변수를 사용한 함수를 정의할 수 있다. 새로운 프로그램을 리스트 12.6에 나타내었다.

리스트 12.6 TestGenericStackWithTemplateFunction.cpp

GenericStack 헤더

```
1    #include <iostream>
2    #include <string>
3    #include "GenericStack.h"
4    using namespace std;
5
6    template<typename T>
```

```
 7  void printStack(Stack<T>& stack)                                 Stack<T> 매개변수
 8  {
 9    while (!stack.empty())
10      cout << stack.pop() << " ";
11    cout << endl;
12  }
13
14  int main()
15  {
16    // int 값 스택 생성
17    Stack<int> intStack;
18    for (int i = 0; i < 10; i++)
19      intStack.push(i);
20    printStack(intStack);                                          printStack 호출
21
22    // 문자열 스택 생성
23    Stack<string> stringStack;
24    stringStack.push("Chicago");
25    stringStack.push("Denver");
26    stringStack.push("London");
27    printStack(stringStack);                                       printStack 호출
28
29    return 0;
30  }
```

제네릭 클래스 이름 **Stack<T>**가 템플릿 함수 안의 매개변수 유형(7번 줄)으로 사용되고   템플릿 함수
있다.

> **주의**
> C++에서는 클래스 템플릿에서 형식 매개변수에 대해 **기본 유형**(default type)을 할당할 수 있다.   기본 유형
> 예를 들어, 다음과 같은 제네릭 **Stack** 클래스에서 기본 유형으로서 **int**를 할당할 수 있다.
>
> ```
> template<typename T = int>
> class Stack
> {
>   ...
> };
> ```
>
> 이제 다음과 같이 기본 유형을 사용하여 객체를 선언할 수 있다.
>
> ```
> Stack<> stack;   // 스택은 int 값을 위한 스택임
> ```
>
> 기본 유형은 클래스 템플릿에서만 사용 가능하며, 함수 템플릿에서는 사용할 수 없다.

> **주의**
> 템플릿 접두어에 형식 매개변수와 함께 **비형식 매개변수**(nontype parameter)도 사용할 수 있   비형식 매개변수
> 다. 예를 들면, 다음과 같은 **Stack** 클래스에 대한 매개변수로써 배열 용량(capacity)을 선언할
> 수 있다.
>
> ```
> template<typename T, int capacity>
> class Stack
> {
>   ...
> private:
>   T elements[capacity];
>   int size;
> };
> ```

따라서 스택을 생성할 때, 배열에 대한 용량을 지정할 수 있다. 예를 들어,

Stack<string, 500> stack;

이는 **500**개의 문자열을 저장할 수 있는 스택을 선언한다.

주의

템플릿 클래스에서 정적 멤버(static member)를 정의할 수 있다. 각 템플릿은 정적 데이터 필드의 자기 자신의 복사본을 가진다.

정적 멤버

 Check Point

12.9 클래스 정의에서 각 함수에 대해 템플릿 접두어를 사용해야 하는가? 클래스 구현에서 각 함수에 대해 템플릿 접두어를 사용해야 하는가?

12.10 다음 코드에서 잘못된 부분은 무엇인가?

```
template<typename T = int>
void printArray(const T list[], int arraySize)
{
  for (int i = 0; i < arraySize; i++)
  {
    cout << list[i] << " ";
  }
  cout << endl;
}
```

12.11 다음 코드에서 잘못된 부분은 무엇인가?

```
template<typename T>
class Foo
{
public:
  Foo();
  T f1(T value);
  T f2();
};

Foo::Foo()
{
  ...
}

T Stack::f1(T value)
{
  ...
}

T Stack::f2()
{
  ...
};
```

12.12 **Stack** 클래스에 대한 템플릿 접두어가 다음과 같다고 하자.

```
template<typename T = string>
```

다음을 사용하여 문자열 스택을 생성할 수 있는가?

Stack stack;

12.5 Stack 클래스 개선

이 절에서는 동적 스택 클래스를 구현한다.

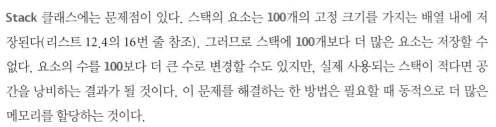

Stack 클래스에는 문제점이 있다. 스택의 요소는 100개의 고정 크기를 가지는 배열 내에 저장된다(리스트 12.4의 16번 줄 참조). 그러므로 스택에 100개보다 더 많은 요소는 저장할 수 없다. 요소의 수를 100보다 더 큰 수로 변경할 수도 있지만, 실제 사용되는 스택이 적다면 공간을 낭비하는 결과가 될 것이다. 이 문제를 해결하는 한 방법은 필요할 때 동적으로 더 많은 메모리를 할당하는 것이다.

Stack<T> 클래스 내의 size 속성은 스택 내의 요소 수를 나타낸다. 요소를 저장하기 위한 배열의 현재 크기를 나타내는 capacity라는 새로운 속성을 추가해 보자. Stack<T>의 인수 없는 생성자는 용량(capacity)이 16인 배열을 생성한다. 스택에 새로운 요소를 추가할 때, 현재 용량이 가득 찬 상태라면 새로운 요소를 저장하기 위하여 배열 크기를 증가시켜야 한다.

배열 용량을 어떻게 증가시킬 수 있을까? 일단 배열이 선언되면 배열의 용량을 증가시킬 수 없다. 이런 제약 조건을 해결하기 위하여 더 큰 크기를 가지는 새로운 배열을 생성하고, 이전 배열의 내용을 이 새 배열로 복사한 다음, 이전 배열을 삭제하면 된다.

개선된 Stack<T> 클래스를 리스트 12.7에서 보여 주고 있다.

리스트 12.7 ImprovedStack.h

```
1  #ifndef IMPROVEDSTACK_H
2  #define IMPROVEDSTACK_H
3
4  template<typename T>
5  class Stack
6  {
7  public:
8    Stack();
9    Stack(const Stack&);
10   ~Stack();
11   bool empty() const;
12   T peek() const;
13   void push(T value);
14   T pop();
15   int getSize() const;
16
17  private:
18    T* elements;
19    int size;
20    int capacity;
21    void ensureCapacity();
22  };
23
24  template<typename T>
25  Stack<T>::Stack(): size(0), capacity(16)
26  {
27    elements = new T[capacity];
28  }
```

Stack 클래스 정의

Stack 클래스 구현
인수 없는 생성자

```
29
30  template<typename T>
31  Stack<T>::Stack(const Stack& stack)
32  {
33    elements = new T[stack.capacity];
34    size = stack.size;
35    capacity = stack.capacity;
36    for (int i = 0; i < size; i++)
37    {
38      elements[i] = stack.elements[i];
39    }
40  }
41
42  template<typename T>
43  Stack<T>::~Stack()
44  {
45    delete [] elements;
46  }
47
48  template<typename T>
49  bool Stack<T>::empty() const
50  {
51    return size == 0;
52  }
53
54  template<typename T>
55  T Stack<T>::peek() const
56  {
57    return elements[size - 1];
58  }
59
60  template<typename T>
61  void Stack<T>::push(T value)
62  {
63    ensureCapacity();
64    elements[size++] = value;
65  }
66
67  template<typename T>
68  void Stack<T>::ensureCapacity()
69  {
70    if (size >= capacity)
71    {
72      T* old = elements;
73      capacity = 2 * size;
74      elements = new T[size * 2];
75
76      for (int i = 0; i < size; i++)
77        elements[i] = old[i];
78
79      delete [] old;
80    }
81  }
```

복사 생성자

소멸자

필요하다면 용량 증가

새로운 배열 생성

새로운 배열로 복사

이진 배열 소멸

```
82
83    template<typename T>
84    T Stack<T>::pop()
85    {
86      return elements[--size];
87    }
88
89    template<typename T>
90    int Stack<T>::getSize() const
91    {
92      return size;
93    }
94
95    #endif
```

내부 배열 **elements**가 동적으로 생성되므로 소멸자는 메모리 누설을 방지하기 위해 배열을 적절히 소멸시키는 기능이 제공되어야 한다(42번~46번 줄). 리스트 12.4 GenericStack.h에서의 배열 요소는 동적으로 할당되지 않으므로, 이 경우에 소멸자가 제공될 필요는 없다.

push(T value) 함수(60번~65번 줄)는 스택에 새로운 요소를 추가한다. 이 함수는 먼저 **ensureCapacity()**를 호출하는데(63번 줄), 이 함수는 새 요소를 위한 배열 공간이 있는지를 확인한다.

ensureCapacity() 함수(67번~81번 줄)는 배열이 가득 찼는지를 확인한다. 만일 그렇다면, 현재 배열 크기의 두 배가 되는 새로운 배열을 생성하고, 새 배열을 현재 배열로 설정하며, 이전 배열의 내용을 새 배열로 복사하고, 이전 배열을 삭제한다(79번 줄).

동적으로 생성된 배열을 삭제하기 위한 구문은 다음과 같다.

```
delete [] elements; // 45번 줄
delete [] old; // 79번 줄
```

만일 실수로 다음과 같이 적는다면 어떤 일이 일어날까?

```
delete elements; // 45번 줄
delete old; // 79번 줄
```

프로그램은 이상 없이 컴파일되며 원시 유형 값의 스택에 대해서는 잘 실행되지만, 객체의 스택에서는 올바르게 실행되지 않는다. **delete [] elements** 문장은 먼저 **elements** 배열에 있는 각 객체에 대해 소멸자를 호출하고 나서 배열을 삭제한다. 그에 반해, **delete elements** 문장은 배열에서 첫 번째 객체에 대해서만 소멸자를 호출한다.

12.13 리스트 12.7 ImprovedStack.h의 79번 줄을 다음 문장으로 바꿀 경우, 어떤 문제가 발생하는가?

```
delete old;
```

12.6 C++ 벡터 클래스

C++에서는 객체의 목록을 저장하기 위한 제네릭 **vector** 클래스를 제공한다.

문자열이나 **int** 값과 같은 데이터의 집합을 저장하기 위해 배열을 사용할 수 있지만, 배열이 생성될 때 배열 크기가 고정된다는 심각한 제한이 있다. C++에서는 배열보다 좀 더 유연한 **vector** 클래스를 제공한다. **vector** 객체는 단순히 배열처럼 사용할 수 있지만, 벡터의 크기는 필요한 경우 자동으로 증가시킬 수 있다.

vector 클래스

벡터를 생성하기 위해서는 다음 구문을 사용한다.

vector<elementType> vectorName;

예를 들어, 다음은 **int** 값을 저장하기 위한 벡터를 생성한다.

vector**<int>** intVector;

다음 문장은 **string** 객체를 저장하기 위한 벡터를 생성한다.

vector<string> stringVector;

그림 12.2의 UML 클래스 다이어그램에 벡터 클래스에서 자주 사용되는 몇 개의 함수 목록을 표시하였다.

기본 값으로 채워진 초기 크기의 벡터 또한 생성할 수 있다. 예를 들어, 다음 코드는 기본 값이 **0**인 초기 크기 10의 벡터를 생성한다.

vector**<int>** intVector(10);

벡터는 배열 첨자 연산자 []를 사용하여 접근할 수 있다. 예를 들어, 다음은 벡터에서 첫 번째 요소를 화면에 출력한다.

cout << intVector[0];

vector<elementType>	
+vector<elementType>()	지정 요소 유형으로 빈 벡터 생성
+vector<elementType>(size: int)	기본 값으로 채워진 초기 크기의 벡터 생성
+vector<elementType>(size: int, defaultValue: elementType)	지정 값으로 채워진 초기 크기의 벡터 생성
+push_back(element: elementType): void	벡터에 요소 추가
+pop_back(): void	벡터에서 마지막 요소 삭제
+size(): unsigned const	벡터 내의 요소 수를 반환
+at(index: int): elementType const	벡터 내의 지정 인덱스에 있는 요소 반환
+empty(): bool const	벡터가 비어 있으면 true 반환
+clear(): void	벡터의 모든 요소 삭제
+swap(v2: vector): void	벡터의 내용을 지정 벡터와 교환

그림 12.2 크기 조정 배열로서의 **vector** 클래스 함수

경고

배열 첨자 연산자 **[ ]** 를 사용하기 위해서는 해당 요소가 벡터에 미리 존재해야 한다. 배열과 마찬   **vector** 인덱스의 범위
가지로 벡터에서의 인덱스도 기준은 **0**이다. 즉, 벡터에서 첫 번째 요소의 인덱스는 **0**이고, 마지막
요소는 **v.size() − 1**이다. 이 범위 이외의 인덱스를 사용하면 오류가 발생한다.

리스트 12.8은 벡터 사용의 예이다.

리스트 12.8 TestVector.cpp

```
 1  #include <iostream>
 2  #include <vector>                                              vector 헤더
 3  #include <string>                                              string 헤더
 4  using namespace std;
 5
 6  int main()
 7  {
 8    vector<int> intVector;                                       벡터 생성
 9
10    // 벡터에 숫자 1, 2, 3, 4, 5, ..., 10을 저장
11    for (int i = 0; i < 10; i++)
12      intVector.push_back(i + 1);                               int 값 저장
13
14    // 벡터 내의 숫자를 화면에 출력
15    cout << "Numbers in the vector: ";
16    for (int i = 0; i < intVector.size(); i++)                  벡터 크기
17      cout << intVector[i] << " ";                              벡터 첨자
18
19    vector<string> stringVector;                                벡터 생성
20
21    // 벡터에 문자열 저장
22    stringVector.push_back("Dallas");                           string 저장
23    stringVector.push_back("Houston");
24    stringVector.push_back("Austin");
25    stringVector.push_back("Norman");
26
27    // 벡터 내의 문자열을 화면에 출력
28    cout << "\nStrings in the string vector: ";
29    for (int i = 0; i < stringVector.size(); i++)               벡터 크기
30      cout << stringVector[i] << " ";                           벡터 첨자
31
32    stringVector.pop_back(); // 마지막 요소 삭제                 요소 삭제
33
34    vector<string> v2;                                          벡터 생성
35    v2.swap(stringVector);                                      벡터 교환
36    v2[0] = "Atlanta";                                          문자열 할당
37
38    // 벡터 내의 문자열을 화면에 다시 출력
39    cout << "\nStrings in the vector v2: ";
40    for (int i = 0; i < v2.size(); i++)                         벡터 크기
41      cout << v2.at(i) << " ";                                  at 함수
42
43    return 0;
44  }
```

```
Numbers in the vector: 1 2 3 4 5 6 7 8 9 10
Strings in the string vector: Dallas Houston Austin Norman
Strings in the vector v2: Atlanta Houston Austin
```

이 프로그램에서 **vector** 클래스가 사용되므로 2번 줄에 헤더 파일을 포함시킨다. **string** 클래스 또한 사용되므로, 3번 줄에 **string** 클래스 헤더 파일을 포함시킨다.

int 값을 저장하기 위한 벡터는 8번 줄에서 생성된다. **int** 값은 12번 줄에서 벡터에 추가된다. 벡터의 크기에 대한 제한은 없다. 더 많은 요소가 벡터에 추가되는 경우 크기는 자동으로 증가한다. 이 프로그램은 15번~17번 줄에서 벡터 내의 모든 **int** 값을 화면에 출력한다. 배열 첨자 연산자 □는 17번 줄에서 요소를 검색하는 데 사용된다는 점에 주의한다.

문자열을 저장하는 벡터는 19번 줄에서 생성된다. 4개의 문자열이 벡터에 추가된다(22번~25번 줄). 프로그램의 29번~30번 줄은 벡터 내의 모든 문자열을 화면에 출력한다. 30번 줄에서 배열 첨자 연산자 □가 요소를 검색하는 데 사용된다는 점에 주의한다.

32번 줄은 벡터로부터 마지막 문자열을 삭제한다. 34번 줄은 다른 벡터 **v2**를 생성한다. 35번 줄은 **v2**와 **stringVector**를 교환한다. 36번 줄은 **v2[0]**에 새로운 문자열을 대입한다. 프로그램의 40번~41번 줄에서 **v2**에 있는 문자열을 화면에 출력한다. **at** 함수는 요소들을 검색하는 데 사용된다는 점에 주의한다. 또한 요소들을 검색하기 위해 첨자 연산자 □도 사용할 수 있다.

size() 함수는 **int**가 아닌 **unsigned**(즉, unsigned integer)로서 벡터의 크기를 반환한다. 일부 컴파일러에서는 부호 없는 값이 변수 **i**에서 부호 있는 **int**로 사용(16번, 29번, 40번 줄)되므로 경고가 발생할 수 있다. 이는 단순한 경고이며, 이 경우에 부호 없는 값이 부호 있는 값으로 자동 전환되므로 어떤 문제점도 발생하지 않는다. 경고를 없애기 위해서는 다음과 같이

unsigned int

16번 줄에서 **i**를 **unsigned int**가 되도록 선언한다.

for (unsigned i = 0; i < intVector.size(); i++)

Check Point

12.14 **double** 값을 저장하기 위한 벡터는 어떻게 선언하는가? 벡터에 **double** 값을 추가하는 방법은 무엇인가? 벡터의 크기를 어떻게 알아낼 수 있는가? 벡터로부터 요소를 제거하는 방법은 무엇인가?

12.15 (a) 코드가 잘못된 이유와 (b) 코드가 올바른 이유는 무엇인가?

```
vector<int> v;
v[0] = 4;
```
(a)

```
vector<int> v(5);
v[0] = 4;
```
(b)

12.7 vector 클래스를 사용한 배열 대체

Key Point

배열을 대체하기 위해 벡터를 사용할 수 있다. 벡디가 배열보다 좀 더 유연하기는 하지만, 배열이 벡터보다 더 효과적이다.

vector

vector 객체는 배열처럼 사용될 수 있지만, 약간의 차이점이 있다. 표 12.1은 이들의 유사점과 차이점을 보여 준다.

배열 vs. vector

표 12.1 배열과 **vector**의 차이점과 유사점

동작	배열	벡터
배열/벡터 생성	string a[10]	vector<string> v
요소 접근	a[index]	v[index]
요소 갱신	a[index] = "London"	v[index] = "London"
크기 반환		v.size()
새로운 요소 추가		v.push_back("London")
요소 삭제		v.pop_back()
모든 요소 삭제		v.clear()

배열과 벡터 모두는 요소들의 목록을 저장하는 데 사용될 수 있다. 만일 목록의 크기가 고정된 경우라면, 배열을 사용하는 것이 더 효과적이다. 벡터는 크기 조정이 가능한 배열이다. **vector** 클래스는 벡터에 접근하고 벡터를 조작하는 많은 멤버 함수를 제공한다. 벡터를 사용하는 것이 배열을 사용하는 것보다 더 유연하다. 일반적으로 배열을 대체하기 위해 항상 벡터를 사용할 수 있으며, 배열을 사용한 이전 장들의 모든 예제는 벡터를 사용하여 수정할 수 있다. 이 절에서는 벡터를 사용하여 리스트 7.3 DeckOfCards.cpp와 리스트 8.1 PassTwo DimensionalArray.cpp를 다시 작성한다.

리스트 7.3은 한 팩 52장의 카드로부터 임의의 4장 카드를 뽑는 프로그램이다. 0부터 51까지의 초기 값을 갖는 52장의 카드를 저장하기 위한 벡터를 다음과 같이 사용한다.

```
const int NUMBER_OF_CARDS = 52;
vector<int> deck(NUMBER_OF_CARDS);

// 카드 초기화
for (int i = 0; i < NUMBER_OF_CARDS; i++)
  deck[i] = i;
```

deck[0]부터 **deck[12]**까지는 클럽(♣), **deck[13]**부터 **deck[25]**까지는 다이아몬드(♦), **deck[26]**부터 **deck[38]**까지는 하트(♥), **deck[39]**부터 **deck[51]**까지는 스페이드(♠)이다. 리스트 12.9는 이 문제를 해결하기 위한 프로그램이다.

리스트 12.9 DeckOfCardsUsingVector.cpp

```
 1  #include <iostream>
 2  #include <vector>                                              vector 포함
 3  #include <string>
 4  #include <ctime>
 5  using namespace std;
 6
 7  const int NUMBER_OF_CARDS = 52;
 8  string suits[4] = {"Spades", "Hearts", "Diamonds", "Clubs"};   모양
 9  string ranks[13] = {"Ace", "2", "3", "4", "5", "6", "7", "8", "9",   번호
10    "10", "Jack", "Queen", "King"};
11
12  int main()
13  {
14    vector<int> deck(NUMBER_OF_CARDS);                           벡터 deck 생성
```

deck 초기화

```
15
16      // 카드 초기화
17      for (int i = 0; i < NUMBER_OF_CARDS; i++)
18        deck[i] = i;
19
20      // 카드 섞기
21      srand(time(0));
22      for (int i = 0; i < NUMBER_OF_CARDS; i++)
23      {
24        // 임의의 인덱스 생성
25        int index = rand() % NUMBER_OF_CARDS;
26        int temp = deck[i];
27        deck[i] = deck[index];
28        deck[index] = temp;
29      }
30
31      // 처음 4장의 카드 화면 출력
32      for (int i = 0; i < 4; i++)
33      {
34        cout << ranks[deck[i] % 13] << " of " <<
35          suits[deck[i] / 13] << endl;
36      }
37
38      return 0;
39    }
```

deck 섞기

번호 화면 출력
모양 화면 출력

```
4 of Clubs
Ace of Diamonds
6 of Hearts
Jack of Clubs
```

이 프로그램은 2번 줄에서 벡터 클래스를 포함시키고 14번 줄에서 배열 대신 모든 카드를 저장하기 위해 벡터를 사용한다는 점을 제외하고는 리스트 7.3과 동일하다. 흥미롭게도 배열과 벡터를 사용하기 위한 구문은 매우 유사한데, 이는 배열 요소에 접근하기 위한 방법과 벡터 내의 요소에 접근하기 위한 방법 모두 대괄호 안에 인덱스를 사용할 수 있기 때문이다.

또한 8번~10번 줄에 있는 **suits** 배열과 **ranks** 배열도 벡터로 변경할 수 있다. 이는 벡터에 모양(suits)과 번호(ranks)를 삽입하기 위한 많은 줄의 코드를 작성해야 하므로 배열을 사용하는 것이 더 간단하고 좋은 선택이 된다.

리스트 8.1은 2차원 배열을 생성하고 배열에서 모든 요소의 합을 반환하는 함수를 호출한다. 2차원 배열을 나타내기 위해 벡터의 벡터를 사용할 수 있다. 다음은 4개의 행과 3개의 열을 갖는 2차원 배열을 나타내는 예제이다.

```
vector<vector<int> > matrix(4); // 4개의 행

for (int i = 0; i < 4; i++)
  matrix[i] = vector<int>(3);

matrix[0][0] = 1; matrix[0][1] = 2; matrix[0][2] = 3;
matrix[1][0] = 4; matrix[1][1] = 5; matrix[1][2] = 6;
```

```
matrix[2][0] = 7; matrix[2][1] = 8; matrix[2][2] = 9;
matrix[3][0] = 10; matrix[3][1] = 11; matrix[3][2] = 12;
```

 주의

다음 줄에서 >와 > 사이를 분리하는 공백이 존재한다.

```
vector<vector<int> > matrix(4); // 4개의 행
```

공백이 없으면 일부 오래된 C++에서 컴파일되지 않을 수 있다.

리스트 12.10은 벡터를 사용하여 리스트 8.1 PassTwoDimensionalArray.cpp를 변경한 프로그램이다.

리스트 12.10 TwoDArrayUsingVector.cpp

```
1  #include <iostream>
2  #include <vector>                                                    vector 포함
3  using namespace std;
4
5  int sum(const vector<vector<int>>& matrix)                           벡터를 갖는 함수
6  {
7    int total = 0;
8    for (unsigned row = 0; row < matrix.size(); row++)
9    {
10     for (unsigned column = 0; column < matrix[row].size(); column++)
11     {
12       total += matrix[row][column];
13     }
14   }
15
16   return total;
17 }
18
19 int main()
20 {
21   vector<vector<int>> matrix(4); // 4개의 행                          2차원 배열을 위한 벡터
22
23   for (unsigned i = 0; i < 4; i++)
24     matrix[i] = vector<int>(3); // 각 행에는 3개의 열이 존재
25
26   matrix[0][0] = 1; matrix[0][1] = 2; matrix[0][2] = 3;              값 할당
27   matrix[1][0] = 4; matrix[1][1] = 5; matrix[1][2] = 6;
28   matrix[2][0] = 7; matrix[2][1] = 8; matrix[2][2] = 9;
29   matrix[3][0] = 10; matrix[3][1] = 11; matrix[3][2] = 12;
30
31   cout << "Sum of all elements is " << sum(matrix) << endl;
32
33   return 0;
34 }
```

```
Sum of all elements is 78
```

matrix 변수는 벡터로 선언되어 있다. 벡터 matrix[i]의 각 요소는 또 다른 벡터이다. 따라서 matrix[i][j]는 2차원 배열에서 *i*번째 행과 *j*번째 열을 나타낸다.

sum 함수는 벡터 내의 모든 요소의 합을 반환한다. 벡터의 크기는 vector 클래스에서 size() 함수로부터 얻을 수 있다. 그러므로 sum 함수를 호출할 때, 벡터의 크기를 지정할 필요가 없다. 2차원 배열에 대한 동일한 함수는 다음과 같이 2개의 매개변수를 요구한다.

int sum(const int a[][COLUMN_SIZE], int rowSize)

2차원 배열을 나타내기 위해 벡터를 사용하여 코딩하는 것이 더 간단하다.

Check Point

12.16 다음 배열을 벡터를 사용한 코드로 작성하여라.

int list[4] = {1, 2, 3, 4};

12.17 다음 배열을 벡터를 사용한 코드로 작성하여라.

```
int matrix[4][4] =
 {{1, 2, 3, 4},
  {5, 6, 7, 8},
  {9, 10, 11, 12},
  {13, 14, 15, 16}};
```

12.8 예제: 수식 계산

Key Point

수식을 계산하기 위해 스택을 사용할 수 있다.

스택(stack)은 많은 응용 분야에 사용될 수 있는데, 이 절이 그중 한 예이다. 그림 12.3과 같이 수식을 계산하기 위해 구글에 수식을 입력할 수 있다.

복합 수식

구글은 수식을 어떻게 계산할까? 이 절에서는 여러 개의 연산자와 괄호가 있는 복합 수식(예를 들면, (15 + 2) * 34 - 2)을 계산하는 프로그램을 작성한다. 편의상 피연산자는 정수이고, 연산자는 4개의 유형, 즉 +, -, *, /인 것으로 가정한다.

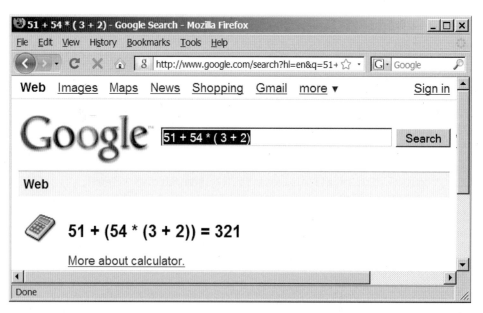

그림 12.3 구글에서 수식을 계산할 수 있다.

이 문제는 피연산자와 연산자를 각각 저장하기 위한 **operandStack**과 **operatorStack**이라는 2개의 스택을 사용하여 해결할 수 있다. 피연산자와 연산자는 처리되기 이전에 스택으로 푸시(push)[1]된다. 연산자가 처리될 때, 연산자는 **operatorStack**으로부터 팝(pop)[2]되고, **operandStack**에서 처음 2개의 피연산자에 적용된다(2개의 피연산자는 **oprandStack**으로부터 팝된다). 결과 값은 다시 **operandStack**에 푸시된다.

연산자 처리

알고리즘은 다음과 같이 두 단계 과정을 거친다.

1단계: 수식 검색

프로그램은 피연산자, 연산자, 괄호를 추출하기 위해 왼쪽에서 오른쪽으로 수식을 검색한다.

1.1　추출된 항목이 피연산자라면, **operandStack**에 푸시한다.

1.2　추출된 항목이 + 또는 - 연산자라면, 우선순위가 크거나 같은 **operatorStack**의 상단의 모든 연산자(예를 들어, +, -, *, /)를 처리하고, 추출된 연산자를 **operatorStack**에 푸시한다.

1.3　추출된 항목이 * 또는 / 연산자라면, 우선순위가 크거나 같은 **operatorStack**의 상단의 모든 연산자(예를 들어, *, /)를 처리하고, 추출된 연산자를 **operatorStack**에 푸시한다.

1.4　추출된 항목이 (기호이면, **operatorStack**에 푸시한다.

1.5　추출된 항목이) 기호이면, 스택에 (기호가 보일 때까지 **operatorStack**의 상단으로부터 연산자를 반복적으로 처리한다.

2단계: 스택 삭제

operatorStack의 상단으로부터 **operatorStack**이 비워질 때까지 연산자를 반복적으로 처리한다.

표 12.2는 수식 (1 + 2) * 4 - 3을 계산하기 위해 알고리즘이 어떻게 적용되는지를 보여준다.

리스트 12.11은 수식을 계산하는 프로그램이다.

리스트 12.11 EvaluateExpression.cpp

```
1  #include <iostream>
2  #include <vector>
3  #include <string>
4  #include <cctype>
5  #include "ImprovedStack.h"
6
7  using namespace std;
8
9  // 숫자, 연산자, 괄호로 수식 분리
```

---

1) 역주: 스택에 데이터를 넣는 동작을 말한다.
2) 역주: 스택에 들어 있는 데이터를 빼오는 동작을 말한다.

표 12.2 수식 계산

수식	검색	동작	operandStack	operatorStack
(1 + 2) * 4 − 3	(	1.4단계		(
(1 + 2) * 4 − 3	1	1.1단계	1	(
(1 + 2) * 4 − 3	+	1.2단계	1	+ (
(1 + 2) * 4 − 3	2	1.1단계	2 1	+ (
(1 + 2) * 4 − 3	)	1.5단계	3	
(1 + 2) * 4 − 3	*	1.3단계	3	*
(1 + 2) * 4 − 3	4	1.1단계	4 3	*
(1 + 2) * 4 − 3	−	1.2단계	12	−
(1 + 2) * 4 − 3	3	1.1단계	3 12	−
(1 + 2) * 4 − 3	없음	2단계	9	

수식 나누기

```
10   vector<string> split(const string& expression);
11
12   // 수식 계산 및 결과 반환
13   int evaluateExpression(const string& expression);
14
15   // 연산 수행
16   void processAnOperator(
17     Stack<int>& operandStack, Stack<char>& operatorStack);
18
19   int main()
20   {
21     string expression;
22     cout << "Enter an expression: ";
23     getline(cin, expression);
24
25     cout << expression << " = "
26       << evaluateExpression(expression) << endl;
27
28     return 0;
29   }
30
31   vector<string> split(const string& expression)
32   {
33     vector<string> v; // 분리 항목을 문자열로 저장하기 위한 벡터
34     string numberString; // 숫자 문자열
35
36     for (unsigned i = 0; i < expression.length(); i++)
37     {
38       if (isdigit(expression[i]))
39         numberString.append(1, expression[i]); // 숫자 추가
40       else
```

수식 계산

연산 수행

수식 읽기

수식 평가

수식 나누기

숫자 추가

```
41      {
42        if (numberString.size() > 0)
43        {
44          v.push_back(numberString); // 숫자 문자열 저장                    숫자 저장
45          numberString.erase(); // 숫자 문자열 비우기
46        }
47
48        if (!isspace(expression[i]))
49        {
50          string s;
51          s.append(1, expression[i]);
52          v.push_back(s); // 연산자와 괄호 저장                              연산자/괄호 저장
53        }
54      }
55    }
56
57    // 마지막 숫자 문자열 저장
58    if (numberString.size() > 0)
59      v.push_back(numberString);                                          마지막 숫자 저장
60
61    return v;
62  }
63
64  // 수식 계산
65  int evaluateExpression(const string& expression)
66  {
67    // 피연산자를 저장하기 위한 operandStack 생성
68    Stack<int> operandStack;                                              operandStack
69
70    // 연산자를 저장하기 위한 operatorStack 생성
71    Stack<char> operatorStack;                                            operandStack
72
73    // 피연산자와 연산자 추출
74    vector<string> tokens = split(expression);                            수식 나누기
75
76    // 1단계: 토큰(token) 검색                                             각 토큰 검색
77    for (unsigned i = 0; i < tokens.size(); i++)
78    {
79      if (tokens[i][0] == '+' || tokens[i][0] == '-')                     + 또는 − 검색
80      {
81        // 연산자 스택의 상단에 있는 모든 +, -, *, / 처리
82        while (!operatorStack.empty() && (operatorStack.peek() == '+'
83          || operatorStack.peek() == '-' || operatorStack.peek() == '*'
84          || operatorStack.peek() == '/'))
85        {
86          processAnOperator(operandStack, operatorStack);
87        }
88
89        // 연산자 스택으로 + 또는 - 연산자 푸시(push)
90        operatorStack.push(tokens[i][0]);
91      }
92      else if (tokens[i][0] == '*' || tokens[i][0] == '/')                * 또는 / 검색
93      {
```

```
 94        // 연산자 스택의 상단에 있는 모든 *, / 처리
 95        while (!operatorStack.empty() && (operatorStack.peek() == '*'
 96          || operatorStack.peek() == '/'))
 97        {
 98          processAnOperator(operandStack, operatorStack);
 99        }
100
101        // 연산자 스택으로 * 또는 / 연산자 푸시
102        operatorStack.push(tokens[i][0]);
103      }
```
(검색
```
104      else if (tokens[i][0] == '(')
105      {
106        operatorStack.push('('); // 스택에 '(' 푸시
107      }
```
) 검색
```
108      else if (tokens[i][0] == ')')
109      {
110        // '('가 나타날 때까지 스택의 모든 연산자 처리
111        while (operatorStack.peek() != '(')
112        {
113          processAnOperator(operandStack, operatorStack);
114        }
115
116        operatorStack.pop(); // 스택으로부터 '(' 기호 팝(pop)
117      }
118      else
119      { // 피연산자 검색. 스택에 정수인 피연산자 푸시
```
피연산자 검색
```
120        operandStack.push(atoi(tokens[i].c_str()));
121      }
122    }
123
124    // 2단계: 스택에서 남은 모든 연산자 처리
125    while (!operatorStack.empty())
126    {
```
operatorStack 제거
```
127      processAnOperator(operandStack, operatorStack);
128    }
129
130    // 결과 반환
```
결과 반환
```
131    return operandStack.pop();
132  }
133
134  // 연산자 하나 처리: operatorStack으로부터 연산자를 가져와서
135  // operandStack에 있는 피연산자에 적용
136  void processAnOperator(
137      Stack<int>& operandStack, Stack<char>& operatorStack)
138  {
139    char op = operatorStack.pop();
140    int op1 = operandStack.pop();
141    int op2 = operandStack.pop();
142    if (op == '+')
```
+ 처리
```
143      operandStack.push(op2 + op1);
144    else if (op == '-')
```
- 처리
```
145      operandStack.push(op2 - op1);
146    else if (op == '*')
```

```
147        operandStack.push(op2 * op1);
148      else if (op == '/')
149        operandStack.push(op2 / op1);
150    }
```

* 처리

/ 처리

```
Enter an expression: (13 + 2) * 4 - 3 ⏎Enter
(13 + 2) * 4 - 3 = 57
```

```
Enter an expression: 5 / 4 + (2 - 3) * 5 ⏎Enter
5 / 4 + (2 - 3) * 5 = -4
```

프로그램에서 수식을 문자열로 읽고(23번 줄), 수식을 계산하기 위해 **evaluateExpression** 함수(26번 줄)를 호출한다.

evaluateExpression 함수는 2개의 스택, 즉 **operandStack**과 **operatorStack**을 생성(68번, 71번 줄)하고 수식으로부터 숫자, 연산자, 괄호를 토큰(token)으로 추출하기 위해 **split** 함수를 호출(74번 줄)한다. 토큰은 문자열의 벡터에 저장된다. 예를 들어, 수식이 **(13 + 2) * 4 - 3**인 경우, 토큰은 **(, 13, +, 2,), *, 4, -, 3**이 된다.

evaluateExpression 함수는 **for** 반복문에서 각각의 토큰을 검색한다(77번~122번 줄). 만약 토큰이 피연산자이면, **operandStack**에 푸시한다(120번 줄). 토큰이 + 또는 - 연산자(79번 줄)인 경우, **operatorStack**의 상단으로부터 모든 연산자를 처리하고(81번~87번 줄) 스택에 새로이 검색된 연산자를 푸시한다(90번 줄). 토큰이 * 또는 / 연산자(92번 줄)인 경우, **operatorStack**의 상단으로부터 모든 *와 / 연산자를 처리하고(95번~99번 줄) 스택에 새로이 검색된 연산자를 푸시한다(102번 줄). 토큰이 **(** 기호(104번 줄)인 경우, **operatorStack**에 푸시한다. 만약 토큰이 **)** 기호(108번 줄)이면, **operatorStack**의 상단으로부터 **)** 기호가 나타날 때까지 모든 연산자를 처리하고(111번~114번 줄), 스택으로부터 **)** 기호를 팝한다(116번 줄).

모든 토큰이 처리된 후, 프로그램은 **operatorStack**에서 남아 있는 연산자를 처리한다(125번~128번 줄).

processAnOperator 함수(136번~150번 줄)는 연산자를 처리한다. 함수는 **operatorStack** 으로부터 해당 연산자를 팝하고(139번 줄), **operandStack**으로부터 2개의 피연산자를 팝한다(140번~141번 줄). 연산자에 따라 함수는 연산을 수행하고 연산 결과를 **operandStack**에 다시 푸시한다(143번, 145번, 147번, 149번 줄).

12.18 (3 + 4) * (1 − 3) − ((1 + 3) * 5 − 4) 수식을 리스트 12.11의 프로그램을 사용하여 계산하는 방법을 설명하여라.

✔**Check Point**

주요 용어

템플릿(template)

템플릿 접두어(template prefix)

템플릿 클래스(template class)

템플릿 함수(template function)

형식 매개변수(type parameter)

요약

1. 템플릿은 함수와 클래스에서 형식을 매개변수화하는 기능을 제공한다.

2. 컴파일러에 의해 실재 유형으로 대체될 수 있는 제네릭 유형(generic type)으로 된 함수나 클래스를 정의할 수 있다.

3. 템플릿 함수에 대한 정의는 **template** 키워드로 시작하고 그 다음에 매개변수의 목록이 나온다. 각 매개변수는 다음과 같이 교체 가능한 **class** 또는 **typename** 키워드 뒤에 나와야 한다.

   <typename typeParameter> 또는
   <class typeParameter>

4. 제네릭 함수(generic function)를 정의할 때, 비제네릭 함수(non-generic function)로 시작해서 디버깅과 테스트를 한 후, 제네릭 함수로 변환하는 것이 좋다.

5. 클래스 템플릿에 대한 구문은 기본적으로 함수 템플릿의 구문과 동일하다. 함수 템플릿 앞에 템플릿 접두어(template prefix)를 두는 것처럼 클래스 정의 앞에 템플릿 접두어를 위치시키면 된다.

6. 요소가 후입선출(last-in first-out) 형식으로 처리되어야 한다면, 요소를 저장하기 위해 스택을 사용한다.

7. 배열 크기는 배열이 생성된 후에 고정된다. C++에서는 배열보다 더 유연한 **vector** 클래스를 제공한다.

8. **vector** 클래스는 제네릭 클래스이다. 실재 유형으로 객체를 생성하기 위해서 **vector** 클래스를 사용할 수 있다.

9. 단순히 배열처럼 **vector** 클래스를 사용할 수 있지만, 벡터의 크기는 필요에 따라 자동으로 증가시킬 수 있다.

퀴즈

www.cs.armstrong.edu/liang/cpp3e/quiz.html에서 온라인으로 이 장에 대한 퀴즈를 풀어 보라.

프로그래밍 실습

12.2~12.3절

12.1 (배열의 최댓값) 배열에서 최댓값 요소를 반환하는 제네릭 함수를 설계하여라. 이 함수의 매개변수는 2개여야 한다. 하나는 제네릭 유형의 배열이고, 다른 하나는 배열의 크기이다. **int**, **double**, **string** 값의 배열을 사용하여 함수를 테스트하여라.

12.2 (선형 탐색) 배열 요소에 대한 제네릭 유형을 사용하기 위하여 리스트 7.9 LinearSearch.cpp의 선형 탐색 함수를 다시 작성하여라. **int**, **double**, **string** 값의 배열을 사용

하여 함수를 테스트하여라.

12.3 (이진 탐색) 배열 요소에 대한 제네릭 유형을 사용하기 위하여 리스트 7.10 BinarySearch. cpp의 이진 탐색 함수를 다시 작성하여라. **int**, **double**, **string** 값의 배열을 사용하여 함수를 테스트하여라.

12.4 (정렬 확인) 배열 내의 요소가 정렬되어 있는지를 확인하는 다음 함수를 작성하여라.

```
template<typename T>
bool isSorted(const T list[], int size)
```

int, **double**, **string** 값의 배열을 사용하여 함수를 테스트하여라.

12.5 (값 교환) 두 변수의 값을 교환하는 제네릭 함수를 작성하여라. 함수에는 같은 유형의 두 매개변수가 존재해야 한다. **int**, **double**, **string** 값을 사용하여 함수를 테스트하여라.

12.4~12.5절

*12.6 (printStack 함수) 스택 내의 모든 요소를 화면에 출력하기 위한 인스턴스 함수로서 Stack 클래스에 **printStack** 함수를 추가하여라. Stack 클래스는 리스트 12.4 GenericStack.h에 작성되어 있다.

*12.7 (contains 함수) 스택 내에 요소가 존재하는지를 검사하기 위한 인스턴스 함수로서 Stack 클래스에 **contains(T element)** 함수를 추가하여라. Stack 클래스는 리스트 12.4 GenericStack.h에 작성되어 있다.

12.6~12.7절

12.8 (vector 클래스 구현) vector 클래스는 표준 C++ 라이브러리에서 제공되고 있지만, 실습을 위해 vector 클래스를 구현해 보아라. 표준 **vector 클래스에는 함수가 많이 포함되어 있는데, 이 실습에서는 그림 12.2의 UML 클래스 다이어그램에서 정의된 함수만 구현하도록 한다.

12.9 (벡터를 사용한 스택 클래스 구현) 리스트 12.4에서 GenericStack은 배열을 사용하여 구현되어 있다. 벡터를 사용하여 GenericStack을 구현하여라.

12.10 (Course 클래스) 리스트 11.19 CourseWithCustomCopyConstructor.h에 있는 Course 클래스를 다시 작성하여라. 학생을 저장하기 위한 배열을 **vector**로 대체 사용하여라.

12.11 (시뮬레이션: 쿠폰 수집자 문제) 배열을 표현하기 위해 **vector를 사용하여 프로그래밍 실습 7.21을 다시 작성하여라.

12.12 (기하학: 같은 선 확인) 배열을 표현하기 위해 **vector를 사용하여 프로그래밍 실습 8.16을 다시 작성하여라.

12.8절

12.13 (수식 계산) 지수(exponent) 연산자 ∧와 나머지 연산자 **%를 추가하기 위해 리스트 12.11 EvaluateExpression.cpp를 수정하여라. 예를 들어, **3 ∧ 2**는 **9**이고 **3 % 2**는 **1**이다. ∧ 연산자는 가장 높은 우선순위이며, **%** 연산자는 *와 / 연산자와 동일한 우선순위를 갖는다. 다음은 샘플 실행 결과이다.

```
Enter an expression: (5 * 2 ∧ 3 + 2 * 3 % 2) * 4  ↵Enter
(5 * 2 ∧ 3 + 2 * 3 % 2) * 4 = 160
```

*12.14 (가장 가까운 쌍) 리스트 8.3은 두 점들 중 가장 가까운 쌍을 찾는다. 이 프로그램에서는 사용자가 8개의 점을 입력하는데, 숫자 **8**은 변경할 수 없었다. 먼저 사용자가 점의 개수를 입력하고, 그 후에 사용자가 모든 점을 입력하는 프로그램으로 다시 작성하여라.

**12.15 (일치하는 기호로 그룹화) C++ 프로그램은 다음과 같이 다양한 기호 쌍의 그룹을 제공한다.

괄호 : (와)

중괄호 : {와 }

대괄호 : [와]

기호 그룹화는 중첩될 수 없다는 사실에 주의하여라. 예를 들어, **(a{b})**는 잘못된 것이다. C++ 소스-코드 파일에서 기호들이 올바르게 그룹화되었는지를 확인하는 프로그램을 작성하여라. 파일은 다음과 같은 입력 리다이렉션(input redirection) 명령을 사용하여 프로그램으로 입력된다.

Exercise12_15 < file.cpp

12.16 (후위 표기법) 후위 표기법(postfix notation)은 괄호를 사용하지 않고 수식을 작성하는 방법이다. 예를 들어, 수식 **(1 + 2) * 3은 **1 2 + 3 ***와 같이 작성할 수 있다. 후위 표기법은 스택을 사용하여 계산된다. 왼쪽에서 오른쪽으로 후위 수식(postfix expression)을 검색한다. 변수나 상수는 스택에 푸시된다. 연산자를 만나게 되면, 스택에 있는 상단의 두 피연산자에 해당 연산자를 적용하고, 두 피연산자를 계산 결과로 대체한다. 다음 다이어그램은 **1 2 + 3 ***을 어떻게 계산하는지를 보여 준다.

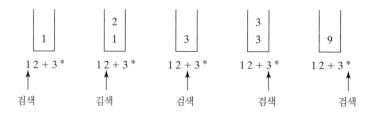

사용자가 후위 표기 수식을 입력하도록 하고 결과를 계산하는 프로그램을 작성하여라.

***12.17 (24 테스트) 사용자가 **1**과 **13** 사이의 네 숫자를 입력하고 이들 네 숫자로 **24**를 산출하는 수식을 형성할 수 있는지를 테스트하는 프로그램을 작성하여라. 수식은 임의의 조합으로 연산자(덧셈, 뺄셈, 곱셈, 나눗셈)와 괄호를 사용할 수 있다. 각 숫자는 한 번만 사용되어야 한다. 다음은 샘플 실행 결과이다.

```
Enter four numbers (between 1 and 13): 5 4 12 13 ↵Enter
The solution is 4+12+13-5
```

```
Enter four numbers (between 1 and 13): 5 6 5 12 ↵Enter
There is no solution
```

**12.18 (중위를 후위로 변환) 다음 헤더를 사용하여 중위 수식(infix expression)을 후위 수식으로 변환하는 함수를 작성하여라.

```
string infixToPostfix(const string& expression)
```

예를 들어, 함수는 중위 수식 **(1 + 2)** * **3**을 **1 2 + 3 ***로, 그리고 **2 * (1 + 3)**는 **2 1 3 + ***로 변환시켜야 한다.

***12.19 (게임: 24점 카드 게임) 24점 카드 게임은 52장의 카드(2장의 조커(Joker)는 제외)로부터 임의의 4장을 뽑는다. 각 카드는 숫자를 나타낸다. 에이스(Ace), 킹(King), 퀸(Queen), 잭(Jack)은 각각 **1, 13, 12, 11**을 나타낸다. 임의로 4장의 카드를 뽑고 사용자는 선택된 카드로부터의 4개의 숫자를 사용한 수식을 입력하도록 한다. 각 숫자는 한 번만 사용된다. 수식에서 임의의 조합으로 연산자(덧셈, 뺄셈, 곱셈, 나눗셈)와 괄호를 사용할 수 있다. 수식 계산 결과는 **24**가 되어야 한다. 만일 수식이 존재하지 않을 경우에는 **0**을 입력한다. 다음은 샘플 실행 결과이다.

```
4 of Clubs
Ace (1) of Diamonds
6 of Hearts
Jack (11) of Clubs
Enter an expression: (11 + 1 - 6) * 4 ↵Enter
Congratulations! You got it!
```

```
Ace (1) of Diamonds
5 of Diamonds
9 of Spades
Queen (12) of Hearts
Enter an expression: (13 - 9) * (1 + 5) ↵Enter
Congratulations! You got it!
```

```
6 of Clubs
5 of Clubs
Jack (11) of Clubs
5 of Spades
Enter an expression: 0  ↵Enter
Sorry, one correct expression would be (5 * 6) - (11 - 5)
```

```
6 of Clubs
5 of Clubs
Queen (12) of Clubs
5 of Spades
Enter an expression: 0  ↵Enter
Yes. No 24 points
```

**12.20 (벡터 섞기) 다음 헤더를 사용하여 벡터의 내용을 섞는 함수를 작성하여라.

template<**typename** T>
void shuffle(vector<T>& v)

벡터 내의 10개의 **int** 값을 읽고 섞인 결과를 화면에 출력하는 테스트 프로그램을 작성하여라.

**12.21 (게임: 24점 게임에 대한 미해결 비율) 프로그래밍 실습 12.19에 소개된 24점 게임에서 24점 게임에 대한 미해결 비율, 즉 '답이 없는 경우의 수/모든 가능한 4장의 카드 조합 수'를 알아내는 프로그램을 작성하여라.

*12.22 (패턴 인식: 연속적인 4개의 동일 수) 다음과 같이 벡터를 사용하여 프로그래밍 실습 7.24의 isConsecutiveFour 함수를 다시 작성하여라.

bool isConsecutiveFour(**const** vector<**int**>& values)

프로그래밍 실습 7.24와 같은 테스트 프로그램을 작성하여라. 샘플 실행 결과는 프로그래밍 실습 7.24와 같다.

**12.23 (패턴 인식: 연속적인 4개의 동일 수) 다음과 같은 벡터를 사용하여 프로그래밍 실습 8.21의 isConsecutiveFour 함수를 다시 작성하여라.

bool isConsecutiveFour(**const** vector<vector<**int**>>& values)

프로그래밍 실습 8.21과 같은 테스트 프로그램을 작성하여라.

*12.24 (대수학: 3 × 3 선형 방정식 해법) 3 × 3 선형 방정식을 풀기 위해 다음 계산을 사용할 수 있다.

$$a_{11}x + a_{12}y + a_{13}z = b_1$$
$$a_{21}x + a_{22}y + a_{23}z = b_2$$
$$a_{31}x + a_{32}y + a_{33}z = b_3$$

$$x = \frac{(a_{22}a_{33} - a_{23}a_{32})b_1 + (a_{13}a_{32} - a_{12}a_{33})b_2 + (a_{12}a_{23} - a_{13}a_{22})b_3}{|A|}$$

$$y = \frac{(a_{23}a_{31} - a_{21}a_{33})b_1 + (a_{11}a_{33} - a_{13}a_{31})b_2 + (a_{13}a_{21} - a_{11}a_{23})b_3}{|A|}$$

$$z = \frac{(a_{21}a_{32} - a_{22}a_{31})b_1 + (a_{12}a_{31} - a_{11}a_{32})b_2 + (a_{11}a_{22} - a_{12}a_{21})b_3}{|A|}$$

$$|A| = \begin{vmatrix} a_{11} & a_{12} & a_{13} \\ a_{21} & a_{22} & a_{23} \\ a_{31} & a_{32} & a_{33} \end{vmatrix} = a_{11}a_{22}a_{33} + a_{31}a_{12}a_{23} + a_{13}a_{21}a_{32}$$

$$- a_{13}a_{22}a_{31} - a_{11}a_{23}a_{32} - a_{33}a_{21}a_{12}$$

사용자가 a_{11}, a_{12}, a_{13}, a_{21}, a_{22}, a_{23}, a_{31}, a_{32}, a_{33}, b_1, b_2, b_3을 입력하고, 그 결과를 화면에 출력하는 프로그램을 작성하여라. 만일 |A|가 **0**이면, "The equation has no solution"을 출력하도록 한다.

```
Enter a11, a12, a13, a21, a22, a23, a31, a32, a33:
 1 2 1 2 3 1 4 5 3  ⏎Enter
Enter b1, b2, b3: 2 5 3  ⏎Enter
The solution is 0 3 -4
```

```
Enter a11, a12, a13, a21, a22, a23, a31, a32, a33:
 1 2 1 0.5 1 0.5 1 4 5  ⏎Enter
Enter b1, b2, b3: 2 5 3  ⏎Enter
No solution
```

**12.25 (새로운 Account 클래스) Account 클래스는 프로그래밍 실습 9.3에 명시되어 있다. 다음과 같이 Account 클래스를 수정하여라.

- 모든 계좌에 대해 이율은 동일하다고 가정한다. 따라서 **annualInterestRate** 속성은 정적이 되어야 한다.
- 계좌 주인의 이름을 저장하기 위한 **string** 유형의 새로운 데이터 필드 **name**을 추가한다.
- 지정된 이름, id, 잔액이 포함된 계좌를 생성하는 새로운 생성자를 추가한다.
- 계좌에 대한 거래 내역을 저장하는 **vector<Transaction>** 유형의 **transactions**라는 새로운 데이터 필드를 추가한다. 각 거래는 Transaction 클래스의 인스턴스이다. Transaction 클래스는 그림 12.4에 나타낸 바와 같이 정의된다.
- **transactions** 벡터에 거래 내역을 추가하기 위해 **withdraw**와 **deposit** 함수를 수정한다.
- 모든 다른 속성과 함수는 프로그래밍 실습 9.3과 동일하다.

연간 이율은 **1.5%**, 잔액 **1000**, id **1122**, 이름은 George로 Account를 생성하는 테스트 프로그램을 작성하여라. 계좌에 $30, $40, $40를 입금하고, 계좌로부터 $5,

이들 데이터 필드에 대한 get과 set 함수는 클래스에서 제공되지만, 간결하게 보이도록 UML 다이어그램에서는 생략한다.

Transaction
-date: Date
-type: char
-amount: double
-balance: double
-description: string
+Transaction(type: char, amount: double, balance: double, description: string)

거래 날짜. Date는 프로그래밍 실습 9.8에 정의되어 있다.
출금에 대해서는 'W', 입금에 대해서는 'D' 등과 같은 거래 유형

거래 금액

거래 후의 새로운 잔액

거래 내용

지정된 날짜, 유형, 잔액, 거래 내용을 포함하는 Transaction 생성

그림 12.4 Transaction 클래스는 은행 계좌에 대한 거래를 기술한다.

$4, $2를 출금한다. 계좌 주인의 이름, 이율, 잔액, 모든 거래를 보여 주는 계좌 요약 정보를 출력하여라.

*12.26 (새로운 Location 클래스) 다음과 같은 locateLargest 함수를 정의하기 위해 프로그래밍 실습 10.17을 수정하여라.

Location locateLargest(**const** vector<vector<**double**>> v);

여기서 v는 2차원 배열을 나타내는 벡터이다. 사용자가 2차원 배열의 행과 열의 수를 입력하고 배열에서 가장 큰 요소의 위치를 화면에 출력하는 테스트 프로그램을 작성하여라. 샘플 실행 결과는 프로그래밍 실습 10.17과 같다.

**12.27 (가장 큰 블록) 0 또는 1의 요소로 된 정사각형 행렬이 주어졌을 때, 모든 요소가 1인 가장 큰 정사각형 부분 행렬을 찾는 프로그램을 작성하여라. 프로그램은 사용자로부터 행렬의 행의 수를 입력받고, 그 후에 가장 큰 정사각형 부분 행렬의 첫 번째 요소의 위치와 그 부분 행렬의 행의 수를 화면에 출력해야 한다. 최대 행의 수는 100으로 가정한다. 다음은 샘플 실행 결과이다.

```
Enter the number of rows for the matrix: 5 ↵Enter
Enter the matrix row by row:
1 0 1 0 1 ↵Enter
1 1 1 0 1 ↵Enter
1 0 1 1 1 ↵Enter
1 0 1 1 1 ↵Enter
1 0 1 1 1 ↵Enter
The maximum square submatrix is at (2, 2) with size 3
```

프로그램은 가장 큰 정사각형 부분 행렬을 찾기 위해 다음 함수를 사용하여 구현되어야 한다.

vector<**int**> findLargestBlock(**const** vector<vector<**int**>>& m)

반환값은 3개의 값으로 구성된 벡터이다. 처음 2개의 값은 부분 행렬 내의 첫 번째 요소에 대한 행과 열의 인덱스이고, 세 번째 값은 부분 행렬에서의 행의 수이다.

*12.28 (가장 큰 행과 열) 벡터를 사용하여 프로그래밍 실습 8.14를 다시 작성하여라. 프로그램은 4×4 행렬 안에 임의로 0과 1을 채우고, 행렬을 출력하며, 1이 가장 많은 행과 열을 찾는다. 다음은 샘플 실행 결과이다.

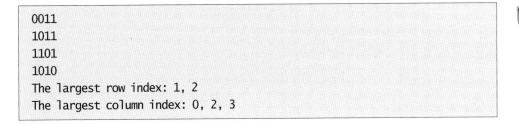

```
0011
1011
1101
1010
The largest row index: 1, 2
The largest column index: 0, 2, 3
```

12.29 (라틴 방진) 라틴 방진(Latin square)은 **n 종류의 라틴 문자로 채워진 **n** × **n** 배열이며, 각 라틴 문자는 행과 열에 오직 한 번씩만 발생한다. 사용자가 숫자 **n**과 샘플 실행 결과와 같이 문자의 배열을 입력하면 입력 배열이 라틴 방진인지를 확인하는 프로그램을 작성하여라. 문자는 **A**로부터 시작하여 **n**개까지의 문자여야 한다. 예를 들어, **n**에 대해 3을 입력하면, 입력할 수 있는 문자는 A, B, C여야 한다.

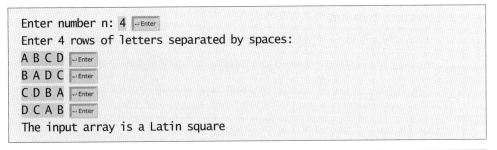

```
Enter number n: 4 ↵Enter
Enter 4 rows of letters separated by spaces:
A B C D ↵Enter
B A D C ↵Enter
C D B A ↵Enter
D C A B ↵Enter
The input array is a Latin square
```

```
Enter number n: 3 ↵Enter
Enter 3 rows of letters separated by spaces:
A F D ↵Enter
Wrong input: the letters must be from A to C
```

**12.30 (행렬 탐색) 벡터를 사용하여 프로그래밍 실습 8.7을 다시 작성하여라. 프로그램은 사용자로부터 정사각형 행렬의 길이를 입력받아 임의로 행렬에 0과 1을 채우며, 행렬을 화면에 출력하고 모든 요소가 0 또는 1인 행, 열, 대각선을 찾는다. 다음은 샘플 실행 결과이다.

```
Enter the size for the matrix: 4 ↵Enter
1111
0000
0100
1111
All 0s on row 1
All 1s on row 1, 3
No same numbers on a column
No same numbers on the major diagonal
No same numbers on the subdiagonal
```

**12.31 (교차점) 다음 헤더를 사용하여 두 벡터의 교차점을 반환하는 함수를 작성하여라.

> **template<typename** T>
> vector<T> intersect(**const** vector<T>& v1, **const** vector<T>& v2)

두 벡터의 교차점은 두 벡터 모두에 나타나는 공통 요소를 의미한다. 예를 들어, 두 벡터 {2, 3, 1, 5}와 {3, 4, 5}의 교차점은 {3, 5}이다. 사용자로부터 각각 5개의 문자열로 된 두 벡터를 입력받고, 두 벡터의 교차점을 화면에 출력하는 테스트 프로그램을 작성하여라. 다음은 샘플 실행 결과이다.

```
Enter five strings for vector1:
  Atlanta Dallas Chicago Boston Denver  ⏎Enter
Enter five strings for vector2:
  Dallas Tampa Miami Boston Richmond  ⏎Enter
The common strings are Dallas Boston
```

**12.32 (중복 제거) 다음 헤더를 사용하여 벡터로부터 중복 요소를 제거하는 함수를 작성하여라.

> **template<typename** T>
> void removeDuplicate(vector<T>& v)

사용자로부터 벡터로 10개의 정수를 입력받고, 중복 요소가 제거된 정수를 화면에 출력하는 테스트 프로그램을 작성하여라. 다음은 실행 결과의 예이다.

```
Enter ten integers: 34 5 3 5 6 4 33 2 2 4  ⏎Enter
The distinct integers are 34 5 3 6 4 33 2
```

*12.33 (다각형 면적) 사용자가 볼록 다각형의 점의 개수를 입력한 다음, 시계 방향으로 점의 좌표를 입력하여 다각형의 면적을 화면에 출력하도록 프로그래밍 실습 7.29를 다시 수정하여라. 다음은 프로그램의 샘플 실행 결과이다.

```
Enter the number of the points: 7  ⏎Enter
Enter the coordinates of the points:
 -12 0 -8.5 10 0 11.4 5.5 7.8 6 -5.5 0 -7 -3.5 -3.5  ⏎Enter
The total area is 250.075
```

12.34 (뺄셈 퀴즈) 만일 같은 답이 다시 입력되는 경우, 사용자에게 경고를 주기 위해 리스트 5.1 RepeatSubtractionQuiz.cpp를 다시 수정하여라. 힌트: 벡터를 사용하여 답을 저장한다. 다음은 샘플 실행 결과이다.

```
What is 4 - 3? 4  ⏎Enter
Wrong answer. Try again. What is 4 - 3? 5  ⏎Enter
Wrong answer. Try again. What is 4 - 3? 4  ⏎Enter
You already entered 4
Wrong answer. Try again. What is 4 - 3? 1  ⏎Enter
You got it!
```

**12.35 (대수학: 완전 제곱) 사용자가 정수 m을 입력하고 m * n이 완전 제곱이 되는 가장 작은
정수 n을 찾는 프로그램을 작성하여라. (힌트: 벡터로 m의 가장 작은 모든 인수를 저
장한다. n은 벡터에서 홀수 번 나오는 인수들의 곱이다. 예를 들어, m = 90이면 벡터
에 인수 2, 3, 3, 5를 저장한다. 저장된 인수 중 홀수 번 나오는 인수는 2와 5이다. 따
라서 n은 10(=2×5)이 된다.) 다음은 샘플 실행 결과이다.

```
Enter an integer m: 1500  ↵Enter
The smallest number n for m * n to be a perfect square is 15
m * n is 22500
```

```
Enter an integer m: 63  ↵Enter
The smallest number n for m * n to be a perfect square is 7
m * n is 441
```

***12.36 (게임: 커넥트 포) 벡터를 사용하여 프로그래밍 실습 8.22의 커넥트 포(Connect
Four) 게임을 다시 작성하여라.

파일 입력과 출력

이 장의 목표

- 출력에 **ofstream**(13.2.1절) 사용과 입력에 **ifstream**(13.2.2절) 사용
- 파일의 존재 여부 테스트(13.2.3절)
- 파일의 끝 테스트(13.2.4절)
- 사용자 파일 이름 입력(13.2.5절)
- 원하는 형식으로 데이터 쓰기(13.3절)
- **getline**, **get**, **put** 함수를 사용하여 데이터 읽고 쓰기(13.4절)
- **fstream** 객체를 사용하여 데이터 읽고 쓰기(13.5절)
- 지정된 형식으로 파일 열기(13.5절)
- 스트림 상태를 테스트하기 위해 **eof()**, **fail()**, **bad()**, **good()** 함수 사용(13.6절)
- 텍스트 입출력과 이진 입출력의 차이점 이해(13.7절)
- **write** 함수를 사용한 이진 데이터 쓰기(13.7.1절)
- **read** 함수를 사용한 이진 데이터 읽기(13.7.2절)
- **reinterpret_cast** 연산자를 사용하여 원시 유형 값과 객체를 바이트 배열로 형변환(13.7절)
- 배열과 객체 읽고 쓰기(13.7.3~13.7.4절)
- 임의 파일 접근을 위해서 파일 포인터 이동에 **seekp**와 **seekg** 함수 사용(13.8절)
- 파일 내용 갱신을 위해 입력과 출력 상태로 파일 열기(13.9절)

13.1 들어가기

Key Point

ifstream, ofstream, fstream 클래스에 있는 함수를 사용하여 파일로부터 데이터를 읽고 파일로 데이터를 쓸 수 있다.

변수나 배열, 객체에 저장된 데이터는 일시적인 데이터로서 프로그램이 종료되면 모두 사라지게 된다. 프로그램 안에서 생성된 데이터를 영구히 저장하기 위해서는 디스크와 같은 영구적 저장 매체에 파일로 저장해야 한다. 파일은 다른 사람에게 전달될 수 있고, 다른 프로그램에 의해 나중에 판독될 수도 있다. 4.11절 "간단한 파일 입출력"에서 숫자 값이 포함된 간단한 텍스트 입출력을 설명했는데, 이 장에서는 좀 더 세부적인 입출력에 대해 설명하고자 한다.

C++에서는 파일을 처리하고 다루기 위해 **ifstream**, **ofstream**, **fstream** 클래스가 제공된다. 이들 클래스는 모두 **<fstream>** 헤더 파일에 정의되어 있으며, 파일로부터 데이터를 읽기 위해서는 **ifstream** 클래스, 파일에 데이터를 쓰기 위해서는 **ofstream** 클래스, 파일 내의 데이터를 읽고 쓰기 위해서는 **fstream** 클래스를 사용할 수 있다.

C++에서는 데이터의 흐름을 설명하기 위해 **스트림**(stream)이라는 용어를 사용한다. 만일 데이터가 프로그램 쪽으로 흐르면 **입력 스트림**(input stream)이라 하고, 데이터가 프로그램으로부터 흘러나오면 **출력 스트림**(output stream)이라고 한다. C++에서는 데이터의 스트림을 읽거나 쓰기 위해서 객체를 사용한다. 편의상 입력 객체를 입력 스트림이라 하고, 출력 객체를 출력 스트림이라 한다.

입력 스트림
출력 스트림

이미 앞서의 프로그램에서 입력 스트림과 출력 스트림을 사용했었다. **cin**(console input)은 키보드로부터 입력을 읽기 위해 미리 정의된 객체이고, **cout**(console output)은 콘솔(console)에 문자를 출력하기 위해 미리 정의된 객체이다. 이들 두 객체는 **<iostream>** 헤더 파일 내에 정의되어 있다. 이 장에서는 파일로부터 데이터를 읽고, 파일로 데이터를 쓰는 방법을 배우게 될 것이다.

cin 스트림
cout 스트림

13.2 텍스트 입출력

Key Point

텍스트 파일의 데이터는 텍스트 편집기로 읽을 수 있다.

이 절에서는 간단한 텍스트의 입력과 출력을 수행하는 방법을 설명한다.

절대 경로 파일 이름

모든 파일은 파일 시스템 내의 디렉터리(directory)에 존재한다. 절대 경로 파일 이름(absolute file name)에는 드라이브 문자와 파일의 완전한 경로가 파일 이름에 포함되어 있다. 예를 들어, **c:\example\scores.txt**는 윈도우(Windows) 운영체제에서 **score.txt** 파일에 대한 절대 경로 파일 이름이 된다. 여기서 **c:\example**은 파일에 대한 디렉터리 경로(directory path)를 의미한다. 절대 경로 파일 이름은 기계에 의존적이다. 유닉스(UNIX) 운영체제에서 절대 경로 파일 이름은 **/home/liang/example/scores.txt**가 되며, 여기서 **/home/liang/example**은 **scores.txt** 파일에 대한 디렉터리 경로이다.

디렉터리 경로

상대 경로 파일 이름

상대 경로 파일 이름(relative file name)은 파일의 현재 작업 디렉터리에 상대적이다. 상대 경로 파일 이름에 대한 완전한 디렉터리 경로는 생략된다. 예를 들어, **scores.txt**는 상대 경로 파일 이름이다. 만일 이 파일의 현재 작업 디렉터리가 **c:\example**인 경우, 절대 경로 파일 이름은 c:\example\scores.txt가 될 것이다.

13.2.1 파일로 데이터 쓰기

ofstream 클래스는 텍스트 파일로 원시 데이터 유형 값, 배열, 문자열, 객체를 쓰는 데 사용된다. 리스트 13.1은 데이터를 쓰는 방법을 설명하고 있다. 프로그램은 **ofstream**의 인스턴스를 생성하고 **scores.txt** 파일에 두 줄을 쓴다. 각 줄은 이름(문자열), 중간 이름 머리글자(initial)(문자), 성(문자열), 점수(정수)로 이루어져 있다.

리스트 13.1 TextFileOutput.cpp

```cpp
 1  #include <iostream>
 2  #include <fstream>                                    // fstream 헤더 포함
 3  using namespace std;
 4
 5  int main()
 6  {
 7    ofstream output;                                    // 객체 선언
 8
 9    // 파일 생성
10    output.open("scores.txt");                          // 파일 열기
11
12    // 두 줄 쓰기
13    output << "John" << " " << "T" << " " << "Smith"     // 파일로 출력
14      << " " << 90 << endl;
15    output << "Eric" << " " << "K" << " " << "Jones"
16      << " " << 85 << endl;
17
18    output.close();                                     // 파일 닫기
19
20    cout << "Done" << endl;
21
22    return 0;
23  }
```

```
scores.txt

John T Smith 90
Eric K Jones 85
```

ofstream 클래스는 **fstream** 헤더 파일에 정의되어 있으므로 2번 줄에서 이 헤더 파일을 포함시켰다. *`<fstream>` 헤더 포함*

7번 줄은 인수 없는 생성자를 사용하여 **ofstream** 클래스로부터 객체 **output**을 생성한다. *객체 생성*

10번 줄은 **output** 객체를 위해 scores.txt 파일을 연다. 만약 그 파일이 존재하지 않으면 새로운 파일이 생성되고, 파일이 이미 존재하고 있다면 경고 없이 기존 파일의 내용이 지워진다. *파일 열기*

cout 객체로 데이터를 보내는 것과 마찬가지 방법으로 스트림 삽입 연산자(stream insertion operator, <<)를 사용하여 **output** 객체에 데이터를 쓸 수 있다. 13번~16번 줄은 그림 13.1과 같이 **output**에 문자열과 숫자 값을 쓴다. *cout*

close() 함수(18번 줄)는 객체에 대한 스트림을 닫는 데 사용되는데, 만약 이 함수가 호출되지 않는다면 데이터가 파일에 적절하게 저장되지 못할 수도 있다. *파일 닫기*

다음 생성자를 사용하여 출력 스트림을 열 수 있다. *대체 구문*

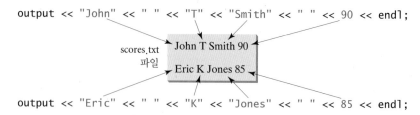

```
output << "John" << " " << "T" << "Smith" << " " << 90 << endl;
```

scores.txt
파일

John T Smith 90

Eric K Jones 85

```
output << "Eric" << " " << "K" << "Jones" << " " << 85 << endl;
```

그림 13.1 출력 스트림은 파일로 데이터를 보낸다.

```
ofstream output("scores.txt");
```

이 문장은 다음과 동일하다.

```
ofstream output;
output.open("scores.txt");
```

파일이 존재하는가?

경고

만약 파일이 이미 존재한다면, 파일 내용이 경고 없이 지워진다.

파일 이름 속 \

경고

윈도우(Windows)에서 디렉터리 구분자는 역슬래시(backslash)[1](\ 또는 ₩)이다. 역슬래시는 특별한 이스케이프 문자(escape character)이고, 문자열 리터럴(literal)에서는 \\로 작성되어야 한다 (표 4.5 참조). 예를 들어, 다음과 같이 사용한다.

```
output.open("c:\\example\\scores.txt");
```

상대 경로 파일 이름

주의

절대 경로 파일 이름은 플랫폼(platform)에 의존적이라서 드라이브 문자가 없는 **상대 경로 파일 이름**(relative file name)을 사용하는 것이 더 좋다. C++를 실행하기 위해서 통합 IDE를 사용 중이라면 상대 경로 파일 이름의 디렉터리는 IDE 안에서 지정이 가능하다. 예를 들어, 데이터 파일에 대한 기본 디렉터리는 Visual C++에서 소스 코드가 존재하는 디렉터리와 같은 디렉터리가 된다.

13.2.2 파일로부터 데이터 읽기

ifstream 클래스는 텍스트 파일로부터 데이터를 읽기 위해 사용된다. 리스트 13.2는 데이터를 읽는 방법을 설명하고 있다. 프로그램은 **ifstream**의 인스턴스를 생성하고, scores.txt 파일로부터 데이터를 읽는다. scores.txt 파일은 이전 예제에서 생성되었다.

리스트 13.2 TextFileInput.cpp

fstream 헤더 포함

입력 객체

```
1  #include <iostream>
2  #include <fstream>
3  #include <string>
4  using namespace std;
5
6  int main()
7  {
8      ifstream input("scores.txt");
9
```

---

1) 역주: 사용하는 컴퓨터의 OS가 한글판(예를 들어, 한글 윈도우 8)인 경우 역슬래시(\)가 ₩로 표시된다.

```
10      // 데이터 읽기
11      string firstName;
12      char mi;
13      string lastName;
14      int score;
15      input >> firstName >> mi >> lastName >> score;
16      cout << firstName << " " << mi << " " << lastName << " "
17        << score << endl;
18
19      input >> firstName >> mi >> lastName >> score;
20      cout << firstName << " " << mi << " " << lastName << " "
21        << score << endl;
22
23      input.close();
24
25      cout << "Done" << endl;
26
27      return 0;
28    }
```

파일로부터 입력

파일로부터 입력

파일 닫기

```
John T Smith 90
Eric K Jones 85
Done
```

ifstream 클래스는 **fstream** 헤더 파일에 정의되어 있으므로 2번 줄에서 이 헤더 파일을 포함하였다.

8번 줄은 scores.txt 파일을 위해 **ifstream** 클래스로부터 객체 **input**을 생성한다.

cin 객체로부터 데이터를 읽는 것과 같은 방법으로 스트림 추출 연산자(stream extraction operator, >>)를 사용하여 **input** 객체로부터 데이터를 읽을 수 있다. 15번과 19번 줄은 그림 13.2에서 보는 바와 같이 입력 파일로부터 문자열과 숫자 값을 읽는다.

close() 함수(23번 줄)는 객체에 대한 스트림을 닫는 데 사용된다. 입력 파일을 꼭 닫아야 하는 것은 아니지만 파일에 의해 점유된 리소스를 해제하기 위해 close를 사용하는 것은 좋은 프로그래밍 습관이다.

다음 생성자를 사용하여 입력 스트림을 열 수 있다.

```
ifstream input("scores.txt");
```

다음은 동일한 문장이다.

```
ifstream input;
```

<fstream> 헤더 포함

cin

파일 닫기

대체 구문

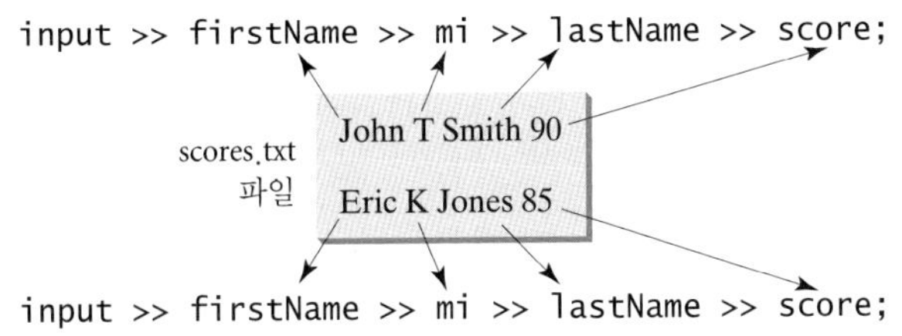

그림 13.2 입력 스트림은 파일로부터 데이터를 읽는다.

```
input.open("scores.txt");
```

데이터 포맷 형식 알기

 경고

데이터를 올바르게 읽기 위해서는 데이터가 어떻게 저장되어 있는지를 정확히 알아야 한다. 예를 들어, 소수점을 갖는 **double** 값으로 된 점수가 파일에 포함되어 있다면, 리스트 13.2의 프로그램은 제대로 동작하지 않는다.

13.2.3 파일 존재 여부 테스트

파일이 존재하지 않으면?

만약 파일을 읽을 때 그 파일이 존재하지 않는다면, 프로그램 실행 후 잘못된 결과가 나타날 것이다. 그렇다면 파일이 존재하고 있는지 여부를 프로그램에서 어떻게 검사할 수 있을까? 이는 **open** 함수를 호출한 후 즉시 **fail()** 함수를 호출함으로써 가능하다. **fail()**이 참(true)을 반환하면 파일이 존재하지 않음을 의미한다.

파일 연산 확인

```
1   // 파일 열기
2   input.open("scores.txt");
3
4   if (input.fail())
5   {
6     cout << "File does not exist" << endl;
7     cout << "Exit program" << endl;
8
9     return 0;
10  }
```

13.2.4 파일의 끝 테스트

eof 함수

리스트 13.2는 데이터 파일로부터 두 줄을 읽는다. 파일 안에 얼마나 많은 줄이 있는지 모르는 상태에서 파일 안의 모든 데이터를 읽고자 할 때, 파일의 끝을 어떻게 알 수 있을까? 이는 리스트 5.6 ReadAllData.cpp에서 설명한 바와 같이, 파일의 끝을 검출하기 위해 입력 객체에 대하여 **eof()** 함수를 호출하면 가능하다. 그러나 만약 마지막 숫자 후에 여분의 공백(blank) 문자가 있다면, 이 프로그램은 동작하지 않을 것이다. 이 문제를 이해하기 위하여 그림 13.3에 표시된 숫자가 포함된 파일을 살펴보자. 파일에는 마지막 숫자 후에 여분의 공백 문자가 존재한다.

9	5	.	5	6		7	0	.	2		1	.	5	5	\n

1	2		3	.	3		1	2	.	9		8	5	.	6	

공백 문자

그림 13.3 파일에는 공백(space)에 의해 분리된 숫자가 포함되어 있다.

만일 모든 데이터를 읽고 합을 더하는 다음 코드를 사용한다면, 마지막 숫자는 두 번 더해지게 될 것이다.

```
ifstream input("score.txt");

double sum = 0;
```

```
  double number;
  while (!input.eof()) // 파일의 끝이 아니면 계속 실행
  {
    input >> number; // 데이터 읽기
    cout << number << " "; // 데이터를 화면에 출력
    sum += number;
  }
```

그 이유는 마지막 숫자 **85.6**을 읽을 때, 마지막 숫자 후에 공백 문자가 있으므로 파일 시스템이 그 숫자가 마지막 숫자임을 인식하지 못하기 때문이다. 따라서 **eof()** 함수는 **false**를 반환한다. 프로그램이 다시 숫자를 읽었을 때 **eof()** 함수는 **true**를 반환하지만, 파일로부터 읽은 것이 아무것도 없기 때문에 **number** 변수는 변경되지 않는다. 즉, **number** 변수는 계속해서 **85.6**의 값을 유지하고 있으며, 이 값이 다시 **sum**에 더해지게 된다.

이 문제를 해결하는 데는 두 가지 방법이 있다. 하나는 숫자를 읽은 후에 곧바로 **eof()** 함수를 확인하는 것이다. 만일 **eof()** 함수가 **true**를 반환하면, 다음 코드에서와 같이 반복문이 종료된다.

```
  ifstream input("score.txt");

  double sum = 0;
  double number;
  while (!input.eof()) // 파일의 끝이 아니면 계속 실행
  {
    input >> number; // 데이터 읽기
    if (input.eof()) break;
    cout << number << " "; // 데이터를 화면에 출력
    sum += number;
  }
```

문제 해결의 다른 방법은 다음과 같이 코드를 작성하는 것이다.

```
  while (input >> number) // 실패가 될 때까지 계속 데이터 읽기
  {
    cout << number << " "; // 데이터를 화면에 출력
    sum += number;
  }
```

input >> number 문장은 실제로 연산자 함수를 호출한다. 연산자 함수는 14장에서 소개할 것이다. 이 함수는 숫자가 읽혀지면 객체를 반환하고 그렇지 않으면 **NULL**을 반환한다. **NULL**은 상수 값 0이다. **NULL** 값이 반복문이나 선택문에서 조건으로 사용될 때, C++는 **NULL**을 부울 값 **false**로 자동 형변환 한다. 만약 입력 스트림으로부터 읽을 숫자가 없다면, **input >> number**는 **NULL**을 반환하고 반복문은 종료된다.

리스트 13.3은 파일로부터 숫자를 읽고 그 합을 화면에 출력하는 프로그램이다.

리스트 13.3 TestEndOfFile.cpp

```
1  #include <iostream>
2  #include <fstream>
3  using namespace std;
```

fstream 헤더 포함

```
4
5    int main()
6    {
7      // 파일 열기
8      ifstream input("score.txt");
9
10     if (input.fail())
11     {
12       cout << "File does not exist" << endl;
13       cout << "Exit program" << endl;
14       return 0;
15     }
16
17     double sum = 0;
18     double number;
19     while (input >> number) // 파일의 끝이 아니면 계속 실행
20     {
21       cout << number << " "; // 데이터를 화면에 출력
22       sum += number;
23     }
24
25     input.close();
26
27     cout << "\nSum is " << sum << endl;
28
29     return 0;
30   }
```

입력 객체 생성 (line 8)
파일이 존재하는가? (line 10)
파일의 끝? (line 19)
파일 닫기 (line 25)
데이터 화면 출력 (line 27)

```
95.5 6 70.2 1.55 12 3.3 12.9 85.6
Total is 287.05
```

프로그램은 반복문에서 데이터를 읽는다(19번~23번 줄). 반복문의 각 반복은 한 개의 숫자를 읽고, 그 숫자를 sum에 더한다. 입력이 파일의 끝에 도달할 때, 반복문은 종료된다.

13.2.5 사용자의 파일 이름 입력

이전의 예제에서 파일 이름은 프로그램 안에서 정해진 채로 기록된 문자열 리터럴이다. 많은 경우에 프로그램 실행 시 파일 이름을 입력하고자 할 때가 있다. 리스트 13.4는 사용자가 파일 이름을 입력하고 파일의 존재 여부를 확인하는 예이다.

리스트 13.4 CheckFile.cpp

```
1    #include <iostream>
2    #include <fstream>
3    #include <string>
4    using namespace std;
5
6    int main()
7    {
8      string filename;
9      cout << "Enter a file name: ";
```

fstream 헤더 포함 (line 2)
string 헤더 포함 (line 3)
입력 객체 생성 (line 8)

```
10    cin >> filename;
11
12    ifstream input(filename.c_str());
13
14    if (input.fail())
15      cout << filename << " does not exist" << endl;
16    else
17      cout << filename << " exists" << endl;
18
19    return 0;
20  }
```

파일 입력

파일이 존재하는가?

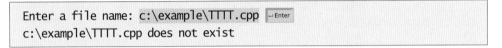

Enter a file name: c:\example\Welcome.cpp ↵ Enter
c:\example\Welcome.cpp exists

Enter a file name: c:\example\TTTT.cpp ↵ Enter
c:\example\TTTT.cpp does not exist

프로그램에서 사용자는 파일 이름을 문자열로 입력한다(10번 줄). 그러나 입출력 스트림 생성자 또는 **open** 함수로 전달되는 파일 이름은 표준 C++에서 C-문자열이어야 한다. 그러므로 **string** 객체로부터 C-문자열을 반환하기 위해 **string** 클래스의 **c_str()** 함수가 호출된다(12번 줄).

주의

Visual C++와 같은 몇몇 컴파일러에서는 입출력 스트림 생성자 또는 **open** 함수에 **string**으로 파일 이름을 전달할 수 있도록 허용한다. 작성한 프로그램이 모든 C++ 컴파일러에서 동작하도록 하려면, C-문자열로 파일 이름을 전달하여야 한다.

13.1 출력을 위한 선언과 파일 열기는 어떻게 하는가? 입력을 위한 선언과 파일 열기는 어떻게 하는가?

13.2 파일을 처리한 후에, 파일을 항상 닫아야 하는 이유는 무엇인가?

13.3 파일의 존재 여부를 어떻게 검사하는가?

13.4 파일의 끝에 도달했는지를 어떻게 검사하는가?

13.5 입출력 스트림 객체를 생성하기 위해서 **open** 함수에 문자열 또는 C-문자열로 파일 이름을 전달해야 하는가?

✓ **Check Point**

13.3 출력 형식 지정

스트림 조정자는 콘솔 출력뿐만 아니라 파일 출력의 형식을 지정하는 데도 사용될 수 있다.

🔑 **Key Point**

4.10절 "콘솔 출력 형식"에서 콘솔의 출력 형식을 지정하기 위해 스트림 조정자(stream manipulator)를 사용했었다. 파일의 출력 형식 지정에도 같은 스트림 조정자를 사용할 수 있다. 리스트 13.5는 **formattedscores.txt** 파일에서 학생 점수의 형식을 지정하는 예이다.

리스트 13.5 WriteFormattedData.cpp

iomanip 헤더 포함

fstream 헤더 포함

객체 선언

형식을 가진 출력

형식을 가진 출력

파일 닫기

```cpp
 1  #include <iostream>
 2  #include <iomanip>
 3  #include <fstream>
 4  using namespace std;
 5
 6  int main()
 7  {
 8    ofstream output;
 9
10    // 파일 생성
11    output.open("formattedscores.txt");
12
13    // 두 줄 쓰기
14    output << setw(6) << "John" << setw(2) << "T" << setw(6) << "Smith"
15      << " " << setw(4) << 90 << endl;
16    output << setw(6) << "Eric" << setw(2) << "K" << setw(6) << "Jones"
17      << " " << setw(4) << 85;
18
19    output.close();
20
21    cout << "Done" << endl;
22
23    return 0;
24  }
```

파일의 내용은 다음과 같다.

	J	o	h	n			T		S	m	i	t	h				9	0	\n

	E	r	i	c			K		J	o	n	e	s				8	5

13.6 텍스트 출력의 형식 지정을 위해 스트림 조정자를 사용할 수 있는가?

13.4 `getline, get, put` 함수

`getline` 함수는 공백 문자를 포함한 문자열을 읽는 데 사용될 수 있고, `get/put` 함수는 단일 문자를 읽거나 쓰는 데 사용될 수 있다.

스트림 추출 연산자(stream extraction operator, >>)를 사용하여 데이터를 읽을 때 문제가 하나 있다. 데이터가 공백(whitespace)으로 구분되어 있는 경우, 공백 문자가 문자열의 일부분이라면 어떻게 될까? 4.8.4절 "문자열 입력"에서 공백이 있는 문자열을 읽기 위한 `getline` 함수의 사용 방법을 배웠다. 파일에서 이러한 문자열을 읽기 위해서도 이 함수를 사용할 수 있다. `getline` 함수에 대한 구문을 다시 쓰면 다음과 같다.

```
getline(ifstream& input, int string s, char delimitChar)
```

이 함수는 구분 문자(delimit character)나 파일의 끝(end-of-file) 표시를 만나면, 문자 읽기를 멈춘다. 구분 문자를 만난다면, 읽기는 하지만 배열에 저장되지는 않는다. 세 번째 인수 `delimitChar`의 기본 값은 `'\n'`이다. `getline` 함수는 `iostream` 헤더 파일에 정의되어 있다.

getline

\# 기호로 구분된 미국의 주 이름을 포함한 **state.txt** 파일이 생성되어 있다고 하자. 다음 그림은 파일의 내용을 보여 주고 있다.

N	e	w		Y	o	r	k	#	N	e	w		M	e	x	i	c	o

#	T	e	x	a	s	#	I	n	d	i	a	n	a

리스트 13.6은 이 파일로부터 주 이름을 읽는 프로그램이다.

리스트 13.6 ReadState.cpp

```cpp
1   #include <iostream>
2   #include <fstream>                              // fstream 헤더 포함
3   #include <string>
4   using namespace std;
5
6   int main()
7   {
8     // 파일 열기
9     ifstream input("state.txt");                  // 객체 입력
10
11    if (input.fail())                             // 입력 파일이 존재하는가?
12    {
13      cout << "File does not exist" << endl;
14      cout << "Exit program" << endl;
15      return 0;
16    }
17
18    // 데이터 읽기
19    string state;                                 // 주 문자열
20
21    while (!input.eof()) // 파일의 끝이 아니면 계속 실행    // 파일의 끝?
22    {
23      getline(input, state, '#');                 // 파일로부터 입력
24      cout << state << endl;                      // 데이터 화면 출력
25    }
26
27    input.close();                                // 파일 닫기
28
29    cout << "Done" << endl;
30
31    return 0;
32  }
```

```
New York
New Mexico
Texas
Indiana
Done
```

getline(input, state, '#') 호출(23번 줄)은 # 문자를 만나거나 파일의 끝에 도달할 때까지 문자열 **state**로 문자를 읽어 들인다.

두 가지 다른 유용한 함수로 **get**과 **put**이 있다. 입력 객체로 문자를 읽기 위해서는 **get** 함수를 호출하고, 출력 객체로 문자를 쓰기 위해서는 **put** 함수를 호출한다.

get 함수   **get** 함수의 사용 방법에는 두 가지가 있다.

char get() // char를 반환
ifstream* get(**char& ch**) // ch로 문자를 읽는다.

첫 번째는 입력으로부터 하나의 문자를 반환한다. 두 번째는 문자 참조 인수를 전달하여 입력으로부터 하나의 문자를 읽어 **ch**에 저장한다. 이 함수는 또한 사용된 입력 객체로 참조를 반환한다.

put 함수   **put** 함수에 대한 헤더는 다음과 같다.

void put(**char** ch)

이는 지정된 문자를 출력 객체로 써 넣는다.

리스트 13.7은 이들 두 함수를 사용하는 예이다. 프로그램은 사용자가 파일을 입력하고 그것을 새로운 파일로 복사한다.

리스트 13.7 CopyFile.cpp

```
1   #include <iostream>
2   #include <fstream>
3   #include <string>
4   using namespace std;
5
6   int main()
7   {
8     // 소스 파일 입력
9     cout << "Enter a source file name: ";
10    string inputFilename;
11    cin >> inputFilename;
12
13    // 출력 파일 입력
14    cout << "Enter a target file name: ";
15    string outputFilename;
16    cin >> outputFilename;
17
18    // 입력과 출력 스트림 생성
19    ifstream input(inputFilename.c_str());
20    ofstream output(outputFilename.c_str());
21
22    if (input.fail())
23    {
24      cout << inputFilename << " does not exist" << endl;
25      cout << "Exit program" << endl;
26      return 0;
27    }
28
```

fstream 함수 포함 (2번 줄)

입력 파일 이름 입력 (11번 줄)

출력 파일 이름 입력 (16번 줄)

입력 객체 (19번 줄)
출력 객체 (20번 줄)

파일이 존재하는가? (22번 줄)

```
29      char ch = input.get();
30      while (!input.eof()) // 파일의 끝이 아니면 계속 실행            파일의 끝?
31      {
32        output.put(ch);                                        put 함수
33        ch = input.get(); // 다음 문자 읽기                       get 함수
34      }
35
36      input.close();                                           파일 닫기
37      output.close();                                          파일 닫기
38
39      cout << "\nCopy Done" << endl;
40
41      return 0;
42  }
```

```
Enter a source file name: c:\example\CopyFile.cpp ↵Enter
Enter a target file name: c:\example\temp.txt ↵Enter
Copy Done
```

프로그램은 11번 줄에서 소스 파일 이름과 16번 줄에서 출력 파일 이름을 사용자가 입력하도록 하고 있다. **inputFilename**에 대한 입력 객체는 19번 줄에서 생성되고 **outputFilename**에 대한 출력 객체는 20번 줄에서 생성된다. 파일 이름은 C-문자열이어야 하며, **inputFilename.c_str()**는 **inputFilename** 문자열로부터 C-문자열을 반환한다.

22번~27번 줄은 입력 파일이 존재하는지를 점검하며, 30번~34번 줄은 **get** 함수를 사용하여 한 번에 하나씩 반복적으로 문자를 읽고 **put** 함수를 사용하여 출력 파일에 그 문자를 쓴다.

29번~34번 줄을 다음 코드로 대체해 보자.

```
while (!input.eof()) // 파일의 끝이 아니면 계속 실행
{
  output.put(input.get());
}
```

어떤 일이 발생하겠는가? 만일 이 새로운 코드로 대체된 프로그램을 실행한다면, 새로운 파일이 원래의 파일보다 1바이트 더 커지는 것을 볼 수 있을 것이다. 새로운 파일에는 끝에 여분의 쓰레기(garbage) 문자가 포함되는데, 그 이유는 **input.get()**을 사용하여 입력 파일로부터 마지막 문자를 읽을 때, **input.eof()**가 여전히 **false**이기 때문이다. 그 후에 프로그램은 또 다른 문자 읽기를 시도하고, **input.eof()**는 **true**가 되지만, 그때는 이미 여분의 쓰레기 문자가 출력 파일로 전달된 상태가 된다.

리스트 13.7의 원래의 코드에서는 문자를 읽고(29번 줄), **eof()**를 점검(30번 줄)한다. 만일 **eof()**가 **true**이면, 문자를 **output**에 전달하지 않고, 그렇지 않으면 문자는 복사된다(32번 줄). 이 과정은 **eof()**가 **true**를 반환할 때까지 계속된다.

13.7　**getline**과 **get** 함수의 차이점은 무엇인가?

13.8　문자를 쓰는 데 어떤 함수를 사용할 수 있는가?

✔**Check Point**

13.5 **fstream**과 파일 열기 모드

파일 열기 모드

입력과 출력 모두를 위한 파일 객체 생성에 **fstream**을 사용할 수 있다.

앞 절에서 데이터를 쓰기 위해서는 **ofstream**을, 데이터를 읽기 위해서는 **ifstream**을 사용하였다. 이외에도 입력이나 출력 스트림을 생성하기 위해 **fstream** 클래스를 사용할 수 있다. 만약 프로그램이 입력과 출력 모두에 대해 같은 스트림 객체를 사용해야 한다면, **fstream**을 사용하는 것이 편리하다. **fstream** 파일을 열기 위해서는 파일이 어떻게 사용될 것인지를 C++에게 알려 주는 파일 열기 모드(file open mode)를 지정해야 한다. 파일 모드 목록이 표 13.1에 나타나 있다.

표 13.1 파일 모드

모드	설명
ios::in	입력을 위한 파일 열기
ios::out	출력을 위한 파일 열기
ios::app	모든 출력을 파일의 끝에 추가
ios::ate	출력을 위한 파일 열기. 만약 파일이 이미 존재하면, 파일의 끝으로 이동. 데이터는 파일의 아무 곳이나 쓰기가 가능
ios::trunc	파일 이미 존재하면, 파일의 내용을 버림. (이는 **ios::out**에 대해 기본 동작임)
ios::binary	이진 입력과 출력을 위한 파일 열기

주의

일부 파일 모드는 파일을 열기 위해서 **ifstream**이나 **ofstream** 객체와 함께 사용될 수도 있다. 예를 들어, 파일에 데이터를 추가하기 위해 **ofstream** 객체로 파일을 열도록 **ios::app** 모드를 사용할 수 있다. 그러나 일관성을 유지하고 단순 작업을 위해 **fstream** 객체로 파일 모드를 사용하는 것이 더 좋다.

주의

모드 결합

몇 가지 모드는 비트 OR 연산자인 **|**와 함께 결합될 수 있다. 비트 연산자에 대한 자세한 사항은 부록 E를 참조하기 바란다. 예를 들어, 데이터를 추가할 수 있도록 city.txt라는 출력 파일을 열기 위해서 다음 문장을 사용할 수 있다.

```
stream.open("city.txt", ios::out | ios::app);
```

　리스트 13.8의 프로그램은 **city.txt**라는 새로운 파일을 생성(11번 줄)하고 파일에 데이터를 쓴다. 그 다음, 프로그램은 파일을 닫고, 파일이 덮어쓰기가 되지 않고 새로운 데이터를 추가하기 위해 파일을 다시 연다(19번 줄). 마지막으로 프로그램은 파일로부터 모든 데이터를 읽는다.

리스트 13.8 AppendFile.cpp

fstream 헤더 포함

```
1   #include <iostream>
2   #include <fstream>
3   #include <string>
4   using namespace std;
5
6   int main()
7   {
```

```
 8      fstream inout;                                                    fstream 객체
 9
10      // 파일 생성
11      inout.open("city.txt", ios::out);                                출력 파일 열기
12
13      // 도시 쓰기
14      inout << "Dallas" << " " << "Houston" << " " << "Atlanta" << " "; 데이터 쓰기
15
16      inout.close();                                                    스트림 닫기
17
18      // 파일에 추가
19      inout.open("city.txt", ios::out | ios::app);                      추가하기 위한 출력 파일 열기
20
21      // 도시 쓰기
22      inout << "Savannah" << " " << "Austin" << " " << "Chicago";        데이터 쓰기
23
24      inout.close();                                                    스트림 닫기
25
26      string city;
27
28      // 파일 열기
29      inout.open("city.txt", ios::in);                                  입력을 위한 열기
30      while (!inout.eof()) // 파일의 끝이 아니면 계속 실행                   파일의 끝?
31      {
32        inout >> city;                                                  데이터 읽기
33        cout << city << " ";
34      }
35
36      inout.close();                                                    스트림 닫기
37
38      return 0;
39    }
```

```
Dallas Houston Atlanta Savannah Austin Chicago
```

프로그램은 8번 줄에서 **fstream** 객체를 생성하고 11번 줄에서 **ios::out** 파일 모드를 사용하여 출력을 위해 city.txt 파일을 연다. 14번 줄에서 데이터를 쓴 후에 16번 줄에서 스트림을 닫는다.

19번 줄에서 **ios::out | ios::app**의 결합 모드를 사용하여 텍스트 파일을 다시 열기 위해 같은 스트림 객체를 사용한다. 그 다음, 22번 줄에서 파일의 끝에 새로운 데이터를 추가하고, 24번 줄에서 스트림을 닫는다.

마지막으로 29번 줄에서 **ios::in** 입력 모드를 사용하여 텍스트 파일을 다시 열기 위해서 동일한 스트림 객체를 사용한다. 그 다음, 프로그램은 파일로부터 모든 데이터를 읽는다(30번~34번 줄).

13.9 파일에 데이터를 추가하기 위해서는 어떻게 파일을 열어야 하는가?

13.10 **ios::trunc** 파일 열기 모드는 무엇인가?

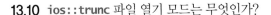

✔**Check Point**

13.6 스트림 상태 검사

eof(), fail(), good(), bad() 함수는 스트림 동작 상태를 검사하는 데 사용될 수 있다.

스트림의 상태를 검사하기 위해서 **eof()** 함수와 **fail()** 함수를 사용했는데, C++에서는 **스트림 상태를** 검사하기 위한 많은 함수를 제공하고 있다. 각 스트림 객체는 플래그(flag)로 동작하는 일련의 비트가 포함되어 있다. 이들 비트 값(**0** 또는 **1**)은 스트림의 상태를 나타내며, 표 13.2는 이들 비트의 목록이다.

스트림 상태

표 13.2 스트림 상태 비트 값

비트	설명
ios::eofbit	입력 스트림의 끝을 만났을 때 1로 설정
ios::failbit	동작이 실패했을 때 1로 설정
ios::hardfail	회복할 수 없는 오류가 발생했을 때 1로 설정
ios::badbit	유효하지 않은 동작이 시도되었을 때 1로 설정
ios::goodbit	이전 비트 중 어느 것도 1로 설정되지 않은 경우 1로 설정

입출력(I/O) 동작 상태를 이들 비트로 나타낼 수 있는데, 이 비트를 직접 접근하는 것은 쉬운 일이 아니다. C++에서는 이들 비트를 검사하기 위해 입출력 스트림 객체에서 멤버 함수를 제공하고 있다. 이들 함수는 표 13.3에 나타나 있다.

표 13.3 스트림 상태 함수

함수	설명
eof()	eofbit 플래그가 1이면, **true** 반환
fail()	failbit 또는 hardfail 플래그가 1이면, **true** 반환
bad()	badbit가 1이면, **true** 반환
good()	goodbit가 1이면, **true** 반환
clear()	모든 플래그를 지움

리스트 13.9는 스트림 상태를 검사하는 예이다.

리스트 13.9 ShowStreamState.cpp

```
1   #include <iostream>
2   #include <fstream>
3   #include <string>
4   using namespace std;
5
6   void showState(const fstream&);
7
8   int main()
9   {
10      fstream inout;
11
12      // 출력 파일 생성
13      inout.open("temp.txt", ios::out);
14      inout << "Dallas";
15      cout << "Normal operation (no errors)" << endl;
```

fstream 헤더 포함

함수 원형

입력 객체

입력 파일 열기

```
16      showState(inout);
17      inout.close();
18
19      // 입력 파일 생성
20      inout.open("temp.txt", ios::in);
21
22      // 문자열 읽기
23      string city;
24      inout >> city;
25      cout << "End of file (no errors)" << endl;
26      showState(inout);
27
28      inout.close();
29
30      // 파일을 닫은 후 읽기 시도
31      inout >> city;
32      cout << "Bad operation (errors)" << endl;
33      showState(inout);
34
35      return 0;
36  }
37
38  void showState(const fstream& stream)
39  {
40      cout << "Stream status: " << endl;
41      cout << " eof(): " << stream.eof() << endl;
42      cout << " fail(): " << stream.fail() << endl;
43      cout << " bad(): " << stream.bad() << endl;
44      cout << " good(): " << stream.good() << endl;
45  }
```

주 보기
파일 닫기

출력 파일 열기

도시 읽기

주 보기

파일 닫기

주 보기

주 보기

```
Normal operation (no errors)
Stream status:
  eof(): 0
  fail(): 0
  bad(): 0
  good(): 1
End of file (no errors)

Stream status:
  eof(): 1
  fail(): 0
  bad(): 0
  good(): 0

Bad operation (errors)
Stream status:
  eof(): 1
  fail(): 1
  bad(): 0
  good(): 0
```

프로그램은 10번 줄에서 인수 없는 생성자를 사용하여 **fstream** 객체를 생성하며, 13번 줄에서 출력을 위해 **temp.txt** 파일을 열고, 14번 줄에서 문자열 Dallas를 쓴다. 스트림의 상태는 15번 줄에서 출력된다. 지금까지는 오류가 발생하지 않는다.

그 다음, 프로그램은 17번 줄에서 스트림을 닫으며 20번 줄에서 입력을 위해 **temp.txt**를 다시 열고, 24번 줄에서 문자열 Dallas를 읽는다. 스트림의 상태는 26번 줄에서 출력되는데, 지금까지도 오류는 없지만 파일의 끝에 도달했다.

마지막으로, 프로그램은 28번 줄에서 스트림을 닫고, 31번 줄에서 파일을 닫은 상태에서 데이터를 읽으려고 하는데, 이는 오류를 발생시킨다. 스트림의 상태는 33번 줄에서 화면에 출력된다. 16번, 26번, 33번에서 **showState** 함수를 호출할 때, 스트림 객체가 참조에 의해 함수로 전달된다.

Check Point

13.11 입출력 동작 상태는 어떻게 결정되는가?

13.7 이진 입출력

Key Point

ios::binary 모드는 이진 입력과 출력을 위해 파일을 여는 데 사용될 수 있다.

지금까지는 텍스트 파일(text file)을 사용했다. 파일은 텍스트 파일과 이진 파일(binary file)로 나눌 수 있다. 윈도우(Windows)의 메모장이나 유닉스(UNIX)의 Vi와 같은 텍스트 편집기를 사용하여 처리(읽기, 생성, 수정)될 수 있는 파일을 **텍스트 파일**이라 하며, 그 이외의 모든 파일을 **이진 파일**이라 한다. 텍스트 편집기를 사용하여 이진 파일을 읽을 수 없으며, 이진 파일은 프로그램에 의해서만 읽을 수 있도록 설계되어 있다. 예를 들어, C++ 소스 프로그램은 텍스트 파일로 저장되어 텍스트 편집기로 읽을 수 있지만, C++ 실행 파일은 이진 파일로 저장되어 운영체제에 의해서 읽을 수 있다.

텍스트 파일

이진 파일

왜 이진 파일인가?

비록 기술적으로 정확하고 올바른 표현은 아니지만, 텍스트 파일은 연속된 문자들로 구성되어 있고 이진 파일은 연속된 비트들로 구성되어 있다고 할 수 있다. 예를 들어, 텍스트 파일에서 10진수 199는 연속된 3개의 문자, '1', '9', '9'로 저장되고, 이진 파일에서는 **199**가 16진수 C7(199 = 12 × 16^1 + 7)과 같으므로 정수 C7로 저장된다. 이진 파일의 장점은 텍스트 파일보다 처리 면에서 더 효과적이라는 것이다.

텍스트 vs. 이진 입출력

 주의

컴퓨터는 이진 파일과 텍스트 파일을 구분하지 않는다. 모든 파일은 이진 형태로 저장되므로, 모든 파일은 본질적으로 이진 파일이다. 텍스트 입출력은 문자 부호화(encoding)와 복호화(decoding)를 위한 추출 과정을 제공하기 위해 이진 입출력을 기반으로 한다.

이진 입출력은 변환이 필요하지 않다. 만약 이진 입출력을 사용하여 파일에 숫자를 쓴다면, 메모리의 값이 그대로 파일로 복사된다. C++에서 이진 입출력을 수행하려면, **ios::binary** 이진 모드를 사용하여 파일을 열어야 한다. 기본적으로 파일은 텍스트 모드로 열린다.

ios::binary

텍스트 파일에 데이터를 쓰기 위해서 **<<** 연산자와 **put** 함수를 사용했고, 텍스트 파일로부터 데이터를 읽기 위해서는 **>>** 연산자와 **get**, **getline** 함수를 사용하였다. 이진 파일에서 데이터를 읽거나 쓰기 위해서는 스트림에 **read**와 **write** 함수를 사용해야 한다.

13.7.1 **write 함수**

write 함수에 대한 구문은 다음과 같다.

streamObject.write(**const char*** s, **int** size)   함수 쓰기

이는 **char*** 형으로 된 바이트의 배열을 쓰며, 각 문자는 바이트이다.

리스트 13.10은 **write** 함수를 사용하는 예이다.

리스트 13.10 BinaryCharOutput.cpp

```
 1  #include <iostream>
 2  #include <fstream>
 3  #include <string>
 4  using namespace std;
 5
 6  int main()
 7  {
 8    fstream binaryio("city.dat", ios::out | ios::binary);
 9    string s = "Atlanta";
10    binaryio.write(s.c_str(), s.size()); // 파일에 s를 쓴다.
11    binaryio.close();
12
13    cout << "Done" << endl;
14
15    return 0;
16  }
```

fstream 객체
문자열
데이터 쓰기
파일 닫기

8번 줄은 출력을 위해 **city.dat** 이진 파일을 연다. **binaryio.write(s.c_str(), s.size())**를 호출(10번 줄)함으로써 파일에 문자열 **s**를 쓴다.

문자 이외의 다른 데이터를 써야 하는 경우가 종종 있는데, 이는 **reinterpret_cast** 연산자를 사용하면 된다. **reinterpret_cast** 연산자는 임의의 포인터 유형을 관계없는 클래스의 다른 포인터 유형으로 형변환할 수 있다. 이는 데이터를 변경하지 않고 하나의 유형을 다른 유형으로 간단하게 값의 이진 복사(binary copy)를 수행한다. **reinterpret_cast** 연산자를 사용하는 구문은 다음과 같다.

reinterpret_cast<dataType*>(address)   reinterpret_cast

여기서 **address**는 데이터(원시, 배열 또는 객체)의 시작 주소이고, **dataType**은 형변환하려는 데이터 유형이다. 이진 입출력을 위한 경우에는 **char***가 된다.

예를 들어, 리스트 13.11의 코드를 살펴보자.

리스트 13.11 BinaryIntOutput.cpp

```
 1  #include <iostream>
 2  #include <fstream>
 3  using namespace std;
 4
 5  int main()
 6  {
```

fstream 객체
int 값
이진 출력
파일 닫기

```
 7    fstream binaryio("temp.dat", ios::out | ios::binary);
 8    int value = 199;
 9    binaryio.write(reinterpret_cast<char*>(&value), sizeof(value));
10    binaryio.close();
11
12    cout << "Done" << endl;
13
14    return 0;
15  }
```

9번 줄은 파일에 변수 **value**의 내용을 쓴다. **reinterpret_cast<char*>(&value)**는 int 값의 주소를 **char*** 형으로 형변환한다. **sizeof(value)**는 value 변수의 저장 크기를 반환하며, value 변수는 **int** 형 변수이므로 4가 된다.

> **주의**
>
> 일관성을 유지하기 위하여 이 책에서는 텍스트 파일의 이름에는 .txt, 이진 파일의 이름에는 .dat
> 확장자를 사용할 것이다.

.txt와 .dat

13.7.2 read 함수

read 함수에 대한 구문은 다음과 같다.

read 함수

```
streamObject.read(char* address, int size)
```

size 매개변수는 읽는 최대 바이트 수를 나타낸다. 읽는 실제 바이트 수는 **gcount** 멤버 함수로부터 알아낼 수 있다.

city.dat 파일이 리스트 13.10에서 생성된다고 하자. 리스트 13.12는 **read** 함수를 사용하여 바이트를 읽는다.

리스트 13.12 BinaryCharInput.cpp

fstream 객체
바이트 배열
데이터 읽기
gcount()

파일 닫기

```
 1   #include <iostream>
 2   #include <fstream>
 3   using namespace std;
 4
 5   int main()
 6   {
 7     fstream binaryio("city.dat", ios::in | ios::binary);
 8     char s[10]; // 10 바이트의 배열이며, 각 문자는 1바이트이다.
 9     binaryio.read(s, 10);
10     cout << "Number of chars read: " << binaryio.gcount() << endl;
11     s[binaryio.gcount()] = '\0'; // C-문자열 종료 문자 추가
12     cout << s << endl;
13     binaryio.close();
14
15     return 0;
16   }
```

```
number of chaps read: 7
Atlanta
```

7번 줄은 입력을 위해 **city.dat** 이진 파일을 연다. **binaryio.read(s, 10)** 호출(9번 줄)은 파일로부터 10바이트를 읽어 배열에 저장한다. 읽는 실제 바이트 수는 **binaryio.gcount()** 를 호출(11번 줄)함으로써 결정할 수 있다.

temp.dat 파일이 리스트 13.11에서 생성된다고 하자. 리스트 13.13은 **read** 함수를 사용하여 정수를 읽는다.

리스트 13.13 BinaryIntInput.cpp

```cpp
 1  #include <iostream>
 2  #include <fstream>
 3  using namespace std;
 4
 5  int main()
 6  {
 7    fstream binaryio("temp.dat", ios::in | ios::binary);   // 이진 파일 열기
 8    int value;
 9    binaryio.read(reinterpret_cast<char*>(&value), sizeof(value));   // 이진 출력
10    cout << value << endl;
11    binaryio.close();   // 파일 닫기
12
13    return 0;
14  }
```

```
199
```

temp.dat 파일의 데이터는 리스트 13.11에서 생성되었다. 데이터는 정수로 구성되며, 저장되기 전에 바이트로 형변환되었다. 이 프로그램은 먼저 바이트로 데이터를 읽고 그 다음에 바이트를 **int** 값으로 형변환하기 위하여 **reinterpret_cast** 연산자를 사용한다(9번 줄).

13.7.3 예제: 이진 배열 입출력

임의 유형의 데이터를 바이트로 형변환하기 위해 **reinterpret_cast** 연산자를 사용할 수 있고, 그 반대도 마찬가지이다. 이 절의 리스트 13.14는 **double** 값의 배열을 이진 파일에 쓰고, 파일로부터 다시 데이터를 읽는 예이다.

리스트 13.14 BinaryArrayIO.cpp

```cpp
 1  #include <iostream>
 2  #include <fstream>
 3  using namespace std;
 4
 5  int main()
 6  {
 7    const int SIZE = 5; // 배열 크기   // 상수 배열 크기
 8
 9    fstream binaryio; // 스트림 객체 생성   // fstream 객체
10
11    // 배열을 파일에 쓰기
```

이진 파일 열기
배열 생성
파일에 쓰기
파일 닫기

```
12    binaryio.open("array.dat", ios::out | ios::binary);
13    double array[SIZE] = {3.4, 1.3, 2.5, 5.66, 6.9};
14    binaryio.write(reinterpret_cast<char*>(&array), sizeof(array));
15    binaryio.close();
16
17    // 파일로부터 배열 읽기
18    binaryio.open("array.dat", ios::in | ios::binary);
19    double result[SIZE];
20    binaryio.read(reinterpret_cast<char*>(&result), sizeof(result));
21    binaryio.close();
22
23    // 배열을 화면에 출력
24    for (int i = 0; i < SIZE; i++)
25      cout << result[i] << " ";
26
27    return 0;
28  }
```

입력 파일 열기
배열 생성
파일로부터 읽기
파일 닫기

```
3.4 1.3 2.5 5.66 6.9
```

프로그램은 9번 줄에서 스트림 객체를 생성하며, 12번 줄에서 이진 출력을 위해 **array.dat** 파일을 연다. 그리고 14번 줄에서 **double** 값의 배열을 파일에 쓰고, 15번 줄에서 파일을 닫는다.

그 다음, 18번 줄에서 이진 입력을 위해 **array.dat** 파일을 열고, 20번 줄에서 파일로부터 **double** 값의 배열을 읽고 21번 줄에서 파일을 닫는다.

마지막으로, **result** 배열의 내용을 화면에 출력한다(24번~25번 줄).

13.7.4 예제: 이진 객체 입출력

이 절에서는 이진 파일에 객체를 쓰고, 파일로부터 다시 객체를 읽는 예이다.

리스트 13.1은 텍스트 파일에 학생 레코드(record)를 기록하는 프로그램이다. 학생 레코드는 이름(first name), 중간 이름 머리글자(middle initial), 성(last name), 점수(score)로 이루어져 있다. 이들 필드는 파일에 구분되어 기록된다. 데이터 처리의 가장 좋은 방법은 레코드를 모델링하는 클래스를 정의하는 것이다. 각 레코드는 **Student** 클래스의 객체이다.

Student 클래스는 **firstName**, **mi**, **lastName**, **score** 데이터 필드와 각 필드에 대한 접근자와 변경자, 두 개의 생성자가 포함되어 있다. 그림 13.4는 클래스에 대한 UML 다이어그램이다.

리스트 13.15는 헤더 파일에서 **Student** 클래스를 정의하고, 리스트 13.16에서 클래스를 구현한다. 이름과 성은 내부적으로 고정 길이 25를 갖는 2개의 문자 배열에 저장(22번, 24번 줄)되므로, 모든 학생의 레코드는 크기가 같다. 이는 파일로부터 학생을 올바르게 읽도록 하기 위해 필요하다. C-문자열보다 **string** 유형을 사용하는 것이 더 쉽기 때문에 **firstName**과 **lastName**을 위한 **get**과 **set** 함수에서 **string** 유형을 사용한다(12번, 14번, 16번, 18번 줄).

리스트 13.15 Student.h

```
1    #ifndef STUDENT_H
```

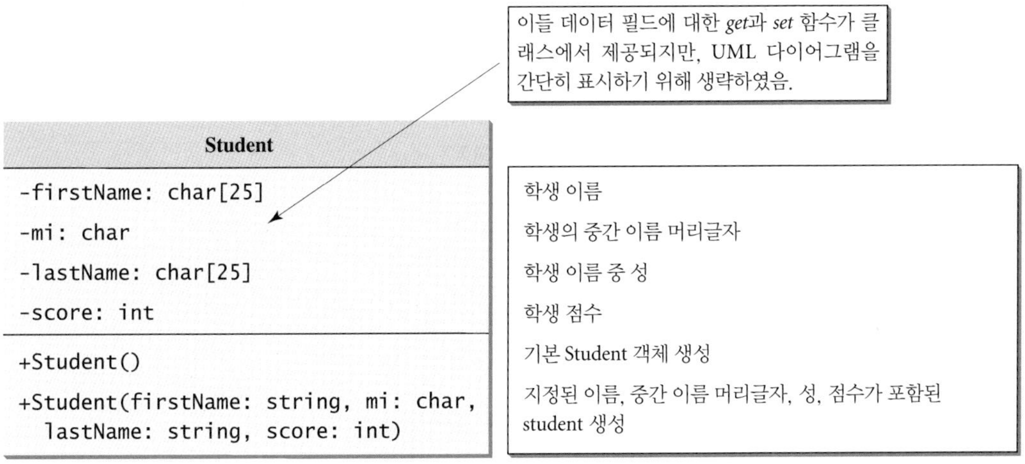

이들 데이터 필드에 대한 *get*과 *set* 함수가 클래스에서 제공되지만, UML 다이어그램을 간단히 표시하기 위해 생략하였음.

Student
-firstName: char[25]
-mi: char
-lastName: char[25]
-score: int
+Student()
+Student(firstName: string, mi: char, lastName: string, score: int)

학생 이름

학생의 중간 이름 머리글자

학생 이름 중 성

학생 점수

기본 Student 객체 생성

지정된 이름, 중간 이름 머리글자, 성, 점수가 포함된 student 생성

그림 13.4 Student 클래스는 학생 정보를 나타낸다.

```
2   #define STUDENT_H
3   #include <string>
4   using namespace std;
5
6   class Student
7   {
8   public:                                              공용 멤버
9     Student();                                         인수 없는 생성자
10    Student(const string& firstName, char mi,          생성자
11      const string& lastName, int score);
12    void setFirstName(const string& s);                변경자 함수
13    void setMi(char mi);
14    void setLastName(const string& s);
15    void setScore(int score);
16    string getFirstName() const;                       접근자 함수
17    char getMi() const;
18    string getLastName() const;
19    int getScore() const;
20
21  private:                                             전용 데이터 필드
22    char firstName[25];
23    char mi;
24    char lastName[25];
25    int score;
26  };
27
28  #endif
```

리스트 13.16 Student.cpp

```
1   #include "Student.h"                                 헤더 파일 포함
2   #include <cstring>
3
4   // 기본 student 생성
5   Student::Student()                                   인수 없는 생성자
6   {
```

```
 7  }
 8
 9  // 지정 데이터를 갖는 Student 객체 생성
```

생성자
```
10  Student::Student(const string& firstName, char mi,
11    const string& lastName, int score)
12  {
13    setFirstName(firstName);
14    setMi(mi);
15    setLastName(lastName);
16    setScore(score);
17  }
18
```

setFirstName
```
19  void Student::setFirstName(const string& s)
20  {
21    strcpy(firstName, s.c_str());
22  }
23
24  void Student::setMi(char mi)
25  {
26    this->mi = mi;
27  }
28
29  void Student::setLastName(const string& s)
30  {
31    strcpy(lastName, s.c_str());
32  }
33
34  void Student::setScore(int score)
35  {
36    this->score = score;
37  }
38
39  string Student::getFirstName() const
40  {
41    return string(firstName);
42  }
43
```

getMi()
```
44  char Student::getMi() const
45  {
46    return mi;
47  }
48
49  string Student::getLastName() const
50  {
51    return string(lastName);
52  }
53
54  int Student::getScore() const
55  {
56    return score;
57  }
```

리스트 13.17은 4개의 **Student** 객체를 생성하여 **student.dat** 파일에 생성된 객체를 쓰고, 파일로부터 객체를 다시 읽어들이는 프로그램이다.

리스트 13.17 BinaryObjectIO.cpp

```
 1  #include <iostream>
 2  #include <fstream>
 3  #include "Student.h"                                        student 헤더 포함
 4  using namespace std;
 5
 6  void displayStudent(const Student& student)                student 데이터 화면 출력
 7  {
 8    cout << student.getFirstName() << " ";
 9    cout << student.getMi() << " ";
10    cout << student.getLastName() << " ";
11    cout << student.getScore() << endl;
12  }
13
14  int main()
15  {
16    fstream binaryio; // 스트림 객체 생성                        fstream 객체
17    binaryio.open("student.dat", ios::out | ios::binary);     출력 파일 열기
18
19    Student student1("John", 'T', "Smith", 90);               student1 생성
20    Student student2("Eric", 'K', "Jones", 85);               student2 생성
21    Student student3("Susan", 'T', "King", 67);               student3 생성
22    Student student4("Kim", 'K', "Peterson", 95);             student4 생성
23
24    binaryio.write(reinterpret_cast<char*>                    student1 쓰기
25      (&student1), sizeof(Student));
26    binaryio.write(reinterpret_cast<char*>                    student2 쓰기
27      (&student2), sizeof(Student));
28    binaryio.write(reinterpret_cast<char*>                    student3 쓰기
29      (&student3), sizeof(Student));
30    binaryio.write(reinterpret_cast<char*>                    student4 쓰기
31      (&student4), sizeof(Student));
32
33    binaryio.close();                                         파일 닫기
34
35    // 파일로부터 다시 학생 읽기
36    binaryio.open("student.dat", ios::in | ios::binary);      입력 파일 열기
37
38    Student studentNew;                                       학생 생성
39
40    binaryio.read(reinterpret_cast<char*>                     파일로부터 읽기
41      (&studentNew), sizeof(Student));
42
43    displayStudent(studentNew);                               학생 화면 출력
44
45    binaryio.read(reinterpret_cast<char*>
46      (&studentNew), sizeof(Student));
47
```

```
48      displayStudent(studentNew);
49
50      binaryio.close();
51
52      return 0;
53   }
```

```
John T Smith 90
Eric K Jones 85
```

프로그램은 16번 줄에서 스트림 객체를 생성하고 17번 줄에서 이진 출력을 위해 **student.dat** 파일을 연다. 그리고 19번~22번 줄에서 4개의 **Student** 객체를 생성하고, 24번 ~31번 줄에서 생성된 객체를 파일에 쓰며, 33번 줄에서 파일을 닫는다.

파일에 객체를 쓰기 위한 문장은 다음과 같다.

binaryio.write(**reinterpret_cast**<**char***> (&student1), **sizeof**(Student));

student1 객체의 주소는 **char*** 유형으로 형변환된다. 객체의 크기는 객체 안의 데이터 필드에 의해 결정된다. 모든 학생은 **sizeof(Student)**인 같은 크기를 갖는다.

프로그램은 36번 줄에서 이진 입력을 위해 **student.dat** 파일을 열고, 38번 줄에서 인수 없는 생성자를 사용하여 **Student** 객체를 생성하며, 40번~41번 줄에서 파일로부터 **Student** 객체를 읽은 다음, 43번 줄에서 객체의 데이터를 화면에 출력한다. 프로그램은 계속해서 다른 객체를 읽고(45번~46번 줄), 48번 줄에서 그 데이터를 화면에 출력한다.

마지막으로, 프로그램은 50번 줄에서 파일을 닫는다.

13.12 텍스트 파일과 이진 파일이란 각각 무엇인가? 텍스트 편집기를 사용하여 텍스트 파일 또는 이진 파일의 내용을 볼 수 있는가?

13.13 이진 입출력에 대한 파일을 여는 방법은 무엇인가?

13.14 **write** 함수는 바이트의 배열에만 쓰기가 가능하다. 원시 유형 값 또는 객체를 이진 파일에 쓰는 방법은 무엇인가?

13.15 ASCII 텍스트 파일에 문자열 **"ABC"**를 쓰는 경우, 파일에 저장되는 값은 무엇인가?

13.16 ASCII 텍스트 파일에 문자열 **"100"**을 쓰는 경우, 파일에 저장되는 값은 무엇인가? 만일 이진 입출력을 사용하여 바이트 유형의 숫자 값 100을 쓰는 경우, 파일에 저장되는 값은 무엇인가?

13.8 임의 접근 파일

Key Point

파일 입출력에서 임의 접근 파일 안의 파일 포인터를 특정 위치로 이동시키기 위해 seekg() 함수와 seekp() 함수를 사용할 수 있다.

파일 포인터

파일은 연속된 바이트들로 구성되어 있다. 이들 바이트 중 한 곳에는 파일 포인터(file pointer)라고 하는 특별한 표식이 위치하고 있는데, 읽기나 쓰기 동작은 파일 포인터의 위치에서 발생

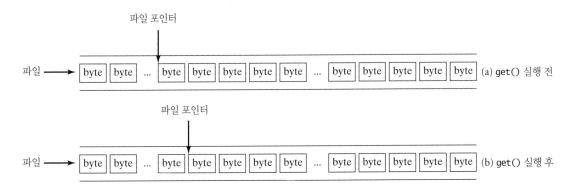

그림 13.5 한 바이트를 읽은 후, 파일 포인터는 1바이트만큼 다음 위치로 이동한다.

한다. 파일이 열리면, 파일 포인터는 파일의 시작 위치로 설정되고, 데이터를 파일에서 읽거나 파일로 쓰면, 파일 포인터는 다음 데이터 항목으로 이동하게 된다. 예를 들어, **get()** 함수를 사용하여 한 바이트를 읽으면, C++에서는 파일 포인터로부터 시작해서 한 바이트를 읽고, 그 다음 그림 13.5와 같이 파일 포인터는 이전 위치로부터 1바이트만큼 이동하게 된다.

지금까지의 모든 프로그램은 데이터를 순차적으로 읽거나 쓰도록 개발되었다. 이를 순차 접근 파일(sequential access file)이라고 한다. 즉, 파일 포인터는 항상 앞 방향으로 이동한다. 만일 파일이 입력을 위해 열리면, 파일의 시작 위치에서부터 끝 쪽으로 데이터 읽기를 시작한다. 만약 파일이 출력을 위해 열리면, 시작으로부터 또는 (**ios::app** 추가 모드를 사용한 경우는) 끝에서부터 다른 데이터 뒤에 데이터 항목을 쓴다.   *순차 접근 파일*

순차 접근의 문제점은 특정 위치에 있는 한 바이트를 읽기 위해서 선행하는 모든 바이트들을 읽어야 한다는 것인데, 이는 결코 효과적이지 못하다. C++에서는 스트림 객체에서 **seekp**와 **seekg** 멤버 함수를 사용하여 자유롭게 파일 포인터를 앞이나 뒤로 건너뛰게 할 수 있다. 이런 기능을 임의 접근 파일(random access file)이라 한다.   *임의 접근 파일*

seekp("seek put") 함수는 출력 스트림을 위한 것이고, **seekg**("seek get") 함수는 입력 스트림을 위한 것이다. 각 함수는 하나 또는 두 개의 인수를 갖는 두 가지 형식이 있다. 인수를 한 개만 가지는 경우에 인수는 절대 위치가 된다. 예를 들어, 다음은 파일의 시작 부분으로 파일 포인터를 이동시킨다.   *seekp 함수*
seekg 함수

```
input.seekg(0);
output.seekp(0);
```

두 개의 인수를 가지는 경우, 첫 번째 인수는 오프셋(offset)을 나타내는 long형 정수이고, 두 번째 인수는 오프셋으로부터 떨어져 있는 위치를 계산하기 위한 탐색 기준(seek base)이다. 표 13.4는 세 가지 가능한 탐색 기준 인수의 목록을 보여 준다.

표 13.4 탐색 기준

탐색 기준	설명
ios::beg	파일의 시작 위치로부터 오프셋을 계산
ios::end	파일의 끝으로부터 오프셋을 계산
ios::cur	현재 파일 포인터로부터 오프셋을 계산

표 13.5는 **seekp**와 **seekg** 함수를 사용한 몇 가지 예를 보여 준다.

표 13.5 seekp와 seekg의 예

문장	설명
seekg(100, ios::beg);	파일의 시작 위치로부터 100번째 바이트로 파일 포인터 이동
seekg(-100, ios::end);	파일의 끝에서부터 역방향으로 100번째 바이트로 파일 포인터 이동
seekp(42, ios::cur);	현재의 파일 포인터로부터 전방향으로 42번째 바이트만큼 파일 포인터 이동
seekp(-42, ios::cur);	현재의 파일 포인터로부터 역방향으로 42번째 바이트만큼 파일 포인터 이동
seekp(100);	파일의 100번째 바이트로 파일 포인트 이동

tellp 함수
파일 내의 파일 포인터의 위치를 반환하기 위해서 **tellp**와 **tellg** 함수를 사용할 수 있다.

tellg 함수
리스트 13.18은 임의적으로 파일에 접근하는 방법을 설명한다. 프로그램은 먼저 10개의 학생 객체를 파일에 저장하고, 그 다음 파일로부터 세 번째 학생을 검색한다.

리스트 13.18 RandomAccessFile.cpp

```
1   #include <iostream>
2   #include <fstream>
3   #include "Student.h"
4   using namespace std;
5
6   void displayStudent(const Student& student)
7   {
8     cout << student.getFirstName() << " ";
9     cout << student.getMi() << " ";
10    cout << student.getLastName() << " ";
11    cout << student.getScore() << endl;
12  }
13
14  int main()
15  {
16    fstream binaryio; // 스트림 객체 생성
17    binaryio.open("student.dat", ios::out | ios::binary);
18
19    Student student1("FirstName1", 'A', "LastName1", 10);
20    Student student2("FirstName2", 'B', "LastName2", 20);
21    Student student3("FirstName3", 'C', "LastName3", 30);
22    Student student4("FirstName4", 'D', "LastName4", 40);
23    Student student5("FirstName5", 'E', "LastName5", 50);
24    Student student6("FirstName6", 'F', "LastName6", 60);
25    Student student7("FirstName7", 'G', "LastName7", 70);
26    Student student8("FirstName8", 'H', "LastName8", 80);
27    Student student9("FirstName9", 'I', "LastName9", 90);
28    Student student10("FirstName10", 'J', "LastName10", 100);
29
30    binaryio.write(reinterpret_cast<char*>
31      (&student1), sizeof(Student));
32    binaryio.write(reinterpret_cast<char*>
```

출력 파일 열기 (line 17)

학생 생성 (line 19)

학생 읽기 (line 30)

프로그래밍 실습

13.2~13.6절

*13.1 (텍스트 파일 생성) Exercise13_1.txt라는 파일이 존재하지 않으면, 이 파일을 생성하기 위한 프로그램을 작성하여라. 만약 파일이 이미 존재하고 있으면, 파일에 새로운 데이터를 추가한다. 텍스트 입출력을 사용하여 파일에 임의로 생성된 100개의 정수를 쓴다. 각 정수는 공백으로 분리된다.

*13.2 (문자 개수 세기) 사용자가 파일 이름을 입력하고, 파일 내의 문자의 수를 세는 프로그램을 작성하여라.

*13.3 (텍스트 파일에 있는 점수 처리) Exercise13_3.txt 텍스트 파일에 지정되지 않은 개수의 점수가 포함되어 있다고 하자. 파일로부터 점수를 읽고 전체 합과 평균을 화면에 출력하는 프로그램을 작성하여라. 점수는 빈칸으로 분리되어 있다.

*13.4 (데이터 읽기/정렬/쓰기) Exercise13_4.txt 텍스트 파일에 100개의 정수가 포함되어 있다고 하자. 파일로부터 정수를 읽고, 정수를 정렬하여 다시 파일로 정렬된 수를 쓰는 프로그램을 작성하여라. 정수는 파일에서 공백으로 분리되어 있다.

*13.5 (아기 이름 인기도 순위) 2001년부터 2010년까지 미국 아기 이름의 인기도 순위는 www.ssa.gov/oact/babynames에서 다운로드할 수 있으며, Babynameranking 2001.txt, Babynameranking2002.txt, . . . , Babynameranking2010.txt 파일 안에 저장되어 있다.[2] 각 파일은 1,000개의 행을 포함하고 있으며, 각 행은 순위, 남아 이름, 남아 이름 수, 여아 이름, 여아 이름 수를 포함하고 있다. 예를 들어, Babynameranking2010.txt 파일에 있는 처음 2개의 행은 다음과 같이 되어 있다.

```
1   Jacob   21875      Isabella   22731
2   Ethan   17866      Sophia     20477
```

따라서 2010년은 남아 이름 Jacob과 여아 이름 Isabella가 1위이고, 남아 이름 Ethan과 여아 이름 Sophia가 2위이며, Jacob이라는 이름의 남아는 21,875명, Isabella라는 이름의 여아는 22,731명이라는 것을 알 수 있다. 사용자가 연도, 성별, 이름을 입력하면, 해당 연도에서의 이름 순위를 화면에 출력하는 프로그램을 작성하여라. 다음은 샘플 실행 결과이다.

```
Enter the year: 2010 ↵Enter
Enter the gender: M ↵Enter
Enter the name: Javier ↵Enter
Javier is ranked #190 in year 2010
```

---

[2] 역주: 도서출판 ITC 홈페이지(www.itcpub.co.kr)의 본서 자료실에 있는 학생 제공 자료에서도 다운로드할 수 있다.

```
Enter the year: 2010 ↵Enter
Enter the gender: F ↵Enter
Enter the name: ABC ↵Enter
The name ABC is not ranked in year 2010
```

*13.6 (남아와 여아에 대한 이름) 사용자가 프로그래밍 실습 13.5에서 설명한 10개의 파일 이름 중 하나를 입력하면, 파일에서 남아와 여아 모두에 사용된 이름을 화면에 출력하는 프로그램을 작성하여라. 다음은 샘플 실행 결과이다.

```
Enter a file name for baby name ranking: Babynameranking2001.txt ↵Enter
69 names used for both genders
They are Tyler Ryan Christian ...
```

*13.7 (중복 없이 이름 정렬) 프로그래밍 실습 13.5에서 설명한 10개의 파일로부터 이름을 읽고 모든 이름(남아와 여아 이름을 합치지만 중복 이름은 제거)을 정렬하여 하나의 파일 안에 한 행에 10개씩 정렬된 이름을 저장하는 프로그램을 작성하여라.

*13.8 (중복을 허용한 이름 정렬) 프로그래밍 실습 13.5에서 설명한 10개의 파일로부터 이름을 읽고 모든 이름(중복을 허용하여 남아와 여아의 이름을 합침)을 정렬하여 하나의 파일 안에 한 행에 10개씩 정렬된 이름을 저장하는 프로그램을 작성하여라.

*13.9 (누적 순위) 프로그래밍 실습 13.5에서 설명한 10개의 파일 데이터를 사용하여 10년 동안의 이름에 대한 누적 순위를 계산하는 프로그램을 작성하여라. 프로그램은 남아의 이름과 여아의 이름에 대한 누적 순위를 화면에 각각 출력되게 해야 한다. 각 이름에 대한 순위, 이름 및 누적 횟수를 화면에 출력한다.

*13.10 (순위 삭제) 사용자가 프로그래밍 실습 13.5에서 설명한 파일 이름 중 하나를 입력하면, 그 파일에서 데이터를 읽고, 새로운 파일에 순위를 제외한 데이터를 저장한다. 새로운 파일의 각 행에는 순위가 없다는 점을 제외하고 원 파일의 내용과 동일하며, 새로운 파일의 이름은 동일한 입력 파일명에 확장자만 **.new**를 갖는 형식으로 한다.

*13.11 (정렬된 데이터) **SortedStrings.txt** 파일[3]로부터 문자열을 읽고 파일 내의 문자열이 오름차순으로 저장되어 있는지를 알려 주는 프로그램을 작성하여라. 만일 파일 내의 문자열이 정렬되어 있지 않으면, 정렬되지 않은 처음 2개의 문자열을 화면에 출력한다.

*13.12 (순위 요약) 프로그래밍 실습 13.5에 설명한 파일을 사용하여 다음과 같이 처음 5명의 여아와 남아의 이름에 대한 순위 요약표를 화면에 출력하는 프로그램을 작성하여라.

---

3) 역주: 도서출판 ITC 홈페이지(www.itcpub.co.kr)의 본서 자료실에 있는 학생 제공 자료에서 다운로드할 수 있다.

Year	Rank 1	Rank 2	Rank 3	Rank 4	Rank 5	Rank 1	Rank 2	Rank 3	Rank 4	Rank 5
2010	Isabella	Sophia	Emma	Olivia	Ava	Jacob	Ethan	Michael	Jayden	William
2009	Isabella	Emma	Olivia	Sophia	Ava	Jacob	Ethan	Michael	Alexander	William
...										
2001	Emily	Madison	Hannah	Ashley	Alexis	Jacob	Michael	Matthew	Joshua	Christopher

13.7절

*13.13 (이진 데이터 파일 생성) Exercise13_13.dat 파일이 존재하지 않는 경우, 이 파일을 생성하는 프로그램을 작성하여라. 만일 이 파일이 존재하는 경우에는 파일에 새로운 데이터를 추가한다. 이진 입출력을 사용하여 파일에 임의적으로 생성된 100개의 정수를 써라.

*13.14 (Loan 객체 저장) 5개의 Loan 객체를 생성하고 Exercise13_14.dat 이름의 파일에 이들 객체를 저장하는 프로그램을 작성하여라. Loan 클래스는 리스트 9.13에 소개되어 있다.

*13.15 (파일에 객체 재저장) Exercise13_15.dat 이름의 파일이 이전 프로그래밍 실습 문제에서 생성되었다고 하자. 파일로부터 Loan 객체를 읽고 대출금의 총합을 계산하는 프로그램을 작성하여라. 얼마나 많은 Loan 객체가 파일에 들어 있는지는 모른다고 가정한다. eof()를 사용하여 파일의 끝을 검출하여라.

*13.16 (파일 복사) 리스트 13.7 CopyFile.cpp는 텍스트 입출력을 사용하여 파일을 복사한다. 이 프로그램을 이진 입출력을 사용하여 파일을 복사하는 프로그램으로 수정하여라. 다음은 프로그램의 샘플 실행 결과이다.

```
Enter a source file name: c:\exercise.zip  ↵Enter
Enter a target file name: c:\exercise.bak  ↵Enter
Copy Done
```

*13.17 (파일 분할) 용량이 큰 파일(예를 들어, 10GB의 AVI 파일)을 CD-R에 백업한다고 가정하자. 파일을 더 작은 용량으로 분할하고 이들 각각을 백업할 수 있다. 큰 파일을 분할하여 작은 파일로 나누는 유틸리티 프로그램을 작성하여라. 이 프로그램은 사용자가 소스 파일을 입력한 후, 각각 분할된 작은 파일의 바이트 값을 입력해야 한다. 다음은 프로그램의 샘플 실행 결과이다.

```
Enter a source file name: c:\exercise.zip  ↵Enter
Enter the number of bytes in each smaller file: 9343400  ↵Enter
File c:\exercise.zip.0 produced
File c:\exercise.zip.1 produced
File c:\exercise.zip.2 produced
File c:\exercise.zip.3 produced
Split Done
```

*13.18 (파일 결합) 새로운 하나의 파일로 파일들을 조합하는 유틸리티 프로그램을 작성하여라. 프로그램은 사용자가 소스 파일의 개수, 각 소스 파일의 이름, 목적 파일 이름을 입력해야 한다. 다음은 프로그램의 샘플 실행 결과이다.

```
Enter the number of source files: 4 ↵Enter
Enter a source file: c:\exercise.zip.0 ↵Enter
Enter a source file: c:\exercise.zip.1 ↵Enter
Enter a source file: c:\exercise.zip.2 ↵Enter
Enter a source file: c:\exercise.zip.3 ↵Enter
Enter a target file: c:\temp.zip ↵Enter
Combine Done
```

13.19 (파일 암호) 파일 내의 모든 바이트에 5를 더하도록 파일을 부호화(encoding)하여라. 사용자가 입력 파일 이름과 출력 파일 이름을 입력하면 입력 파일의 암호화된 버전을 출력 파일로 저장하는 프로그램을 작성하여라.

13.20 (파일 해독) 프로그래밍 실습 13.19의 과정을 사용하여 암호화된 파일이 있다고 하자. 암호화된 파일을 복호화(decoding)하는 프로그램을 작성하여라. 사용자가 입력 파일 이름과 출력 파일 이름을 입력하면 입력 파일의 암호가 풀린 버전을 출력 파일에 저장해야 한다.

***13.21 (게임: 행맨) 프로그래밍 실습 10.15를 다시 작성하여라. 프로그램은 Exercise13_21.txt라는 이름의 텍스트 파일에 저장된 단어를 읽는다. 단어는 공백에 의해 구분되어 있다. 힌트 : 파일로부터 단어를 읽어 벡터에 단어를 저장한다.

13.8절

*13.22 (계수 값 갱신) 프로그램의 실행 횟수를 알아보고자 한다. 파일을 계산하기 위해 int 값을 저장할 수 있다. 이 프로그램이 실행될 때마다 1만큼 계수(count)를 증가시킨다. 프로그램은 Exercise13_22이고, 계수는 Exercise13_22.dat에 저장된다.

연산자 오버로딩

이 장의 목표

- 연산자 오버로딩과 그 장점 이해(14.1절)

- 유리수를 생성하기 위한 **Rational** 클래스 정의(14.2절)

- C++에서의 함수를 사용한 연산자 오버로딩 이해(14.3절)

- 관계 연산자(<, <=, ==, !=, >=, >)와 산술 연산자(+, -, *, /)의 오버로딩(14.3절)

- 첨자 연산자 []의 오버로딩(14.4절)

- 증강 대입 연산자 +=, -=, *=, /=의 오버로딩(14.5절)

- 단항 연산자 +와 -의 오버로딩(14.6절)

- 전위와 후위 ++, -- 연산자 오버로딩(14.7절)

- 클래스의 전용 멤버에 접근하기 위한 **friend** 함수와 **friend** 클래스 사용(14.8절)

- **friend** 비멤버 함수로서 스트림 삽입(<<)과 추출(>>) 연산자 오버로딩(14.9절)

- 원시 유형으로 객체 변환을 수행하기 위한 연산자 함수 정의(14.10.1절)

- 객체 유형으로 숫자 값을 변환하기에 적합한 생성자 정의(14.10.2절)

- 암시적 유형 변환을 가능하게 하는 비멤버 함수 정의(14.11절)

- 오버로딩 연산자가 포함된 새로운 **Rational** 클래스 정의(14.12절)

- 깊은 복사를 수행하기 위한 = 연산자 오버로딩(14.13절)

14.1 들어가기

Key Point

연산자 오버로딩이란 무엇인가?

C++에서는 연산자에 대한 함수를 정의할 수 있다. 이를 연산자 오버로딩이라 한다.

10.2.10절 "문자열 연산자"에서 문자열 연산을 간단화하기 위한 연산자의 사용 방법에 대해 배웠다. 두 문자열을 연결하기 위해서는 + 연산자를 사용하고, 두 문자열을 비교하기 위해서는 관계 연산자(==, !=, <, <=, >, >=), 문자에 접근하기 위해서는 첨자 연산자 []를 사용할 수 있다. 12.6절 "C++ 벡터 클래스"에서 벡터의 각 요소에 접근하기 위해 [] 연산자를 사용하는 방법을 배웠다. 예를 들어, 다음 코드는 문자열로부터 문자를 반환하기 위해 [] 연산자(3번 줄), 두 문자열을 결합하기 위해 + 연산자(4번 줄), 두 문자열을 비교하기 위해 < 연산자(5번 줄), 벡터로부터 요소를 반환하기 위해 [] 연산자(10번 줄)를 사용한다.

[] 연산자
+ 연산자
< 연산자

```
1  string s1("Washington");
2  string s2("California");
3  cout << "The first character in s1 is " << s1[0] << endl;
4  cout << "s1 + s2 is " << (s1 + s2) << endl;
5  cout << "s1 < s2? " << (s1 < s2) << endl;
6
7  vector<int> v;
8  v.push_back(3);
9  v.push_back(5);
10 cout << "The first element in v is " << v[0] << endl;
```

[] 연산자

연산자는 실제로 클래스에서 정의된 함수이다. 이들 함수는 **operator** 키워드 다음에 실제 연산자를 붙인 이름으로 지정한다. 예를 들어, 이전 코드는 다음과 같은 함수 구문을 사용하여 다시 작성할 수 있다.

[] 연산자 함수

+ 연산자 함수
< 연산자 함수

[] 연산자 함수

```
1  string s1("Washington");
2  string s2("California");
3  cout << "The first character in s1 is " << s1.operator[](0)
        << endl;
4  cout << "s1 + s2 is " << operator+(s1, s2) << endl;
5  cout << "s1 < s2? " << operator<(s1, s2) << endl;
6
7  vector<int> v;
8  v.push_back(3);
9  v.push_back(5);
10 cout << "The first element in v is " << v.operator[](0) << endl;
```

operator[] 함수는 **string** 클래스의 멤버 함수이고, **vector** 클래스와 **operator+** 및 **operator<**는 **string** 클래스의 비멤버(nonmember) 함수이다. 멤버 함수는 **s1.operator[](0)**과 같이 **objectName.functionName(...)** 구문을 사용하여 객체에 의해 호출되어야 한다. **s1.operator[](0)** 함수 구문보다 **s1[0]** 연산자 구문을 사용하는 것이 더 이해하기 쉽고 편리한 것을 알 수 있다.

연산자 오버로딩

연산자에 대한 함수를 정의하는 것을 연산자 오버로딩(operator overloading)이라 한다. +, ==, !=, <, <=, >, >=, []와 같은 연산자는 **string** 클래스에서 오버로딩된다. 사용자의 클래스에서 연산자를 어떻게 오버로딩할 수 있는가? 이 장에서는 다양한 연산자의 오버로딩 방법을 설명하기 위한 예제로 **Rational** 클래스를 사용한다. 먼저 유리수(rational-number) 연산을 지원하는 **Rational** 클래스를 설계하는 방법을 배우고, 다음에 이들 연산을 간단하게 하기 위한 연산자 오버로딩 방법을 배우게 될 것이다.

14.2 Rational 클래스

이 절은 유리수를 모델링하기 위한 **Rational** 클래스를 정의한다.

Key Point

유리수는 분자 **a**와 분모 **b**가 **a/b**의 형태로 이루어진 수이다. 예를 들어, **1/3, 3/4, 10/4**은 유리수이다.

유리수는 분모는 **0**이 될 수 없지만, 분자는 **0**이 될 수 있다. 모든 정수 **i**는 유리수 **i/1**과 같다. 유리수는 분수를 포함하고 있는 계산을 정확하게 수행하기 위해 사용된다. 예를 들어 **1/3 = 0.33333...**이므로, 이 수를 **double**이나 **float** 형을 사용한 실수 형식으로는 정확하게 표현할 수 없다. 정확한 결과를 얻기 위해서는 유리수를 사용해야 한다.

C++에서는 정수와 실수를 위한 데이터 유형을 제공하고 있지만, 유리수에 대해서는 그렇지 않다. 이 절에서는 유리수를 표현하는 클래스를 설계하는 방법을 다룬다.

Rational 수(유리수)는 두 가지 데이터 필드, 즉 분자(**numerator**)와 분모(**denominator**)를 사용하여 나타낼 수 있다. 지정된 분자와 분모를 포함하는 **Rational** 수를 생성하거나, 분자가 **0**이고 분모가 **1**인 기본 **Rational** 수를 생성할 수도 있다. 유리수에 대해 덧셈이나 뺄셈, 곱셈, 나눗셈과 비교도 수행할 수 있다. 또한 유리수를 정수나 실수, 문자열로 변환할 수도 있다. 그림 14.1은 **Rational** 클래스에 대한 UML 클래스 다이어그램을 보여 준다.

유리수는 분자와 분모로 구성되며, 많은 수의 동일 값 유리수가 존재한다. 예를 들면, **1/3 = 2/6 = 3/9 = 4/12**는 모두 같은 값이다. 편의상 **1/3**과 같은 값을 갖는 모든 유리수를 대표하는 유리수로 **1/3**을 사용한다. **1/3**의 분자와 분모는 **1**을 제외하고는 공약수를 가지고 있지 않으므로 **1/3**을 최저항(lowest term)이라고 한다.

최저항

유리수를 최저항으로 축소시키기 위해서 분자와 분모의 절댓값에 대한 최대공약수(greatest common divisor, GCD)를 찾아서 그 값으로 분자와 분모를 나누어 주어야 한다. 리스트 6.4 GreatestCommonDivisor.cpp에서 살펴본 것과 같은 두 정수 **n**과 **d**의 최대공약수를 계산하는 함수를 사용할 수 있다. **Rational** 객체에서 분자와 분모는 각자의 최저항으로 축소된다.

우선 **Rational** 객체를 생성하고 **Rational** 클래스에서 함수를 테스트하는 프로그램을 작성한다. 리스트 14.1은 **Rational** 클래스에 대한 헤더 파일이고, 리스트 14.2는 테스트 프로그램이다.

리스트 14.1 Rational.h

```
1  #ifndef RATIONAL_H
2  #define RATIONAL_H
3  #include <string>
4  using namespace std;
5
```

감시 포함
상수 정의

Rational
-numerator: int
-denominator: int
+Rational()
+Rational(numerator: int, denominator: int)
+getNumerator(): int const
+getDenominator(): int const
+add(secondRational: Rational): Rational const
+subtract(secondRational: Rational): Rational const
+multiply(secondRational: Rational): Rational const
+divide(secondRational: Rational): Rational const
+compareTo(secondRational: Rational): int const
+equals(secondRational: Rational): bool const
+intValue(): int const
+doubleValue(): double const
+toString(): string const
-gcd(n: int, d: int): int

유리수의 분자

유리수의 분모

분자가 0, 분모가 1인 유리수 생성

지정 값의 분자와 분모로 유리수 생성

유리수의 분자 반환

유리수의 분모 반환

현재 유리수와 다른 유리수의 덧셈 반환

현재 유리수와 다른 유리수의 뺄셈 반환

현재 유리수와 다른 유리수의 곱셈 반환

현재 유리수와 다른 유리수의 나눗셈 반환

현재 유리수가 지정 값보다 작은지, 같은지, 큰지를 나타내는 −1, 0, 1의 int 값을 반환

현재 유리수가 지정 값과 같다면 참을 반환

분자/분모 계산 결과를 반환

1.0 * 분자/분모 계산 결과를 반환

'분자/분모'의 형태로 문자열 반환. 분모가 1이면 분자만 반환

n과 d 사이의 최대공약수를 반환

그림 14.1 Rational 클래스의 속성, 생성자, 함수를 UML로 설명한다.

공용 멤버

전용 멤버

정적 함수

```
6   class Rational
7   {
8   public:
9       Rational();
10      Rational(int numerator, int denominator);
11      int getNumerator() const;
12      int getDenominator() const;
13      Rational add(const Rational& secondRational) const;
14      Rational subtract(const Rational& secondRational) const;
15      Rational multiply(const Rational& secondRational) const;
16      Rational divide(const Rational& secondRational) const;
17      int compareTo(const Rational& secondRational) const;
18      bool equals(const Rational& secondRational) const;
19      int intValue() const;
20      double doubleValue() const;
21      string toString() const;
22
23  private:
24      int numerator;
25      int denominator;
26      static int gcd(int n, int d);
```

```
27   };
28
29   #endif
```

리스트 14.2 TestRationalClass.cpp

```
1    #include <iostream>
2    #include "Rational.h"                                           Rational 포함
3    using namespace std;
4
5    int main()
6    {
7      // 두 유리수 r1과 r2 생성 및 초기화
8      Rational r1(4, 2);                                           Rational 생성
9      Rational r2(2, 3);
10
11     // toString, 덧셈, 뺄셈, 곱셈, 나눗셈 테스트
12     cout << r1.toString() << " + " << r2.toString() << " = "     toString 호출
13       << r1.add(r2).toString() << endl;                          add 호출
14     cout << r1.toString() << " - " << r2.toString() << " = "
15       << r1.subtract(r2).toString() << endl;                     subtract 호출
16     cout << r1.toString() << " * " << r2.toString() << " = "
17       << r1.multiply(r2).toString() << endl;                     multiply 호출
18     cout << r1.toString() << " / " << r2.toString() << " = "
19       << r1.divide(r2).toString() << endl;                       divide 호출
20
21     // intValue와 double 테스트
22     cout << "r2.intValue()" << " is " << r2.intValue() << endl;  intValue 호출
23     cout << "r2.doubleValue()" << " is " << r2.doubleValue() << endl;  doubleValue 호출
24
25     // compareTo와 equal 테스트
26     cout << "r1.compareTo(r2) is " << r1.compareTo(r2) << endl;  compareTo 호출
27     cout << "r2.compareTo(r1) is " << r2.compareTo(r1) << endl;
28     cout << "r1.compareTo(r1) is " << r1.compareTo(r1) << endl;
29     cout << "r1.equals(r1) is "                                  equals 호출
30         << (r1.equals(r1) ? "true" : "false") << endl;
31     cout << "r1.equals(r2) is "
32         << (r1.equals(r2) ? "true" : "false") << endl;
33
34     return 0;
35   }
```

```
2 + 2/3 = 8/3
2 - 2/3 = 4/3
2 * 2/3 = 4/3
2 / 2/3 = 3
r2.intValue() is 0
r2.doubleValue() is 0.666667
r1.compareTo(r2) is 1
r2.compareTo(r1) is -1
r1.compareTo(r1) is 0
r1.equals(r1) is true
r1.equals(r2) is false
```

main 함수는 두 유리수 r1과 r2를 생성하고(8번~9번 줄) r1 + r2, r1 - r2, r1 × r2, r1 /
r2의 결과를 화면에 출력한다(12번~19번 줄). r1 + r2를 수행하기 위하여 새로운 **Rational**
객체를 반환하는 **r1.add(r2)**를 호출한다. 마찬가지로 **r1.subtract(r2)**는 r1 - r2에 대한
새로운 **Rational** 객체를 반환하고, r1 × r2에 대해서는 **r1.multiply(r2)**, r1 × r2에 대해
서는 **r1.divide(r2)**를 반환한다.

intValue() 함수는 r2의 int 값을 화면에 출력하며(22번 줄), **doubleValue()** 함수는 r2
의 **double** 값을 화면에 출력한다(23번 줄).

r1.compareTo(r2) 호출(26번 줄)은 r1이 r2보다 크기 때문에 1을 반환하고, **r2.
compareTo(r1)** 호출(27번 줄)은 r2가 r1보다 작으므로 -1을 반환하며, **r1.compareTo(r1)**
호출(28번 줄)은 r1이 r1과 같기 때문에 0을 반환한다. **r1.equals(r1)** 호출(29번 줄)은 r1이
r1과 같으므로 **true**를 반환하고, **r1.equals(r2)** 호출(30번 줄)은 r1과 r2가 같지 않으므로
false를 반환한다.

Rational 클래스를 리스트 14.3에 구현하였다.

리스트 14.3 Rational.cpp

Rational 헤더

```
1  #include "Rational.h"
2  #include <sstream> // 숫자를 문자로 변환하기 위해 toString 사용
3  #include <cstdlib> // abs 함수 사용을 위해
4  Rational::Rational()
5  {
6    numerator = 0;
7    denominator = 1;
8  }
9
10 Rational::Rational(int numerator, int denominator)
11 {
12   int factor = gcd(numerator, denominator);
13   this->numerator = ((denominator > 0) ? 1 : -1) * numerator / factor;
14   this->denominator = abs(denominator) / factor;
15 }
16
17 int Rational::getNumerator() const
18 {
19   return numerator;
20 }
21
22 int Rational::getDenominator() const
23 {
24   return denominator;
25 }
26
27 // 두 수의 최대공약수(GCD) 찾기
28 int Rational::gcd(int n, int d)
29 {
30   int n1 = abs(n);
31   int n2 = abs(d);
32   int gcd = 1;
```

인수 없는 생성자 / 데이터 필드 초기화 / 생성자 / 데이터 필드 초기화 / gcd

```
33
34    for (int k = 1; k <= n1 && k <= n2; k++)
35    {
36      if (n1 % k == 0 && n2 % k == 0)
37        gcd = k;
38    }
39
40    return gcd;
41  }
42
43  Rational Rational::add(const Rational& secondRational) const
44  {
45    int n = numerator * secondRational.getDenominator() +
46      denominator * secondRational.getNumerator();
47    int d = denominator * secondRational.getDenominator();
48    return Rational(n, d);
49  }
50
51  Rational Rational::subtract(const Rational& secondRational) const
52  {
53    int n = numerator * secondRational.getDenominator()
54      - denominator * secondRational.getNumerator();
55    int d = denominator * secondRational.getDenominator();
56    return Rational(n, d);
57  }
58
59  Rational Rational::multiply(const Rational& secondRational) const
60  {
61    int n = numerator * secondRational.getNumerator();
62    int d = denominator * secondRational.getDenominator();
63    return Rational(n, d);
64  }
65
66  Rational Rational::divide(const Rational& secondRational) const
67  {
68    int n = numerator * secondRational.getDenominator();
69    int d = denominator * secondRational.numerator;
70    return Rational(n, d);
71  }
72
73  int Rational::compareTo(const Rational& secondRational) const
74  {
75    Rational temp = subtract(secondRational);
76    if (temp.getNumerator() < 0)
77      return -1;
78    else if (temp.getNumerator() == 0)
79      return 0;
80    else
81      return 1;
82  }
83
84  bool Rational::equals(const Rational& secondRational) const
85  {
```

add

$$\frac{a}{b} + \frac{c}{d} = \frac{ad + bc}{bd}$$

subtract

$$\frac{a}{b} - \frac{c}{d} = \frac{ad - bc}{bd}$$

multiply

$$\frac{a}{b} \times \frac{c}{d} = \frac{ac}{bd}$$

divide

$$\frac{a}{b} \div \frac{c}{d} = \frac{ad}{bc}$$

compareTo

equals

```
 86      if (compareTo(secondRational) == 0)
 87        return true;
 88      else
 89        return false;
 90    }
 91
 92    int Rational::intValue() const
 93    {
 94      return getNumerator() / getDenominator();
 95    }
 96
 97    double Rational::doubleValue() const
 98    {
 99      return 1.0 * getNumerator() / getDenominator();
100    }
101
102    string Rational::toString() const
103    {
104      stringstream ss;
105      ss << numerator;
106
107      if (denominator > 1)
108        ss << "/" << denominator;
109
110      return ss.str();
111    }
```

intValue — (줄 92)

doubleValue — (줄 97)

toString — (줄 102)

유리수는 **Rational** 객체에서 캡슐화된다. 내부적으로 유리수는 최소항으로 표현되고(13번~14번 줄), 분자가 유리수의 부호를 결정하며(13번 줄), 분모는 항상 양수이다(14번 줄).

gcd() 함수(28번~41번 줄)는 전용(private) 멤버이므로 클라이언트(client)에서는 사용될 수 없고 **Rational** 클래스 내부에서만 사용 가능하다. 또한 **gcd()** 함수는 임의의 특정 **Rational** 객체에 의존하지 않으므로 정적(static)이다.

abs(x) 함수(30번~31번 줄)는 **x**의 절댓값을 반환하도록 표준 C++ 라이브러리에 정의되어 있다.

두 **Rational** 객체에 대해 덧셈, 뺄셈, 곱셈, 나눗셈 연산을 수행할 수 있다. 이들 함수는 새로운 **Rational** 객체를 반환한다(43번~71번 줄).

compareTo(&secondRational) 함수(73번~82번 줄)는 현재의 유리수와 다른 유리수를 비교한다. 먼저 현재 유리수에서 두 번째 유리수를 빼서 그 결과를 **temp**에 저장한다(75번 줄). 만약 **temp**의 분자가 0보다 작으면 **-1**, 같으면 **0**, 크면 **1**을 반환한다.

equals(&secondRational) 함수(84번~90번 줄)는 현재의 유리수와 다른 유리수를 비교하기 위해 **compareTo** 함수를 이용한다. 만약 이 함수가 0을 반환하면 **equals** 함수는 **true**를 반환하고, 그렇지 않은 경우에는 **false**를 반환한다.

intValue와 **doubleValue** 함수는 현재의 유리수에 대해 각각 **int**와 **double** 값을 반환한다 (92번~100번 줄).

toString() 함수(102번~111번 줄)는 **numerator/denominator** 형식으로, 또는

denominator가 1인 경우 간단히 **numerator**로 **Rational** 객체에 대한 문자열을 반환한다. 10.2.11절 "숫자를 문자열로 변환"에서 설명한 문자열 스트림이 숫자를 문자열로 변환하기 위해 사용된다.

> **팁**
>
> 분자와 분모는 두 개의 변수를 사용하여 표현된다. 두 개의 정수 배열을 사용하여 분자와 분모를 나타낼 수도 있다. 이에 대해서는 프로그래밍 실습 14.2를 참고하라. 비록 유리수의 내부 표현이 변경된다 할지라도 **Rational** 클래스 내의 공용(public) 함수들에 대한 서명(signature)[1]은 변경되지 않는다. 이는 클래스의 사용으로부터 클래스의 구현을 **캡슐화**하기 위해 클래스의 데이터 필드를 전용(private)으로 유지해야 하는 개념을 설명하는 좋은 예이다.

캡슐화

14.3 연산자 함수

C++에서 대부분의 연산자는 원하는 연산을 수행하기 위한 함수로 정의될 수 있다.

다음과 같은 직관적인 구문을 사용하여 두 개의 문자열 객체를 비교하면 편리할 것이다.

```
string1 < string2
```

앞과 유사한 다음 구문을 사용하여 두 개의 **Rational** 객체를 비교할 수 있다.

```
r1 < r2
```

클래스에서 연산자 함수(operator function)라고 하는 특별한 함수를 정의할 수 있다. 연산자 함수는 실제 연산자 앞에 **operator**라는 키워드가 있어야 한다는 것을 제외하고는 일반적인 함수와 동일하다. 예를 들어, 다음 함수 헤더를 보자.

연산자 함수

연산자를 오버로딩하는 방법

```
bool operator<(const Rational& secondRational) const
```

이는 만약 현재의 **Rational** 객체가 **secondRational**보다 작으면 **true**를 반환하는 < 연산자 함수를 정의한다. 다음과 같이 사용하여 이 함수를 호출할 수 있다.

```
r1.operator<(r2)
```

또는 단순히 다음과 같이 사용해도 된다.

```
r1 < r2
```

이 연산자를 사용하기 위해서는 리스트 14.1 Rational.h의 공용(public) 영역 안에 **operator<**에 대한 함수 헤더를 추가해야 하고, 리스트 14.3 Rational.cpp에 다음과 같이 함수를 구현해야 한다.

operator< 오버로딩

```
1  bool Rational::operator<(const Rational& secondRational) const
2  {
3    // compareTo는 이미 Rational.h에 정의되어 있음
4    if (compareTo(secondRational) < 0)
5      return true;
6    else
```

연산자 함수

compareTo 호출

---

1) 역주: 서명(signature)이란 함수 이름과 매개변수 부분을 말한다(그림 6.1 참조).

```
7        return false;
8    }
```

다음 코드를 살펴보자.

```
Rational r1(4, 2);
Rational r2(2, 3);
cout << "r1 < r2 is " << (r1.operator<(r2) ? "true" : "false");
cout << "\nr1 < r2 is " << ((r1 < r2) ? "true" : "false");
cout << "\nr2 < r1 is " << (r2.operator<(r1) ? "true" : "false");
```

이 코드들의 화면 출력은 다음과 같다.

```
r1 < r2 is false
r1 < r2 is false
r2 < r1 is ture
```

r1.operator<(r2)는 **r1 < r2**와 동일하지만, 후자가 더 간단해서 이를 선택하는 것이 더 좋다.

오버로딩이 가능한 연산자
C++에서는 표 14.1에 표시된 연산자에 대해 오버로딩이 가능하다. 표 14.2는 오버로딩할 수 없는 4개의 연산자를 보여준다. C++에서 새로운 연산자를 생성하는 것은 허용되지 않는다.

표 14.1 오버로딩이 가능한 연산자

+	-	*	/	%	^	&	|	~	!	=
<	>	+=	-=	*=	/=	%=	^=	&=	|=	<<
>>	>>=	<<=	==	!=	<=	>=	&&	||	++	--
->*	,	->	[]	()	new	delete				

표 14.2 오버로딩이 불가능한 연산자

?:	.	.*	::

우선순위와 결합성
 주의
C++에서는 연산자 우선순위와 결합성(associativity)을 정의하고 있다(3.15절 "연산자 우선순위 및 결합성" 참조). 오버로딩에 의해 연산자 우선순위와 결합성을 변경할 수는 없다.

피연산자의 수
 주의
대부분의 연산자들은 이항 연산자이며 몇 개만 단항 연산자이다. 오버로딩에 의해 피연산자(operand)의 개수를 변경할 수 없다. 예를 들어, 나누기 / 연산자는 이항 연산자이며, ++는 단항 연산자이다.

이항 + 연산자 오버로딩
Rational 클래스에서 이항 + 연산자를 오버로딩하는 다른 예를 살펴보자. 리스트 14.1 Rational.h에 다음 함수 헤더를 추가하자.

```
Rational operator+(const Rational& secondRational) const
```

리스트 14.3 Rational.cpp에 다음과 같이 함수를 구현한다.

+ 연산자 함수

호출
```
1    Rational Rational::operator+(const Rational& secondRational) const
2    {
3       // add는 이미 Rational.h에 정의되어 있음
```

```
4      return add(secondRational);
5    }
```

다음 코드를 살펴보자.

```
Rational r1(4, 2);
Rational r2(2, 3);
cout << "r1 + r2 is " << (r1 + r2).toString() << endl;
```

이 코드의 화면 출력은 다음과 같다.

```
r1 + r2 is 8/3
```

14.1 연산자 오버로딩을 위한 연산자 함수는 어떻게 정의하는가?

14.2 오버로딩이 불가능한 연산자의 목록을 작성하여라.

14.3 오버로딩으로 연산자 우선순위나 결합성을 변경할 수 있는가?

Check Point

14.4 첨자 연산자 []의 오버로딩

첨자 연산자 []는 일반적으로 객체 내의 데이터 필드나 요소에 접근하거나 값을 수정하기 위해 정의된다.

C++에서 대괄호의 쌍 []를 첨자 연산자(subscript operator)라 한다. 배열 요소에 접근하거나 **string** 객체와 **vector** 객체 내의 요소에 접근하기 위해 이 연산자를 사용했었다. 객체의 내용에 접근하고자 할 때 이 연산자를 오버로딩할 수 있다. 예를 들어, **r[0]**과 **r[1]**을 사용하여 **Rational** 객체 **r**의 분자와 분모에 접근하고자 할 때가 있다.

먼저 [] 연산자 오버로딩의 잘못된 예를 보여주고, 그 다음에 문제점을 확인하고 올바른 해결책을 제시할 것이다. **Rational** 객체가 [] 연산자를 사용하여 분자와 분모에 접근하도록 하려면, Rational.h 헤더 파일에 다음과 같은 함수 헤더를 정의한다.

Key Point

첨자 연산자

```
int operator[](int index);
```

Rational.cpp에 다음과 같이 함수를 구현한다.

```
1    int Rational::operator[](int index)   ← 부분적으로 옳음
2    {
3      if (index == 0)
4        return numerator;
5      else
6        return denominator;
7    }
```

[] 함수 연산자

분자 접근

분모 접근

다음 코드

```
Rational r(2, 3);
cout << "r[0] is " << r[0] << endl;
cout << "r[1] is " << r[1] << endl;
```

의 화면 출력은 다음과 같다.

```
r[0] is 2
r[1] is 3
```

다음과 같은 배열 대입문으로 새로운 분자나 분모를 설정할 수 있을까?

```
r[0] = 5;
r[1] = 6;
```

이를 컴파일하면, 다음과 같은 오류가 나타날 것이다.

```
Lvalue required in function main()
```

Lvalue

Rvalue

C++에서 Lvalue(left value의 줄임말)는 대입 연산자(=)의 왼쪽에 존재하는 것을 의미하고, Rvalue(right value의 줄임말)는 대입 연산자(=)의 오른쪽에 존재하는 것을 의미한다. **r[0]**과 **r[1]**에 값을 대입할 수 있게 하기 위해서 **r[0]**과 **r[1]**이 어떻게 Lvalue가 되도록 할 수 있는가? 이는 변수의 참조를 반환하도록 [] 연산자를 정의하면 된다.

Rational.h에 다음의 올바른 함수 헤더를 추가한다.

int& operator[](int index);

Rational.cpp에 다음과 같이 함수를 구현한다.

올바른 헤더 함수

```
int& Rational::operator[](int index)  ←─── 올바른 문장
{
  if (index == 0)
    return numerator;
  else
    return denominator;
}
```

참조에 의한 전달

참조에 의한 전달은 익숙할 것이다. 참조에 의한 반환(return-by-reference)과 참조에 의한 전달은 같은 개념이다. 참조에 의한 전달에서 형식 매개변수와 실 매개변수는 서로에게 별명(alias)이 된다. 참조에 의한 반환에서 함수는 변수로 별명을 반환한다.

이 함수에서 **index**가 0이면, 함수는 **numerator** 변수의 별명을 반환한다. 만일 index가 1이면, 함수는 **denominator** 변수의 별명을 반환한다.

이 함수는 인덱스의 경계를 확인하지 않는다는 사실에 주의해야 한다. 16장에서 인덱스가 0 또는 1이 아닌 경우에는 예외 처리를 함으로써 프로그램이 좀 더 안정적으로 실행되도록 이 함수를 수정하는 방법을 배울 것이다.

다음 코드를 살펴보자.

r[0]에 대입

r[1]에 대입

```
1    Rational r(2, 3);
2    r[0] = 5; // 분자를 5로 설정
3    r[1] = 6; // 분모를 6으로 설정
4    cout << "r[0] is " << r[0] << endl;
5    cout << "r[1] is " << r[1] << endl;
6    cout << "r.doubleValue() is " << r.doubleValue() << endl;
```

이 코드의 화면 출력은 다음과 같다.

```
r[0] is 5
r[1] is 6
r.doubleValue() is 0.833333
```

r[0]에서 **r**은 객체이고 **0**은 멤버 함수 **[]**에 대한 인수이다. **r[0]**이 수식으로 사용될 때에는 분자에 대한 값을 반환한다. **r[0]**이 대입 연산자의 왼쪽에 사용될 때에는 **numerator** 변수에 대한 별명이 된다. 따라서 **r[0]** = 5는 **numerator**에 5를 대입한다.

[] 연산자는 접근자(accessor)와 변경자(mutator)로 동작한다. 예를 들어, 수식에서 분자를 검색하기 위해서는 접근자로 **r[0]**을 사용하고, 변경자로서 **r[0]** = **value**를 사용한다.

편의상 Lvalue 연산자 참조를 반환하는 함수 연산자를 호출한다. 또한 +=, -=, *=, /=, %=와 같은 몇 가지 연산자도 Lvalue 연산자이다.

[] 접근자와 변경자

Lvalue 연산자

14.4 Lvalue는 무엇인가? Rvalue는 무엇인가?

14.5 참조에 의한 전달과 참조에 의한 반환을 설명하여라.

14.6 [] 연산자에 대한 함수 서명은 어떻게 작성되어야 하는가?

Check Point

14.5 증강 대입 연산자의 오버로딩

참조에 의한 값을 반환하기 위한 함수로 증강 대입 연산자를 정의할 수 있다.

Key Point

C++에서는 변수 값의 덧셈, 뺄셈, 곱셈, 나눗셈, 나머지를 구하기 위한 증강 대입 연산자 +=, -=, *=, /=, %=를 제공하고 있다. 이들 연산자들을 **Rational** 클래스 내에서 오버로딩할 수 있다.

증강 연산자를 Lvalue로 사용할 수 있다. 예를 들어, 다음 코드는 올바른 것이다.

```
int x = 0;
(x += 2) += 3;
```

따라서 증강 대입 연산자는 Lvalue 연산자이고, 참조에 의한 반환을 위해서는 증강 대입 연산자를 오버로딩해야 한다.

다음은 덧셈 대입 연산자 +=를 오버로딩하는 예이다. 리스트 14.1 Rational.h에 다음 함수 헤더를 추가한다.

Rational& **operator**+=(**const** Rational& secondRational)

리스트 14.3 Rational.cpp에서 함수를 구현한다.

```
1    Rational& Rational::operator+=(const Rational& secondRational)
2    {
3      *this = add(secondRational);
4      return *this;
5    }
```

+= 연산자 함수

호출 객체에 추가
호출 객체를 반환

3번 줄은 호출 **Rational** 객체와 두 번째 **Rational** 객체를 더하기 위해 **add** 함수를 호출한다.

3번 줄에서 결과가 호출 객체 *this에 복사된다. 호출 객체는 4번 줄에서 반환된다.

예를 들어, 다음 코드를 살펴보자.

+= 연산자 함수

```
1    Rational r1(2, 4);
2    Rational r2 = r1 += Rational(2, 3);
3    cout << "r1 is " << r1.toString() << endl;
4    cout << "r2 is " << r2.toString() << endl;
```

이 코드의 화면 출력은 다음과 같다.

```
r1 is 7/6
r2 is 7/6
```

14.7 +=과 같은 증강 연산자를 오버로딩할 때, 함수는 void이어야 하는가? 아니면 그 반대 인가?

14.8 증강 대입 연산자를 위한 함수는 참조를 반환해야 하는 이유는 무엇인가?

14.6 단항 연산자 오버로딩

단항 연산자 +와 ?를 오버로딩할 수 있다.

+와 -는 단항 연산자이며, 이들 또한 오버로딩될 수 있다. 단항 연산자는 호출 객체 자신인 한 개의 피연산자에 대해 연산하므로 단항 연산자 함수는 매개변수를 가지지 않는다.

다음은 - 연산자를 오버로딩하는 예이다. 리스트 14.1 Rational.h에 함수 헤더를 추가한다.

```
Rational operator-()
```

리스트 14.3 Rational.cpp에 함수를 구현한다.

분자 음수화
호출 객체 반환

```
1    Rational Rational::operator-()
2    {
3        return Rational(-numerator, denominator);
4    }
```

Rational 객체를 음수화하는 것은 유리수의 분자를 음수화하는 것과 같다(3번 줄). 4번 줄은 호출 객체를 반환한다. 음수(-) 연산자는 새로운 **Rational**을 반환한다. 호출 객체 자신은 변경되지 않는다.

다음 코드를 살펴보자.

단항 - 연산자

```
1    Rational r2(2, 3);
2    Rational r3 = -r2; // r2를 음수화
3    cout << "r2 is " << r2.toString() << endl;
4    cout << "r3 is " << r3.toString() << endl;
```

이 코드의 화면 출력은 다음과 같다.

```
r2 is 2/3
r3 is -2/3
```

14.9 + 단항 연산자에 대한 함수 서명은 어떻게 작성되어야 하는가?

14.10 - 단항 연산자에 대한 다음 구현이 잘못된 이유는 무엇인가?

```
Rational Rational::operator-()
{
    numerator *= -1;
    return *this;
}
```

14.7 ++와 -- 연산자 오버로딩

전위 증가, 전위 감소, 후위 증가, 후위 감소 연산자를 오버로딩할 수 있다.

++와 -- 연산자는 변수 앞이나 뒤에 올 수 있다. 전위 연산자로서 ++var나 --var는 변수에 먼저 1을 더하거나 뺀 다음, var에 저장된 새로운 값을 연산에 사용한다. 후위 연산자로서 var++나 var--는 변수에 1을 더하거나 빼지만, var에 1을 더하거나 빼기 전의 값을 연산에 사용한다.

만약 다음과 같이 ++와 --가 옳게 구현된다면,

```
1    Rational r2(2, 3);
2    Rational r3 = ++r2; // 전위 증가
3    cout << "r3 is " << r3.toString() << endl;
4    cout << "r2 is " << r2.toString() << endl;
5
6    Rational r1(2, 3);
7    Rational r4 = r1++; // 후위 증가
8    cout << "r1 is " << r1.toString() << endl;
9    cout << "r4 is " << r4.toString() << endl;
```

r2[0]에 할당
r2[1]에 할당

이 코드의 화면 출력은 다음과 같다.

```
r3 is 5/3
r2 is 5/3
r1 is 5/3
r4 is 2/3   ←r4는 r1의 원래 값을 저장
```

C++에서는 전위의 ++/-- 함수 연산자와 후위의 ++/-- 함수 연산자를 어떻게 구별할까? C++에서는 다음과 같은 **int** 형의 특별한 더미(dummy) 매개변수를 갖는 후위 ++/-- 함수 연산자와 매개변수를 갖지 않는 전위 ++ 함수 연산자를 정의하고 있다.

```
Rational& operator++();
Rational operator++(int dummy)
```

전위 ++ 연산자
후위 ++ 연산자

전위 ++와 -- 연산자는 Lvalue 연산자이지만, 후위 ++와 -- 연산자는 Lvalue 연산자가 아니라는 점에 주의해야 한다. 이들 전위와 후위 ++ 연산자 함수는 다음과 같이 구현될 수 있다.

```
1    // 전위 증가
2    Rational& Rational::operator++()
3    {
```

$\dfrac{a}{b} + 1 = \dfrac{a+1}{b}$

호출 객체 반환

```
 4        numerator += denominator;
 5        return *this;
 6    }
 7
 8    // 후위 증가
 9    Rational Rational::operator++(int dummy)
10    {
11        Rational temp(numerator, denominator);
12        numerator += denominator;
13        return temp;
14    }
```

temp 생성

$\dfrac{a}{b} + 1 = \dfrac{a+b}{b}$

temp 객체 반환

전위 ++ 함수에서 4번 줄은 분자에 분모를 더한다. 이는 Rational 객체에 1을 더한 후, 호출 객체에 대한 새로운 분자가 된다. 5번 줄은 호출 객체를 반환한다.

후위 ++ 함수에서 11번 줄은 원래의 호출 객체를 저장하기 위해 임시 Rational 객체를 생성한다. 12번 줄은 호출 객체를 증가시키고 13번 줄은 원래의 호출 객체를 반환한다.

14.11 전위 ++ 연산자와 후위 ++ 연산자에 함수 서명은 어떻게 작성되어야 하는가?

14.12 다음과 같이 후위 ++를 구현했다고 가정하자.

```
Rational Rational::operator++(int dummy)
{
    Rational temp(*this);
    add(Rational(1, 0));
    return temp;
}
```

이는 올바른 구현인가? 만약 그렇다면 본문에서 구현한 것과 비교하여 어느 것이 더 좋은가?

14.8 friend 함수와 friend 클래스

Key Point

다른 클래스에 있는 전용 멤버에 접근할 수 있도록 하기 위해서 friend 함수나 friend 클래스를 정의할 수 있다.

C++에서는 스트림 삽입 연산자(<<)와 스트림 추출 연산자(>>)를 오버로딩할 수 있다. 이들 연산자는 friend 비멤버 함수로 구현되어야 한다. 이 절에서는 두 연산자를 오버로딩하기 위한 friend 함수와 friend 클래스에 대해 설명한다.

클래스의 전용 멤버는 클래스 외부에서 접근할 수 없다. 경우에 따라 몇몇 신뢰할 수 있는 함수나 클래스가 클래스의 전용 멤버에 접근하도록 허용하는 것이 편리할 때가 있다. C++에서는 이와 같은 신뢰할 수 있는 함수나 클래스가 다른 클래스의 전용 멤버에 접근할 수 있도록 friend 함수와 friend 클래스를 정의하기 위해 friend 키워드를 사용할 수 있다.

friend 클래스

리스트 14.4는 friend 클래스를 정의하는 예이다.

리스트 14.4 Date.h

```
1    #ifndef DATE_H
2    #define DATE_H
```

```
 3  class Date
 4  {
 5  public:
 6    Date(int year, int month, int day)
 7    {
 8      this->year = year;
 9      this->month = month;
10      this->day = day;
11    }
12
13    friend class AccessDate;                              friend 클래스
14
15  private:
16    int year;
17    int month;
18    int day;
19  };
20
21  #endif
```

AccessDate 클래스(13번 줄)가 friend 클래스로 정의되어 있다. 따라서 리스트 14.5의
AccessDate 클래스의 전용 데이터 필드 year, month, day에 직접 접근할 수 있다.

리스트 14.5 TestFriendClass.cpp

```
 1  #include <iostream>
 2  #include "Date.h"                                      헤더 Date.h
 3  using namespace std;
 4
 5  class AccessDate
 6  {
 7  public:
 8    static void p()                                      정적 함수
 9    {
10      Date birthDate(2010, 3, 4);                        Date 생성
11      birthDate.year = 2000;                             전용 데이터 수정
12      cout << birthDate.year << endl;                    전용 데이터 접근
13    }
14  };
15
16  int main()
17  {
18    AccessDate::p();                                     정적 함수 호출
19
20    return 0;
21  }
```

AccessDate 클래스는 5번~14번 줄에 정의되어 있으며, Date 객체는 클래스에서 생성된다.
AccessDate는 Date 클래스의 friend 클래스이므로 Date 객체의 전용 데이터는 AccessDate
클래스에서 접근이 가능하다(11번~12번 줄). main 함수는 18번 줄에서 정적 함수
AccessDate::p()를 호출한다.

friend 함수

리스트 14.6은 **friend** 함수의 사용 방법을 보여주는 예이다. 이 프로그램은 **friend** 함수 **p** 를 포함하는 **Date** 클래스를 정의한다(13번 줄). 함수 **p**는 **Date** 클래스의 멤버는 아니지만, **Date**의 전용 데이터에 접근할 수 있다. 함수 **p**에서 **Date** 객체는 23번 줄에서 생성되며, 24번 줄에서 전용 필드 데이터 **year**가 변경되고 25번 줄에서 검색된다.

리스트 14.6 TestFriendFunction.cpp

```
1   #include <iostream>
2   using namespace std;
3
4   class Date
5   {
6   public:
7     Date(int year, int month, int day)
8     {
9       this->year = year;
10      this->month = month;
11      this->day = day;
12    }
```
friend 함수 정의
```
13    friend void p();
14
15  private:
16    int year;
17    int month;
18    int day;
19  };
20
21  void p()
22  {
```
전용 데이터 수정
전용 데이터 접근
```
23    Date date(2010, 5, 9);
24    date.year = 2000;
25    cout << date.year << endl;
26  }
27
28  int main()
29  {
```
friend 함수 호출
```
30    p();
31
32    return 0;
33  }
```

14.13 클래스의 전용 멤버에 접근할 수 있도록 **friend** 함수를 어떻게 정의하는가?

14.14 클래스의 전용 멤버에 접근할 수 있도록 **friend** 클래스를 어떻게 정의하는가?

14.9 <<와 >> 연산자 오버로딩

Key Point
스트림 추출(>>)과 삽입(<<) 연산자는 입력과 출력 기능을 수행하기 위해 오버로딩될 수 있다.

지금까지 **Rational** 객체를 화면에 출력하기 위해서는 **Rational** 객체에 대한 문자열 표현을 반환하는 **toString()** 함수를 호출한 후 문자열을 화면에 출력한다. 예를 들어, **Rational** 객체 **r**을 화면에 출력하기 위해서는 다음과 같이 작성한다.

```
cout << r.toString();
```

다음과 같은 구문을 사용하여 **Rational** 객체를 직접 화면에 출력하면 좋지 않을까?

```
cout << r;
```

스트림 삽입 연산자(<<)와 스트림 추출 연산(>>)는 C++에서 다른 이항 연산자와 같다. **cout << r**은 실제로 <<**(cout, r)**나 **operator**<<**(cout, r)**와 동일하다.

다음 문장을 살펴보자.

```
r1 + r2;
```

연산자는 두 개의 피연산자 **r1**과 **r2**를 갖는 +이며, **r1**과 **r2** 모두는 **Rational** 클래스의 인스턴스이다. 따라서 인수로 **r2**를 갖는 멤버 함수로 + 연산자를 오버로딩할 수 있다. 그러나 다음 문장에서

```
cout << r;
```

연산자는 두 개의 피연산자 **cout**과 **r**을 갖는 <<이다. 첫 번째 피연산자는 **Rational** 클래스가 아닌 **ostream** 클래스의 인스턴스이다. 따라서 **Rational** 클래스의 멤버 함수로 << 연산자를 오버로딩할 수 없다. 그러나 Rational.h 헤더 파일에서 **Rational** 클래스의 **friend** 함수로 이 함수를 다음과 같이 정의할 수 있다.

왜 <<를 위한 비멤버 함수인가?

```
friend ostream& operator<<(ostream& out, const Rational& rational);
```

이 함수는 연속된 수식에서 << 연산자를 사용할 수 있으므로 **ostream**의 참조를 반환한다. 다음 문장을 살펴보자.

<<의 연속

```
cout << r1 << " followed by " << r2;
```

이는 다음과 동일하다.

```
((cout << r1) << " followed by ") << r2;
```

이 문장이 실행되려면, **cout << r1**이 **ostream**의 참조를 반환해야 한다. 따라서 << 함수는 다음과 같이 구현될 수 있다.

```
ostream& operator<<(ostream& out, const Rational& rational)
{
  out << rational.numerator << "/" << rational.denominator;
  return out;
}
```

마찬가지로 >> 연산자를 오버로딩하기 위해서는 Rational.h 헤더 파일에 다음과 같은 함수 헤더를 정의한다.

```
friend istream& operator>>(istream& in, Rational& rational);
```

Rational.cpp에 다음과 같이 이 함수를 구현한다.

```
istream& operator>>(istream& in, Rational& rational)
```

```
{
    cout << "Enter numerator: ";
    in >> rational.numerator;

    cout << "Enter denominator: ";
    in >> rational.denominator;
    return in;
}
```

다음 코드는 오버로딩된 <<와 >> 함수 연산자를 사용한 테스트 프로그램이다.

```
1    Rational r1, r2;
2    cout << "Enter first rational number" << endl;
3    cin >> r1;
4
5    cout << "Enter second rational number" << endl;
6    cin >> r2;
7
8    cout << r1 << " + " << r2 << " = " << r1 + r2 << endl;
```

>> 연산자 (line 3)

>> 연산자 (line 6)

<< 연산자 (line 8)

```
Enter first rational number
Enter numerator: 1  ↵Enter
Enter denominator: 2  ↵Enter
Enter second rational number
Enter numerator: 3  ↵Enter
Enter denominator: 4  ↵Enter
1/2 + 3/4 is 5/4
```

3번 줄은 **cin**으로부터 유리수 객체로 값을 읽는다. 8번 줄에서 **r1 + r2**의 새로운 유리수를 계산하게 되고, 그 다음 이 값을 **cout**으로 보낸다.

Check Point

14.15 << 연산자와 >> 연산자의 함수 서명은 어떻게 작성되어야 하는가?

14.16 <<와 >> 연산지가 비멤버 함수로 정의되어야 하는 이유는 무엇인가?

14.17 << 연산자를 다음과 같이 오버로딩한다고 하자.

```
ostream& operator<<(ostream& stream, const Rational& rational)
{
    stream << rational.getNumerator() << " / "
        << rational.getDenominator();
    return stream;
}
```

Rational 클래스에 다음을 정의할 필요가 있는가?

```
friend ostream& operator<<(ostream& stream, Rational& rational)
```

14.10 자동 형변환

객체를 원시 유형으로 또는 원시 유형을 객체로 자동 변환하는 함수를 정의할 수 있다.

C++에서는 자동으로 특정 형변환을 수행할 수 있다. **Rational** 객체를 원시 유형으로 또는 원시 유형을 **Rational** 객체로 변환할 수 있는 함수를 정의할 수 있다.

14.10.1 원시 데이터 유형으로 변환

다음과 같이 **int** 값에 **double** 값을 더할 수 있다.

```
4 + 5.5
```

이 경우, C++에서는 **int** 값 **4**를 **double** 값 **4.0**으로 변환하기 위해 자동 형변환을 수행한다.

유리수를 **int** 또는 **double** 값에 더할 수 있을까? 이는 객체를 **int** 또는 **double**로 변환하는 연산자 함수를 정의함으로써 가능하다. 다음은 **Rational** 객체를 **double** 값으로 변환하는 함수의 구현이다.

```
Rational::operator double()
{
  return doubleValue(); // Rational.h에 doubleValue()이 존재함
}
```

Rational.h 헤더 파일에 멤버 함수 헤더를 추가해야 한다는 것을 잊지 말아야 한다.

```
operator double();
```

이는 C++에서 원시 유형으로 변환 함수를 정의하기 위한 특별한 구문으로, 생성자처럼 반환 유형이 없다. 함수 이름은 객체가 변환될 유형이다.

따라서 다음 코드,

변환 함수 구문

```
1   Rational r1(1, 4);
2   double d = r1 + 5.1;
3   cout << "r1 + 5.1 is " << d << endl;
```

double 형을 갖는 관계 추가

는 다음과 같은 출력을 화면에 표시한다.

```
r1 + 5.1 is 5.35
```

2번 줄의 문장은 유리수 **r1**과 **double** 값 **5.1**을 더한다. 변환 함수가 유리수를 **double**로 변환하도록 정의되어 있으므로 **r1**은 **double** 값 **0.25**로 변환되고 그 후에 **5.1**에 더해진다.

14.10.2 객체 유형으로 변환

Rational 객체는 수치 값으로 자동 변환될 수 있다. 수치 값을 **Rational** 객체로 자동 변환할 수 있을까? 이는 가능하며, 이를 수행하기 위해서 헤더 파일에 다음과 같은 생성자를 정의한다.

```
Rational(int numerator);
```

그리고 구현 파일에 다음과 같이 구현한다.

```
Rational::Rational(int numerator)
{
  this->numerator = numerator;
  this->denominator = 1;
}
```

또한 + 연산자도 오버로딩된다면(14.3절 참조), 다음 코드

```
Rational r1(2, 3);
Rational r = r1 + 4; // 자동으로 4를 Rational로 변환
cout << r << endl;
```

는 다음과 같은 출력을 표시한다.

```
14 / 3
```

C++에서는 **r1 + 4**에 대해서 + 연산자가 **Rational**에 정수를 더하도록 오버로딩되어 있는지를 먼저 확인한다. 그와 같이 정의된 함수가 없으므로 다음으로 시스템은 **Rational**에 다른 **Rational**을 더하기 위해 + 연산자를 검색한다. **4**는 정수이므로 C++에서는 정수 인수로부터 **Rational** 객체를 생성하는 생성자를 사용한다. 다시 말하면, C++에서는 정수를 **Rational** 객체로 변환하기 위한 자동 변환을 수행한다. 이 자동 변환은 적절한 생성자를 사용할 수 있기 때문에 가능하다. 이제 두 **Rational** 객체는 새로운 **Rational** 객체(**14 / 3**)를 반환하기 위해 오버로딩된 + 연산자를 사용하여 더해진다.

   클래스는 객체를 원시 유형 값으로 변환하는 변환 함수를 정의하거나 원시 유형 값을 객체로 변환하는 변환 생성자를 정의할 수 있지만, 두 가지 모두를 클래스에서 동시에 정의할 수는 없다. 만약 둘 다 정의된 경우, 컴파일러는 불명확성에 대한 오류를 표시할 것이다.

14.18 객체를 **int** 형으로 변환하기 위한 함수 서명은 어떻게 작성되어야 하는가?

14.19 원시 유형 값을 객체로 변환하는 방법은 무엇인가?

14.20 클래스에 객체를 원시 유형 값으로 변환하는 변환 함수를 정의하고, 동시에 원시 유형 값을 객체로 변환하는 변환 생성자를 클래스 내에 정의할 수 있는가?

14.11 오버로딩 연산자를 위한 비멤버 함수 정의

연산자가 비멤버 함수로서 오버로딩될 수 있다면, 암시적 유형 변환을 가능하게 하도록 비멤버 함수로서 연산자를 정의한다.

C++에서는 특정 유형 변환을 자동으로 수행할 수 있으며, 변환을 가능하게 하는 함수를 정의할 수 있다.

   다음과 같이 **Rational** 객체 **r1**에 정수를 더할 수 있다.

```
r1 + 4
```

다음과 같이 정수에 **Rational** 객체 **r1**을 더할 수 있을까?

```
4 + r1
```

당연히 + 연산자는 대칭성을 가지고 있다고 생각할 것이다. 그러나 이는 실행되지 않는데, 왼쪽 피연산자가 + 연산자에 대한 호출 객체이고 왼쪽 피연산자는 **Rational** 객체이어야 하기 때문이다. 여기서 **4**는 정수이며 **Rational** 객체가 아니다. C++에서는 이 경우에 자동 변환을 수행하지 않는다. 이 문제점을 피하기 위해서는 다음과 같은 두 개의 단계를 수행한다.

1. 이전 절에서 설명했던 바와 같이, 다음 생성자를 정의하고 구현한다.

   ```
   Rational(int numerator);
   ```

   이 생성자는 정수를 **Rational** 객체로 변환될 수 있게 한다.

2. 다음과 같이 Rational.h 헤더 파일에 비멤버 함수로서 + 연산자를 정의한다.

   ```
   Rational operator+(const Rational& r1, const Rational& r2)
   ```

   Rational.cpp에 다음과 같이 함수를 구현한다.

   ```
   1  Rational operator+(const Rational& r1, const Rational& r2)    + 연산자 함수
   2  {
   3    return r1.add(r2);                                           add 호출
   4  }
   ```

또한 사용자 정의 객체로의 자동 형변환은 비교 연산자(<, <=, ==, !=, >, >=)에 대해서도 동작한다.

operator<와 **operator+**에 대한 예는 14.3절에서 멤버 함수로 정의되어 있으나, 지금부터는 비멤버 함수로 **operator<**와 **operator+**를 정의할 것이다.

14.21 연산자에 대해 비멤버 함수를 정의하는 것이 더 좋은 이유는 무엇인가?

Check Point

14.12 오버로딩된 함수 연산자가 포함된 Rational 클래스

이 절은 오버로딩된 함수 연산자가 포함된 **Rational** 클래스를 수정한다.

Key Point

앞의 절에서 함수 연산자를 오버로딩하는 방법을 설명하였다. 다음은 그에 대한 주의사항들이다.

- 클래스 유형을 원시 유형으로 바꾸거나 원시 유형을 클래스 유형으로 바꾸는 변환 함수를 같은 클래스 내에 모두 정의할 수는 없다. 따라서 컴파일러는 어떤 변환을 수행해야 하는지 결정할 수 없으므로 불명확성에 대한 오류를 발생시킬 것이다. 종종 원시 유형을 클래스 유형으로 변환하는 것이 더 유용하므로, 이 책에서는 원시 유형을 **Rational** 유형으로 자동 변환하도록 **Rational** 클래스를 정의할 것이다.   자동 형변환

- 대부분의 연산자는 멤버 또는 비멤버 함수로 오버로딩될 수 있다. 그러나 =, [], ->, () 연산자는 멤버 함수로 오버로딩되어야 하며, <<와 >> 연산자는 비멤버 함수로 오버로딩되어야 한다.   멤버 vs. 비멤버

- 연산자(즉, +, -, *, /, %, <, <=, ==, !=, >, >=)가 멤버나 비멤버 함수로 구현될 수 있다면, 대칭 피연산자로 자동 형변환을 하기 위해서는 비멤버 함수로 오버로딩하는 것이 더   비멤버 선호

좋다.

Lvalue

■ 반환된 객체가 Lvalue(즉, 대입문의 왼쪽에 사용)로 사용되길 원한다면, 참조를 반환하는
함수를 정의해야 한다. 증강 대입 연산자 +=, -=, *=, /=, %=와 전위 ++, -- 연산자, 첨자
연산자 [], 대입 연산자 =는 Lvalue 연산자이다.

리스트 14.7은 함수 연산자가 포함된 **Rational** 클래스에 대한 RationalWithOperators.h라는
새로운 헤더 파일이다. 새 파일의 10번~22번 줄은 리스트 14.1 Rational.h와 동일하다. 증강
대입 연산자(+=, -=, *=, /=), 첨자 연산자 [], 전위 ++와 전위 --를 위한 함수는 참조를 반환
하도록 정의되어 있다(27번~37번 줄). 스트림 추출 >>와 스트림 삽입 << 연산자는 48번~49
번 줄에 정의되어 있다. 비교 연산자(<, <=, >, >=, ==, !=)와 산술 연산자(+, -, *, /)를 위한 비
멤버 함수는 57번~69번 줄에 정의되어 있다.

리스트 14.7 RationalWithOperators.h

```
1   #ifndef RATIONALWITHOPERATORS_H
2   #define RATIONALWITHOPERATORS_H
3   #include <string>
4   #include <iostream>
5   using namespace std;
6
7   class Rational
8   {
9   public:
10    Rational();
11    Rational(int numerator, int denominator);
12    int getNumerator() const;
13    int getDenominator() const;
14    Rational add(const Rational& secondRational) const;
15    Rational subtract(const Rational& secondRational) const;
16    Rational multiply(const Rational& secondRational) const;
17    Rational divide(const Rational& secondRational) const;
18    int compareTo(const Rational& secondRational) const;
19    bool equals(const Rational& secondRational) const;
20    int intValue() const;
21    double doubleValue() const;
22    string toString() const;
23
```

형변환을 위한 생성자
```
24    Rational(int numerator); // 적합한 유형 변환
25
26    // 증강 연산자를 위한 함수 연산자 정의
```

증강 연산자
```
27    Rational& operator+=(const Rational& secondRational);
28    Rational& operator-=(const Rational& secondRational);
29    Rational& operator*=(const Rational& secondRational);
30    Rational& operator/=(const Rational& secondRational);
31
32    // 함수 연산자 [] 정의
```

첨자 연산자
```
33    int& operator[](int index);
34
35    // 전위 ++와 --를 위한 함수 연산자 정의
```

```
36    Rational& operator++();                                              전위 ++ 연산자
37    Rational& operator--();                                              전위 -- 연산자
38
39    // 후위 ++와 --를 위한 함수 연산자 정의
40    Rational operator++(int dummy);                                      후위 ++ 연산자
41    Rational operator--(int dummy);                                      후위 -- 연산자
42
43    // 단항 +와 -를 위한 함수 연산자 정의
44    Rational operator+();                                                단항 + 연산자
45    Rational operator-();
46
47    // <<와 >> 연산자 정의
48    friend ostream& operator<<(ostream& , const Rational&);              << 연산자
49    friend istream& operator>>(istream& , Rational&);                    >> 연산자
50
51  private:
52    int numerator;
53    int denominator;
54    static int gcd(int n, int d);
55  };
56
57  // 관계 연산자를 위한 비멤버 함수 연산자 정의
58  bool operator<(const Rational& r1, const Rational& r2);                비멤버 함수
59  bool operator<=(const Rational& r1, const Rational& r2);
60  bool operator>(const Rational& r1, const Rational& r2);
61  bool operator>=(const Rational& r1, const Rational& r2);
62  bool operator==(const Rational& r1, const Rational& r2);
63  bool operator!=(const Rational& r1, const Rational& r2);
64
65  // 산술 연산자를 위한 비멤버 함수 연산자 정의
66  Rational operator+(const Rational& r1, const Rational& r2);            비멤버 함수
67  Rational operator-(const Rational& r1, const Rational& r2);
68  Rational operator*(const Rational& r1, const Rational& r2);
69  Rational operator/(const Rational& r1, const Rational& r2);
70
71  #endif
```

리스트 14.8은 헤더 파일을 구현한다. 증강 대입 연산자 +=, -=, *=, /=에 대한 멤버 함수는 호출 객체의 내용을 변경하고(120번~142번 줄), **this**에 연산 결과를 대입해야 한다. 비교 연산자는 **r1.compareTo(r2)** 호출에 의해 구현되며(213번~241번 줄), 산술 연산자 +, -, *, /는 **add**, **subtract**, **multiply**, **divide** 함수 호출에 의해 구현된다(244번~262번 줄).

리스트 14.8 RationalWithOperators.cpp

```
1   #include "RationalWithOperators.h"                                    헤더 포함
2   #include <sstream>
3   #include <cstdlib> // abs 함수를 위해
4   Rational::Rational()
5   {
6     numerator = 0;
7     denominator = 1;
8   }
```

```
 9
10   Rational::Rational(int numerator, int denominator)
11   {
12     int factor = gcd(numerator, denominator);
13     this->numerator = (denominator > 0 ? 1 : -1) * numerator / factor;
14     this->denominator = abs(denominator) / factor;
15   }
16
17   int Rational::getNumerator() const
18   {
19     return numerator;
20   }
21
22   int Rational::getDenominator() const
23   {
24     return denominator;
25   }
26
27   // 두 수의 GCD를 계산
28   int Rational::gcd(int n, int d)
29   {
30     int n1 = abs(n);
31     int n2 = abs(d);
32     int gcd = 1;
33
34     for (int k = 1; k <= n1 && k <= n2; k++)
35     {
36       if (n1 % k == 0 && n2 % k == 0)
37         gcd = k;
38     }
39
40     return gcd;
41   }
42
43   Rational Rational::add(const Rational& secondRational) const
44   {
45     int n = numerator * secondRational.getDenominator() +
46       denominator * secondRational.getNumerator();
47     int d = denominator * secondRational.getDenominator();
48     return Rational(n, d);
49   }
50
51   Rational Rational::subtract(const Rational& secondRational) const
52   {
53     int n = numerator * secondRational.getDenominator()
54       - denominator * secondRational.getNumerator();
55     int d = denominator * secondRational.getDenominator();
56     return Rational(n, d);
57   }
58
59   Rational Rational::multiply(const Rational& secondRational) const
60   {
61     int n = numerator * secondRational.getNumerator();
```

```cpp
62    int d = denominator * secondRational.getDenominator();
63    return Rational(n, d);
64  }

66  Rational Rational::divide(const Rational& secondRational) const
67  {
68    int n = numerator * secondRational.getDenominator();
69    int d = denominator * secondRational.numerator;
70    return Rational(n, d);
71  }

73  int Rational::compareTo(const Rational& secondRational) const
74  {
75    Rational temp = subtract(secondRational);
76    if (temp.getNumerator() < 0)
77      return -1;
78    else if (temp.getNumerator() == 0)
79      return 0;
80    else
81      return 1;
82  }

84  bool Rational::equals(const Rational& secondRational) const
85  {
86    if (compareTo(secondRational) == 0)
87      return true;
88    else
89      return false;
90  }

92  int Rational::intValue() const
93  {
94    return getNumerator() / getDenominator();
95  }

97  double Rational::doubleValue() const
98  {
99    return 1.0 * getNumerator() / getDenominator();
100 }

102 string Rational::toString() const
103 {
104   stringstream ss;
105   ss << numerator;

107   if (denominator > 1)
108     ss << "/" << denominator;

110   return ss.str();
111 }

113 Rational::Rational(int numerator) // 적합한 유형 변환          생성자
114 {
```

```
115    this->numerator = numerator;
116    this->denominator = 1;
117  }
118
119  // 증강 연산자를 위한 함수 연산자 정의
120  Rational& Rational::operator+=(const Rational& secondRational)
121  {
122    *this = add(secondRational);
123    return *this;
124  }
125
126  Rational& Rational::operator-=(const Rational& secondRational)
127  {
128    *this = subtract(secondRational);
129    return *this;
130  }
131
132  Rational& Rational::operator*=(const Rational& secondRational)
133  {
134    *this = multiply(secondRational);
135    return *this;
136  }
137
138  Rational& Rational::operator/=(const Rational& secondRational)
139  {
140    *this = divide(secondRational);
141    return *this;
142  }
143
144  // 함수 연산자 [] 정의
145  int& Rational::operator[](int index)
146  {
147    if (index == 0)
148      return numerator;
149    else
150      return denominator;
151  }
152
153  // 전위 ++와 --를 위한 함수 연산자 정의
154  Rational& Rational::operator++()
155  {
156    numerator += denominator;
157    return *this;
158  }
159
160  Rational& Rational::operator--()
161  {
162    numerator -= denominator;
163    return *this;
164  }
165
166  // 후위 ++와 --를 위한 함수 연산자 정의
167  Rational Rational::operator++(int dummy)
```

증강된 대입 연산자

[] 연산자

전위 ++

후위 ++

```
168 {
169   Rational temp(numerator, denominator);
170   numerator += denominator;
171   return temp;
172 }
173
174 Rational Rational::operator--(int dummy)
175 {
176   Rational temp(numerator, denominator);
177   numerator -= denominator;
178   return temp;
179 }
180
181 // 단항 +와 -를 위한 함수 연산자 정의
182 Rational Rational::operator+()                                      단항 + 연산자
183 {
184   return *this;
185 }
186
187 Rational Rational::operator-()
188 {
189   return Rational(-numerator, denominator);
190 }
191
192 // 출력과 입력 연산자 정의
193 ostream& operator<<(ostream& out, const Rational& rational)          << 연산자
194 {
195   if (rational.denominator == 1)
196     out << rational.numerator;
197   else
198     out << rational.numerator << "/" << rational.denominator;
199   return out;
200 }
201
202 istream& operator>>(istream& in, Rational& rational)
203 {
204   cout << "Enter numerator: ";
205   in >> rational.numerator;
206
207   cout << "Enter denominator: ";
208   in >> rational.denominator;
209   return in;
210 }
211
212 // 관계 연산자를 위한 함수 연산자 정의
213 bool operator<(const Rational& r1, const Rational& r2)              관계 연산자
214 {
215   return r1.compareTo(r2) < 0;
216 }
217
218 bool operator<=(const Rational& r1, const Rational& r2)
219 {
220   return r1.compareTo(r2) <= 0;
```

```
221 }
222
223 bool operator>(const Rational& r1, const Rational& r2)
224 {
225   return r1.compareTo(r2) > 0;
226 }
227
228 bool operator>=(const Rational& r1, const Rational& r2)
229 {
230   return r1.compareTo(r2) >= 0;
231 }
232
233 bool operator==(const Rational& r1, const Rational& r2)
234 {
235   return r1.compareTo(r2) == 0;
236 }
237
238 bool operator!=(const Rational& r1, const Rational& r2)
239 {
240   return r1.compareTo(r2) != 0;
241 }
242
243 // 산술 연산자를 위한 비멤버 함수 연산자 정의
244 Rational operator+(const Rational& r1, const Rational& r2)
245 {
246   return r1.add(r2);
247 }
248
249 Rational operator-(const Rational& r1, const Rational& r2)
250 {
251   return r1.subtract(r2);
252 }
253
254 Rational operator*(const Rational& r1, const Rational& r2)
255 {
256   return r1.multiply(r2);
257 }
258
259 Rational operator/(const Rational& r1, const Rational& r2)
260 {
261   return r1.divide(r2);
262 }
```

산술 연산자

리스트 14.9는 새로운 **Rational** 클래스를 테스트하는 프로그램이다.

리스트 14.9 TestRationalWithOperators.cpp

```
1  #include <iostream>
2  #include <string>
3  #include "RationalWithOperators.h"
4  using namespace std;
5
6  int main()
```

새로운 Rational 포함

```
 7   {
 8       // 두 유리수 r1과 r2를 생성하고 초기화
 9       Rational r1(4, 2);
10       Rational r2(2, 3);
11
12       // 관계 연산자 테스트
13       cout << r1 << " > " << r2 << " is " <<
14         ((r1 > r2) ? "true" : "false") << endl;        관계 연산자
15       cout << r1 << " < " << r2 << " is " <<
16         ((r1 < r2) ? "true" : "false") << endl;
17       cout << r1 << " == " << r2 << " is " <<
18         ((r1 == r2) ? "true" : "false") << endl;
19       cout << r1 << " != " << r2 << " is " <<
20         ((r1 != r2) ? "true" : "false") << endl;
21
22       // toString, 덧셈, 뺄셈, 곱셈, 나눗셈 연산자 테스트
23       cout << r1 << " + " << r2 << " = " << r1 + r2 << endl;   산술 연산자
24       cout << r1 << " - " << r2 << " = " << r1 - r2 << endl;
25       cout << r1 << " * " << r2 << " = " << r1 * r2 << endl;
26       cout << r1 << " / " << r2 << " = " << r1 / r2 << endl;
27
28       // 증강 연산자 테스트
29       Rational r3(1, 2);
30       r3 += r1;
31       cout << "r3 is " << r3 << endl;
32
33       // 함수 연산자 [] 테스트
34       Rational r4(1, 2);
35       r4[0] = 3; r4[1] = 4;                              첨자 연산자 []
36       cout << "r4 is " << r4 << endl;
37
38       // 전위 ++와 --를 위한 함수 연산자 테스트
39       r3 = r4++;                                         후위 ++
40       cout << "r3 is " << r3 << endl;
41       cout << "r4 is " << r4 << endl;
42
43       // 변환을 위한 함수 연산자 테스트
44       cout << "1 + " << r4 << " is " << (1 + r4) << endl;   형변환
45
46       return 0;
47   }
```

```
2 > 2/3 is true
2 < 2/3 is false
2 == 2/3 is false
2 != 2/3 is true
2 + 2/3 = 8/3
2 - 2/3 = 4/3
2 * 2/3 = 4/3
2 / 2/3 = 3
r3 is 5/2
r4 is 3/4
```

```
r3 is 3/4
r4 is 7/4
1 + 7/4 is 11/4
```

14.22 □ 연산자는 비멤버 함수로 정의될 수 있는가?

14.23 함수 +를 다음과 같이 정의한다면, 잘못된 부분은 무엇인가?

Rational **operator+**(**const** Rational& r1, **const** Rational& r2) **const**

14.24 RationalWithOperators.h와 RationalWithOperators.cpp에서 **Rational(int numerator)** 생성자를 삭제할 경우, TestRationalWithOperators.cpp의 44번 줄에 컴파일 오류가 발생하는가? 만약 그렇다면 발생한 오류는 무엇인가?

14.25 **Rational** 클래스에서 **gcd** 함수를 상수 함수로 정의할 수 있는가?

14.13 = 연산자 오버로딩

객체에 대해 사용자 정의 복사 연산을 수행하기 위해서는 = 연산자를 오버로딩해야 한다.

기본적으로 = 연산자는 한 객체에서 다른 객체로 멤버 간 복사(memberwise copy)를 수행한다. 예를 들어, 다음 코드는 **r2**를 **r1**에 복사한다.

```
1    Rational r1(1, 2);
2    Rational r2(4, 5);
3    r1 = r2;
4    cout << "r1 is " << r1 << endl;
5    cout << "r2 is " << r2 << endl;
```

r2를 r1에 복사

따라서 출력은 다음과 같다.

```
r1 is 4/5
r2 is 4/5
```

얕은 복사

= 연산자의 동작은 기본 복사 생성자의 동작과 동일하며, **얕은 복사**(shallow copy)를 수행하는데, 이는 만약 데이터 필드가 어떤 객체에 대한 포인터라면, 내용을 복사하는 것이 아니라 포인터의 주소가 복사된다는 것을 의미한다. 11.15절 "사용자 정의 복사 생성자"에서 깊은 복사(deep copy)를 수행하기 위해 복사 생성자를 정의하는 방법을 배웠다. 그러나 사용자 정의 복사 생성자는 대입 복사 연산자 =의 기본 동작을 바꾸지는 않는다. 예를 들어, 리스트 11.19 CourseWithCustomCopyConstructor.h에 정의된 **Course** 클래스는 **string** 객체의 배열을 가리키는 students라는 포인터 데이터 필드를 포함하고 있다. 만약 리스트 14.10의 9번 줄에 나타낸 바와 같이 **course1**을 **course2**에 대입하기 위해 대입 연산자를 사용하는 다음 코드를 실행하면, **course1**과 **course2** 모두 동일한 **students** 배열을 갖게 되는 것을 알 수 있다.

리스트 14.10 DefaultAssignmentDemo.cpp

```cpp
1   #include <iostream>
2   #include "CourseWithCustomCopyConstructor.h" // 리스트 11.19를 참조
3   using namespace std;
4
5   int main()
6   {
7     Course course1("Java Programming", 10);
8     Course course2("C++ Programming", 14);
9     course2 = course1;
10
11    course1.addStudent("Peter Pan"); // course1에 학생 추가
12    course2.addStudent("Lisa Ma"); // course2에 학생 추가
13
14    cout << "students in course1: " <<
15      course1.getStudents()[0] << endl;
16    cout << "students in course2: " <<
17      course2.getStudents()[0] << endl;
18
19    return 0;
20  }
```

오른쪽 주석:
- Course 헤더 포함
- course1 생성
- course2 생성
- course2에 할당
- 학생 추가
- 학생 추가
- 학생 구하기
- 학생 구하기

```
students in course1: Lisa Ma
students in course2: Lisa Ma
```

기본 대입 연산자 =의 동작을 변경하기 위해서는 리스트 14.11의 17번 줄에 나타낸 것과 같이 = 연산자를 오버로딩해야 한다.

리스트 14.11 CourseWithEqualsOperatorOverloaded.h

```cpp
1   #ifndef COURSE_H
2   #define COURSE_H
3   #include <string>
4   using namespace std;
5
6   class Course
7   {
8   public:
9     Course(const string& courseName, int capacity);
10    ~Course(); // 소멸자
11    Course(const Course&); // 복사 생성자
12    string getCourseName() const;
13    void addStudent(const string& name);
14    void dropStudent(const string& name);
15    string* getStudents() const;
16    int getNumberOfStudents() const;
17    const Course& operator=(const Course& course);
18
19  private:
20    string courseName;
21    string* students;
22    int numberOfStudents;
```

오른쪽 주석:
- = 연산자 오버로딩

```
23    int capacity;
24  };
25
26  #endif
```

리스트 14.11에서 다음을 정의한다.

const Course& operator=(**const** Course& course);

Course 반환 유형은 왜 **void**가 아닐까? C++에서는 다음과 같은 다중 대입 수식이 가능하다.

course1 = course2 = course3;

이 문장에서 **course3**이 **course2**에 복사되고 난 뒤에 **course2**를 반환하며, 그 이후에 **course2**가 **course1**에 복사된다. 따라서 = 연산자는 유효한 반환값 유형을 가져야 한다.

리스트 14.12는 헤더 파일을 구현한 것이다.

리스트 14.12 CourseWithEqualsOperatorOverloaded.cpp

```
1  #include <iostream>
2  #include "CourseWithEqualsOperatorOverloaded.h"
3  using namespace std;
4
5  Course::Course(const string& courseName, int capacity)
6  {
7    numberOfStudents = 0;
8    this->courseName = courseName;
9    this->capacity = capacity;
10   students = new string[capacity];
11  }
12
13  Course::~Course()
14  {
15    delete [] students;
16  }
17
18  string Course::getCourseName() const
19  {
20    return courseName;
21  }
22
23  void Course::addStudent(const string& name)
24  {
25    if (numberOfStudents >= capacity)
26    {
27      cout << "The maximum size of array exceeded" << endl;
28      cout << "Program terminates now" << endl;
29      exit(0);
30    }
31
32    students[numberOfStudents] = name;
33    numberOfStudents++;
34  }
```

```
35
36   void Course::dropStudent(const string& name)
37   {
38     // 프로그래밍 실습에서 작성
39   }
40
41   string* Course::getStudents() const
42   {
43     return students;
44   }
45
46   int Course::getNumberOfStudents() const
47   {
48     return numberOfStudents;
49   }
50
51   Course::Course(const Course& course) // 복사 생성자
52   {
53     courseName = course.courseName;
54     numberOfStudents = course.numberOfStudents;
55     capacity = course.capacity;
56     students = new string[capacity];
57   }
58
59   const Course& Course::operator=(const Course& course)          = 연산자 오버로딩
60   {
61     if (this != &course) // 자기 대입으로 하는 일 없음
62     {
63       courseName = course.courseName;                            courseName 복사
64       numberOfStudents = course.numberOfStudents;                numberOfStudents 복사
65       capacity = course.capacity;                                용량 복사
66
67       delete [] this->students; // 오래된 배열 삭제
68
69       // 복사된 course와 동일한 크기로 새로운 배열 생성
70       students = new string[capacity];
71       for (int i = 0; i < numberOfStudents; i++)                 배열 생성
72         students[i] = course.students[i];
73     }
74
75     return *this;                                                호출 객체 반환
76   }
```

75번 줄은 ***this**를 사용하여 호출 객체를 반환한다. **this**는 호출 객체에 대한 포인터이므로, ***this**는 호출 객체를 참조한다는 사실에 주의해야 한다.

　리스트 14.13은 **Course** 객체를 복사하기 위해 오버로딩된 ＝ 연산자를 사용하는 새로운 테스트 프로그램이다. 샘플 실행 결과에서 보듯이, course1과 course2는 서로 다른 **students** 배열을 가진다.

리스트 14.13 CustomAssignmentDemo.cpp

Course 헤더 포함

```cpp
1  #include <iostream>
2  #include "CourseWithEqualsOperatorOverloaded.h"
3  using namespace std;
4
5  int main()
6  {
7    Course course1("Java Programming", 10);
8    Course course2("C++ Programming", 14);
9    course2 = course1;
10
11   course1.addStudent("Peter Pan"); // course1에 학생 추가
12   course2.addStudent("Lisa Ma"); // course2에 학생 추가
13
14   cout << "students in course1: " <<
15     course1.getStudents()[0] << endl;
16   cout << "students in course2: " <<
17     course2.getStudents()[0] << endl;
18
19   return 0;
20 }
```

course1 생성
course2 생성
course2에 할당

학생 추가
학생 추가

학생 구하기

학생 구하기

```
students in course1: Peter Pan
students in course2: Lisa Ma
```

세 가지 규칙

 주의

복사 생성자, = 대입 연산자, 소멸자를 **세 가지 규칙**(rule of three) 또는 **빅 쓰리**(Big Three)라고 부른다. 이들이 명확하게 정의되지 않았다면, 세 가지 모두는 컴파일러에 의해 자동으로 생성된다. 만약 클래스에서 데이터 필드가 동적으로 생성된 배열 또는 객체를 가리키는 포인터인 경우에는 세 가지 모두를 사용자 정의로 작성해야 한다. 세 가지 중 하나를 사용자 정의로 작성해야한다면, 다른 두 가지 역시 사용자 정의로 작성해야 한다.

 Check Point

14.26 어떤 상황에서 = 연산자를 오버로딩해야 하는가?

주요 용어

세 가지 규칙(rule of three)	Lvalue
참조에 의한 반환(return-by-reference)	Lvalue 연산자
friend 클래스	Rvalue
friend 함수	

요약

1. C++에서는 객체에 대한 연산을 간략화하기 위해 연산자를 오버로딩할 수 있다.

2. ?:, ., .*, ::를 제외한 거의 모든 연산자를 오버로딩할 수 있다.

3. 오버로딩에 의해 연산자 우선순위와 결합성을 변경할 수 없다.

4. 필요하다면 객체의 내용에 접근하기 위해 첨자 연산자 []를 오버로딩할 수 있다.

5. C++ 함수는 반환된 변수에 대한 별명(alias)인 참조를 반환할 수 있다.

6. 증강 대입 연산자(+=, -=, *=, /=), 첨자 연산자 [], 전위 ++, 전위 --연산자는 Lvalue 연산자이다. 이들 연산자를 오버로딩하는 함수는 참조를 반환해야 한다.

7. `friend` 키워드를 사용하여 신뢰할 수 있는 함수와 클래스가 클래스의 전용 멤버에 접근하도록 할 수 있다.

8. [], ++, --, () 연산자는 멤버 함수로 오버로딩되어야 한다.

9. <<와 >> 연산자는 비멤버 `friend` 함수로 오버로딩되어야 한다.

10. 산술 연산자(+, -, *, /)와 비교 연산자(>, >=, ==, !=, <, <=)는 비멤버 함수로 구현되어야 한다.

11. C++에서 적절함 함수와 생성자가 정의되어 있는 경우에는 자동으로 유형 변환을 실행할 수 있다.

12. 기본적으로 멤버 간 얕은 복사에는 = 연산자가 사용된다. = 연산자에 대해 깊은 복사를 실행하기 위해서는 = 연산자를 오버로딩해야 한다.

퀴즈

www.cs.armstrong.edu/liang/cpp3e/quiz.html에서 온라인으로 이 장에 대한 퀴즈를 풀어 보라.

프로그래밍 실습

14.2절

14.1 (Rational 클래스 사용) Rational 클래스를 사용하여 다음의 누적 합을 계산하는 프로그램을 작성하여라.

$$\frac{1}{2}+\frac{2}{3}+\frac{3}{4}+\cdots+\frac{98}{99}+\frac{99}{100}$$

*14.2 (캡슐화의 이득 증명) 분자와 분모에 대해 새로운 내부 표현을 사용하여 14.2절의 Rational 클래스를 다시 작성하여라. 다음과 같은 두 개의 정수 배열을 선언하여라.

`int r[2];`

r[0]은 분자를 나타내고 r[1]은 분모를 나타내는 데 사용된다. **Rational** 클래스에서 함수의 서명(signature)은 변경되지 않으므로 이전의 **Rational** 클래스를 사용하는 클라이언트(client) 응용에서는 어떠한 수정도 없이 새로운 **Rational** 클래스를 계속 사용할 수 있다.

14.3~14.13절

*14.3 (Circle 클래스) 원의 반지름에 따라 **Circle** 객체의 관계를 정하도록 리스트 10.9 CircleWithConstantMemberFunctions.h에 있는 **Circle** 클래스에서 관계 연산자

(<, <=, ==, !=, >, >=)를 구현하여라.

*14.4 (StackOfIntegers 클래스) 10.9절의 "예제: StackOfIntegers 클래스"에 StackOfIntegers 클래스가 정의되어 있다. [] 연산자를 사용하여 요소에 접근하기 위해 이 클래스에 첨자 연산자 []를 구현하여라.

**14.5 (string 연산자 구현) C++ 표준 라이브러리에서 string 클래스는 표 10.1과 같은 오버로딩된 연산자를 지원한다. 프로그래밍 실습 11.15의 MyString 클래스에 다음 연산자 >>, ==, !=, >, >=를 구현하여라.

**14.6 (string 연산자 구현) C++ 표준 라이브러리에서 string 클래스는 표 10.1과 같은 오버로딩된 연산자를 지원한다. 프로그래밍 실습 11.14의 MyString 클래스에 다음 연산자 [], +, +=를 구현하여라.

*14.7 (수학: Complex 클래스) 복소수는 형식이 $a + bi$이며, a와 b는 실수이고 i는 $\sqrt{-1}$이다. a와 b는 각각 복소수의 실수부와 허수부이다. 다음 공식을 사용하여 복소수에 대한 덧셈, 뺄셈, 곱셈, 나눗셈을 수행할 수 있다.

$$a + bi + c + di = (a + c) + (b + d)i$$
$$a + bi - (c + di) = (a - c) + (b - d)i$$
$$(a + bi) * (c + di) = (ac - bd) + (bc + ad)i$$
$$(a + bi) / (c + di) = (ac + bd) / (c^2 + d^2) + (bc - ad)i / (c^2 + d^2)$$

또한 다음 공식을 사용하여 복소수에 대한 절댓값을 구할 수 있다.

$$\left|a + bi\right| = \sqrt{a^2 + b^2}$$

(복소수를 (a, b) 값을 좌표 점으로 인식함으로써 평면의 한 점으로 해석할 수 있다. 그림 14.2에 나타낸 바와 같이 복소수의 절댓값은 원점에서 해당 점까지의 거리에 해당한다.)

복소수를 나타내는 Complex라는 클래스, 복소수 연산을 수행하기 위한 add, subtract, multiply, divide, abs 함수, 복소수에 대해 문자열 표현을 반환하는 toString 함수를 설계하여라. toString 함수는 문자열로 a + bi를 반환한다. 만약 b가 0이면, 간단히 a를 반환한다.

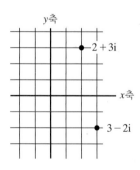

그림 14.2 복소수를 평면에서의 한 점으로 해석할 수 있다.

3개의 생성자 Complex(a, b), Complex(a), Complex()를 제공해야 하며, Complex()는 0에 대한 Complex 객체를 생성하고 Complex(a)는 b가 0인 Complex 객체를 생성한다. 또한 복소수의 실수와 허수부를 각각 반환하는 **getRealPart()**와 **getImaginaryPart()** 함수를 제공해야 한다.

+, -, *, /, +=, -=, *=, /=, ☐ 연산자, 단항 +와 -, 전위 ++와 --, 후위 ++와 --, <<, >> 연산자들을 오버로딩하고, 비멤버 함수로 +, -, *, / 연산자를 오버로딩하여라. [0]은 **a**를 반환하고, [1]은 **b**를 반환하도록 ☐를 오버로딩하여라.

사용자가 2개의 복소수를 입력하고, 두 복소수의 덧셈, 뺄셈, 곱셈, 나눗셈의 결과를 화면에 나타내는 테스트 프로그램을 작성하여라. 다음은 샘플 실행 결과이다.

```
Enter the first complex number: 3.5 5.5  ↵Enter
Enter the second complex number: -3.5 1  ↵Enter
(3.5 + 5.5i) + (-3.5 + 1.0i) = 0.0 + 6.5i
(3.5 + 5.5i) - (-3.5 + 1.0i) = 7.0 + 4.5i
(3.5 + 5.5i) * (-3.5 + 1.0i) = -17.75 + -15.75i
(3.5 + 5.5i) / (-3.5 + 1.0i) = -0.5094 + -1.7i
|3.5 + 5.5i| = 6.519202405202649
```

*14.8 (만델브로 집합) 브누아 만델브로(Benoît Mandelbrot)의 이름을 따서 명명된 만델브로 집합은 복소평면에 있는 점들의 집합으로 다음과 같은 반복으로 정의된다.

$$z_{n+1} = z_n^2 + c$$

c는 복소수이고 반복의 시작점은 $z_0 = 0$이다. 주어진 c에 대해 반복은 연속된 복소수 $\{z_0, z_1, \ldots, z_n, \ldots\}$을 생성시킬 것이다. 복소수의 연속은 c의 값에 따라 무한대 또는 한계가 있는 상태로 되는 경향이 있는 것을 알 수 있다. 예를 들어, 만일 c가 0이면, 연속된 복소수는 한계 상태인 $\{0, 0, \ldots\}$이다. c가 i이면, 연속된 복소수는 한계 상태인 $\{0, i, -1 + i, -i, -1 + i, \ldots\}$가 된다. 만약 c가 $1 + i$이면, 복소수의 연속은 한계 상태가 아닌 $\{0, 1 + i, 1 + 3i, \ldots\}$가 된다. 만일 복소수의 연속에서 복소수 값 z_i의 절댓값이 2보다 클 경우, 복소수의 연속은 한계 상태가 되지 않는 것으로 알려져 있다. 만델브로 집합은 복소수의 연속이 한계 상태가 되는 c 값으로 구성된다. 예를 들어 0과 i는 만델브로 집합에 속하게 된다.

사용자가 복소수 c를 입력하고, 그 값이 만델브로 집합에 속하는지를 결정하는 프로그램을 작성하여라. 프로그램은 $z1, z2, \ldots, z60$을 계산해야 한다. 만약 이들의 절댓값이 2를 초과하지 않는 경우, c는 만델브로 집합에 속하는 것으로 가정한다. 물론 항상 오류는 존재하지만, 일반적으로 60번의 반복까지는 충분하다. 프로그래밍 실습 14.7에 정의된 **Complex** 클래스나 C++의 **complex** 클래스를 사용할 수 있다. C++의 **complex** 클래스는 **<complex>** 헤더 파일에 정의된 템플릿(template) 클래스이다. 이 프로그램에서 복소수를 생성하기 위해서는 **complex<double>**을 사용해야 한다.

**14.9 (EvenNumber 클래스) getNext()와 getPrevious() 함수에 대한 전위증가, 전위감소, 후위증가, 후위감소 연산자를 구현하기 위해 프로그래밍 실습 9.11의 EvenNumber 클래스를 다시 작성하여라. 값 16에 대한 EvenNumber 객체를 생성하고 다음 짝수와 이전 짝수를 구하기 위해 ++와 -- 연산자를 호출하는 테스트 프로그램을 작성하여라.

**14.10 (실수를 분수로 변환) 사용자가 실수를 입력하면 그 실수를 분수로 화면에 출력하는 프로그램을 작성하여라. (힌트: 문자열로 실수를 읽어, 문자열로부터 정수부와 소수부를 추출하고, 실수에 대한 유리수를 구하기 위해 Rational 클래스를 사용한다.) 다음은 몇 가지 샘플 실행 결과이다.

```
Enter a decimal number: 3.25 ↵Enter
The fraction number is 13/4
```

```
Enter a decimal number: 0.45452 ↵Enter
The fraction number is 11363/25000
```

CHAPTER

15

상속과 다형성

이 장의 목표

- 상속을 이용하여 기본 클래스로부터 파생 클래스의 정의(15.2절)

- 파생 클래스 유형의 객체를 기본 클래스 유형의 매개변수로 전달하는 제네릭 프로그래밍의 사용 (15.3절)

- 인수를 갖는 기본 클래스의 생성자 호출 방법 이해(15.4.1절)

- 생성자와 소멸자의 연쇄적 처리에 대한 이해(15.4.2절)

- 파생 클래스에서의 함수 재정의(15.5절)

- 함수 재정의와 함수 오버로딩의 차이(15.5절)

- 다형성을 사용한 제네릭 함수의 정의(15.6절)

- 가상 함수를 사용한 동적 결합 사용(15.7절)

- 함수 재정의와 함수 오버라이딩의 차이(15.7절)

- 정적 결합과 동적 결합의 차이(15.7절)

- 파생 클래스로부터 기본 클래스의 보호 멤버로 접근(15.8절)

- 순수 가상 함수를 갖는 추상 클래스 정의(15.9절)

- static_cast와 dynamic_cast 연산자를 사용하여 기본 클래스 유형의 객체를 파생 클래스 유형으로 형변환 및 두 연산자의 차이점 이해(15.10절)

15.1 들어가기

객체지향 프로그래밍에서는 기존 클래스로부터 새로운 클래스를 정의할 수 있으며, 이를 상속이라 한다.

C++에서 상속(inheritance)은 소프트웨어를 다시 사용하기 위한 중요하고 강력한 기능이다. 원, 직사각형, 삼각형을 모델링하기 위해 클래스를 정의하였다고 하자. 이들 클래스는 많은 공통적인 기능을 갖는다. 이들 공통적 기능의 중복성을 제거하여 각각을 설계하는 가장 좋은 방법은 무엇일까? 답은 이 장의 주제인 상속을 사용하는 것이다.

15.2 기본 클래스와 파생 클래스

상속을 이용하면 일반적인 클래스(즉, 기본 클래스)를 정의하고, 나중에 좀 더 특별한 클래스(즉, 파생 클래스)로 확장이 가능하다.

같은 유형의 객체를 모델링하기 위해서 클래스를 사용한다. 서로 다른 클래스들은 약간의 공통적인 속성(property)과 동작(behavior)을 갖고 있으며, 이는 다른 클래스들과 공유할 수 있는 클래스로 일반화시킬 수 있다. 상속은 일반적인 클래스를 정의하고 나중에 좀 더 특별한 클래스로 확장할 수 있도록 해 준다. 이 특별 클래스는 일반 클래스로부터 속성과 함수를 상속받는다.

기하학적 객체를 생각해 보자. 원과 직사각형과 같은 기하학적 객체를 모델링하기 위한 클래스를 설계한다고 하자. 기하학적 객체는 많은 공통적인 속성과 동작을 갖는다. 이들은 어떤 색상으로 내부를 채우거나 채워지지 않은 상태로 그릴 수 있다. 따라서 일반 클래스 **GeometricObject**는 모든 기하학적 객체를 모델링하는 데 사용될 수 있다. 이 클래스는 **color**와 **filled**라는 속성과 적절한 **get** 함수와 **set** 함수를 포함한다. 또한 이 클래스는 객체에 대한 문자열 표현을 반환하는 **toString()** 함수를 포함한다고 하자. 원은 기하학적 객체의 특별한 유형이므로 다른 기하학 객체와 공통적인 속성과 함수를 공유한다. 그러므로 **GeometricObject** 클래스를 확장한 **Circle** 클래스를 정의할 수 있다. 마찬가지로 **Rectangle** 또한 **GeometricObject**의 파생 클래스로 정의될 수 있다. 그림 15.1은 이들 클래스 간의 관계를 보여 주고 있다. 기본 클래스를 가리키는 화살표는 호출된 두 클래스 간의 상속 관계를 나타내기 위해 사용되었다.

파생 클래스

기본 클래스

부모 클래스

상위 클래스

자식 클래스

하위 클래스

C++에서는 C2 클래스로부터 확장된 C1 클래스를 파생 클래스(derived class)라 하고, C2를 기본 클래스(base class)라 한다. 또한 기본 클래스를 부모 클래스(parent class) 또는 상위 클래스(superclass)라 하며, 파생 클래스를 자식 클래스(child class) 또는 하위 클래스(subclass)라 한다. 파생 클래스는 기본 클래스로부터 접근 가능한 데이터 필드와 함수를 상속받으며, 새로운 데이터 필드나 함수를 추가할 수도 있다.

Cirlce 클래스는 **GeometricObject** 클래스로부터 접근 가능한 모든 데이터 필드와 함수를 상속받는다. 추가적으로, 새로운 **radius** 데이터 필드와 이와 관련된 **get**과 **set** 함수가 있으며, 또한 면적, 둘레, 원의 지름을 반환하기 위해 **getArea()**, **getPerimeter()**, **getDiameter()** 함수를 포함하고 있다.

Rectangle 클래스는 **GeometricObject** 클래스로부터 접근 가능한 모든 데이터 필드와 함수를 상속받는다. 추가적으로, **width**와 **height** 데이터 필드, 그리고 이와 관련된 **get**과 **set** 함수가 있으며, 또한 직사각형의 면적과 둘레를 반환하기 위한 **getArea()**와 **getPerimeter()** 함수를 포함하고 있다.

GeometricObject에 대한 클래스 정의를 리스트 15.1에서 보여주고 있다. 1번과 2번 줄의 전처리 지시자는 다중 선언이 발생하지 않도록 한다. **GeometricObject**에서 **string** 클래스를 사용할 수 있도록 3번 줄에 C++ **string** 클래스 헤더가 포함되어 있다. **isFilled()** 함수는 **filled** 데이터 필드에 대한 접근자이다. 이 데이터 필드는 **bool** 유형이므로 접근자 함수의 이름을 **isFilled()**로 정한 것이다.

리스트 15.1 GeometricObject.h

```
1  #ifndef GEOMETRICOBJECT_H                          감시 포함
2  #define GEOMETRICOBJECT_H
3  #include <string>
4  using namespace std;
5
6  class GeometricObject
7  {
8  public:                                            공용 멤버
```

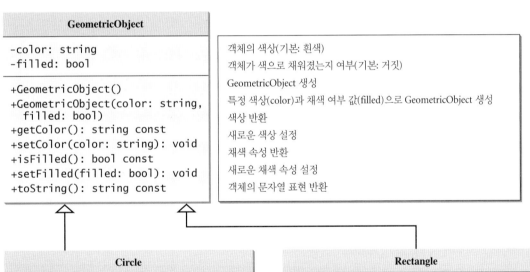

그림 15.1 GeometricObject 클래스는 Circle과 Rectangle에 대한 기본 클래스이다.

```
 9     GeometricObject();
10     GeometricObject(const string& color, bool filled);
11     string getColor() const;
12     void setColor(const string& color);
13     bool isFilled() const;
14     void setFilled(bool filled);
15     string toString() const;
16
```

전용 멤버

```
17   private:
18     string color;
19     bool filled;
20   }; // 반드시 세미콜론(;)을 붙여야 함
21
22   #endif
```

GeometricObject 클래스는 리스트 15.2에 구현되어 있다. **toString** 함수(35번~38번 줄)는 객체를 설명하는 문자열을 반환한다. **string** 연산자 +가 두 문자열을 연결하기 위해 사용되었고, 새로운 **string** 객체를 반환한다.

리스트 15.2 GeometricObject.cpp

헤더 파일

```
 1   #include "GeometricObject.h"
 2
```

인수 없는 생성자

```
 3   GeometricObject::GeometricObject()
 4   {
 5     color = "white";
 6     filled = false;
 7   }
 8
```

생성자

```
 9   GeometricObject::GeometricObject(const string& color, bool filled)
10   {
11     this->color = color;
12     this->filled = filled;
13   }
14
```

getColor

```
15   string GeometricObject::getColor() const
16   {
17     return color;
18   }
19
```

setColor

```
20   void GeometricObject::setColor(const string& color)
21   {
22     this->color = color;
23   }
24
```

isFilled

```
25   bool GeometricObject::isFilled() const
26   {
27     return filled;
28   }
29
```

setFilled

```
30   void GeometricObject::setFilled(bool filled)
31   {
```

```
32     this->filled = filled;
33   }
34
35   string GeometricObject::toString() const                          toString
36   {
37     return "Geometric Object";
38   }
```

Circle에 대한 클래스 정의를 리스트 15.3에 나타내었다. 5번 줄은 **Circle** 클래스가 기본 클래스인 **GeometricObject**로부터 파생된다는 것을 정의한다.

파생 클래스   기본 클래스

```
class Circle: public GeometricObject
```

이전 구문은 클래스가 기본 클래스로부터 파생되었다는 것을 컴파일러에 알려 준다. 따라서 **GeometricObject**에 있는 모든 공용 멤버들은 **Circle**로 상속된다.

리스트 15.3 DerivedCircle.h

```
1   #ifndef CIRCLE_H                                                   감시 포함
2   #define CIRCLE_H
3   #include "GeometricObject.h"
4
5   class Circle: public GeometricObject                              GeometricObject 확장
6   {
7   public:                                                            공용 멤버
8     Circle();
9     Circle(double);
10    Circle(double radius, const string& color, bool filled);
11    double getRadius() const;
12    void setRadius(double);
13    double getArea() const;
14    double getPerimeter() const;
15    double getDiameter() const;
16    string toString() const;
17
18  private:                                                           전용 멤버
19    double radius;
20  }; // 반드시 세미콜론(;)을 붙여야 함
21
22  #endif
```

Circle 클래스는 리스트 15.4에 구현되어 있다.

리스트 15.4 DerivedCircle.cpp

```
1   #include "DerivedCircle.h"                                         circle 헤더
2
3   // 기본 circle 객체 생성
4   Circle::Circle()                                                   인수 없는 생성자
5   {
```

```
  6       radius = 1;
  7   }
  8
  9   // 지정된 반지름으로 circle 객체 생성
 10   Circle::Circle(double radius)
 11   {
 12     setRadius(radius);
 13   }
 14
 15   // 지정된 반지름, 색상, 채색 값으로
 16   // circle 객체 생성
 17   Circle::Circle(double radius, const string& color, bool filled)
 18   {
 19     setRadius(radius);
 20     setColor(color);
 21     setFilled(filled);
 22   }
 23
 24   // 원의 반지름 값 반환
 25   double Circle::getRadius() const
 26   {
 27     return radius;
 28   }
 29
 30   // 새로운 반지름 설정
 31   void Circle::setRadius(double radius)
 32   {
 33     this->radius = (radius >= 0) ? radius : 0;
 34   }
 35
 36   // 원의 면적 반환
 37   double Circle::getArea() const
 38   {
 39     return radius * radius * 3.14159;
 40   }
 41
 42   // 원의 둘레 반환
 43   double Circle::getPerimeter() const
 44   {
 45     return 2 * radius * 3.14159;
 46   }
 47
 48   // 원의 지름 반환
 49   double Circle::getDiameter() const
 50   {
 51     return 2 * radius;
 52   }
 53
 54   // toString 함수 재정의
 55   string Circle::toString() const
 56   {
 57     return "Circle object";
 58   }
```

생성자 ← 10

생성자 ← 17

getRadius ← 25

setRadius ← 31

getArea ← 37

getPerimeter ← 43

getDiameter ← 49

생성자 Circle(double radius, const string& color, bool filled)는 color와 filled
속성을 설정하기 위해 **setColor**와 **setFilled** 함수를 호출하여 구현된다(17번~22번 줄). 이
들 2개의 공용 함수는 기본 클래스 **GeometricObject**에 정의되어 있고 **Circle**에서 상속된다.
따라서 이들은 파생 클래스에서 사용될 수 있다.

생성자에서 다음과 같이 **color**와 **filled** 데이터 필드를 직접 사용하려고 할 수도 있다.

```
Circle::Circle(double radius, const string& c, bool f)
{
  this->radius = radius; // 올바른 표현
  color = c; // color는 기본 클래스에서 전용(private)이므로 잘못된 표현
  filled = f; // filled는 기본 클래스에서 전용(private)이므로 잘못된 표현
}
```
기본 클래스에서 전용 멤버

GeometricObject 클래스에 있는 전용 데이터 필드 **color**와 **filled**는 **GeometricObject**
클래스 자기 자신 이외의 다른 클래스에서는 접근할 수 없으므로 이는 잘못된 것이다. **color**
와 **filled**를 읽고 수정하는 유일한 방법은 **get**과 **set** 함수를 사용하는 것이다.

Rectangle 클래스는 리스트 15.5에 정의되어 있다. 5번 줄은 **Rectangle** 클래스가
GeometricObject 기본 클래스로부터 파생된다는 것을 정의한다. 다음 구문은 클래스가 기본
클래스로부터 파생된다는 것을 컴파일러에 알려 준다.

파생 클래스   기본 클래스

class Rectangle: public GeometricObject

그러므로 **GeometricObject**에 있는 모든 공용 멤버는 **Rectangle**에 상속된다.

리스트 15.5 DerivedRectangle.h

```
1   #ifndef RECTANGLE_H
2   #define RECTANGLE_H
3   #include "GeometricObject.h"
4
5   class Rectangle: public GeometricObject
6   {
7   public:
8     Rectangle();
9     Rectangle(double width, double height);
10    Rectangle(double width, double height,
11      const string& color, bool filled);
12    double getWidth() const;
13    void setWidth(double);
14    double getHeight() const;
15    void setHeight(double);
16    double getArea() const;
17    double getPerimeter() const;
18    string toString() const;
19
```
감시 포함

GeometricObject 확장

공용 멤버

전용 멤버

```
20   private:
21     double width;
22     double height;
23   }; // 반드시 세미콜론(;)을 붙여야 함
24
25   #endif
```

Rectangle 클래스는 리스트 15.6에 구현되어 있다.

리스트 15.6 DerivedRectangle.cpp

Rectangle 헤더

```
1   #include "DerivedRectangle.h"
2
3   // 기본 rectangle 객체 생성
```

인수 없는 생성자

```
4   Rectangle::Rectangle()
5   {
6     width = 1;
7     height = 1;
8   }
9
10  // 지정된 너비와 높이로 rectangle 객체 생성
```

생성자

```
11  Rectangle::Rectangle(double width, double height)
12  {
13    setWidth(width);
14    setHeight(height);
15  }
16
```

생성자

```
17  Rectangle::Rectangle(
18    double width, double height, const string& color, bool filled)
19  {
20    setWidth(width);
21    setHeight(height);
22    setColor(color);
23    setFilled(filled);
24  }
25
26  // 직사각형의 너비 값 반환
```

getWidth

```
27  double Rectangle::getWidth() const
28  {
29    return width;
30  }
31
32  // 새로운 너비 값 설정
```

setWidth

```
33  void Rectangle::setWidth(double width)
34  {
35    this->width = (width >= 0) ? width : 0;
36  }
37
38  // 직사각형의 높이 반환
```

getHeight

```
39  double Rectangle::getHeight() const
40  {
41    return height;
```

```
42    }
43
44    // 새로운 높이 값 설정
45    void Rectangle::setHeight(double height)                              setHeight
46    {
47      this->height = (height >= 0) ? height : 0;
48    }
49
50    // 직사각형의 면적 반환
51    double Rectangle::getArea() const                                     getArea
52    {
53      return width * height;
54    }
55
56    // 직사각형의 둘레 반환
57    double Rectangle::getPerimeter() const                                getPerimeter
58    {
59      return 2 * (width + height);
60    }
61
62    // 15.5절에 소개될 toString 함수 재정의
63    string Rectangle::toString() const
64    {
65      return "Rectangle object";
66    }
```

리스트 15.7은 이들 3개의 클래스, 즉 **GeometricObject**, **Circle**, **Rectangles**를 사용하는
테스트 프로그램이다.

리스트 15.7 TestGeometricObject.cpp

```
1    #include "GeometricObject.h"                                          GeometricObject 헤더
2    #include "DerivedCircle.h"                                            Circle 헤더
3    #include "DerivedRectangle.h"                                         Rectangle 헤더
4    #include <iostream>
5    using namespace std;
6
7    int main()
8    {
9      GeometricObject shape;                                              GeometricObject 생성
10     shape.setColor("red");
11     shape.setFilled(true);
12     cout << shape.toString() << endl
13       << " color: " << shape.getColor()
14       << " filled: " << (shape.isFilled() ? "true" : "false") << endl;
15
16     Circle circle(5);                                                   Circle 생성
17     circle.setColor("black");
18     circle.setFilled(false);
19     cout << circle.toString()<< endl
20       << " color: " << circle.getColor()
21       << " filled: " << (circle.isFilled() ? "true" : "false")
```

```
22          << " radius: " << circle.getRadius()
23          << " area: " << circle.getArea()
24          << " perimeter: " << circle.getPerimeter() << endl;
25
26      Rectangle rectangle(2, 3);
27      rectangle.setColor("orange");
28      rectangle.setFilled(true);
29      cout << rectangle.toString()<< endl
30        << " color: " << rectangle.getColor()
31        << " filled: " << (rectangle.isFilled() ? "true" : "false")
32        << " width: " << rectangle.getWidth()
33        << " height: " << rectangle.getHeight()
34        << " area: " << rectangle.getArea()
35        << " perimeter: " << rectangle.getPerimeter() << endl;
36
37      return 0;
38  }
```

Rectangle 생성

```
Geometric Object
 color: red filled: true
Circle object
 color: black filled: false radius: 5 area: 78.5397 perimeter: 31.4159
Rectangle object
 color: orange filled: true width: 2 height: 3 area: 6 perimeter: 10
```

이 프로그램은 **GeometricObject**를 생성하고 9번~14번 줄에서 **setColor, setFilled, toString, getColor, isFilled** 함수를 호출한다.

또한 프로그램은 **Circle** 객체를 생성하고 16번~24번 줄에서 **setColor, setFilled, toString, getColor, isFilled, getRadius, getArea, getPerimeter** 함수를 호출한다. **setColor**와 **setFilled** 함수는 GeometricObject 클래스에 정의되어 있고 **Circle** 클래스에 상속된다는 사실에 주의하기 바란다.

프로그램에서 **Rectangle** 객체를 생성하고 26번~35번 줄에서 **setColor, setFilled, toString, getColor, isFilled, getWidth, getHeight, getArea, getPerimeter** 함수를 호출한다. **setColor**와 **setFilled** 함수는 GeometricObject 클래스에 정의되어 있고 **Rectangle** 클래스에 상속된다는 사실에도 주의하기 바란다.

다음은 상속에 대한 주요 사항이다.

전용 데이터 필드

■ 기본 클래스에 있는 전용 데이터 필드는 클래스 외부에서 접근할 수 없다. 따라서 전용 데이터 필드를 파생 클래스에서 직접 사용할 수 없다. 그러나 만약 기본 클래스에서 정의된 경우에는 공용 접근자나 변경자를 사용하여 접근하거나 변경할 수 있다.

확장할 수 없는 is-a

■ 모든 *is-a* 관계[1]를 상속을 사용하여 모델링해야 하는 것은 아니다. 예를 들어, 정사각형은

---

1) 역주: '..는 ..이다.' 의 의미로써 '학생은 사람이다.' 와 같이 '새로운 클래스가 기존 클래스의 한 종류이다.' 라는 것을 의미한다.

직사각형이긴 하지만, 직사각형으로부터 정사각형으로 확장(또는 보충)할 수 없으므로 **Rectangle** 클래스를 확장하여 **Square** 클래스를 정의하지 말아야 한다. 그보다는 **GeometricObject** 클래스를 확장하여 **Square** 클래스를 정의해야 한다. 클래스 **B**를 확장하는 클래스 **A**에서, **A**는 **B**보다 더욱 상세한 정보를 포함해야 한다.

- 상속은 *is-a* 관계를 모델링하기 위해 사용된다. 단순히 함수를 재사용하기 위해 맹목적으로 클래스를 확장하지 말아야 한다. 예를 들어, 높이(키)나 무게와 같은 공통적인 속성을 공유한다고 하더라도 **Tree** 클래스가 **Person** 클래스를 확장하는 것은 아무런 의미가 없다. 파생 클래스와 그의 기본 클래스는 *is-a* 관계를 가져야 한다.
  맹목적 확장 금지

- C++에서는 몇 개의 클래스로부터 파생 클래스를 만들 수 있다. 이 기능을 다중 상속(multiple inheritance)이라 하며, 지원 웹사이트의 보충학습(Supplement) IV.A에서 설명한다.
  다중 상속

15.1 파생 클래스는 기본 클래스의 하위(부분) 집합이다. 참인가 혹은 거짓인가?

Check Point

15.2 C++에서 클래스는 여러 개의 기본 클래스로부터 파생될 수 있는가?

15.3 다음 클래스에서 문제점을 찾아보아라.

```cpp
class Circle
{
public:
  Circle(double radius)
  {
    radius = radius;
  }

  double getRadius()
  {
    return radius;
  }

  double getArea()
  {
    return radius * radius * 3.14159;
  }

private:
  double radius;
};

class B: Circle
{
public:
  B(double radius, double length)
  {
    radius = radius;
    length = length;
  }

  // 원의 getArea() * length 값 반환
```

```
    double getArea()
    {
      return getArea() * length;
    }

  private:
    double length;
};
```

15.3 제네릭 프로그래밍

파생 클래스의 객체는 기본 유형 매개변수의 객체가 요구되는 곳이면 어디든지 전달될 수 있다. 따라서 함수는 객체 인수의 넓은 범위에서 포괄적으로 사용될 수 있으며, 이를 제네릭 프로그래밍이라 한다.

제네릭 프로그래밍

만약 어떤 함수의 매개변수 유형이 기본 클래스(예로써, **GeometricObject**)인 경우, 매개변수의 파생 클래스 중의 함수(예로써, **Circle** 또는 **Rectangle**)로 객체를 전달할 수 있다.

예를 들어, 다음과 같은 함수를 정의한다고 가정하자.

```
void displayGeometricObject(const GeometricObject& shape)
{
  cout << shape.getColor() << endl;
}
```

매개변수 유형은 **GeometricObject**이다. 이 함수를 다음과 같은 코드로 호출할 수 있다.

```
displayGeometricObject(GeometricObject("black", true));
displayGeometricObject(Circle(5));
displayGeometricObject(Rectangle(2, 3));
```

각 문장은 익명 객체(anonymous object)를 생성하고 **displayGeometricObject**를 호출하기 위해 그 객체를 전달한다. **Circle**과 **Rectangle**은 **GeometricObject**로부터 파생되었으므로 **Circle** 객체나 **Rectangle** 객체를 **displayGeometricObject** 함수에서 **GeometricObject** 매개변수 유형으로 전달할 수 있다.

15.4 생성자와 소멸자

파생 클래스의 생성자는 자신의 코드를 실행하기 전에 먼저 기본 클래스의 생성자를 호출한다. 파생 클래스의 소멸자는 자신의 코드를 실행하고 나서 기본 클래스의 소멸자를 자동으로 호출한다.

파생 클래스는 기본 클래스로부터 접근 가능한 데이터 필드와 함수를 상속받는다. 생성자나 소멸자도 상속되는가? 기본 클래스의 생성자와 소멸자를 파생 클래스에서 호출할 수 있는가? 이 절에서는 이에 대한 내용과 결과에 대해 설명한다.

15.4.1 기본 클래스 생성자 호출

생성자는 클래스의 인스턴스를 생성하기 위해서 사용된다. 데이터 필드나 함수와 달리 기본 클래스의 생성자는 파생 클래스로 상속되지 않고, 기본 클래스의 데이터 필드를 초기화하기 위해서 파생 클래스의 생성자로부터 호출만 가능하다. 파생 클래스의 생성자 초기화 목록으로부터 기본 클래스의 생성자를 호출할 수 있으며, 호출 구문은 다음과 같다.

```
DerivedClass(parameterList): BaseClass()
{
    // 초기화 수행
}
```

또는

```
DerivedClass(parameterList): BaseClass(argumentList)
{
    // 초기화 수행
}
```

전자는 기본 클래스의 인수 없는 생성자를 호출하고, 후자는 특정한 인수를 갖는 기본 클래스 생성자를 호출한다.

파생 클래스의 생성자는 명시적이나 암시적으로 항상 기본 클래스의 생성자를 호출한다. 만약 기본 생성자가 암시적으로 호출되지 않으면, 기본 클래스의 인수 없는 생성자가 기본적으로 호출된다. 예를 들면 다음과 같다.

```
public Circle()
{
    radius = 1;
}
```
동일한 표현 →
```
public Circle(): GeometricObject()
{
    radius = 1;
}
```

```
public Circle(double radius)
{
    this->radius = radius;
}
```
동일한 표현 →
```
public Circle(double radius)
    : GeometricObject()
{
    this->radius = radius;
}
```

리스트 15.4 DerivedCircle.cpp에서 **Circle(double radius, const string& color, bool filled)** 생성자(17번~22번 줄)는 다음과 같이 기본 클래스의 생성자 **GeometricObject(const string& color, bool filled)**를 호출함으로써 구현될 수 있다.

```
1    // 지정된 radius, color, filled 값을 갖는 원 객체 생성
2    Circle::Circle(double radius, const string& color, bool filled)
3        : GeometricObject(color, filled)                              기본 생성자 호출
4    {
5        setRadius(radius);
6    }
```

또는

```
1    // 지정된 radius, color, filled 값을 갖는 원 객체 생성
2    Circle::Circle(double radius, const string& color, bool filled)
3        : GeometricObject(color, filled), radius(radius)             데이터 필드 초기화
4    {
```

```
5    }
```

후자는 생성자 초기화에서 **radius** 데이터 필드를 초기화한다. **radius**는 Circle 클래스에 정의된 데이터 필드이다.

15.4.2 생성자와 소멸자의 연쇄적 처리

클래스의 인스턴스를 생성할 때 상속 연결을 따라 모든 기본 클래스들의 생성자를 호출한다. 파생 클래스의 객체를 생성할 때 파생 클래스의 생성자는 자신을 실행하기 전에 기본 클래스의 생성자를 먼저 호출한다. 만약 기본 클래스가 다른 클래스로부터 파생되었다면, 기본 클래스 생성자는 자신을 실행하기 전에 그의 부모 클래스의 생성자를 호출한다. 상속 계층을 따라 마지막 생성자가 호출될 때까지 이 과정이 계속되는데, 이를 생성자 연쇄적 처리(constructor chaining)라 한다. 반대로 소멸자(destructor)는 역순으로 자동 호출된다. 파생 클래스의 객체를 소멸시킬 때, 파생 클래스 소멸자가 호출되고, 그 작업이 끝난 후에 기본 클래스 소멸자를 호출한다. 상속 계층을 따라 마지막 소멸자가 호출될 때까지 이 과정이 계속되는데, 이를 소멸자 연쇄적 처리(destructor chaining)라고 한다.

리스트 15.8의 코드를 살펴보자.

리스트 15.8 ConstructorDestructorCallDemo.cpp

```
1    #include <iostream>
2    using namespace std;
3
4    class Person
5    {
6    public:
7      Person()
8      {
9        cout << "Performs tasks for Person's constructor" << endl;
10     }
11
12     ~Person()
13     {
14       cout << "Performs tasks for Person's destructor" << endl;
15     }
16   };
17
18   class Employee: public Person
19   {
20   public:
21     Employee()
22     {
23       cout << "Performs tasks for Employee's constructor" << endl;
24     }
25
26     ~Employee()
27     {
28       cout << "Performs tasks for Employee's destructor" << endl;
```

생성자 연쇄적 처리

소멸자 연쇄적 처리

Person 클래스

Employee 클래스

```
29     }
30   };
31
32   class Faculty: public Employee                                    Faculty 클래스
33   {
34   public:
35     Faculty()
36     {
37       cout << "Performs tasks for Faculty's constructor" << endl;
38     }
39
40     ~Faculty()
41     {
42       cout << "Performs tasks for Faculty's destructor" << endl;
43     }
44   };
45
46   int main()
47   {
48     Faculty faculty;                                                Faculty 생성
49
50     return 0;
51   }
```

```
Performs tasks for Person's constructor
Performs tasks for Employee's constructor
Performs tasks for Faculty's constructor
Performs tasks for Faculty's destructor
Performs tasks for Employee's destructor
Performs tasks for Person's destructor
```

이 프로그램은 48번 줄에서 **Faculty**의 인스턴스를 생성한다. **Faculty**는 **Employee**로부터 파생되었고 **Employee**는 **Person**으로부터 파생되었으므로 다음 그림에서와 같이 **Faculty**의 생성자는 자신의 작업을 실행하기 전에 **Employee**의 생성자를 호출한다. **Employee**의 생성자는 자신의 작업을 실행하기 전에 **Person**의 생성자를 호출한다.

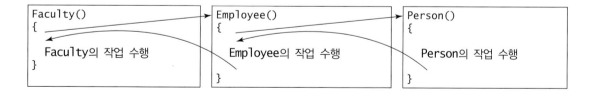

프로그램이 종료될 때, **Faculty** 객체는 소멸된다. 따라서 다음 그림과 같이 **Faculty**의 소멸자가 호출된 후에 **Employee**의 소멸자를, 마지막으로 **Person**의 소멸자를 호출한다.

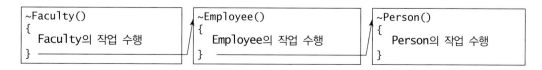

인수 없는 생성자

 경고

만약 클래스를 확장 가능하도록 설계하였다면, 프로그래밍 오류를 피하기 위하여 **인수 없는 생성자**를 제공하는 것이 더 바람직하다. 다음 코드를 살펴보자.

```cpp
class Fruit
{
public:
  Fruit(int id)
  {
  }
};
```

```cpp
class Apple: public Fruit
{
public:
  Apple()
  {
  }
};
```

생성자가 **Apple**에서 명시적으로 정의되지 않았으므로 **Apple**의 기본 인수 없는 생성자가 암시적으로 정의된다. **Apple**은 **Fruit**의 파생 클래스이므로 **Apple**의 기본 생성자는 자동으로 **Fruit**의 인수 없는 생성자를 호출하게 된다. 그러나 **Fruit**은 인수 없는 생성자가 아닌 명시적으로 정의된 생성자를 가지고 있다. 따라서 이 프로그램은 컴파일될 수 없다.

복사 생성자
대입 연산자

 주의

만약 기본 클래스가 사용자 정의 복사 생성자(copy constructor)와 대입 연산자(assignment operator)를 가지는 경우, 기본 클래스에 있는 데이터 필드가 적합하게 복사되었음을 보장하기 위해 파생 클래스의 복사 생성자와 대입 연산자도 사용자 정의를 해 줘야 한다. **Child** 클래스가 **Parent**로부터 파생되었다고 하자. **Child**의 복사 생성자에 대한 코드는 일반적으로 다음과 같이 작성될 수 있다.

```cpp
Child::Child(const Child& object): Parent(object)
{
  // Child에 있는 데이터 필드를 복사하기 위한 코드 작성
}
```

Child의 대입 연산자를 위한 코드는 일반적으로 다음과 같이 작성된다.

```cpp
Child& Child::operator=(const Child& object)
{
  Parent::operator(object)
  // 기본 클래스에 있는 대입 연산자를 적용하기 위해 Parent::operator=(object) 사용
  // Child에 있는 데이터 필드를 복사하기 위한 코드 작성
}
```

소멸자

파생 클래스의 소멸자가 호출될 때, 자동으로 기본 클래스의 소멸자가 호출된다. 파생 클래스의 소멸자는 파생 클래스에서 동적으로 생성된 메모리를 소멸시키기 위해서만 필요하다.

 Check Point

15.4 파생 클래스에서 생성자를 호출할 때, 기본 클래스의 인수 없는 생성자가 항상 호출된다. 참인가 혹은 거짓인가?

15.5 (a) 프로그램의 실행 출력은 무엇인가? (b) 프로그램은 컴파일에서 어떤 문제점이 발생하는가?

```
#include <iostream>
using namespace std;

class Parent
{
public:
  Parent()
  {
    cout <<
      "Parent's no-arg constructor is invoked";
  }
};

class Child: public Parent
{
};

int main()
{
  Child c;

  return 0;
}
```

(a)

```
#include <iostream>
using namespace std;

class Parent
{
public:
  Parent(int x)
  {
  }
};

class Child: public Parent
{
};

int main()
{
  Child c;

  return 0;
}
```

(b)

15.6 다음 코드의 출력은 무엇인가?

```
#include <iostream>
using namespace std;

class Parent
{
public:
  Parent()
  {
    cout << "Parent's no-arg constructor is invoked" << endl;
  }

  ~Parent()
  {
    cout << "Parent's destructor is invoked" << endl;
  }
};

class Child: public Parent
{
public:
  Child()
  {
    cout << "Child's no-arg constructor is invoked" << endl;
  }
```

```
    ~Child()
    {
      cout << "Child's destructor is invoked" << endl;
    }
};

int main()
{
  Child c1;
  Child c2;

  return 0;
}
```

15.7 만일 기본 클래스가 사용자 정의 복사 생성자와 대입 연산자를 갖는 경우, 파생 클래스에서의 복사 생성자와 대입 연산자는 어떻게 정의해야 하는가?

15.8 만일 기본 클래스가 사용자 정의 소멸자를 갖는 경우, 파생 클래스에서 소멸자를 구현해야 하는가?

15.5 함수 재정의

기본 클래스에 정의된 함수는 파생 클래스에서 재정의될 수 있다.

toString() 함수가 "Geometric object" 문자를 반환하기 위해 GeometricObject 클래스에 다음과 같이 정의되어 있다(리스트 15.2의 35번~38번 줄).

```
string GeometricObject::toString() const
{
  return "Geometric object";
}
```

파생 클래스에서 기본 클래스의 함수를 재정의하기 위해서는 파생 클래스의 헤더 파일에 함수의 원형(prototype)을 추가하고 파생 클래스의 구현 파일에서 함수에 대한 새로운 구현을 제공해야 한다.

toString 함수는 Circle 클래스에서 다음과 같이 재정의되어 있다(리스트 15.4의 55번~58번 줄).

```
string Circle::toString() const
{
  return "Circle object";
}
```

toString 함수는 Rectangle 클래스에서 다음과 같이 재정의되어 있다(리스트 15.6의 63번~66번 줄).

```
string Rectangle::toString() const
{
  return "Rectangle object";
}
```

15.5 함수 재정의 **637**

그러므로 다음 코드는 결과 그림과 같이 출력된다.

```
1   GeometricObject shape;
2   cout << "shape.toString() returns " << shape.toString() << endl;
3
4   Circle circle(5);
5   cout << "circle.toString() returns " << circle.toString() << endl;
6
7   Rectangle rectangle(4, 6);
8   cout << "rectangle.toString() returns "
9     << rectangle.toString() << endl;
```

GeometricObject 생성
toString 호출

Circle 생성
toString 호출

Rectangle 생성

toString 호출

```
shape.toString() returns Geometric object
circle.toString() returns Circle object
rectangle.toString() returns Rectangle object
```

이 코드는 1번 줄에서 **GeometricObject**를 생성하며, **shape**의 유형은 **GeometricObject**이 므로 **GeometricObject**에 정의된 **toString** 함수는 2번 줄에서 호출된다.

4번 줄의 코드는 **Circle** 객체를 생성하고, **circle**의 유형은 **Circle**이므로 **Circle**에 정의 된 **toStirng** 함수는 5번 줄에서 호출된다.

7번 줄의 코드는 **Rectangle** 객체를 생성하고, **rectangle**의 유형은 **Rectangle**이므로 **Rectangle**에 정의된 **toStirng** 함수는 9번 줄에서 호출된다.

만약 호출하는 객체 **circle**에 대해 **GeometricObject** 클래스에 정의된 **toString** 함수를 호출하고자 한다면, 기본 클래스 이름과 함께 범위 지정 연산자(scope resolution operator, ::)를 사용한다. 예를 들어, 다음 코드는 결과 그림과 같이 출력된다.

기본 클래스에서 함수 호출

```
Circle circle(5);
cout << "circle.toString() returns " << circle.toString() << endl;
cout << "invoke the base class's toString() to return "
  << circle.GeometricObject::toString();
```

```
circle.toString() returns Circle object
invoke the base class's toString() to return Geometric object
```

주의

6.7절 "함수 오버로딩"에서 함수를 오버로딩하는 방법에 대해 배웠다. 함수 오버로딩은 같은 이름 을 갖는 하나 이상의 함수를 제공하는 방법이지만, 그 함수들을 구별하기 위한 서로 다른 함수 서 명(function signature)을 가져야 한다. 함수를 재정의하기 위해서는 기본 클래스에서의 함수와 동일한 함수 서명과 동일한 반환 유형을 사용하여 파생 클래스에서 함수를 재정의해야 한다.

재정의 vs. 오버로딩

15.9 함수 오버로딩과 함수 재정의의 차이점은 무엇인가?

15.10 다음에 대해 참과 거짓을 구별하여라. (1) 기본 클래스에서 정의된 전용 함수를 재정의 할 수 있다. (2) 기본 클래스에서 정의된 정적 함수를 재정의할 수 있다. (3) 생성자를 재정의할 수 있다.

15.6 다형성

다형성은 상위 유형의 변수가 하위 유형 객체를 참조할 수 있음을 의미한다.

객체지향 프로그래밍(object-oriented programming)의 세 가지 핵심은 캡슐화(encapsulation), 상속(inheritance), 다형성(polymorphism)이다. 캡슐화와 상속은 이미 배웠으며, 이 절에서는 다형성에 대해서 설명한다.

하위 유형

상위 유형

먼저, 두 개의 유용한 용어, 즉 하위 유형(subtype)과 상위 유형(supertype)을 정의해 보면, 클래스는 유형을 정의한다. 파생 클래스에 의해 정의된 유형을 하위 유형이라 하고, 기본 클래스에 의해 정의된 유형을 상위 유형이라 한다. 따라서 **Circle**은 **GeometricObject**의 하위 유형이고, **GeometricObject**는 **Circle**에 대한 상위 유형이라 할 수 있다.

상속 관계는 기본 클래스의 기능에 새로운 기능을 추가하여 기본 클래스의 기능을 상속받을 수 있도록 해 준다. 파생 클래스는 기본 클래스의 특수화(specialization)이며, 파생 클래스의 모든 인스턴스는 또한 기본 클래스의 인스턴스이지만, 그 반대의 경우는 아니다. 예를 들어, 모든 원(circle)은 기하학적 객체(geometric object)이지만 모든 기하학적 객체는 원이 아니다. 그러므로 기본 클래스 유형의 매개변수에 파생 클래스의 인스턴스를 항상 전달할 수 있다. 리스트 15.9의 코드를 살펴보자.

리스트 15.9 PolymorphismDemo.cpp

```
1   #include <iostream>
2   #include "GeometricObject.h"
3   #include "DerivedCircle.h"
4   #include "DerivedRectangle.h"
5
6   using namespace std;
7
8   void displayGeometricObject(const GeometricObject& g)
9   {
10    cout << g.toString() << endl;
11  }
12
13  int main()
14  {
15    GeometricObject geometricObject;
16    displayGeometricObject(geometricObject);
17
18    Circle circle(5);
19    displayGeometricObject(circle);
20
21    Rectangle rectangle(4, 6);
22    displayGeometricObject(rectangle);
23
24    return 0;
25  }
```

displayGeometricObject

toString 호출

GeometricObject 전달

Circle 전달

Rectangle 전달

```
Geometric object
Geometric object
Geometric object
```

displayGeometricObject 함수(8번 줄)는 GeometricObject 유형의 매개변수를 사용한다. GeometricObject, Circle, Rectangle의 어떤 인스턴스를 전달함으로써 displayGeometric-Object를 호출할 수 있다(16번, 19번, 22번 줄). 기본 클래스의 객체가 사용되는 위치에 상관없이 파생 클래스의 객체를 사용할 수 있다. 이를 일반적으로 (그리스어로 '많은 형태'라는 의미의) 다형성(polymorphism)이라 한다. 간단히 말하면, 다형성은 상위 유형의 변수가 하위 유형 객체를 참조할 수 있음을 의미한다.

다형성

15.11 하위 유형과 상위 유형은 무엇인가? 다형성이란 무엇인가?

✔Check Point

15.7 가상 함수와 동적 결합

함수는 상속의 연쇄적 처리에 따라 몇 개의 클래스로 구현될 수 있다. 가상 함수는 시스템이 객체의 실제 유형에 기초하여 실행 시 어느 함수를 호출할지 결정할 수 있도록 한다.

🔑Key Point

리스트 15.9의 프로그램은 GeometricObject에 대한 toString 함수를 호출하는 displayGeometricObject 함수를 정의한다(10번 줄).

displayGeometricObject 함수는 GeometricObject, Circle, Rectangle의 객체를 각각 전달하여 16번, 19번, 22번 줄에서 호출된다. 출력에 나타난 바와 같이, GeometricObject 클래스에서 정의된 toString() 함수가 호출된다. displayGeometricObject(circle)를 실행할 때 Circle에 정의된 toString() 함수나, displayGeometricObject(rectangle)을 실행할 때 Rectangle에 정의된 toString() 함수, 또는 displayGeometricObject (geometricObject)를 실행할 때 GeometricObject에 정의된 toString() 함수를 호출할 수 있을까? 이는 기본 클래스 GeometricObject 내에 가상 함수(virtual function)로서 toString 을 선언함으로써 간단히 실행할 수 있다.

가상 함수

리스트 15.1의 15번 줄을 다음의 함수 선언으로 대체한다고 하자.

virtual string toString() **const**;

가상 함수 정의

만약 리스트 15.9를 다시 실행하면, 다음 출력을 볼 수 있다.

```
Geometric object
Circle object
Rectangle object
```

기본 클래스에 virtual로 정의된 toString() 함수가 있으면, C++는 실행 시 어떤 toStirng() 함수를 호출할지를 동적으로 결정한다. displayGeometricObject(circle)를 호출할 때 Circle 객체는 참조에 의해 g로 전달된다. g는 Circle 유형의 객체를 참조하므로 Circle 클래스에 정의된 toString 함수가 호출된다. 실행 시에 어떤 함수를 호출해야 하는지

virtual

동적 결합

를 결정하는 기능을 동적 결합(dynamic binding)이라 한다.

함수 오버라이딩

주의

C++에서는 파생 클래스에서 가상 함수를 **재정의**하는 것을 **함수 오버라이딩**(function overriding)이라 한다.

함수에 대해 동적 결합이 가능하도록 하려면 다음 두 가지가 필요하다.

- 함수는 기본 클래스에서 **virtual**로 정의되어야 한다.
- 객체를 참조하는 변수는 가상 함수에서 참조에 의해 전달되거나 포인터로서 전달되어야 한다.

리스트 15.9는 참조에 의해 매개변수로 객체를 전달한다(8번 줄). 다른 방법으로 리스트 15.10에서와 같이 포인터를 전달함으로써 8번~11번 줄을 다시 작성할 수 있다.

리스트 15.10 VirtualFunctionDemoUsingPointer.cpp

```
 1   #include <iostream>
 2   #include "GeometricObject.h" // toString()을 가상으로 정의
 3   #include "DerivedCircle.h"
 4   #include "DerivedRectangle.h"
 5
 6   using namespace std;
 7
 8   void displayGeometricObject(const GeometricObject* g)
 9   {
10     cout << (*g).toString() << endl;
11   }
12
13   int main()
14   {
15     displayGeometricObject(&GeometricObject());
16     displayGeometricObject(&Circle(5));
17     displayGeometricObject(&Rectangle(4, 6));
18
19     return 0;
20   }
```

포인터 전달 (줄 8)

toString 호출 (줄 10)

GeometricObject 전달 (줄 15)
Circle 전달 (줄 16)
Rectangle 전달 (줄 17)

```
Geometric object
Circle object
Rectangle object
```

그러나 만일 객체 인수가 값에 의해 전달되는 경우, 가상 함수는 동적으로 결합되지 않는다. 리스트 15.11에서 보여주는 바와 같이 비록 함수가 가상으로 정의되어 있더라도 출력은 가상 함수를 사용하지 않은 것과 동일하다.

리스트 15.11 VirtualFunctionDemoPassByValue.cpp

```
 1   #include <iostream>
 2   #include "GeometricObject.h"
```

```
 3  #include "DerivedCircle.h"
 4  #include "DerivedRectangle.h"
 5
 6  using namespace std;
 7
 8  void displayGeometricObject(GeometricObject g)                              값에 의해 객체 전달
 9  {
10    cout << g.toString() << endl;                                            toString 호출
11  }
12
13  int main()
14  {
15    displayGeometricObject(GeometricObject());                               GeometricObject 전달
16    displayGeometricObject(Circle(5));                                       Circle 전달
17    displayGeometricObject(Rectangle(4, 6));                                 Rectangle 전달
18
19    return 0;
20  }
```

```
Geometric object
Geometric object
Geometric object
```

다음은 가상 함수의 사용에 대한 주의사항이다.

- 만일 함수가 기본 클래스에서 **virtual**로 정의된 경우, 그 기본 클래스의 모든 파생 클래   virtual
스에서 자동으로 **virtual**이 된다. **virtual** 키워드는 파생 클래스의 함수 선언에서 추가
할 필요는 없다.

- 함수 서명(function signature)을 맞추고 함수의 구현을 결합하는 것은 두 가지 분리된 문
제이다. 변수의 선언 유형은 컴파일될 때 어떤 함수가 일치하는지를 결정한다. 이를 정적
결합(static binding)이라 한다. 컴파일러는 매개변수 유형, 매개변수의 개수, 컴파일 시에
매개변수의 순서에 따라 일치하는 함수를 찾는다. 가상 함수는 여러 개의 파생 클래스에
서 구현될 수 있다. C++에서는 실행 시 함수 구현을 동적으로 결합하며, 변수에 의해 참
조된 객체의 실제 클래스에 의해 결정된다. 이를 동적 결합(dynamic binding)이라 한다.   정적 결합 vs. 동적 결합

- 만약 기본 클래스에서 정의한 함수를 파생 클래스에서 재정의해야 한다면, 혼동과 실수
가 발생하지 않도록 가상으로 정의해야 한다. 이와는 반대로, 함수가 재정의되지 않을 경
우에는 가상으로 선언하지 않는 것이 더 효과적인데, 이는 실행 시에 동적으로 가상 함수
를 결합하는 데 필요한 시간과 시스템 자원이 더 많이 소요되기 때문이다. 가상 함수를 갖
는 클래스를 다형성 유형(polymorphic type)이라 한다.   다형성 유형

15.12 다음 프로그램에 대한 질문에 답하여라.   ✔Check Point

```
 1  #include <iostream>
 2  using namespace std;
 3
 4  class Parent
 5  {
```

```
6  public:
7    void f()
8    {
9      cout << "invoke f from Parent" << endl;
10   }
11 };

12
13 class Child: public Parent
14 {
15 public:
16   void f()
17   {
18     cout << "invoke f from Child" << endl;
19   }
20 };

21
22 void p(Parent a)
23 {
24   a.f();
25 }

26
27 int main()
28 {
29   Parent a;
30   a.f();
31   p(a);

32
33   Child b;
34   b.f();
35   p(b);

36
37   return 0;
38 }
```

a. 이 프로그램의 출력은 무엇인가?

b. 만약 7번 줄을 **virtual void f()**로 바꿀 경우, 출력은 무엇인가?

c. 만약 7번 줄을 **virtual void f()**로 바꾸고 22번 줄을 **void p(Parent& a)**로 바꾸면 출력은 어떻게 되는가?

15.13 정적 결합이란 무엇이며, 동적 결합이란 무엇인가?

15.14 가상 함수를 선언하는 것만으로 동적 결합을 사용하기에 충분한가?

15.15 다음 코드의 출력은 무엇인가?

```cpp
#include <iostream>
#include <string>
using namespace std;

class Person
{
public:
  void printInfo()
  {
    cout << getInfo() << endl;
  }

  virtual string getInfo()
  {
    return "Person";
  }
};

class Student: public Person
{
public:
  virtual string getInfo()
  {
    return "Student";
  }
};

int main()
{
  Person().printInfo();
  Student().printInfo();
}
```

(a)

```cpp
#include <iostream>
#include <string>
using namespace std;

class Person
{
public:
  void printInfo()
  {
    cout << getInfo() << endl;
  }

  string getInfo()
  {
    return "Person";
  }
};

class Student: public Person
{
public:
  string getInfo()
  {
    return "Student";
  }
};

int main()
{
  Person().printInfo();
  Student().printInfo();
}
```

(b)

15.16 모든 함수를 가상으로 정의하는 것은 좋은 습관인가?

15.8 보호(protected) 키워드

클래스의 보호멤버는 파생 클래스에서 접근할 수 있다.

Key
Point

지금까지는 클래스 외부로부터 데이터 필드와 함수에 접근할 수 있는지를 명시하기 위해 전용(**private**)과 공용(**public**) 키워드를 사용하였다. 전용 멤버는 단지 클래스 내부 또는 **friend** 함수 및 **friend** 클래스에서만 접근할 수 있으며, 공용 멤버는 임의의 다른 클래스에서 접근이 가능하다.

　가끔은 파생 클래스는 기본 클래스에 정의된 데이터 필드나 함수에 접근하도록 허용하지만, 파생 클래스가 아닌 클래스에 대해서는 접근을 허용하지 말아야 할 때가 있다. 이를 위해서는 보호(**protected**) 키워드를 사용하면 된다. 기본 클래스의 보호 데이터 필드나 보호 함수는 그 기본 클래스의 파생 클래스에서만 접근이 가능하다.

private, **protected**, **public** 키워드는 클래스와 클래스 멤버에 접근할 수 있는지를 명시하므로 가시성(visibility) 또는 접근성(accessibility) 키워드라고 한다.

가시성 키워드

가시성 증가
$$\longrightarrow$$
전용(private), 보호(protected), 공용(public)

리스트 15.12는 **protected** 키워드의 사용을 설명한다.

리스트 15.12 VisibilityDemo.cpp

```cpp
1  #include <iostream>
2  using namespace std;
3
4  class B
5  {
6  public:
7    int i;
8
9  protected:
10   int j;
11
12 private:
13   int k;
14 };
15
16 class A: public B
17 {
18 public:
19   void display() const
20   {
21     cout << i << endl; // 접근 가능
22     cout << j << endl; // 접근 가능
23     cout << k << endl; // 접근 불가능
24   }
25 };
26
27 int main()
28 {
29   A a;
30   cout << a.i << endl; // 접근 가능
31   cout << a.j << endl; // 접근 불가능
32   cout << a.k << endl; // 접근 불가능
33
34   return 0;
35 }
```

공용 — (line 6)

보호 — (line 9)

전용 — (line 12)

A는 **B**로부터 파생되었고 **j**는 보호(protected)이므로 **j**는 22번 줄의 **A** 클래스에서 접근할 수 있다. **k**는 전용(private)이므로 **k**는 **A** 클래스에서 접근할 수 없다.

i는 공용(public)이므로 i는 30번 줄의 **a.i**로부터 접근할 수 있으며, **j**와 **k**는 공용이 아니므로 31번~32번 줄의 **a** 객체에서 접근할 수 없다.

15.17 만약 멤버가 클래스에서 전용(private)으로 선언된 경우, 다른 클래스에서 접근할 수 있는가? 만일 멤버가 클래스에서 보호(protected)로 선언된 경우, 다른 클래스에서 접근할 수 있는가? 만약 멤버가 클래스에서 공용(public)으로 선언된 경우, 다른 클래스에서 접근할 수 있는가?

15.9 추상 클래스와 순수 가상 함수

추상 클래스는 객체를 생성하는 데 사용될 수 없다. 추상 클래스는 구체적 파생 클래스에서 구현되는 추상 함수를 포함할 수 있다.

상속 계층에서 클래스는 각각의 새로운 파생 클래스를 가짐으로써 좀 더 명시적이고 구체적인 상태가 된다. 만약 파생 클래스로부터 부모나 조상 클래스로 거꾸로 이동한다면, 클래스는 좀 더 일반적인 그리고 덜 구체적인 상태가 될 것이다. 클래스 설계에서 기본 클래스는 파생 클래스의 일반적 특징을 포함해야 한다. 때로는 기본 클래스가 너무 추상적이어서 어떤 특정 인스턴스를 가질 수 없을 때도 있다. 이와 같은 클래스를 **추상 클래스**(abstract class)라고 한다.

추상 클래스

15.2절에서 **GeometricObject**는 **Circle**과 **Rectangle**에 대한 기본 클래스로 정의되어 있다. **GeometricObject**는 기하학적 객체의 일반적인 특징을 모델링한다. **Circle**과 **Rectangle**은 모두 원과 직사각형의 면적과 둘레를 계산하기 위한 **getArea()**와 **getPerimeter()** 함수를 포함하고 있다. 모든 기하학적 객체에 대한 면적과 둘레를 계산할 수 있으므로 **GeometricObject** 클래스에서 **getArea()**와 **getPerimeter()** 함수를 정의하는 편이 더 낫다. 그러나 이들 함수를 **GeometricObject** 클래스에서 구현할 수 없는데, 그 이유는 이들 함수 구현이 기하학 객체의 특정 유형에 따라 달라지기 때문이다. 이런 함수를 **추상 함수**(abstract function)라고 한다. **GeometricObject**에서 추상 함수를 정의한 후에는 **GeometricObject**가 추상 클래스가 된다. 그림 15.2에서는 새로운 **GeometricObject** 클래스를 보여 준다. UML 표기법에서 추상 클래스와 추상 함수의 이름은 그림 15.2에서와 같이 이탤릭체로 표시한다.

추상 함수

C++에서는 추상 함수를 **순수 가상 함수**(pure virtual function)라고 하기도 한다. 순수 가상 함수를 포함하는 클래스는 추상 클래스가 된다. 순수 가상 함수는 다음과 같은 방법으로 정의한다.

순수 가상 함수

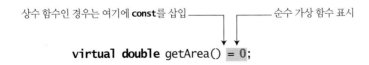

상수 함수인 경우는 여기에 **const**를 삽입 ─────── 순수 가상 함수 표시

virtual double getArea() **= 0;**

'**= 0**' 표기는 **getArea**가 순수 가상 함수라는 것을 나타낸다. 순수 가상 함수는 기본 클래스에서 함수의 몸체나 구현 내용이 없다.

리스트 15.13은 18번~19번 줄에 2개의 순수 가상 함수를 가지고 있는 새로운 추상 **GeometricObject** 클래스를 정의한다.

리스트 15.13 AbstractGeometricObject.h

```
1  #ifndef GEOMETRICOBJECT_H
2  #define GEOMETRICOBJECT_H
3  #include <string>
4  using namespace std;
5
6  class GeometricObject
7  {
8  protected:
9    GeometricObject();
10   GeometricObject(const string& color, bool filled);
11
12 public:
13   string getColor() const;
14   void setColor(const string& color);
15   bool isFilled() const;
16   void setFilled(bool filled);
17   string toString() const;
18   virtual double getArea() const = 0;
19   virtual double getPerimeter() const = 0;
20
21 private:
```

순수 가상 함수 (18)
순수 가상 함수 (19)

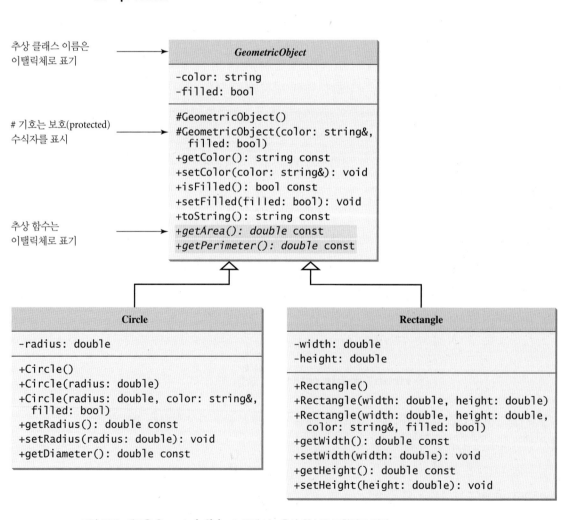

추상 클래스 이름은
이탤릭체로 표기

\# 기호는 보호(protected)
수식자를 표시

추상 함수는
이탤릭체로 표기

그림 15.2 새로운 **GeometricObject** 클래스는 추상 함수를 포함하고 있다.

```
22    string color;
23    bool filled;
24  }; // 반드시 세미콜론(;)을 붙여야 함
25
26  #endif
```

GeometricObject는 추상 클래스이므로 GeometricObject로부터 객체를 생성할 수 없다
는 것을 제외하고는 일반 클래스와 같다. 만약 GeometricObject로부터 객체를 생성하려고
하면, 컴파일러는 오류를 발생시킨다.

리스트 15.14는 GeometricObject 클래스를 구현한 것이다.

리스트 15.14 AbstractGeometricObject.cpp

```
1   #include "AbstractGeometricObject.h"                              헤더 포함
2
3   GeometricObject::GeometricObject()
4   {
5     color = "white";
6     filled = false;
7   }
8
9   GeometricObject::GeometricObject(const string& color, bool filled)
10  {
11    setColor(color);
12    setFilled(filled);
13  }
14
15  string GeometricObject::getColor() const
16  {
17    return color;
18  }
19
20  void GeometricObject::setColor(const string& color)
21  {
22    this->color = color;
23  }
24
25  bool GeometricObject::isFilled() const
26  {
27    return filled;
28  }
29
30  void GeometricObject::setFilled(bool filled)
31  {
32    this->filled = filled;
33  }
34
35  string GeometricObject::toString() const
36  {
37    return "Geometric Object";
38  }
```

리스트 15.15, 15.16, 15.17, 15.18은 추상 **GeometricObject**로부터 파생된 새로운 **Circle** 과 **Rectangle** 클래스에 대한 파일들이다.

리스트 15.15 DerivedCircleFromAbstractGeometricObject.h

헤더 포함

```
1   #ifndef CIRCLE_H
2   #define CIRCLE_H
3   #include "AbstractGeometricObject.h"
4
5   class Circle: public GeometricObject
6   {
7   public:
8     Circle();
9     Circle(double);
10    Circle(double radius, const string& color, bool filled);
11    double getRadius() const;
12    void setRadius(double);
13    double getArea() const;
14    double getPerimeter() const;
15    double getDiameter() const;
16
17  private:
18    double radius;
19  }; // 반드시 세미콜론(;)을 붙여야 함
20
21  #endif
```

리스트 15.16 DerivedCircleFromAbstractGeometricObject.cpp

감시 포함

AbstractGeometricObject 헤더

```
1   #include "DerivedCircleFromAbstractGeometricObject.h"
2
3   // 기본 circle 객체 생성
4   Circle::Circle()
5   {
6     radius = 1;
7   }
8
9   // 지정된 반지름으로 circle 객체 생성
10  Circle::Circle(double radius)
11  {
12    setRadius(radius);
13  }
14
15  // 지정된 반지름, 색상, 채색 값으로 circle 객체 생성
16  Circle::Circle(double radius, const string& color, bool filled)
17  {
18    setRadius(radius);
19    setColor(color);
20    setFilled(filled);
21  }
22
23  // 원의 반지름 값 반환
```

```
24  double Circle::getRadius() const
25  {
26    return radius;
27  }
28
29  // 새로운 반지름 설정
30  void Circle::setRadius(double radius)
31  {
32    this->radius = (radius >= 0) ? radius : 0;
33  }
34
35  // 원의 면적 반환
36  double Circle::getArea() const
37  {
38    return radius * radius * 3.14159;
39  }
40
41  // 원의 둘레 반환
42  double Circle::getPerimeter() const
43  {
44    return 2 * radius * 3.14159;
45  }
46
47  // 원의 지름 반환
48  double Circle::getDiameter() const
49  {
50    return 2 * radius;
51  }
```

리스트 15.17 DerivedRectangleFromAbstractGeometricObject.h

```
1   #ifndef RECTANGLE_H                                        감시 포함
2   #define RECTANGLE_H
3   #include "AbstractGeometricObject.h"                       AbstractGeometricObject 헤더
4
5   class Rectangle: public GeometricObject
6   {
7   public:
8     Rectangle();
9     Rectangle(double width, double height);
10    Rectangle(double width, double height,
11      const string& color, bool filled);
12    double getWidth() const;
13    void setWidth(double);
14    double getHeight() const;
15    void setHeight(double);
16    double getArea() const;
17    double getPerimeter() const;
18
19  private:
20    double width;
21    double height;
22  }; // 반드시 세미콜론(;)을 붙여야 함
```

```
23
24  #endif
```

리스트 15.18 DerivedRectangleFromAbstractGeometricObject.cpp

감시 포함

AbstractGeometricObject 헤더

```cpp
1   #include "DerivedRectangleFromAbstractGeometricObject.h"
2
3   // 기본 rectangle 객체 생성
4   Rectangle::Rectangle()
5   {
6     width = 1;
7     height = 1;
8   }
9
10  // 지정된 너비와 높이로 rectangle 객체 생성
11  Rectangle::Rectangle(double width, double height)
12  {
13    setWidth(width);
14    setHeight(height);
15  }
16
17  // 너비와 높이, 색상, 채색 값으로 rectangle 객체 생성
18  Rectangle::Rectangle(double width, double height,
19    const string& color, bool filled)
20  {
21    setWidth(width);
22    setHeight(height);
23    setColor(color);
24    setFilled(filled);
25  }
26
27  // 직사각형의 너비 값 반환
28  double Rectangle::getWidth() const
29  {
30    return width;
31  }
32
33  // 새로운 너비 값 설정
34  void Rectangle::setWidth(double width)
35  {
36    this->width = (width >= 0) ? width : 0;
37  }
38
39  // 직사각형의 높이 반환
40  double Rectangle::getHeight() const
41  {
42    return height;
43  }
44
45  // 새로운 높이 값 설정
46  void Rectangle::setHeight(double height)
47  {
48    this->height = (height >= 0) ? height : 0;
```

```
49  }
50
51  // 직사각형의 면적 반환
52  double Rectangle::getArea() const
53  {
54    return width * height;
55  }
56
57  // 직사각형의 둘레 반환
58  double Rectangle::getPerimeter() const
59  {
60    return 2 * (width + height);
61  }
```

추상 함수 **getArea**와 **getPerimeter**를 GeometricObject 클래스에서 제거해야 하는지에 대한 의문이 생길 것이다. 다음 리스트 15.19는 GeometricObject 클래스에서 이 함수들을 정의함으로써 얻는 장점을 설명해 준다.

이 예는 두 개의 기하학 객체(circle과 rectangle)를 생성하고, 두 객체가 같은 면적을 갖는지를 검사하는 **equalArea** 함수를 호출하며, 객체를 화면에 출력하기 위해 **displayGeometricObject** 함수를 호출한다.

리스트 15.19 TestAbstractGeometricObject.cpp

```
1  #include "AbstractGeometricObject.h"                                    헤더 파일 포함
2  #include "DerivedCircleFromAbstractGeometricObject.h"
3  #include "DerivedRectangleFromAbstractGeometricObject.h"
4  #include <iostream>
5  using namespace std;
6
7  // 두 기하학 객체의 면적을 비교하는 함수
8  bool equalArea(const GeometricObject& g1,
9    const GeometricObject& g2)
10  {
11    return g1.getArea() == g2.getArea();                                 동적 결합
12  }
13
14  // 기하학 객체를 화면에 출력하는 함수
15  void displayGeometricObject(const GeometricObject& g)
16  {
17    cout << "The area is " << g.getArea() << endl;                       동적 결합
18    cout << "The perimeter is " << g.getPerimeter() << endl;             동적 결합
19  }
20
21  int main()
22  {
23    Circle circle(5);
24    Rectangle rectangle(5, 3);
25
26    cout << "Circle info: " << endl;
27    displayGeometricObject(circle);
28
```

```
29      cout << "\nRectangle info: " << endl;
30      displayGeometricObject(rectangle);
31
32      cout << "\nThe two objects have the same area? " <<
33          (equalArea(circle, rectangle) ? "Yes" : "No") << endl;
34
35      return 0;
36  }
```

```
Circle info:
The area is 78.5397
The perimeter is 31.4159

Rectangle info:
The area is 15
The perimeter is 16

The two objects have the same area? No
```

이 프로그램은 23번~24번 줄에서 **Circle** 객체와 **Rectangle** 객체를 생성한다.

GeometricObject 클래스에서 정의된 순수 가상 함수 **getArea()**와 **getPerimeter()**는 **Circle** 클래스와 **Rectangle** 클래스에서 오버라이딩된다.

displayGeometricObject(circle)을 호출(27번 줄)할 때에는 **Circle** 클래스에서 정의된 **getArea**와 **getPerimeter** 함수가 사용되고, **displayGeometricObject(rectangle)**을 호출 (30번 줄)할 때에는 **Rectangle** 클래스에서 정의된 **getArea**와 **getPerimeter** 함수가 사용된다. C++는 실행 시에 이들 함수 중 어느 것을 호출할지를 객체의 유형에 따라 동적으로 결정한다.

마찬가지로 **equalArea(circle, rectangle)**을 호출(30번 줄)할 때 **Circle** 클래스에서 정의된 **getArea** 함수는 **g1.getArea()**에서 사용되는데, 이는 **g1**이 원(circle)이기 때문이다. 또한 **Rectangle** 클래스에서 정의된 **getArea** 함수는 **g2**가 직사각형(rectangle)이므로 **g2.getArea()**에서 사용된다.

만약 **getArea**와 **getPerimeter** 함수가 **GeometricObject**에서 정의되어 있지 않다면, 이 프로그램에서 **equalArea**와 **displayGeometricObject** 함수를 정의할 수 없다. 이로써 **GeometricObject**에서 추상 함수를 정의함으로써 얻는 장점을 이해할 수 있을 것이다.

왜 추상 함수인가?

15.18 순수 가상 함수는 어떻게 정의하는가?

15.19 다음 코드에서 잘못된 부분은 무엇인가?

```
class A
{
public:
  virtual void f() = 0;
};

int main()
{
```

```
    A a;

    return 0;
}
```

15.20 다음 코드를 컴파일하고 실행할 수 있는가? 출력은 무엇인가?

```cpp
#include <iostream>
using namespace std;

class A
{
public:
  virtual void f() = 0;
};

class B: public A
{
public:
  void f()
  {
    cout << "invoke f from B" << endl;
  }
};

class C: public B
{
public:
  virtual void m() = 0;
};

class D: public C
{
public:
  virtual void m()
  {
    cout << "invoke m from D" << endl;
  }
};

void p(A& a)
{
  a.f();
}

int main()
{
  D d;
  p(d);
  d.m();

  return 0;
}
```

15.21 getArea와 getPerimeter 함수를 GeometricObject 클래스에서 제거할 수 있다. GeometricObject 클래스에서 추상 함수로 getArea와 getPerimeter를 정의하는 것의 장점은 무엇인가?

15.10 정적 형변환(static_cast)과 동적 형변환(dynamic_cast)

동적 형변환 연산자는 실행 시에 실제 유형으로 객체를 형변환하기 위해 사용될 수 있다.

circle 객체에 대한 반지름과 직경, rectangle 객체에 대해 너비와 높이를 화면에 출력하기 위해 리스트 15.19 TestAbstractGeometricObject.cpp에 있는 **displayGeometricObject** 함수를 재작성하고자 한다면, 다음과 같이 함수를 구현할 수 있다.

```
void displayGeometricObject(GeometricObject& g)
{
  cout << "The radius is " << g.getRadius() << endl;
  cout << "The diameter is " << g.getDiameter() << endl;

  cout << "The width is " << g.getWidth() << endl;
  cout << "The height is " << g.getHeight() << endl;

  cout << "The area is " << g.getArea() << endl;
  cout << "The perimeter is " << g.getPerimeter() << endl;
}
```

이 코드는 두 가지 문제점이 있다. 첫 번째는 **g**의 유형이 GeometricObject이지만, GeometricObject 클래스가 getRadius(), getDiameter(), getWidth(), getHeight() 함수를 포함하지 않기 때문에 이 코드를 컴파일할 수 없다. 두 번째는 기하학 객체가 원(circle)인지, 직사각형(rectangle)인지를 검출해야 하며, 그 후에 원에 대해서는 반지름과 직경, 직사각형에 대해서는 너비와 높이를 화면에 출력해야 한다.

static_cast 연산자

이 문제들은 다음 코드에서와 같이 **g**를 Circle이나 Rectangle로 형변환함으로써 해결할 수 있다.

```
void displayGeometricObject(GeometricObject& g)
{
  GeometricObject* p = &g;
  cout << "The radius is " <<
    static_cast<Circle*>(p)->getRadius() << endl;
  cout << "The diameter is " <<
    static_cast<Circle*>(p)->getDiameter() << endl;

  cout << "The width is " <<
    static_cast<Rectangle*>(p)->getWidth() << endl;
  cout << "The height is " <<
    static_cast<Rectangle*>(p)->getHeight() << endl;

  cout << "The area is " << g.getArea() << endl;
  cout << "The perimeter is " << g.getPerimeter() << endl;
}
```

Circle*로 형변환

정적 형변환(**static casting**)은 **GeometricObject g**를 가리키는 **p**에서 수행된다(3번 줄). 이 새로운 함수는 컴파일은 가능하지만, 여전히 올바르지 않다. **Circle** 객체는 10번 줄에서 **getWidth()**를 호출하기 위해 **Rectangle**로 형변환될 수 있다. 마찬가지로 **Rectangle** 객체는 5번 줄에서 **getRadius()**를 호출하기 위해 **Circle**로 형변환될 수 있다. **getRadius()**를 호출하기 전에 실제로 객체가 **Circle** 객체인지를 확인할 필요가 있는데, 이는 **dynamic_cast**를 사용하여 실행이 가능하다.

왜 동적 형변환인가?

dynamic_cast는 **static_cast**처럼 동작한다. 그 외에 부가적으로 형변환이 성공하였음을 확인하기 위한 실행 점검 과정을 수행한다. 만약 형변환이 실패한 경우 **NULL**을 반환한다. 따라서 만약 다음 코드를 실행한 경우,

dynamic_cast 연산자

```
1  Rectangle rectangle(5, 3);
2  GeometricObject* p = &rectangle;
3  Circle* p1 = dynamic_cast<Circle*>(p);
4  cout << (*p1).getRadius() << endl;
```

p1은 **NULL**이 될 것이다. 실행 오류(runtime error)는 4번 줄의 코드가 실행될 때 발생할 것이다. **NULL**은 포인터가 어떤 객체도 가리키지 않음을 나타내는 **0**으로 정의됨을 주의해야 한다. **NULL**의 정의는 **<iostream>**과 **<cstddef>**를 포함하여 다수의 표준 라이브러리 내에 정의되어 있다.

NULL

주의

파생 클래스 유형의 포인터를 기본 클래스 유형의 포인터로 할당하는 것을 **업캐스팅**(upcasting)이라 하고, 기본 클래스 유형의 포인터를 파생 클래스 유형의 포인터로 할당하는 것을 **다운캐스팅**(downcasting)이라 한다. 업캐스팅은 **static_cast**나 **dynamic_cast** 연산자를 사용하지 않고 암시적으로 수행될 수 있다. 예를 들어, 다음 코드는 옳은 것이다.

업캐스팅
다운캐스팅

```
GeometricObject* p = new Circle(1);
Circle* p1 = new Circle(2);
p = p1;
```

그러나 다운캐스팅은 명시적으로 수행되어야 한다. 예를 들어, **p**를 **p1**에 할당하기 위해서는 다음과 같이 사용해야 한다.

```
p1 = static_cast<Circle*>(p);
```

또는

```
p1 = dynamic_cast<Circle*>(p);
```

주의

dynamic_cast는 포인터나 다형성 유형(즉, 이 유형은 가상 함수를 포함)의 참조에 대해서만 수행될 수 있다. **dynamic_cast**는 실행 시에 형변환이 성공적으로 수행되었는지를 확인하기 위해 사용될 수 있으며, **static_cast**는 컴파일 시에 수행된다.

기상 함수를 위한 dynamic_cast

이제 실행 시에 형변환이 성공적으로 수행되었는지를 확인하기 위해 리스트 15.20과 같이 동적 형변환을 사용하여 **displayGeometricObject** 함수를 다시 작성할 수 있다.

리스트 15.20 DynamicCastingDemo.cpp

헤더 파일 포함

```cpp
1   #include "AbstractGeometricObject.h"
2   #include "DerivedCircleFromAbstractGeometricObject.h"
3   #include "DerivedRectangleFromAbstractGeometricObject.h"
4   #include <iostream>
5   using namespace std;
6
7   // 기하학 객체를 출력하기 위한 함수
8   void displayGeometricObject(GeometricObject& g)
9   {
10    cout << "The area is " << g.getArea() << endl;
11    cout << "The perimeter is " << g.getPerimeter() << endl;
12
13    GeometricObject* p = &g;
14    Circle* p1 = dynamic_cast<Circle*>(p);
15    Rectangle* p2 = dynamic_cast<Rectangle*>(p);
16
17    if (p1 != NULL)
18    {
19      cout << "The radius is " << p1->getRadius() << endl;
20      cout << "The diameter is " << p1->getDiameter() << endl;
21    }
22
23    if (p2 != NULL)
24    {
25      cout << "The width is " << p2->getWidth() << endl;
26      cout << "The height is " << p2->getHeight() << endl;
27    }
28  }
29
30  int main()
31  {
32    Circle circle(5);
33    Rectangle rectangle(5, 3);
34
35    cout << "Circle info: " << endl;
36    displayGeometricObject(circle);
37
38    cout << "\nRectangle info: " << endl;
39    displayGeometricObject(rectangle);
40
41    return 0;
42  }
```

Circle로 형변환
Rectangle로 형변환

```
Circle info:
The area is 78.5397
The perimeter is 31.4159
The radius is 5
The diameter is 10

Rectangle info:
The area is 15
```

```
The perimeter is 16
The width is 5
The height is 3
```

13번 줄은 **GeometricObject g**에 대한 포인터를 생성한다. **dynamic_cast** 연산자(14번 줄)는 포인터 **p**가 **Circle** 객체를 가리키는지를 확인한다. 만약 그렇다면, 객체의 주소가 **p1**에 대입되고, 그렇지 않으면 **p1**은 **NULL**이 된다. 만약 **p1**이 **NULL**이 아니면, (**p1**에 의해 지시되는) **Circle** 객체의 **getRadius()**와 **getDiameter()** 함수가 19번~20번 줄에서 호출된다. 마찬가지로 객체가 직사각형인 경우, 직사각형의 너비와 높이는 25번~26번 줄에 의해 화면에 출력된다.

프로그램은 36번 줄에서 **Circle** 객체를, 39번 줄에서 **Rectangle** 객체를 출력하기 위해 **displayGeometricObject** 함수를 호출한다. 이 함수는 매개변수 **g**를 14번 줄에서 **Circle** 포인터 **p1**으로 형변환하고 15번 줄에서 **Rectangle** 포인터 **p2**로 형변환한다. 만일 형변환이 **Circle** 객체인 경우, 해당 객체의 **getRadius()**와 **getDiameter()** 함수가 19번~20번 줄에서 호출된다. 형변환이 **Rectangle** 객체인 경우에는 객체의 **getWidth()**와 **getHeight()** 함수가 25번~26번 줄에서 호출된다.

또한 **displayGeometricObject** 함수는 10번~11번 줄에서 **GeometricObject**의 **getArea()**와 **getPerimeter()** 함수를 호출한다. 이들 두 함수는 **GeometricObject** 클래스에 정의되어 있으므로 이들을 호출하기 위해 **Circle**이나 **Rectangle**로 객체 매개변수를 다운캐스팅할 필요는 없다.

팁

종종 객체의 클래스에 관한 정보를 얻는 것이 유용할 때가 있다. **type_info** 클래스의 객체로의 참조를 반환하기 위하여 **typeid** 연산자를 사용할 수 있다. 예를 들어, 객체 **x**에 대한 클래스 이름을 출력하기 위해 다음 문장을 사용할 수 있다.

typeid 연산자

```
string x;
cout << typeid(x).name() << endl;
```

x는 **string** 클래스의 객체이므로 문자열을 출력한다. **typeid** 연산자를 사용하기 위해서는 프로그램에 **<typeinfo>** 헤더 파일을 포함시켜야 한다.

팁

항상 가상 소멸자를 정의하는 것이 좋다. **Child** 클래스는 **Parent** 클래스로부터 파생되었으며, 소멸자는 가상이 아니라고 가정하고 다음 코드를 살펴보자.

가상 소멸자 정의

```
Parent* p = new Child;
...
delete p;
```

delete가 **p**와 함께 호출될 때, **p**가 **Parent**에 대한 포인터로 선언되었으므로 **Parent**의 소멸자가 호출된다. 실제로 **p**는 **Child**의 객체를 가리키지만, **Child**의 소멸자는 절대 호출되지 않는다. 이 문제를 해결하기 위해서 **Parent** 클래스에서 가상 소멸자를 정의한다. 그러면 **delete**가 **p**와 함께 호출될 때, **Child**의 소멸자가 호출되고, 그런 다음, 소멸자가 가상이므로 **Parent**의 소멸자가 호출된다.

15.22 업캐스팅이란 무엇인가? 다운캐스팅이란 무엇인가?

15.23 기본 클래스 유형에서의 객체를 파생 클래스 유형으로 언제 다운캐스팅해야 하는가?

Check Point

15.24 다음 문장 실행 후에 **p1**의 값은 무엇인가?

```
GeometricObject* p = new Rectangle(2, 3);
Circle* p1 = new Circle(2);
p1 = dynamic_cast<Circle*>(p);
```

15.25 다음 코드를 분석하여라.

```
#include <iostream>
using namespace std;

class Parent
{
};

class Child: public Parent
{
public:
  void m()
  {
    cout << "invoke m" << endl;
  }
};

int main()
{
  Parent* p = new Child();

  // 다음 질문에 의해 대체되는 부분

  return 0;
}
```

a. 만약 강조된 부분을 다음 코드로 대체할 경우, 어떤 컴파일 오류가 발생하겠는가?

```
(*p).m();
```

b. 만약 강조된 부분을 다음 코드로 대체할 경우, 어떤 컴파일 오류가 발생하겠는가?

```
Child* p1 = dynamic_cast<Child*>(p);
(*p1).m();
```

c. 만약 강조된 부분을 다음 코드로 대체할 경우, 프로그램을 컴파일하고 실행할 수 있는가?

```
Child* p1 = static_cast<Child*>(p);
(*p1).m();
```

d. 만일 **Parent** 클래스에 **virtual void m() { }**를 추가하고 강조된 부분을 **dynamic_cast<Child*>(p)->m();**로 대체할 경우, 프로그램을 컴파일하고 실행할 수 있는가?

15.26 가상 소멸자를 정의해야 하는 이유는 무엇인가?

주요 용어

가상 함수(virtual function)	소멸자 연쇄적 처리(destructor chaining)
기본 클래스(base class)	순수 가상 함수(pure virtual function)
다운캐스팅(downcasting)	업캐스팅(upcasting)
다형성(polymorphism)	자식 클래스(child class)
다형성 유형(polymorphic type)	제네릭 프로그래밍(generic programming)
동적 결합(dynamic binding)	추상 클래스(abstract class)
보호(protected)	추상 함수(abstract function)
부모 클래스(parent class)	파생 클래스(derived class)
상속(inheritance)	하위 유형(subtype)
상위 유형(supertype)	하위 클래스(subclass)
상위 클래스(superclass)	함수 오버라이딩(function overriding)
생성자 연쇄적 처리(constructor chaining)	

요약

1. 기존의 클래스로부터 새로운 클래스를 파생시킬 수 있다. 이를 클래스 상속(class inheritance)이라 하며, 새로운 클래스를 파생 클래스(derived class), 자식 클래스(child class), 하위 클래스(subclass)라 하고, 기존 클래스를 기본 클래스(base class), 부모 클래스(parent class), 상위 클래스(superclass)라고 한다.

2. 파생 클래스의 객체는 기본 유형 매개변수의 객체가 요구되는 곳이면 어디든지 전달될 수 있다. 그러면 객체 인수의 넓은 범위에서 함수를 포괄적으로 사용할 수 있게 되는데, 이를 제네릭 프로그래밍(generic programming)이라 한다.

3. 생성자는 클래스의 인스턴스를 생성하기 위해 사용된다. 데이터 필드나 함수와는 달리, 기본 클래스의 생성자는 파생 클래스에 상속되지 않고, 단지 기본 클래스의 데이터 필드를 초기화하기 위해 파생 클래스의 생성자로부터 호출될 수 있다.

4. 파생 클래스 생성자는 기본 클래스의 생성자를 항상 호출한다. 만약 기본 생성자가 명시적으로 호출되지 않는다면, 기본적으로 기본 클래스의 인수 없는 생성자가 호출된다.

5. 클래스의 인스턴스 생성은 상속 연결을 따라 모든 기본 클래스의 생성자를 호출한다.

6. 기본 클래스 생성자는 파생 클래스 생성자로부터 호출된다. 반대로, 소멸자는 자동으로 역순으로 호출되는데, 파생 클래스의 소멸자가 먼저 호출된다. 이를 생성자와 소멸자의 연쇄적 처리(constructor and destructor chaining)라 한다.

7. 기본 클래스에 정의한 함수를 파생 클래스에서 재정의할 수 있다. 재정의된 함수는 기본 클래스에 있는 함수와 동일한 서명(signature)을 갖고 반환 유형이 같아야

한다.

8. 가상 함수는 동적 결합(dynamic binding)을 가능하게 한다. 가상 함수는 종종 파생 클래스에서 재정의된다. 컴파일러는 실행 시에 어떤 함수 구현을 사용할 것인지를 동적으로 결정한다.

9. 만약 기본 클래스에서 정의한 함수를 파생 클래스에서 재정의해야 한다면, 혼동과 실수가 발생하지 않도록 가상으로 정의해야 한다. 이와는 반대로, 함수가 재정의되지 않을 경우에는 가상으로 선언하지 않는 것이 더 효과적인데, 이는 실행 시에 동적으로 가상 함수를 결합하는 데 필요한 시간과 시스템 자원이 더 많이 소요되기 때문이다.

10. 기본 클래스의 보호(protected) 데이터 필드나 보호 함수는 파생 클래스에서 접근할 수 있다.

11. 또한 순수 가상 함수(pure virtual function)를 추상 함수(abstract function)라고도 한다.

12. 만약 클래스가 순수 가상 함수를 포함하고 있다면, 이 클래스를 추상 클래스라고 한다.

13. 추상 클래스로부터 인스턴스를 생성할 수는 없지만, 제네릭 프로그래밍이 가능하도록 함수에서 매개변수에 대한 데이터 유형으로 추상 클래스를 사용할 수 있다.

14. 기본 클래스 유형의 객체를 파생 클래스 유형으로 형변환하기 위해 **static_cast**와 **dynamic_cast** 연산자를 사용할 수 있다. **static_cast**는 컴파일 시에 수행되고 **dynamic_cast**는 실행 유형 확인을 위해 실행 시에 수행된다. **dynamic_cast** 연산자는 다형성 유형(즉, 가상 함수를 포함하는 유형)에 대해서만 수행될 수 있다.

퀴즈

www.cs.armstrong.edu/liang/cpp3e/quiz.html에서 온라인으로 이 장에 대한 퀴즈를 풀어 보라.

프로그래밍 실습

15.2~15.4절

15.1 (**Triangle** 클래스) **GeometricObject**를 확장하는 **Triangle** 클래스를 설계하여라. 이 클래스는 다음을 포함한다.

- 삼각형의 세 변을 정의하는 3개의 **double** 형 데이터 필드 **side1**, **side2**, **side3**
- 각 변이 **1.0**인 기본 삼각형을 생성하는 인수 없는 생성자
- 지정된 **side1**, **side2**, **side3**을 갖는 삼각형을 생성하는 생성자
- 모든 3개의 데이터 필드에 대한 상수 접근자 함수(constant accessor function)
- 삼각형의 면적을 반환하는 **getArea()** 상수 함수

■ 삼각형의 둘레는 반환하는 **getPerimeter()** 상수 함수

Triangle 클래스와 **GeometricObject** 클래스를 포함하는 UML 다이어그램을 작성하고 클래스를 구현하여라. 삼각형의 세 변, 색상(color)과 삼각형이 채워졌는지를 나타내는 **1** 또는 **0**을 사용자가 입력하는 테스트 프로그램을 작성하여라. 프로그램은 입력 값을 사용하여 삼각형의 세 변, 색상 설정 및 채색 설정(filled) 속성을 가지는 **Triangle** 객체를 생성해야 하며, 면적, 둘레, 색상 그리고 채워졌는지 아닌지를 표시하는 ture 또는 false를 화면에 출력해야 한다.

15.5~15.10절

15.2 (**Person**, **Student**, **Employee**, **Faculty**, **Staff** 클래스) **Person** 클래스와 **Student**와 **Employee**라는 두 개의 파생 클래스를 설계하여라. 또한 **Employee**의 파생 클래스 **Faculty**와 **Staff**를 작성하여라. 사람(person)은 이름, 주소, 전화번호, 이메일 주소를 갖는다. 학생(student)은 1학년(freshman), 2학년(sophomore), 3학년(junior), 4학년(senior)인 클래스 등급(status)을 갖는다. 교직원(employee)은 사무실(office), 급여(salary), 고용일(date hired)을 갖는다. **year**, **month**, **day** 필드를 포함하는 **MyDate** 클래스를 정의하여라. 교원(faculty) 멤버는 근무 시간(office hours)과 직급(rank)을 가지고 있으며, 직원(staff) 멤버는 직함(title)을 가지고 있다. **Person** 클래스에 상수 가상 **toString** 함수를 정의하고 클래스 이름과 사람 이름을 출력하기 위해 각 클래스에서 오버라이딩하여라.

클래스들에 대한 UML 다이어그램을 작성하고 클래스들을 구현하여라. **Person**, **Student**, **Employee**, **Faculty**, **Staff**를 생성하고 **toString()** 함수를 호출하는 테스트 프로그램을 작성하여라.

15.3 (**MyPoint** 확장) 프로그래밍 실습 9.4에서 **MyPoint** 클래스가 2차원 공간에서의 한 점을 모델링하기 위해 생성된다. **MyPoint** 클래스는 x축과 y축을 나타내는 x와 y 속성, x와 y에 대한 두 개의 **get** 함수, 그리고 두 점 사이의 거리를 반환하는 함수를 가지고 있다. 3차원 공간에서의 한 점을 모델링하기 위한 **ThreeDPoint** 클래스를 생성하여라. **ThreeDPoint**가 다음의 추가적 특징을 갖도록 **MyPoint**로부터 파생되도록 하여라.

■ **z**축을 나타내는 **z** 데이터 필드

■ (**0, 0, 0**) 좌표의 한 점을 생성하는 인수 없는 생성자

■ 3개의 지정 좌표를 갖는 한 점을 생성하는 생성자

■ **z** 값을 반환하는 상수 **get** 함수

■ 3차원 공간에서 현재의 점과 다른 점 사이의 거리를 반환하는 상수 **distance** **(const MyPoint&)** 함수

포함된 클래스들에 대한 UML 다이어그램을 작성하고 클래스들을 구현하여라. 두 점 (**0, 0, 0**)과 (**10, 30, 25.5**)를 생성하고 두 점 사이의 거리를 출력하는 테스트 프로그램을 작성하여라.

15.4 (Account의 파생 클래스) 프로그래밍 실습 9.3에서 은행 계좌를 모델링하기 위해 Account 클래스를 생성하였다. 계좌는 계좌 번호(account number), 잔액(balance), 연 이율(annual interest rate), 생성일(created date)의 속성과, 입금(deposit)과 인출 (withdraw)을 위한 함수를 가지고 있다. 당좌 예금(checking account)과 저축 예금 (saving account)을 위한 두 개의 파생 클래스를 생성하여라. 당좌 예금은 초과 인출 한도를 가지고 있지만, 저축 예금은 초과 인출이 불가능하다. Account 클래스에 서 상수 가상 toString() 함수를 정의하고, 문자열로 계좌 번호와 잔액을 반환하기 위해 파생 클래스에서 toString() 함수를 오버라이딩하여라.

클래스에 대한 UML 다이어그램을 작성하고, 클래스들을 구현하여라. Account, SavingsAccount, CheckingAccount의 객체를 생성하고, 그에 대한 toString() 함수를 호출하는 테스트 프로그램을 작성하여라.

15.5 (상속을 사용한 스택 클래스 구현) 리스트 12.4에서 배열을 사용하여 GenericStack을 구현하였다. vector를 확장하는 새로운 스택 클래스를 생성하여라. 클래스들에 대한 UML 다이어그램을 작성하고 클래스들을 구현하여라.

예외 처리

이 장의 목표

- 예외와 예외 처리의 개념 이해(16.2절)

- 예외를 전달하고 받는 방법 이해(16.2절)

- 예외 처리 사용의 장점 이해(16.3절)

- C++ 표준 예외 클래스를 사용하여 예외 생성(16.4절)

- 사용자 예외 클래스 정의(16.5절)

- 다중 예외 받기(16.6절)

- 예외 전파 방법 설명(16.7절)

- **catch** 블록에서 예외 중계(16.8절)

- 예외 지정을 갖는 함수 선언(16.9절)

- 적절한 예외 처리 사용(16.10절)

16.1 들어가기

예외 처리는 프로그램이 예외적인 상황에 대처하고 정상적으로 실행될 수 있도록 한다.

예외(exception)는 프로그램의 실행 동안에 발생할 수 있는 비정상적인 상황을 말한다. 예를 들어, 요소를 저장하기 위해 벡터 v를 사용하는 프로그램을 가정해 보자. 프로그램은 인덱스 i에 요소가 존재하고 있다고 가정하여 v[i]를 사용함으로써 벡터 안의 요소에 접근할 것이다. 그런데 인덱스 i에 요소가 존재하지 않을 때에는 예외적인 상황이 발생한다. 프로그램에서는 이와 같은 예외 상황을 처리하도록 코드가 작성되어야 한다. 이 장에서는 C++의 예외 처리에 대한 개념을 설명하고, 예외를 전달(throw)하고, 받으며(catch), 처리(process)하는 방법을 배울 것이다.

16.2 예외 처리 개요

예외는 **throw** 문을 사용하여 전달하고 **try-catch** 블록에서 받는다.

예외가 생성되고 전달되는 방법을 포함하는 예외 처리(exception-handling)를 설명하기 위하여 리스트 16.1의 두 정수를 읽어 몫을 화면에 출력하는 예로 시작해 보겠다.

리스트 16.1 Quotient.cpp

```
1   #include <iostream>
2   using namespace std;
3
4   int main()
5   {
6     // 두 정수 읽기
7     cout << "Enter two integers: ";
8     int number1, number2;
9     cin >> number1 >> number2;
10
11    cout << number1 << " / " << number2 << " is "
12      << (number1 / number2) << endl;
13
14    return 0;
15  }
```

두 정수 읽기

정수 나누기

```
Enter two integers: 5 2  ↵Enter
5 / 2 is 2
```

만일 두 번째 수로 **0**을 입력하면, **0**으로 정수를 나눌 수 없으므로 실행 오류(runtime error)가 발생하게 된다. (실수(floating-point number)를 **0**으로 나누는 경우는 예외가 발생하지 않는다는 사실을 기억하기 바란다.) 이 오류를 수정하는 간단한 방법은 리스트 16.2와 같이 두 번째 수를 검사하기 위한 **if** 문을 추가하는 것이다.

리스트 16.2 QuotientWithIf.cpp

```
1   #include <iostream>
2   using namespace std;
3
4   int main()
5   {
6     // 두 정수 읽기
7     cout << "Enter two integers: ";
8     int number1, number2;
9     cin >> number1 >> number2;
10
11    if (number2 != 0)
12    {
13      cout << number1 << " / " << number2 << " is "
14        << (number1 / number2) << endl;
15    }
16    else
17    {
18      cout << "Divisor cannot be zero" << endl;
19    }
20
21    return 0;
22  }
```

두 정수 읽기

number2 테스트

```
Enter two integers: 5 0 ↵Enter
Divisor cannot be zero
```

예외를 생성(create), 전달(throw), 받기(catch), 처리(handle)하는 방법을 포함하는 예외 처리의 개념을 설명하기 위하여 리스트 16.3과 같이 리스트 16.2를 다시 작성한다.

리스트 16.3 QuotientWithException.cpp

```
1   #include <iostream>
2   using namespace std;
3
4   int main()
5   {
6     // 두 정수 읽기
7     cout << "Enter two integers: ";
8     int number1, number2;
9     cin >> number1 >> number2;
10
11    try
12    {
13      if (number2 == 0)
14        throw number1;
15
16      cout << number1 << " / " << number2 << " is "
17        << (number1 / number2) << endl;
18    }
19    catch (int ex)
```

두 정수 읽기

try 블록

catch 블록

```
20      {
21        cout << "Exception: an integer " << ex <<
22          " cannot be divided by zero" << endl;
23      }
24
25      cout << "Execution continues ..." << endl;
26
27      return 0;
28    }
```

```
Enter two integers: 5 3 ↵Enter
5 / 3 is 1
Execution continues ...
```

```
Enter two integers: 5 0 ↵Enter
Exception: an integer 5 cannot be divided by zero
Execution continues . . .
```

이 프로그램에는 **try** 블록과 **catch** 블록이 포함되어 있다. **try** 블록(11번~18번 줄)은 일반적인 상황에서 실행되는 코드를 포함하고 있으며, **catch** 블록은 number2가 0일 때 실행되는 코드를 포함하고 있다. **number2**가 0일 때, 이 프로그램은 다음을 실행함으로써 예외가 전달(throw)된다.

throw 문

    throw number1;

예외

예외 전달

이 경우 전달된 값 **number1**을 예외(exception)라고 한다. throw 문의 실행을 예외 전달(throwing an exception)이라 하며, 어떤 유형의 값으로도 전달될 수 있다. 이 경우에는 **int** 형의 값이다.

    예외가 전달될 때, 일반적인 실행 흐름은 중단된다. 이름에서 알 수 있듯이, '예외 전달'은 한 곳에서 다른 곳으로 예외를 전달하는 것이다. 예외는 **catch** 블록에서 받는다. **catch** 블록

예외 처리

의 코드가 예외를 처리하기 위해 실행된다. 그런 다음, **catch** 블록 이후의 문장(25번 줄)이 실행된다.

    throw 문은 함수 호출과 유사하지만, 함수를 호출하는 대신에 **catch** 블록을 호출한다. 이런 의미로 **catch** 블록은 전달(throw)된 값의 유형을 맞추는 매개변수를 가진 함수 정의와 같다. 그러나 **catch** 블록이 실행된 후에 프로그램 제어는 **throw** 문으로 반환되지 않고, 대신에 **catch** 블록 이후의 다음 문장을 실행한다.

    catch 블록 헤더인

    catch (**int** ex)

catch 블록 매개변수

에서 식별자(identifier) **ex**는 함수에서의 매개변수와 매우 유사하게 동작하므로, **catch** 블록 매개변수로 간주된다. **ex** 앞의 유형(예: **int**)은 **catch** 블록이 받을 수 있는 예외의 종류를 지정한다. 일단 예외를 받으면, **catch** 블록의 몸체에 있는 이 매개변수로부터 전달된 값에 접근할 수 있다.

요약하여 말하면, **try-throw-catch** 블록에 대한 템플릿(template)은 다음과 같다.

```
try
{
  try할 코드;
  throw 문이나 필요한 경우 함수로부터 예외를 전달(throw);
  try할 다른 코드;
}
catch (type ex)
{
  예외를 처리하기 위한 코드;
}
```

예외는 **try** 블록에서 **throw** 문을 사용하여 직접 전달할 수도 있고, 예외를 전달하도록 함수가 호출될 수도 있다.

> 주의
> 만약 예외 객체의 내용에 관심이 없다면, **catch** 블록 매개변수를 생략할 수 있다. 예를 들어, 다음 **catch** 블록은 잘못된 것이 아니다.
>
> ```
> try
> {
>   // ...
> }
> catch (int)
> {
>   cout << "Error occurred " << endl;
> }
> ```

catch 블록 매개변수 생략

16.1 입력 값이 120인 경우, 다음 코드의 출력은 무엇인가?

Check Point

```
#include <iostream>
using namespace std;

int main()
{
  cout << "Enter a temperature: ";
  double temperature;
  cin >> temperature;

  try
  {
    cout << "Start of try block ..." << endl;

    if (temperature > 95)
      throw temperature;

    cout << "End of try block ..." << endl;
  }
  catch (double temperature)
  {
    cout << "The temperature is " << temperature << endl;
    cout << "It is too hot" << endl;
  }
```

```
      cout << "Continue ..." << endl;

      return 0;
    }
```

16.2 만약 입력이 **80**인 경우, 이전 코드의 출력은 무엇인가?

16.3 만약 이전 코드에서의

```
catch (double temperature)
{
  cout << "The temperature is " << temperature << endl;
  cout << "It is too hot" << endl;
}
```

를 다음 코드로 변경할 경우, 오류가 발생하는가?

```
catch (double)
{
  cout << "It is too hot" << endl;
}
```

16.3 예외 처리의 장점

예외 처리는 함수의 호출자가 함수로부터 전달된 예외를 처리할 수 있도록 해 준다.

리스트 16.3은 예외의 생성, 전달(throw), 받기(catch), 처리 방법을 설명하고 있으나, 예외 처리의 장점에 대해서는 의문이 들 수 있다. 이를 확인하기 위해 리스트 16.4와 같이 함수를 사용하여 몫을 계산하기 위해 리스트 16.3을 다시 작성한다.

리스트 16.4 QuotientWithFunction.cpp

```
1   #include <iostream>
2   using namespace std;
3
4   int quotient(int number1, int number2)
5   {
6     if (number2 == 0)
7       throw number1;
8
9     return number1 / number2;
10  }
11
12  int main()
13  {
14    // 두 정수 읽기
15    cout << "Enter two integers: ";
16    int number1, number2;
17    cin >> number1 >> number2;
18
19    try
20    {
21      int result = quotient(number1, number2);
```

quotient 함수

예외 전달

두 정수 읽기

try 블록

함수 호출

```
22      cout << number1 << " / " << number2 << " is "
23        << result << endl;
24    }
25    catch (int ex)
26    {
27      cout << "Exception from function: an integer " << ex <<
28        " cannot be divided by zero" << endl;
29    }
30
31    cout << "Execution continues ..." << endl;
32
33    return 0;
34  }
```

catch 블록

```
Enter two integers: 5 3  ↵ Enter
5 / 3 is 1
Execution continues ...
```

```
Enter two integers: 5 0  ↵ Enter
Exception from function: an integer 5 cannot be divided by zero
Execution continues . . .
```

함수 **quotient**(4번~10번 줄)는 두 정수의 몫을 반환한다. 만약 **number2**가 0이면, 값을 반환할 수 없으므로, 7번 줄에서 예외가 전달된다.

main 함수는 **quotient** 함수를 호출한다(21번 줄). 만약 **quotient** 함수가 정상적으로 실행되면, 호출자에게 값을 반환한다. 만약 **quotient** 함수가 예외를 만나면, 호출자에게 다시 예외를 전달(throw)하며, 호출자의 **catch** 블록은 예외를 처리한다.

지금부터 예외 처리의 장점을 살펴보자. 예외 처리는 함수가 호출자에게 예외를 전달할 수 있도록 해 준다. 이러한 기능이 없다면 함수가 예외 처리를 하거나 프로그램을 종료해야 한다. 오류가 발생한 경우 호출된 함수가 무엇을 해야 할지 모르는 경우가 종종 있는데, 이는 라이브러리(library) 함수의 경우 일반적으로 발생한다. 라이브러리 함수는 오류를 감지할 수는 있지만, 오류가 발생했을 때에 호출자만이 무엇을 해야 할지를 알고 있다. 예외 처리의 기본 개념은 오류 검출(호출된 함수에서 수행)과 오류 처리(호출하는 함수에서 수행)를 서로 분리하는 것이다.

장점

16.4 예외 처리를 사용하는 장점은 무엇인가?

✔ **Check Point**

16.4 예외 클래스

예외 객체를 생성하고 예외를 전달하기 위해 C++ 표준 예외 클래스를 사용할 수 있다.

🔑 **Key Point**

이전 예제의 **catch** 블록 매개변수는 **int** 형이다. 가끔 객체에 **catch** 블록으로 전달하려는 많은 정보가 포함될 수도 있으므로 클래스 유형이 더 유용할 때가 있다. C++는 예외 객체를 생성하기 위해 사용할 수 있는 많은 표준 클래스들을 제공한다. 이들 클래스는 그림 16.1에 나

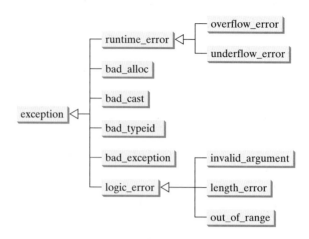

그림 16.1 예외 객체를 생성하기 위해 표준 라이브러리 클래스를 사용할 수 있다.

타나 있다.

exception 이 계층에서 루트(root) 클래스는 (**<exception>** 헤더에 정의되어 있는) **exception**이다.
what() 이는 예외 객체의 오류 메시지를 반환하는 가상 함수 **what()**을 포함하고 있다.
runtime_error (**<stdexcept>** 헤더에 정의되어 있는) **runtime_error** 클래스는 실행 오류(runtime error)
표준 예외 를 설명하는 몇 개의 **표준 예외**(standard exception) 클래스에 대한 기본 클래스이다.
overflow_error 클래스는 값을 저장하기에는 너무 큰 경우와 같은 산술 오버플로(overflow)
를 설명한다. **underflow_error** 클래스는 값을 저장하기에는 너무 작은 경우와 같은 산술 언
더플로우(underflow)를 설명한다.

logic_error (**<stdexcept>** 헤더에 정의되어 있는) **logic_error** 클래스는 논리 오류(logic error)를 설
명하는 몇 개의 표준 예외 클래스에 대한 기본 클래스이다. **invalid_argument** 클래스는 유
효하지 않은 인수가 함수로 전달되었는지를 설명하고, **length_error** 클래스는 객체의 길이
가 최대 허용 길이를 초과했는지를 설명한다. **out_of_range** 클래스는 값이 허용 범위를 초과
했는지를 설명한다.

bad_alloc **bad_alloc**, **bad_cast**, **bad_typeid**, **bad_exception** 클래스는 C++ 연산자에 의해 전달
bad_cast 되는 예외를 설명한다. 예를 들어, **bad_alloc** 예외는 만일 메모리를 할당할 수 없을 경우 **new**
bad_typeid 연산자에 의해 전달(throw)되고, **bad_cast** 예외는 참조 유형에 대한 잘못된 형변환의 결과로
bad_exception 서 **dynamic_cast** 연산자에 의해 전달되며, **bad_typeid** 예외는 **typeid**에 대한 피연산자가
NULL 포인터일 때 **typeid** 연산자에 의해 전달된다. **bad_exception** 클래스는 함수의 예외 사
양(exception-specification)에서 사용되는데, 이에 대해서는 16.9절에서 설명한다.

이들 클래스는 예외를 전달(throw)하기 위해 C++ 표준 라이브러리에서 몇 개의 함수로 사
용된다. 또한 프로그램에서 예외를 전달하기 위해 이들 클래스를 사용할 수도 있다. 리스트
16.5는 **runtime_error**를 전달(throw)함으로써 리스트 16.4 QuotientWithFunction.cpp를
다시 작성한 것이다.

리스트 16.5 QuotientThrowRuntimeError.cpp

```cpp
 1  #include <iostream>
 2  #include <stdexcept>
 3  using namespace std;
 4
 5  int quotient(int number1, int number2)          // quotient 함수
 6  {
 7    if (number2 == 0)
 8      throw runtime_error("Divisor cannot be zero");   // 예외 전달
 9
10    return number1 / number2;
11  }
12
13  int main()
14  {
15    // 두 정수 읽기
16    cout << "Enter two integers: ";
17    int number1, number2;
18    cin >> number1 >> number2;                     // 두 정수 읽기
19
20    try                                            // try 블록
21    {
22      int result = quotient(number1, number2);     // 함수 호출
23      cout << number1 << " / " << number2 << " is "
24        << result << endl;
25    }
26    catch (runtime_error& ex)                      // catch 블록
27    {
28      cout << ex.what() << endl;
29    }
30
31    cout << "Execution continues ..." << endl;
32
33    return 0;
34  }
```

```
Enter two integers: 5 3 ↵Enter
5 / 3 is 1
Execution continues ...
```

```
Enter two integers: 5 0 ↵Enter
Divisor cannot be zero
Execution continues . . .
```

리스트 16.4의 **quotient** 함수는 **int** 값을 전달하지만, 이 프로그램에서 **quotient** 함수는
runtime_error 객체를 전달한다(8번 줄). 예외를 설명하는 문자열을 전달함으로써
runtime_error 객체를 생성할 수 있다.

catch 블록은 **runtime_error** 예외를 받아서 예외의 설명 문자열을 반환하기 위해 **what** 함

수를 호출한다(28번 줄).

리스트 16.6은 **bad_alloc** 예외를 처리하는 예를 보여 준다.

리스트 16.6 BadAllocExceptionDemo.cpp

```cpp
 1  #include <iostream>
 2  using namespace std;
 3
 4  int main()
 5  {
 6    try
 7    {
 8      for (int i = 1; i <= 100; i++)
 9      {
10        new int[70000000];
11        cout << i << " arrays have been created" << endl;
12      }
13    }
14    catch (bad_alloc& ex)
15    {
16      cout << "Exception: " << ex.what() << endl;
17    }
18
19    return 0;
20  }
```

try 블록 — (6번 줄)

큰 배열 생성 — (10번 줄)

catch 블록 — (14번 줄)

ex.what() 호출 — (16번 줄)

```
1 arrays have been created
2 arrays have been created
3 arrays have been created
4 arrays have been created
5 arrays have been created
6 arrays have been created
Exception: bad alloc exception thrown
```

출력은 프로그램이 일곱 번째 **new** 연산자에서 실패하기 전까지의 6개 배열을 생성하는 것을 보여 주고 있다. 프로그램이 실패했을 때, **bad_alloc** 예외가 전달되고 **catch** 블록에서 받아서 **ex.what()**로부터 반환된 메시지를 화면에 출력한다.

리스트 16.7은 **bad_cast** 예외를 처리하는 예를 보여 준다.

리스트 16.7 BadCastExceptionDemo.cpp

```cpp
 1  #include <typeinfo>
 2  #include "DerivedCircleFromAbstractGeometricObject.h"
 3  #include "DerivedRectangleFromAbstractGeometricObject.h"
 4  #include <iostream>
 5  using namespace std;
 6
 7  int main()
 8  {
 9    try
```

typeinfo 포함 — (1번 줄)

리스트 15.15 참조 — (2번 줄)

리스트 15.17 참조 — (3번 줄)

try 블록 — (9번 줄)

```
10    {
11      Rectangle r(3, 4);
12      Circle& c = dynamic_cast<Circle&>(r);
13    }
14    catch (bad_cast& ex)
15    {
16      cout << "Exception: " << ex.what() << endl;
17    }
18
19    return 0;
20  }
```

형변환

catch 블록

ex.what() 호출

```
Exception: Bad Dynamic_cast!
```

 VC++로부터 출력

동적 형변환(dynamic casting)은 15.10절의 "정적 형변환(static_cast)과 동적 형변환(dynamic_cast)"에서 설명하였다. 12번 줄에서 **Rectangle** 객체의 참조가 **Circle** 참조 유형으로 형변환되는데, 이는 잘못된 것으로 **bad_cast** 예외가 전달된다. 이 예외는 14번 줄의 **catch** 블록에서 받는다.

리스트 16.8은 **invalid_argument** 예외를 전달(throw)하고 처리하는 예를 보여 준다.

리스트 16.8 InvalidArgumentExceptionDemo.cpp

```
1   #include <iostream>
2   #include <stdexcept>
3   using namespace std;
4
5   double getArea(double radius)
6   {
7     if (radius < 0)
8       throw invalid_argument("Radius cannot be negative");
9
10    return radius * radius * 3.14159;
11  }
12
13  int main()
14  {
15    // 반지름 입력
16    cout << "Enter radius: ";
17    double radius;
18    cin >> radius;
19
20    try
21    {
22      double result = getArea(radius);
23      cout << "The area is " << result << endl;
24    }
25    catch (exception& ex)
26    {
27      cout << ex.what() << endl;
28    }
29
```

getArea 함수

예외 전달

반지름 읽기

try 블록

함수 호출

catch 블록

```
30       cout << "Execution continues ..." << endl;
31
32       return 0;
33    }
```

```
Enter radius: 5  ↵Enter
The area is 78.5397
Execution continues ...
```

```
Enter radius: -5  ↵Enter
Radius cannot be negative
Execution continues ...
```

이 예의 출력에서 프로그램은 사용자로부터 반지름 5와 -5를 입력받는다. **getArea(-5)** 호출 (22번 줄)은 **invalid_argument** 예외를 전달하게 하고(8번 줄), 이 예외는 25번 줄의 **catch** 블록에서 받는다. **catch** 블록 매개변수 유형 **exception**은 **invalid_argument**의 기본 클래스라는 것에 주의하기 바란다. 따라서 **catch** 블록은 **invalid_argument**를 받을 수 있다.

✔**Check Point**

16.5 C++의 **exception** 클래스와 그의 파생 클래스를 설명하여라. **bad_alloc**과 **bad_cast** 사용의 예를 제시하여라.

16.6 다음 코드에서 입력이 10, 60, 120일 때, 각각의 출력은 무엇인가?

```cpp
#include <iostream>
using namespace std;

int main()
{
  cout << "Enter a temperature: ";
  double temperature;
  cin >> temperature;

  try
  {
    cout << "Start of try block ..." << endl;

    if (temperature > 95)
      throw runtime_error("Exceptional temperature");

    cout << "End of try block ..." << endl;
  }
  catch (runtime_error& ex)
  {
    cout << ex.what() << endl;
    cout << "It is too hot" << endl;
  }

  cout << "Continue ..." << endl;

  return 0;
}
```

16.5 사용자 예외 클래스

C++ 표준 예외 클래스들을 사용하여 적절하게 표현할 수 없는 예외를 모델링하기 위해 사용자 예외 클래스를 정의할 수 있다.

C++는 그림 16.1에 나열된 예외 클래스들을 제공하므로, 자신만의 예외 클래스를 작성하는 것보다 가능하면 C++ 표준 예외 클래스를 사용한다. 그러나 만일 표준 예외 클래스로 적절하게 기술할 수 없는 문제가 발생한다면, 사용자 자신의 예외 클래스를 생성할 수 있다. 이 클래스도 다른 C++ 클래스와 같은 것이긴 하지만, **exception** 클래스에서의 공통적 특징(예: **what()** 함수)을 이용할 수 있도록 **exception**이나 **exception**의 파생 클래스로부터 파생시키는 것이 바람직하다.

삼각형을 모델링하기 위한 **Triangle** 클래스를 생각해 보자. 그림 16.2는 클래스에 대한 UML 다이어그램이다. 이 클래스는 15.9절 "추상 클래스와 순수 가상 함수"에서 소개된 추상 클래스인 **GeometricObject**로부터 파생된다.

삼각형은 두 변의 합이 나머지 한 변보다 크다면 유효하다. 삼각형을 생성하거나 삼각형의 변을 변경하고자 할 때, 이 속성이 지켜지고 있는지를 확인해야 하고, 그렇지 않다면 예외를 전달해야 한다. 이 예외를 모델링하기 위해 리스트 16.9에서와 같이 **TriangleException** 클래스를 정의할 수 있다.

리스트 16.9 TriangleException.h

```
1  #ifndef TRIANGLEEXCEPTION_H
2  #define TRIANGLEEXCEPTION_H
3  #include <stdexcept>                          stdexcept 포함
4  using namespace std;
5
6  class TriangleException: public logic_error   logic_error 확장
7  {
```

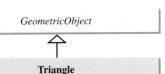

GeometricObject	
Triangle	삼각형의 세 변
-side1: double -side2: double -side3: double	
+Triangle()	각 변이 1인 기본 Triangle 생성
+Triangle(side1: double, side2: double, side3: double)	지정한 변의 값으로 Triangle 생성
+getSide1(): double const	현재 삼각형의 side1 값 반환
+getSide2(): double const	현재 삼각형의 side2 값 반환
+getSide3(): double const	현재 삼각형의 side3 값 반환
+setSide1(side1: double): void	새로운 side1 값 설정
+setSide2(side2: double): void	새로운 side2 값 설정
+setSide3(side3: double): void	새로운 side3 값 설정

그림 16.2 **Triangle** 클래스는 삼각형을 모델링한다.

기본 생성자 호출

```
 8   public:
 9     TriangleException(double side1, double side2, double side3)
10       : logic_error("Invalid triangle")
11     {
12       this->side1 = side1;
13       this->side2 = side2;
14       this->side3 = side3;
15     }
16
17     double getSide1() const
18     {
19       return side1;
20     }
21
22     double getSide2() const
23     {
24       return side2;
25     }
26
27     double getSide3() const
28     {
29       return side3;
30     }
31
32   private:
33     double side1, side2, side3;
34   }; // 반드시 세미콜론(;) 필요
35
36   #endif
```

TriangleException 클래스가 논리 오류를 설명하므로 6번 줄에서 표준 **logic_error** 클래스를 확장하여 이 클래스를 정의하는 것이 적절하다. **logic_error**가 **<stdexcept>** 헤더 파일에 있으므로 3번 줄에서 이 헤더 파일을 포함시켰다.

만일 기본 생성자가 명시적으로 호출되지 않을 경우, 기본 클래스의 인수 없는 생성자가 기본적으로 호출된다는 사실에 주의하기 바란다. 그러나 기본 클래스 **logic_error**는 인수 없는 생성자를 가지고 있으므로 10번 줄에서 컴파일 오류를 피하기 위해 기본 클래스의 생성자를 호출해야 한다. **logic_error("Invalid triangle")** 호출은 오류 메시지를 설정하며, 이는 **exception** 객체에서 **what()** 호출로부터 반환될 수 있다.

주의

사용자 예외 클래스는 보통의 클래스와 같다. 기본 클래스로부터의 확장이 반드시 필요한 것은 아니지만, 사용자 예외 클래스가 표준 클래스로부터의 함수를 사용할 수 있도록 하기 위해 표준 **exception**이나 **exception**의 파생 클래스로부터 확장하는 것이 좋다.

주의

TriangleException.h 헤더 파일은 클래스에 대한 구현을 포함하고 있으며, 이는 인라인(inline) 구현이라는 것을 상기하기 바란다. 짧은 함수에 대해서는 인라인 구현을 사용하는 것이 효과적이다.

Triangle 클래스는 다음 리스트 16.10과 같이 구현될 수 있다.

리스트 16.10 Triangle.h

```
1  #ifndef TRIANGLE_H
2  #define TRIANGLE_H
3  #include "AbstractGeometricObject.h" // 리스트 15.13에서 정의
4  #include "TriangleException.h"
5  #include <cmath>
6
7  class Triangle: public GeometricObject
8  {
9  public:
10   Triangle()
11   {
12     side1 = side2 = side3 = 1;
13   }
14
15   Triangle(double side1, double side2, double side3)
16   {
17     if (!isValid(side1, side2, side3))
18       throw TriangleException(side1, side2, side3);
19
20     this->side1 = side1;
21     this->side2 = side2;
22     this->side3 = side3;
23   }
24
25   double getSide1() const
26   {
27     return side1;
28   }
29
30   double getSide2() const
31   {
32     return side2;
33   }
34
35   double getSide3() const
36   {
37     return side3;
38   }
39
40   void setSide1(double side1)
41   {
42     if (!isValid(side1, side2, side3))
43       throw TriangleException(side1, side2, side3);
44
45     this->side1 = side1;
46   }
47
48   void setSide2(double side2)
49   {
50     if (!isValid(side1, side2, side3))
51       throw TriangleException(side1, side2, side3);
```

우측 주석:

- 3행: GeometricObject를 위한 헤더
- 4행: TriangleException를 위한 헤더
- 5행: cmath를 위한 헤더
- 7행: GeometricObject 확장
- 10행: 인수 없는 생성자
- 15행: 생성자
- 18행: TriangleException 전달
- 43행: TriangleException 전달
- 51행: TriangleException 전달

```
52
53        this->side2 = side2;
54      }
55
56      void setSide3(double side3)
57      {
58        if (!isValid(side1, side2, side3))
59          throw TriangleException(side1, side2, side3);
60
61        this->side3 = side3;
62      }
63
64      double getPerimeter() const
65      {
66        return side1 + side2 + side3;
67      }
68
69      double getArea() const
70      {
71        double s = getPerimeter() / 2;
72        return sqrt(s * (s - side1) * (s - side2) * (s - side3));
73      }
74
75    private:
76      double side1, side2, side3;
77
78      bool isValid(double side1, double side2, double side3) const
79      {
80        return (side1 < side2 + side3) && (side2 < side1 + side3) &&
81          (side3 < side1 + side2);
82      }
83    };
84
85    #endif
```

옆 주석:
- TriangleException 전달 (59번 줄)
- getPerimeter() 오버라이딩 (64번 줄)
- getArea() 오버라이딩 (69번 줄)
- 변 확인 (78번 줄)

Triangle 클래스는 GeometricObject를 확장하고(7번 줄) GeometricObject 클래스에서 정의된 순수 가상 함수 getPerimeter와 getArea를 오버라이딩한다(64번~73번 줄).

isValid 함수(78번~83번 줄)는 삼각형이 유효한지를 검사한다. 이 함수는 Triangle 클래스 내부에서 사용하기 위해 전용으로 정의되어 있다.

3개의 변에 대한 지정된 값으로 Triangle 객체를 생성할 때, 생성자는 유효성을 검사하기 위해 isValid 함수를 호출한다(17번 줄). 만약 유효하지 않을 경우, TriangleException 객체가 생성되고 18번 줄에서 전달된다. 또한 setSide1, setSide2, setSide3 함수가 호출될 때도 유효성을 검사한다. setSide1(side1)을 호출할 때, isValid(side1, side2, side3)이 호출된다. 여기서 side1은 객체에 있는 현재의 side1이 아닌 설정될 새로운 side1이다.

리스트 16.11은 인수 없는 생성자를 사용하여 Triangle 객체를 생성하며(9번 줄) 객체의 둘레와 면적을 화면에 출력하고(10번~11번 줄), TriangleException 예외가 전달되도록 side3을 4로 변경하는(13번 줄) 테스트 프로그램이다. 이 예외는 catch 블록에서 받는다(17번~22번 줄).

리스트 16.11 TestTriangle.cpp

```cpp
 1  #include <iostream>
 2  #include "Triangle.h"
 3  using namespace std;
 4
 5  int main()
 6  {
 7    try
 8    {
 9      Triangle triangle;
10      cout << "Perimeter is " << triangle.getPerimeter() << endl;
11      cout << "Area is " << triangle.getArea() << endl;
12
13      triangle.setSide3(4);
14      cout << "Perimeter is " << triangle.getPerimeter() << endl;
15      cout << "Area is " << triangle.getArea() << endl;
16    }
17    catch (TriangleException& ex)
18    {
19      cout << ex.what();
20      cout << " three sides are " << ex.getSide1() << " "
21        << ex.getSide2() << " " << ex.getSide3() << endl;
22    }
23
24    return 0;
25  }
```

Triangle 헤더

객체 생성

새로운 변 설정

catch 블록

ex.what() 호출
ex.getSide1() 호출

```
Perimeter is 3
Area is 0.433013
Invalid triangle three sides are 1 1 4
```

what() 함수는 exception 클래스에 정의되어 있다. TriangleException이 exception으로부터 파생된 logic_error에서 파생되었으므로 TriangleException 객체에 대한 오류 메시지를 화면에 출력하기 위해 what()을 호출(19번 줄)할 수 있다. TriangleException 객체는 삼각형에 대한 직절한 정보를 포함하고 있으며, 이 정보는 예외를 처리하는 데 유용하다.

16.7 exception 클래스로부터 파생된 사용자 예외 클래스를 정의하는 것의 장점은 무엇인가?

Check Point

16.6 다중 예외 받기

Key Point

try-catch 블록은 try 절에서 전달된 다른 예외들을 처리하기 위해 여러 개의 catch 절을 포함할 수 있다.

일반적으로 try 블록은 예외 없이 실행되며, 가끔은 같은 유형 또는 다른 유형의 예외를 전달하기도 한다. 예를 들어, 리스트 16.11에서 삼각형의 한 변이 양수가 아닌 경우는 Triangle Exception과는 다른 예외 유형이다. 그러므로 try 블록은 경우에 따라 양수가 아닌 변에 대한 예외 또는 TriangleException을 전달할 것이다. 하나의 catch 블록은 하나의 예외 유형

만 받을 수 있다. C++에서는 여러 유형의 예외를 받기 위해 **try** 블록 이후에 여러 개의
catch 블록을 추가할 수 있다.

NonPositiveSideException이라는 새로운 예외 클래스를 생성하고 **Triangle** 클래스에
포함되도록 이전 절의 예제를 수정해 보자. 리스트 16.12는 **NonPositiveSideException** 클
래스이고, 새로운 **Triangle** 클래스는 리스트 16.13에서 보여 준다.

리스트 16.12 NonPositiveSideException.h

```
1   #ifndef NonPositiveSideException_H
2   #define NonPositiveSideException_H
3   #include <stdexcept>
4   using namespace std;
5
6   class NonPositiveSideException: public logic_error
7   {
8   public:
9     NonPositiveSideException(double side)
10      : logic_error("Non-positive side")
11    {
12      this->side = side;
13    }
14
15    double getSide()
16    {
17      return side;
18    }
19
20  private:
21    double side;
22  };
23
24  #endif
```

다음 여백:
- stdexcept 포함 (3)
- logic_error 확장 (6)
- 기본 생성자 호출 (10)

NonPositiveSideException 클래스는 논리 오류를 기술하므로 6번 줄에서 표준 **logic_error**
클래스를 확장하여 이 클래스를 적절히 정의하고 있다.

리스트 16.13 NewTriangle.h

```
1   #ifndef TRIANGLE_H
2   #define TRIANGLE_H
3   #include "AbstractGeometricObject.h"
4   #include "TriangleException.h"
5   #include "NonPositiveSideException.h"
6   #include <cmath>
7
8   class Triangle: public GeometricObject
9   {
10  public:
11    Triangle()
12    {
```

다음 여백:
- GeometricObject를 위한 헤더 (3)
- TriangleException을 위한 헤더 (4)
- NonPositiveSideException을 위한 헤더 (5)
- GeometricObject 확장 (8)
- 인수 없는 생성자 (11)

```
13      side1 = side2 = side3 = 1;
14    }
15
16    Triangle(double side1, double side2, double side3)          생성자
17    {
18      check(side1);                                            side1 확인
19      check(side2);
20      check(side3);
21
22      if (!isValid(side1, side2, side3))
23        throw TriangleException(side1, side2, side3);          TriangleException 전달
24
25      this->side1 = side1;
26      this->side2 = side2;
27      this->side3 = side3;
28    }
29
30    double getSide1() const
31    {
32      return side1;
33    }
34
35    double getSide2() const
36    {
37      return side2;
38    }
39
40    double getSide3() const
41    {
42      return side3;
43    }
44
45    void setSide1(double side1)
46    {
47      check(side1);                                            side1 확인
48      if (!isValid(side1, side2, side3))
49        throw TriangleException(side1, side2, side3);
50
51      this->side1 = side1;
52    }
53
54    void setSide2(double side2)
55    {
56      check(side2);
57      if (!isValid(side1, side2, side3))
58        throw TriangleException(side1, side2, side3);
59
60      this->side2 = side2;
61    }
62
63    void setSide3(double side3)
64    {
```

```
65       check(side3);
66       if (!isValid(side1, side2, side3))
67         throw TriangleException(side1, side2, side3);
68
69       this->side3 = side3;
70     }
71
72     double getPerimeter() const
73     {
74       return side1 + side2 + side3;
75     }
76
77     double getArea() const
78     {
79       double s = getPerimeter() / 2;
80       return sqrt(s * (s - side1) * (s - side2) * (s - side3));
81     }
82
83   private:
84     double side1, side2, side3;
85
86     bool isValid(double side1, double side2, double side3) const
87     {
88       return (side1 < side2 + side3) && (side2 < side1 + side3) &&
89         (side3 < side1 + side2);
90     }
91
92     void check(double side) const
93     {
94       if (side <= 0)
95         throw NonPositiveSideException(side);
96     }
97   };
98
99   #endif
```

NonPositiveSideException 전달

새로운 **Triangle** 클래스는 양수가 아닌 변을 검사하는 것을 제외하고는 리스트 16.10에 있는 것과 동일하다. **Triangle** 객체가 생성될 때, **check** 함수를 호출(18번~20번 줄)함으로써 삼각형 객체의 모든 변을 검사한다. **check** 함수는 삼각형의 변이 양수가 아닌지를 검사하며(94번 줄), **NonPositiveSideException**을 전달한다(95번 줄).

리스트 16.14는 세 변의 길이를 입력하고(9번~11번 줄), **Triangle** 객체를 생성하는(12번 줄) 테스트 프로그램이다.

리스트 16.14 MultipleCatchDemo.cpp

새로운 Triangle 클래스

```
1   #include <iostream>
2   #include "NewTriangle.h"
3   using namespace std;
4
5   int main()
```

```
6  {
7    try
8    {
9      cout << "Enter three sides: ";
10     double side1, side2, side3;
11     cin >> side1 >> side2 >> side3;
12     Triangle triangle(side1, side2, side3);                      객체 생성
13     cout << "Perimeter is " << triangle.getPerimeter() << endl;
14     cout << "Area is " << triangle.getArea() << endl;
15   }
16   catch (NonPositiveSideException& ex)                           catch 블록
17   {
18     cout << ex.what();
19     cout << " the side is " << ex.getSide() << endl;
20   }
21   catch (TriangleException& ex)                                  catch 블록
22   {
23     cout << ex.what();
24     cout << " three sides are " << ex.getSide1() << " "
25       << ex.getSide2() << " " << ex.getSide3() << endl;
26   }
27
28   return 0;
29 }
```

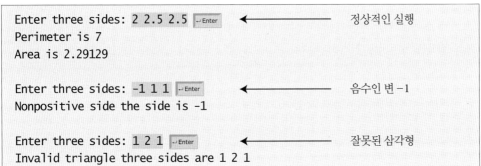

```
Enter three sides: 2 2.5 2.5 ⏎Enter  ←————————  정상적인 실행
Perimeter is 7
Area is 2.29129

Enter three sides: -1 1 1 ⏎Enter  ←————————  음수인 변 −1
Nonpositive side the side is -1

Enter three sides: 1 2 1 ⏎Enter  ←————————  잘못된 삼각형
Invalid triangle three sides are 1 2 1
```

샘플 출력에서 보듯이 만약 2, 2.5, 2.5로 세 변을 입력하면, 적절한 삼각형이므로 프로그램은 삼각형의 둘레와 면적을 화면에 출력한다(13번~14번 줄). 만약 -1, 1, 1을 입력하면, 생성자(12번 줄)는 NonPositiveSideException을 전달(throw)한다. 이 예외는 16번 줄의 catch 블록이 받아서 18번~19번 줄에서 처리된다. 만약 1, 2, 1을 입력하면, 생성자(12번 줄)는 TriangleException을 전달하고, 이 예외는 21번 줄의 catch 블록이 받아서 23번~25번 줄에서 처리된다.

 주의
여러 가지 예외 클래스는 공통의 기본 클래스로부터 파생될 수 있다. 만약 catch 블록이 기본 클래스의 예외 객체를 받는다면, 해당 기본 클래스의 파생 클래스에 대한 모든 예외 객체를 받을 수 있다.   catch 블록

예외 처리의 순서

🏺 주의

catch 블록에서 지정된 예외들의 순서는 중요하다. 기본 클래스 유형의 **catch** 블록은 파생 클래스 유형의 **catch** 블록 뒤에 나타나야 한다. 그렇지 않으면, 파생 클래스의 예외는 항상 기본 클래스의 **catch** 블록이 받게 된다. 예를 들어, 다음 그림 (a)의 순서는 **TriangleException**이 **logic_error**의 파생 클래스이므로 오류가 된다. 올바른 순서를 그림 (b)에 나타내었다. (a)에서는 **try** 블록에서 발생된 **TriangleException**을 **logic_error**의 **catch** 블록이 받게 된다.

```
try
{
    ...
}
catch (logic_error& ex)
{
    ...
}
catch (TriangleException& ex)
{
    ...
}
```

(a) 잘못된 순서

```
try
{
    ...
}
catch (TriangleException& ex)
{
    ...
}
catch (logic_error& ex)
{
    ...
}
```

(b) 올바른 순서

모든 예외 받기

전달되는 예외의 유형에 상관없이 어떤 예외도 받을 수 있도록 하기 위하여 **catch** 블록의 매개변수로 줄임표(...)를 사용할 수도 있다. 다음 예에서 보는 바와 같이 만약 이런 형식의 **catch** 블록을 마지막에 지정하면 다른 처리기가 받지 못하는 모든 예외를 받는 기본 처리기로 사용할 수 있다.

```
try
{
    일부 코드 실행
}
catch (Exception1& ex1)
{
    cout << "Handle Exception1" << endl;
}
catch (Exception2& ex2)
{
    cout << "Handle Exception2" << endl;
}
catch (. . .)
{
    cout << "Handle all other exceptions" << endl;
}
```

16.8 하나의 **throw** 문에서 여러 개의 예외를 전달할 수 있는가? **try-catch** 블록에서 여러 개의 **catch** 블록을 가질 수 있는가?

16.9 다음 **try-catch** 블록에서 **statement2**가 예외를 발생시킨다고 가정하자.

try

```
    {
        statement1;
        statement2;
        statement3;
    }
    catch (Exception1& ex1)
    {
    }
    catch (Exception2& ex2)
    {
    }

    statement4;
```

다음 질문에 대해 답하여라.

- **statement3**은 실행될 수 있는가?
- 만약 예외를 받지 못할 경우, **statement4**는 실행되는가?
- 만약 예외를 **catch** 블록에서 받는 경우, **statement4**는 실행되는가?

16.7 예외 전달

예외는 받아질 때까지 호출 함수의 연쇄적 처리를 통하여 전달되거나 main 함수에 도달하게 된다.

Key
Point

예외를 선언하고 전달하는 방법에 대해 이미 배웠다. 예외가 전달될 때에는 다음과 같이 **try-catch** 블록에서 받아들이고 처리된다.

```
    try
    {
        문장;  // 예외를 전달시킬 문
    }
    catch (Exception1& ex1)
    {
        exception1에 대한 처리기;
    }
    catch (Exception2& ex2)
    {
        exception2에 대한 처리기;
    }
    ...
    catch (ExceptionN& exN)
    {
        exceptionN에 대한 처리기;
    }
```

만약 **try** 블록의 실행 동안 예외가 발생하지 않을 경우, **catch** 블록은 건너뛰게 된다.

만일 **try** 블록 안의 한 문장이 예외를 전달(throw)하게 되면, C++는 **try** 블록 내의 나머지 문장을 건너뛰고 예외를 처리하기 위한 코드를 찾는 과정을 시작하게 된다. 예외를 처리하는 코드를 예외 처리기(exception handler)라 하며, 현재 함수로부터 시작해서 연속된 함수 호출 의 역방향으로 예외를 전파함으로써 예외 처리기를 찾는다. 예외 객체의 유형이 **catch** 블록

예외 처리기

에 있는 예외 클래스의 인스턴스인지를 찾아보기 위해 각각의 **catch** 블록을 처음부터 끝까지 차례대로 검사한다. 그래서 찾아지면 예외 객체는 선언된 변수에 할당되고, **catch** 블록에 있는 코드가 실행된다. 만약 처리기를 찾을 수 없다면, C++는 현재의 함수를 종료하고 함수를 호출했던 함수에 예외를 전달하며, 처리기를 찾기 위해 같은 과정을 반복하게 된다. 만약 호출된 함수의 연쇄적 처리에서도 처리기를 찾을 수 없다면, 프로그램은 콘솔(console)에 오류 메시지를 출력하고 종료된다. 처리기를 찾는 과정을 예외 탐지(exception catching)라고 한다.

예외 탐지

그림 16.3에서와 같이 **main** 함수가 **function1**을 호출하고, **function1**이 **function2**를 호출하며, **function2**는 **function3**을 호출하고, **function3**이 예외를 전달한다고 가정하자. 다음 시나리오를 생각해 보자.

- 만약 예외 유형이 Exception3인 경우, **function2**의 예외 ex3을 처리하는 **catch** 블록이 받게 된다. statement5는 건너뛰고, statement6이 실행된다.
- 만약 예외 유형이 Exception2인 경우, **function2**는 중단되고 제어는 **function1**로 반환되어 **function1**에 있는 예외 ex2를 처리하는 **catch** 블록이 예외를 받게 된다. statement3은 건너뛰고, statement4가 실행된다.
- 만약 예외 유형이 Exception1인 경우, **function1**은 중단되고, 제어는 **main** 함수로 반환되어 **main** 함수에 있는 예외 ex1을 처리하는 **catch** 블록이 예외를 받게 된다. statement1은 건너뛰고, statement2가 실행된다.
- 만약 **function2**, **function1**, **main**에서 예외를 받지 못하면, 프로그램은 종료되며, statement1과 statement2는 실행되지 않는다.

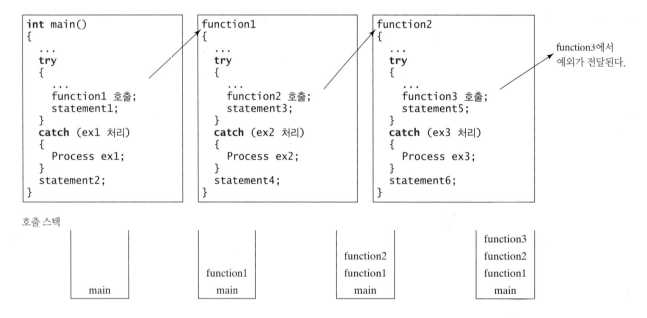

그림 16.3 만약 예외를 현재 함수에서 받지 못하면, 예외는 호출자로 전달된다. 이런 처리 과정은 예외가 받아질 때까지 반복되거나 **main** 함수로 전달된다.

16.8 예외 중계

예외를 받은 후, 예외는 함수 호출자에 중계될 수 있다.

C++에서는 예외 처리기가 예외를 처리할 수 없거나 호출자에게 단순히 예외를 알리고자 할 경우, 예외 처리기가 예외를 중계(rethrow)하도록 할 수 있다. 구문은 다음과 같다.

```
try
{
  문장;
}
catch (TheException &ex)
{
  종료하기 전의 연산 수행;
  throw;
}
```

throw 문은 다른 처리기가 예외를 처리하는 기회를 얻을 수 있도록 예외를 중계한다.

리스트 16.15는 예외를 중계하는 방법을 설명하는 예이다.

예외 중계

리스트 16.15 RethrowExceptionDemo.cpp

```cpp
1   #include <iostream>
2   #include <stdexcept>
3   using namespace std;
4
5   int f1()
6   {
7     try
8     {
9       throw runtime_error("Exception in f1");
10    }
11    catch (exception& ex)
12    {
13      cout << "Exception caught in function f1" << endl;
14      cout << ex.what() << endl;
15      throw; // 예외 중계
16    }
17  }
18
19  int main()
20  {
21    try
22    {
23      f1();
24    }
25    catch (exception& ex)
26    {
27      cout << "Exception caught in function main" << endl;
28      cout << ex.what() << endl;
29    }
30
```

예외 전달 (line 9)

catch 블록 (line 11)

예외 중계 (line 15)

f1 호출 (line 23)

catch 블록 (line 25)

```
31     return 0;
32   }
```

```
Exception caught in function f1          ←————— Handler in function f1
Exception in f1

Exception caught in function main        ←————— Handler in function main
Exception in f1
```

프로그램은 23번 줄에서 함수 **f1**을 호출하며, 이는 9번 줄에서 예외를 전달한다. 이 예외
는 11번 줄에 있는 **catch** 블록에서 받게 되고, 15번 줄에서 예외를 **main** 함수로 중계한다.
main 함수에 있는 **catch** 블록은 중계된 예외를 받아서 27번~28번 줄에서 처리하게 된다.

16.10 다음 문장에서 **statement2**가 예외를 발생시킨다고 가정하자.

```
try
{
  statement1;
  statement2;
  statement3;
}
catch (Exception1& ex1)
{
}
catch (Exception2& ex2)
{
}
catch (Exception3& ex3)
{
  statement4;
  throw;
}
  statement5;
```

다음 질문에 대해 답하여라.

- 만약 예외를 받지(catch) 못할 경우, **statement5**는 실행될 수 있는가?
- 만약 예외가 Exception3 유형인 경우, **statement4**는 실행될 수 있는가? 그리고
  statement5는 실행될 수 있는가?

16.9 예외 지정

함수가 전달할 수 있는 잠재적인 예외를 함수 헤더에서 선언할 수 있다.

전달 목록

예외 지정

전달 목록(throw list)이라고도 하는 예외 지정(exception specification)은 함수가 전달할 수 있
는 예외에 대한 목록이다. 지금까지는 전달 목록 없이 정의된 함수를 다루었다. 이 경우, 함수
는 어떠한 예외도 전달할 수 있으므로 예외 지정을 생략하였다. 그러나 이는 좋은 프로그래밍
습관이 아니다. 함수는 전달할 수 있는 예외의 경고를 제공함으로써 프로그래머가 **try-**
catch 블록에서 이런 잠재적인 예외를 처리할 수 있는 완벽한 프로그램을 작성할 수 있다.

예외 지정에 대한 구문은 다음과 같다.

returnType functionName(parameterList) **throw** (exceptionList)

예외는 함수 헤더에서 선언된다. 예를 들어, 적당한 예외를 지정하기 위해서는 리스트 16.13에 있는 **check** 함수와 **Triangle** 생성자를 다음과 같이 다시 작성해야 한다.

```
 1    void check(double side) throw (NonPositiveSideException)         전달 목록
 2    {
 3      if (side <= 0)
 4        throw NonPositiveSideException(side);                        NonPositiveSideException 전달
 5    }
 6
 7    Triangle(double side1, double side2, double side3)
 8      throw (NonPositiveSideException, TriangleException)            전달 목록
 9    {
10      check(side1);
11      check(side2);
12      check(side3);
13
14      if (!isValid(side1, side2, side3))
15        throw TriangleException(side1, side2, side3);               TriangleException 전달
16
17      this->side1 = side1;
18      this->side2 = side2;
19      this->side3 = side3;
20    }
```

check 함수는 **NonPositiveSideException**을 전달하도록 선언하고, **Triangle** 생성자는 **NonPositiveSideException**과 **TriangleException**을 전달하도록 선언한다.

주의
공백 예외 지정(empty exception specification)이라고 알려져 있는 함수 헤더 다음에 **throw()**를 두는 방법은 함수가 어떠한 예외도 전달하지 못하도록 선언하는 것이다. 만약 함수가 예외를 전달하려고 하면, 일반적으로 프로그램을 종료시키는 표준 C++ 함수인 **unexpected**를 호출한다. 하지만 Visual C++에서 공백 예외 지정은 어떠한 예외 목록도 존재하지 않는 것으로 처리한다.   공백 예외 지정

주의
전달 목록(throw list)에 선언되지 않은 예외 전달은 **unexpected** 함수를 호출하게 한다. 그러나 예외 지정이 없는 함수는 어떠한 예외도 전달할 수 있으며, **unexpected**를 호출하지 않는다.   선언되지 않은 예외

주의
만약 함수의 전달 목록에 **bad_exception**이 지정되어 있으면, 지정되지 않은 예외가 함수로부터 전달되는 경우에 함수는 **bad_exception**을 전달한다.   bad_exception

16.11 예외 지정의 목적은 무엇인가? 전달 목록(throw list)은 어떻게 선언하는가? 함수 선언에서 여러 개의 예외를 선언할 수 있는가?

Check Point

16.10 예외를 사용하는 시점

if 문을 사용하여 쉽게 발견할 수 있는 간단한 논리 오류가 아닌 예외적인 상황에 대하여 예외를 사용한다.

try 블록은 일반적인 상황에서 실행되는 코드를 포함하고 있으며, catch 블록은 예외적인 상황에서 실행되는 코드를 포함하고 있다. 예외 처리는 일반적인 프로그래밍 작업과 오류 처리 코드를 분리하는데, 이는 프로그램을 읽고 수정하기 쉽게 만들어 준다. 그러나 예외 처리는 새로운 예외 객체를 실체화하고, 호출 스택을 역으로 되돌리며, 처리기를 탐색하기 위해 연속적인 함수 호출을 통한 예외 전파 작업을 필요로 하기 때문에 항상 더 많은 시간과 리소스를 요구한다.

예외는 함수에서 발생한다. 만약 호출자에 의해 처리될 예외를 원한다면, 예외를 전달해야 한다. 만약 예외가 발생한 함수에서 예외를 처리할 수 있다면, 예외를 전달하거나 사용할 필요가 없다.

일반적으로 프로젝트의 여러 클래스에서 발생할 수 있는 공통적인 예외는 예외 클래스로 작성하는 것이 좋다. 개별 함수에서 발생할 수 있는 간단한 오류는 예외를 전달하지 않고 그 함수에 처리하는 것이 가장 좋은 방법이다.

예외 처리는 예기치 않은 오류 조건을 처리하기 위한 것이다. 간단하고 예측된 상황을 처리하기 위해 try-catch 블록을 사용하지 않기를 바란다. 어떤 상황이 예외적이며, 어떤 것이 예측되는지를 결정하는 것은 때로는 어려운 일이다. 핵심은 간단한 논리 테스트를 처리하기 위한 방법으로 예외 처리를 남용하지 말라는 것이다.

예외 처리에 대한 일반적인 범례는 다음 (a)와 같이 함수에서 예외를 전달하도록 선언하는 방식과 (b)와 같이 try-catch 블록에서 함수를 사용하는 방식이 있다.

```
returnType function1(parameterList)
  throw (exceptionList)
{
  ...
  if (an exception condition)
    throw AnException(arguments);
  ...
}
```

(a)

```
returnType function2(parameterList)
{
  try
  {
    ...
    function1 (arguments);
    ...
  }
  catch (AnException& ex)
  {
    Handler;
  }
  ...
}
```

(b)

16.12 어떤 예외가 프로그램에서 사용되어야 하는가?

주요 용어

예외(exception)	예외 지정(exception specification)
예외 전달(throw exception)	전달 목록(throw list)
예외 중계(rethrow exception)	표준 예외(standard exception)

요약

1. 예외 처리는 프로그램을 견고하게 만들어 준다. 예외 처리는 일반적인 프로그래밍 작업과 오류 처리 코드를 분리하는데, 이는 프로그램을 더 읽고 수정하기 쉽게 만들어 준다. 예외 처리의 다른 중요한 장점은 함수가 그 함수의 호출자에 예외를 전달할 수 있도록 해 준다는 것이다.

2. C++는 예외가 발생했을 때 어떤 유형(원시 또는 클래스 유형)의 값을 전달하기 위해 **throw** 문을 사용할 수 있다. 이 값은 **catch** 블록이 예외를 처리하기 위해 이 값을 이용할 수 있도록 인수(argument)로 **catch** 블록에 전달된다.

3. 예외가 전달될 때 일반적 실행의 흐름은 중단된다. 만약 예외 값이 **catch** 블록의 매개변수 유형과 일치하면, 제어는 **catch** 블록으로 넘어가게 된다. 그렇지 않으면 함수는 종료되고 예외는 함수의 호출자에게 전달된다. 만약 예외가 **main** 함수에서도 처리되지 않으면, 프로그램은 중단된다.

4. C++는 예외 객체를 생성하기 위해 사용될 수 있는 많은 표준 예외 클래스를 제공하고 있다. 예외 객체를 생성하기 위해 **exception** 클래스를 사용하거나 그의 파생 클래스인 **runtime_error**와 **logic_error**를 사용할 수 있다.

5. 만약 표준 예외 클래스가 예외를 적절하게 기술하지 못한다면, 사용자 예외 클래스를 생성할 수도 있다. 이 클래스는 여타의 C++ 클래스와 같지만, **exception** 클래스에서의 공통적인 특징(예: **what()** 함수)을 활용할 수 있도록 가끔은 **exception** 이나 **exception**의 파생 클래스로부터 파생시키는 것이 바람직하다.

6. **try** 블록 다음에 여러 개의 **catch** 블록이 올 수 있다. **catch** 블록에 지정된 예외의 순서는 중요하다. 기본 클래스 유형의 **catch** 블록은 파생 클래스 유형의 **catch** 블록 다음에 작성되어야 한다.

7. 만약 함수가 예외를 전달하는 경우, 잠재적인 예외를 처리하도록 프로그래머에게 알려 주기 위해 함수 헤더에 예외의 유형을 선언해 줘야 한다.

8. 예외 처리는 간단한 테스트를 대체하기 위해 사용되어서는 안 된다. 가능하면 언제든지 간단한 예외들을 테스트해 봐야 하고, **if** 문으로 처리할 수 없는 상황에 대처하도록 예외 처리를 아껴둬야 한다.

퀴즈

www.cs.armstrong.edu/liang/cpp3e/quiz.html에서 온라인으로 이 장에 대한 퀴즈를 풀어 보라.

프로그래밍 실습

16.2~16.4절

*16.1 (invalid_argument) 리스트 6.18은 16진수 문자열로부터 10진수를 반환하는 **hex2Dec(const string& hexString)** 함수를 보여 주고 있다. 만약 문자열이 16진 수가 아닌 경우, invalid_argument 예외를 전달하도록 hex2Dec 함수를 구현하여라. 사용자로부터 문자열로 16진수를 입력받고 10진수를 화면에 출력하는 테스트 프로그램을 작성하여라.

*16.2 (invalid_argument) 프로그래밍 실습 6.39는 2진수 문자열로부터 10진수를 반환 하는 **bin2Dec(const string& binaryString)** 함수를 설명하고 있다. 만약 문자 열이 2진수가 아닌 경우, invalid_argument 예외를 전달하도록 **bin2Dec** 함수를 구현하여라. 사용자로부터 문자열로 2진수를 입력받고 10진수를 화면에 출력하는 테스트 프로그램을 작성하여라.

*16.3 (Course 클래스 수정) 리스트 11.16 Course.cpp의 Course 클래스에서 만약 학생의 수가 정원을 초과하는 경우, runtime_error를 전달하도록 addStudent 함수를 다 시 작성하여라.

*16.4 (Rational 클래스 수정) 리스트 14.8 RationalWithOperators.cpp의 Rational 클래 스에서 만약 인덱스가 0 또는 1이 아닌 경우에 runtime_error를 전달하도록 첨자 연산자 힘수를 다시 작성하여라.

16.5~16.10절

*16.5 (HexFormatException) 프로그래밍 실습 16.1에서 문자열이 16진수가 아닌 경우, HexFormatException을 전달하도록 hex2Dec 함수를 구현하여라. HexFormat- Exception이라는 사용자 예외 클래스를 정의하여라. 사용자로부터 문자열로 16진 수를 입력받고 10진수를 화면에 출력하는 테스트 프로그램을 작성하여라.

*16.6 (BinaryFormatException) 프로그래밍 실습 16.2에서 문자열이 2진수가 아닌 경 우, BinaryFormatException을 전달하도록 bin2Dec 함수를 구현하여라. BinaryFormatException이라는 사용자 예외 클래스를 정의하여라. 사용자로부터 문자열로 2진수를 입력받고 10진수를 화면에 출력하는 테스트 프로그램을 작성하 여라.

*16.7 (Rational 클래스 수정) 14.4절 "첨자 연산자 []의 오버로딩"의 Rational 클래스에 서 첨자 연산자 []를 오버로딩하는 방법에 대해 배웠다. 만약 첨자가 0이나 1이 아 닌 경우, 함수는 runtime_error 예외를 전달한다. **IllegalSubscriptException**

이라는 사용자 예외를 정의하고, 첨자가 **0**이나 **1**이 아닌 경우 함수 연산자가 **IllegalSubscriptException**을 전달하도록 하여라. 이 유형의 예외를 처리하도록 **try-catch** 블록을 갖는 테스트 프로그램을 작성하여라.

*16.8 (**StackOfIntegers** 클래스 수정) 10.9절 "예제 : **StackOfIntegers** 클래스"에서 정수에 대한 스택 클래스를 정의하였다. **EmptyStackException**이라는 사용자 예외 클래스를 정의하고, 스택이 비어있다면, **pop**과 **peek** 함수가 **EmptyStackException**을 전달하도록 하여라. 이 유형의 예외를 처리하도록 **try-catch** 블록을 갖는 테스트 프로그램을 작성하여라.

*16.9 (대수: 3 × 3 선형 방정식 해법) 프로그래밍 실습 12.24에서 3 × 3 선형 방정식 시스템을 풀이하였다. 방정식을 풀기 위한 다음 함수를 작성하여라.

```
vector<double> solveLinearEquation(
    vector<vector<double>> a, vector<double> b)
```

매개변수 **a**는 $\{\{a_{11}, a_{12}, a_{13}\}, \{a_{21}, a_{22}, a_{23}\}, \{a_{31}, a_{32}, a_{33}\}\}$을 저장하고, **b**는 $\{b_1, b_2, b_3\}$을 저장한다. $\{x, y, z\}$에 대한 정답은 세 가지 요소의 벡터에 반환된다. 이 함수는 |A|가 **0**이면 **runtime_error**를 전달하고, **a**, **a[0]**, **a[1]**, **a[2]**, **b**의 크기가 **3**이 아니면 **invalid_argument**를 전달한다.

사용자가 $a_{11}, a_{12}, a_{13}, a_{21}, a_{22}, a_{23}, a_{31}, a_{32}, a_{33}, b_1, b_2, b_3$을 입력하고, 그 결과를 화면에 출력하는 프로그램을 작성하여라. 만약 |A|가 **0**이면, "The equation has no solution"을 표시해야 한다. 실행 결과는 프로그래밍 실습 12.24와 동일하다.

CHAPTER

17

재귀 호출

이 장의 목표

- 재귀 함수의 정의와 재귀 사용의 장점 이해(17.1절)
- 재귀적 수학 함수에 대한 재귀적 프로그램 개발(17.2~17.3절)
- 호출 스택에서 재귀 함수 호출의 처리 방법 이해(17.2~17.3절)
- 재귀적 사고와 판단(17.4절)
- 재귀 함수를 유도하기 위한 오버로딩 도움 함수의 사용(17.5절)
- 재귀를 사용한 선택 정렬 해법(17.5.1절)
- 재귀를 사용한 이진 탐색 해법(17.5.2절)
- 재귀를 사용한 하노이 탑 문제 해결(17.6절)
- 재귀를 사용한 8퀸 문제 해결(17.7절)
- 재귀와 반복의 관계와 차이점 이해(17.8절)
- 꼬리 재귀 함수 이해와 필요한 이유(17.9절)

17.1 들어가기

재귀는 단순한 반복을 사용하는 프로그램에서 해결하기 어려운 문제에 대해 명쾌한 해법을 이끌어낼 수 있는 기술이다.

문자열 순열

문자열에 대한 모든 순열을 출력한다고 가정하자. 예를 들어, 문자열 **abc**에서 이에 대한 순열은 **abc, acb, bac, bca, cab, cba**이다. 이 문제를 어떻게 해결할 수 있을까? 해결하기 위한 몇 가지 방법이 있지만, 직관적이고 효과적인 해결책은 재귀 호출을 사용하는 것이다.

8퀸 문제

전형적인 8퀸 퍼즐(Eight Queens puzzle)은 그림 17.1에서 보여주듯이 두 여왕(queen)이 서로 공격할 수 없도록 체스판 위에 여덟 개의 여왕을 배치한다(즉, 두 개의 여왕을 같은 행, 같은 열, 같은 대각선 위에 놓을 수 없다). 이 문제를 해결하기 위한 프로그램을 어떻게 작성할 것인가? 문제를 해결하기 위한 몇 가지 방법이 있으나, 이 문제에 대한 직관적이고 효과적인 해결책도 역시 재귀 호출을 사용하는 것이다.

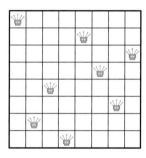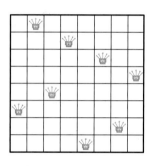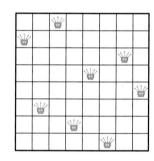

그림 17.1 8퀸 문제는 재귀 호출을 사용하여 해결할 수 있다.

재귀 함수

재귀(recursion)를 사용한다는 것은 자기 자신을 호출하는 함수, 즉 **재귀 함수**를 사용하여 프로그래밍하는 것이다. 재귀는 유용한 프로그래밍 기술이다. 경우에 따라 어려운 문제를 다른 방법으로 자연적이며, 복잡하지 않고 단순한 해결책으로 개발할 수 있다. 이 장에서는 재귀적 프로그래밍의 개념과 기법을 소개하고 '재귀적으로 생각'하는 방법을 예를 통해 설명한다.

17.2 예제: 계승 계산

재귀 함수는 자기 자신을 호출하는 함수이다.

많은 수학 함수들은 재귀 호출을 사용하여 정의된다. 재귀를 설명하는 간단한 예제로 시작해보겠다.

정수 **n**에 대한 계승(factorial)을 다음과 같이 재귀적으로 정의할 수 있다.

```
0! = 1;
n! = n × (n - 1)!; n > 0
```

주어진 **n**에 대해 **n!**을 어떻게 계산할 수 있을까? **0!**은 1이고 **1!**은 1 × **0!**이라는 사실을 알고 있기 때문에 **1!**은 쉽게 계산할 수 있다. **(n - 1)!**을 알고 있다고 가정하면, **n!**은 n × (n -

1)!을 사용하여 즉시 계산할 수 있다. 따라서 n! 연산 문제는 (n - 1)!을 계산하는 것으로 축약된다. (n - 1)!을 계산할 때 n이 0이 될 때까지 반복적으로 동일한 개념을 적용할 수 있다.

n!을 연산하기 위한 함수를 factorial(n)이라고 하자. 만약 n = 0인 함수를 호출하면, 즉시 결과를 반환한다. 함수는 **기본 상태**(base case) 또는 **정지 조건**(stopping condition)이라고 하는 가장 단순한 경우를 해결하는 방법을 알고 있다. 만약 n > 0일 때 함수를 호출하면, n - 1 계승을 연산하는 부분 문제로 문제를 축소시킬 수 있다. 부분 문제는 근본적으로 원래의 문제와 같지만, 원 문제보다 더 단순하거나 간단하다. 부분 문제는 원 문제와 동일한 속성을 가지므로 다른 인수로 해당 함수를 호출할 수 있으며, 이를 **재귀 호출**(recursive call)이라고 한다.

기본 상태 또는 정지 조건

재귀 호출

factorial(n)을 연산하기 위한 재귀적 알고리즘은 다음과 같이 간단하게 설명할 수 있다.

```
if (n == 0)
  return 1;
else
  return n * factorial(n - 1);
```

재귀 호출은 함수가 부분 문제를 새로운 부분 문제로 분할하기 때문에 더 많은 재귀 호출이 발생할 수 있다. 재귀 함수를 종료하기 위해서는 문제가 궁극적으로 정지 상태(stopping case)로 감소되어야 한다. 이 지점에서 함수는 호출자에게 결과를 반환한다. 그 다음, 호출자는 연산을 수행하고, 자신의 호출자에게 그 결과를 반환한다. 이러한 처리 과정은 결과가 원래의 호출자에게 다시 전달될 때까지 계속된다. 이로서 최초 문제는 factorial(n - 1)의 결과에 n을 곱함으로써 해결될 수 있다.

리스트 17.1은 사용자가 음수가 아닌 정수를 입력하고 그 정수에 대한 계승을 화면에 출력하는 완전한 프로그램이다.

리스트 17.1 ComputeFactorial.cpp

```cpp
1   #include <iostream>
2   using namespace std;
3
4   // 지정된 인덱스에 대한 계승 반환
5   int factorial(int);
6
7   int main()
8   {
9     // 사용자로부터 정수 입력
10    cout << "Please enter a non-negative integer: ";
11    int n;
12    cin >> n;
13
14    // 계승 출력
15    cout << "Factorial of " << n << " is " << factorial(n);
16
17    return 0;
18  }
19
20  // 지정된 인덱스에 대한 계승 반환
21  int factorial(int n)
```

<table>
<tr><td>기본 상태</td><td></td></tr>
</table>

기본 상태

재귀

```
22  {
23    if (n == 0) // 기본 상태
24      return 1;
25    else
26      return n * factorial(n - 1); // 재귀 호출
27  }
```

```
Please enter a nonnegative integer: 5 ↵Enter
Factorial of 5 is 120
```

factorial 함수(21번~27번 줄)는 기본적으로 계승에 대한 재귀 수학적 정의를 C++ 코드로 직접 번역한 것이다. **factorial**의 호출은 자기 자신을 호출하기 때문에 재귀적이다. **factorial**로 전달되는 매개변수는 기본 상태인 0에 도달할 때까지 감소된다.

어떻게 동작하는가?

재귀 함수를 작성하는 방법에 대해 살펴보자. 재귀는 어떻게 동작하는가? 그림 17.2는 n = 4로부터 시작하는 재귀 호출의 실행을 설명하고 있다. 재귀 호출에 대한 스택 공간의 사용을 그림 17.3에서 보여주고 있다.

경고

만일 기본 상태(base case)가 지정되지 않거나 최종적으로 기본 상태로 수렴하는 방식으로 재귀 문제를 감소시킬 수 없는 경우에는 **무한 재귀**(infinite recursion)가 발생할 수 있다. 예를 들어, **factorial** 함수를 다음과 같이 잘못 작성했다고 하자.

무한 재귀

```
int factorial(int n)
{
  return n * factorial(n - 1);
}
```

이 함수는 무한적으로 실행되고 스택 오버플로(overflow)를 발생시킨다.

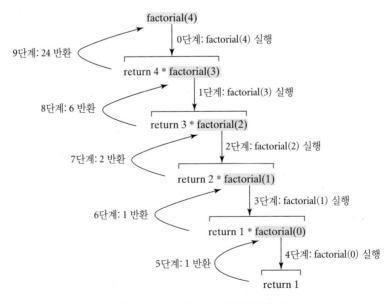

그림 17.2 **factorial(4)** 호출은 **factorial**로 재귀 호출을 발생시킨다.

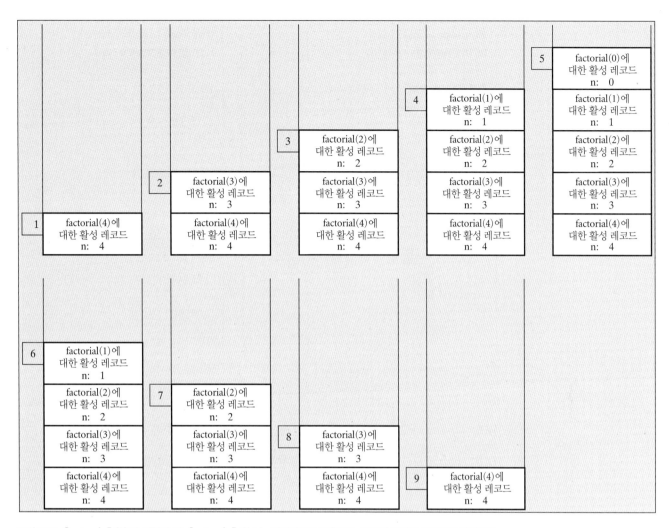

그림 17.3 `factorial(4)`가 실행될 때, `factorial` 함수는 재귀적으로 호출되며, 메모리 공간이 동적으로 변경된다.

 강사 주의사항

반복(loop)을 사용하여 `factorial` 함수를 구현하는 것이 더 간단하고 효과적이다. 하지만 재귀적 `factorial` 함수는 재귀의 개념을 설명하기에 좋은 예이다.

 주의

지금까지 설명한 예제는 자기 자신을 호출하는 재귀 함수를 보여주었는데, 이를 **직접 재귀**(direct recursion)라고 한다. 또한 **간접 재귀**(indirect recursion)를 생성할 수도 있다. 간접 재귀는 함수 **A**가 함수 **B**를 호출하고, 함수 **B**는 함수 **A**를 교대로 호출할 때 발생한다. 이 외에 재귀와 관련된 더 많은 함수가 있을 수 있다. 예를 들면, 함수 **A**는 함수 **B**를 호출하고, 함수 **B**는 함수 **C**를 호출하며, 함수 **C**는 함수 **A**를 호출할 수 있다.

직접 재귀
간접 재귀

17.1 재귀 함수란 무엇인가? 재귀 함수의 특징을 설명하여라. 무한 재귀란 무엇인가?

17.2 다음 프로그램의 출력을 보여주고 기본 상태와 재귀 호출을 확인하여라.

 Check Point

```cpp
#include <iostream>
using namespace std;

int f(int n)
{
  if (n == 1)
    return 1;
  else
    return n + f(n - 1);
}

int main()
{
  cout << "Sum is " << f(5) << endl;

  return 0;
}
```

```cpp
#include <iostream>
using namespace std;

void f(int n)
{
  if (n > 0)
  {
    cout << n % 10;
    f(n / 10);
  }
}

int main()
{
  f(1234567);

  return 0;
}
```

17.3 양수 n에 대해 2^n을 계산하기 위한 재귀적 수학 정의를 작성하여라.

17.4 양수 n과 실수 x에 대해 x^n을 계산하기 위한 재귀적 수학 정의를 작성하여라.

17.5 양수에 대해 $1 + 2 + 3 + \cdots + n$을 계산하기 위한 재귀적 수학 정의를 작성하여라.

17.6 리스트 17.1의 **factorial** 함수는 **factorial(6)**에 대해 몇 번 호출되는가?

17.3 예제: 피보나치 수

어떤 경우에는 재귀를 사용하면 문제를 직관적이고, 복잡하지 않게 간단히 해결할 수 있다.

이전 절에서의 **factorial** 함수는 재귀를 사용하지 않고도 쉽게 재작성이 가능했었다. 하지만 어떤 경우에는 재귀를 사용함으로써 해결하기 어려운 프로그램에 대해 자연스럽고 복잡하지 않게 간단한 해결책을 줄 수 있다. 다음과 같은 널리 알려진 피보나치 급수(Fibonacci series) 문제를 생각해 보자.

```
피보나치 급수:  0  1  1  2  3  5  8  13  21  34  55  89  . . .
     인덱스:  0  1  2  3  4  5  6   7   8   9  10  11  . . .
```

피보나치 급수는 0과 1로 시작하고, 각 연속된 수는 급수에서 앞서의 두 수의 합이 된다. 이 급수는 다음과 같이 재귀적으로 정의할 수 있다.

```
fib(0) = 0;
fib(1) = 1;
fib(index) = fib(index - 2) + fib(index - 1); index >= 2
```

피보나치 급수는 토끼 개체 수의 증가를 모델링했던 중세 수학자 레오나르도 피보나치(Leonardo Fibonacci)의 이름에서 명칭이 붙여졌다. 이 급수는 수치 최적화와 다양한 분야에 적용될 수 있다.

index가 주어졌을 때 fib(index)를 어떻게 계산할 것인가? fib(0)과 fib(1)을 알고 있기 때문에 fib(2)는 쉽게 알아낼 수 있다. fib(index - 2)와 fib(index - 1)을 알고 있다고 가정하면, fib(index)를 즉시 구할 수 있다. 따라서 fib(index)를 연산하는 문제는 fib(index - 2)와 fib(index - 1)을 연산하는 것으로 축소시킬 수 있다. fib(index - 2)와 fib(index - 1)을 계산할 때 index가 0 또는 1로 감소될 때까지 재귀적인 개념을 적용한다.

기본 상태는 index = 0 또는 index = 1이다. 만약 index = 0 또는 index = 1로 함수를 호출하면, 함수는 그 결과를 즉시 반환한다. 만약 index >= 2인 함수를 호출하면, 재귀 호출을 사용하여 주어진 문제를 fib(index - 1)과 fib(index - 2)의 연산을 위한 두 개의 부분 문제로 분할한다. fib(index)를 계산하기 위한 재귀적 알고리즘은 다음과 같이 간단하게 기술할 수 있다.

```cpp
if (index == 0)
  return 0;
else if (index == 1)
  return 1;
else
  return fib(index - 1) + fib(index - 2);
```

리스트 17.2는 사용자로부터 인덱스를 입력받아 그 인덱스에 대한 피보나치 수를 계산하는 완전한 프로그램이다.

리스트 17.2 ComputeFibonacci.cpp

```cpp
 1  #include <iostream>
 2  using namespace std;
 3
 4  // 피보나치 수를 계산하는 함수
 5  int fib(int);
 6
 7  int main()
 8  {
 9    // 사용자로부터 정수를 입력
10    cout << "Enter an index for the Fibonacci number: ";
11    int index;
12    cin >> index;
13
14    // 피보나치 수 화면 출력
15    cout << "Fibonacci number at index " << index << " is "
16      << fib(index) << endl;
17
18    return 0;
19  }
20
21  // 피보나치 수를 계산하는 함수
22  int fib(int index)
23  {
24    if (index == 0) // 기본 상태                              기본 상태
25      return 0;
26    else if (index == 1) // 기본 상태                         기본 상태
```

```
27        return 1;
28    else // 감소와 재귀 호출
29        return fib(index - 1) + fib(index - 2);
30 }
```

재귀

```
Enter an index for the Fibonacci number: 7  ↵Enter
Fibonacci number at index 7 is 13
```

이 프로그램은 컴퓨터 내부적으로 상당한 양의 작업을 수행하지는 않는다. 그러나 그림 17.4는 **fib(4)**를 계산하기 위한 연속적인 재귀 호출들을 보여주고 있다. 원래의 함수인 **fib(4)**는 두 개의 재귀 호출인 **fib(3)**과 **fib(2)**를 만들고, 그 다음에 **fib(3)** + **fib(2)**를 반환한다. 그런데 이 함수들은 어떤 순서로 호출되는가? C++에서 이항 연산자 +의 피연산자는 임의의 순서로 계산될 수 있으나, 왼쪽에서 오른쪽으로 계산되는 것으로 가정한다. 그림 17.4에서 레이블(label)은 함수가 호출되는 순서를 보여주고 있다.

그림 17.4에 나타낸 바와 같이, 여러 개의 중복된 재귀 호출들이 존재한다. 예를 들면, **fib(2)**는 두 번, **fib(1)**은 세 번, **fib(0)**은 두 번 호출된다. 일반적으로 **fib(index)** 연산은 **fib(index - 1)**을 연산하기 위해 필요한 재귀 호출보다 2배 정도가 필요하다. 표 17.1에 나타낸 바와 같이 큰 값의 인덱스를 사용할수록 호출 횟수는 상당히 증가한다.

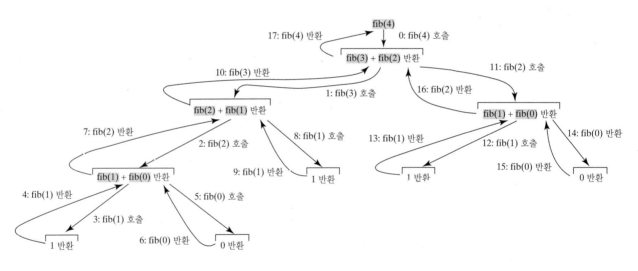

그림 17.4 **fib(4)** 호출은 **fib** 재귀 호출을 생성한다.

표 17.1 **fib(index)**에서 재귀 호출의 수

인덱스	2	3	4	10	20	30	40	50
호출 횟수	3	5	9	177	21,891	2,692,537	331,160,281	2,075,316,483

강사 주의사항

fib 함수의 재귀적 구현은 매우 단순하고 직관적이지만 효율적이지는 않다. 반복(loop)을 사용한 효율적인 해결 방법에 대해서는 프로그래밍 실습 17.2를 살펴보기 바란다. 재귀 **fib** 함수는 비록 실용적이지는 않지만, 재귀 함수를 작성하는 방법을 보여주는 좋은 예이다.

Check Point

17.7 리스트 17.2의 **fib** 함수는 **fib(6)**을 몇 번 호출하는가?

17.8 다음 두 프로그램에 대한 출력은 무엇인가?

```cpp
#include <iostream>
using namespace std;

void f(int n)
{
  if (n > 0)
  {
    cout << n << " ";
    f(n - 1);
  }
}

int main()
{
  f(5);

  return 0;
}
```

```cpp
#include <iostream>
using namespace std;

void f(int n)
{
  if (n > 0)
  {
    f(n - 1);
    cout << n << " ";
  }
}

int main()
{
  f(5);

  return 0;
}
```

17.9 다음 함수에서 잘못된 부분은 무엇인가?

```cpp
#include <iostream>
using namespace std;

void f(double n)
{
  if (n != 0)
  {
    cout << n;
    f(n / 10);
  }
}

int main()
{
  f(1234567);

  return 0;
}
```

17.4 재귀를 사용한 문제 해결

재귀적인 생각을 기반으로 재귀를 사용하면 많은 문제를 해결할 수 있다.

이전 절에서 두 가지 고전적인 재귀에 대한 예를 살펴보았다. 모든 재귀 함수는 다음과 같은 특징이 있다.

Key Point

■ 재귀 함수는 **if-else** 또는 **switch** 문을 사용하여 다르게 구현될 수 있다.

`if-else`

기본 상태

재귀

■ 하나 이상의 기본 상태(base case, 가장 단순한 상태)가 재귀를 중지하는 데 사용된다.

■ 모든 재귀 호출은 기본 상태가 될 때까지 기본 상태에 점점 더 근접하도록 원래의 문제를 감소시킨다.

일반적으로 재귀를 사용하여 문제를 해결하는 것은 원래의 문제를 부분 문제로 분할하는 것이다. 만약 부분 문제가 원 문제와 비슷하다면, 재귀적으로 부분 문제를 풀기 위해 동일한 접근 방법을 적용할 수 있다. 이런 부분 문제는 더 작은 크기를 갖지만 사실상 원 문제와 거의 동일하다.

재귀적으로 생각하기

재귀는 어디에나 적용 가능하며, 재귀적으로 생각하는 것은 재미있는 일이다. 커피 마시기를 생각해 보자. 다음과 같이 재귀적으로 처리 과정을 설명할 수 있을 것이다.

```cpp
void drinkCoffee(Cup& cup)
{
  if (!cup.isEmpty())
  {
    cup.takeOneSip(); // 한 모금 마시기
    drinkCoffee(cup);
  }
}
```

cup을 인스턴스 함수 **isEmpty()**와 **takeOneSip()**를 갖는 커피 한 잔에 대한 객체라고 하자. 이 문제를 두 개의 부분 문제로 분할할 수 있는데, 하나는 커피 한 모금 마시기이며, 다른 하나는 잔에 남아 있는 커피 마시기이다. 두 번째 문제는 원래의 문제와 동일하지만 크기 면에서 더 적다. 이 문제의 기본 상태는 **cup**이 비었을 때이다.

메시지를 n번 출력하는 간단한 문제를 생각해 보자. 이 문제를 두 개의 부분 문제로 분할할 수 있으며, 하나는 메시지를 한 번 출력하는 것이고, 다른 하나는 메시지를 n − 1번 출력하는 것이다. 두 번째 문제는 더 작은 크기를 갖는 원래의 문제와 동일하다. 이 문제의 기본 상태는 n == 0이다. 이 문제는 재귀를 사용하여 다음과 같이 해결할 수 있다.

```cpp
void nPrintln(const string& message, int times)
{
  if (times >= 1)
  {
    cout << message << endl;
    nPrintln(message, times - 1);
  } // 기본 상태는 times == 0이다.
}
```

재귀 호출

리스트 17.2의 **fib** 함수는 호출자에게 값을 반환하지만, **nPrintln** 함수는 **void**이므로 호출자에게 값을 반환하지 않는다.

이전 장에 있는 많은 문제들을 재귀적으로 생각함으로써 재귀를 사용하여 해결할 수 있다. 리스트 5.16 TestPalindrome.cpp의 회문(palindrome) 문제를 생각해 보자. 앞에서 읽으나 뒤에서부터 읽으나 동일하게 읽혀지면, 이 문자열은 회문이 된다. 예를 들어, mom과 dad는 회문이지만, uncle과 aunt는 회문이 아니다. 문자열이 회문인지를 검사하는 문제는 두 개의 부분 문제로 분할할 수 있다.

재귀적으로 생각하기

- 문자열의 첫 번째 문자와 마지막 문자가 같은지를 검사한다.
- 이들 두 끝 문자(첫 문자와 마지막 문자)를 무시하고 남아 있는 부분 문자열이 회문인지를 검사한다.

두 번째 부분 문제는 더 작은 크기를 갖는 원래의 문제와 동일하다. 이 문제에는 두 가지 기본 상태가 있는데, (1) 두 개의 끝 문자가 같지 않다와 (2) 문자열의 크기가 0 또는 1인 경우이다. (1)의 경우에는 문자열이 회문이 아니고, (2)의 경우는 회문이다. 이 문제에 대한 재귀 함수는 리스트 17.3과 같이 구현될 수 있다.

리스트 17.3 RecursivePalindrome.cpp

```
1   #include <iostream>
2   #include <string>                                      헤더 파일 포함
3   using namespace std;
4
5   bool isPalindrome(const string& s)                     함수 헤더
6   {
7     if (s.size() <= 1) // 기본 상태                        문자열 길이
8       return true;
9     else if (s[0] != s[s.size() - 1]) // 기본 상태
10      return false;
11    else
12      return isPalindrome(s.substr(1, s.size() - 2));    재귀 호출
13  }
14
15  int main()
16  {
17    cout << "Enter a string: ";
18    string s;
19    getline(cin, s);                                     문자열 입력
20
21    if (isPalindrome(s))
22      cout << s << " is a palindrome" << endl;
23    else
24      cout << s << " is not a palindrome" << endl;
25
26    return 0;
27  }
```

```
Enter a string: aba ⏎Enter
aba is a palindrome
```

isPalindrome 함수는 문자열의 크기가 1보다 작거나 같은지를 검사한다(7번 줄). 만약 그렇다면, 문자열은 회문이 된다. 또한 이 함수는 문자열의 첫 번째 요소와 마지막 요소가 같은지를 검사한다(9번 줄). 만약 같지 않으면, 문자열은 회문이 아니다. 만약 같다면, s.substr(1, s.size() - 2)를 사용하여 s의 부분 문자열을 얻고, 얻어진 새로운 문자열을 사용하여 isPalindrome을 재귀적으로 호출한다(12번 줄).

17.5 재귀 도움 함수

Key Point

때로는 원래의 문제와 유사한 문제에 재귀 함수를 정의함으로써 원 문제에 대한 해결책을 찾을 수 있다. 이와 같은 새로운 함수를 재귀 도움 함수(recursive helper function)라 한다. 원 문제는 재귀 도움 함수를 호출함으로써 해결될 수 있다.

이전의 isPalindrome 재귀 함수는 모든 재귀 호출에 대해 새로운 문자열을 생성하므로 효율적이지 않다. 새로운 문자열이 생성되는 것을 피하기 위해서는 부분 문자열의 범위를 지정하는 low와 high 인덱스를 사용할 수 있다. 이 두 인덱스는 재귀 함수로 전달되어야 하며, 원래의 함수가 isPalindrome(const string& s)이므로 리스트 17.4에서 볼 수 있듯이 문자열에 대한 추가 정보를 받기 위해 새로운 함수 isPalindrome(const string& s, int low, int high)를 생성해야 한다.

리스트 17.4 RecursivePalindromeUsingHelperFunction.cpp

```
1   #include <iostream>
2   #include <string>
3   using namespace std;
4
5   bool isPalindrome(const string& s, int low, int high)
6   {
7     if (high <= low) // 기본 상태
8       return true;
9     else if (s[low] != s[high]) // 기본 상태
10      return false;
11    else
12      return isPalindrome(s, low + 1, high - 1);
13  }
14
15  bool isPalindrome(const string& s)
16  {
17    return isPalindrome(s, 0, s.size() - 1);
18  }
19
20  int main()
21  {
22    cout << "Enter a string: ";
23    string s;
```

도움 함수 — 5

재귀 호출 — 12

함수 헤더 — 15

도움 함수 호출 — 17

```
24     getline(cin, s);                                          문자열 입력
25
26     if (isPalindrome(s))
27       cout << s << " is a palindrome" << endl;
28     else
29       cout << s << " is not a palindrome" << endl;
30
31     return 0;
32   }
```

```
Enter a string: aba  ↵Enter
aba is a palindrome

Enter a string: abab  ↵Enter
abab is not a palindrome
```

두 개의 오버로딩된 **isPalindrome** 함수가 정의되어 있다. **isPalindrome(const string&
s)** 함수(15번 줄)는 문자열이 회문인지를 검사하고, 두 번째 **isPalindrome(const string&
s, int low, int high)** 함수(5번 줄)는 부분 문자열 **s(low..high)**가 회문인지를 검사한다.
첫 번째 함수는 **low = 0**과 **high = s.size() - 1**인 문자열 **s**를 두 번째 함수로 전달한다. 두 번
째 함수는 줄어든 부분 문자열에서 회문을 검사하기 위해 재귀적으로 호출될 수 있다. 추가적
인 매개변수를 받는 두 번째 함수를 정의하는 것은 재귀적 프로그래밍에서 일반적인 설계 기   재귀 도움 함수
법이다. 이와 같은 함수를 재귀 도움 함수(recursive helper function)라고 한다.

도움 함수는 문자열과 배열을 포함하는 문제에 대한 재귀적인 해결책을 설계하는 데 매우
유용하다. 다음 두 절에서 다른 예를 살펴보자.

17.5.1 선택 정렬

선택 정렬(selection sort)은 7.10절 "배열 정렬"에서 설명하였다. 지금부터는 문자열에 있는
문자들에 대한 재귀적 선택 정렬을 설명한다. 선택 정렬 과정은 다음과 같이 동작한다. 목록
에서 가장 큰 요소를 찾아서 마지막 위치로 이동시킨다. 그 다음, 남은 요소들 중 가장 큰 요
소를 찾아서 마지막에서 두 번째 위치로 이동시키며, 이 과정을 목록에 단 한 개의 요소만 남
아 있을 때까지 계속한다. 이 문제는 두 개의 부분 문제로 나눌 수 있다.

- 목록에서 가장 큰 요소를 찾아서 마지막 요소와 교환한다.
- 마지막 요소는 무시하고 더 작아진 목록에서 남은 요소들을 재귀적으로 정렬한다.

기본 상태는 목록에 단 하나의 요소만 들어 있는 것이다.

리스트 17.5는 재귀적 정렬 함수를 보여준다.

리스트 17.5 RecursiveSelectionSort.cpp

```
1    #include <iostream>
2    #include <string>
3    using namespace std;
4
```

도움 정렬 함수

```cpp
5    void sort(string& s, int high)
6    {
7      if (high > 0)
8      {
9        // 가장 큰 요소와 요소의 인덱스 검색
10       int indexOfMax = 0;
11       char max = s[0];
12       for (int i = 1; i <= high; i++)
13       {
14         if (s[i] > max)
15         {
16           max = s[i];
17           indexOfMax = i;
18         }
19       }
20
21       // 목록에서 가장 큰 요소와 마지막 요소를 교환
22       s[indexOfMax] = s[high];
23       s[high] = max;
24
25       // 목록에 남은 요소들을 정렬
```

재귀 호출

```cpp
26       sort(s, high - 1);
27     }
28   }
29
```

정렬 함수

```cpp
30   void sort(string& s)
31   {
```

도움 함수 호출

```cpp
32     sort(s, s.size() - 1);
33   }
34
35   int main()
36   {
37     cout << "Enter a string: ";
38     string s;
```

문자열 입력

```cpp
39     getline(cin, s);
40
41     sort(s);
42
43     cout << "The sorted string is " << s << endl;
44
45     return 0;
46   }
```

```
Enter a string: ghfdacb  ⏎Enter
The sorted string is abcdfgh
```

오버로딩된 두 개의 **sort** 함수가 정의되어 있다. **sort(string& s)** 함수는 s[0..s.size() - 1]에서의 문자를 정렬하고, 두 번째 **sort(string& s, int high)** 함수는 s[0..high]에 있는 문자들을 정렬한다. 도움 함수는 줄어든 부분 문자열을 정렬하기 위해 재귀적으로 호출될 수 있다.

17.5.2 이진 탐색

이진 탐색은 7.9.2절 "이진 탐색"에서 설명하였다. 이진 탐색을 수행하기 위해서는 배열 내의 요소들이 먼저 정렬되어 있어야 한다. 이진 탐색은 우선 배열의 중간에 있는 요소와 키(key)를 비교한다. 다음의 경우를 생각해 보자.

- 경우 1: 만약 키가 중간 요소보다 작으면, 배열을 반으로 나눈 앞쪽 부분에서 키를 재귀적으로 탐색한다.
- 경우 2: 만약 키가 중간 요소와 같으면, 일치된 값을 찾았으므로 탐색을 종료한다.
- 경우 3: 만약 키가 중간 요소보다 크다면, 배열을 반으로 나눈 뒤쪽 부분에서 키를 재귀적으로 탐색한다.

경우 1과 3은 더 작은 목록으로 탐색이 감소한다. 경우 2는 일치할 때이므로 기본 상태이다. 다른 기본 상태는 일치하는 값이 없이 탐색이 끝나는 것이다. 리스트 17.6은 재귀를 사용하여 이진 탐색 문제에 대한 명확하고 단순한 해결책을 보여준다.

리스트 17.6 RecursiveBinarySearch.cpp

```cpp
 1  #include <iostream>
 2  using namespace std;
 3
 4  int binarySearch(const int list[], int key, int low, int high)        // 도움 함수
 5  {
 6    if (low > high) // 목록에 일치한 값이 없이 종료
 7      return -low - 1; // 키를 찾지 못하면 삽입 지점을 반환              // 기본적인 경우
 8
 9    int mid = (low + high) / 2;
10    if (key < list[mid])
11      return binarySearch(list, key, low, mid - 1);                    // 재귀 호출
12    else if (key == list[mid])
13      return mid;                                                      // 기본적인 경우
14    else
15      return binarySearch(list, key, mid + 1, high);                  // 재귀 호출
16  }
17
18  int binarySearch(const int list[], int key, int size)               // binarySearch 함수
19  {
20    int low = 0;
21    int high = size - 1;
22    return binarySearch(list, key, low, high);                        // 도움 함수 호출
23  }
24
25  int main()
26  {
27    int list[] = { 2, 4, 7, 10, 11, 45, 50, 59, 60, 66, 69, 70, 79};
28    int i = binarySearch(list, 2, 13); // 0 반환
29    int j = binarySearch(list, 11, 13); // 4 반환
30    int k = binarySearch(list, 12, 13); // -6 반환
31
32    cout << "binarySearch(list, 2, 13) returns " << i << endl;
```

```
33    cout << "binarySearch(list, 11, 13) returns " << j << endl;
34    cout << "binarySearch(list, 12, 13) returns " << k << endl;
35
36    return 0;
37  }
```

```
binarySearch(list, 2, 13) returns 0
binarySearch(list, 11, 13) returns 4
binarySearch(list, 12, 13) returns -6
```

18번 줄의 **binarySearch** 함수는 전체 목록에서 키를 찾는다. 4번 줄의 **binarySearch** 도움 함수는 **low**와 **high** 인덱스 사이의 목록에서 키를 찾는다.

18번 줄의 **binarySearch** 함수는 **low = 0**과 **high = size - 1**을 갖는 초기 배열을 **binarySearch** 도움 함수에 전달한다. 도움 함수는 줄어든 부분 배열에서 키를 찾기 위해 재귀적으로 호출된다.

17.10 리스트 17.3과 17.4에 각각 정의된 함수를 사용하여 **isPalindrome("abcba")**에 대한 호출 스택을 보여라.

17.11 리스트 17.5에 정의된 함수를 사용하여 **selectionSort("abcba")**에 대한 호출 스택을 보여라.

17.12 재귀 도움 함수란 무엇인가?

17.6 하노이 탑

하노이 탑 문제는 재귀를 사용하면 쉽게 해결할 수 있지만, 다른 방법으로는 해결이 어렵다.

하노이 탑(Towers of Hanoi) 문제는 고전적인 재귀 예제이다. 이 문제는 재귀를 사용하면 쉽게 해결되지만, 다른 방법으로는 해결하기 어렵다.

이는 다음 규칙을 관찰하면서 하나의 탑에서 다른 탑으로 지정된 개수의 서로 다른 크기의 원반을 이동하는 문제이다.

- 1, 2, 3, ... , *n*의 레이블이 붙은 *n*개의 원반이 있고, A, B, C 레이블이 붙은 세 개의 탑이 있다.
- 어떤 순간에도 작은 원반 위에 큰 원반을 올려놓을 수 없다.
- 처음에 모든 원반은 A 탑에 놓여있다.
- 한 번에 한 개의 원반만 이동될 수 있으며, 이동된 원반은 탑의 제일 위에 놓여야 한다.

현재 목적은 C의 도움을 받아서 A에서 B로 모든 원반을 이동하는 것이다. 예를 들어, 만일 원반 세 개가 있다면, A에서 B로 모든 원반을 이동시키는 단계를 그림 17.5에 나타내었다.

주의

하노이 탑은 고전적인 컴퓨터 과학 문제이며, 많은 웹사이트에서 이 문제를 다루고 있다. www.cut-the-knot.com/recurrence/hanoi.shtml 웹사이트를 참고하기 바란다.

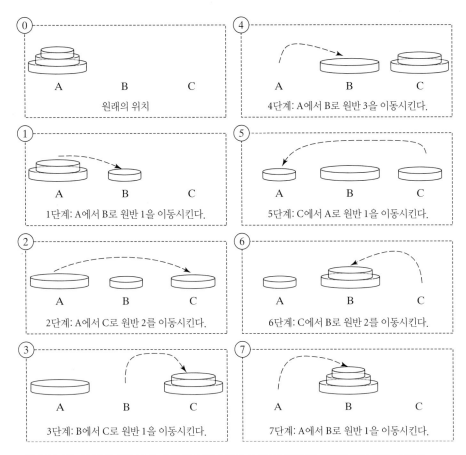

그림 17.5 하노이 탑 문제의 목표는 규칙을 어기지 않고 A탑에서 B탑으로 원반을 이동시키는 것이다.

원반이 세 개인 경우에는 수동으로 해법을 찾을 수 있다. 하지만 원반의 수가 많아질 경우에는 심지어 원반이 4개만 되더라도 이 문제는 매우 복잡해진다. 다행스럽게도 이 문제는 본질적으로 재귀적 성질을 갖고 있어서 간단한 재귀 해법으로 해결할 수 있다.

이 문제에 대한 기본 상태는 **n = 1**이다. 만약 **n == 1**인 경우, A에서 B로 원반을 쉽게 이동시킬 수 있다. n > 1일 때, 원래의 문제를 세 개의 부분 문제로 분할할 수 있고, 다음과 같이 순차적으로 문제를 해결할 수 있다.

1. 그림 17.6의 1단계에서 보여주듯이 탑 B의 도움을 받아서 재귀적으로 먼저 n - 1개의 원반을 A에서 C로 이동시킨다.
2. 그림 17.6의 2단계와 같이 원반 **n**을 A에서 B로 이동시킨다.
3. 그림 17.6의 3단계에서와 같이 탑 A의 도움을 받아서 재귀적으로 n - 1개의 원반을 C에서 B로 이동시킨다.

다음 함수는 **auxTower**의 도움을 받아서 n개의 원반을 **fromTower**에서 **toTower**로 이동시킨다.

void moveDisks(**int** n, **char** fromTower, **char** toTower, **char** auxTower)

이 함수에 대한 알고리즘은 다음과 같다.

if (n == 1) // 정지 조건

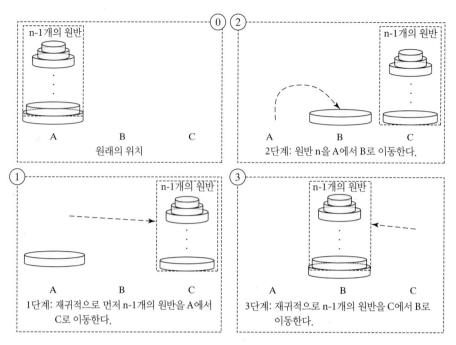

그림 17.6 하노이 탑 문제는 세 가지 부분 문제로 분해가 가능하다.

```
    원반 1을 fromTower에서 toTower로 이동시킨다;
else
{
  moveDisks(n - 1, fromTower, auxTower, toTower);
  원반 n을 fromTower에서 toTower로 이동시킨다;
  moveDisks(n - 1, auxTower, toTower, fromTower);
}
```

리스트 17.7은 사용자로부터 원반의 개수를 입력받아서 원반 이동에 대한 해법을 화면에 표시하기 위해 **moveDisks** 재귀 함수를 호출한다.

리스트 17.7 TowersOfHanoi.cpp

```
1   #include <iostream>
2   using namespace std;
3
4   // auxTower를 이용하여 fromTower에서 toTower로
5   // n개의 원반을 이동하기 위한 해법을 찾는 함수
6   void moveDisks(int n, char fromTower,
7       char toTower, char auxTower)
8   {
9     if (n == 1) // 정지 조건
10      cout << "Move disk " << n << " from " <<
11        fromTower << " to " << toTower << endl;
12    else
13    {
14      moveDisks(n - 1, fromTower, auxTower, toTower);
15      cout << "Move disk " << n << " from " <<
16        fromTower << " to " << toTower << endl;
17      moveDisks(n - 1, auxTower, toTower, fromTower);
```

재귀 함수 (line 6-7)

재귀 (line 14)

재귀 (line 17)

```
18       }
19   }
20
21   int main()
22   {
23       // 원반의 개수 n을 입력
24       cout << "Enter number of disks: ";
25       int n;
26       cin >> n;
27
28       // 재귀적으로 해법 찾기
29       cout << "The moves are: " << endl;
30       moveDisks(n, 'A', 'B', 'C');
31
32       return 0;
33   }
```

```
Enter number of disks: 4 ↵Enter
The moves are:
Move disk 1 from A to C
Move disk 2 from A to B
Move disk 1 from C to B
Move disk 3 from A to C
Move disk 1 from B to A
Move disk 2 from B to C
Move disk 1 from A to C
Move disk 4 from A to B
Move disk 1 from C to B
Move disk 2 from C to A
Move disk 1 from B to A
Move disk 3 from C to B
Move disk 1 from A to C
Move disk 2 from A to B
Move disk 1 from C to B
```

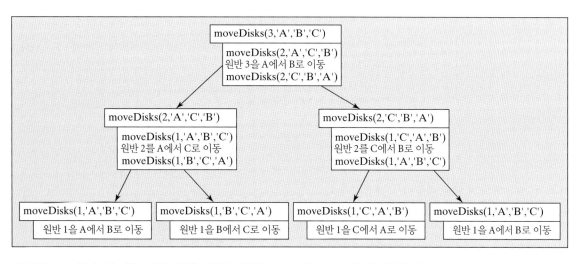

그림 17.7 `moveDisks(3, 'A', 'B', 'C')` 호출은 재귀적으로 `moveDisks`에 대한 호출을 발생시킨다.

이 문제는 본질적으로 재귀적이므로 재귀를 사용하여 자연스럽고 간단히 해법을 찾는 것이 가능하다. 재귀를 사용하지 않고 이 문제를 해결하기는 어렵다.

n = 3인 경우에 대해 프로그램을 추적해 보자. 그림 17.7은 연속적인 재귀 호출을 보여주고 있다. 그림에서 볼 수 있듯이, 프로그램을 작성하는 것이 재귀 호출 과정을 추적하는 것보다 더 쉽다. 이 시스템은 은밀히 호출을 추적하기 위해 스택을 사용한다. 재귀는 어느 정도까지는 사용자에게 반복과 그 외의 세부 사항들을 숨기는 추상화 레벨을 제공해 준다.

17.13 moveDisks(5, 'A', 'B', 'C')에 대해 리스트 17.7의 moveDisks 함수는 몇 번 호출되는가?

17.7 8퀸

8퀸 문제는 재귀를 사용하여 해결할 수 있다.

이 절에서는 앞서 제시한 8퀸 문제에 대한 재귀적 해법을 설명한다. 이 작업은 두 개의 퀸이 서로를 공격하지 않도록 체스 판(chessboard) 위의 각 행에 하나의 퀸을 배치하는 것이다. 체스 판을 나타내기 위해서 2차원 배열을 사용할 수 있다. 하지만 각 행에는 하나의 퀸만 배치할 수 있으므로 해당 행에서 퀸의 위치를 정의하기 위해서는 1차원 배열을 사용해도 충분하다. 따라서 다음과 같이 **queens** 배열을 선언한다.

```
int queens[8];
```

i 행과 j 열에 배치된 퀸을 나타내기 위해 j를 **queens[i]**로 할당한다. 그림 17.8a는 그림 17.8b의 체스 판에 대한 **queens** 배열의 내용을 보여주고 있다.

리스트 17.8은 8퀸 문제에 대한 해법을 찾는 프로그램이다.

리스트 17.8 EightQueen.cpp

```
1  #include <iostream>
2  using namespace std;
3
4  const int NUMBER_OF_QUEENS = 8; // 상수: 8퀸
5  int queens[NUMBER_OF_QUEENS];
6
7  // 퀸이 i 행과 j 열에 배치될 수 있는지를 검사
```

queens[0]	0
queens[1]	6
queens[2]	4
queens[3]	7
queens[4]	1
queens[5]	3
queens[6]	5
queens[7]	2

(a)　　　　　　(b)

그림 17.8 **queens[i]**는 i 행에 배치된 퀸을 나타낸다.

```
8    bool isValid(int row, int column)                                       유효한지 확인
9    {
10     for (int i = 1; i <= row; i++)
11       if (queens[row - i] == column           // 열 검사
12         || queens[row - i] == column - i  // 왼쪽 상단 대각선 검사
13         || queens[row - i] == column + i) // 오른쪽 상단 대각선 검사
14         return false; // 충돌 있음
15     return true; // 충돌 없음
16   }
17
18   // 8퀸이 있는 체스 판 화면 출력
19   void printResult()
20   {
21     cout << "\n--------------------------------\n";
22     for (int row = 0; row < NUMBER_OF_QUEENS; row++)
23     {
24       for (int column = 0; column < NUMBER_OF_QUEENS; column++)
25         printf(column == queens[row] ? "| Q " : "| ");
26       cout << "|\n--------------------------------\n";
27     }
28   }
29
30   // 지정 행에 퀸이 있는지 검사
31   bool search(int row)                                                      이 행을 검색
32   {
33     if (row == NUMBER_OF_QUEENS) // 정지 조건
34       return true; // 해법은 8개의 행에 8퀸이 있는지를 찾는 것
35
36     for (int column = 0; column < NUMBER_OF_QUEENS; column++)               열 검색
37     {
38       queens[row] = column; // (row, column)에 퀸 배치
39       if (isValid(row, column) && search(row + 1))                          새로운 열 검색
40         return true; // 찾으면, 반복을 종료하기 위해 참 반환                  찾음
41     }
42
43     // 현재 행의 어떤 열에 배치된 퀸에 대한 해법은 없음
44     return false;                                                           찾지 못함
45   }
46
47   int main()
48   {
49     search(0); // 0행에서 탐색을 시작. 행의 인덱스는 0에서 7까지임
50     printResult(); // 결과 화면 출력
51
52     return 0;
53   }
```

```
--------------------------------
| Q |   |   |   |   |   |   |   |
--------------------------------
|   |   |   |   |   | Q |   |   |
--------------------------------
```

```
| | | | | | | Q |
-----------------------------
| | | | | | Q | | |
-----------------------------
| | | Q | | | | | |
-----------------------------
| | | | | | Q | |
-----------------------------
| | Q | | | | | | |
-----------------------------
| | | | Q | | | | |
-----------------------------
```

이 프로그램은 0행에서 해법을 위한 탐색을 시작하기 위해 **search(0)**을 호출하며(49번 줄),
이는 재귀적으로 **search(1)**, **search(2)**, . . . , **search(7)**을 호출하게 된다(39번 줄).

만일 모든 행이 채워져 있으면(39번~40번 줄), 재귀 함수 **search(row)**는 **true**를 반환한
다. 이 함수는 **for** 루프(36번 줄)에서 퀸이 0, 1, 2, ..., 7열에 배치될 수 있는지를 검사한다.
열(column)에 퀸을 배치한다(38번 줄). 만일 그 배치가 유효하면, **search(row + 1)**을 호출
(39번 줄)함으로써 다음 행에 대한 재귀적 탐색이 수행된다. 만일 탐색에 성공하면, **for** 루프
를 빠져나오기 위해 **true**를 반환한다(40번 줄). 이 경우에는 해당 행에서 다음 열을 살펴볼
필요가 없다. 만약 현재 행의 임의의 열에 배치된 퀸에 대한 해법이 없다면, 함수는 **false**를
반환한다(44번 줄).

그림 17.9a에서와 같이 **row**가 3인 **search(row)**를 호출한다고 가정하자. 함수는 0, 1, 2,
... 등의 순서로 열에서 퀸 채우기를 실행한다. 각각의 실행에서 **isValid(row, column)** 함수
(39번 줄)는 지정된 위치에 퀸을 배치하는 것이 현재 행 이전에 배치된 퀸과 충돌이 발생하는

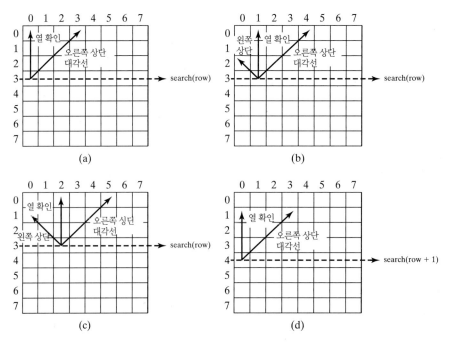

그림 17.9 search(row) 호출로 행에서의 한 열에 퀸을 채우게 된다.

지를 확인하기 위해 호출된다. 이와 같은 작업은 그림 17.9a에서 보는 바와 같이, 동일 열에 배치된 퀸은 없음(11번 줄), 왼쪽 상단 대각선에 배치된 퀸은 없음(12번 줄), 오른쪽 상단 대각선에 배치된 퀸은 없음(13번 줄)을 보증해 준다. 만약 **isValid(row, column)**이 **false**를 반환하면, 그림 17.9b와 같이 다음 열을 확인한다. **isValid(row, column)**이 **true**를 반환하면, 그림 17.9d에 나타낸 바와 같이 재귀적으로 **search(row + 1)**을 호출한다. 만약 **search (row + 1)**이 **false**를 반환하면, 그림 17.9c에서와 같이 이전 행에서 다음 열을 확인한다.

17.8 재귀 대 반복

재귀는 프로그램 제어의 또 다른 형태이다. 재귀는 기본적으로 반복문이 없는 반복이라고 할 수 있다.

 Key Point

재귀(recursion)는 프로그램 제어의 또 다른 형태이며, 기본적으로 반복문(loop)이 없는 반복이라고 할 수 있다. 반복문을 사용할 때는 반복문의 내용을 명시해 주게 된다. 반복문에서 반복되는 내용은 반복문-제어 구조에 의해 제어된다. 재귀에서는 함수 자신을 반복적으로 호출한다. 선택문은 함수를 재귀적으로 호출할 것인지 아닌지를 제어하기 위해 사용되어야 한다.

재귀는 상당한 오버헤드(overhead)를 발생시킨다. 프로그램이 함수를 호출할 때마다 시스템은 함수의 지역 변수와 매개변수 전체에 대한 공간을 할당해야 한다. 이는 상당한 메모리를 소비하고 추가 공간을 관리하기 위한 여분의 시간이 필요할 수 있다.

재귀 오버헤드

재귀적으로 해결될 수 있는 문제는 반복을 사용하여 비재귀적으로 해결될 수도 있다. 재귀는 너무 많은 시간과 메모리를 사용하기 때문에 약간의 부정적인 측면을 가지고 있다. 그런데도 왜 재귀를 사용해야 할까? 어떤 경우에는 재귀를 사용하지 않을 경우 해법을 찾기 어려운 고유의 재귀적 문제에 대해 재귀를 사용함으로써 명확하고 간단한 해결책을 제공할 수 있다. 하노이 탑 문제가 재귀를 사용하지 않고는 해결하기 어려운 한 가지 예이다.

재귀의 이점

재귀를 사용할 것인지, 반복을 사용할 것인지는 해결해야 하는 문제의 성질과 그에 대한 이해 정도에 근거하여 결정해야 한다. 가장 좋은 방법은 두 가지 중 문제를 자연스럽게 해결할 수 있는 직관적인 해법을 만들 수 있는 방법을 사용하는 것이다. 만약 반복문을 사용하는 해법이 명백하다면, 반복문을 사용한다. 일반적으로 반복문을 사용하는 것이 재귀적 선택보다는 더 효과적일 것이다.

재귀 혹은 반복?

 주의
재귀적 프로그램은 메모리 부족 현상이 발생하여 **스택 오버플로**(stack overflow) 실행 오류 (runtime error)가 발생할 수 있다.

스택 오버플로

 팁
재귀는 반복보다 더 많은 시간과 메모리를 소비하기 때문에 프로그램 성능이 중요한 경우에는 재귀의 사용을 피해야 한다.

성능 관련

17.9 꼬리 재귀

꼬리 재귀 함수는 스택 공간을 감소시키는 데 효과적이다.

 Key Point

그림 17.10a에 설명된 바와 같이, 재귀 호출의 반환에 대해 어떠한 수행되어야 할 연산이 없

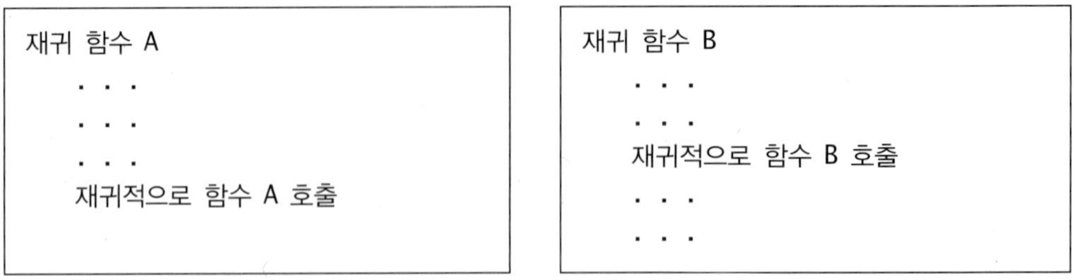

(a) 꼬리 재귀   (b) 꼬리가 아닌 재귀

그림 17.10 꼬리-재귀 함수는 재귀 호출 이후에 진행되어야 할 연산이 없다.

꼬리 재귀

는 경우 재귀 함수를 꼬리 재귀(tail recursive)라고 한다. 하지만 그림 17.10b의 함수 **B**는 함수 호출이 반환된 이후에 수행되어야 할 연산이 존재하므로 꼬리 재귀가 아니다.

예를 들어, 리스트 17.4의 **isPalindrome** 재귀 함수(5번~13번 줄)는 12번 줄에서 **isPalindrome** 를 재귀적으로 호출한 다음에 진행되어야 할 연산이 없으므로 꼬리 재귀이다. 하지만 리스트 17.1의 **factorial** 재귀 함수(21번~27번 줄)는 각각의 재귀 호출 반환에 대해 수행되어야 할 연산인 곱셈이 있으므로 꼬리 재귀가 아니다.

꼬리 재귀는 마지막 재귀 호출이 끝났을 때 함수가 종료되기 때문에 바람직하다. 따라서 스택에서 중간 호출을 저장할 필요가 없다. 일부 컴파일러들은 스택 공간을 줄이기 위해 꼬리 재귀를 최적화할 수 있다.

꼬리 재귀가 아닌 재귀 함수는 종종 보조 매개변수를 사용함으로써 꼬리-재귀 함수로 변환될 수 있다. 이들 매개변수는 결과를 포함하기 위해 사용된다. 이 개념은 재귀 호출이 더 이상 진행할 연산이 없도록 하는 방식으로 보조 매개변수에서 진행할 연산을 통합한 것이다. 보조 매개변수를 사용하여 새로운 보조 재귀 함수를 정의할 수 있다. 이 함수는 같은 이름을 갖는 원래의 함수를 오버로딩할 수 있지만, 함수 서명(signature)은 다르다. 예를 들어, 리스트 17.1의 **factorial** 함수를 다음과 같이 꼬리-재귀 방식으로 다시 작성할 수 있다.

```
1   // 지정된 수에 대한 계승 반환
2   int factorial(int n)
3   {
4     return factorial(n, 1); // 보조 함수 호출
5   }
6
7   // 계승에 대한 보조 꼬리-재귀 함수
8   int factorial(int n, int result)
9   {
10    if (n == 1)
11      return result;
12    else
13      return factorial(n - 1, n * result); // 재귀적 호출
14  }
```

원래 함수 (line 2)
보존 함수 호출 (line 4)
보조 함수 (line 8)
재귀 호출 (line 13)

첫 번째 **factorial** 함수는 단순히 두 번째 보조 함수를 호출한다(4번 줄). 두 번째 함수는 **n**의 계승에 대한 결과를 저장하는 보조 매개변수 **result**를 포함하고 있다. 이 함수는 13번 줄에서 재귀적으로 호출된다. 호출이 반환된 후에 진행해야 하는 연산은 없다. 최종 결과는 11번

줄에 의해 반환되는데, 또한 이것은 4번 줄의 **factorial(n, 1)** 호출로부터의 반환값이다.

17.14 다음 문장 중에서 참(true)인 것은?

- 임의의 재귀 함수는 재귀가 아닌 함수로 변환될 수 있다.
- 재귀 함수는 재귀가 아닌 함수보다 실행 시에 더 많은 시간과 메모리를 사용한다.
- 재귀 함수는 재귀가 아닌 함수보다 항상 더 간단하다.
- 기본 상태에 도달했는지를 확인하기 위해 재귀 함수 내에 항상 선택문이 있다.

17.15 스택 오버플로 예외의 원인은 무엇인가?

17.16 이 장에 있는 꼬리-재귀 함수를 확인하여라.

17.17 꼬리 재귀를 사용하여 리스트 17.2의 **fib** 함수를 다시 작성하여라.

주요 용어

기본 상태(base case)	재귀 도움 함수(recursive helper function)
꼬리 재귀(tail recursion)	재귀 함수(recursive function)
무한 재귀(infinite recursion)	정지 조건(stopping condition)

요약

1. 재귀 함수는 자기 자신을 직접적으로나 간접적으로 호출하는 것이다. 재귀 함수를 종료하기 위해서는 하나 또는 그 이상의 기본 상태가 있어야 한다.

2. 재귀는 프로그램 제어의 또 다른 형태이며, 기본적으로 반복 제어가 없는 반복이라고 할 수 있다. 재귀를 사용하지 않을 경우 해법을 찾기 어려울 수 있는 고유의 재귀적 문제에 대해 재귀를 사용함으로써 명확하고 간단한 해결책을 제공할 수 있다.

3. 종종 원래의 함수는 재귀적으로 호출되기 위해서 추가적인 매개변수를 수용하기 위한 수정이 필요할 때가 있다. 재귀 도움 함수를 이런 목적을 위해 정의할 수 있다.

4. 재귀는 상당한 오버헤드(overhead)를 발생시킨다. 프로그램이 함수를 호출할 때마다 시스템은 함수의 모든 지역변수와 매개변수에 대해 공간을 할당해야 한다. 이는 상당한 메모리를 소비하게 되고 추가적인 공간을 관리하기 위해 부가 시간을 필요로 한다.

5. 만약 재귀 호출의 반환에 대해 이후 실행되어야 하는 연산이 없다면, 재귀 함수를 꼬리 재귀(tail recursive)라 한다. 일부 컴파일러들은 스택 공간을 줄이기 위해 꼬리 재귀를 최적화할 수 있다.

퀴즈

www.cs.armstrong.edu/liang/cpp3e/quiz.html에서 온라인으로 이 장에 대한 퀴즈를 풀어 보라.

프로그래밍 실습

17.2~17.3절

17.1 (계승 연산) 반복을 사용하여 리스트 17.1의 **factorial** 함수를 다시 작성하여라.

*17.2 (피보나치 수) 반복을 사용하여 리스트 17.2의 **fib** 함수를 다시 작성하여라.

힌트: 재귀 없이 **fib(n)**을 계산하기 위해서는 먼저 **fib(n - 2)**와 **fib(n - 1)**을 구해야 한다. **f0**과 **f1**을 두 개의 이전 피보나치 수라고 하면, 현재 피보나치 수는 **f0 + f1**일 것이다. 알고리즘은 다음과 같이 나타낼 수 있다.

```
f0 = 0; // fib(0)의 값
f1 = 1; // fib(1)의 값

for (int i = 2; i <= n; i++)
{
  currentFib = f0 + f1;
  f0 = f1;
  f1 = currentFib;
}

// 반복 후의 currentFib는 fib(n)이다.
```

사용자로부터 인덱스를 입력받아 피보나치 수를 화면에 출력하는 테스트 프로그램을 작성하여라.

*17.3 (재귀를 사용한 최대 공약수 계산) **gcd(m, n)**을 다음과 같이 재귀적으로 정의할 수 있다.

- 만일 **m % n**이 0이면, **gcd(m, n)**은 **n**이다.
- 그렇지 않으면, **gcd(m, n)**은 **gcd(n, m % n)**이다.

GCD(Greatest Common Divisor)를 찾는 재귀 함수를 작성하여라. 사용자로부터 두 개의 정수를 입력받아 입력받은 수의 GCD를 화면에 출력하는 테스트 프로그램을 작성하여라.

17.4 (급수의 합) 다음 급수를 계산하기 위한 재귀 함수를 작성하여라.

$$m(i) = 1 + \frac{1}{2} + \frac{1}{3} + \cdots + \frac{1}{i}$$

$i = 1, 2, \ldots, 10$에 대한 **m(i)**를 출력하는 테스트 프로그램을 작성하여라.

17.5 (급수의 합) 다음 급수를 계산하기 위한 재귀 함수를 작성하여라.

$$m(i) = \frac{1}{3} + \frac{2}{5} + \frac{3}{7} + \frac{4}{9} + \frac{5}{11} + \frac{6}{13} + \cdots + \frac{i}{2i+1}$$

$i = 1, 2, \ldots, 10$에 대한 **m(i)**를 출력하는 테스트 프로그램을 작성하여라.

**17.6 (급수의 합) 다음 급수를 계산하기 위한 재귀 함수를 작성하여라.

$$m(i) = \frac{1}{2} + \frac{2}{3} + \cdots + \frac{i}{i+1}$$

$i = 1, 2, \ldots, 10$에 대한 m(i)를 출력하는 테스트 프로그램을 작성하여라.

*17.7 (피보나치 급수) **fib** 함수가 호출된 횟수를 찾도록 리스트 17.2 **ComputeFibonacci. cpp**를 수정하여라. (힌트: 전역 변수를 사용하여 함수가 호출될 때마다 전역 변수를 증가시킨다.)

17.4절

**17.8 (정수의 숫자를 역으로 출력) 다음 헤더를 사용하여 int 값을 역으로 화면에 출력하는 재귀 함수를 작성하여라.

void reverseDisplay(**int** value)

예를 들어, **reverseDisplay(12345)**는 **54321**을 화면에 출력한다. 사용자로부터 하나의 정수를 입력받아 역으로 출력하는 테스트 프로그램을 작성하여라.

**17.9 (문자열의 문자를 역으로 출력) 다음 헤더를 사용하여 문자열을 역으로 화면에 출력하는 재귀 함수를 작성하여라.

void reverseDisplay(**const** string& s)

예를 들어, **reverseDisplay("abcd")**는 **dcba**를 화면에 출력한다. 사용자로부터 하나의 문자열을 입력받아 역으로 출력하는 테스트 프로그램을 작성하여라.

*17.10 (문자열에서 지정한 문자의 발생 횟수) 다음 함수 헤더를 사용하여 문자열에서 지정한 문자의 발생 횟수를 찾는 재귀 함수를 작성하여라.

int count(**const** string& s, **char** a)

예를 들어, **count("Welcome", 'e')**는 **2**를 반환한다. 사용자로부터 하나의 문자열과 문자 하나를 입력받아 문자열에서 입력한 문자의 발생 횟수를 출력하는 테스트 프로그램을 작성하여라.

**17.11 (재귀를 사용하여 정수에서 각 숫자들의 합) 정수에서 각 숫자들의 합을 계산하는 재귀 함수를 작성하여라. 다음의 함수 헤더를 사용하여라.

int sumDigits(**int** n)

예를 들어, **sumDigits(234)**는 **2 + 3 + 4 = 9**를 반환한다. 사용자로부터 하나의 정수를 입력받아 숫자의 합을 출력하는 테스트 프로그램을 작성하여라.

17.5절

**17.12 (문자열의 문자를 역으로 출력) 함수로 부분 문자열의 높은 인덱스를 전달하는 도움 함수를 사용하여 프로그래밍 실습 17.9를 다시 작성하여라. 도움 함수 헤더는 다음과 같다.

void reverseDisplay(**const** string& s, **int** high)

**17.13 (배열에서 가장 큰 수 찾기) 배열에서 가장 큰 정수를 반환하는 재귀 함수를 작성하여라. 사용자로부터 8개 정수의 목록을 입력받아 가장 큰 정수를 출력하는 테스트 프로그램을 작성하여라.

*17.14 (문자열에서 대문자의 개수 찾기) 문자열에서 대문자의 개수를 반환하는 재귀 함수를 작성하여라. 다음의 두 함수를 정의해야 하며, 두 번째 함수는 재귀 도움 함수이다.

```
int getNumberOfUppercaseLetters(const string& s)
int getNumberOfUppercaseLetters(const string& s, int high)
```

사용자로부터 문자열을 입력받고, 문자열에서 대문자의 개수를 화면에 출력하는 테스트 프로그램을 작성하여라.

*17.15 (문자열에서 지정된 문자의 발생 횟수) 함수로 부분 문자열의 높은 인덱스를 전달하는 도움 함수를 사용하여 프로그래밍 실습 17.10을 다시 작성하여라. 다음 두 함수를 정의해야 하며, 두 번째 함수는 재귀 도움 함수이다.

```
int count(const string& s, char a)
int count(const string& s, char a, int high)
```

사용자로부터 하나의 문자열과 문자 하나를 입력받아서 문자열에서 입력한 문자가 발생한 횟수를 화면에 출력하는 테스트 프로그램을 작성하여라.

17.6절

*17.16 (하노이 탑) n개의 원반을 탑 A에서 탑 B로 이동시키기 위해 필요한 이동의 횟수를 찾는 프로그램이 되도록 리스트 17.7 TowersOfHanoi.cpp를 수정하여라. (힌트: 전역 변수를 사용하고 함수가 호출될 때마다 전역 변수를 증가시킨다.)

종합 문제

***17.17 (문자열 순열) 문자열의 모든 순열을 출력하는 재귀 함수를 작성하여라. 예를 들어, 문자열 **abc**에 대한 순열은 다음과 같다.

```
abc
acb
bac
bca
cab
cba
```

(힌트: 다음 두 함수를 정의한다. 두 번째는 도움 함수이다.)

```
void displayPermuation(const string& s)
void displayPermuation(const string& s1, const string& s2)
```

첫 번째 함수는 단순히 **displayPermuation("", s)**를 호출한다. 두 번째 함수는 문자를 **s2**에서 **s1**로 이동하기 위해 반복문을 사용하고, 새로운 **s1**과 **s2**로 이 함수를 재귀적으로 호출한다. 기본 상태는 **s2**가 비어 있는 경우이고 화면에 **s1**을 출력한다.

사용자로부터 하나의 문자열을 입력받고 문자열의 모든 순열을 출력하는 테스트 프로그램을 작성하여라.

***17.18 (게임: 스도쿠) 보충학습(Supplement) VI.A에 스도쿠(Sudoku) 문제에 대한 해법을 찾는 프로그램이 있다. 이 프로그램을 재귀를 사용하여 다시 작성하여라.

***17.19 (게임: 다중 8퀸 해법) 재귀를 사용하여 리스트 17.8을 다시 작성하여라.

***17.20 (게임: 다중 스도쿠 해법) 스도쿠 퍼즐(Sudoku puzzle)에서 가능한 모든 해법을 화면에 출력하도록 프로그래밍 실습 17.18을 수정하여라.

*17.21 (10진수를 2진수로 변환) 10진수를 2진수 문자열로 변환하는 재귀 함수를 작성하여라. 함수 헤더는 다음과 같다.

```
string decimalToBinary(int value)
```

사용자로부터 10진수를 입력받아 등가의 2진수를 출력하는 테스트 프로그램을 작성하여라.

*17.22 (10진수를 16진수로 변환) 10진수를 16진수 문자열로 변환하는 재귀 함수를 작성하여라. 함수 헤더는 다음과 같다.

```
string decimalToHex(int value)
```

사용자로부터 10진수를 입력받아 등가의 16진수를 출력하는 테스트 프로그램을 작성하여라.

*17.23 (2진수를 10진수로 변환) 문자열로 된 2진수를 10진수로 변환하는 재귀 함수를 작성하여라. 함수 헤더는 다음과 같다.

```
int binaryToDecimal(const string& binaryString)
```

사용자로부터 2진수 문자열을 입력받아 등가의 10진수를 출력하는 테스트 프로그램을 작성하여라.

*17.24 (16진수를 10진수로 변환) 문자열로 된 16진수를 10진수로 변환하는 재귀 함수를 작성하여라. 함수 헤더는 다음과 같다.

```
int hexToDecimal(const string& hexString)
```

사용자로부터 16진수 문자열을 입력받아 등가의 10진수를 출력하는 테스트 프로그램을 작성하여라.

부록

부록 A

C++ 키워드

부록 B

ASCII 문자

부록 C

연산자 우선순위 차트

부록 D

수 체계

부록 E

비트 연산자

C++ 키워드

다음은 C++ 언어에 예약되어 있는 키워드이다. 이들 키워드는 C++에서 미리 정의된 목적 이외의 곳에서 사용되어서는 안 된다.

asm	do	inline	short	typeid
auto	double	int	signed	typename
bool	dynamic_cast	long	sizeof	union
break	else	mutable	static	unsigned
case	enum	namespace	static_cast	using
catch	explicit	new	struct	virtual
char	extern	operator	switch	void
class	false	private	template	volatile
const	float	protected	this	wchar_t
const_cast	for	public	throw	while
continue	friend	register	true	
default	goto	reinterpret_cast	try	
delete	if	return	typedef	

다음 11개의 키워드는 C++의 기본 키워드가 아니다. 즉, 모든 C++ 컴파일러에서 지원해 주지 않는다. 하지만 컴파일러에서는 사용 가능한 다른 C++ 연산자를 제공해 주고 있다.

키워드	동등 연산자
and	&&
and_eq	&=
bitand	&
bitor	|
compl	~
not	!
not_eq	!=
or	||
or_eq	|=
xor	^
xor_eq	^=

ASCII 문자

표 B.1과 B.2는 ASCII 문자와 각 문자에 대한 10진수와 16진수 코드이다. 문자의 10진수 또는 16진수 코드는 행(row) 인덱스와 열(column) 인덱스의 조합으로 이루어져 있는데, 예를 들어 표 B.1에서 문자 A는 6행과 5열에 있으므로 10진수로는 65가 된다. 표 B.2에서 문자 A는 4행과 1열에 있으므로 16진수로는 41이 된다.

표 B.1 10진수 인덱스에서의 ASCII 문자

	0	1	2	3	4	5	6	7	8	9
0	nul	soh	stx	etx	eot	enq	ack	bel	bs	ht
1	nl	vt	ff	cr	so	si	dle	dc1	dc2	dc3
2	dc4	nak	syn	etb	can	em	sub	esc	fs	gs
3	rs	us	sp	!	"	#	$	%	&	'
4	(	)	*	+	,	-	.	/	0	1
5	2	3	4	5	6	7	8	9	:	;
6	<	=	>	?	@	A	B	C	D	E
7	F	G	H	I	J	K	L	M	N	O
8	P	Q	R	S	T	U	V	W	X	Y
9	Z	[	\	]	^	_	`	a	b	c
10	d	e	f	g	h	i	j	k	l	m
11	n	o	p	q	r	s	t	u	v	w
12	x	y	z	{	|	}	~	del		

표 B.2 16진수 인덱스에서의 ASCII 문자

	0	1	2	3	4	5	6	7	8	9	A	B	C	D	E	F
0	nul	soh	stx	etx	eot	enq	ack	bel	bs	ht	nl	vt	ff	cr	so	si
1	dle	dc1	dc2	dc3	dc4	nak	syn	etb	can	em	sub	esc	fs	gs	rs	us
2	sp	!	"	#	$	%	&	'	(	)	*	+	,	-	.	/
3	0	1	2	3	4	5	6	7	8	9	:	;	<	=	>	?
4	@	A	B	C	D	E	F	G	H	I	J	K	L	M	N	O
5	P	Q	R	S	T	U	V	W	X	Y	Z	[	\	]	^	_
6	`	a	b	c	d	e	f	g	h	i	j	k	l	m	n	o
7	p	q	r	s	t	u	v	w	x	y	z	{	|	}	~	del

연산자 우선순위 차트

연산자는 위로부터 아래로 우선순위가 감소하는 순서로 표시되어 있다. 같은 그룹에서의 연산자는 같은 우선순위를 가지는데, 같은 우선순위 연산자들에 대한 결합성도 표에 표시되어 있다.

연산자	유형	결합성
::	이항 영역 결정	왼쪽에서 오른쪽
::	단항 영역 결정	
.	객체를 통한 객체 멤버 접근	왼쪽에서 오른쪽
->	포인터를 통한 객체 멤버 접근	
()	함수 호출	
[]	배열 첨자	
++	후위 증가	
--	후위 감소	
typeid	실행 유형 정보	
dynamic_cast	동적 형변환(실행 시)	
static_cast	정적 형변환(컴파일 시)	
reinterpret_cast	비표준 변환을 위한 형변환	
++	전위 증가	오른쪽에서 왼쪽
--	전위 감소	
+	단항 덧셈	
-	단항 뺄셈	
!	단항 논리 부정	
~	비트단위 부정	
sizeof	유형의 크기	
&	변수의 주소	
*	변수의 포인터	
new	동적 메모리 할당	
new[]	동적 배열 할당	
delete	동적 메모리 해제	
delete[]	동적 배열 해제	
(type)	C-유형 형변환	오른쪽에서 왼쪽
*	곱셈	왼쪽에서 오른쪽
/	나눗셈	
%	나머지	

연산자	유형	결합성
+	덧셈	왼쪽에서 오른쪽
-	뺄셈	
<<	출력 또는 비트단위 왼쪽 시프트	왼쪽에서 오른쪽
>>	입력 또는 비트단위 오른쪽 시프트	
<	보다 작다	왼쪽에서 오른쪽
<=	보다 작거나 같다	
>	보다 크다	
>=	보다 크거나 같다	
==	같다	왼쪽에서 오른쪽
!=	같지 않다	
&	비트단위 AND	왼쪽에서 오른쪽
^	비트단위 exclusive OR	왼쪽에서 오른쪽
|	비트단위 OR	왼쪽에서 오른쪽
&&	부울 AND	왼쪽에서 오른쪽
||	부울 OR	왼쪽에서 오른쪽
? :	3항 연산자	오른쪽에서 왼쪽
=	대입	오른쪽에서 왼쪽
+=	덧셈 대입	
-=	뺄셈 대입	
*=	곱셈 대입	
/=	나눗셈 대입	
%=	나머지 대입	
&=	비트단위 AND 대입	
^=	비트단위 exclusive OR 대입	
|=	비트단위 inclusive OR 대입	
<<=	비트단위 왼쪽 시프트 대입	
>>=	비트단위 오른쪽 시프트 대입	

수 체계

D.1 들어가기

컴퓨터는 0과 1을 저장하고 처리하도록 제작되었기 때문에 내부적으로 2진수를 사용한다. 2진수 체계는 두 개의 수, 즉 0과 1만을 사용하므로 숫자나 문자는 0과 1로 구성된 열(sequence)로 저장된다. 이때 각각의 0과 1을 비트(bit, binary digit)라고 한다.

2진수

우리는 10진수를 사용하므로 프로그램에서 20이라는 숫자를 작성하는 경우 10진수로 작성하지만, 내부적으로 10진수를 2진수로 변환하거나 반대로 2진수를 10진수로 변환하기 위해서 컴퓨터 소프트웨어가 사용된다.

10진수

프로그램을 작성할 때 10진수를 사용하지만, 운영체제 시스템을 다루어야 할 때는 2진수를 사용하여 기계어 코드를 작성하는 것도 필요하다. 2진수를 사용하면 데이터의 길이가 길어지고 사용하기 불편하기 때문에 2진수를 간략히 표현하기 위해 16진수(hexadecimal number)를 사용한다. 16진수는 4개의 이진 비트에 대한 표현이 가능하며, 0~9, A~F의 16개의 숫자를 표현한다. A, B, C, D, E, F 기호는 10진수 10, 11, 12, 13, 14, 15에 해당된다.

16진수

10진수의 숫자는 0, 1, 2, 3, 4, 5, 6, 7, 8, 9이며, 10진수는 이들 숫자들을 하나 또는 그 이상 연결하여 표시한다. 숫자의 위치에 따라 숫자의 값도 달라지는데, 숫자의 위치에 따른 값은 10의 멱승이 된다. 예를 들어, 10진수 7423의 숫자 7, 4, 2, 3은 다음과 같이 각각 7000, 400, 20, 3 값을 나타낸다.

$$\boxed{7 \mid 4 \mid 2 \mid 3} = 7 \times 10^3 + 4 \times 10^2 + 2 \times 10^1 + 3 \times 10^0$$

$$10^3 \; 10^2 \; 10^1 \; 10^0 = 7000 + 400 + 20 + 3 = 7423$$

10진수 체계는 10개의 수를 사용하며, 각 자리는 10의 멱승 값이 된다. 여기에서 10은 10진수 체계에서의 밑수(base) 또는 기수(radix)라고 한다. 마찬가지로 2진수 체계에서는 2개의 수가 사용되므로 기수가 2가 되며, 16진수의 경우에는 16개의 수가 사용되므로 기수가 16이 된다.

밑수
기수

2진수 1101에서 숫자 1, 1, 0, 1은 다음과 같이 각각 1×2^3, 1×2^2, 0×2^1, 1×2^0을 나타낸다.

$$\boxed{1 \mid 1 \mid 0 \mid 1} = 1 \times 2^3 + 1 \times 2^2 + 0 \times 2^1 + 1 \times 2^0$$

$$2^3 \; 2^2 \; 2^1 \; 2^0 = 8 + 4 + 0 + 1 = 13$$

16진수 7423의 숫자 7, 4, 2, 3은 다음과 같이 각각 7×16^3, 4×16^2, 2×16^1, 3×16^0을 나타낸다.

$$\boxed{7 \mid 4 \mid 2 \mid 3} = 7 \times 16^3 + 4 \times 16^2 + 2 \times 16^1 + 3 \times 16^0$$

$$16^3 \; 16^2 \; 16^1 \; 16^0 = 28672 + 1024 + 32 + 3 = 29731$$

D.2 2진수와 10진수의 변환

2진수 $b_n b_{n-1} b_{n-2} \cdots b_2 b_1 b_0$에 대한 10진수는 다음과 같이 계산하면 된다.

$$b_n \times 2^n + b_{n-1} \times 2^{n-1} + b_{n-2} \times 2^{n-2} + \ldots + b_2 \times 2^2 + b_1 \times 2^1 + b_0 \times 2^0$$

다음은 2진수를 10진수로 변환한 예이다.

2진수	변환식	10진수
10	$1 \times 2^1 + 0 \times 2^0$	2
1000	$1 \times 2^3 + 0 \times 2^2 + 0 \times 2^1 + 0 \times 2^0$	8
10101011	$1 \times 2^7 + 0 \times 2^6 + 1 \times 2^5 + 0 \times 2^4 + 1 \times 2^3 + 0 \times 2^2 +$ $1 \times 2^1 + 1 \times 2^0$	171

10진수 d를 2진수로 변환하려면 다음을 구성하는 b_n, b_{n-1}, b_{n-2}, $\cdots$, b_2, b_1, b_0 비트의 값을 구해야 한다.

$$d = b_n \times 2^n + b_{n-1} \times 2^{n-1} + b_{n-2} \times 2^{n-2} + \ldots + b_2 \times 2^2 + b_1 \times 2^1 + b_0 \times 2^0$$

2진수를 구하는 방법은 10진수 d를 몫이 0이 될 때까지 2로 계속 나누기를 한다. 이때 구해진 나머지가 b_0, b_1, b_2, $\cdots$, b_{n-2}, b_{n-1}, b_n이 된다.

예를 들어, 10진수 123은 2진수로 1111011이다. 변환은 다음과 같다.

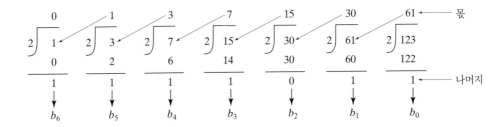

 팁

그림 D.1은 프로그래머용 윈도우 계산기로 수 변환 기능이 있다. 계산기 프로그램은 윈도우에서 시작 버튼을 누르고 윈도우(Windows) 보조프로그램에서 계산기를 실행하면 되며, 프로그래머용으로의 설정은 계산기의 보기 메뉴에서 할 수 있다.

그림 D.1 윈도우 계산기를 사용하여 수 변환이 가능하다.

D.3 16진수와 10진수의 변환

16진수 $h_n h_{n-1} h_{n-2} \cdots h_2 h_1 h_0$은 10진수로 다음과 같이 표현할 수 있다.

16진수에서 10진수로

$$h_n \times 16^n + h_{n-1} \times 16^{n-1} + h_{n-2} \times 16^{n-2} + \ldots + h_2 \times 16^2 + h_1 \times 16^1 + h_0 \times 16^0$$

다음은 16진수를 10진수로 변환한 예이다.

16진수	변환식	10진수
7F	$7 \times 16^1 + 15 \times 16^0$	127
FFFF	$15 \times 16^3 + 15 \times 16^2 + 15 \times 16^1 + 15 \times 16^0$	65535
431	$4 \times 16^2 + 3 \times 16^1 + 1 \times 16^0$	1073

10진수 d를 16진수로 변환하려면 다음을 구성하는 h_n, h_{n-1}, $h_{n-2}, \cdots, h_2$, h_1, h_0의 16진수 값을 구해야 한다.

10진수에서 16진수로

$$d = h_n \times 16^n + h_{n-1} \times 16^{n-1} + h_{n-2} \times 16^{n-2} + \ldots + h_2 \times 16^2$$
$$+ h_1 \times 16^1 + h_0 \times 16^0$$

16진수를 구하려면 10진수 d를 몫이 0이 될 때까지 16으로 계속 나누기를 한다. 이때 구해진 나머지가 h_0, h_1, $h_2, \cdots, h_{n-2}$, h_{n-1}, h_n이 된다.

예를 들어 10진수 123은 16진수로 7B이다. 변환은 다음과 같다.

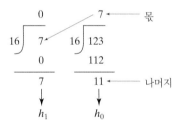

D.4 2진수와 16진수의 변환

16진수를 2진수로 변환하기 위해서는 표 D.1을 사용하여 16진수의 각 자리를 4비트 2진수로 변환하면 된다.

16진수에서 2진수로

예를 들어, 16진수 7B는 1111011인데, 여기서 7은 2진수로 111이고, B는 1011이 된다.

2진수를 16진수로 변환하기 위해서는 오른쪽에서부터 왼쪽으로 2진수 네 자리마다 잘라 16진수로 변환하면 된다.

2진수에서 16진수로

예를 들어, 2진수 1110001101은 16진수 38D이다. 여기서 오른쪽 끝으로부터 네 자리인 1101은 D, 그 다음 네 자리 1000은 8, 나머지 두 자리 11은 3이 된다.

$$1110001101$$
$$3 \quad 8 \quad D$$

표 D.1 16진수를 2진수로 변환

16진수	2진수	10진수
0	0000	0
1	0001	1
2	0010	2
3	0011	3
4	0100	4
5	0101	5
6	0110	6
7	0111	7
8	1000	8
9	1001	9
A	1010	10
B	1011	11
C	1100	12
D	1101	13
E	1110	14
F	1111	15

주의

8진수 또한 유용한데, 8진수는 0에서 7까지의 8개 숫자로 구성된다. 10진수 8은 8진수 10이 된다.

다음은 수 변환을 연습해 볼 수 있는 온라인 페이지들이다.

- http://forums.cisco.com/CertCom/game/binary_game_page.htm
- http://people.sinclair.edu/nickreeder/Flash/binDec.htm
- http://people.sinclair.edu/nickreeder/Flash/binHex.htm

D.1 다음 10진수를 16진수와 2진수로 변환하여라.

100; 4340; 2000

D.2 다음 2진수를 16진수와 10진수로 변환하여라.

1000011001; 100000000; 100111

D.3 다음 16진수를 2진수와 10진수로 변환하여라.

FEFA9; 93; 2000

비트 연산자

기계 수준에서 프로그램을 작성하기 위해서 때로는 직접 2진수를 다루거나 비트 수준에서 연산을 수행해야 하는 경우가 있다. C++는 다음 표에서와 같이 비트단위 연산자와 시프트 연산자를 제공하고 있다.

연산자	이름	예	설명
&	비트단위 AND	10101110 & 10010010 의 결과 : 10000010	두 비트가 모두 1인 경우만 1이 된다.
|	비트단위 OR	10101110 | 10010010 의 결과 : 10111110	두 비트 중 한 비트만 1이면 1이 된다.
^	비트단위 exclusive OR	10101110 ^ 10010010 의 결과 : 00111100	두 비트가 다를 때만 1이 된다.
~	1의 보수	~ 10101110의 결과 : 01010001	각 비트를 1은 0으로, 0은 1로 바꾼다.
<<	왼쪽 시프트	10101110 << 2 의 결과 : 10111000	첫 번째 피연산자의 비트를 두 번째 피연산자에서 지정한 비트 수만큼 왼쪽으로 시프트시킨다. 오른쪽은 0으로 채워진다.
>>	부호 없는 정수 (unsigned integer)에 대한 오른쪽 시프트	1010111010101110 >> 4 의 결과 : 0000101011101010	첫 번째 피연산자의 비트를 두 번째 피연산자에서 지정한 비트 수만큼 오른쪽으로 시프트시킨다. 왼쪽은 0으로 채워진다.
>>	부호 있는 정수 (signed integer)에 대한 오른쪽 시프트		동작은 플랫폼에 따라 다르다. 그러므로 부호 있는 정수에 대한 오른쪽 시프트는 피하는 것이 좋다.

모든 비트단위 연산자들은 ^=, |=, <<=, >>=와 같은 비트단위 대입 연산자로 실행이 가능하다.

찾아보기

이미지 출처

표지 ⓒ Tetra Images/Glow Images

그림 1.1a ⓒ Studio 37/Shutterstock

그림 1.1b ⓒ Arno van Dulmen/Shutterstock

그림 1.1ci ⓒ Peter Gudella/Shutterstock

그림 1.1cii ⓒ Vasilius/Shutterstock

그림 1.1ciii ⓒ Nata-Lia/Shutterstock

그림 1.1di ⓒ Dmitry Rukhlenko/Shutterstock

그림 1.1dii ⓒ Andrey Khrobostov/Shutterstock

그림 1.1diii ⓒ George Dolgikh/Shutterstock

그림 1.1ei ⓒ Nikola Spasenoski/Shutterstock

그림 1.1eii ⓒ restyler/shutterstock

그림 1.1fi ⓒ prism68/Shutterstock

그림 1.1fii ⓒ moritorus/Shutterstock

그림 1.1fiii ⓒ tuanyick/Shutterstock

그림 1.2 ⓒ Xavier P/Shutterstock

그림 1.4 ⓒ Peter Gudella/Shutterstock

그림 1.5a ⓒ Vasilius/Shutterstock

그림 1.5b ⓒ xj/Shutterstock

그림 1.6 ⓒ Dmitry Rukhlenko/Shutterstock

그림 1.7a ⓒ Madlen/Shutterstock

그림 1.7b ⓒ Dmitry Melnikov/Shutterstock

그림 1.7c ⓒ moritorus/Shutterstock

그림 9.5 ⓒ Microsoft Visual C++ screenshot ⓒ 2012 by Microsoft Corporation. Reprinted with permission.

그림 1.8~1.10, 4.1, 18.1, 18.2, 18.4, 18.5, 19.3~19.18 INTRODUCTION TO JAVA PROGRAMMING by Daniel Liang, 9th Ed. copyright ⓒ 2013 by Pearson Education, Inc. Reprinted and Electronically reproduced by permission of Pearson Education, Inc., Upper Saddle River, New Jersey. Copyright ⓒ 2012 by Microsoft Corporation. Used with permission from Microsoft.

MICROSOFT AND/OR ITS RESPECTIVE SUPPLIERS MAKE NO REPRESENTATIONS ABOUT THE SUITABILITY OF THE INFORMATION CONTAINED IN THE DOCUMENTS AND RELATED GRAPHICS PUBLISHED AS PART OF THE SERVICES FOR ANY PURPOSE. ALL SUCH DOCUMENTS AND RELATED GRAPHICS ARE PROVIDED "AS IS" WITHOUT WARRANTY OF ANY KIND. MICROSOFT AND/OR ITS RESPECTIVE SUPPLIERS HEREBY DISCLAIM ALL WARRANTIES AND CONDITIONS WITH REGARD TO THIS INFORMATION, INCLUDING ALL WARRANTIES AND CONDITIONS OF MERCHANTABILITY, WHETHER EXPRESS, IMPLIED OR STATUTORY, FITNESS FOR A PARTICULAR PURPOSE, TITLE AND NON-INFRINGEMENT. IN NO EVENT SHALL MICROSOFT AND/OR ITS RESPECTIVE SUPPLIERS BE LIABLE FOR ANY SPECIAL, INDIRECT OR CONSEQUENTIAL DAMAGES OR ANY DAMAGES WHATSOEVER RESULTING FROM LOSS OF USE, DATA OR PROFITS, WHETHER IN AN ACTION OF CONTRACT, NEGLIGENCE OR OTHER TORTIOUS ACTION, ARISING OUT OF OR IN CONNECTION WITH THE USE OR PERFORMANCE OF INFORMATION AVAILABLE FROM THE SERVICES. THE DOCUMENTS AND RELATED GRAPHICS CONTAINED HEREIN COULD INCLUDE TECHNICAL INACCURACIES OR TYPOGRAPHICAL ERRORS. CHANGES ARE PERIODICALLY ADDED TO THE INFORMATION HEREIN. MICROSOFT AND/OR ITS RESPECTIVE SUPPLIERS MAY MAKE IMPROVEMENTS AND/OR CHANGES IN THE PRODUCT(S) AND/OR THE PROGRAM(S) DESCRIBED HEREIN AT ANY TIME. PARTIAL SCREEN SHOTS MAY BE VIEWED IN FULL WITHIN THE SOFTWARE VERSION SPECIFIED.

역자 소개

김웅성 ▌ imagecap@gtec.ac.kr 경기과학기술대학교 컴퓨터모바일융합과 교수
김정식 ▌ arius70@gtec.ac.kr 경기과학기술대학교 컴퓨터모바일융합과 교수

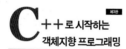

C++로 시작하는 객체지향 프로그래밍

3판 1쇄 발행 2016년 8월 31일

지은이 Y. Daniel Liang
옮긴이 김웅성, 김정식
발행인 최규학

교정 편집 백주옥
본문 디자인 차인선
표지 디자인 김남우

발행처 도서출판 ITC
등록번호 제8-399호
등록일자 2003년 4월 15일
주소 경기도 파주시 문발로 115, 세종출판벤처타운 307호
전화 031-955-4353~4
팩스 031-955-4355
이메일 itc@itcpub.co.kr

ISBN-13 978-89-6351-055-2 93560
ISBN-10 89-6351-055-7

값 32,000원